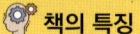
책의 특징

1. 인벤터의 3D 모델링 및 2D 치수기입의 개념과 환경설정 방법 수록
2. 치수공차, 끼워맞춤 공차, 기하 공차, 표면거칠기 등의 이론적인 내용 수록
3. KS 규격집과 동력전달장치 및 드릴지그 도면의 도면 분석 내용 수록
4. 기초 개념을 바탕으로 총 41개의 실전 과제 수록
5. QR코드를 삽입하여 도면의 작동, 분해 및 조립 영상을 시청

편저자 | 정인훈

기계설계산업기사 · 전산응용기계제도기능사

일반기계기사 작업형

실기 인벤터 2D·3D

에듀피디 동영상강의 www.edupd.com

실기 인벤터 2D·3D

일반기계기사·기계설계산업기사·전산응용기계제도기능사

인 쇄	2024년 4월 8일
발 행	2024년 4월 15일
편저자	정인훈
발행처	에듀피디
등 록	제300-2005-146
주 소	서울 종로구 대학로 45 임호빌딩 2층 (연건동)
전 화	1600-6690
팩 스	02)747-3113

※ 이 책은 저작권법에 따라 보호받는 저작물이므로 무단전재와 무단복제를 금지하며 책 내용의 전부 또는 일부를 이용하려면 반드시 저작권자와 에듀피디의 서면 동의를 받아야 합니다.

합격으로 안내하는 지름길, 당신의 도전에 함께 하겠습니다

CAD를 이용한 작업형 실기 시험은 조립도면을 투상하여 KS 규격에 의한 기계제도법을 정확히 이해하고 도면을 작도하여 제출해야 하며, 올바른 치수 기입, 공차 및 끼워맞춤, 표면거칠기, 기하공차 등의 내용을 도면에 표현해야 하는 시험입니다. 단순히 모델링 및 치수 기입을 따라서 작도하는 것은 어렵지 않지만 도면을 해석하고 설계자의 의도를 다른 사람에게 정확히 전달할 수 있는 도면을 만드는 것은 쉽지 않습니다.

본 교재는 일반기계기사, 기계설계산업기사, 전산응용기계제도기능사 등의 CAD 작업형 실기를 필요로 하는 국가기술 자격증 취득을 목적으로 집필하였습니다. 자격증 실기 시험을 최단기간에 준비하고 자격증을 취득할 수 있도록 하였습니다.

본서를 통해 도면에 대한 더 넓은 이해, 실무에 활용, 그리고 개인의 기술능력 향상에도 많은 도움이 되길 희망하며, 여러분의 합격 길잡이가 되었으면 좋겠습니다.

이 책의 주요 구성

PART 1 실기 기초 개념 이해하기

실기 시험의 기초 개념을 적립하기 위한 내용을 기술하였습니다. 인벤터의 3D 모델링 및 2D 치수기입의 개념과 환경설정하는 방법을 수록하였습니다. 도면 해석을 하기 위한 치수공차, 끼워맞춤 공차, 기하 공차, 표면거칠기 등의 이론적인 내용을 수록하여 학습자가 도면의 원리를 이해할 수 있도록 내용을 수록해 놓았습니다. 또한 KS 규격집과 동력전달장치 및 드릴지그 도면의 도면 분석 내용을 수록하여 학습자가 실제 각각의 부품에서 확인하여야 할 개념과 내용들을 수록하였습니다.

PART 2 실전 과제 연습

기초 개념을 바탕으로 총 41개의 실전 과제를 수록하였습니다. 개별 도면에는 문제도면, 3D 등각도, 3D 단면도, 3D 분해도, 3D 정답, 2D 정답의 순서로 6개의 도면을 수록하였습니다. 연습도면을 보며 실전 감각을 끌어 올릴 수 있도록 하였으며, 개별 도면에는 QR코드를 삽입하여 도면의 작동, 분해 및 조립 영상을 시청할 수 있어 도면을 이해하는데 도움이 되도록 하였습니다.

편저자 씀

1. 시험요구사항

[공개]

국가기술자격 실기시험문제

자격종목	일반기계기사	과제명	도면참조

※ 문제지는 시험종료 후 반드시 반납하시기 바랍니다.

비번호		시험일시		시험장명	

※ 시험시간 : 5시간

1. 요구사항

※ 지급된 재료 및 시설을 사용하여 아래 작업을 완성하시오.

가. 부품도(2D) 제도

1) 주어진 문제의 조립도면에 표시된 부품번호 (○, ○, ○, ○, ○)의 부품도를 CAD 프로그램을 이용하여 A2용지에 척도는 1:1로 하여, 투상법은 제3각법으로 제도하시오.
2) 각 부품들의 형상이 잘 나타나도록 투상도와 단면도 등을 빠짐없이 제도하고, 설계 목적에 맞는 기능 및 작동을 할 수 있도록 치수 및 치수공차, 끼워 맞춤 공차와 기하공차 기호, 표면거칠기 기호, 표면처리, 열처리, 주서 등 부품 제작에 필요한 모든 사항을 기입하시오.
3) 제도 완료 후 지급된 A3(420x297) 크기의 용지(트레이싱지)에 수험자가 직접 흑백으로 출력하여 확인하고 제출하시오.

나. 렌더링 등각 투상도(3D) 제도

1) 주어진 문제의 조립도면에 표시된 부품번호 (○, ○, ○, ○, ○)의 부품을 파라메트릭 솔리드 모델링을 하고, 모양과 윤곽을 알아보기 쉽도록 뚜렷한 음영, 렌더링 처리를 하여 A2용지에 제도하시오.
2) 음영과 렌더링 처리는 예시 그림과 같이 형상이 잘 나타나도록 등각 축 2개를 정해 척도는 NS로 실물의 크기를 고려하여 제도하시오.(단, 형상은 단면하여 표시하지 않습니다.)
3) 부품란 "비고"에는 모델링한 부품 중 (○, ○, ○) **부품의 질량을 g 단위로 소수점 첫째자리에서 반올림하여** 기입하시오.
   - 질량은 렌더링 등각 투상도(3D) 부품란의 비고에 기입하며, 반드시 **재질과 상관없이 비중을 7.85** 로 하여 계산하시기 바랍니다.
4) 제도 완료 후, 지급된 A3(420x297) 크기의 용지(트레이싱지)에 수험자가 직접 흑백으로 출력하여 확인하고 제출하시오.

시험요구사항 및 채점기준

[공개]

자격종목	일반기계기사	과 제 명	도면참조

다. 도면 작성 기준 및 양식

1) 제공한 KS 데이터에 수록되지 않은 제도규격이나 데이터는 과제로 제시된 도면을 기준으로 하여 제도하거나 ISO규격과 관례에 따라 제도하시오.
2) 문제의 조립도면에서 표시되지 않은 제도규격은 지급한 KS규격 데이터에서 선정하여 제도하시오.
3) 문제의 조립도면에서 치수와 규격이 일치하지 않을 때는 해당규격으로 제도하시오.
   (단, 과제도면에 치수가 명시되어 있을 때는 명시된 치수로 작성하시오.)
4) 도면 작성 양식과 3D 렌더링 등각 투상도는 아래 그림을 참고하여 나타내고, 좌측상단 A부에 수험번호, 성명을 먼저 작성하고, 오른쪽 하단에 B부에는 표제란과 부품란을 작성한 후 제도작업을 하시오.
   (단, A부와 B부는 부품도(2D)와 렌더링 등각 투상도(3D)에 모두 작성하시오.)

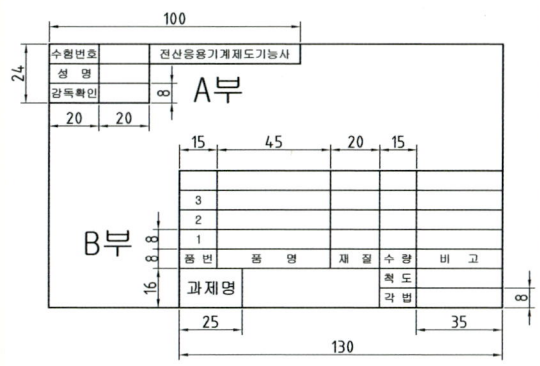

< 도면 작성 양식 (부품도 및 등각 투상도) >

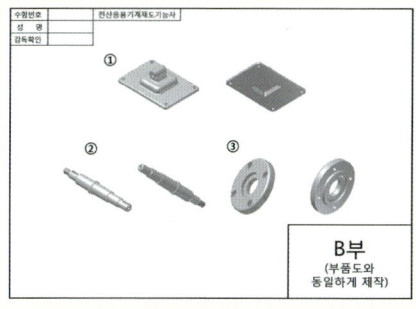

< 3D 렌더링 등각 투상도 예시 >

시험요구사항 및 채점기준

[공개]

자격종목	일반기계기사	과제명	도면참조

5) 도면의 크기 및 한계설정(Limits), 윤곽선 및 중심마크 크기는 다음과 같이 설정하고, a와 b의 도면의 한계선(도면의 가장자리 선)이 출력되지 않도록 하시오.

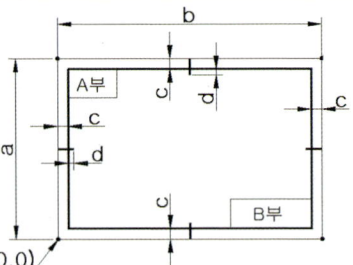

구분 도면크기 / 기호	도면의 한계		중심마크	
	a	b	c	d
A2(부품도)	420	594	10	5

< 도면의 크기 및 한계설정, 윤곽선 및 중심마크 >

6) 선 굵기에 따른 색상은 다음과 같이 설정하시오.

선 굵기	색 상	용 도
0.70 mm	하늘색(Cyan)	윤곽선, 중심 마크
0.50 mm	초록색(Green)	외형선, 개별주서 등
0.35 mm	노란색(Yellow)	숨은선, 치수문자, 일반주서 등
0.25 mm	빨강(Red), 흰색(White)	치수선, 치수보조선, 중심선, 해칭선 등

※ 위 표는 Autocad 프로그램 상에서 출력을 용이하게 위한 설정이므로 다른 프로그램을 사용할 경우 위 항목에 맞도록 문자, 숫자, 기호의 크기, 선 굵기를 지정하시기 바랍니다.

7) 문자, 숫자, 기호의 높이는 7.0mm, 5.0mm, 3.5mm, 2.5mm 중 적절한 것을 사용하시오.

8) 아라비아 숫자, 로마자는 컴퓨터에 탑재된 ISO표준을 사용하고, 한글은 굴림 또는 굴림체를 사용하시오.

[공개]

| 자격종목 | 일반기계기사 | 과 제 명 | 도면참조 |

2. 수험자 유의사항

※ 다음 유의사항을 고려하여 요구사항을 완성하시오.

1) 시작 전 감독위원이 지정한 곳에 본인 비번호로 폴더를 생성한 후 이 폴더에서 비번호를 파일명으로 작업 내용을 저장하고, 작업이 끝나면 비번호 폴더 전체를 감독위원에게 제출하시오. (파일제출 후에는 도면(파일) 수정 불가) 그리고 시험 종료 후 PC의 작업내용은 삭제합니다.
2) 수험자에게 주어진 문제는 비번호, 시험일시, 시험장명을 기재하여 반드시 제출합니다.
3) 마련한 양식의 A부 내용을 기입하고 감독위원의 확인 서명을 받아야 하며, B부는 수험자가 작성합니다.
4) 정전 또는 기계고장으로 인한 자료손실을 방지하기 위하여 수시로 저장합니다.
   - 이러한 문제 발생 시 "작업정지시간 + 5분"의 추가시간을 부여합니다.
5) 수험자는 제공된 장비의 안전한 사용과 작업 과정에서 안전수칙을 준수합니다.
6) 연속적인 컴퓨터 작업 시에는 신체에 무리가 가지 않도록 적절한 몸 풀기(스트레칭) 동작을 취하여야 합니다.
7) 도면에는 문제와 관련 없는 불필요한 낙서나 특이한 기록사항 등을 기재하여서는 안되며, 인적사항 기재란 외의 부분에 도면과 관련 없는 특수한 표시를 하거나 특정인임을 암시하는 경우 전체를 0점 처리합니다.
8) 다음 사항에 대해서는 채점 대상에서 제외하니 특히 유의하시기 바랍니다.
   가) 기권
      (1) 수험자 본인이 수험 도중 기권 의사를 표시한 경우
   나) 실격
      (1) 시험 시작 전 program 설정을 조정하거나 미리 작성된 Part program(도면, 단축키 셋업 등) 또는 LISP 등과 같은 Block(도면양식, 표제란, 부품란, 요목표, 주서 및 표면 거칠기 등)을 사용한 경우
      (2) 채점 시 도면 내용이 다른 수험자와 일부 또는 전부가 동일한 경우
      (3) 파일로 제공한 KS 데이터에 의하지 않고 지참한 노트나 서적을 열람한 경우
      (4) 수험자의 장비조작 미숙으로 파손 및 고장을 일으킨 경우

시험요구사항 및 채점기준

[공개]

자격종목	일반기계기사	과 제 명	도면참조

다) 미완성
 (1) 시험시간 내에 부품도(1장), 렌더링 등각투상도(1장)를 하나라도 제출하지 아니한 경우
 (2) 수험자의 직접 출력시간이 10분을 초과한 경우
  (다만, 출력시간은 시험시간에서 제외하며, 출력된 도면의 크기 또는 색상 등이 채점하기 어렵다고 판단될 경우에는 감독위원의 판단에 의해 1회에 한하여 재출력이 허용됩니다.)
  - 단, 재출력 시 출력 설정만 변경해야 하며 도면 내용을 수정하거나 할 수는 없습니다.
 (3) 요구한 부품도, 렌더링 등각 투상도 중에서 1개라도 투상도가 제도되지 않은 경우
  (지시한 부품번호에 대하여 모두 작성해야 하며 하나라도 누락되면 미완성 처리)
라) 오작
 (1) 요구한 도면 크기에 제도되지 않아 제시한 출력용지와 크기가 맞지 않는 작품
 (2) 투상법이나 척도가 요구사항과 전혀 맞지 않은 도면
 (3) 전반적으로 KS 제도규격에 의해 제도되지 않았다고 판단된 도면
 (4) 지급된 용지(트레이싱지)에 출력되지 않은 도면
 (5) 끼워 맞춤공차 기호를 부품도에 기입하지 않았거나 아무 위치에 지시하여 제도한 도면
 (6) 끼워 맞춤 공차의 구멍 기호(대문자)와 축 기호(소문자)를 구분하지 않고 지시한 도면
 (7) 기하공차 기호를 부품도에 기입하지 않았거나 아무 위치에 지시하여 제도한 도면
 (8) 표면거칠기 기호를 부품도에 기입하지 않았거나 아무 위치에 지시하여 제도한 도면
 (9) 조립상태(조립도 혹은 분해조립도)로 제도하여 기본지식이 없다고 판단되는 도면

※ 출력은 수험자 판단에 따라 CAD 프로그램 상에서 출력하거나 PDF 파일 또는 출력 가능한 호환성 있는 파일로 변환하여 출력하여도 무방합니다.
 - 이 경우 폰트 깨짐 등의 현상이 발생될 수 있으니 이점 유의하여 CAD 사용 환경을 적절히 설정하여 주시기 바랍니다.

[공개]

3. 지급재료 목록

자격종목	일반기계기사

일련번호	재료명	규격	단위	수량	비고
1	프린터 용지	트레이싱지 A3(297×420)	장	2	1인당

※ 국가기술자격 실기시험 지급재료는 시험종료 후(기권, 결시자 포함) 수험자에게 지급하지 않습니다.

[공개]

자격종목	일반기계기사	과 제 명	○○○○○○	척도	1:1

4. 도면

도면 생략

※ 동력전달장치, 치공구장치, 그 외 기계조립도면이 문제로 제시되며, 이 부분은 공개 시 변별력 저하가 우려되기 때문에 공개될 수 없음을 알려드립니다.

시험요구사항 및 채점기준

2. 채점기준(예시)

[2D CAD 작업형 실기시험 채점 기준표]

항목 번호	주요 항목	채점 세부내용	항목별 채점방법	배점	종합
1	투상법 선택과 배열	올바른 투상도 수의 선택	전체 투상도 수에서 1개당 3점 감점	15	27
		단면도 수의 선택	단면 불량 또는 누락 1개소당 2점 감점	7	
		합리적 도시 및 투상선 누락	상관선 및 투상선 누락과 불량 1개소당 1점 감점	5	
2	치수 기입	중요 치수	"2개소"당 누락 및 틀린 경우 1점 감점	5	12
		일반 치수	"2개소"당 누락 및 틀린 경우 1점 감점	4	
		치수 누락	"2개소"당 누락 1점 감점	3	
3	치수공차 및 끼워맞춤 기호	올바른 치수공차 기입	"2개소"당 누락 및 틀린 경우 1점 감점	3	8
		끼워맞춤공차 기호	"2개소"당 누락 및 틀린 경우 1점 감점	3	
		치수공차, 끼워맞춤공차 누락	"2개소"당 누락 1점 감점	2	
4	기하공차 기호	올바른 데이텀 설정	"1개소"당 누락 및 틀린 경우 1점 감점	3	8
		기하공차 기호의 적절성	"2개소"당 누락 및 틀린 경우 1점 감점	3	
		기하공차 기호 누락	"2개소"당 누락 1점 감점	2	
5	표면 거칠기 기호	기하공차부 표면 거칠기 기호	"2개소"당 누락 및 틀린 경우 1점 감점	3	8
		중요부 표면 거칠기 기호	"2개소"당 누락 및 틀린 경우 1점 감점	3	
		표면 거칠기 기호 기입과 누락	"3개소"당 누락 1점 감점	2	
6	재료 선택 및 부품란	올바른 재료 선택	재료 선택 불량 1개소당 1점 감점	4	7
		열처리 및 표면 처리 적절성	상 : 3점, 중 : 2점, 하 : 1점	3	
7	주서 및 부품란	상세도의 올바른 척도 지시	척도 누락 및 불량 1개소당 1점 감점	2	7
		맞는 수량 기입	누락 및 틀린 경우 1개소당 1점 감점	2	
		올바른 주서 기입	상 : 3점, 중 : 2점, 하 : 1점	3	
8	도면의 외관	도형의 균형 있는 배치	상 : 3점, 중 : 2점, 하 : 1점	3	8
		선의 용도에 맞는 굵기 선택	상 : 3점, 중 : 2점, 하 : 1점	3	
		용도에 맞는 문자 크기 선택	상 : 2점, 하 : 1점	2	
			합계		85

※ 상 : 모두 맞은 경우, 중 : 틀린 것이 2개 이내인 경우, 하 : 틀린 것이 4개 이내인 경우

시험요구사항 및 채점기준

[3D CAD 작업형 실기시험 채점 기준표]

항목 번호	주요 항목	채점 세부내용	배점	종합
1	형상 투상	(ⓐ)번 부품은 올바르게 투상하였는가?	1	3
		(ⓑ)번 부품은 올바르게 투상하였는가?	1	
		(ⓒ)번 부품은 올바르게 투상하였는가?	1	
2	형상 질량	(ⓐ)부품의 질량이 정확한가?	1	3
		(ⓑ)부품의 질량이 정확한가?	1	
		(ⓒ)부품의 질량이 정확한가?	1	
3	형상 편집	모따기 형상은 올바르게 투상하였는가?	1	2
		라운드 형상은 올바르게 투상하였는가?	1	
4	3차원 배치	각 부품의 특성을 잘 나타냈는가?	2	3
		각 부품 번호의 올바른 작성	1	
5	표제란 부품란	부품 수량의 올바른 기입	1	4
		부품 재질의 올바른 작성	1	
	도면 외관	선의 용도에 맞는 굵기 출력	1	
		요구사항에 맞는 출력	1	
		합계		15

시험요구사항 및 채점기준

CONTENTS

PART 01 실기 기초 개념 이해하기

01 인벤터 3D 시작하기   018
1. 인벤터 다운로드   018
2. 3차원 부품의 모델링 원리   018
3. 3차원 CAD 작업 흐름   018
4. 인벤터 템플릿의 종류   019
5. 인벤터 화면 구성(인터페이스)   020
6. 인벤터 화면 조작법   021
7. 인벤터 단축 아이콘 및 명령어 알아보기   021

02 인벤터 환경설정   024
1. 인벤터 기본 옵션 설정   024
2. 인벤터 2D 도면틀(템플릿)   027

03 도면 해독 및 작성법   033
1. 치수공차와 끼워맞춤 공차   033
2. 표면 거칠기   046
3. 기하 공차   052
4. 기계재료의 재질 선택   062

04 국가기술자격 실기시험용 KS기계제도 규격   064

05 동력전달장치-1 따라하기   114
1. 동력전달장치에 포함될 사항들   120
2. 동력전달장치 도면 ① 본체 따라하기   121
3. 동력전달장치 도면 ② 커버 따라하기   124
4. 동력전달장치 도면 ③ 기어 따라하기   127
5. 동력전달장치 도면 ⑤ 축 따라하기   130

06 드릴지그-1 따라하기   136
1. 드릴지그에 포함될 사항들   142
2. 드릴지그 도면 ① 베이스 따라하기   143
3. 드릴지그 도면 ② 서포트 따라하기   146
4. 드릴지그 도면 ③ 플레이트 따라하기   149
5. ④ 드릴부시 ⑤ 고정라이너 따라하기   152

CONTENTS

PART 02   실전 과제 연습

01	동력전달장치-2	158
02	동력전달장치-3	164
03	동력전달장치-4	170
04	동력전달장치-5	176
05	동력전달장치-6	182
06	동력전달장치-7	188
07	동력전달장치-8	194
08	동력전달장치-9	200
09	편심구동장치-1	206
10	편심구동장치-2	212
11	편심구동장치-3	218
12	편심구동장치-4	224
13	전동장치	230
14	기어박스	236
15	기어펌프	242
16	직선왕복장치	248

CONTENTS

17	레버 에어척	254
18	드릴지그-2	260
19	드릴지그-3	266
20	드릴지그-4	272
21	드릴지그-5	278
22	고정지그-1	284
23	고정지그-2	290
24	리밍지그-1	296
25	리밍지그-2	302
26	리밍지그-3	308

27	리밍지그-4	314
28	바이스-1	320
29	바이스-2	326
30	바이스-3	332
31	클램프-1	338
32	클램프-2	344
33	클램프-3	350
34	클램프-4	356
35	클램프-5	362
36	밸브	368

CONTENTS

37 드래서	**374**	
38 편심 슬라이더	**380**	
39 쇼크 업소버	**386**	

실기 인벤터 2D·3D

일반기계기사·기계설계산업기사·전산응용기계제도기능사

PART 01
실기 기초 개념 이해하기

오토데스크(미국)에서 만든 인벤터와 오토캐드는 홈페이지(www.autodesk.co.kr)에서 제품 다운로드 후 학생인증(학생증, 재학증명서 등)을 하면 무료로 1년 교육용 라이센스를 제공하며, 1년 단위로 연장이 가능하다. 학생 인증을 하지 않더라도 무료체험판 30일을 제공한다.(체험판 출력시 워터마크 표시) 이 외에도 다양한 3D 및 2D 프로그램을 홈페이지를 통해 무료로 다운로드를 제공하고 있다.

일 반 기 계 기 사
기 계 설 계 산 업 기 사
전산응용기계제도기능사
실기(인벤터 2D · 3D)

1 CHAPTER 인벤터 3D 시작하기

1. 인벤터 다운로드

오토데스크(미국)에서 만든 인벤터와 오토캐드는 홈페이지(www.autodesk.co.kr)에서 제품 다운로드 후 학생인증(학생증, 재학증명서 등)을 하면 무료로 1년 교육용 라이센스를 제공하며, 1년 단위로 연장이 가능하다. 학생 인증을 하지 않더라도 무료체험판 30일을 제공한다.(체험판 출력시 워터마크 표시) 이 외에도 다양한 3D 및 2D 프로그램을 홈페이지를 통해 무료로 다운로드를 제공하고 있다.

2. 3차원 부품의 모델링 원리

인벤터를 비롯한 모든 3D 프로그램의 3차원 입체 도형 그리기는 크게 3가지 단계로 이루어진다. 다른 3D 프로그램도 아이콘의 모양만 다를 뿐 같은 방법으로 모델링이 이루어지므로 원리를 잘 이해하길 바란다.

① 작업 평면 선택   ② 스케치 작성   ③ 형상 만들기

3. 3차원 CAD 작업 흐름

수많은 3D 프로그램이 있으나 작업의 흐름은 대부분 다음의 순서를 따른다.

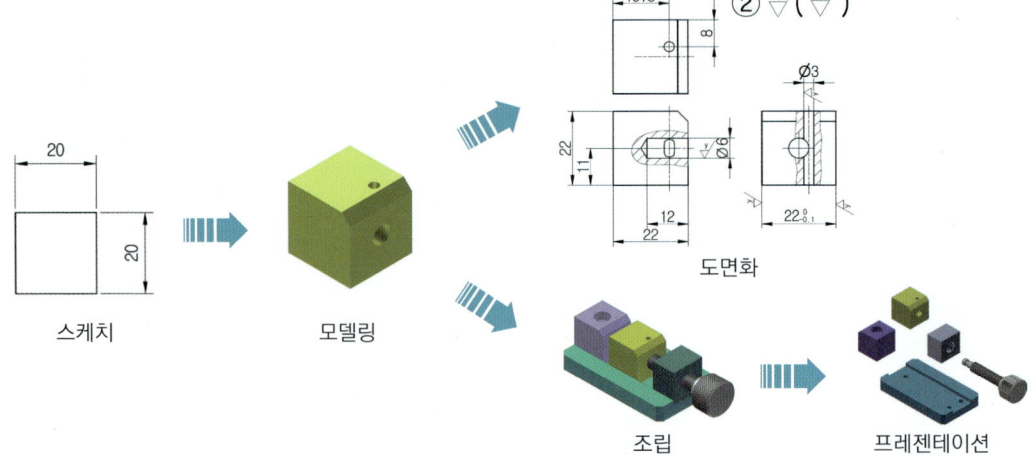

스케치 → 모델링 → 도면화 / 조립 → 프레젠테이션

4. 인벤터 템플릿의 종류

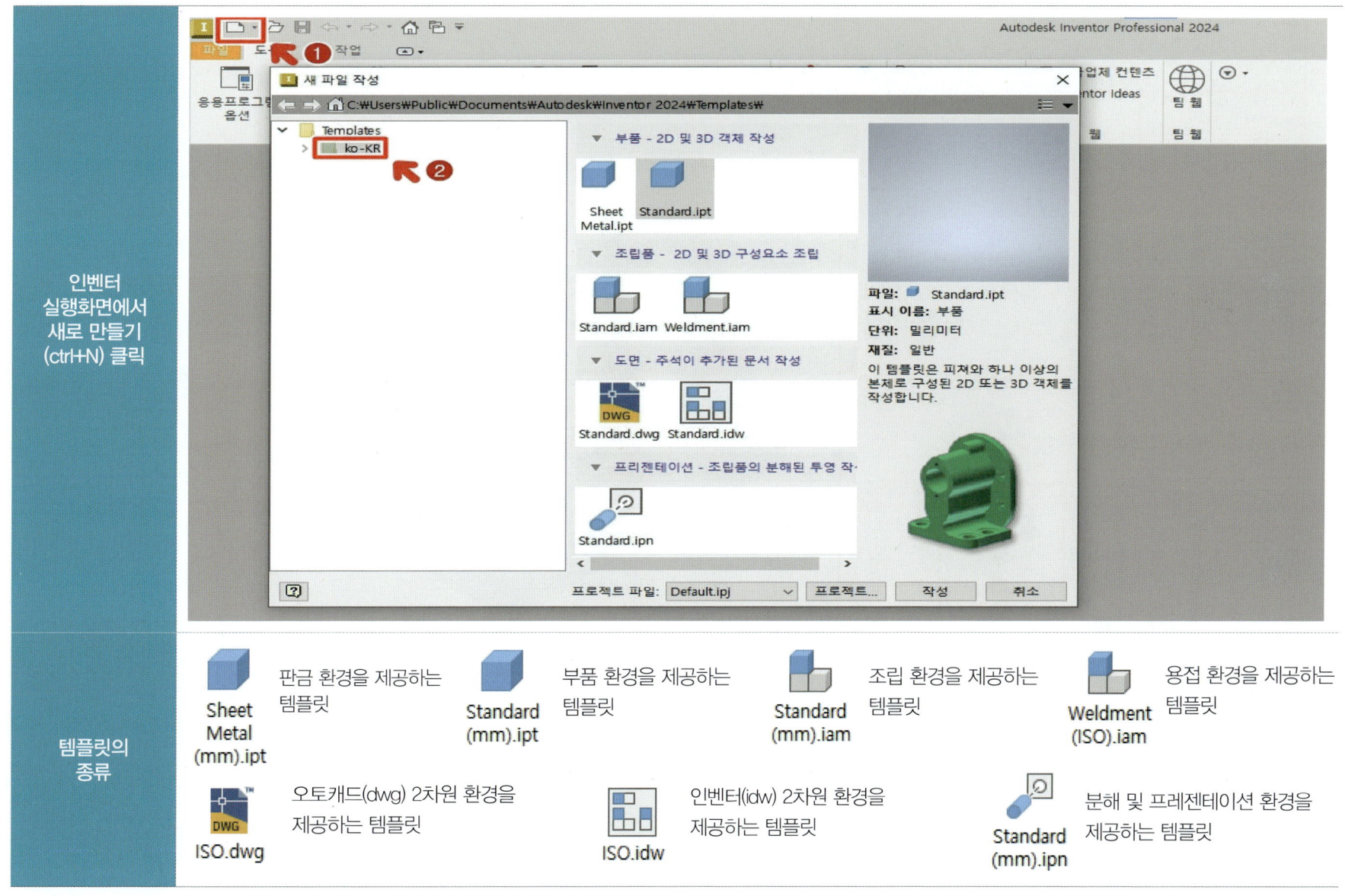

5. 인벤터 화면 구성(인터페이스)

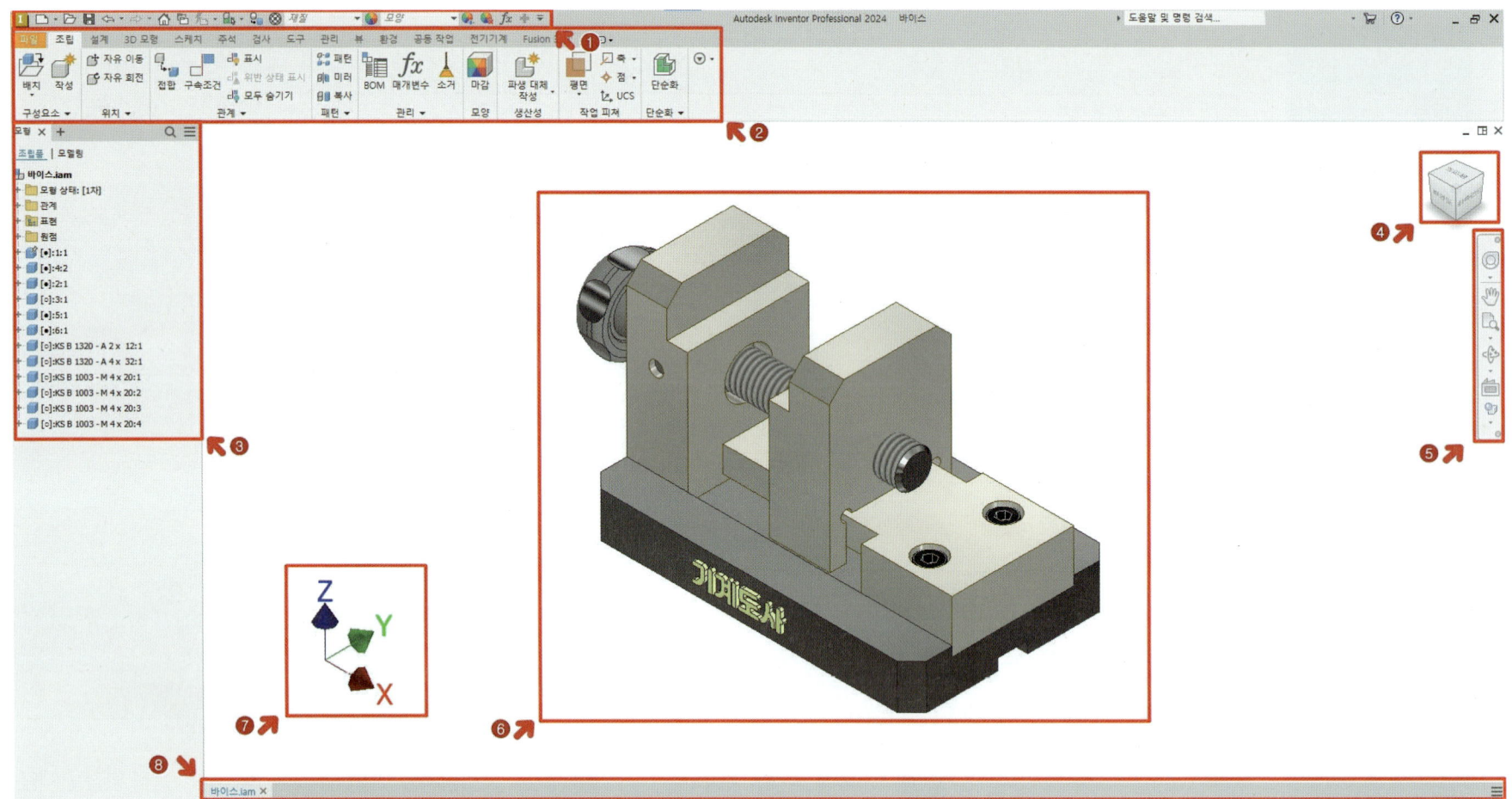

① 퀵 메뉴 막대 : 파일 열기, 저장하기 등 파일에 대한 내용과 재질, 색상의 설정이 가능하다.
② 리본 메뉴 막대 : 각각의 환경에 맞는 명령어들이 묶여 있다.
③ 검색기 막대 : 작업 중인 내용을 순서대로 나타내 준다.
④ 뷰 큐브 : 화면의 뷰 방향을 제어할 수 있다.
⑤ 탐색 막대 : 화면제어 아이콘이 묶여 있다.
⑥ 작업화면창 : 부품의 생성 및 조립 작업이 이루어지는 영역이다.
⑦ 좌표계 : 작업화면의 좌표계 방향을 나타낸다.
⑧ 상태 막대 : 현재 실행중인 명령어의 순서나 현재 작업 환경의 상태를 표시해 준다.

6. 인벤터 화면 조작법

확대 축소 : ② 버튼을 위로 굴리면 확대, 아래로 굴리면 축소된다.
시점 이동 : ② 버튼을 누른 채 드래그 하면 화면 시점을 이동한다.
화면 회전 : ❶ Shift 버튼 + ② 버튼을 누른 상태로 회전을 한다.
　　　　　 ❷ F4 버튼 + ① 버튼을 누른 상태로 회전을 한다.
　　　　　 ❸ 뷰큐브에서 ① 버튼을 누르며 회전을 한다.

7. 인벤터 단축 아이콘 및 명령어 알아보기

인벤터 작업시에 다양한 단축키를 사용할 수 있다. 기본적인 단축키를 사용하면 작업시간을 줄일 수 있으며 리본메뉴 – 도구 – 사용자화에서 단축키를 변경할 수 있다. 굳이 단축키를 사용하지 않더라도 리본메뉴의 아이콘 모양을 눌러 원하는 형상의 명령을 실행할 수 있으며, 작업화면 창에서 마우스 오른쪽을 클릭하면 기능의 목차 메뉴를 제공하며, 선택한 객체의 자주 사용하는 기능을 표시하고 선택하면 명령을 실행할 수 있다.

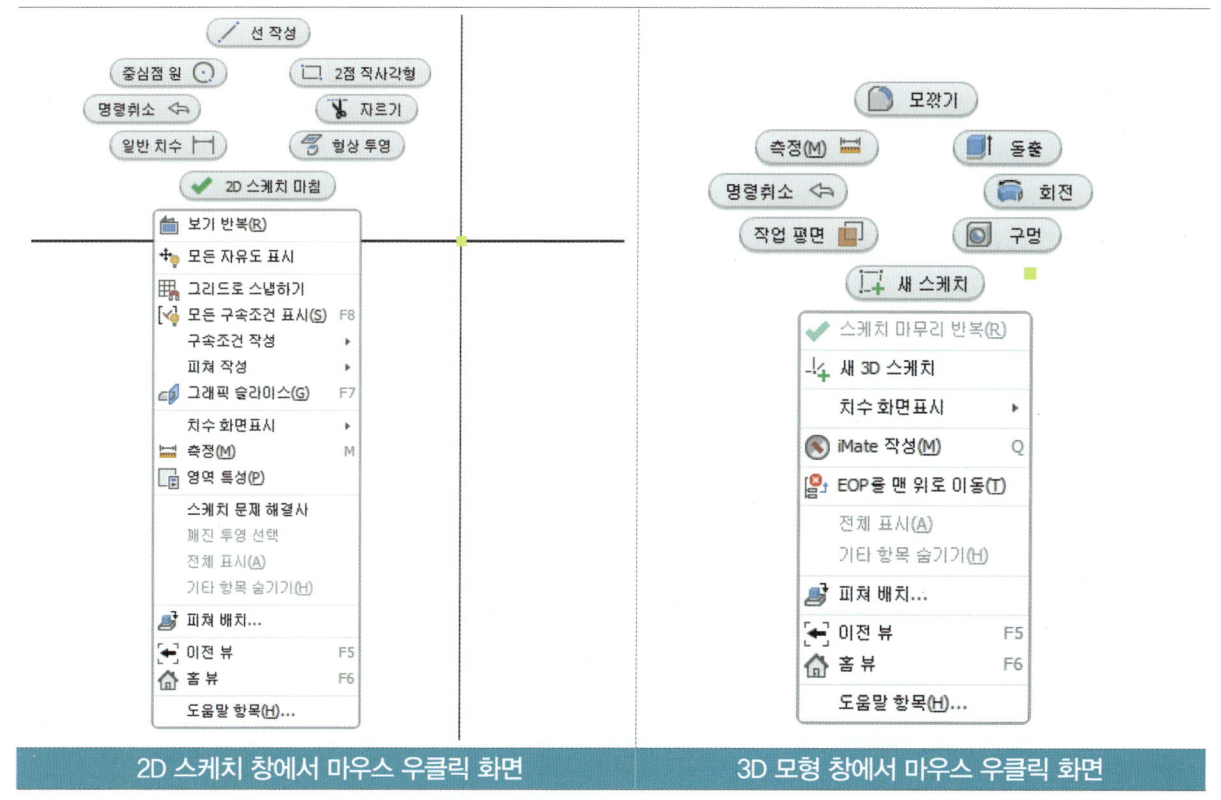

2D 스케치 창에서 마우스 우클릭 화면　　　3D 모형 창에서 마우스 우클릭 화면

윈도우 단축키

아이콘	단축 명령어	설명	아이콘	단축 명령어	설명
	Ctrl + C	복사 하기		Ctrl + S	저장
	Ctrl + V	붙여 넣기		Ctrl + Z	명령 취소
	Ctrl + X	잘라 내기		Ctrl + Y	명령 복구
	Ctrl + A	전체 선택		Ctrl + O	새문서 열기
	Ctrl + P	인쇄		Ctrl + N	새문서 작성

뷰 단축키

아이콘	단축 명령어	설명	아이콘	단축 명령어	설명
	F2	초점 이동		Page UP	보기
	F3	확대 또는 축소		Home	줌 전체
	F4	객체 회전		Ctrl + W	Steering
	F5	이전 뷰		Delete	선택한 객체 삭제
	Shift + F5	다음 뷰		Shift + 마우스 오른쪽 클릭	선택 도구 메뉴 활성화
	F6	등각투영 뷰		Shift + 회전도구	뷰 자동 회전
	F10	메뉴 바로 가기		Space Bar	마지막 명령 재실행

스케치 단축키

아이콘	단축 명령어	설명	아이콘	단축 명령어	설명
	F7	그래픽 슬라이스		T	글씨 쓰기
	F8	전체 구속조건 표시		O	간격 띄우기
	F9	전체 구속조건 숨기기		D	일반치수
	L	선 또는 호 작성		X	자르기
	Ctrl + Shift + C	중심점 원		M	측정
	A	중심점 호		S	스케치 마무리

피쳐 단축키					
아이콘	단축 명령어	설명	아이콘	단축 명령어	설명
	S	2D 스케치		Ctrl +Shift + S	스윕
	E	돌출		F	모깎기
	R	회전		Ctrl +Shift + K	모따기
	H	구멍		Ctrl +Shift + R	직사각형 패턴
	]	작업평면		Ctrl +Shift + O	원형 패턴
	/	작업 축		Ctrl +Shift + M	대칭
	.	작업 점		Ctrl + Enter	복귀
	Ctrl +Shift + L	로프트			

2 CHAPTER 인벤터 환경설정

1. 인벤터 기본 옵션 설정

인벤터의 부품탭을 실행하여 3D 형상을 모델링할 때 설정하여야 하는 기본 환경을 설정하는 방법이다. 3D 모델링을 하기 위해 똑같이 따라서 할 필요는 없지만, 사용의 편의를 위해 따라 하며 반복 숙달하여 익숙해지도록 연습한다.

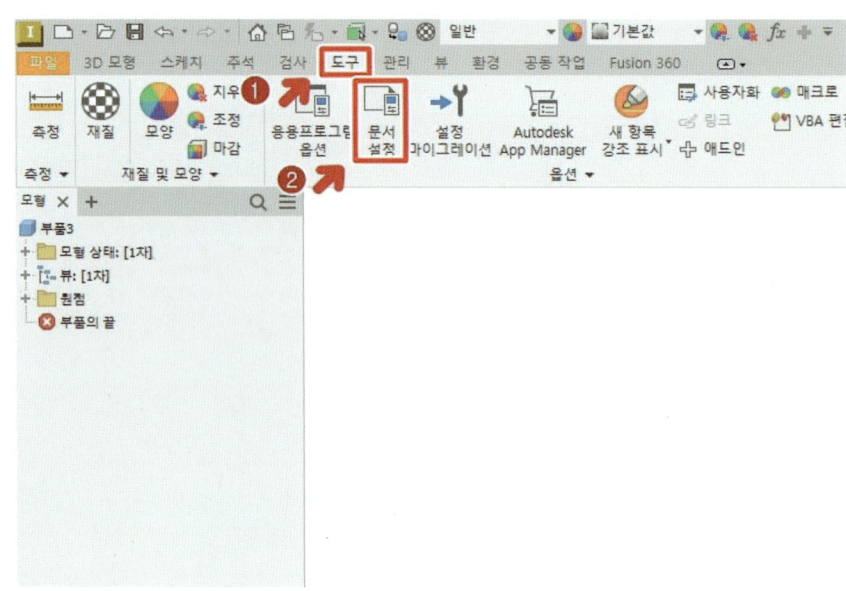

① 도구 ⇨ 문서 설정 ⇨ 클릭

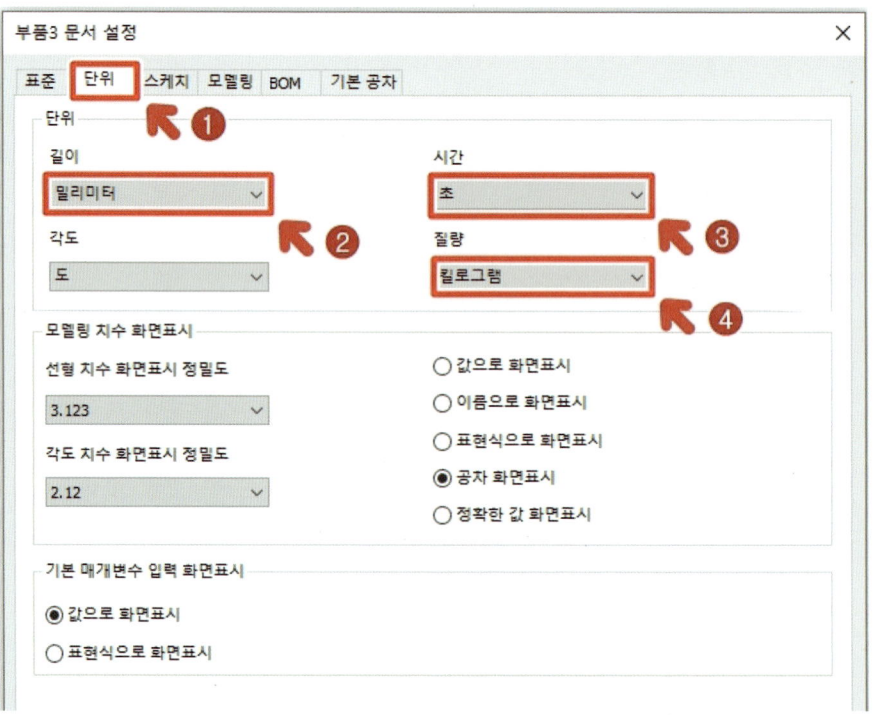

② 단위 ⇨ 길이, 시간, 각도, 질량 ⇨ 그림과 같이 설정

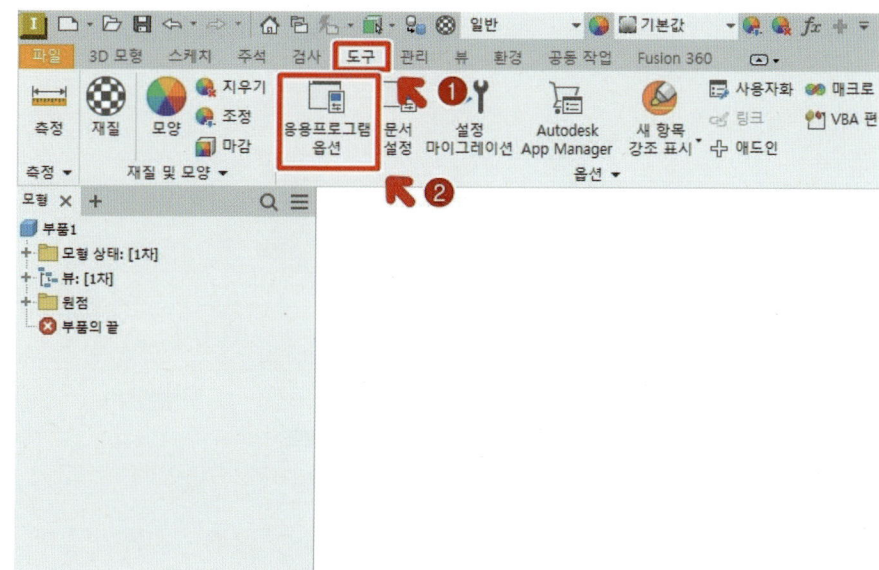

③ 도구 ➡ 문서 설정 ➡ 클릭

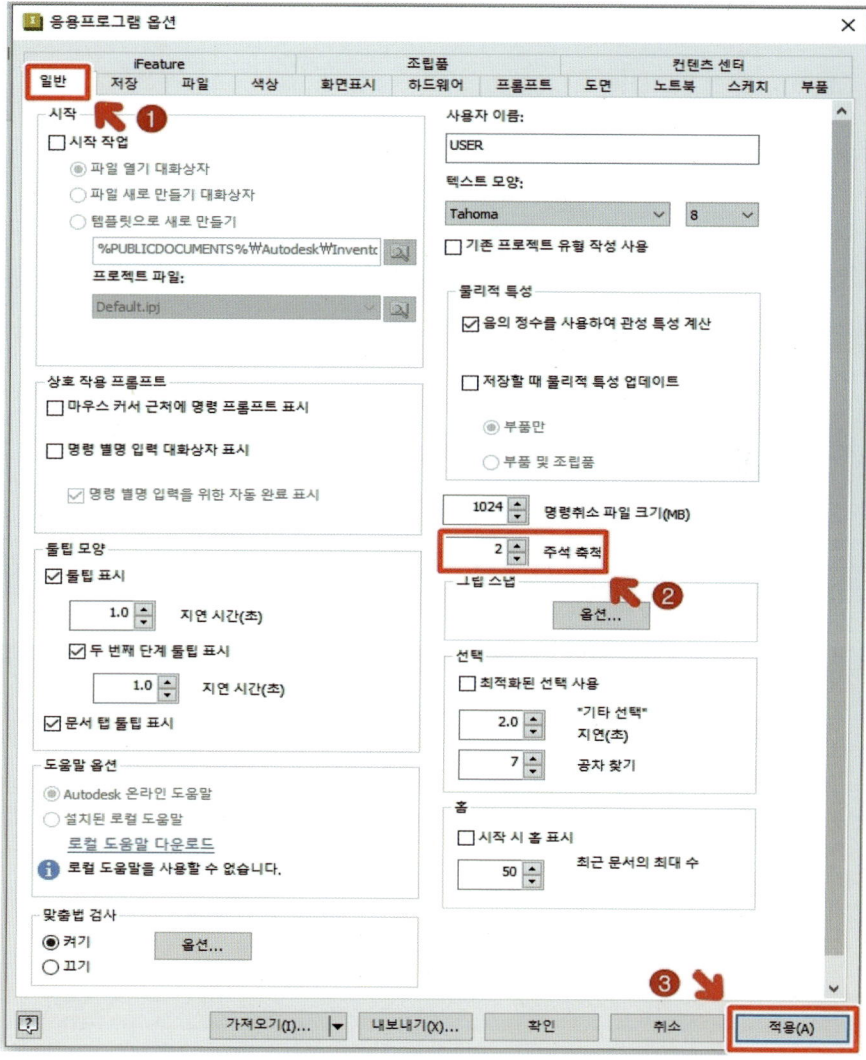

④ 일반 ➡ 주석 축척 ➡ 그림과 같이 설정

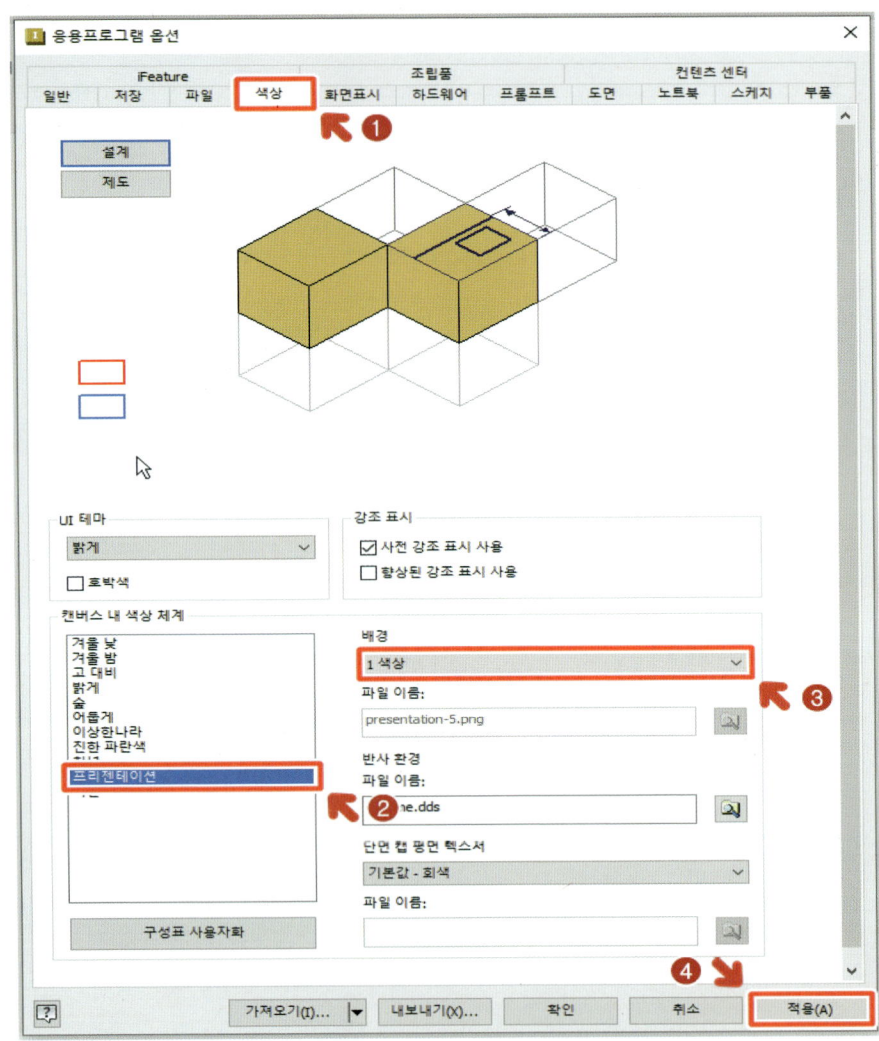

⑤ 색상 ⇨ 그림과 같이 설정

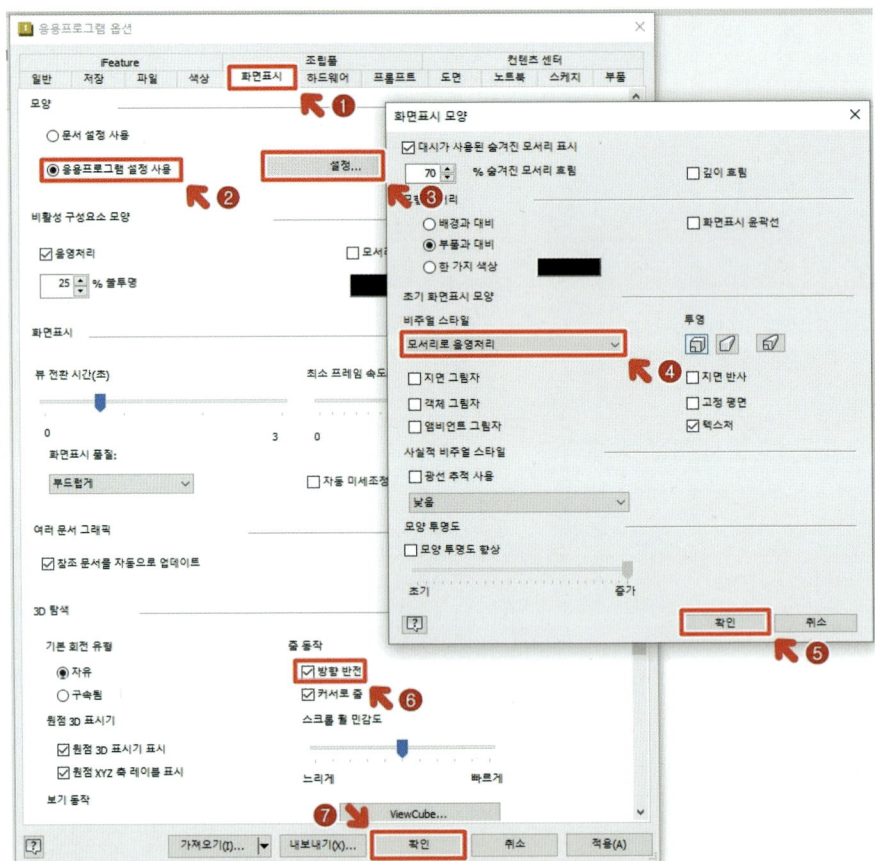

⑥ 화면표시 ⇨ 그림과 같이 설정

2. 인벤터 2D 도면틀(템플릿)

인벤터의 도면탭을 실행하여 2D 도면을 작성할 때 설정하여야 하는 기본 환경을 설정하는 방법이다. 2D 도면 작성에 앞서 제일 먼저 해주어야 하는 작업으로 이 단계를 거치지 않고 치수기입이나 표면거칠기를 작성하면 초기 설정값으로 나타나기 때문에 원하는 모양으로 치수 기입이 되지 않는다. 따라 하며 반복 숙달하여 익숙해지도록 연습한다.

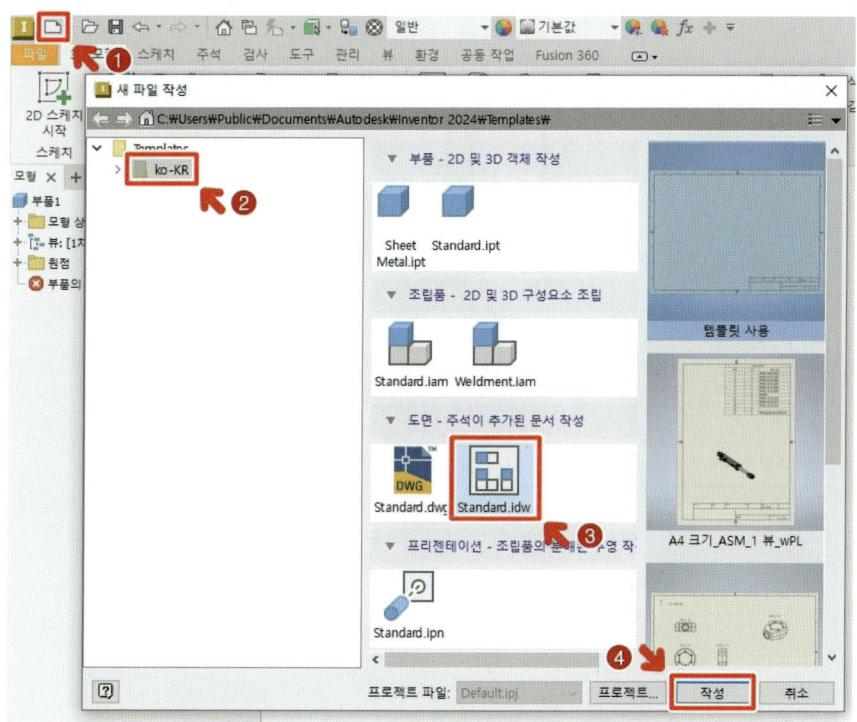

① 새로만들기 ⇨ ko-KR ⇨ Standard.idw ⇨ 작성

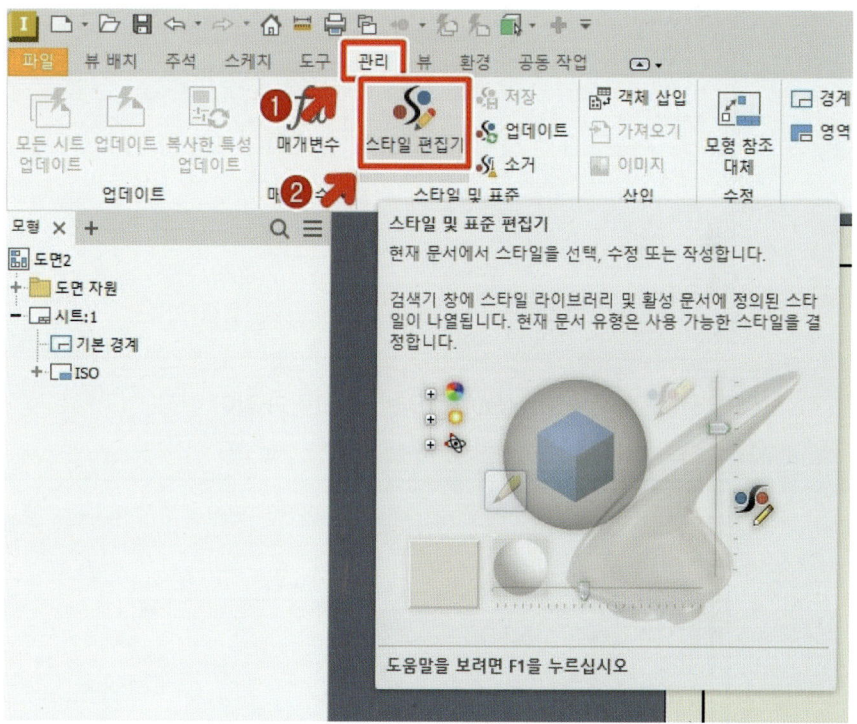

② 관리 ⇨ 스타일 편집기 클릭

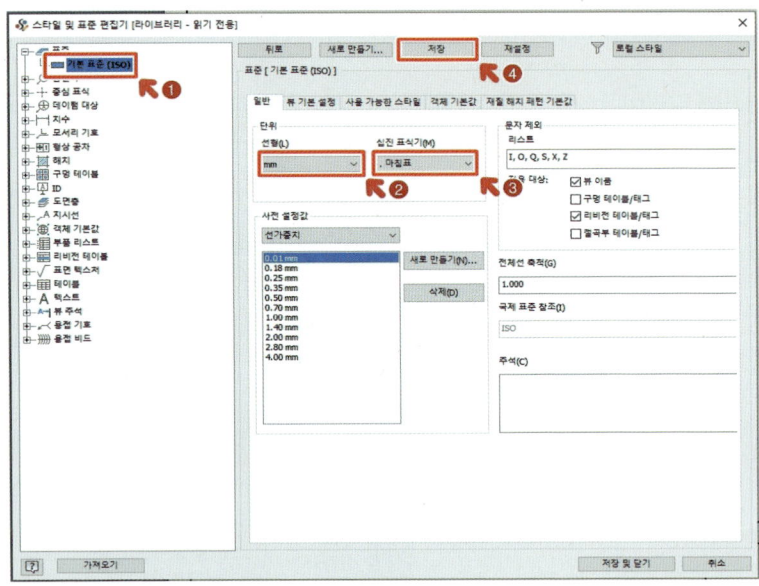

③ 표준 ➡ 기본 표준(ISO) ➡ 일반 ➡ 그림과 같이 설정

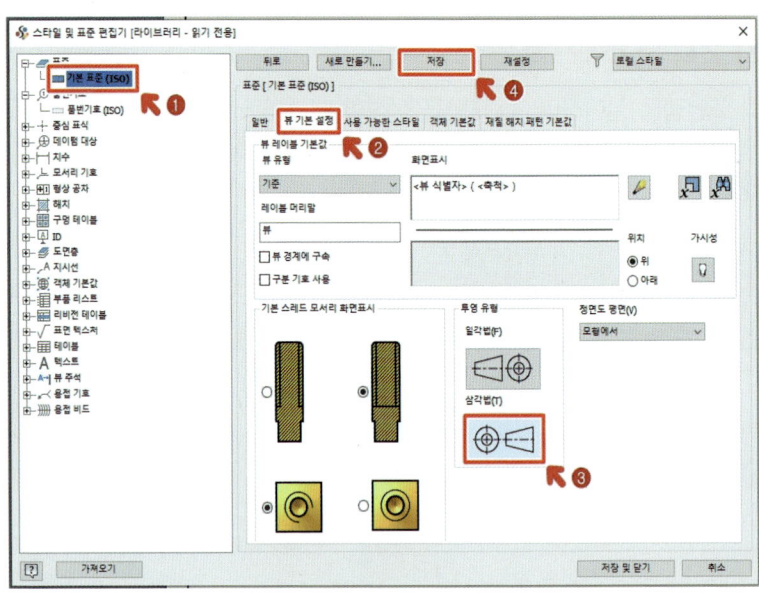

④ 표준 ➡ 기본 표준(ISO) ➡ 뷰 기본 설정 ➡ 그림과 같이 설정

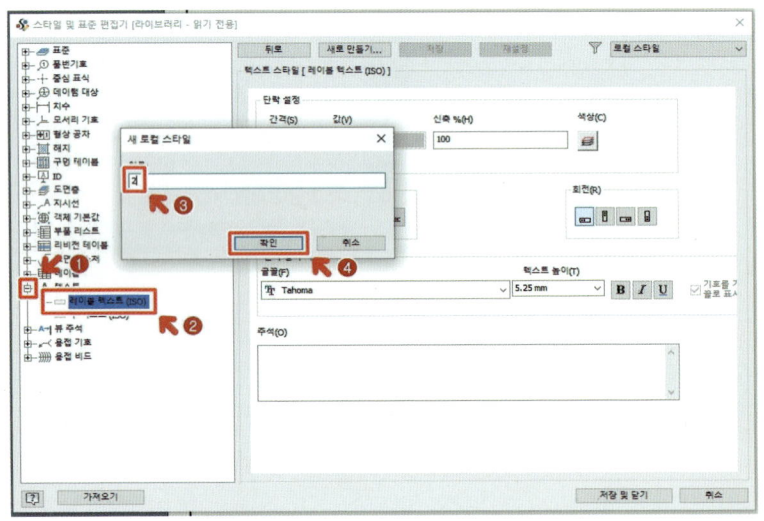

⑤ 텍스트 ➡ 레이블 텍스트(ISO) 클릭 ➡ 마우스 우클릭
   (스타일 이름바꾸기 클릭) ➡ 그림과 같이 설정

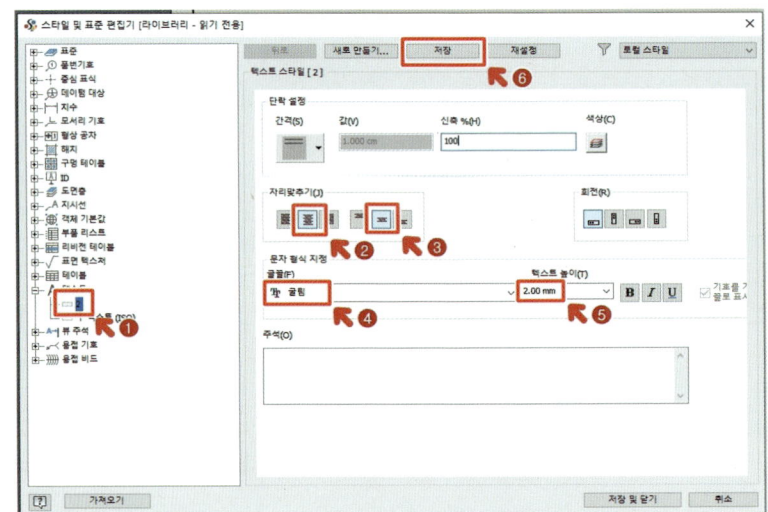

⑥ 텍스트 ➡ 텍스트 크기 2의 설정 변경 ➡ 그림과 같이 설정

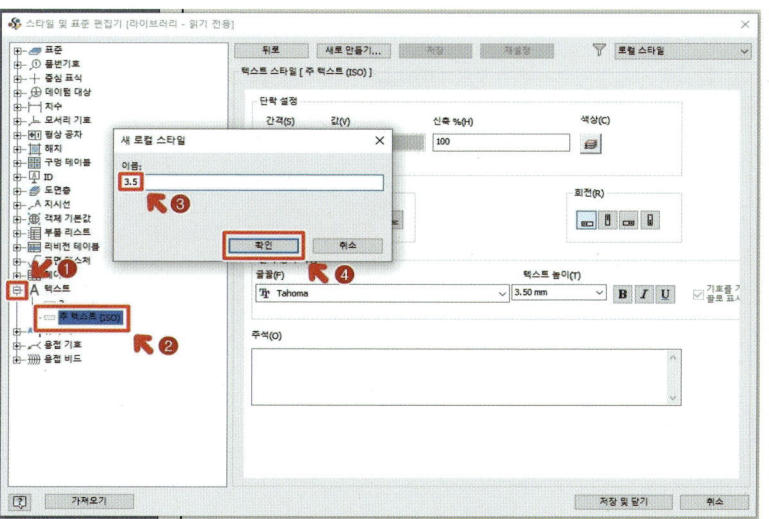

⑦ 텍스트 ⇨ 주 텍스트(ISO) 클릭 ⇨ 마우스 우클릭
  (스타일 이름바꾸기 클릭) ⇨ 그림과 같이 설정

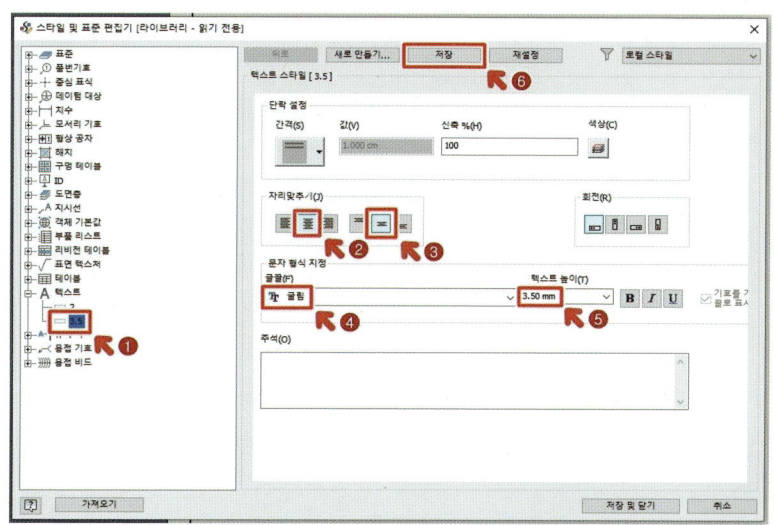

⑧ 텍스트 ⇨ 텍스트 크기 3.5의 설정 변경 ⇨ 그림과 같이 설정

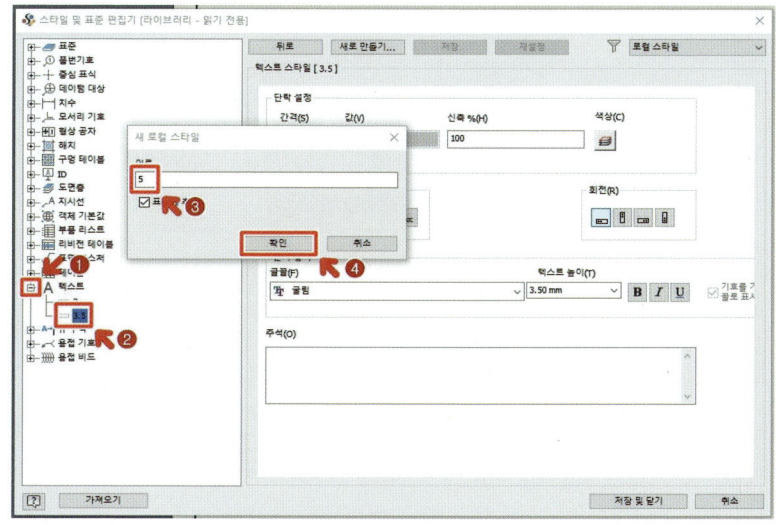

⑨ 텍스트 ⇨ 3.5 클릭 ⇨ 마우스 우클릭 (새스타일 클릭) ⇨
  그림과 같이 설정

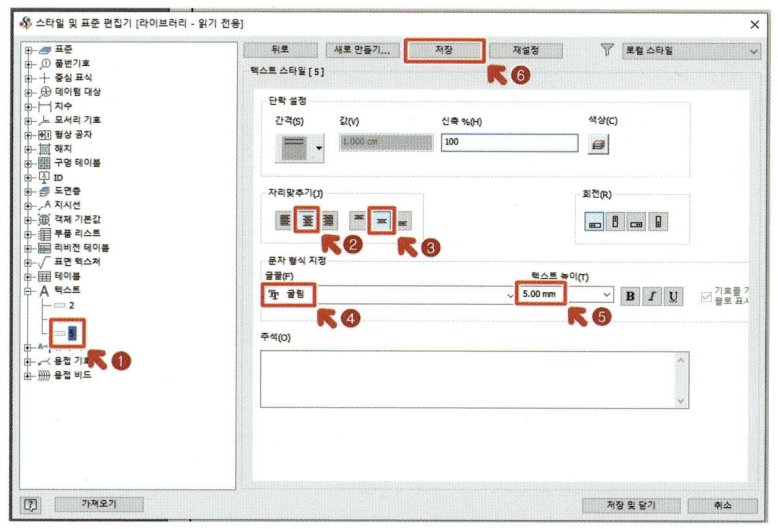

⑩ 텍스트 ⇨ 텍스트 크기 5의 설정 변경 ⇨ 그림과 같이 설정

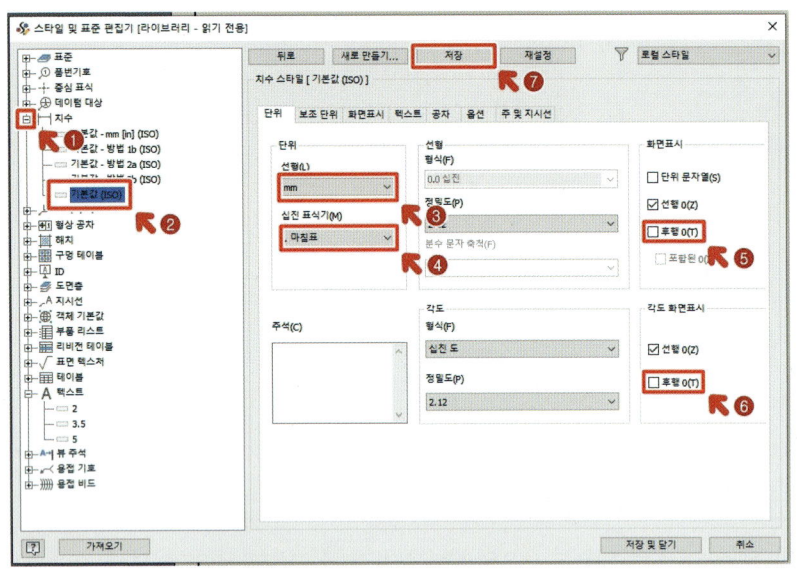

⑪ 치수 ⇨ 기본값(ISO) ⇨ 단위 ⇨ 그림과 같이 설정

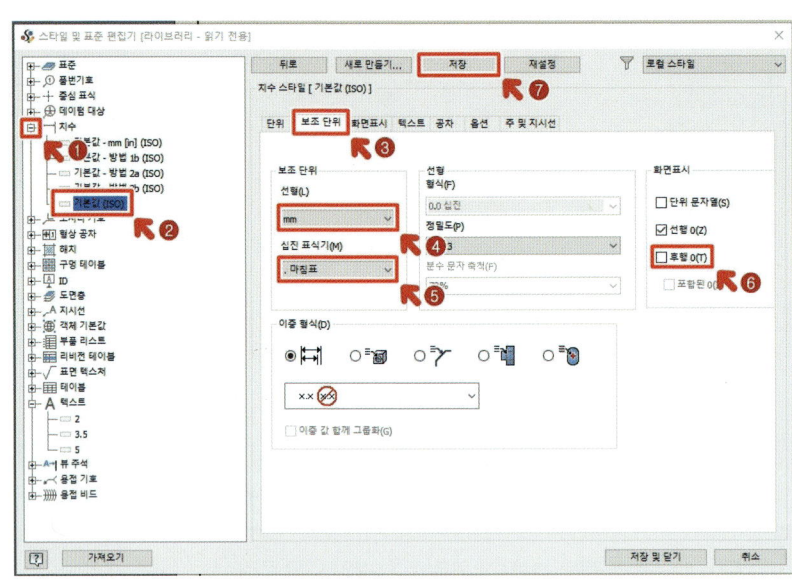

⑫ 치수 ⇨ 기본값(ISO) ⇨ 보조 단위 ⇨ 그림과 같이 설정

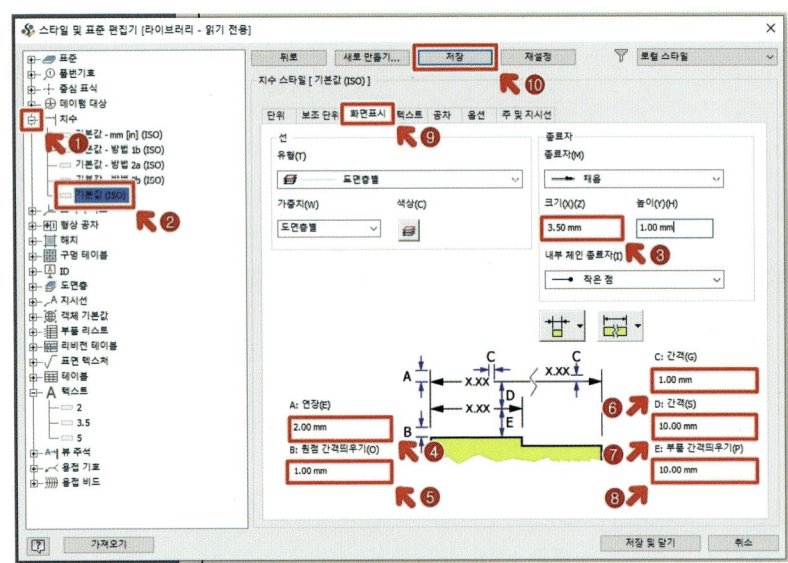

⑬ 치수 ⇨ 기본값(ISO) ⇨ 화면표시 ⇨ 그림과 같이 설정

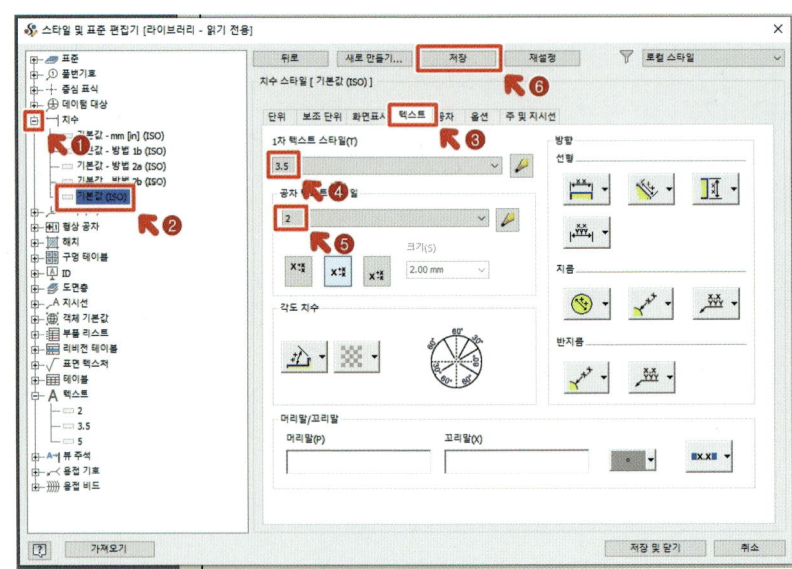

⑭ 치수 ⇨ 기본값(ISO) ⇨ 텍스트 ⇨ 그림과 같이 설정

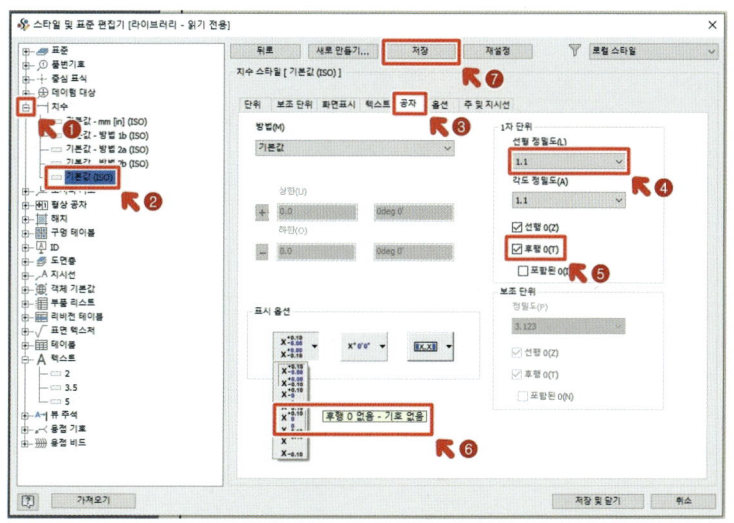

⑮ 치수 ⇨ 기본값(ISO) ⇨ 공차 ⇨ 그림과 같이 설정

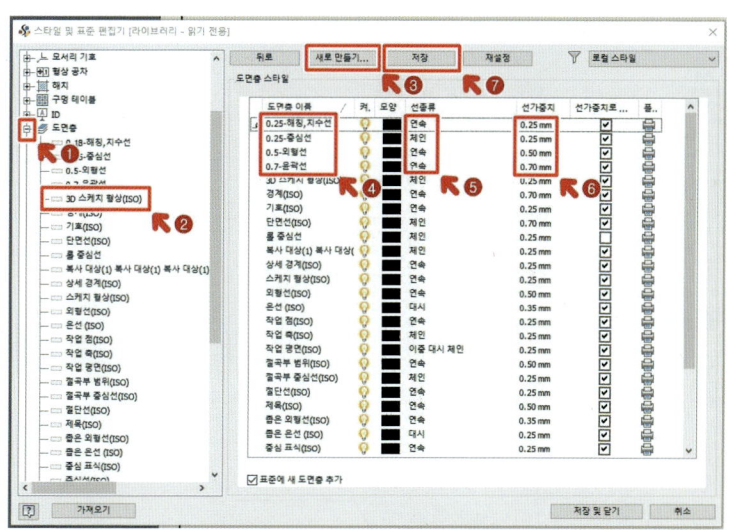

⑯ 도면층 ⇨ 3D 스케치 형상(ISO) ⇨ 새로 만들기 ⇨ 그림과 같이 설정

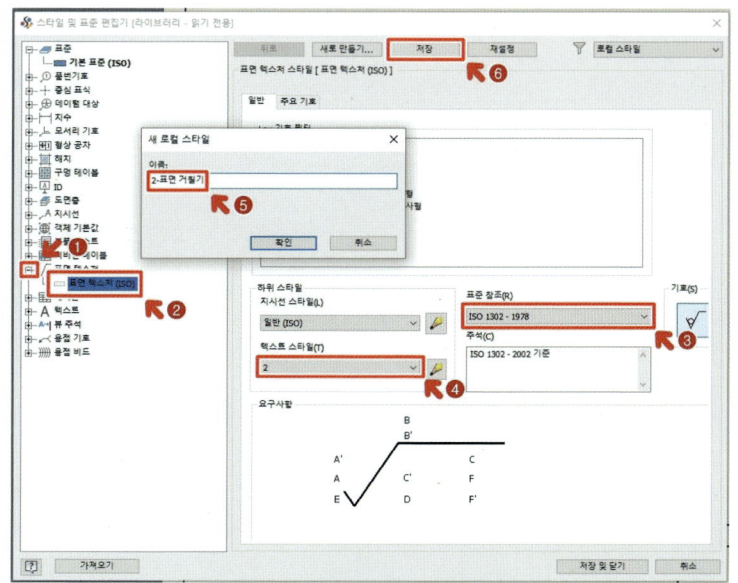

⑰ 표면 텍스처 ⇨ 표면 텍스처(ISO) ⇨ 그림과 같이 설정 ⇨ 표면 텍스처(ISO) 우클릭 ⇨ 스타일 이름바꾸기 ⇨ 그림과 같이 설정

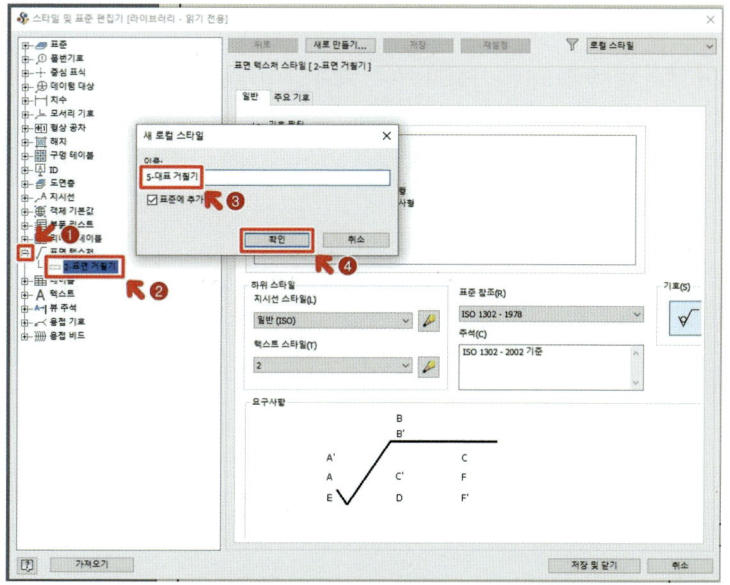

⑱ 표면 텍스처 ⇨ 2-표면 거칠기 우클릭 ⇨ 새 스타일 클릭 ⇨ 그림과 같이 설정

CHAPTER 02 | 인벤터 환경설정 31

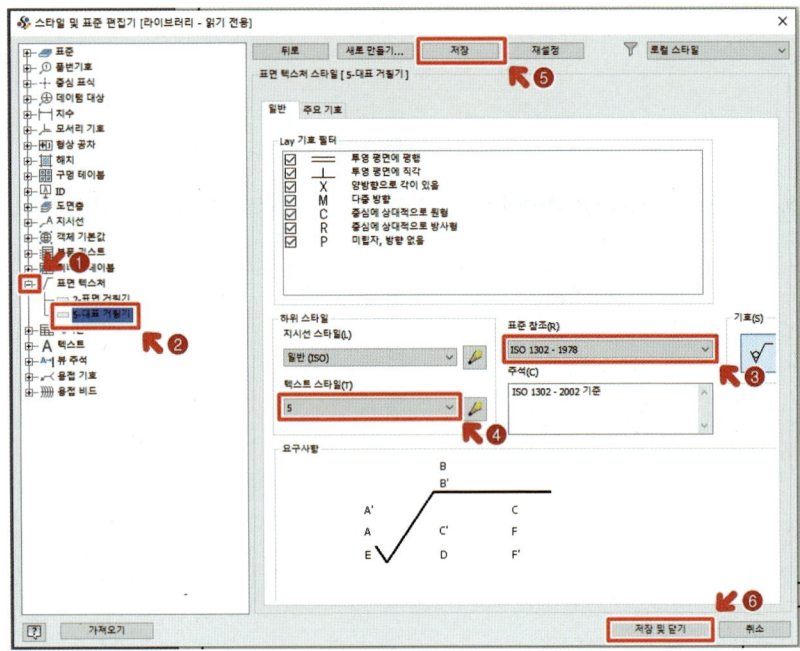

⑲ 표면 텍스처 ➪ 5-대표 거칠기 ➪ 그림과 같이 설정

3 CHAPTER 도면 해독 및 작성법

1. 치수공차와 끼워맞춤 공차

(1) 치수 공차

치수 공차는 최대 허용 치수와 최소 허용 치수의 차이를 말한다. 기계 부품의 원활한 회전 운동과 미끄럼 운동을 하기 위해서 필요하며 치수 공차에 쓰이는 용어는 아래와 같다.

용어	의미
구멍	주로 원통형의 내측 형체, 원형 단면이 아닌 내측 형체도 포함
축	주로 원통형의 외측 형체, 원형 단면이 아닌 외측 형체도 포함
실 치수	가공이 완료되어 실제로 측정했을 때의 치수
허용 한계 치수	허용할 수 있는 실 치수의 범위
최대 허용 치수	허용할 수 있는 가장 큰 실 치수
최소 허용 치수	허용할 수 있는 가장 작은 실 치수
기준 치수	치수 공차를 정할 때 기준이 되는 치수
치수 공차	최대 허용 한계 치수와 최소 허용 한계 치수의 차
기준선	허용 한계 치수 또는 끼워맞춤을 표시할 때의 기준 치수
치수 허용차	허용 한계 치수와 기준 치수와의 차
위 치수 허용차	최대 허용 치수와 기준 치수와의 차
아래 치수 허용차	최소 허용 치수와 기준 치수와의 차

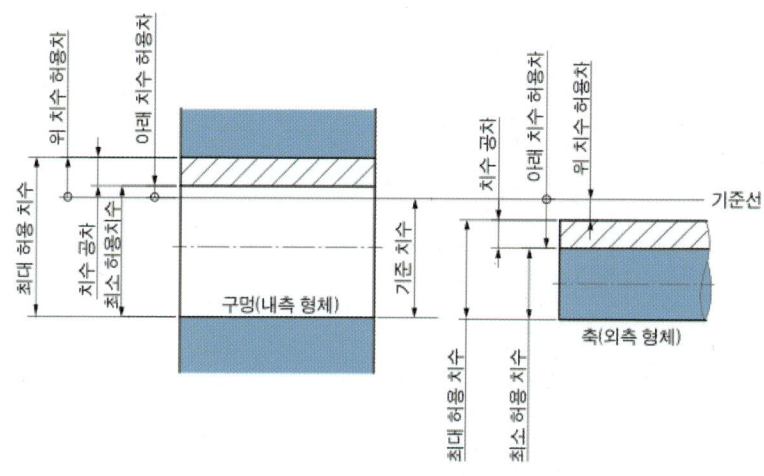

컴퓨터응용밀링기능사 ①번 공개문제를 예시로 한 치수공차의 계산

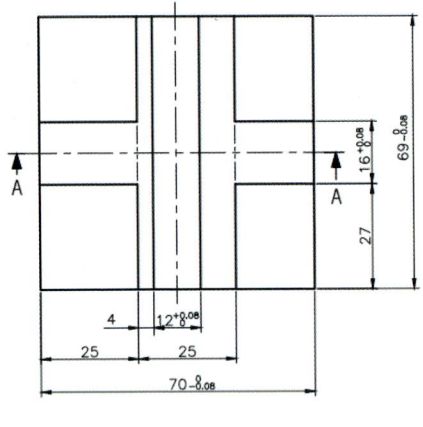

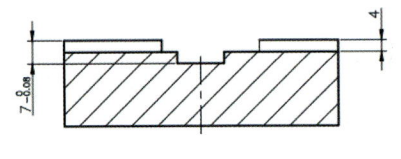

단면 A-A

밀링가공작업 예제 ① 2D

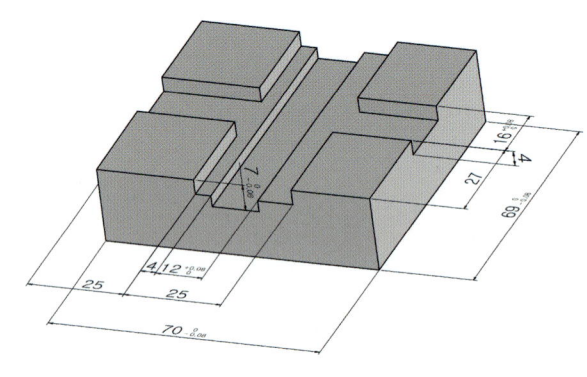

밀링가공작업 예제 ① 3D

- 도면에서 지시하는 가로변의 전체길이 $70\,_{-0.08}^{0}$ 을 예시로 볼 때
- 기준치수 = 70
- 최대 허용 치수 = 허용할 수 있는 가장 큰 실 치수 = 70 + 0 = 70
- 최소 허용 치수 = 허용할 수 있는 가장 작은 실 치수 = 70 - 0.008 = 69.992
- 위 치수 허용차 = 최대허용치수 - 기준치수 = 70 - 70 = 0
- 아래 치수 허용차 = 최소허용치수 - 기준치수 = 69.992 - 70 = -0.008
- 치수 공차 = 최대허용한계치수 - 최소허용한계치수 = 70 - 69.992 = 0.008

(2) 끼워맞춤 공차

1 IT(International tolerance) 기본 공차

IT(International Tolerance) 기본 공차란 치수 공차와 끼워맞춤에서 정해진 모든 치수 공차를 의미한다. IT 기본 공차는 국제표준화기구(ISO) 공차 방식에 따라 분류하며, IT 01, IT 0, IT 1, …, IT 18까지 20등급으로 나눈다. IT 등급별 공차는 KS B 0401에서 규정하며, 기준 치수가 크고 IT 등급이 높을수록 공차가 커진다. 기본 공차란 치수를 구분하여 같은 구분에 속하는 치수들에 같은 공차를 적용하는 것을 말한다.

⟨IT 기본 공차 수치(KS B0401)⟩

구분	등급	공차 등급																		
		IT01	IT0	IT1	IT2	IT3	IT4	IT5	IT6	IT7	IT8	IT9	IT10	IT11	IT12	IT13	IT14	IT15	IT16	IT17	IT18
초과	이하	기본 공차의 수치(1μm = 0.001mm)												기본 공차의 수치(mm)						
–	3	0.3	0.5	0.8	1.2	2.0	3.0	4.0	6.0	10	14	25	40	60	0.10	0.14	0.26	0.40	0.60	1.00	1.40
3	6	0.4	0.6	1.0	1.5	2.5	4.0	5.0	8.0	12	18	30	48	75	0.12	0.18	0.30	0.48	0.75	1.20	1.80
6	10	0.4	0.6	1.0	1.5	2.5	4.0	6.0	9.0	15	22	36	58	90	0.15	0.22	0.36	0.58	0.90	1.50	2.20
10	18	0.5	0.8	1.2	2.0	3.0	5.0	8.0	11	18	27	43	70	110	0.18	0.27	0.43	0.70	1.10	1.80	2.27
18	30	0.6	1.0	1.5	2.5	4.0	6.0	9.0	13	21	33	52	84	130	0.21	0.33	0.52	0.84	1.30	2.10	3.30
30	50	0.6	1.0	1.5	2.5	4.0	7.0	11	16	25	39	62	100	160	0.25	0.39	0.62	1.00	1.60	2.50	3.90
50	80	0.8	1.2	2.0	3.0	5.0	8.0	13	19	30	46	74	120	190	0.30	0.46	0.74	1.20	1.90	3.00	4.60
80	120	1.0	1.5	2.5	4.0	6.0	10	15	22	35	54	87	140	220	0.35	0.54	0.87	1.40	2.20	3.50	5.40

1) IT 기본 공차의 등급 적용

IT 기본 공차는 생산 기계의 정밀도, 난이도, 제품의 수명과 기능을 고려하여 등급을 적용하며, 구멍이 축보다 가공하기 어렵기 때문에 구멍에는 축보다 한 등급 위의 것을 적용한다.

⟨IT 기본 공차 적용⟩

용도	게이지 제작 공차	끼워맞춤 공사	끼워맞춤 이외의 공차
구멍	IT 01 ~ IT 5	IT 6 ~ IT 10	IT 11 ~ IT 18
축	IT 01 ~ IT 4	IT 5 ~ IT 9	IT 10 ~ IT 18
가공 방법	초정밀 연삭, 래핑	밀링, 연삭, 리밍	압연, 압출, 프레스
공차범위	0.001[mm]	0.01[mm]	0.1[mm]

2) 허용차와 허용 한계 치수의 계산

구멍과 축의 종류는 기초가 되는 치수 허용차에 따라 결정되며, 이것은 공차 범위의 위치를 나타낸다. 구멍의 기초가 되는 치수 허용차는 A부터 ZC까지 영문자의 대문자로 나타내고, 축의 기초가 되는 치수 허용차는 a에서 zc까지 영문자의 소문자로 나타낸다.

① 기초가 되는 치수 허용차가 위 치수 허용차인 경우

구멍의 위 치수 허용차는 기호 ES에 따라 표시하고, 축의 위 치수 허용차는 기호 es에 따라 표시한다.

아래 치수 허용차 = 기초가 되는 치수 허용차 - IT 공차 값

② 기초가 되는 치수 허용차가 아래 치수 허용차인 경우

구멍의 아래 치수 허용차는 기호 EI에 따라 표시하고, 축의 위 치수 허용차는 기호 ei에 따라 표시한다.

위 치수 허용차 = 기초가 되는 치수 허용차 + IT 공차 값

> **TIP** 구멍 H 및 축 h인 경우
> (1) 구멍(H)
> 　아래 치수 허용차 = 0
> 　위 치수 허용차 = 0 + IT 공차 값
> (2) 축(h)
> 　위 치수 허용차 = 0
> 　아래 치수 허용차 = 0 - IT 공차 값

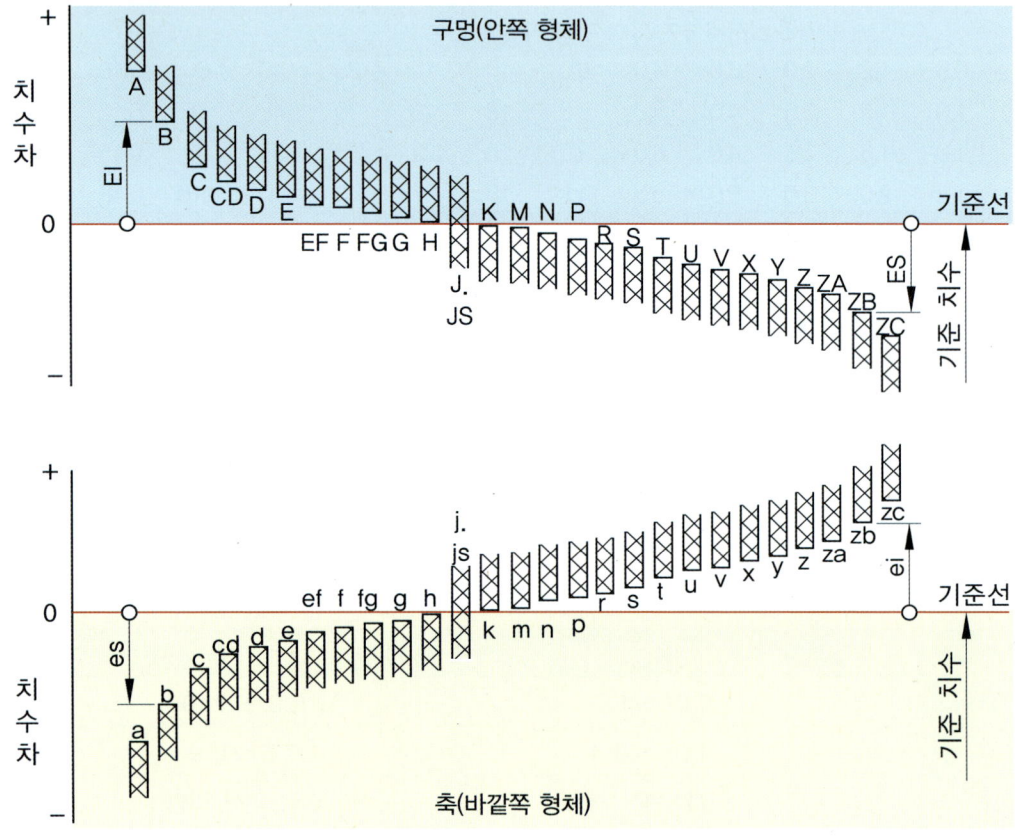

[구멍과 축의 기초가 되는 기호의 종류]

〈구멍의 기초가 되는 치수 허용차의 수치(KS B 0401)〉

(단위 : μm)

기준 치수의 구분 (mm)		전체의 공차 등급							공차 등급											공차 등급 8이상							공차 등급			
									6	7	8	8이하	9이상	8이하	9이상	8이하	9이상	7이하									5	6	7	8
		기초가 되는 치수 허용차 = 아래 치수 허용차 EI							기초가 되는 치수 허용차 = 위 치수 허용차 ES																		Δ의 수치			
초과	이하	공차역의 위치							공차역의 위치																					
		D	E	EF	F	FG	G	H	JS[1]	J			K[3]		M[3]		N[3,4]		P~ZC[4]	P	R	S	T	U	V	X				
−	3	+20	+14	+10	+6	+4	+2	0		+2	+4	+6	0	0	−2	−2	−4	−4		−6	−10	−14		−18		−20	0	0	0	0
3	6	+30	+20	+14	+10	+6	+4	0		+5	+6	+10	−1+Δ		−4+Δ	−4	−8+Δ	0		−12	−15	−19		−23		−28	1	3	4	6
6	10	+40	+25	+18	+13	+8	+5	0		+5	+8	+12	−1+Δ		−6+Δ	−6	−10+Δ	0		−15	−19	−23		−28		−34	2	3	6	7
10	14	+50	+32		+16		+6	0		+6	+10	+15	−1+Δ		−7+Δ	−7	−12+Δ	0		−18	−23	−28		−33		−40	3	3	7	9
14	18																								−39	−45				
18	24	+65	+40		+20		+7	0		+8	+12	+20	−2+Δ		−8+Δ	−8	−15+Δ	0		−22	−28	−35		−41	−47	−54	3	4	8	12
24	30																						−41	−48	−55	−64				
30	40	+80	+50		+25		+9	0		+10	+14	+24	−2+Δ		−9+Δ	−9	−17+Δ	0		−26	−34	−43		−48	−60	−68	−80	4	5	9	14
40	50								치수허용차 = ±$\frac{IT_D}{2}$														−54	−70	−81	−97				
50	65	+100	+60		+30		+10	0		+13	+18	+28	−2+Δ		−11+Δ	−11	−20+Δ	0		−32	−41	−53	−66	−87	−102	−122		5	6	11	16
65	80																					−43	−59	−75	−102	−120	−146				
80	100	+120	+72		+36		+12	0		+16	+22	+34	−3+Δ		−13+Δ	−13	−23+Δ	0		−37	−51	−71	−91	−124	−146	−178		5	7	13	19
100	120																					−54	−79	−104	−144	−172	−210				
120	140	+145	+85		+43		+14	0		+18	+26	+41	−3+Δ		−15+Δ	−15	−27+Δ	0	오른쪽 난에 Δ의 값을 더한다.	−43	−63	−92	−122	−170	−202	−248		6	7	15	23
140	160																					−65	−100	−134	−190	−228	−280				
150	180																					−66	−108	−146	−210	−252	−310				
160	200	+170	+100		+50		+15	0		+22	+30	+47	−4+Δ		−17+Δ	−17	−31+Δ	0		−50	−77	−122	−166	−236	−284	−350		6	9	17	26
200	225																					−80	−130	−180	−258	−310	−385				
225	250																					−84	−140	−196	−284	−340	−425				

주 1) 공차역 클래스 JS7~JS11에서는 기본 공차 IT의 수치가 홀수인 경우에는 치수 허용차, 즉 ±IT/2가 마이크로미터 단위의 정수가 되도록 IT의 수치를 바로 아래의 짝수로 맞춘다.
2) 예외로서, 공차역 클래스 M6의 경우는 ES는 −20 + 9 = 11μm가 아니고 −9μm이다.
3) 공차 등급 IT 8 이하의 K급, M급 및 N구멍 및 공차 등급 IT 7 이하의 P~ZC 구멍의 경우, 우측의 표에서 Δ의 수치를 읽고 기초가 되는 치수 허용차를 결정한다.
 예) 18mm~30mm의 K7의 경우 : Δ = 8μm ∴ ES = −2 + 8 = 6μm
  18mm~30mm의 S6의 경우 : Δ = 4μm ∴ ES = −35 + 4 = −31μm
4) 공차 등급 IT 9 이상의 N구멍은 기준 치수 1mm 이하에 사용하지 않는다.

〈축의 기초가 되는 치수 허용차의 수치(KS B 0401)〉

(단위 : μm)

기준 치수의 구분 (mm)		전체의 공차 등급							공차 등급				전체의 공차 등급								
									5, 6	7	8	4, 5, 6, 7	3이하 및 8이상								
		기초가 되는 치수 허용차 = 위 치수 허용차 es											기초과 되는 치수 허용차 = 아래 치수 허용차 ei								
		공차역의 위치											공차역의 위치								
초과	이하	d	e	ef	f	fg	g	h	js[1]	j			k	m	n	p	r	s	t	u	v	x
−	3	−20	−14	−10	−6	−4	−2	0		−2	−4	−6	0	0	+2	+4	+6	+10	+14		+18		+20
3	6	−30	−20	−14	−10	−6	−4	0		−2	−4		+1	0	+4	+8	+12	+15	+19		+23		+28
6	10	−40	−25	−18	−13	−8	−5	0		−2	−5		+1	0	+6	+10	+15	+19	+23		+28		+34
10	14	−50	−32		−16		−6	0		−3	−6		+1	0	+7	+12	+18	+23	+28		+33		+40
14	18																					+39	+45
18	24	−65	−40		−20		−7	0	치수허용차 = $\pm \frac{IT_n}{2}$	−4	−8		+2	0	+8	+15	+22	+28	+35		+41	+47	+54
24	30																			+41	+48	+55	+64
30	40	−80	−50		−25		−9	0		−5	−10		+2	0	+9	+17	+26	+34	+43	+48	+60	+68	+80
40	50																			+54	+70	+81	+97
50	65	−100	−60		−30		−10	0		−7	−12		+2	0	+11	+20	+32	+41	+53	+66	+87	+102	+122
65	80																	+43	+59	+75	+102	+120	+146
80	100	−120	−72		−36		−12	0		−9	−15		+3	0	+13	+23	+37	+51	+71	+91	+124	+146	+178
100	120																	+54	+79	+104	+144	+172	+210
120	140	−145	−85		−43		−14	0		−11	−18		+3	0	+15	+27	+43	+63	+92	+122	+170	+202	+248
140	160																	+65	+100	+134	+190	+228	+280
150	180																	+68	+108	+146	+210	+252	+310
160	200	−170	−100		−50		−15	0		−13	−21		+4	0	+17	+31	+50	+77	+122	+166	+236	+284	+350
200	225																	+80	+130	+180	+258	+310	+385
225	250																	+84	+140	+196	+284	+340	+425

[1] 공차역 클래스 js7~js11에서는 기본 공차 IT의 수치가 홀수인 경우에는 치수 허용차, 즉 ±1T/2가 마이크로미터 단위의 정수가 되도록 IT의 수치를 바로 아래의 짝수로 맺음한다.

가) 기초가 되는 허용차 값이 위 치수 허용차가 되는 경우의 계산
'위 치수 허용차 = 기초가 되는 치수 허용차'가 되고 '아래 치수 허용차 = 기초가 되는 치수 허용차 − IT 공차 값'이 된다.

| 축 Ø55 g6의 경우 | 표에서 Ø55에 대한 IT6의 공차 값 T = 19μm이고 표에서 Ø55에 대한 g6의 축의 기초가 되는 치수 허용차 값을 찾으면 i = −10μm이다. 따라서 위 치수 허용차 = −0.010 이고, 아래 치수 허용차 = −0.010 − 0.019 = −0.0290이다. 그러므로 $Ø\,55^{-0.01}_{-0.029}$ 또는 $\dfrac{Ø\,54.999}{Ø\,54.971}$ 로 계산되고 그림과 같이 나타낸다. (기본 공차의 수치 및 축의 기초가 되는 치수 허용차의 수치값의 표 참조) | 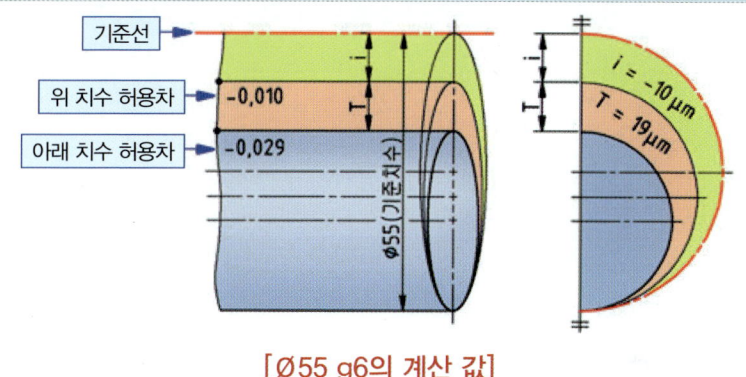 [Ø55 g6의 계산 값] |

나) 기초가 되는 허용차 값이 아래 치수 허용차가 되는 경우의 계산
'아래 치수 허용차 = 기초가 되는 치수 허용차'가 되고 '위 치수 허용차 = 기초가 되는 치수 허용차 + IT 공차 값'이 된다.

| 구멍 Ø35 F6의 경우 | 표에서 Ø35에 대한 IT 6의 값에서 공차 T=16μm이고 표에서 Ø35에 대한 F6구멍의 기초가 되는 치수 허용차 값을 찾으면 i = +0.025μm이다. 따라서 아래 치수 허용차 = +0.025이고 위 치수 허용차 = 0.025 + 0.016 = 0.041이 된다. 그러므로 $Ø\,35^{+0.41}_{+0.16}$ 또는 $\dfrac{Ø\,35.041}{Ø\,35.016}$ 로 계산되고 이것을 그림으로 표시하면 그림과 같다. (기본 공차의 수치 및 구멍의 기초가 되는 치수 허용차 수치값의 표 참조) | 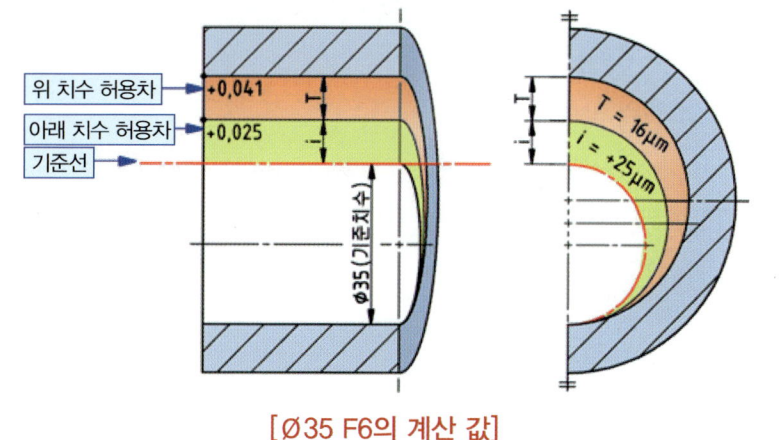 [Ø35 F6의 계산 값] |

다) 기초가 되는 허용차 값이 0이 되는 경우의 계산(H는 구멍, h는 축)
  구멍 : '아래 치수 허용차 = 0'이고 '위 치수 허용차 = 0 + IT 공차 값'이다.
  축 : '위 치수 허용차 = 기초가 되는 치수 허용차 = 0'이고 '아래 치수 허용차 = 0 − IT 기본공차 값'이다.

구멍 Ø35 H7의 경우	표에서 Ø35에 대한 IT 7의 공차 값 T = 25㎛이고 표에서 Ø35에 대한 H 구멍의 기초가 되는 치수 허용차 값을 찾으면 i = 0이다. 따라서 위 치수 허용차 = 0 + 0.025 = 0.025이고 아래 치수 허용차 = 0이 된다. 그러므로 $Ø\,35^{+0.25}_{+0}$ 또는 $\frac{Ø35.025}{Ø35}$ 로 계산되고 그림과 같다. (기본 공차의 수치 및 구멍의 기초가 되는 치수 허용차 수치값의 표 참조)	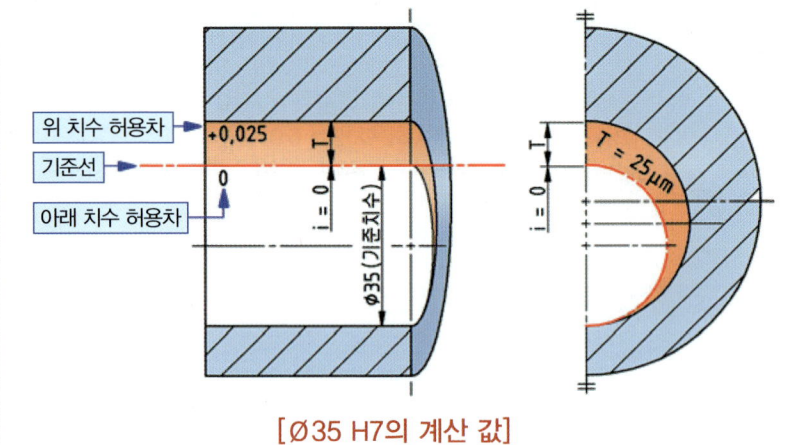 [Ø35 H7의 계산 값]

② 끼워 맞춤 공차

기계 부품에는 구멍과 축이 결합되는 경우가 많다. 조립할 경우 부품의 상태는 원형, 구멍과 축이 회전 운동 및 미끄럼 운동, 고정 상태로 되어 있는 경우가 대부분이다. 이때 구멍과 축이 조립되는 관계를 끼워맞춤이라고 한다.

1) 틈새와 죔새

틈새는 구멍의 치수가 축의 치수보다 클 때, 구멍과 축과의 치수의 차를 말한다.
- 최소 틈새: 구멍의 최소 허용 치수 − 축의 최대 허용 치수
- 최대 틈새: 구멍의 최대 허용 치수 − 축의 최소 허용 치수

죔새는 구멍의 치수가 축의 치수보다 작을 때, 조립 전의 구멍과 축과의 치수의 차를 말한다.
- 최소 죔새: 축의 최소 허용 치수 − 구멍의 최대 허용 치수
- 최대 죔새: 축의 최대 허용 치수 − 구멍의 최소 허용 치수

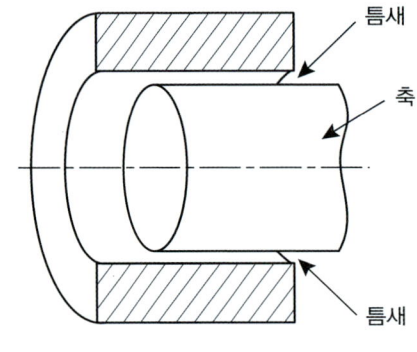
(a) 틈새

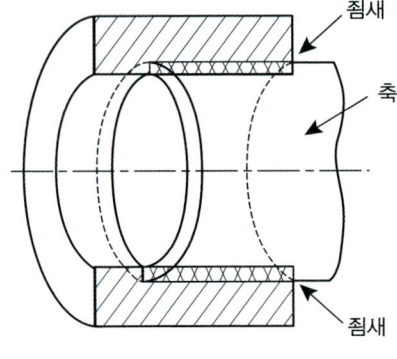
(b) 죔새

2) 끼워맞춤 방식의 종류

끼워맞춤 부분을 가공할 때, 부품 소재의 상태나 가공의 난이도에 의해 구멍을 기준으로 할 것인지 또는 축을 기준으로 할 것인지에 따라 구멍 기준식과 축 기준식으로 나뉜다.

가) 구멍 기준식 끼워맞춤 : 아래치수 허용차가 0인 H 기호 구멍을 기준 구멍으로 하고, 적당한 축을 선정 죔새나 틈새를 얻는 끼워맞춤이다.

[상용하는 구멍 기준식 끼워맞춤(KS B 0401)]

기준 구멍	축의 공차역 클래스															
	헐거운 끼워맞춤								중간 끼워맞춤				억지 끼워맞춤			
H6						g5	h5	js5	k5	m5						
					f6	g6	h6	js6	k6	m6	n6[(1)]	p6[(1)]				
H7					f6	g6	h6	js6	k6	m6	n6	p6[(1)]	r6[(1)]	s6	t6	u6	x6
				e7	f7		h7	js7								
					f7		h7									
H8				e8	f8		h8									
			d9	e9												
H9			d8	e8			h8									
		c9	d9	e9			h9									
H10	b9	c9	d9													

주 (1) 이들의 끼워맞춤은 치수의 구분에 따라 예외가 생긴다.

나) 축 기준식 끼워맞춤 : 위 치수 허용차가 0인 h축을 기준으로 하고, 적당한 구멍을 선정 죔새나 틈새를 얻는 끼워맞춤이다.

[상용하는 축 기준식 끼워맞춤(KS B 0401)]

기준 구멍	구멍의 공차역 클래스															
	헐거운 끼워맞춤							중간 끼워맞춤				억지 끼워맞춤				
H5							H6	JS6	K6	M6	N6[(1)]	P6				
H6					F6	G6	H6	JS6	K6	M6	N6	P6[(1)]				
					F7	G7	H7	JS7	K7	M7	N7	P7[(1)]	R7	S7	T7	U7	X7
H7				E7	F7		H7									
					F8		H8									
H8			D8	E8	F8		H8									
			D9	E9			H9									
			D8	E8			H8									
H9		C9	D9	E9			H9									
	B10	C10	D10													

주 (1) 이들의 끼워맞춤은 치수의 구분에 따라 예외가 생긴다.

3) 끼워 맞춤상태

가) 헐거운 끼워 맞춤

구멍의 최소치수가 축의 최대치수보다 큰 경우로써 죔새가 없이 항상 틈새가 생기는 상태를 말하며 미끄럼 운동이나 회전운동이 필요한 부품에 적용한다.

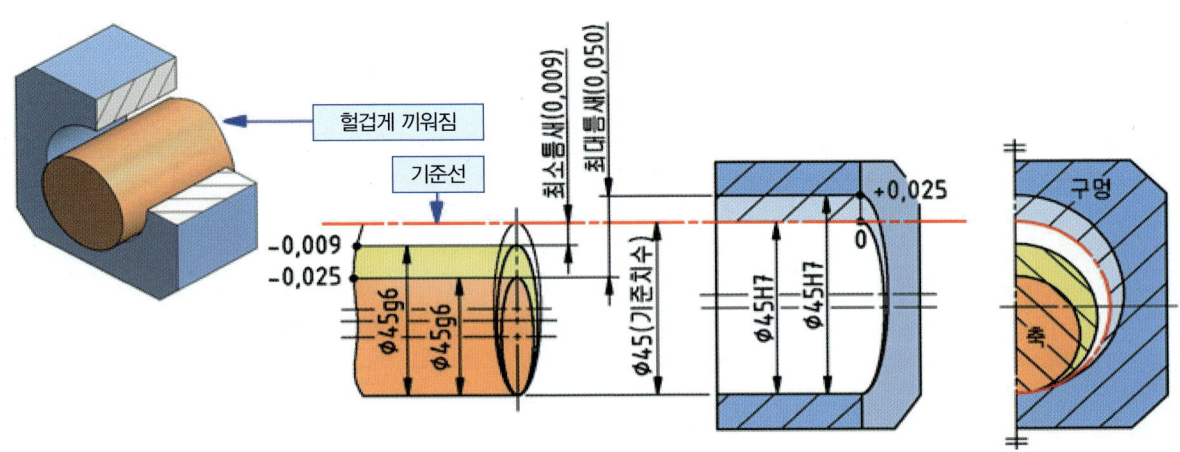

[틈새가 있는 헐거운 끼워 맞춤]

Ø45 H7/g6과 같은 끼워 맞춤의 경우에 얻어지는 틈새의 최대값과 최소값을 계산해 보고 헐거운 끼워 맞춤인지 확인해 보기로 한다.	① 구멍 Ø45 H7의 최대, 최소 허용치수의 계산은 표에서 Ø45에 해당하는 IT 7의 공차 수치 0.025를 찾고 표에서 Ø45의 H 구멍의 기초가 되는 치수 허용차는 0이므로 $$Ø45\ H7 = Ø\ 45^{+\ 0.25}_{+\ 0} = \frac{Ø\ 45.025}{Ø\ 45}$$ 가 된다. ② 축 Ø45 g6의 최대, 최소 허용치수의 계산은 표에서 Ø45에 해당하는 IT 6의 공차 수치 0.016을 찾고 표에서 Ø45의 g축의 기초가 되는 치수 허용차는 −0.009이므로 $$Ø45\ g6 = Ø\ 45^{-\ 0.009}_{-\ 0.016} = \frac{Ø\ 44.991}{Ø\ 44.984}$$ 이 된다. ③ 최소 틈새는 '구멍의 최소 허용치수 − 축의 최대 허용치수 = 45.000 − 44.991 = 0.009'이고 최대 틈새는 '구멍의 최대 허용치수 − 축의 최소 허용 치수 = 45.025 − 45.975 = 0.050'을 구할 수 있다. 따라서 구멍과 축의 끼워 맞춤 상태를 그림으로 나타내면 그림과 같으며 죔새 없이 틈새만 있어서 헐거운 끼워 맞춤이 된다.

나) 억지 끼워 맞춤

구멍의 최대 치수가 축의 최소 치수보다 작은 경우로써 틈새가 없이 항상 죔새가 생기는 끼워 맞춤을 말하며 분해·조립을 하지 않는 부품에 적용한다.

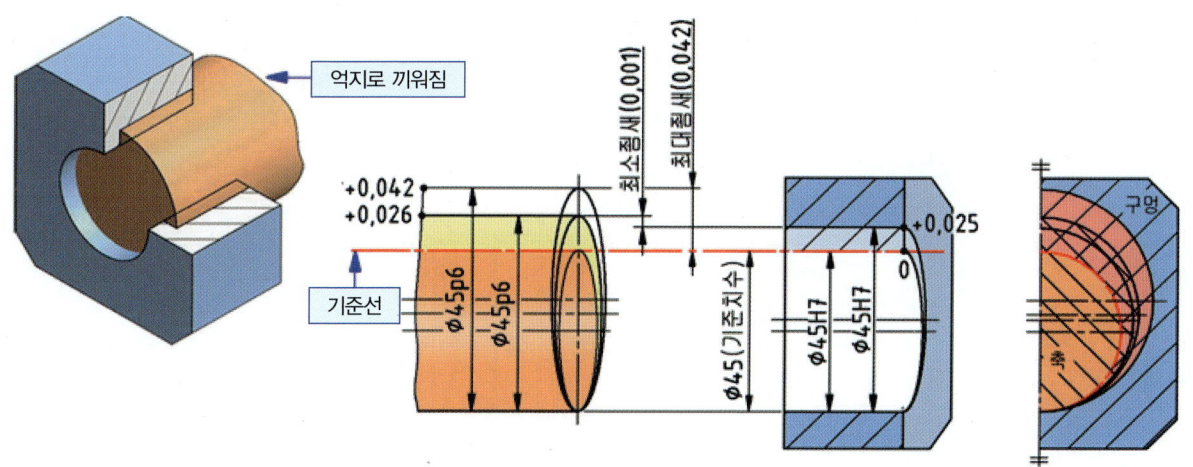

[죔새가 있는 억지 끼워 맞춤]

Ø45 H7/p6과 같은 끼워 맞춤의 경우에 얻어지는 죔새의 최대값과 최소값을 계산해 보고 억지 끼워 맞춤인지 확인해 보기로 한다.	① 앞의 예에서와 같은 방법으로 표들을 활용하여 Ø45 H7의 구멍과 Ø45 p6의 축의 최대, 최소 허용치수를 구하면 $Ø45H7 = Ø45^{+0.025}_{+0} = \dfrac{Ø45.025}{Ø45}$ 이 되고 $Ø45p6 = Ø45^{+0.042}_{+0.026} = \dfrac{Ø45.042}{Ø45.026}$ 이 된다.
	② 따라서 '최대 죔새 = 축의 최대 허용치수 − 구멍의 최소 허용치수'이므로, '최대 죔새 = 45.042 − 45.000 = 0.042'이고, '최소 죔새 = 축의 최소 허용치수 − 구멍의 최대 허용 치수'이므로 '최소 죔새 = 45.026 − 45.025 = 0.001'을 구할 수 있다.
	③ 따라서 구멍과 축의 끼워 맞춤 상태를 그림으로 나타내면 위 그림과 같으며, 틈새가 없이 죔새만 있어서 억지끼워 맞춤이 된다.

다) 중간 끼워 맞춤

부품의 기능과 역할에 따라 틈새 또는 죔새가 생기게 하는 끼워 맞춤으로서 헐거운 끼워 맞춤이나 억지 끼워 맞춤으로 얻을 수 없는 더욱 작은 틈새나 죔새를 얻는 부품에 적용한다.

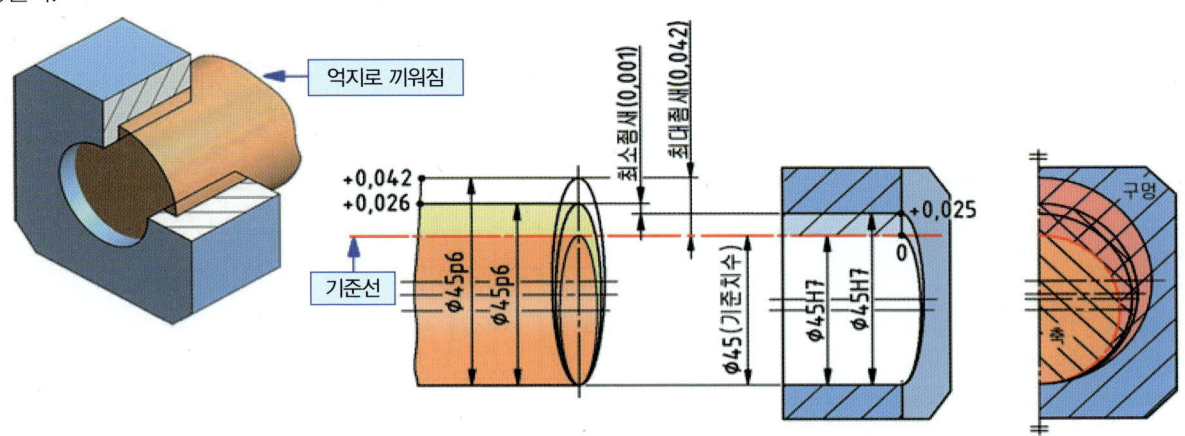

[틈새와 죔새가 있는 중간 끼워 맞춤]

Ø45H7/k6과 같은 끼워 맞춤의 경우에 얻어지는 죔새와 틈새의 값을 계산해 보고 중간 끼워 맞춤인지를 확인해 보기로 한다.	① 앞의 예에서와 같은 방법으로 표들을 활용하여 Ø45 H7의 구멍과 Ø45 k6의 축의 최대, 최소 허용치수를 구하면 $$\varnothing 45\ H7 = \varnothing 45^{+\,0.025}_{+\,0} = \frac{\varnothing\,45.025}{\varnothing\,45}\ 가\ 되고$$ $$\varnothing 45\ k6 = \varnothing 45^{-\,0}_{-\,0.016} = \frac{\varnothing\,45}{\varnothing\,44.984}\ 가\ 된다.$$ ② 따라서 '최대 죔새 = 축의 최대 허용치수 − 구멍의 최소 허용치수'이므로, '최대 죔새 = 45.018 − 45.000 = 0.018'이고 또 '최대 틈새 = 구멍의 최대 허용치수 − 축의 최소 허용치수'이므로 '최대 틈새 = 45.025 − 45.002 = 0.023'을 구할 수 있다. ③ 따라서 구멍과 축의 끼워 맞춤 상태를 그림으로 나타내면 위 그림과 같으며 틈새와 죔새가 치수와 축의 기호 변화에 따라 중간 끼워 맞춤이 된다.

(3) 일반 공차

공차에는 끼워맞춤처럼 기능적인 역할을 고려한 치수 공차가 있고 단지 모양을 제작하기 위한 일반 공차가 있다. 일반 공차는 개별 공차 표시가 없는 선형 치수 및 각도 치수에 대한 공차이며, 치수 면에서 엄격하지 않고 절삭 가공, 주조, 프레스 가공 등과 같이 가공 형태에 따라 정해져 있다. 규격은 KS B ISO 2768-m 및 KS B 0250에 따르며, 일반 공차 및 주조품 공차가 적용되어야 할 경우 주서에 표기한다.

[파손된 가장자리를 제외한 선형치수에 대한 일반 공차]

(단위 : mm)

공차 등급		보통 치수에 대한 허용 공차				
호칭	설명	0.5~3 이하	3 초과 ~ 6 이하	6 초과 ~ 30 이하	30 초과 ~ 120 이하	120 초과 ~ 400 이하
f	정밀	±0.05	±0.05	±0.1	±0.15	±0.2
m	중간	±0.1	±0.1	±0.2	±0.3	±0.5
c	거칢	±0.2	±0.3	±0.5	±0.8	±1.2
v	매우 거칢	–	±0.5	±1	±1.5	±2.5

[주조품의 치수 공차]

(단위 : mm)

주조한 대로의 주조품의 기준 치수		전체 주조 공차														
		주조 공차 등급 CT														
초과	이하	1	2	3	4	5	6	7	8	9	10	11	12	13	14	15	16
–	10	0.09	0.13	0.18	0.26	0.36	0.52	0.74	1	1.5	2	2.8	4.2	–	–	–	–
10	16	0.1	0.14	0.2	0.28	0.38	0.54	0.78	1.1	1.6	2.2	3	4.4	–	–	–	–
16	25	0.11	0.15	0.22	0.3	0.42	0.58	0.82	1.2	1.7	2.4	3.2	4.6	6	8	10	12
25	40	0.12	0.17	0.24	0.32	0.46	0.64	0.9	1.3	1.8	2.6	3.6	5	7	9	11	14
40	63	0.13	0.18	0.26	0.36	0.5	0.7	1	1.4	2	2.8	4	5.6	8	10	12	16
63	100	0.14	0.2	0.28	0.4	0.56	0.78	1.1	1.6	2.2	3.2	4.4	6	9	11	14	18
100	160	0.15	0.22	0.3	0.44	0.62	0.88	1.2	1.8	2.5	3.6	5	7	10	12	16	20
160	250	–	0.24	0.34	0.5	0.7	1	1.4	2	2.8	4	5.6	8	11	14	18	22
250	400	–	–	0.4	0.56	0.78	1.1	1.6	2.2	3.2	4.4	6.2	9	12	16	20	25
400	630	–	–	–	0.64	0.9	1.2	1.8	2.6	3.6	5	7	10	14	18	22	28
630	1,000	–	–	–	–	1	1.4	2	2.8	4	6	8	11	16	20	25	32
1,000	1,600	–	–	–	–	–	1.6	2.2	3.2	4.6	7	9	13	18	23	29	37
1,600	2,500	–	–	–	–	–	–	2.6	3.8	5.4	8	10	15	21	26	33	42
2,500	4,000	–	–	–	–	–	–	–	4.4	6.2	9	12	17	24	30	38	49
4,000	6,300	–	–	–	–	–	–	–	–	7	10	14	20	28	35	44	56
6,300	10,000	–	–	–	–	–	–	–	–	–	11	16	23	32	40	50	64

2. 표면 거칠기

(1) 표면 거칠기의 종류

제품의 표면에 생긴 가공 흔적이나 무늬로 형성된 오목 볼록한 차를 표면 거칠기라고 한다. 표면 거칠기를 나타내는 방법은 산술(중심선) 평균 거칠기(Ra), 최대 높이 거칠기(Ry) 및 10점 평균 거칠기(Rz)의 세 가지로 규정하고 있다.(KS B 0161-2004)

1) 산술(중심선) 평균 거칠기(Ra) 값

국제적으로 가장 많이 사용하는 표면 거칠기 표시 방법으로 거칠기 곡선에서 그 중심선의 방향으로 측정 길이 L의 부분을 채취, 중심선을 X축, 거칠기 곡선을 Y축으로 하고 거칠기 곡선의 면적을 전부 합하여 측정 길이(L)로 나눈 값을 마이크로미터(㎛)로 나타낸 것이다.

$$Ra = \frac{\text{거칠기 곡선 면적}}{\text{기준 길이}(L)}$$

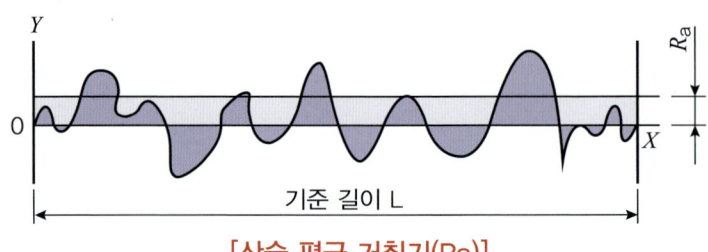

[산술 평균 거칠기(Ra)]

2) 최대 높이 거칠기(Ry) 값

최대 높이는 단면 곡선에서 기준 길이(L)만큼 채취한 부분에서 가장 높은 봉우리와 가장 깊은 골 부분의 거리를 마이크로미터(1㎛=0.001mm)로 나타낸 것을 말한다.

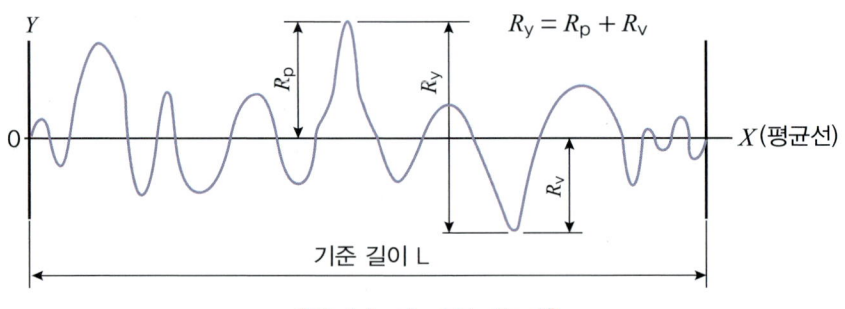

[최대 높이 거칠기(Ry)]

3) 10점 평균 거칠기(Rz) 값

거칠기 곡선에서 그 평균선의 방향에 기준 길이만큼 뽑아내어 이 표본 부분의 평균선에서 세로 배율의 방향(Y)으로 측정한 가장 높은 봉우리부터 5번째 봉우리까지의 표고의 절댓값 평균과 가장 낮은 골 바닥에서 5번째까지의 골 바닥의 표고의 절댓값 평균값과의 합을 마이크로미터(1μm=0.001mm)로 나타낸 것을 말한다.

$$Rz1 = \frac{|Yp1 + Yp2 + Yp3 + Yp4 + Yp5|}{5}$$

$$Rz2 = \frac{|Yv1 + Yv2 + Yv3 + Yv4 + Yv5|}{5}$$

$$Rz = Rz1 + Rz2$$

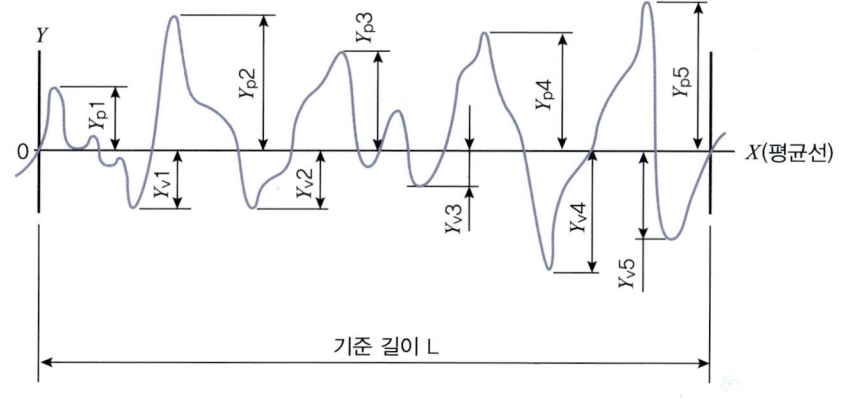

[10점 평균 거칠기(Rz)]

(2) 표면 거칠기 지시기호

표면의 결에 관한 지시는 그 대상물의, 제거 가공의 필요 여부 및 표면 거칠기에 대하여 실시한다. 또한 기능상 특히 필요가 있는 경우에는 그 대상면의 가공 방법, 줄무늬 방향 및 표면 파상도도 지시한다.(KS A ISO 1302)

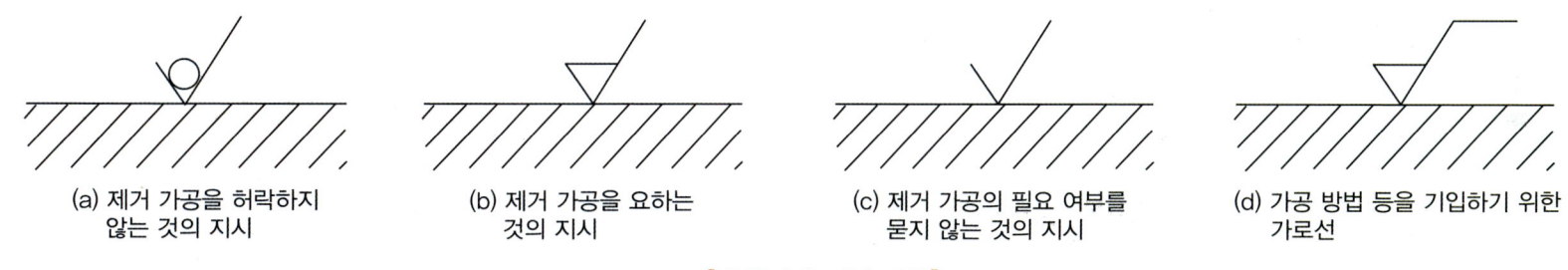

(a) 제거 가공을 허락하지 않는 것의 지시

(b) 제거 가공을 요하는 것의 지시

(c) 제거 가공의 필요 여부를 묻지 않는 것의 지시

(d) 가공 방법 등을 기입하기 위한 가로선

[대상면의 지시 기호]

(3) 지시사항과 거칠기 값의 지시위치

지시된 기호와 값의 해석은 보기에서 설명한 기호에 의해 거칠기 값, 컷오프 값, 기준 길이, 가공방법, 줄무늬 방향 기호, 파상도 등을 해석한다.

a : 중심선 평균 거칠기 값
b : 가공 방법
c : 컷오프 값   c' : 기준길이
d : 줄무늬 방향기호
e : 다듬질 여유
f : 중심선 평균 거칠기 이외에 표면 거칠기의 값
g : 표면 파상도(KS B 0610에 따른다.)

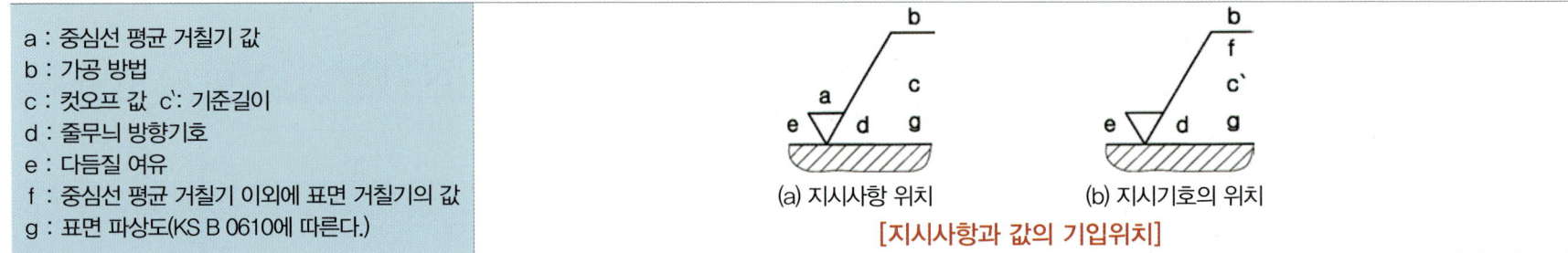

(a) 지시사항 위치   (b) 지시기호의 위치

[지시사항과 값의 기입위치]

(4) 줄무늬 방향

제거가공 기호의 오른쪽 아래에 지시된 기호는 줄무늬 가공 방향으로 해석해야 하며 그림과 같은 제거가공 기호들이 의미하는 것으로 해석한다.

〈가공 줄무늬 방향 기호〉

기호	기호의 해독	설명 그림과 도면 지시	기호	기호의 해독	설명 그림과 도면 지시
=	가공에 의한 커터의 줄무늬 방향이 기호를 기입한 그림의 투상 면에 평행해야 한다. **보기** 세이빙 면 등		M	가공에 의한 커터의 줄무늬 방향이 여러 방향으로 교차 또는 두 방향이어야 한다. **보기** 래핑 다듬질 면, 슈퍼피니싱 면, 가로 이송을 한 정면 밀링, 또는 앤드 밀절삭 면 등	
⊥	가공에 의한 커터의 줄무늬 방향이 기호를 기입한 그림의 투상 면에 직각이어야 한다. **보기** 세이빙 면(옆면으로부터 보는 상태), 선삭, 원통 연삭 면 등		C	가공에 의한 커터의 줄무늬가 기호를 기입한 면의 중심에 대하여 대략 동심 원 모양이어야 한다. **보기** 끝 면 절삭 면	
X	가공에 의한 커터의 줄무늬 방향이 기호를 기입한 그림의 투상 면에 경사지고 두 방향으로 교차해야 한다. **보기** 호닝 다듬질 면		R	가공에 의한 커터의 줄무늬가 기호를 기입한 면의 중심에 대하여 대략 레디얼 모양이어야 한다.	

(5) 도면 기입 방법의 기본

표면 거칠기의 기본적인 기입 방법과 다양한 표면 거칠기의 기입 방법은 다음과 같다.

1) 지시 방향과 대상면 표시

표면 거칠기 기호는 도면의 아래쪽 또는 오른쪽에서 읽을 수 있도록 기입해야 하며 지시된 기호는 지시 면에 직접 닿는 면, 연장선에 해당하는 면에만 해당하는 것으로 표시한다. 산술 평균 거칠기(Ra)의 값만을 지시하는 경우에는 그림과 같이 표시한다.

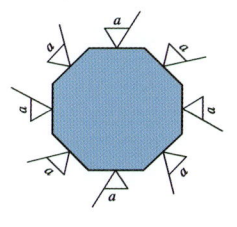
(a) 직접 대상면에 지시

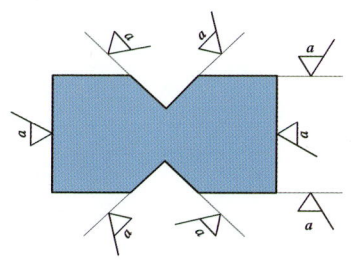
(b) 연장선을 사용해 대상면에 지시

[산술 평균 거칠기(Ra)만을 대상면에 지시]

2) 지시 위치가 대상면이 아닌 경우

표면 거칠기를 대상면에 지시할 수 없을 경우에는 그림과 같이 치수 보조선이나 지시선에 지시한다.

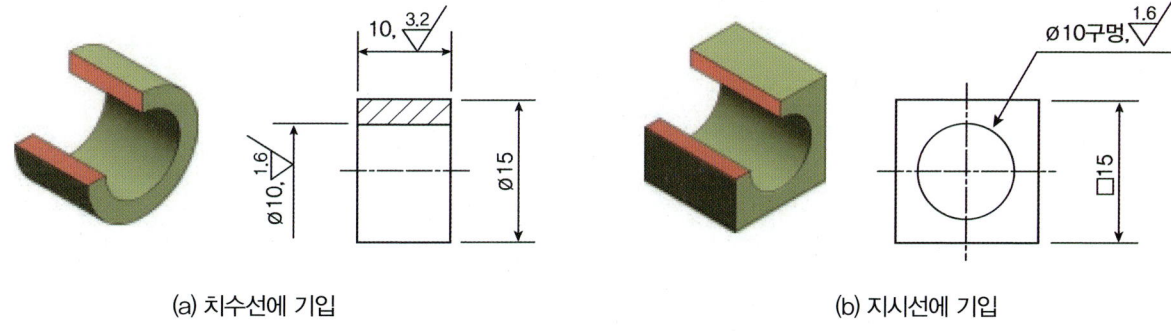

(a) 치수선에 기입   (b) 지시선에 기입

[치수선과 지시선에 기입]

3) 둥글기나 모따기 부분에 지시된 경우

그림과 같이 둥글기의 반지름, 모따기를 나타내는 치수선 또는 연장선과 지시선을 사용하여 지시된 경우에는 그 치수에 해당하는 면의 거칠기로 표시한다.

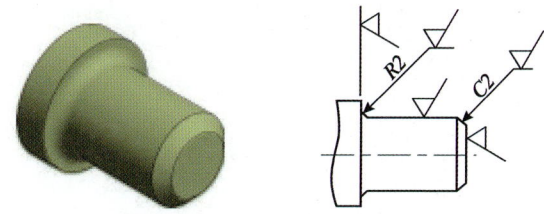

[둥글기, 모따기 부분에 기입]

4) 전체 면의 표면 거칠기가 같을 때

부품의 전체 면에 동일한 표면 거칠기를 지시할 경우에는 그림의 (a)와 같이 주 투상도에 지시하거나 그림의 (b)와 같이 부품 번호 옆에 지시한다.

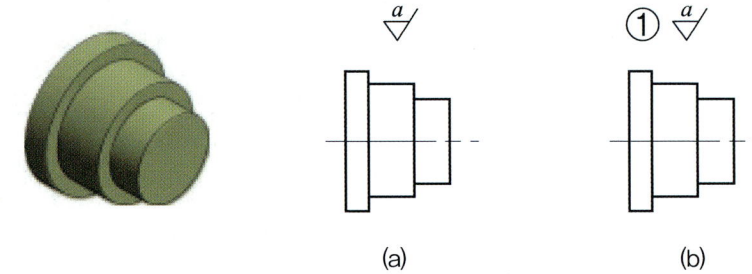

[전체 면의 표면 거칠기가 같을 때의 기입 방법]

5) 일부 면의 표면 거칠기가 다를 때

부품의 일부 면에만 표면 거칠기가 필요할 때에는 그림의 (a)와 같이 지시하고, 대부분이 동일한 표면 거칠기이고 일부분만이 다를 때에는 그림의 (b)와 같이 공통으로 적용되는 기호 다음에 괄호를 사용하여 지시한다.

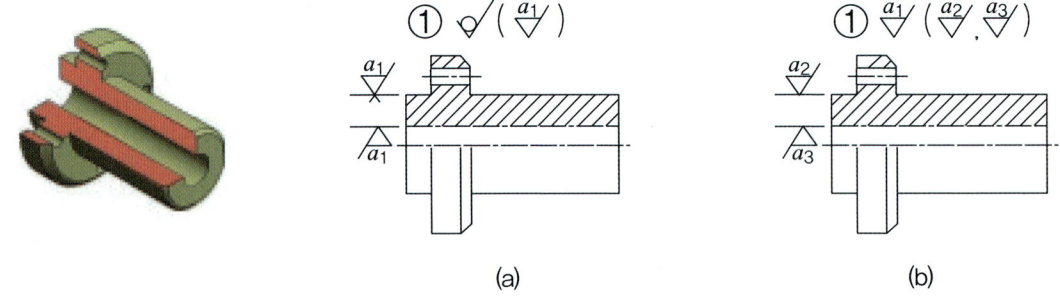

[일부 면의 표면 거칠기가 다를 때의 기입 방법]

> **TIP** 표면 거칠기의 괄호 표시 그림 (a)는 표시 부분만 a_1의 표면 거칠기로 가공하고 나머지는 가공하지 않는다는 의미이고, (b)는 표시 부분의 a_2와 a_3의 표면 거칠기로 가공하고 나머지는 a_1의 표면 거칠기로 가공하라는 의미이다.

(6) 지시사항과 거칠기 값의 지시위치

표면 거칠기 기호는 각 부품의 기능과 작동을 고려하여 표시하게 되므로 그림과 같이 표시된 거칠기 값으로 가공할 수 있는 공작 기계의 작업 배정 등이 이루어진다.

기 호	적 용	예
∇	주조부의 표면(제거 가공이 필요 없음) – 거스러미만 제거한다.	* 라운드 R3이 있는 부품 • 주철부 : 몸체, 커버, V벨트풀리 • 주강부 : 스퍼기어 등
w∇	부품의 접촉과 상대운동이 없는 가공부 – 울퉁불퉁한 표면이 없을 정도로만 가공한다.	• 드릴 구멍, 6각 구멍붙이 볼트 자리파기 • 휄트링의 V홈 및 홈경부
x∇	끼워맞춤을 제외한 부품의 접촉 고정부 또는 결합되는 부분 – 두 부품이 조립될 수 있도록 가공한다.	* 조립후 고정되는 곳(몸체와 커버) • 키 구멍 • y, z 가 아닌 곳
y∇	대부분의 끼워맞춤 적용부로, 두 부품이 상대운동을 하는 부분, 상급 다듬질면 – 조립후 직선 및 회전운동할 수 있도록 가공 · 기어의 이끝원, 피치원, V벨트 풀리의 V홈, 스프로킷 피치원	* 조립 후 이동, 회전하는 곳 • 조립 후 움직이는 곳 • 기준 되는 곳, 베어링 삽입부 등 • IT 공차 적용 하는 곳
z∇	기밀, 수밀이 요구되는 면 – 연삭 등으로 특수가공 한다.	* 축에 오일 실, 패킹, 펠트 링, O링 등이 있는 곳. 실린더 내벽

(a) 주물 표면

(b) 밀링 황삭 면

(c) 커버 조립 면

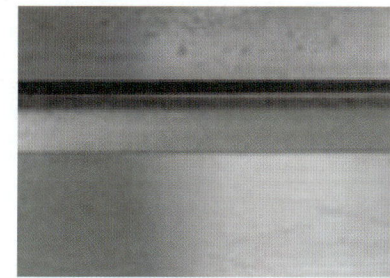

(d) 선반 베드 면

[표면 거칠기 적용 사례]

3. 기하 공차

(1) 기하 공차의 필요성

기하 공차는 부품을 구성하는 선, 면, 축선 등의 기하학적인 형상(geometry)의 정밀도를 규정하는 공차이다. 기계 부품을 제작하거나 조립할 때, 정밀한 제작과 정확한 조립을 할 수 있도록 치수 공차, 끼워맞춤 공차와 함께 부품의 모양, 자세, 위치, 흔들림 등에 대한 정밀도를 지시할 필요가 있다. 모든 치수에 적용하는 치수 공차와 다르게 기하 공차는 기하학적 정밀도가 요구되는 부분에만 적용한다. 또한, 부품 간의 작동 및 호환성이 중요할 때나 제품 제작과 검사의 일관성을 두기 위해 참조 기준이 필요할 때 주로 사용한다.

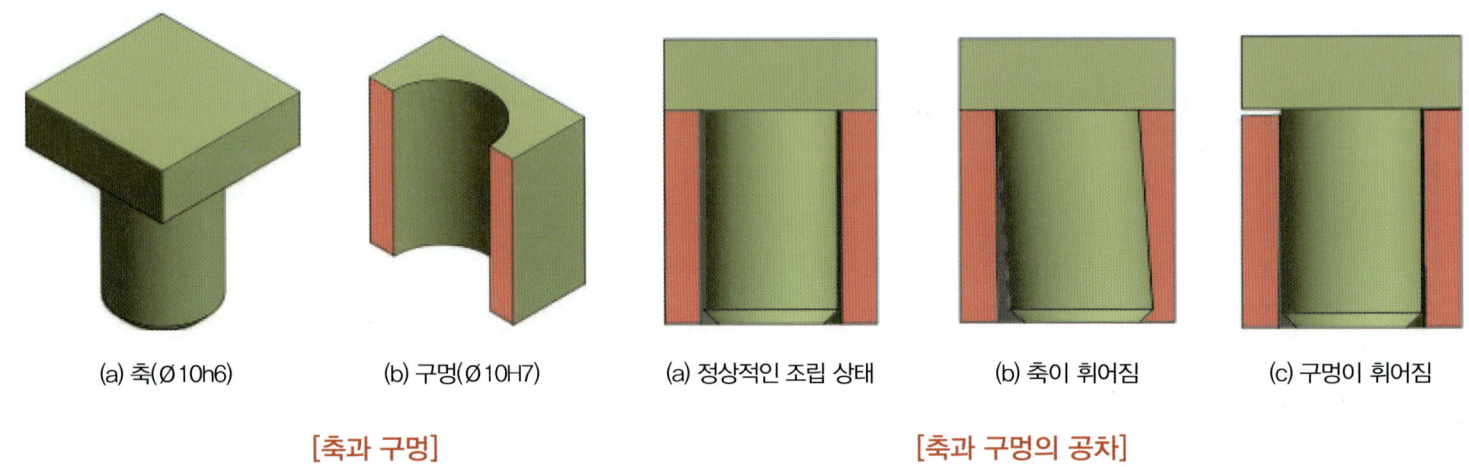

(a) 축(Ø10h6)　　　(b) 구멍(Ø10H7)　　　(a) 정상적인 조립 상태　　　(b) 축이 휘어짐　　　(c) 구멍이 휘어짐

[축과 구멍]　　　　　　　　　　　　　　　　　[축과 구멍의 공차]

> **TIP** 서로 끼워 맞춤이 이루어지는 구멍과 축의 경우 가공 방법, 공정 순서, 기계 정밀도, 작업자의 숙련도 등에 따라 그림의 (b), (c)와 같이 휘어짐이 생기거나 설계자의 요구대로 조립되지 않아서 기능상(조립) 문제가 발생할 수 있다. 위와 같이 발생한 문제를 해결하려면 구멍과 축의 중심 축선(axis)이 어느 한계를 벗어나서 기울어지지 않도록 규제하면 된다. 예를 들면 구멍과 축의 기하학적 자세(직각)를 명확하게 표시하여 구멍의 중심 축선이 Ø0.008mm, 축의 중심 축선이 Ø0.008mm의 원통 안에 있도록 부품을 제작하면 된다. 기하 공차는 부품의 크기에 관한 공차(치수 공차)만으로 제한할 수 없는 부품의 기하학적 형상, 자세, 위치 등에 대하여 분명하게 지시할 필요가 있는 부분에 사용한다. 또한, 기하 공차는 각 부품의 정밀도를 향상시켜 제품의 호환성 및 조립 생산성을 증대하는 데 목적이 있다.

(2) 기하 공차의 종류

기하 공차는 적용하는 형체에 따라 단독 형체와 관련 형체로 나누어진다. 기하 공차는 크게 모양 공차, 자세 공차, 위치 공차, 흔들림 공차로 나눌 수 있으며, 그 종류와 기호 및 표기 예시는 그림과 같다.

[기하 공차의 종류와 기호]

형체		공차 종류	기호	표기 예시	적용 부위
단독형체 (데이텀이 불필요)	모양 공차	진직도 공차	—	— 0.008 — ⌀0.008	평행 핀
		평면도 공차	▱	▱ 0.009	정반의 표면
		진원도 공차	○	○ 0.011	서로 조립되는 중요 부위인 테이퍼 가공된 축의 부분이나 진원이 필요한 부품
		원통도 공차	⌭	⌭ 0.013	왕복·미끄럼 운동을 하는 둥근 축
단독 형체 또는 관련 형체		선의 윤곽도 공차	⌒	⌒ 0.008 ⌒ 0.008 A	캠의 곡선
		면의 윤곽도 공차	⌓	⌓ 0.009 ⌓ 0.009 B	캠의 곡면

형체	공차 종류	기호	표기 예시	적용 부위
관련 형체	평행도 공차 (자세 공차)	//	//|⌀0.013|A| //|0.013|A|	구름 베어링이 설치되어 있는 본체의 구멍 (베어링의 외륜과 닿는 부분)
	직각도 공차 (자세 공차)	⊥	⊥|⌀0.011|D| ⊥|0.011|D|	구름 베어링이 설치되어 있는 본체의 구멍 (베어링의 측면과 닿는 부분)
	경사도 공차 (자세 공차)	∠	∠|0.013|C|	더브테일 홈과 같은 경사면, 경사가 있는 구멍
	위치도 공차 (위치 공차)	⊕	⊕|⌀0.011|A|B| ⊕|0.011|A|B|	금형 부품 (펀치와 다이의 조립부)
	동축도 공차 또는 동심도 공차 (위치 공차)	◎	◎|⌀0.013|C|	구름 베어링이 양쪽에 설치되어 있는 본체의 구멍 → 한 번에 두 구멍을 동시에 가공하기 어려워, 돌려 물려서 가공해야 하는 부분 (2개 베어링의 외륜과 닿는 부분에 동축도 지시)
	대칭도 (위치 공차)	=	=|0.009|A|	중심 평면을 기준으로 기능상 대칭이 되어야 하는 부품
	원주 흔들림 공차 (흔들림 공차)	↗	↗|0.011|D|	회전체인 축, 기어, V 벨트 풀리 등에 적용
	온 흔들림 공차 (흔들림 공차)	↗↗	↗↗|0.013|B|	두 개의 베어링과 면 접촉되는 축의 측면 부분

(3) 기하 공차의 기입 형태

공차에 대한 표시 사항은 공차 기입틀(사각 형태의 상자)을 2개 이상의 부분으로 구분하여 그림과 같이 기하 공차의 기호, 공차값, 데이텀(기준)을 그 안에 기입한다. 데이텀 기입 방법은 그림의 (a)–(d)와 같다.

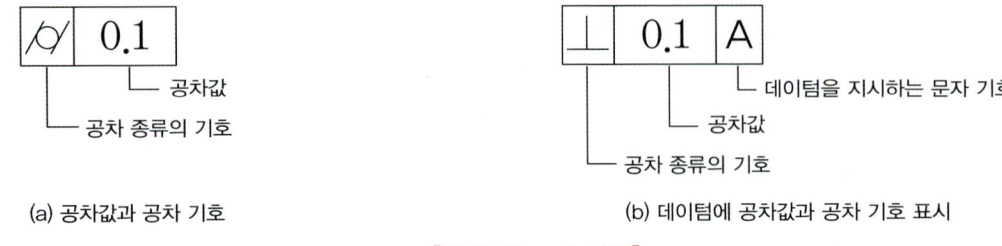

(a) 공차값과 공차 기호   (b) 데이텀에 공차값과 공차 기호 표시

[공차의 표기 사항]

(a) 데이텀이 한 개일 때

(b) 두 개의 데이텀이 동시에 참조되는 공통 데이텀일 때

(c) 두 개의 데이텀에 우선 순위를 지정할 때
(우선 순위가 높은 데이텀을 먼저 기입)

(d) 두 개 이상의 데이텀에 우선 순위가 없을 때
(같은 칸에 나란히 기입)

[데이텀 기입 방법]

(4) 기하공차 기호 지시의 해독

1) 모양 공차의 해석

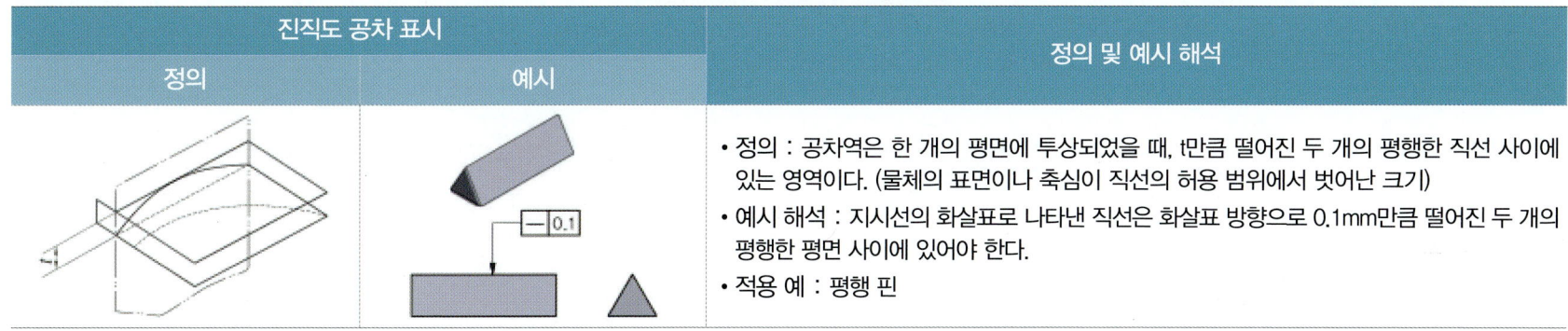

〈진직도(straightness) 공차〉

진직도 공차 표시		정의 및 예시 해석
정의	예시	
		• 정의 : 공차역은 한 개의 평면에 투상되었을 때, t만큼 떨어진 두 개의 평행한 직선 사이에 있는 영역이다. (물체의 표면이나 축심이 직선의 허용 범위에서 벗어난 크기) • 예시 해석 : 지시선의 화살표로 나타낸 직선은 화살표 방향으로 0.1mm만큼 떨어진 두 개의 평행한 평면 사이에 있어야 한다. • 적용 예 : 평행 핀

〈평면도(flatness) 공차〉

평면도 공차 표시		정의 및 예시 해석
정의	예시	
		• 정의 : 공차역은 t만큼 떨어진 두 개의 평행한 평면 사이에 있는 영역이다. (정확한 평면으로부터 표면이 허용 범위를 벗어난 크기) • 예시 해석 : 이 표면은 0.08mm 만큼 떨어진 두 개의 평행한 평면 사이에 있어야 한다. • 적용 예 : 정반의 표면

〈진원도(roundness) 공차〉

진원도 공차 표시		정의 및 예시 해석
정의	예시	
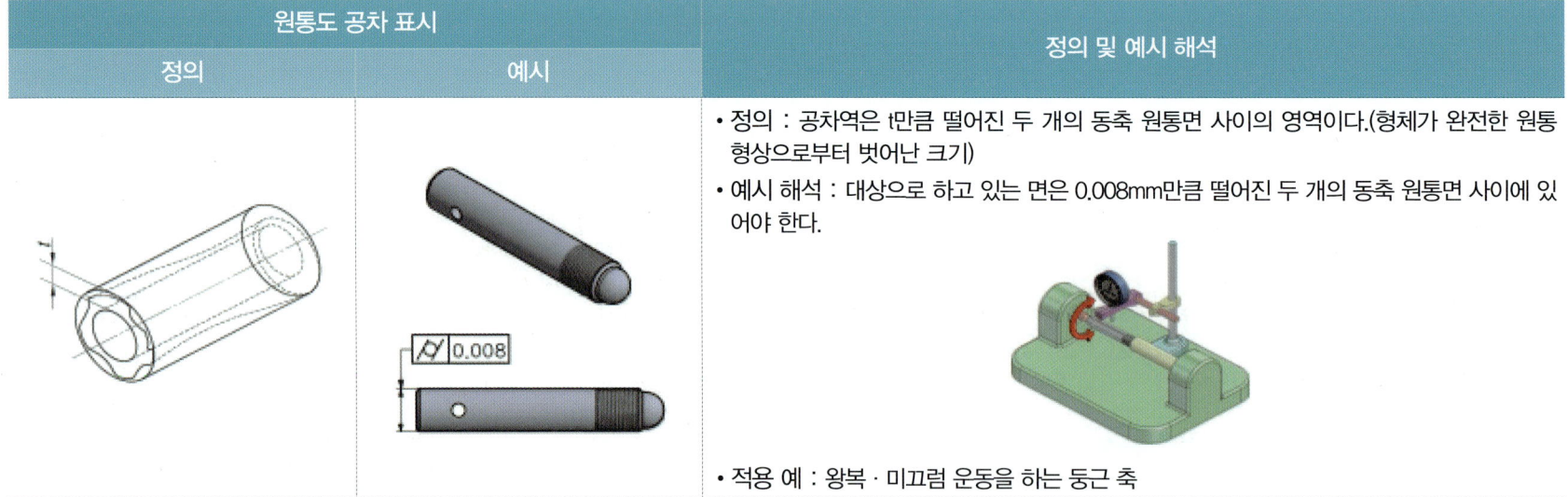		• 정의 : 대상으로 하고 있는 평면 내에서의 공차역은 t만큼 떨어진 두 개의 동심원 사이의 영역이다. • 예시 해석 : 바깥지름 면의 임의의 축 직각 단면에서 바깥둘레는 동일 평면 위에서 0.03mm 만큼 떨어진 두 개의 동심원 사이에 있어야 한다. • 적용 예 : 서로 조립되는 중요 부위인 테이퍼 가공이 된 축의 부분이나 진원이 필요한 부품

〈원통도(cylindricity) 공차〉

원통도 공차 표시		정의 및 예시 해석
정의	예시	
		• 정의 : 공차역은 t만큼 떨어진 두 개의 동축 원통면 사이의 영역이다.(형체가 완전한 원통 형상으로부터 벗어난 크기) • 예시 해석 : 대상으로 하고 있는 면은 0.008mm만큼 떨어진 두 개의 동축 원통면 사이에 있어야 한다. • 적용 예 : 왕복 · 미끄럼 운동을 하는 둥근 축

〈면의 윤곽도(profile of any surface) 공차〉

면의 윤곽도 공차 표시		정의 및 예시 해석
정의	예시	
(윤곽면 그림, Sφ0.02)	(구와 면 예시, ⌒ 0.02)	• 정의 : 이론적으로 정확한 윤곽면에 중심을 두는 지름 t인 구(sphere)가 만드는 두 개의 면 사이에 있는 영역이다.(규제되는 임의의 면이 기준 윤곽면에서 벗어난 크기) • 예시 해석 : 이론적으로 정확한 윤곽을 가지는 구의 면에 중심을 두는 지름 0.02mm인 구(sphere)가 만드는 2개의 면 사이에 있어야 한다. • 적용 예 : 캠(cam)의 곡면

2) 자세 공차의 해석

〈평행도(parallelism) 공차〉

데이텀 평면에 대한 평행도 공차 표시		정의 및 예시 해석
정의	예시	
(두 평면 사이의 거리 t 그림)	(블록과 단면도, // 0.01 D)	• 정의 : 데이텀 평면에 평행하고 서로 t만큼 떨어진 두 개의 평행한 평면 사이에 있는 영역이다. (데이텀 축 직선 또는 평면에 대하여 형체의 표면이나 축 직선이 허용 범위로부터 벗어난 크기) • 예시 해석 : 지시선의 화살표로 나타내는 축선은 데이텀 평면 D에 평행하고, 지시선의 화살표 방향으로 0.01mm만큼 떨어진 두 개의 평면 사이에 있어야 한다. 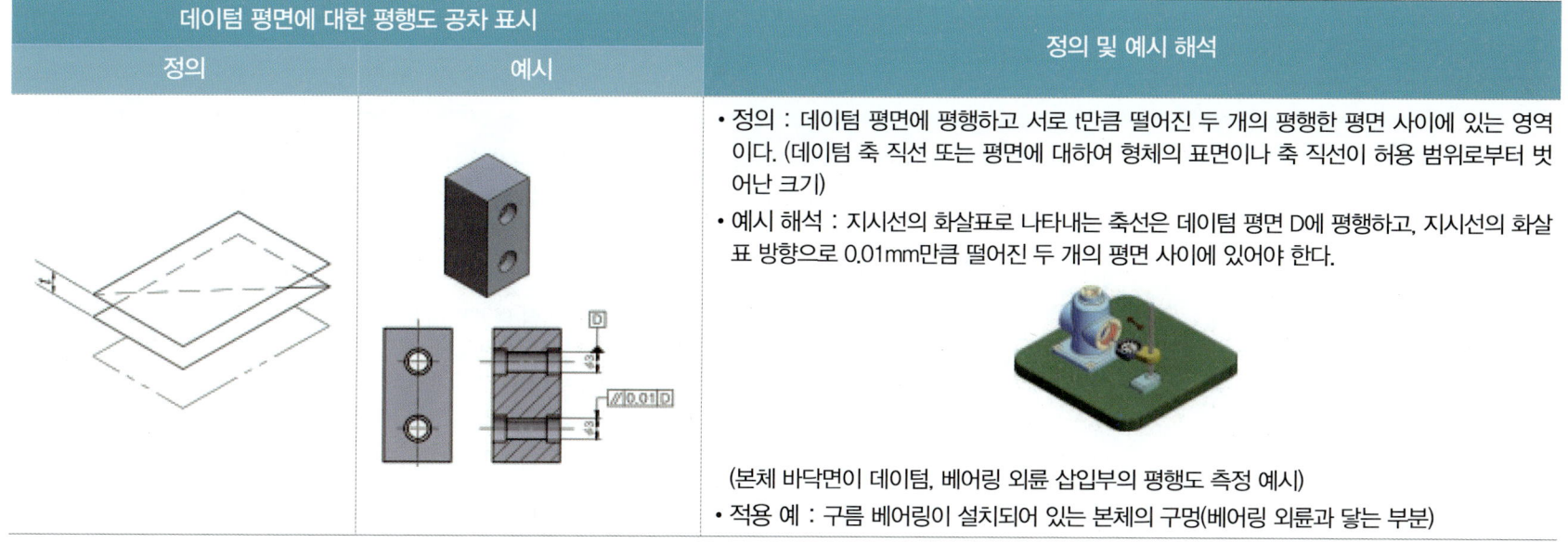 (본체 바닥면이 데이텀, 베어링 외륜 삽입부의 평행도 측정 예시) • 적용 예 : 구름 베어링이 설치되어 있는 본체의 구멍(베어링 외륜과 닿는 부분)

〈직각도(squareness, perpendicularity) 공차〉

직각도 공차 표시	
정의	예시

정의 및 예시 해석

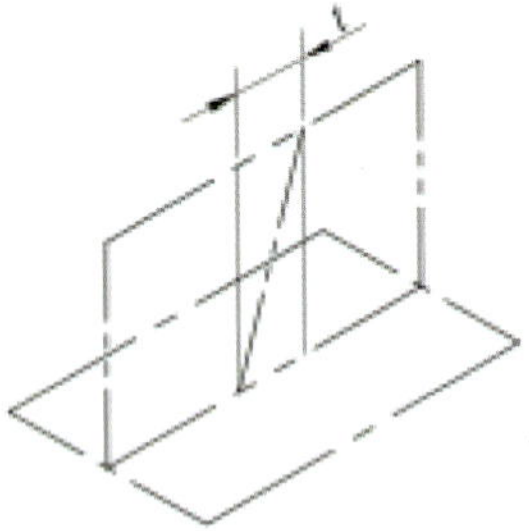

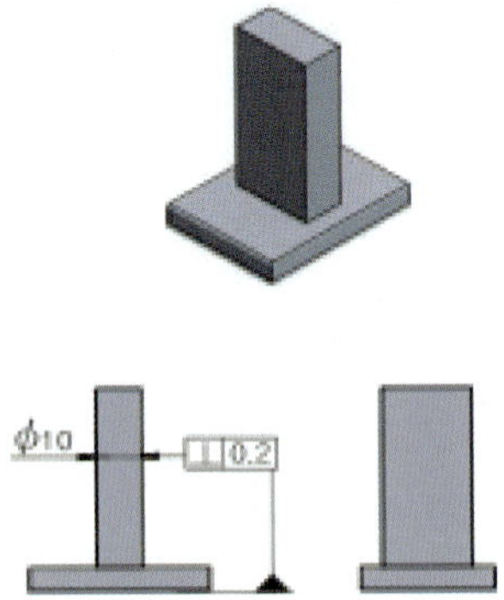

- 정의 : 공차역은 데이텀 평면에 수직이고, t만큼 떨어진 두 개의 평행한 직선 사이에 있는 영역이다.(데이텀 축 직선 또는 평면에 대하여 형체의 표면이나 축 직선이 완전한 직각(90°)으로부터 벗어난 크기)
- 예시 해석 : 지시선의 화살표로 나타내는 원통의 축선은 데이텀 평면에 수직이고, 지시선의 화살표 방향으로 0.2mm만큼 떨어진 두 개의 평행한 평면 사이에 있어야 한다.

(본체 바닥면이 데이텀, 부시 삽입부의 직각도 측정 예시)

- 적용 예 : 구름 베어링이 설치된 본체의 구멍(베어링의 측면과 닿는 부분)

〈경사도(angularity) 공차〉

데이텀 평면에 대한 경사도 공차 표시	
정의	예시

정의 및 예시 해석

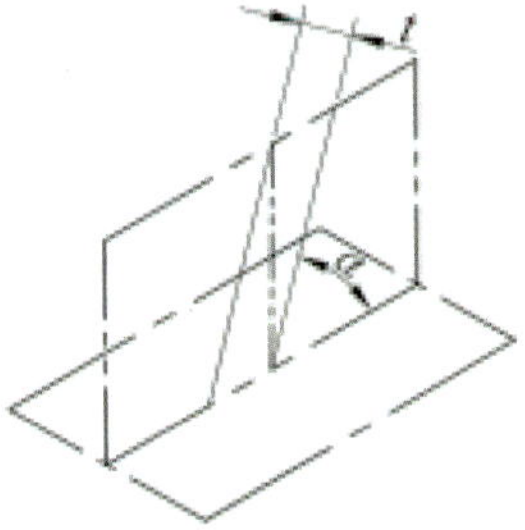

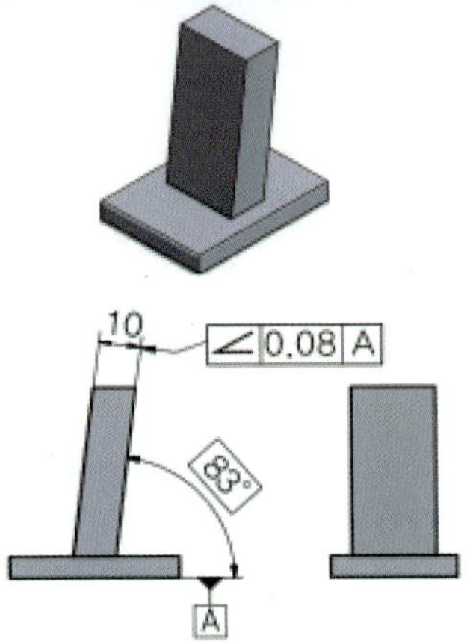

- 정의 : 공차역은 데이텀 평면에 대하여 지정된 각도로 기울고, t만큼 떨어진 두 개의 평행한 직선 사이에 있는 영역이다.(90°를 제외한 임의의 각을 갖는 평면이나 형체의 중심이 데이텀을 기준으로 허용 범위를 벗어난 크기)
- 예시 해석 : 지시선의 화살표로 나타내는 원통의 축선은 데이텀 평면에 대하여 정확하게 83° 기울고, 지시선의 화살표 방향으로 0.08mm만큼 떨어진 두 개의 평행한 평면 사이에 있어야 한다.
- 적용 예 : 더브 테일 홈과 같은 경사면, 경사가 있는 구멍

3) 위치 공차의 해석

위치도, 동축도, 대칭도 등 위치 공차의 표시와 해석은 다음과 같다.

〈위치도(angularity) 공차〉

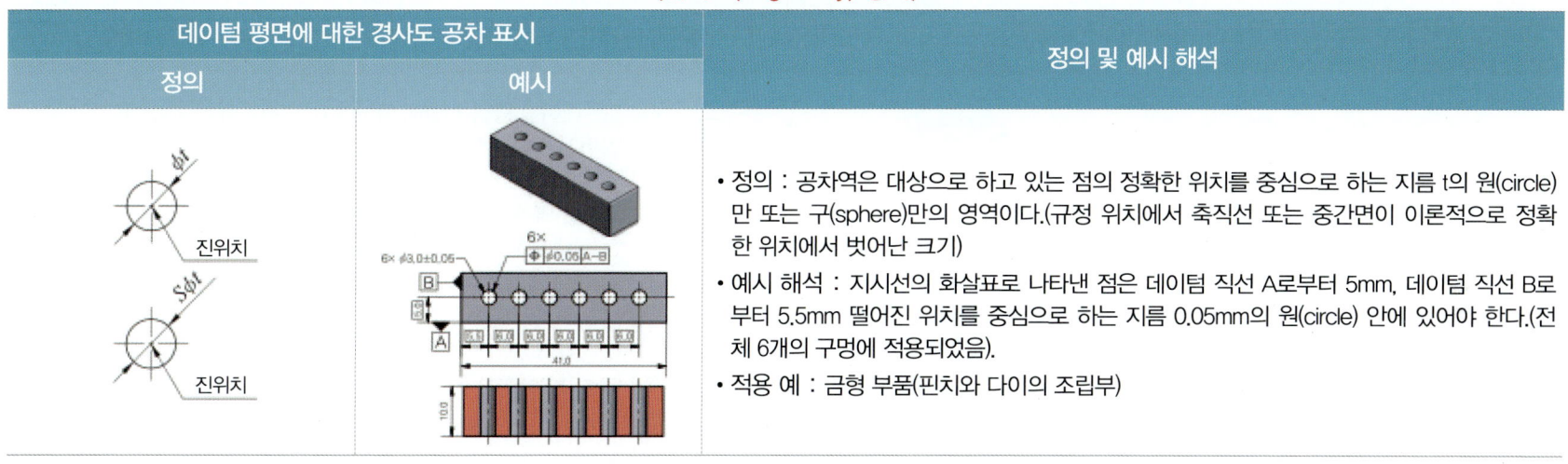

데이텀 평면에 대한 경사도 공차 표시		정의 및 예시 해석
정의	예시	

- 정의 : 공차역은 대상으로 하고 있는 점의 정확한 위치를 중심으로 하는 지름 t의 원(circle)만 또는 구(sphere)만의 영역이다.(규정 위치에서 축직선 또는 중간면이 이론적으로 정확한 위치에서 벗어난 크기)
- 예시 해석 : 지시선의 화살표로 나타낸 점은 데이텀 직선 A로부터 5mm, 데이텀 직선 B로부터 5.5mm 떨어진 위치를 중심으로 하는 지름 0.05mm의 원(circle) 안에 있어야 한다.(전체 6개의 구멍에 적용되었음).
- 적용 예 : 금형 부품(핀치와 다이의 조립부)

〈동축도(concentricity and coaxiality) 공차〉

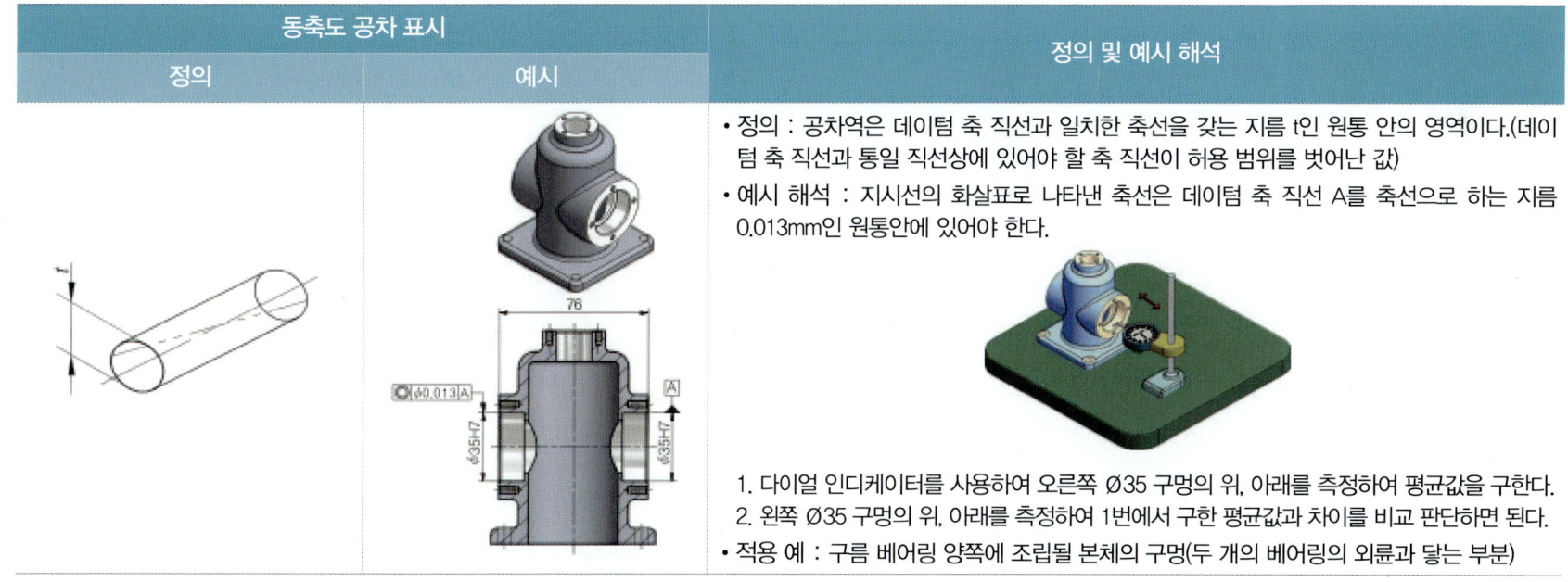

동축도 공차 표시		정의 및 예시 해석
정의	예시	

- 정의 : 공차역은 데이텀 축 직선과 일치한 축선을 갖는 지름 t인 원통 안의 영역이다.(데이텀 축 직선과 동일 직선상에 있어야 할 축 직선이 허용 범위를 벗어난 값)
- 예시 해석 : 지시선의 화살표로 나타낸 축선은 데이텀 축 직선 A를 축선으로 하는 지름 0.013mm인 원통안에 있어야 한다.

1. 다이얼 인디케이터를 사용하여 오른쪽 Ø35 구멍의 위, 아래를 측정하여 평균값을 구한다.
2. 왼쪽 Ø35 구멍의 위, 아래를 측정하여 1번에서 구한 평균값과 차이를 비교 판단하면 된다.

- 적용 예 : 구름 베어링 양쪽에 조립될 본체의 구멍(두 개의 베어링의 외륜과 닿는 부분)

⟨대칭도(symmetry) 공차⟩

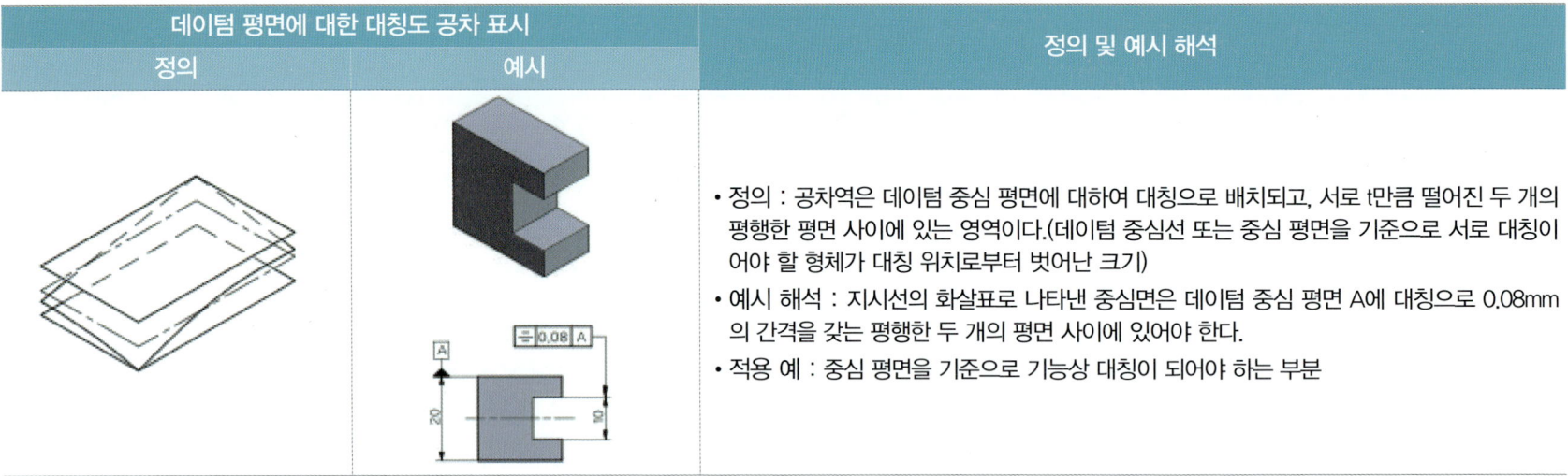

- 정의 : 공차역은 데이텀 중심 평면에 대하여 대칭으로 배치되고, 서로 t만큼 떨어진 두 개의 평행한 평면 사이에 있는 영역이다.(데이텀 중심선 또는 중심 평면을 기준으로 서로 대칭이어야 할 형체가 대칭 위치로부터 벗어난 크기)
- 예시 해석 : 지시선의 화살표로 나타낸 중심면은 데이텀 중심 평면 A에 대칭으로 0.08mm의 간격을 갖는 평행한 두 개의 평면 사이에 있어야 한다.
- 적용 예 : 중심 평면을 기준으로 기능상 대칭이 되어야 하는 부분

4) 흔들림 공차의 해석

⟨원주 흔들림(circular run-out) 공차⟩

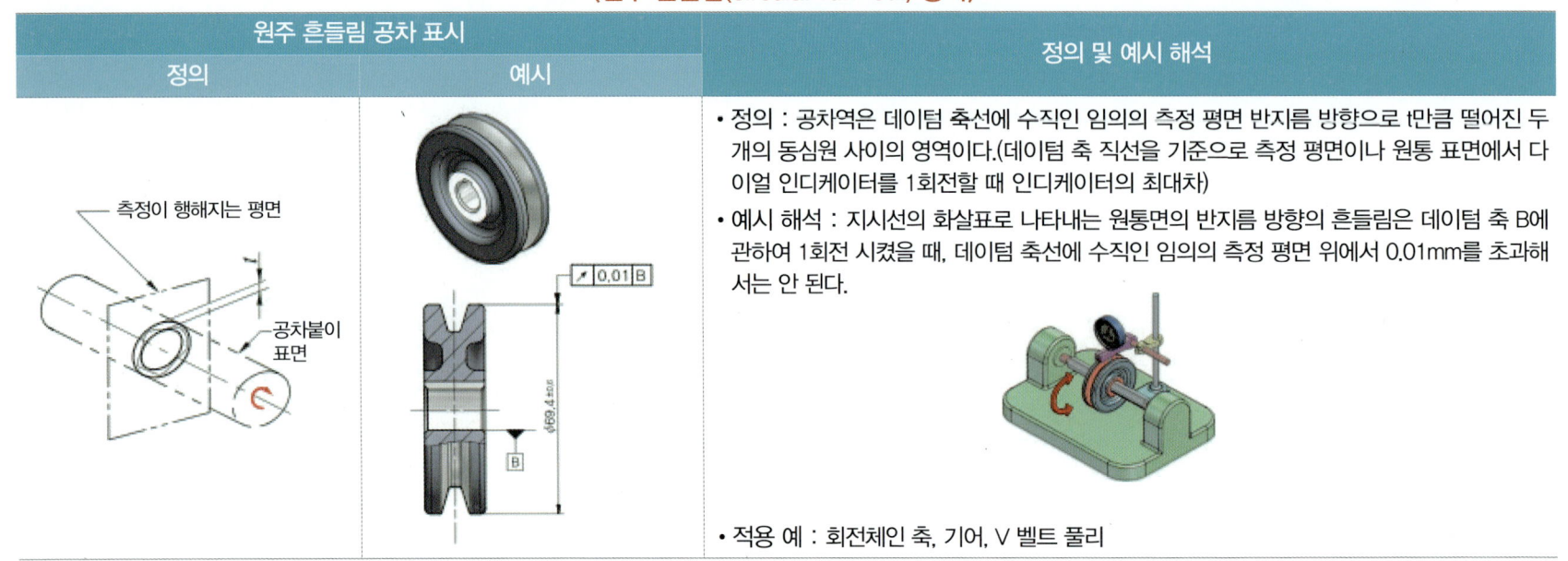

- 정의 : 공차역은 데이텀 축선에 수직인 임의의 측정 평면 반지름 방향으로 t만큼 떨어진 두 개의 동심원 사이의 영역이다.(데이텀 축 직선을 기준으로 측정 평면이나 원통 표면에서 다이얼 인디케이터를 1회전할 때 인디케이터의 최대차)
- 예시 해석 : 지시선의 화살표로 나타내는 원통면의 반지름 방향의 흔들림은 데이텀 축 B에 관하여 1회전 시켰을 때, 데이텀 축선에 수직인 임의의 측정 평면 위에서 0.01mm를 초과해서는 안 된다.
- 적용 예 : 회전체인 축, 기어, V 벨트 풀리

〈온 흔들림(total run-out) 공차〉

온 흔들림 공차 표시		정의 및 예시 해석
정의	예시	

- 정의 : 공차역은 데이텀 축 직선과 일치하는 축선을 가지고, 반지름 방향으로 t만큼 떨어진 두 개의 동축 원통 사이의 영역이다.(데이텀 축 직선을 기준으로 형체를 회전시키면서 다이얼 인디케이터를 이동시키면서 측정했을 때 인디케이터의 최대차)

- 예시 해석 : 지시선과 화살표로 나타낸 원통면의 반지름 방향의 온 흔들림은 데이텀 축직선 C에 관하여 회전시켰을 때, 원판 표면 위의 임의의 점에서 0.01mm를 초과해서는 안 된다.

- 적용 예 : 2개의 베어링과 면 접촉되는 축의 측면

4. 기계재료의 재질 선택

기계 부품에는 철강 재료, 비철 금속 재료 및 비금속 재료 등 다양한 재료가 사용된다. 기계 재료를 표시할 때에는 주철, 황동 등 일반적인 재료 명칭 대신 한국산업표준(KS D)에 규정된 재료 기호를 사용한다.

[동력 전달 장치에 자주 사용하는 기계 재료]

품명	재료 기호	재료명	비고
몸체 또는 본체	GC 200	회주철	대부분의 주철 제품 사용
	GC 250		
	SC 450	주강	강도를 요하는 큰 주물 제품에 사용
축류	SM 40C	기계 구조용 탄소강	일반 축
	SM 45C		
	SM 15K	침탄용 기계 구조용 강	표면 경화 열처리한 축
	SCM 435	크롬몰리브덴강	일반 축보다 신뢰도가 요구되는 축
	SCM 415		신뢰도가 요구되는 축(표면 담금질용)
스퍼기어	SNC 415	니켈크롬강	기계 가공용 기어(표면 담금질용)
	SCM 435	크롬몰리브덴강	기계 가공용 기어
	SC 480	주강	대형 기어(주물로 만든 기어)
웜 축	SM 48C	기계 구조용 탄소강	치면 고주파 경화 처리 HRC 50 ~ 55
	SCM 435	크롬몰리브덴강	
웜 휠	BC 2	청동 주물	밸브, 기어, 펌프
	PBC 2	인 청동 주물	웜 기어, 베어링 부시
래칫	SM 15K	침탄용 기계 구조용 강	표면 경화용
로프, 풀리	SC 450	탄소 주강품	일반 구조용 체인 부품
래크, 피니언	SNC 415	니켈크롬강	일반 구조용 체인 부품(표면 담금질 용)
스포로킷, 벨트풀리	GC 200	회주철	일반 기계 구조물
커버	GC 200	회주철	본체와 같은 재질 사용
	GC 250		
	SC 360	탄소강 주강품	
베어링용 부시	CAC 502A	인 청동 주물	웜 기어, 베어링 부시
	WM 3	화이트 메탈	고속, 중하중용
칼라	SM 45C	기계 구조용 강	간격 유지용
스프링	SPS 3	실리콘 망간 강재	겹판, 코일 스프링, 토션바
	SPS 6	크롬 바나듐 강재	코일스프링, 토션바
	SPS 8	실리콘 크롬 강재	코일스프링
	PW 1	피아노선	동하중을 받는 스프링용
클러치	SC 480	탄소강 주강품	

[지그 부품별 재료]

품명	재료 기호	재료명	비고
베이스	SCM 415	크롬몰리브덴강	기계 가공용
	STC 105	탄소 공구 강재	
	SM 45C	기계 구조용 탄소강	
하우징, 몸체	SC 450	주강	주물용
가이드 부시(공구 안내용)	STC 105	탄소 공구 강재	드릴, 앤드밀 등의 안내문
	SK 3M	탄소 공구강	
플레이트	SM 45C	기계 구조용 탄소강	
스프링	SPS 6	실리콘 망간 강재	겹판, 코일 스프링, 토션바
	SPS 10	크롬 바나듐 강재	코일 스프링, 토션바
	SPS 12	실리콘 크롬 강재	코일 스프링
	PW 1	피아노선	동하중을 받는 스프링용
서포트	STC 105	탄소 공구 강재	
가이드 블록	SCM 430	크롬몰리브덴강	
베어링 부시	CAC 502A	인청동 주물	
	WM 3	화이트 메탈	고속, 중하중용
V블록, 조	STC 105	탄소 공구강	지그 고정구용
로케이터, 측정핀 슬라이더, 고정대	SCM 430	크롬몰리브덴강	

[유공압 기구 부품별 재료]

품명	재료 기호	재료명	비고
하우징	ALDC7	알루미늄 합금 다이캐스팅	
	AC4C	알루미늄 합금 주물	
	AC5C		
레버형 핑거 프레스 축	SCM 430	크롬몰리브덴강	
실린더, 커버	ALDC6	알루미늄 합금 다이캐스팅	
코일 스프링	PW1	피아노선	동하중을 받는 스프링용
롤러	SM45C	기계 구조용 탄소강	

CHAPTER 4 국가기술자격 실기시험용 KS 기계제도 규격

1. 표면 거칠기
2. 끼워 맞춤 공차
3. IT공차
4. 중심 거리의 허용차
5. 모떼기 및 둥글기의 값
6. 널링
7. T홈
8. T홈 간격
9. T홈 간격 허용차
10. 미터 보통 나사
11. 미터 가는 나사
12. 미터 사다리꼴 나사
13. 관용 평행 나사
14. 관용 테이퍼 나사
15. 볼트 구멍 지름(2급 기준) 및 카운터 보어 지름의 치수
16. 불완전 나사부 길이
17. 나사의 틈새
18. 뾰족끝 홈붙이 멈춤 스크루
19. 멈춤링
    (1) C형 멈춤링
    (2) E형 멈춤링
    (3) C형 동심 멈춤링
20. 생크
21. 평행 키 (키 홈)
22. 반달 키 (키 홈)
23. 깊은 홈 볼 베어링
24. 앵귤러 볼 베어링
25. 자동 조심 볼 베어링
26. 원통 롤러 베어링
27. 테이퍼 롤러 베어링
28. 니들 롤러 베어링
29. 평면 자리형 스러스트 볼 베어링
30. 평면 자리형 스러스트 볼 베어링(복식)
31. 베어링 구석 홈 부 둥글기
32. 베어링의 끼워 맞춤
33. 그리스 니플
34. O링(원통면)
35. O링 부착 부의 예리한 모서리를 제거하는 설계 방법
36. O링(평면)
37. 오일 실
38. 오일 실 부착 관계 (축 및 하우징 구멍의 모떼기와 둥글기)
39. 롤러체인, 스프로킷
40. V 벨트 풀리
41. 지그용 부시 및 그 부속 부품 (고정 부시)
42. 삽입 부시
43. 지그용 부시 및 그 부속 부품 (고정 라이너)
44. 부시와 멈춤쇠 또는 멈춤나사의 중심 거리 및 부착 나사의 가공 치수
45. 분할 핀
46. 주서 (예)
47. 센터 구멍
48. 양끝 센터(예)
49. 기어 요목표
50. 기계재료 기호(KS D)
51. 구름베이링용 로크너트 와셔

1. 표면 거칠기

거칠기 구분치		0.025a	0.05a	0.1a	0.2a	0.4a	0.8a	1.6a	3.2a	6.3a	12.5a	25a	50a
산술 평균 거칠기의 표면 거칠기의 범위 (μmRa)	최소치	0.02	0.04	0.08	0.17	0.33	0.66	1.3	2.7	5.2	10	21	42
	최대치	0.03	0.06	0.11	0.22	0.45	0.90	1.8	3.6	7.1	14	28	56
거칠기 번호 (표준편 번호)		N1	N2	N3	N4	N5	N6	N7	N8	N9	N10	N11	N12

2. 끼워 맞춤 공사

기준 구멍	축의 공차역 클래스							
	헐거운		중간			억지		
H6		g5	h5	js5	k5	m5		
	f6	g6	h6	js6	k6	m6	n6	p6
H7	f6	g6	h6	js6	k6	m6	n6	p6	r6
	f7		h7	js7				
H8	f7		h7					
	f8		h8					

기준 축	구멍의 공차역 클래스							
	헐거운		중간			억지		
h5			H6	JS6	K6	M6	N6	P6
h6	F6	G6	H6	JS6	K6	M6	N6	P6
	F7	G7	H7	JS7	K7	M7	N7	P7	R7
h7	F7		H7					
	F8		H8					
h8	F8		H8					

3. IT 공차

(단위 : μm)

치수 등급		IT4 4급	IT5 5급	IT6 6급	IT7 7급
초과	이하				
–	3	3	4	6	10
3	6	4	5	8	12
6	10	4	6	9	15
10	18	5	8	11	18
18	30	6	9	13	21
30	50	7	11	16	25
50	80	8	13	19	30
80	120	10	15	22	35
120	180	12	18	25	40
180	250	14	20	29	46
250	315	16	23	32	52
315	400	18	25	36	57
400	500	20	27	40	63

4. 중심 거리의 허용차　　　(단위 : μm)

중심 거리 구분		등급	
		1급	2급
초과	이하		
-	3	±3	±7
3	6	±4	±9
6	10	±5	±11
10	18	±6	±14
18	30	±7	±17
30	50	±8	±20
50	80	±10	±23
80	120	±11	±27
120	180	±13	±32
180	250	±15	±36
250	315	±16	±41

5. 절삭가공부품 모떼기 및 둥글기의 값

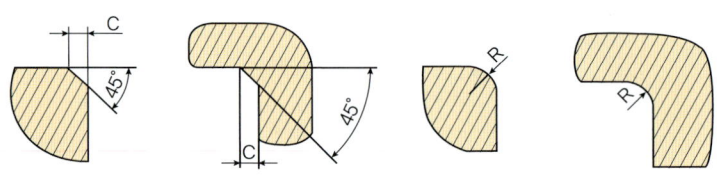

0.1	0.4	0.8	1.6	3 (3.2)	6	12	25	50
0.2	0.5	1.0	2.0	4	8	16	32	-
0.3	0.6	1.2	2.5 (2.4)	5	10	20	40	-

6. 널링

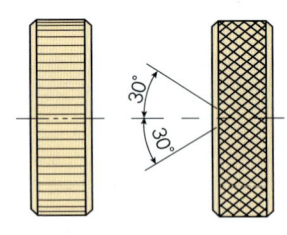 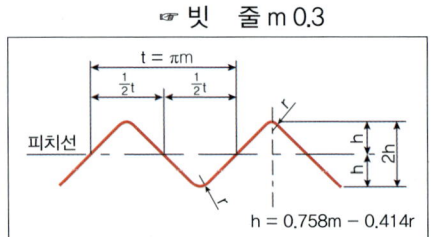

[보기] ☞ 바른 줄 m 0.5
　　　☞ 빗　 줄 m 0.3

$h = 0.758m - 0.414r$

바른 줄 형			
모듈 m	0.2	0.3	0.5
피치 t	0.628	0.942	1.571
r	0.06	0.09	0.16
h	0.15	0.22	0.37

빗 줄 형			
모듈 m	0.5	0.3	0.2
cos 30°	0.577	0.346	0.230

7. T홈

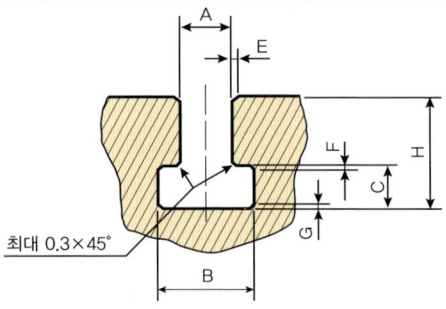

호칭 (볼트) 치수	기준 치수	허용차		B 기준 치수		C 기준 치수		H		E 최대 모떼기	F 최대 모떼기	G 최대 모떼기
		기준 홈 H8	고정 홈 H12	최소	최대	최소	최대	최소	최대			
M4	5	+0.018	+0.12	10	11	3.5	4.5	8	10	1	0.6	1
M5	6	0	0	11	12.5	5	6	11	13	1	0.6	1
M6	8	+0.022	+0.15	14.5	16	7	8	15	18	1	0.6	1
M8	10	0	0	16	18	7	8	17	21	1	0.6	1
M10	12	+0.027	+0.18	19	21	8	9	20	25	1	0.6	1
M12	14	0	0	23	25	9	11	23	28	1.6	0.6	1.6
M16	18			30	32	12	14	30	36	1.6	1	1.6
M20	22	+0.033	+0.21	37	40	16	18	38	45	1.6	1	2.5
M24	28	0	0	46	50	20	22	48	56	1.6	1	2.5
M30	36	+0.039	+0.25	56	60	25	28	61	71	2.5	1	2.5
M36	42	0	0	68	72	32	35	74	85	2.5	1.6	4
M42	48			80	85	36	40	84	95	2.5	2	6
M48	54	+0.046 0	+0.30 0	90	95	40	44	94	106	2.5	2	6

8. T홈 간격

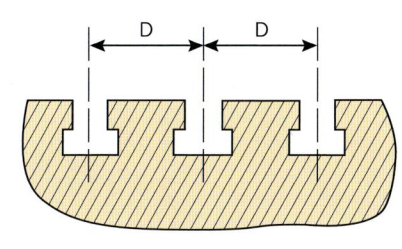

T홈의 폭 A	간격 p
5	20 25 32
6	25 32 40
8	32 40 50
10	40 50 63
12	(40) 50 63 80
14	(50) 63 80 100
18	(63) 80 100 125
22	(80) 100 125 160
28	100 125 160 200
36	125 160 200 250
42	160 200 250 320
48	200 250 320 400
54	250 320 400 500

( )호 치수는 되도록 피한다.

9. T홈 간격 허용차

간격 p	허용차
20~25	±0.2
32~100	±0.3
125~250	±0.5
320~500	±0.8

비고 모든 T-홈 간격에 대한 공차는 누적되지 않는다.

10. 미터 보통 나사

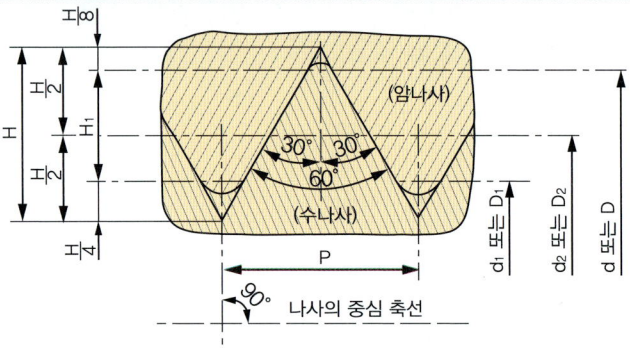

나사의 호칭	피치(P)	접촉 높이(H_1)	암나사 골 지름 D / 수나사 바깥 지름 d	암나사 유효 지름 D_2 / 수나사 유효 지름 d_2	암나사 안 지름 D_1 / 수나사 골 지름 d_1
M3	0.5	0.271	3.000	2.675	2.459
M4	0.7	0.379	4.000	3.545	3.242
M5	0.8	0.433	5.000	4.480	4.134
M6	1	0.541	6.000	5.350	4.917
M8	1.25	0.677	8.000	7.188	6.647
M10	1.5	0.812	10.000	9.026	8.376
M12	1.75	0.947	12.000	10.863	10.106
M16	2	1.083	16.000	14.701	13.835

11. 미터 가는 나사

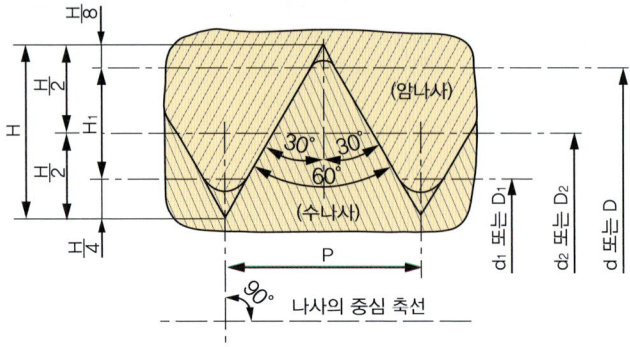

나사의 호칭	접촉 높이(H_1)	암나사		
		골 지름 D	유효 지름 D_2	안 지름 D_1
		수나사		
		바깥 지름 d	유효 지름 d_2	골 지름 d_1
M 1 × 0.2 M 1.1 × 0.2 M 1.2 × 0.2	0.108	1.000 1.100 1.200	0.870 0.970 1.070	0.783 0.883 0.983
M 1.4 × 0.2 M 1.6 × 0.2 M 1.8 × 0.2	0.108	1.400 1.600 1.800	1.270 1.470 1.670	1.183 1.383 1.583
M 2 × 0.25 M 2.2 × 0.25	0.135	2.000 2.200	1.838 2.038	1.729 1.929
M 2.5 × 0.35 M 3 × 0.35 M 3.5 × 0.35	0.189	2.500 3.000 3.500	2.273 2.773 3.273	2.121 2.621 3.121
M 4 × 0.5 M 4.5 × 0.5 M 5 × 0.5 M 5.5 × 0.5	0.271	4.000 4.500 5.000 5.500	3.675 4.175 4.675 5.175	3.459 3.959 4.459 4.959
M 6 × 0.75 M 7 × 0.75	0.406	6.000 7.000	5.513 6.513	5.188 6.188
M 8 × 1 M 8 × 0.75	0.541 0.406	8.000	7.350 7.513	6.917 7.188
M 9 × 1 M 9 × 0.75	0.541 0.406	9.000	8.350 8.513	7.917 8.188
M 10 × 1.25 M 10 × 1 M 10 × 0.75	0.677 0.541 0.406	10.000	9.188 9.350 9.513	8.647 8.917 9.188
M 11 × 1 M 11 × 0.75	0.541 0.406	11.000	10.350 10.513	9.917 10.188
M 12 × 1.5 M 12 × 1.25 M 12 × 1	0.812 0.677 0.541	12.000	11.026 11.188 11.350	10.376 10.647 10.917
M 14 × 1.5 M 14 × 1.25 M 14 × 1	0.812 0.677 0.541	14.000	13.026 13.188 13.350	12.376 12.647 12.917
M 15 × 1.5 M 15 × 1	0.812 0.541	15.000	14.026 14.350	13.376 13.917
M 16 × 1.5 M 16 × 1	0.812 0.541	16.000	15.026 15.350	14.376 14.917

12. 미터 사다리꼴 나사

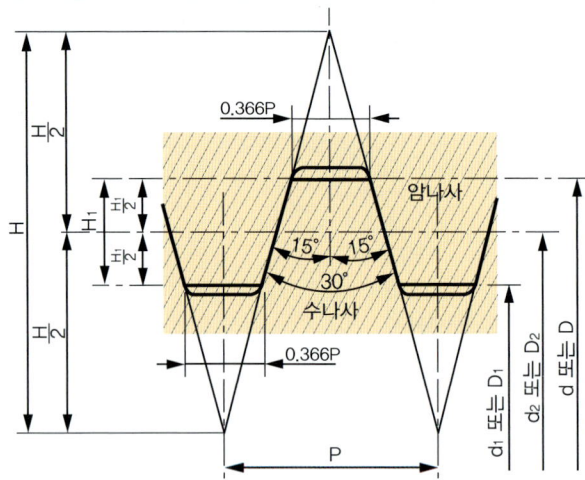

[기준 공식]

$H = 1.866$ $\quad d_2 = d - 0.5P$ $\quad D = d$

$H_1 = 0.5P$ $\quad d_1 = d - P$ $\quad D_2 = d_2$

$\quad\quad\quad\quad\quad\quad\quad\quad\quad\quad\quad\quad\quad\quad D_1 = d_1$

나사의 호칭	피치 P	접촉 높이 H_1	암나사		
			골 지름 D	유효 지름 D_2	안 지름 D_1
			수나사		
			바깥 지름 d	유효 지름 d_2	골 지름 d_1
Tr 10×2	2	1	10.000	9.000	8.000
Tr 10×1.5	1.5	0.75	10.000	9.250	8.500
Tr 11×3	3	1.5	11.000	9.500	8.000
Tr 11×2	2	1	11.000	10.000	9.000
Tr 12×3	3	1.5	12.000	10.500	9.000
Tr 12×2	2	1	12.000	11.000	10.000
Tr 14×3	3	1.5	14.000	12.500	11.000
Tr 14×2	2	1	14.000	13.000	12.000
Tr 16×4	4	2	16.000	14.000	12.000
Tr 16×2	2	1	16.000	15.000	14.000
Tr 18×4	4	2	18.000	16.000	14.000
Tr 18×2	2	1	18.000	17.000	16.000
Tr 20×4	4	2	20.000	18.000	16.000
Tr 20×2	2	1	20.000	19.000	18.000

13. 관용 평행 나사

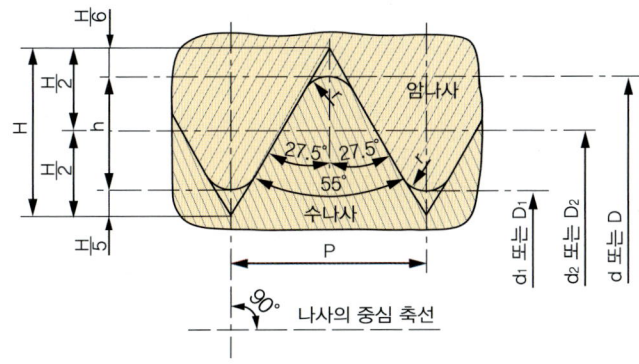

나사의 표시방법 : 수나사의 경우 G 1A, G 1B
암나사의 경우 G1

나사의 호칭	나사 산수 25.4mm에 대하여 n	피치 P (참고)	나사 산의 높이 h	산의 봉우리 및 골의 둥글기 r	암나사		
					골 지름 D	유효 지름 D_2	안 지름 D_1
					수나사		
					바깥 지름 d	유효 지름 d_2	골 지름 d_1
G 1/8	28	0.9071	0.581	0.12	9.728	9.147	8.566
G 1/4	19	1.3368	0.856	0.18	13.157	12.301	11.445
G 3/8	19	1.3368	0.856	0.18	16.662	15.806	14.950
G 1/2	14	1.8143	1.162	0.25	20.955	19.793	18.631
G 5/8	14	1.8143	1.162	0.25	22.911	21.749	20.587
G 3/4	14	1.8143	1.162	0.25	26.441	25.279	24.117
G 7/8	14	1.8143	1.162	0.25	30.201	29.039	27.877
G 1	11	2.3091	1.479	0.32	33.249	31.770	30.291
G 1 1/8	11	2.3091	1.479	0.32	37.897	36.418	34.939
G 1 1/4	11	2.3091	1.479	0.32	41.910	40.431	38.952
G 1 1/2	11	2.3091	1.479	0.32	47.803	46.324	44.845
G 1 3/4	11	2.3091	1.479	0.32	53.746	52.267	50.788
G 2	11	2.3091	1.479	0.32	59.614	58.135	56.656
G 2 1/4	11	2.3091	1.479	0.32	65.710	64.231	62.752
G 2 1/2	11	2.3091	1.479	0.32	75.184	73.705	72.226

14. 관용 테이퍼 나사

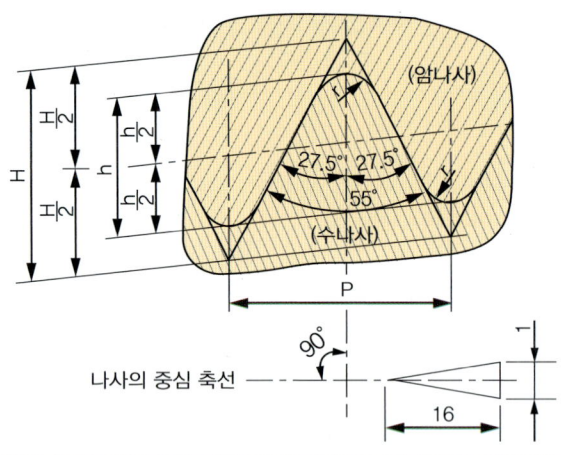

나사의 표시방법 : 수나사의 경우 R $1^1/_2$
             암나사의 경우 Rc $1^1/_2$

나사의 호칭	나사 산수 25.4mm 에 대하여 n	피치 P (참고)	나사 산의 높이 h	둥글기 r 또는 r'	암나사			수나사 기본지름위치		암나사 기본지름 위치
					골 지름 D	유효 지름 D_2	안 지름 D_1	관 끝으로부터		관 끝부분
					수나사			기본길이 a	축선방향의 허용차 ±b	축선방향의 허용차 ±c
					바깥 지름 d	유효 지름 d_2	골 지름 d_1			
R $1/_{16}$	28	0.9071	0.581	0.12	7.723	7.142	6.561	3.97	0.91	1.13
R $1/_8$	28	0.9071	0.581	0.12	9.728	9.147	8.566	3.97	0.91	1.13
R $1/_4$	19	1.3368	0.856	0.18	13.157	12.301	11.445	6.01	1.34	1.67
R $3/_8$	19	1.3368	0.856	0.18	16.662	15.806	14.950	6.35	1.34	1.67
R $1/_2$	14	1.8143	1.162	0.25	20.955	19.793	18.631	8.16	1.81	2.27
R $3/_4$	14	1.8143	1.162	0.25	26.441	25.279	24.117	9.53	1.81	2.27
R 1	11	2.3091	1.479	0.32	33.249	31.770	30.291	10.39	2.31	2.89
R $1^1/_4$	11	2.3091	1.479	0.32	41.910	40.431	38.952	12.70	2.31	2.89
R $1^1/_2$	11	2.3091	1.479	0.32	47.803	46.324	44.845	12.70	2.31	2.89
R 2	11	2.3091	1.479	0.32	59.614	58.135	56.656	15.88	2.31	2.89
R $2^1/_2$	11	2.3091	1.479	0.32	75.184	73.705	72.226	17.46	3.46	3.46
R 3	11	2.3091	1.479	0.32	87.884	86.405	84.926	20.64	3.46	3.46
R 4	11	2.3091	1.479	0.32	113.030	111.551	110.072	25.40	3.46	3.46
R 5	11	2.3091	1.479	0.32	138.430	136.951	135.472	28.58	3.46	3.46
R 6	11	2.3091	1.479	0.32	163.830	162.351	160.872	28.58	3.46	3.46

15. 볼트 구멍 지름(2급 기준) 및 카운터 보어 지름의 치수

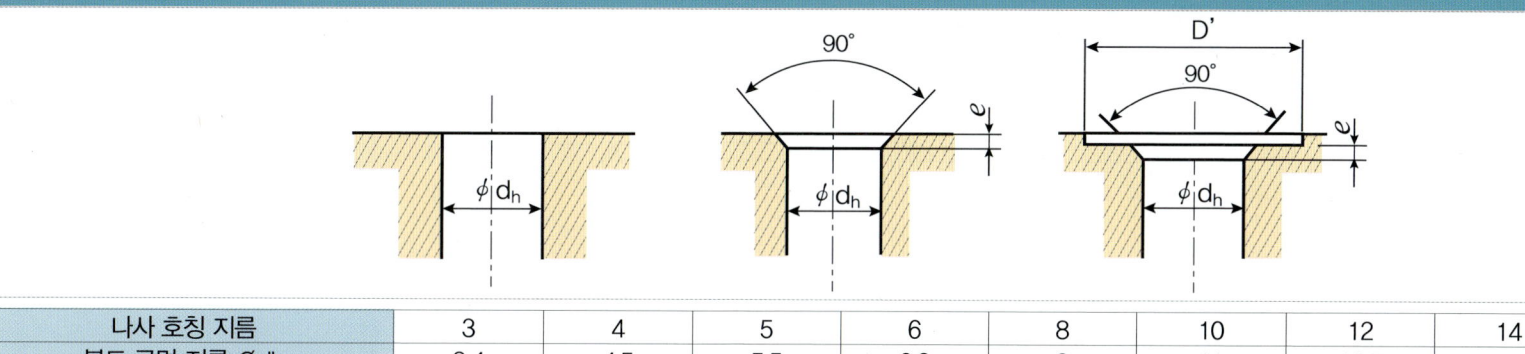

나사 호칭 지름	3	4	5	6	8	10	12	14	16
볼트 구멍 지름 Ødh	3.4	4.5	5.5	6.6	9	11	13.5	15.5	17.5
모떼기 e	0.3	0.4	0.4	0.4	0.6	0.6	1.1	1.1	1.1
카운터보어 지름 D'	9	11	13	15	20	24	28	32	35

16. 불완전 나사부 길이

나사의 절단 끝부에 있어서 불완전 나사부 길이(x)

절삭 나사의 경우   전조 나사의 경우

(원통부 지름 = 수나사 바깥지름) (원통부 지름 ≒ 수나사 유효지름) (원통부 지름 = 수나사 바깥지름)

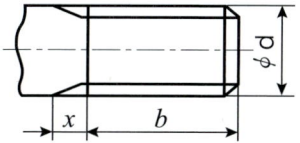 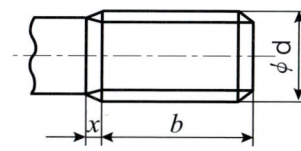 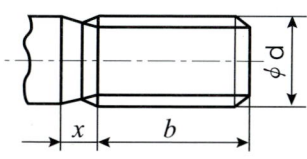

온나사에 있어서 불완전 나사부 길이(a)

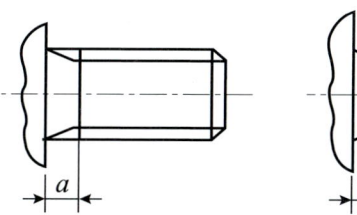 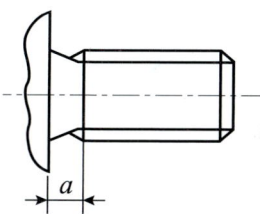

[비고] 그림 중의 b는 나사부 길이를 표시한다.

나사의 피치	x (최대)		a (최대)		
	보통 것	짧은 것	보통 것	짧은 것	긴 것
0.5	1.25	0.7	1.5	1	2
0.7	1.75	0.9	2.1	1.4	2.8
0.8	2	1	2.4	1.6	3.2
1	2.5	1.25	3	2	4
1.25	3.2	1.6	4	2.5	5
1.5	3.8	1.9	4.5	3	6
1.75	4.3	2.2	5.3	3.5	7
2	5	2.5	6	4	8

17. 나사의 틈새

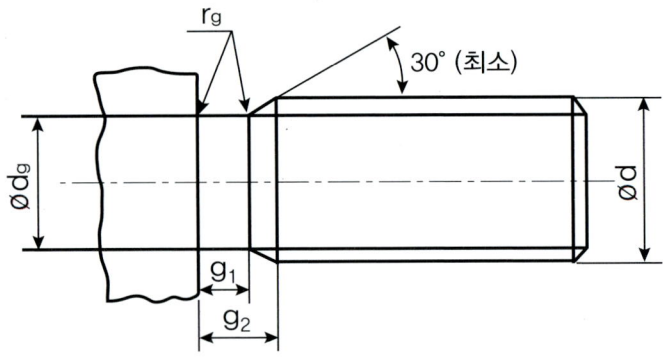

나사의 피치	d_g		허용차	g_1 최소	g_2 최대	r_g 약
	기준 치수					
0.5	d − 0.8		호칭지름이 3mm 이하는 h12, 호칭지름이 3mm 초과는 h13 적용	0.8	1.5	0.2
0.7	d − 1.1			1.1	2.1	0.4
0.8	d − 1.3			1.3	2.4	0.4
1	d − 1.6			1.6	3	0.6
1.25	d − 2			2	3.75	0.6
1.5	d − 2.3			2.5	4.5	0.8
1.75	d − 2.6			3	5.25	1
2	d − 3			3.4	6	1

18. 뾰족끝 홈붙이 멈춤 스크류

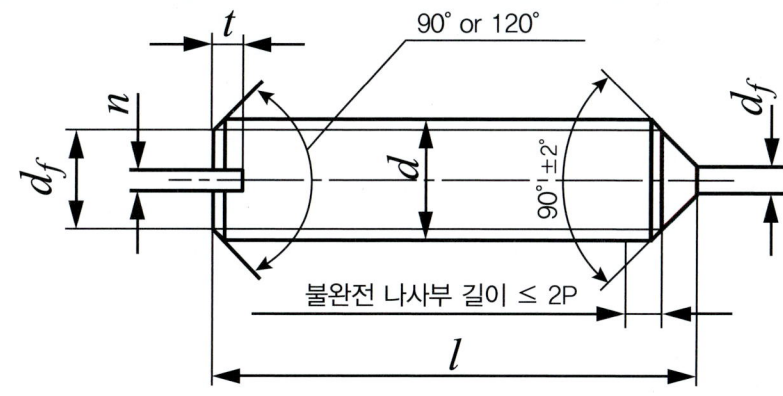

나사의 호칭 d			M 1.2	M 1.6	M 2	M 2.5	M 3	(M 3.5)*	M 4	M 5	M 6	M 8	M 10	M 12
P²			0.25	0.35	0.4	0.45	0.5	0.6	0.7	0.8	1	1.25	1.5	1.75
d₁			나사산의 골지름											
	l [a, b]														
기준치수	최소	최대													
2	1.8	2.2												
2.5	2.3	2.7												
3	2.8	3.2												
4	3.7	4.3												
5	4.7	5.3												
6	5.7	6.3												
8	7.7	8.3												
10	9.7	10.3						상용						
12	11.6	12.4						길이						
(14)	13.6	14.4						의						
16	15.6	16.4							범위					
20	19.6	20.4												
25	24.6	25.4												
30	29.6	30.4												

19. 멈춤링

(1) C형 멈춤링

축용 멈춤링

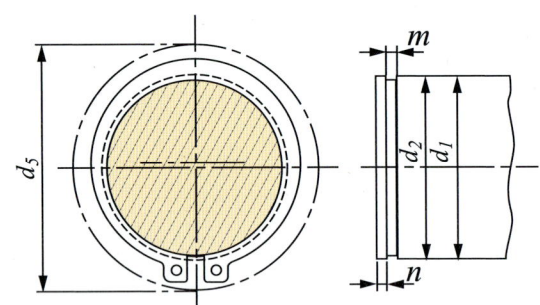

d_5는 축에 끼울 때의 바깥 둘레의 최대 지름

축 치수 d_1	d_2 기준치수	d_2 허용차	m 기준치수	m 허용차	n 최소	멈춤링 두께 기준치수	멈춤링 두께 허용차
10	9.6	0 / −0.09	1.15	+0.14 / 0	1.5	1	±0.05
11	10.5						
12	11.5						
13	12.4						
14	13.4						
15	14.3	0 / −0.11					
16	15.2						
17	16.2						
18	17						
19	18						
20	19		1.35			1.2	
21	20						
22	21						
24	22.9	0 / −0.21					
25	23.9						
26	24.9						±0.06
28	26.6						
29	27.6						
30	28.6		1.75			1.6	
32	30.3						
34	32.3	0 / −0.25					
35	33						
36	34		1.95		2	1.8	±0.07
38	36						

구멍용 멈춤링

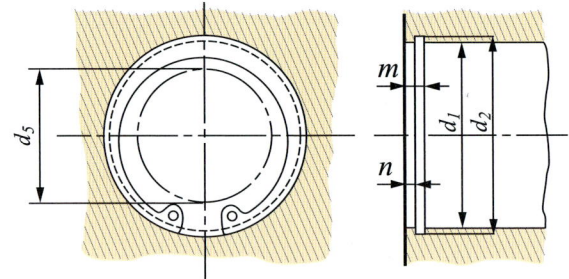

d_5는 축에 끼울 때의 바깥 둘레의 최대 지름

구멍 치수 d_1	d_2 기준치수	d_2 허용차	m 기준치수	m 허용차	n 최소	멈춤링 두께 기준치수	멈춤링 두께 허용차
10	10.4	+0.11 / 0	1.15	+0.14 / 0	1.5	1	±0.05
11	11.4						
12	12.5						
13	13.6						
14	14.6						
15	15.7						
16	16.8						
17	17.8						
18	19						
19	20						
20	21	+0.21 / 0					
21	22						
22	23						
24	25.2		1.35			1.2	±0.06
25	26.2						
26	27.2						
28	29.4						
30	31.4						
32	33.7						
34	35.7	+0.25 / 0					
35	37		1.75		2	1.6	
36	38						
37	39						

(2) E형 멈춤링

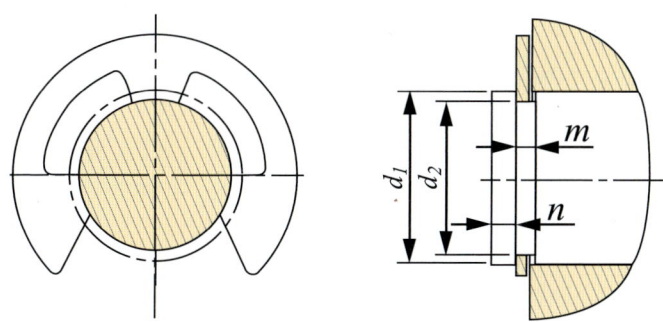

[사용 상태]

축 치수 d_1		d_2		m		n	멈춤 링 두께	
초과	이하	기준치수	허용차	기준치수	허용차	최소	기준치수	허용차
1	1.4	0.8	+0.05 0	0.3	+0.05 0	0.4	0.2	±0.02
1.4	2	1.2		0.4		0.6	0.3	±0.025
2	2.5	1.5	+0.06 0			0.8		
2.5	3.2	2		0.5		1	0.4	±0.03
3.2	4	2.5						
4	5	3						
5	7	4	+0.075 0	0.7		1.2	0.6	
6	8	5			+0.1 0			±0.04
7	9	6						
8	11	7				1.5	0.8	
9	12	8	+0.09 0	0.9		1.8		
10	14	9				2		
11	15	10		1.15			1.0	±0.05
13	18	12	+0.11 0		+0.14 0	2.5		
16	24	15		1.75		3	1.6	±0.06
20	31	19	+0.13			3.5		
25	38	24	0	2.2		4	2.0	±0.07

(3) C형 동심 멈춤링

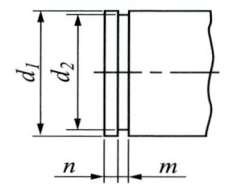

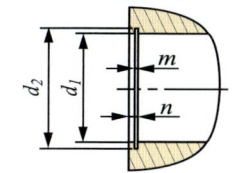

축 치수 d_1	d_2		m		n	멈춤 링 두께	
	기준치수	허용차	기준치수	허용차	최소	기준치수	허용차
20	19	0 −0.21	1.35	+0.14 0	1.5	1.2	±0.07
22	21						
25	23.9						
28	26.6						
30	28.6		1.75			1.6	
32	30.3						
35	33	0 −0.25					
40	38		1.9		2	1.75	±0.08
45	42.5						
50	47		2.2			2	

구멍 치수 d_1	d_2		m		n	멈춤 링 두께	
	기준치수	허용차	기준치수	허용차	최소	기준치수	허용차
20	21	+0.21 0	1.15	+0.14 0	1.5	1	±0.07
22	23						
25	26.2						
28	29.4		1.35			1.2	
30	31.4						
35	37		1.75			1.6	
40	42.5	+0.25 0	1.9		2	1.75	±0.08
45	47.5						
50	53		2.2			2	

20. 생크

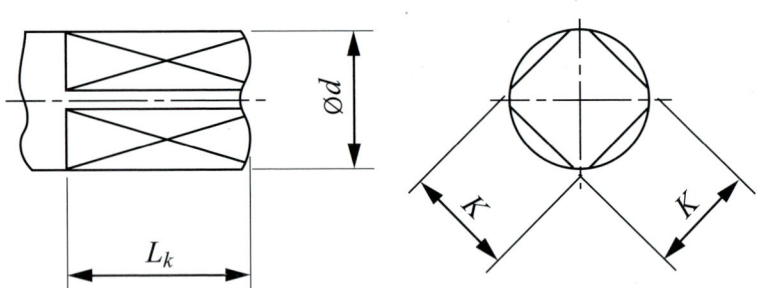

Ød		K		l_k
초과	이하	기준치수	허용차(h12)	
7.5	8.5	6.3	0 −0.15	9
8.5	9.5	7.1		10
9.5	10.6	8		11
10.6	11.8	9		12
11.8	13.2	10		13
13.2	15	11.2	0 −0.18	14
15	17	12.5		16
17	19	14		18
19	21.2	16		20
21.2	23.6	18		22
23.6	26.5	20	0 −0.21	24
26.5	30	22.4		26
30	33.5	25		28
33.5	37.5	28		31

21. 평행 키 (키 홈)

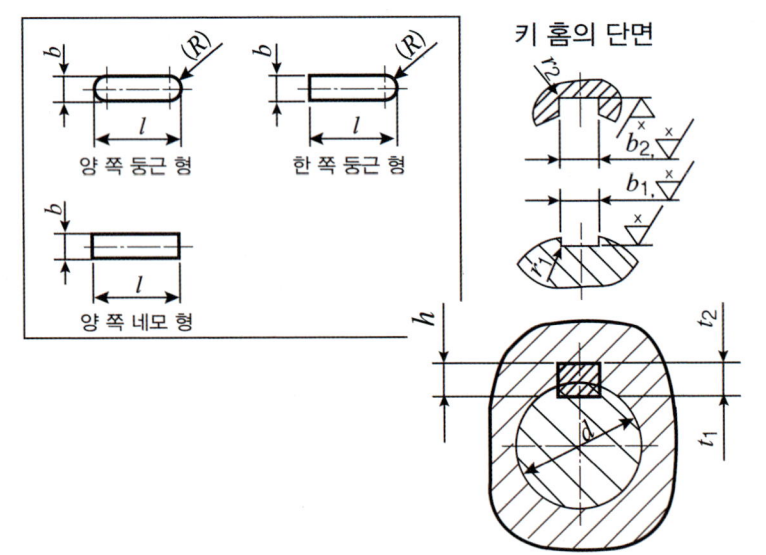

키 홈의 치수								적용하는 축지름 d (초과~이하)
b_1 및 b_2 의 기준 치수	활동형		보통형		t_1의 기준 치수	t_2의 기준 치수	t_1 및 t_2 의 허용 차	
	b_1	b_2	b_1	b_2				
	허용차	허용차	허용차	허용차				
2	H9	D10	N9	JS9	1.2	1.0	+0.1 0	6~8
3					1.8	1.4		8~10
4					2.5	1.8		10~12
5					3.0	2.3		12~17
6					3.5	2.8		17~22
7					4.0	3.3	+0.2 0	20~25
8					4.0	3.3		22~30
10					5.0	3.3		30~38

22. 반달 키(키 홈)

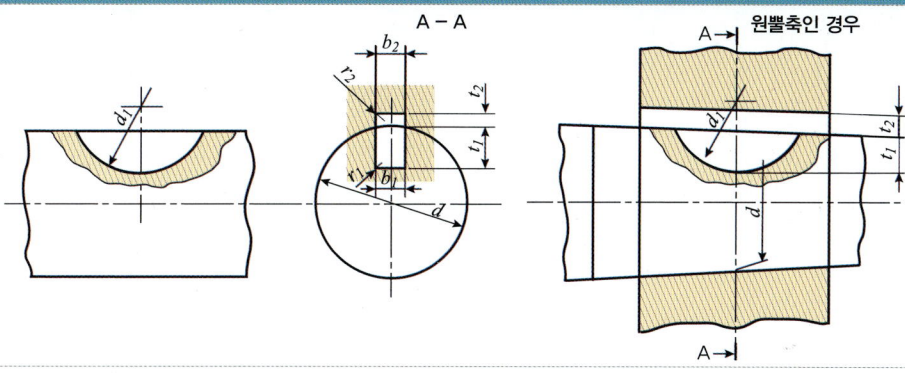

키의 호칭 치수 b × d₀	b₁ 및 b₂의 기준 치수	보통형 b₁ 허용차 (N9)	보통형 b₂ 허용차 (Js9)	b₁ 및 b₂ 허용차 (P9)	t₁ 기준치수	t₁ 허용차	t₂ 기준치수	t₂ 허용차	r₁ 및 r₂	d₁ 기준치수	d₁ 허용차
1×4	1	−0.004 −0.029	±0.012	−0.006 −0.031	1.0	+0.1 0	0.6	+0.1 0	0.08~0.16	4	+0.1 0
1.5×7	1.5				2.0		0.8			7	
2×7	2				1.8		1.0			7	+0.2 0
2×10					2.9					10	
2.5×10	2.5				2.7		1.2			10	
(3×10)	3				2.5		1.4			10	
3×13					3.8	+0.2 0				13	
3×16					5.3					16	
(4×13)	4	0 −0.030	±0.015	−0.012 −0.042	3.5	+0.1 0	1.7			13	
4×16					5.0		1.8			16	+0.3 0
4×19					6.0	+0.2 0				19	
5×16	5				4.5		2.3			16	+0.2 0
5×19					5.5					19	
5×22					7.0					22	
6×22	6				6.5	+0.3 0	2.8	+0.2 0	0.16~0.25	22	
6×25					7.5					25	
(6×28)					8.6		2.6			28	
(6×32)					10.6					32	
(7×22)	7				6.4	+0.1 0	2.8	+0.1 0		22	+0.3 0
(7×25)					7.4					25	
(7×28)					8.4					28	
(7×32)					10.4					32	
(7×38)					12.4					38	
(7×45)					13.4					45	
(8×25)	8	0 −0.036	±0.018	−0.015 −0.051	7.2		3.0			25	
8×28					8.0	+0.3 0	3.3	+0.2 0	0.25~0.40	28	
(8×32)					10.2	+0.1 0	3.0	+0.1 0	0.16~0.25	32	
(8×38)					12.2					38	
10×32	10				10.0	+0.3 0	3.3	+0.2 0	0.25~0.40	32	
(10×45)					12.8	+0.1 0	3.4	+0.1 0		45	
(10×55)					13.8					55	
(10×65)					15.8					65	
(12×65)	12	0 −0.043	±0.022	−0.018 −0.061	15.2		4.0			65	+0.5 0
(12×80)					20.2					80	

22. 반달 키(키 홈) - 반달키에 적용하는 축지름 (단위 : mm)

키의 호칭 치수	계열 1	계열 2	계열 3	전단 단면적 mm²
1×4	3~4	3~4	–	–
1.5×7	4~5	4~6	–	–
2×7	5~6	6~8	–	–
2×10	6~7	8~10	–	–
2.5×10	7~8	10~12	7~12	21
(3×10)	–	–	8~14	26
3×13	8~10	12~15	9~16	35
3×16	10~12	15~18	11~18	45
(4×13)	–	–	11~18	46
4×16	12~14	18~20	12~20	57
4×19	14~16	20~22	14~22	70
5×16	16~18	22~25	14~22	72
5×19	18~20	25~28	15~24	86
5×22	20~22	28~32	17~26	102
6×22	22~25	32~36	19~28	121
6×25	25~28	36~40	20~30	141
(6×28)	–	–	22~32	155
(6×32)	–	–	24~34	180
(7×22)	–	–	20~29	139
(7×25)	–	–	22~32	159
(7×28)	–	–	24~34	179
(7×32)	–	–	26~37	209
(7×38)	–	–	29~41	249
(7×45)	–	–	31~45	288
(8×25)	–	–	24~34	181
8×28	28~32	40~ –	26~37	203
(8×32)	–	–	28~40	239
(8×38)	–	–	30~44	283
10×32	32~38	–	31~46	295
(10×45)	–	–	38~54	406
(10×55)	–	–	42~60	477
(10×65)	–	–	46~65	558
(12×65)	–	–	50~73	660
(12×80)	–	–	58~82	834

※ 계열 1 : 키에 의해 토크를 전달하는 결합에 사용
　계열 2 : 키에 의해 위치결정을 하는 경우 사용
　계열 3 : 표에 나타나는 전단 단면적에서의 키의 전단강도 대응에 사용

23. 깊은 홈 볼 베어링

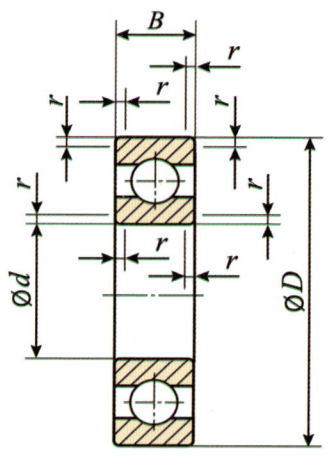

호칭 번호 (68계열)	치수			
	d	D	B	r
6800	10	19	5	0.3
6801	12	21		
6802	15	24		
6803	17	26		
6804	20	32		
6805	25	37		
6806	30	42	7	
6807	35	47		
6808	40	52		
6809	45	58		
6810	50	65		

호칭 번호 (64계열)	치수			
	d	D	B	r
6403	17	62	17	1.1
6404	20	72	19	1.1
6405	25	80	21	1.5
6406	30	90	23	1.5
6407	35	100	25	1.5
6408	40	110	27	2
6409	45	120	29	2
6410	50	130	31	2.1
6411	55	140	33	2.1
6412	60	150	35	2.1
6413	65	160	37	2.1

호칭 번호 (69계열)	치수			
	d	D	B	r
6900	10	22	6	0.3
6901	12	24		
6902	15	28	7	
6903	17	30		
6904	20	37		
6905	25	42	9	
6906	30	47		
6907	35	55	10	0.6
6908	40	62	12	

호칭 번호 (60계열)	치수			
	d	D	B	r
6000	10	26	8	0.3
6001	12	28		
6002	15	32	9	
6003	17	35	10	
6004	20	42	12	0.6
6005	25	47		
6006	30	55	13	
6007	35	62	14	1
6008	40	68	15	

호칭 번호 (62계열)	치수			
	d	D	B	r
6200	10	30	9	0.6
6201	12	32	10	0.6
6202	15	35	11	0.6
6203	17	40	12	0.6
6204	20	47	14	1
6205	25	52	15	1
6206	30	62	16	1
6207	35	72	17	1.1
6208	40	80	18	1.1

호칭 번호 (63계열)	치수			
	d	D	B	r
6300	10	35	11	0.6
6301	12	37	12	1
6302	15	42	13	1
6303	17	47	14	1
6304	20	52	15	1.1
6305	25	62	17	1.1

24. 앵귤러 볼 베어링

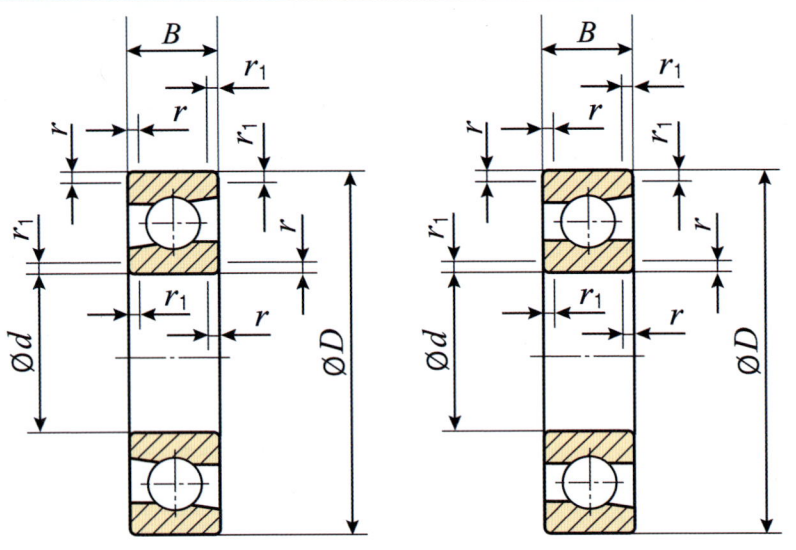

호칭 번호 (70계열)	치수				
	d	D	B	r	r₁
7000A	10	26	8	0.3	0.15
7001A	12	28	8	0.3	0.15
7002A	15	32	9	0.3	0.15
7003A	17	35	10	0.3	0.15
7004A	20	42	12	0.6	0.3
7005A	25	47	12	0.6	0.3
7006A	30	55	13	1	0.6
7007A	35	62	14	1	0.6
7008A	40	68	15	1	0.6
7009A	45	75	16	1	0.6

호칭 번호 (72계열)	치수				
	d	D	B	r	r₁
7200A	10	30	9	0.6	0.3
7201A	12	32	10	0.6	0.3
7202A	15	35	11	0.6	0.3
7203A	17	40	12	0.6	0.3
7204A	20	47	14	1	0.6
7205A	25	52	15	1	0.6
7206A	30	62	16	1	0.6

호칭 번호 (73계열)	치수				
	d	D	B	r	r₁
7300A	10	35	11	0.6	0.3
7301A	12	37	12	1	0.6
7302A	15	42	13	1	0.6
7303A	17	47	14	1	0.6
7304A	20	52	15	1.1	0.6
7305A	25	62	17	1.1	0.6
7306A	30	72	19	1.1	0.6

호칭 번호 (74계열)	치수				
	d	D	B	r	r₁
7404A	20	72	19	1.1	0.6
7405A	25	80	21	1.5	1
7406A	30	90	23	1.5	1

25. 자동 조심 볼 베어링

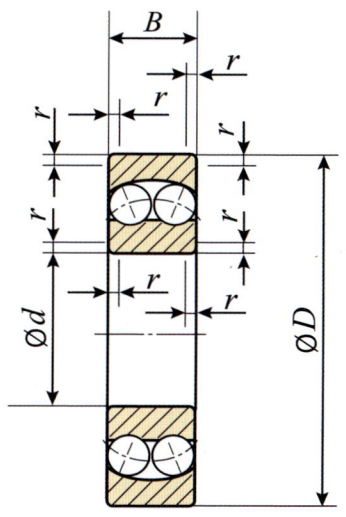

호칭 번호 (22계열)	치수			
	d	D	B	r
2200	10	30	14	0.6
2201	12	32	14	0.6
2202	15	35	14	0.6
2203	17	40	16	0.6
2204	20	47	18	1
2205	25	52	18	1
2206	30	62	20	1

호칭 번호 (12계열)	치수			
	d	D	B	r
1200	10	30	9	0.6
1201	12	32	10	0.6
1202	15	35	11	0.6
1203	17	40	12	0.6
1204	20	47	14	1
1205	25	52	15	1
1206	30	62	16	1

호칭 번호 (13계열)	치수			
	d	D	B	r
1300	10	35	11	0.6
1301	12	37	12	1
1302	15	42	13	1
1303	17	47	14	1
1304	20	52	15	1.1
1305	25	62	17	1.1

호칭 번호 (23계열)	치수			
	d	D	B	r
2300	10	35	17	0.6
2301	12	37	17	1
2302	15	42	17	1
2303	17	47	19	1
2304	20	52	21	1.1
2305	25	62	24	1.1

26. 원통 롤러 베어링

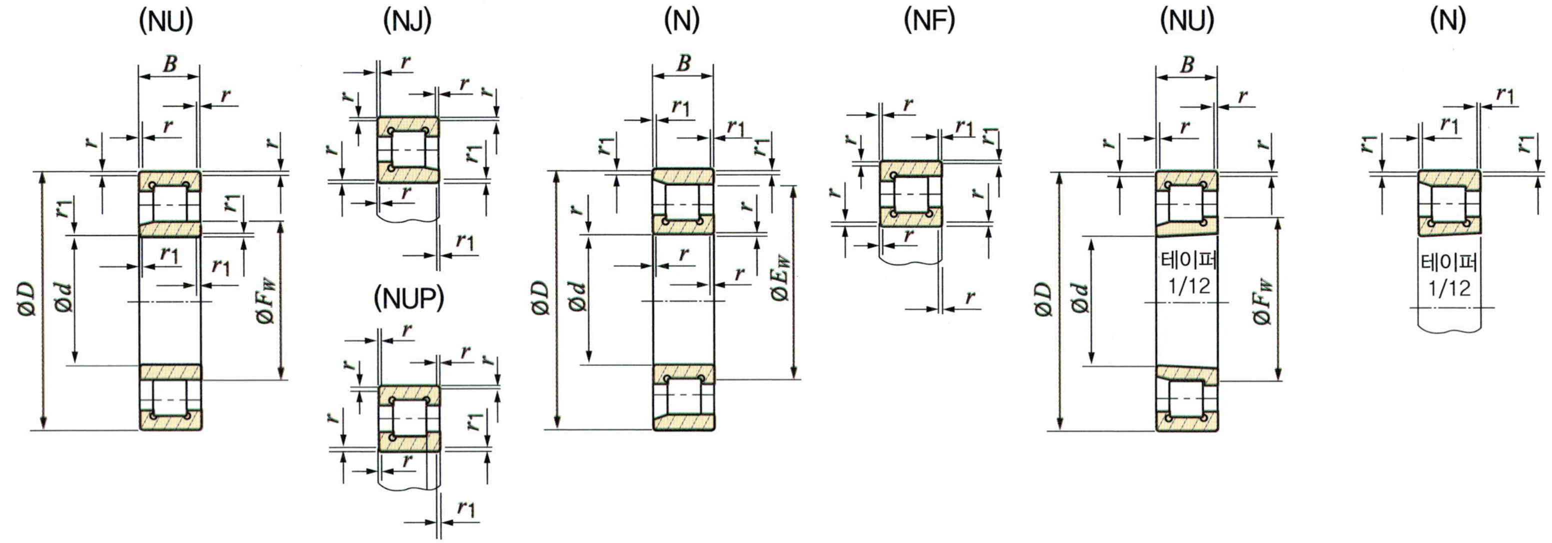

호칭 번호 (NU2, NUP2, N2, NF2계열)							치수				
원통 구멍					테이퍼	구멍	d	D	B	r	r_1
–	–	–	N203	–	–	–	17	40	12	0.6	0.3
NU204	NJ204	NUP204	N204	NF204	NU204K	–	20	47	14	1	0.6
NU205	NJ205	NUP205	N205	NF205	NU205K	–	25	52	15	1	0.6
NU206	NJ206	NUP206	N206	NF206	NU206K	N206K	30	62	16	1	0.6
NU207	NJ207	NUP207	N207	NF207	NU207K	N207K	35	72	17	1.1	0.6
NU208	NJ208	NUP208	N208	NF208	NU208K	N208K	40	80	18	1.1	1.1

호칭 번호 (NU22, NUP22, NJ22계열)				치수				
원통 구멍			테이퍼 구멍	d	D	B	r	r_1
NU2204	NJ2204	NUP2204	–	20	47	18	1	0.6
NU2205	NJ2205	NUP2205	NU2205K	25	52	18	1	0.6
NU2206	NJ2206	NUP2206	NU2206K	30	62	20	1	0.6
NU2207	NJ2207	NUP2207	NU2207K	35	72	23	1.1	0.6
NU2208	NJ2208	NUP2208	NU2208K	40	80	23	1.1	1.1
NU2209	NJ2209	NUP2209	NU2209K	45	85	23	1.1	1.1

호칭 번호 (NU3, NJ3, NUP3, N3, NF3계열)							치수				
원통 구멍					테이퍼	구멍	d	D	B	r	r_1
NU304	NJ304	NUP304	N304	NF304	NU304K	–	20	52	15	1.1	0.6
NU305	NJ305	NUP305	N305	NF305	NU305K	–	25	62	17	1.1	1.1
NU306	NJ306	NUP306	N306	NF306	NU306K	N306K	30	72	19	1.1	1.1
NU307	NJ307	NUP307	N307	NF307	NU307K	N307K	35	80	21	1.5	1.1
NU308	NJ308	NUP308	N308	NF308	NU308K	N308K	40	90	23	1.5	1.5
NU309	NJ309	NUP309	N309	NF309	NU309K	N309K	45	100	25	1.5	1.5
NU310	NJ310	NUP310	N310	NF310	NU310K	N310K	50	110	27	2	2

호칭 번호 (NU23, NJ23, NUP23계열)				치수				
원통 구멍			테이퍼 구멍	d	D	B	r	r_1
NU2305	NJ2305	NUP2305	NU2305 K	25	62	24	1.1	1.1
NU2306	NJ2306	NUP2306	NU2306 K	30	72	27	1.1	1.1
NU2307	NJ2307	NUP2307	NU2307 K	35	80	31	1.5	1.1
NU2308	NJ2308	NUP2308	NU2308 K	40	90	33	1.5	1.5
NU2309	NJ2309	NUP2309	NU2309 K	45	100	36	1.5	1.5
NU2310	NJ2310	NUP2310	NU2310 K	50	110	40	2	2

호칭 번호 (NU4, NJ4, NUP4, N4, NF4계열)					치수				
					d	D	B	r	r₁
NU406	NJ406	NUP406	N406	NF406	30	90	23	1.5	1.5
NU407	NJ407	NUP407	N407	NF407	35	100	25	1.5	1.5
NU408	NJ408	NUP408	N408	NF408	40	110	27	2	2
NU409	NJ409	NUP409	N409	NF409	45	120	29	2	2
NU410	NJ410	NUP410	N410	NF410	50	130	31	2.1	2.1
NU411	NJ411	NUP411	N411	NF411	55	140	33	2.1	2.1

호칭 번호 (NN30계열)		치수				
원통 구멍	테이퍼 구멍	d	D	B	r	r₁
NN 3005	NN 3005 K	25	47	16	0.6	0.6
NN 3006	NN 3006 K	30	55	19	1	1
NN 3007	NN 3007 K	35	62	20	1	1
NN 3008	NN 3008 K	40	68	21	1	1
NN 3009	NN 3009 K	45	75	23	1	1
NN 3010	NN 3010 K	50	80	23	1	1

호칭 번호 (NU10계열)	치수				
	d	D	B	r	r₁
NU 1005	25	47	12	0.6	0.3
NU 1006	30	55	13	1	0.6
NU 1007	35	62	14	1	0.6
NU 1008	40	68	15	1	0.6
NU 1009	45	75	16	1	0.6
NU 1010	50	80	16	1	0.6

27. 테이퍼 롤러 베어링

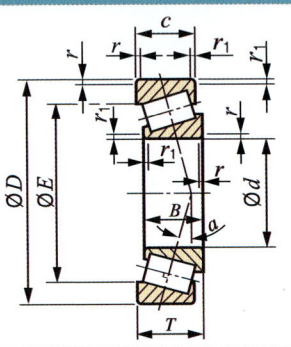

호칭 번호 (302계열)	치수							
	d	D	T	B	C	r 내륜	r 외륜	r₁
30203 K	17	40	13.25	12	11	1	1	0.3
30204 K	20	47	15.25	14	12	1	1	0.3
30205 K	25	52	16.25	15	13	1	1	0.3
30206 K	30	62	17.25	16	14	1	1	0.3
30207 K	35	72	18.25	17	15	1.5	1.5	0.6
30208 K	40	80	19.75	18	16	1.5	1.5	0.6

호칭 번호 (320계열)	치수							
	d	D	T	B	C	r 내륜	r 외륜	r₁
32004K	20	42	15	15	12	0.6	0.6	0.15
32005K	25	47	15	15	11.5	0.6	0.6	0.15
32006K	30	55	17	17	13	1	1	0.3
32007K	35	62	18	18	14	1	1	0.3
32008K	40	68	19	19	14.5	1	1	0.3
32009K	45	75	20	20	15.5	1	1	0.3

호칭 번호 (322계열)	치수							
	d	D	T	B	C	r 내륜	r 외륜	r₁
32203 K	17	40	17.25	16	14	1	1	0.3
32204 K	20	47	19.25	18	15	1	1	0.3
32205 K	25	52	19.25	18	16	1	1	0.3
32206 K	30	62	21.25	20	17	1	1	0.3
32207 K	35	72	24.25	23	19	1.5	1.5	0.6
32208 K	40	80	25.75	23	19	1.5	1.5	0.6

호칭 번호 (303계열)	치수							
	d	D	T	B	C	r 내륜	r 외륜	r₁
30302 K	15	42	14.25	13	11	1	1	0.3
30303 K	17	47	15.25	14	12	1	1	0.3
30304 K	20	52	16.25	15	13	1.5	1.5	0.6
30305 K	25	62	18.25	17	15	1.5	1.5	0.6
30306 K	30	72	20.75	19	16	1.5	1.5	0.6
30307 K	35	80	22.75	21	18	2	1.5	0.6

호칭 번호 (303 D계열)	치수							
	d	D	T	B	C	r 내륜	r 외륜	r₁
30305D K	25	62	18.25	17	13	1.5	1.5	0.6
30306D K	30	72	20.75	19	14	1.5	1.5	0.6
30307D K	35	80	22.75	21	15	2	1.5	0.6

호칭 번호 (323계열)	치수							
	d	D	T	B	C	r 내륜	r 외륜	r₁
32303 K	17	47	20.25	19	16	1	1	0.3
32304 K	20	52	22.25	21	18	1.5	1.5	0.6
32305 K	25	62	25.25	24	20	1.5	1.5	0.6
32306 K	30	72	28.75	27	23	1.5	1.5	0.6
32307 K	35	80	32.75	31	25	2	1.5	0.6
32308 K	40	90	35.25	33	27	2	1.5	0.6

28. 니들 롤러 베어링

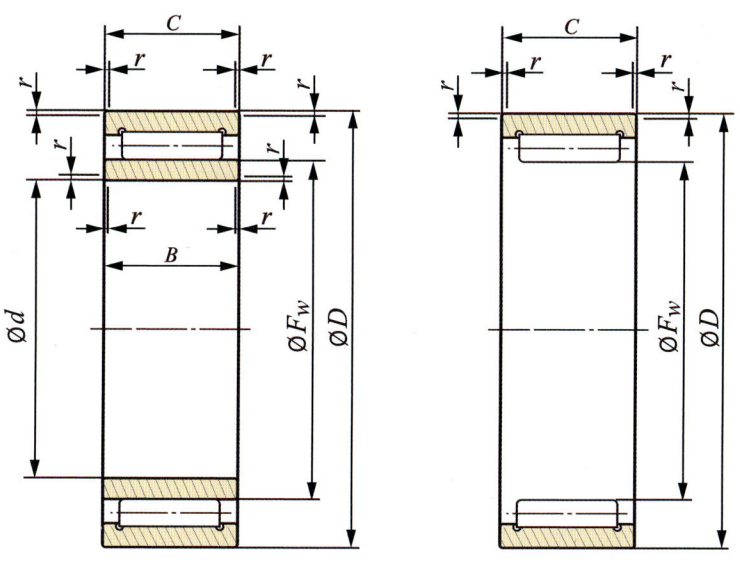

호칭 번호 (NA49계열)	치수			
	d	D	B, C	r
NA498	8	19	11	0.2
NA499	9	20	11	0.3
NA4900	10	22	13	0.3
NA4901	12	24	13	0.3
NA4902	15	28	13	0.3
NA4903	17	30	13	0.3

호칭 번호 (RNA49계열)	치수			
	Fw	D	C	r
RNA493	5	11	10	0.15
RNA494	6	12	10	0.15
RNA495	7	13	10	0.15
RNA496	8	15	10	0.15
RNA497	9	17	10	0.15
RNA498	10	19	11	0.2
RNA499	12	20	11	0.3
RNA4900	14	22	13	0.3
RNA4901	16	24	13	0.3

29. 평면 자리형 스러스트 볼 베어링

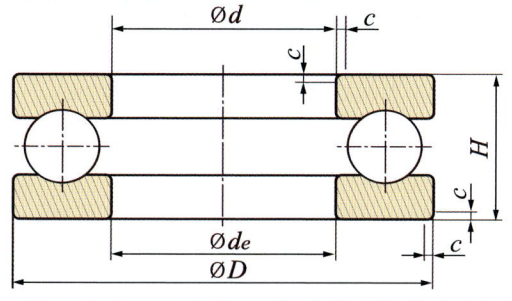

호칭 번호 (511계열)	치수				
	d	de	D	H	c
511 00	10	11	24	9	0.5
511 01	12	13	26	9	0.5
511 02	15	16	28	9	0.5
511 03	17	18	30	9	0.5
511 04	20	21	35	10	0.5
511 05	25	26	42	11	1

호칭 번호 (512계열)	치수				
	d	de	D	H	c
512 00	10	12	26	11	1
512 01	12	14	28	11	1
512 02	15	17	32	12	1
512 03	17	19	35	12	1
512 04	20	22	40	14	1
512 05	25	27	47	15	1

호칭 번호 (513계열)	치수				
	d	de	D	H	c
513 05	25	27	52	18	1.5
513 06	30	32	60	21	1.5
513 07	35	37	68	24	1.5
513 08	40	42	78	26	1.5
513 09	45	47	85	28	1.5
513 10	50	52	95	31	2

호칭 번호 (514계열)	치수				
	d	de	D	H	c
514 05	25	27	60	24	1.5
514 06	30	32	70	28	1.5
514 07	35	37	80	32	2
514 08	40	42	90	36	2
514 09	45	47	100	39	2
514 10	50	52	110	43	2.5

30. 평면 자리형 스러스트 볼 베어링(복식)

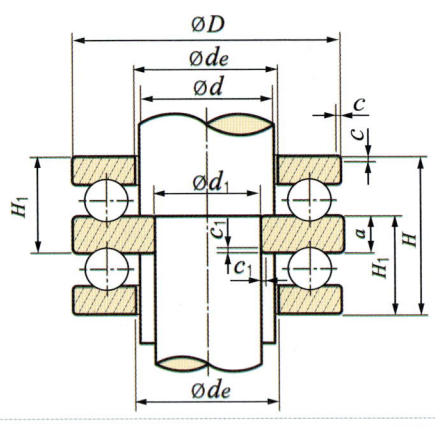

호칭 번호 (522계열)	치수								
	d	di	de	D	H	H_1	a	c	c_1
522 02	15	10	17	32	22	13.5	5	1	0.5
522 04	20	15	22	40	26	16	6	1	0.5
522 05	25	20	27	47	28	17.5	7	1	0.5
522 06	30	25	32	52	29	18	7	1	0.5
522 07	35	30	37	62	34	21	8	1.5	0.5
522 08	40	30	42	68	36	22.5	9	1.5	1

호칭 번호 (523계열)	치수								
	d	di	de	D	H	H_1	a	c	c_1
523 05	25	20	27	52	34	21	8	1.5	0.5
523 06	30	25	32	60	38	23.5	9	1.5	0.5
523 07	35	30	37	68	44	27	10	1.5	0.5
523 08	40	30	42	78	49	30.5	12	1.5	1
523 09	45	35	47	85	52	32	12	1.5	1
523 10	50	40	52	95	58	36	14	2	1

호칭 번호 (524계열)	치수								
	d	di	de	D	H	H_1	a	c	c_1
524 05	25	15	27	60	45	28	11	1.5	1
524 06	30	20	32	70	52	32	12	1.5	1
524 07	35	25	37	80	59	36.5	14	2	1
524 08	40	30	42	90	65	40	15	2	1
524 09	45	35	47	100	72	44.5	17	2	1
524 10	50	40	52	110	78	48	18	2.5	1

31. 베어링 구석 홈 부 둥글기

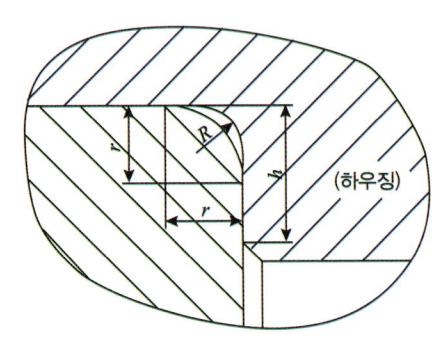 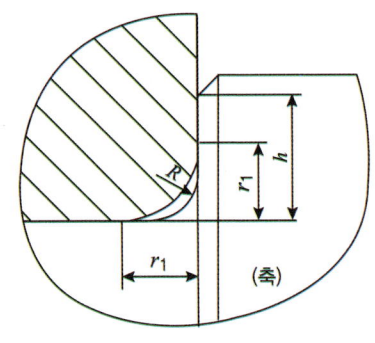

r 또는 r_1 (min)	R(max)	축 또는 하우징	
		레이디얼 베어링의 경우의 어깨 높이 h	
		일반	특수
0.1	0.1	0.4	
0.15	0.15	0.6	
0.2	0.2	0.8	
0.3	0.3	1.25	1
0.6	0.6	2.25	2
1.0	1.0	2.75	2.5

32. 베어링의 끼워 맞춤

내륜회전 하중 또는 방향 부정 하중(보통 하중)			
볼 베어링	원통, 테이퍼 롤러 베어링	자동조심 롤러 베어링	허용차 등급
축 지름			
18 이하	–	–	js5
18 초과 100 이하	40 이하	40 이하	k5
100 초과 200 이하	40 초과 100 이하	40 초과 65 이하	m5

내륜정지 하중			
볼 베어링	원통, 테이퍼 롤러 베어링	자동조심 롤러 베어링	허용차 등급
축 지름			
내륜이 축 위를 쉽게 움직일 필요가 있다.	전체 축 지름		g6
내륜이 축 위를 쉽게 움직일 필요가 없다.	전체 축 지름		h6

하우징 구멍 공차		
외륜 정지 하중	모든 종류의 하중	H7
외륜 회전 하중	보통하중 또는 중하중	N7

스러스트 베어링			
축 지름			
중심 축 하중		전체 축 지름	js6
합성 하중 (스러스트 자동 조심롤러 베어링)	내륜정지하중	전체 축 지름	js6
	내륜회전하 중 또는 방향 부정하중	200 이하	k6

스러스트 베어링		
중심 축 하중		H8
합성 하중 (스러스트 자동 조심롤러 베어링)	내륜정지하중	H7
	내륜회전하중 또는 방향 부정 하중	K7

33. 그리스 니플

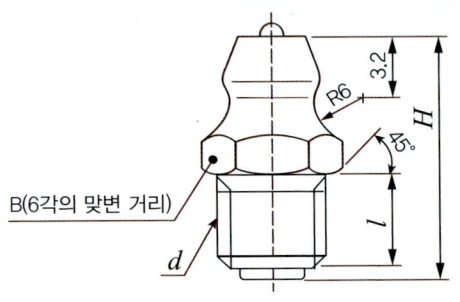

A형	
형식	나사의 호칭 지름
A-M6F	M6×0.75
A-MT6×0.75	MT6×0.75

34. O링(원통면)

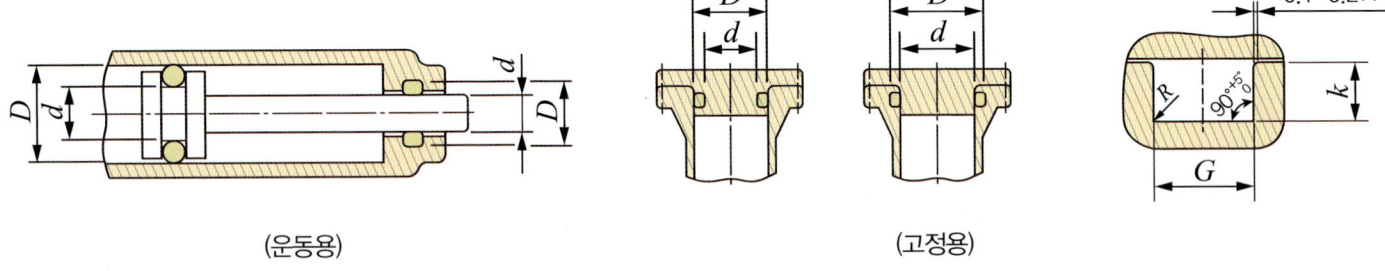

(운동용)　　　　(고정용)

O링의 호칭 번호	d	d의 끼워 맞춤	D	D의 끼워 맞춤	G +0.25 0	R (최대)
P 3	3		6	H10		
P 4	4		7			
P 5	5		8			
P 6	6	0 −0.05	9	+0.05 0	2.5	0.4
P 7	7	h9	10	H9		
P 8	8		11			
P 9	9		12			
P10	10		13			
P10A	10		14			
P11	11		15			
P11.2	11.2		15.2			
P12	12		16			
P12.5	12.5		16.5			
P14	14	0 −0.06	18	+0.06 0	3.2	0.4
P15	15	h9	19	H9		
P16	16		20			
P18	18		22			
P20	20		24			
P21	21		25			
P22	22		26			
P22A	22		28			
P22.4	22.4		28.4			
P24	24		30			
P25	25		31			
P25.5	25.5		31.5			
P26	26		32			
P28	28		34			
P29	29		35			
P29.5	29.5	0 −0.08	35.5	+0.08 0	4.7	0.8
P30	30	h9	36	H9		
P31	31		37			
P31.5	31.5		37.5			
P32	32		38			
P34	34		40			
P35	35		41			
P35.5	35.5		41.5			
P36	36		42			
P38	38		44			
P39	39		45			

O링의 호칭 번호	d	d의 끼워 맞춤	D	D의 끼워 맞춤	G +0.25 0	R (최대)
P40	40		46			
P41	41		47			
P42	42		48			
P44	44	0 −0.08	50	+0.08 0	4.7	0.8
P45	45	h9	51	H9		
P46	46		52			
P48	48		54			
P49	49		55			
P50	50		56			
P48A	48		58			
P50A	50		60			
P52	52		62			
P53	53		63			
P55	55		65			
P56	56		66			
P58	58		68			
P60	60	0 −0.10	70	+0.10 0	7.5	0.8
P62	62	h9	72	H9		
P63	63		73			
P65	65		75			
P67	67		77			
P70	70		80			
P71	71		81			
P75	75		85			
P80	80		90			

O링의 호칭 번호	d	d의 끼워 맞춤	D	D의 끼워 맞춤	G +0.25 0	R (최대)
G 25	25		30			
G 30	30		35			
G 35	35		40	H10		
G 40	40		45			
G 45	45		50			
G 50	50		55			
G 55	55		60			
G 60	60	0 −0.10	65	+0.10 0	4.1	0.7
G 65	65	h9	70			
G 70	70		75			
G 75	75		80	H9		
G 80	80		85			
G 85	85		90			
G 90	90		95			
G 95	95		100			
G100	100		105			

35. O링 부착 부의 예리한 모서리를 제거하는 설계 방법

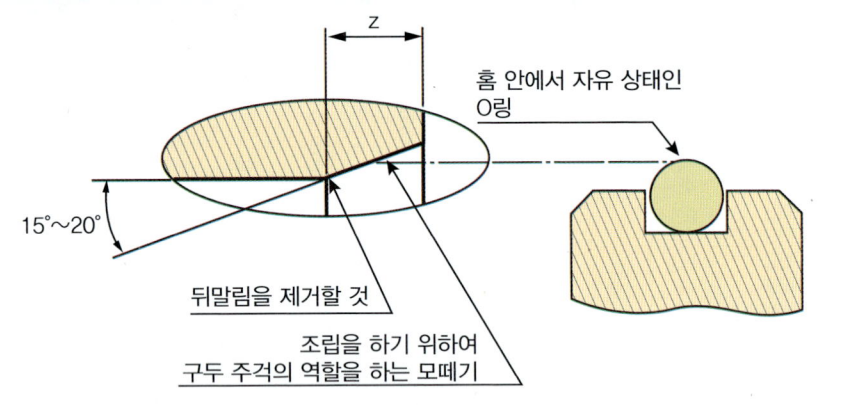

O링의 호칭 번호	O링의 굵기	Z(최소)
P 3 ~ P 10	1.9±0.08	1.2
P 10A ~ P 22	2.4±0.09	1.4
P 22A ~ P 50	3.5±0.10	1.8
P 48A ~ P 150	5.7±0.13	3.0
P 150A ~ P 400	8.4±0.15	4.3
G 25 ~ G 145	3.1±0.10	1.7
G150 ~ G 300	5.7±0.13	3.0

36. O링(평면)

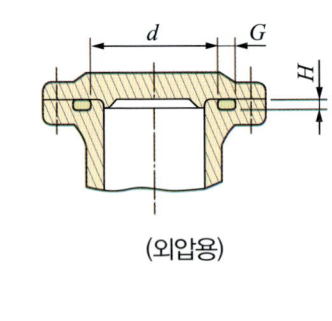

(외압용)

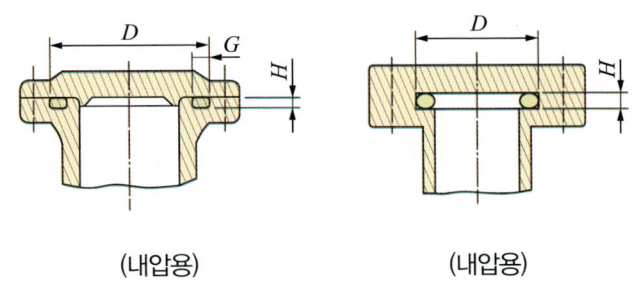

(내압용)   (내압용)

O링의 호칭 번호	d (외압용)	D (내압용)	G +0.25 0	H ±0.05	R (최대)
G25	25	30			
G30	30	35			
G35	35	40			
G40	40	45			
G45	45	50			
G50	50	55			
G55	55	60			
G60	60	65			
G65	65	70			
G70	70	75			
G75	75	80			
G80	80	85			
G85	85	90	4.1	2.4	0.7
G90	90	95			
G95	95	100			
G100	100	105			
G105	105	110			
G110	110	115			
G115	115	120			
G120	120	125			
G125	125	130			
G130	130	135			
G135	135	140			
G140	140	145			
G145	145	150			

O링의 호칭 번호	d (외압용)	D (내압용)	G +0.25 0	H ±0.05	R (최대)	O링의 호칭 번호	d (외압용)	D (내압용)	G +0.25 0	H ±0.05	R (최대)
P3	3	6.2				P44	44	50			
P4	4	7.2				P45	45	51			
P5	5	8.2				P46	46	52	4.7	2.7	0.8
P6	6	9.2				P48	48	54			
P7	7	10.2	2.5	1.4	0.4	P49	49	55			
P8	8	11.2				P50	50	56			
P9	9	12.2				P48A	48	58			
P10	10	13.2				P50A	50	60			
P10A	10	14				P52	52	62			
P11	11	15				P53	53	63			
P11.2	11.2	15.2				P55	55	65			
P12	12	16				P56	56	66			
P12.5	12.5	16.5				P58	58	68			
P14	14	18				P60	60	70			
P15	15	19	3.2	1.8	0.4	P62	62	72			
P16	16	20				P63	63	73			
P18	18	22				P65	65	75			
P20	20	24				P67	67	77			
P21	21	25				P70	70	80			
P22	22	26				P71	71	81			
P22A	22	28				P75	75	85			
P22.4	22.4	28.4				P80	80	90			
P24	24	30				P85	85	95	7.5	4.6	0.8
P25	25	31				P90	90	100			
P25.5	25.5	31.5				P95	95	105			
P26	26	32				P100	100	110			
P28	28	34				P102	102	112			
P29	29	35				P105	105	115			
P29.5	29.5	35.5				P110	110	120			
P30	30	36				P112	112	122			
P31	31	37	4.7	2.7	0.8	P115	115	125			
P31.5	31.5	37.5				P120	120	130			
P32	32	38				P125	125	135			
P34	34	40				P130	130	140			
P35	35	41				P132	132	142			
P35.5	35.5	41.5				P135	135	145			
P36	36	42				P140	140	150			
P38	38	44				P145	145	155			
P39	39	45				P150	150	160			
P40	40	46									
P41	41	47									
P42	42	48									

37. 오일 실

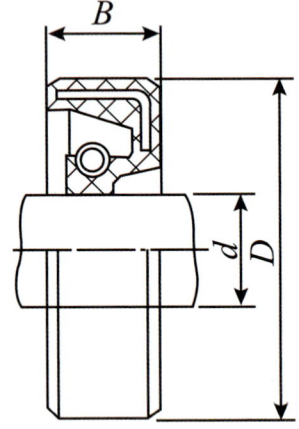

호칭 안지름 d	D	B
7	18 / 20	7
8	18 / 22	7
9	20 / 22	7
10	20 / 25	7
11	22 / 25	7
12	22 / 25	7
*13	25 / 28	7
14	25 / 28	7
15	25 / 30	7
16	28 / 30	7
17	30 / 32	8
18	30 / 35	8
20	32 / 35	8
22	35 / 38	8
24	38 / 40	8
25	38 / 40	8
*26	38 / 42	8
28	40 / 45	8
30	42 / 45	8
32	52	11
35	55	11

G, GM, GA 계열치수

호칭 안지름 d	D	B
7	18 / 20	4 / 7
8	18 / 22	4 / 7
9	20 / 22	4 / 7
10	20 / 25	4 / 7
11	22 / 25	4 / 7
12	22 / 25	4 / 7
*13	25 / 28	4 / 7
14	25 / 28	4 / 7
15	25 / 30	4 / 7
16	28 / 30	4 / 7
17	30 / 32	5 / 8
18	30 / 35	5 / 8
20	32 / 35	5 / 8
22	35 / 38	5 / 8
24	38 / 40	5 / 8
25	38 / 40	5 / 8
*26	38 / 42	5 / 8
28	40 / 45	5 / 8
30	42 / 45	5 / 8
32	45 / 52	5 / 11
35	48 / 55	5 / 11

38. 오일 실 부착 관계(축 및 하우징 구멍의 모떼기와 둥글기)

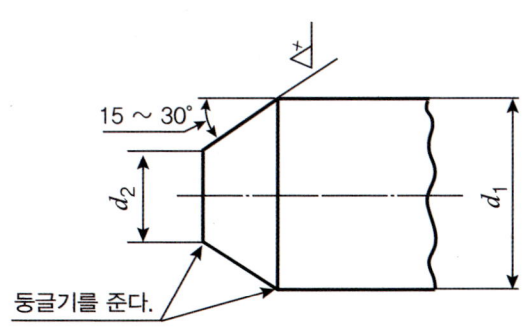

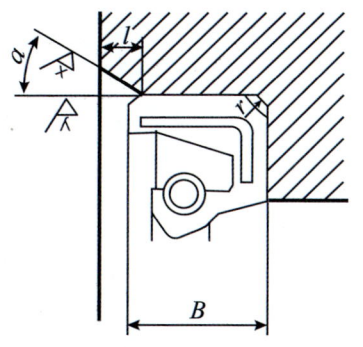

모떼기	$a = 15° \sim 30°$ $l = 0.1B \sim 0.15B$
구석의 둥글기	$r \geq 0.5mm$

d_1	d_2(최대)	d_1	d_2(최대)	d_1	d_2(최대)
7	5.7	17	14.9	35	32
8	6.6	18	15.8	38	34.9
9	7.5	20	17.7	40	36.8
10	8.4	22	19.6	42	38.7
11	9.3	24	21.5	45	41.6
12	10.2	25	22.5	48	44.5
* 13	11.2	* 26	23.4	50	46.4
14	12.1	28	25.3		
15	13.1	30	27.3		
16	14	32	29.2		

비고 *을 붙인 것은 KS B 0406에 없다.
- 바깥지름에 대응하는 하우징의 구멍 지름의 허용차는 원칙적으로 KS B 0401의 H8로 한다.
- 축의 호칭 지름은 오일시일에 적합한 지름과 같고 그 허용차는 원칙적으로 KS B 0401 h8로 한다.

39. 롤러체인, 스프로킷

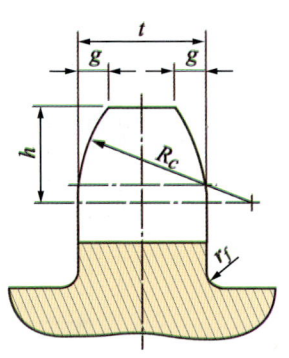 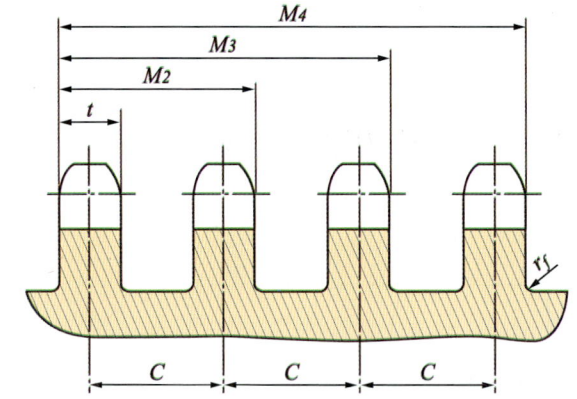

호칭 번호	가로치형							가로 피치 c	적용 롤러 체인(참고)		
	모떼기 폭 g (약)	모떼기 깊이 h (약)	모떼기 반지름 R_c (최소)	둥글기 r_f (최대)	이나비 t(최대)				피치 p	롤러 바깥 지름 d_1 (최대)	안쪽 링크 안쪽 나비 b_1 (최소)
					단열	2열, 3열	4열 이상				
25	0.8	3.2	6.8	0.3	2.8	2.7	2.4	6.4	6.35	3.30	3.10
35	1.2	4.8	10.1	0.4	4.3	4.1	3.8	10.1	9.525	5.08	4.68
41	1.6	6.4	13.5	0.5	5.8	–	–	–	12.70	7.77	6.25
40	1.6	6.4	13.5	0.5	7.2	7.0	6.5	14.4	12.70	7.95	7.85
50	2.0	7.9	16.9	0.6	8.7	8.4	7.9	18.1	15.875	10.16	9.40
60	2.4	9.5	20.3	0.8	11.7	11.3	10.6	22.8	19.05	11.91	12.57
80	3.2	12.7	27.0	1.0	14.6	14.1	13.3	29.3	25.40	15.88	15.75
100	4.0	15.9	33.8	1.3	17.6	17.0	16.1	35.8	31.75	19.05	18.90
120	4.8	19.0	40.5	1.5	23.5	22.7	21.5	45.4	38.10	22.23	25.22
140	5.6	22.2	47.3	1.8	23.5	22.7	21.5	48.9	44.45	25.40	25.22
160	6.4	25.4	54.0	2.0	29.4	28.4	27.0	58.5	50.80	28.58	31.55
200	7.9	31.8	67.5	2.5	35.3	34.1	32.5	71.6	63.50	39.68	37.85
240	9.5	38.1	81.0	3.0	44.1	42.7	40.7	87.8	76.20	47.63	47.35

| 스프로킷 기준 치수 | (단위 : mm) |

항목	계산식
피치원 지름(D_P)	$D_P = \dfrac{P}{\sin\dfrac{180°}{N}}$
바깥지름(D_O)	$D_O = P\left(0.6 + \cot\dfrac{180°}{N}\right)$
이뿌리원 지름(D_S)	$D_S = D_P - d_1$
이뿌리 거리(D_C)	$D_C = D_S$ (짝수 톱니) $D_C = D_P \cos\dfrac{90°}{N} - d_1$ (홀수 톱니) $= P\dfrac{1}{2\sin\dfrac{180°}{2N}} - d_1$
최대 보스 지름 및 최대 홈지름(D_H)	$D_H = P\left(\cot\dfrac{180°}{N} - 1\right) - 0.76$

여기에서 P : 롤러 체인의 피치
    d_1 : 롤러 체인의 롤러 바깥지름
    N : 잇 수

39. 롤러체인, 스프로킷

호칭번호 25

잇 수 N	피치 원지름 D_P	바깥지름 D_O	이뿌리 원지름 D_S	이뿌리 거리 D_C	최대보스 지름 D_H
25	50.66	54	47.36	47.27	43
26	52.68	56	49.38	49.38	45
27	54.70	58	51.40	51.30	47
28	56.71	60	53.41	53.41	49
29	58.73	62	55.43	55.35	51
30	60.75	64	57.45	57.45	53
31	62.77	66	59.47	59.39	55
32	64.78	68	61.48	61.48	57
33	66.80	70	63.50	63.43	59
34	68.82	72	65.52	65.52	61
35	70.84	74	67.54	67.47	63
36	72.86	76	69.56	69.56	65
37	74.88	78	71.58	71.51	67
38	76.90	80	73.60	73.60	70
39	78.91	82	75.61	75.55	72
40	80.93	84	77.63	77.63	74
41	82.95	87	79.65	79.59	76
42	84.97	89	81.67	81.67	78
43	86.99	91	83.69	83.63	80
44	89.01	93	85.71	85.71	82
45	91.03	95	87.73	87.68	84
46	93.05	97	89.75	89.75	86
47	95.07	99	91.77	91.72	88
48	97.09	101	93.79	93.79	90
49	99.11	103	95.81	95.76	92
50	101.13	105	97.83	97.83	94
51	103.15	107	99.85	99.80	96
52	105.17	109	101.87	101.87	98
53	107.19	111	103.89	103.84	100
54	109.21	113	105.91	105.91	102
55	111.23	115	107.93	107.88	104
56	113.25	117	109.95	109.95	106
57	115.27	119	111.97	111.93	108
58	117.29	121	113.99	113.99	110
59	119.31	123	116.01	115.97	112
60	121.33	125	118.03	118.03	114
61	123.35	127	120.05	120.01	116
62	125.37	129	122.07	122.07	118
63	127.39	131	124.09	124.05	120
64	129.41	133	126.11	126.11	122
65	131.43	135	128.13	128.10	124

호칭번호 35

잇 수 N	피치 원지름 D_P	바깥지름 D_O	이뿌리 원지름 D_S	이뿌리 거리 D_C	최대보스 지름 D_H
21	63.91	69	58.83	58.65	53
22	66.93	72	61.85	61.85	56
23	69.95	75	64.87	64.71	59
24	72.97	78	67.89	67.89	62
25	76.00	81	70.92	70.77	65
26	79.02	84	73.94	73.94	68
27	82.05	87	76.97	76.83	71
28	85.07	90	79.99	79.99	74
29	88.10	93	83.02	82.89	77
30	91.12	96	86.04	86.04	80
31	94.15	99	89.07	88.95	83
32	97.18	102	92.10	92.10	86
33	100.20	105	95.12	95.01	89
34	103.23	109	98.15	98.15	93
35	106.26	112	101.18	101.07	96
36	109.29	115	104.21	104.21	99
37	112.31	118	107.23	107.13	102
38	115.34	121	110.26	110.26	105
39	118.37	124	113.29	113.20	108
40	121.40	127	116.32	116.32	111
41	124.43	130	119.35	119.26	114
42	127.46	133	122.38	122.38	117
43	130.49	136	125.41	125.32	120
44	133.52	139	128.44	128.44	123
45	136.55	142	131.47	131.38	126
46	139.58	145	134.50	134.50	129
47	142.61	148	137.53	137.45	132
48	145.64	151	140.56	140.56	135
49	148.67	154	143.59	143.51	138
50	151.70	157	146.62	146.62	141

| \multicolumn{6}{c}{호칭번호 40} | \multicolumn{6}{c}{호칭번호 41} |

잇 수 N	피치 원지름 D_P	바깥지름 D_O	이뿌리 원지름 D_S	이뿌리 거리 D_C	최대보스 지름 D_H	잇 수 N	피치 원지름 D_P	바깥지름 D_O	이뿌리 원지름 D_S	이뿌리 거리 D_C	최대보스 지름 D_H
16	65.10	71	57.15	57.15	50	16	65.10	71	57.33	57.33	50
17	69.12	76	61.17	60.87	54	17	69.12	76	61.35	61.05	54
18	73.14	80	65.19	65.19	59	18	73.14	80	65.37	65.37	59
19	77.16	84	69.21	68.95	63	19	77.16	84	69.39	69.13	63
20	81.18	88	73.23	73.23	67	20	81.18	88	73.41	73.41	67
21	85.21	92	77.26	77.02	71	21	85.21	92	77.44	77.20	71
22	89.24	96	81.29	81.29	75	22	89.24	96	81.47	81.47	75
23	93.27	100	85.32	85.10	79	23	93.27	100	85.50	85.28	79
24	97.30	104	89.35	89.35	83	24	97.30	104	89.53	89.53	83
25	101.33	108	93.38	93.18	87	25	101.33	108	93.56	93.36	87
26	105.36	112	97.41	97.41	91	26	105.36	112	97.59	97.59	91
27	109.40	116	101.45	101.26	95	27	109.40	116	101.63	101.44	95
28	113.43	120	105.48	105.48	99	28	113.43	120	105.66	105.66	99
29	117.46	124	109.51	109.34	103	29	117.46	124	109.69	109.52	103
30	121.50	128	113.55	113.55	107	30	121.50	128	113.73	113.73	107
31	125.53	133	117.58	117.42	111	31	125.53	133	117.76	117.60	111
32	129.57	137	121.62	121.62	115	32	129.57	137	121.80	121.80	115
33	133.61	141	125.66	125.50	120	33	133.61	141	125.84	125.68	120
34	137.64	145	129.69	129.69	124	34	137.64	145	129.87	129.87	124
35	141.68	149	133.73	133.59	128	35	141.68	149	133.91	133.77	128
36	145.72	153	137.77	137.77	132	36	145.72	153	137.95	137.95	132
37	149.75	157	141.80	141.67	136	37	149.75	157	141.98	141.85	136
38	153.79	161	145.84	145.84	140	38	153.79	161	146.02	146.02	140
39	157.83	165	149.88	149.75	144	39	157.83	165	150.06	149.93	144
40	161.87	169	153.92	153.92	148	40	161.87	169	154.10	154.10	148

40. V 벨트 풀리

V벨트의 형별	α의 허용차(°)	k의 허용차	e의 허용차	f의 허용차
M	±0.5	+0.2 0	—	±1.0
A			±0.4	
B				

호칭지름(mm)	바깥지름 de 허용차	바깥둘레 흔들림 허용값	림 측면 흔들림 허용값
75 이상 118 이하	±0.6	0.3	0.3
125 이상 300 이하	±0.8	0.4	0.4

d_o = 피치원 지름 (홈의 나비가 l_o인 곳의 지름)

V벨트 형별	호칭 지름	α(°)	l_o	k	k_o	e	f	r_1	r_2	r_3	비고
M	50 이상~71 이하 71 초과~90 이하 90 초과	34 36 38	8.0	2.7	6.3	—	9.5	0.2~0.5	0.5~1.0	1~2	M형은 원칙적으로 한 줄만 걸친다.(e)
A	71 이상~100 이하 100 초과~125 이하 125 초과	34 36 38	9.2	4.5	8.0	15.0	10.0	0.2~0.5	0.5~1.0	1~2	
B	125 이상~165 이하 165 초과~200 이하 200 초과	34 36 38	12.5	5.5	9.5.	19.0	12.5	0.2~0.5	0.5~1.0	1~2	

41. 지그용 부시 및 그 부속 부품(고정 부시)

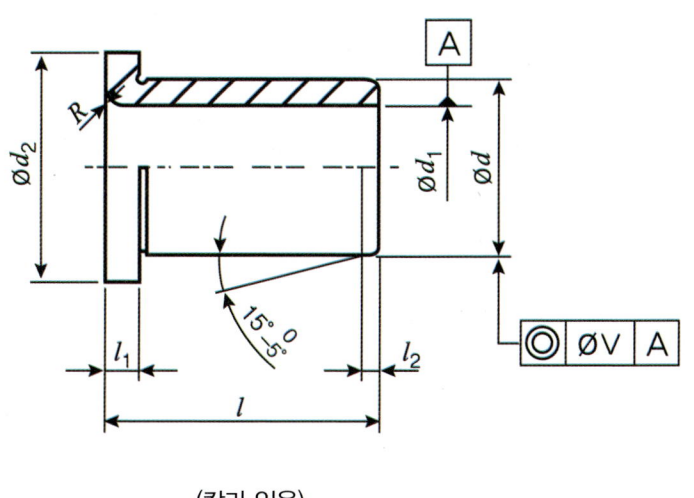

(칼라 있음)

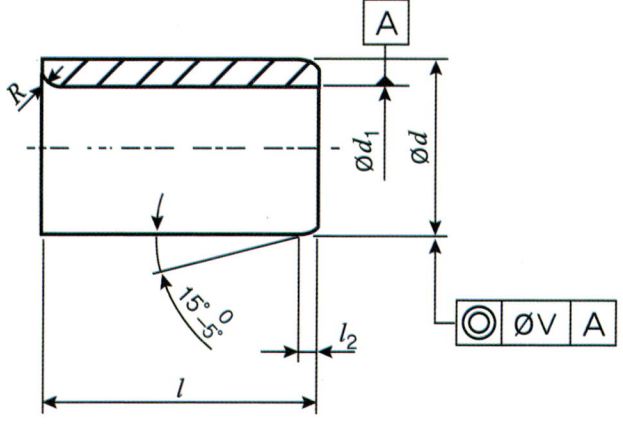

(칼라 없음)

d_1		d		d_2		l	l_1	l_2	R
초과	이하	기준치수	허용차	기준치수	허용차				
2	3	7	p6	11	h13	8 10 12 16	2.5	1.5	0.8
3	4	8		12					1.0
4	6	10		14		10 12 16 20	3		
6	8	12		16					
8	10	15		19		12 16 20 25			2.0
10	12	18		22					
12	15	22		26		16 20 28 36	4		
15	18	26		30		20 25 36 45			

(단위 : mm)

구멍지름 (d_1)	V(동심도)		
	고정 라이너	고정 부시	삽입 부시
18.0 이하	0.012	0.012	0.012
18.0 초과 50.0 이하	0.020	0.020	0.020
50.0 초과 100.0 이하	0.025	0.025	0.025

42. 삽입 부시

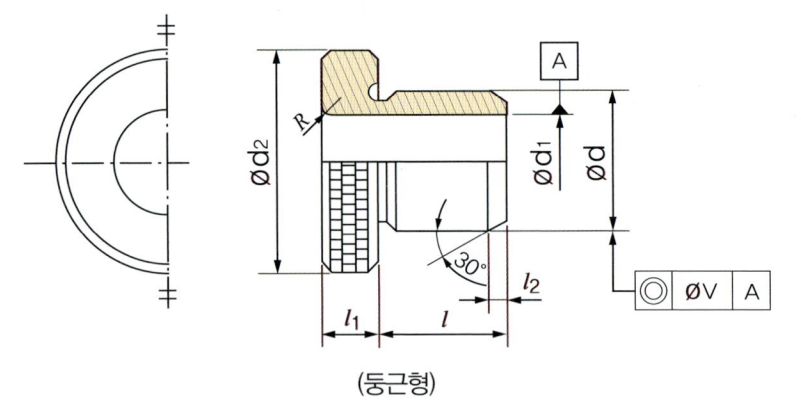

(둥근형)

d_1		d		d_2		l	l_1	l_2	R
초과	이하	기준치수	허용차	기준치수	허용차				
–	4	12	m5	16	h13	10 12 16	8	1.5	2
4	6	15		19		12 16 20 25			
6	8	18		22					
8	10	22		26		16 20 (25)	10		
10	12	26		30		28 36			
12	15	30		35		20 25 (30)	12		3
15	18	35		40		36 45			

* 드릴용 구멍 지름 d_1의 허용차는 KS B 0401에 규정하는 G6으로 하고, 리머용 구멍지름 d_1의 허용차는 KS B 0401에 규정하는 F7로 한다.

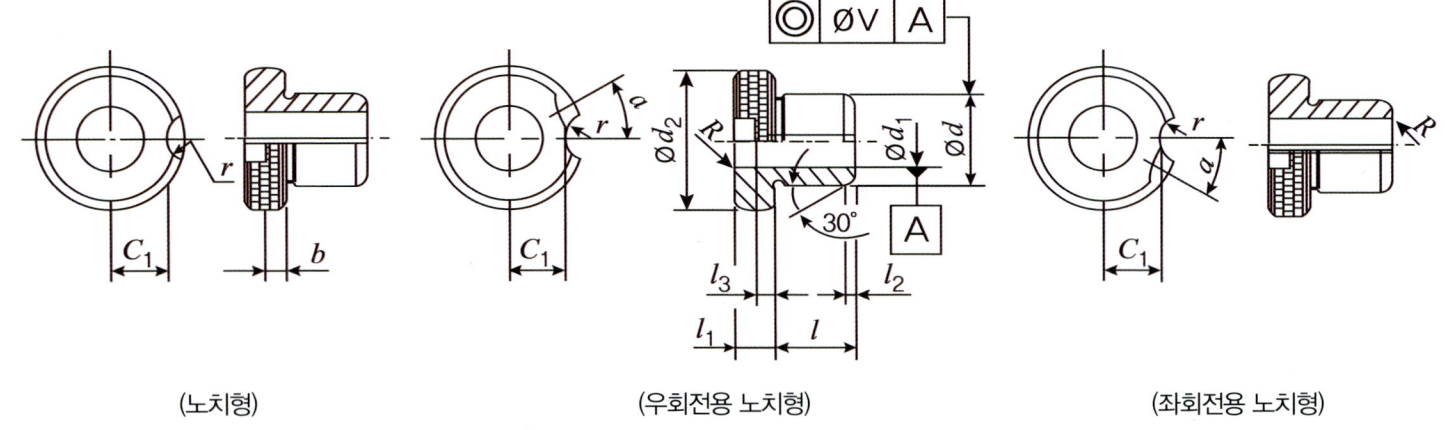

(노치형)　　　　　(우회전용 노치형)　　　　　(좌회전용 노치형)

d_1		d		d_2		l	l_1	l_2	R	l_3		C_1	r	$a(°)$
초과	이하	기준치수	허용차	기준치수	허용차					기준치수	허용차			
	4	8		15		10 12 16	8		1	3		4.5	7	65
4	6	10		18		12 16 20 25						6		
6	8	12		22								7.5	8.5	60
8	10	15		26		16 20 28 36	10			4		9.5		50
10	12	18		30					2			11.5		
12	15	22		34		20 25 36 45						13		35
15	18	26		39								15.5		
18	22	30		46		25 36 45 56	12	1.5	3	5.5	−0.1 −0.2	19	10.5	30
22	26	35	m6	52	h13							22		
26	30	42		59		30 35 45 56						25.5		
30	35	48		66								28.5		
35	42	55		74								32.5		
42	48	62		82		35 45 56 67						36.5		25
48	55	70		90			16		4	7		40.5	12.5	
55	63	78		100		40 56 67 78						45.5		
63	70	85		110								50.5		
70	78	95		120		45 50 67 89						55.5		20
78	85	105		130								60.5		

비고 * 드릴용 구멍 지름 d_1의 허용차는 KS B 0401에 규정하는 G6으로 하고, 리머용 구멍지름 D_1의 허용차는 KS B 0401에 규정하는 F7로 한다.
※ 동심도(V)는 **41. 지그용 부시 및 그 부속 부품 항목** 참조.

43. 지그용 부시 및 그 부속 부품 (고정 라이너)

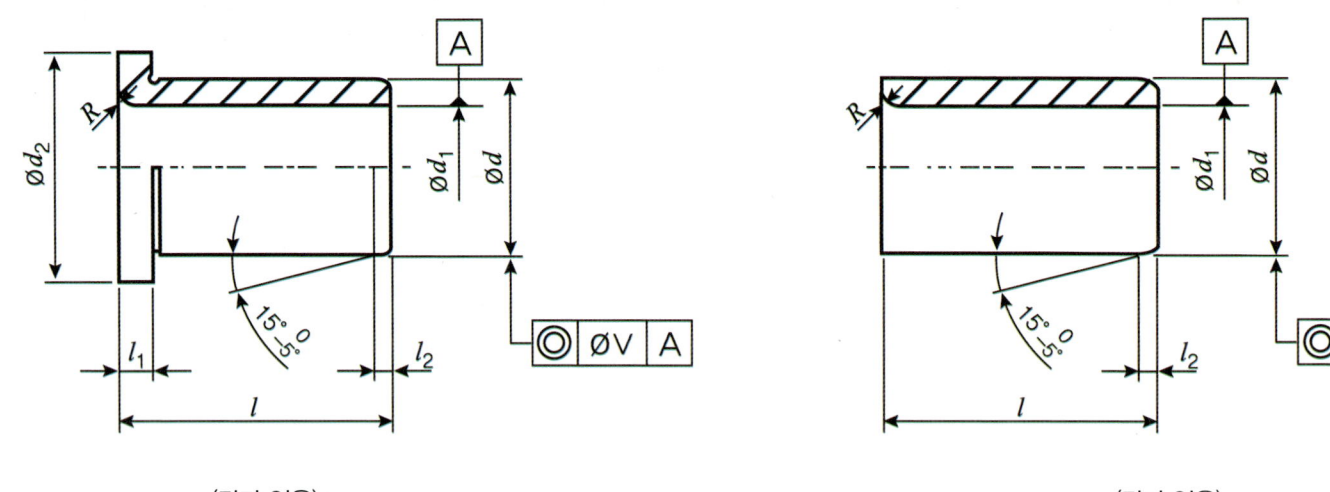

(칼라 있음)　　　　　　　　　　　　　　　　(칼라 없음)

d_1		d		d_2		l	l_1	l_2	R
기준치수	허용차	기준치수	허용차	기준치수	허용차				
8	F7	12	p6	16	h13	10 12 16	3	1.5	2
10		15		19		12 16 20 25			
12		18		22			4		
15		22		26		16 20 28 36			
18		26		30					
22		30		35		20 25 36 45	5		3
26		35		40					
30		42		47		25 36 45 56			

※ 동심도(V)는 41. 지그용 부시 및 그 부속 부품(고정 부시) 참조.

44. 부시와 멈춤쇠 또는 멈춤 나사의 중심 거리 및 부착 나사의 가공 치수

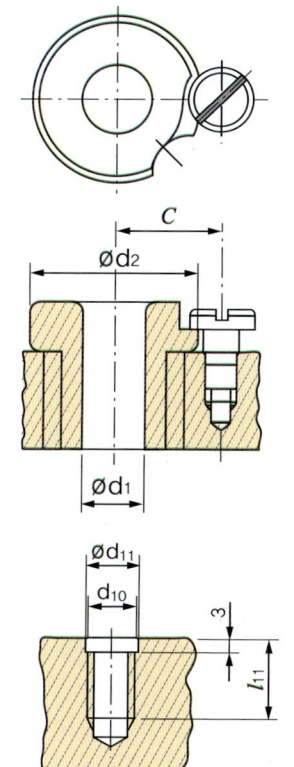

d_1 초과	d_1 이하	d_2	d_{10}	c 기준치수	c 허용차	d_{11}	l_{11}
	4	15	M5	11.5	±0.2	5.2	11
4	6	18	M5	13		5.2	11
6	8	22	M5	16		5.2	11
8	10	26	M5	18		5.2	11
10	12	30	M5	20		5.2	11
12	15	34	M6	23.5		6.2	14
15	18	39	M6	26		6.2	14
18	22	46	M6	29.5		6.2	14
22	26	52	M8	32.5		8.2	16
26	30	59	M8	36		8.2	16
30	35	66	M8	41		8.2	16
35	42	74	M8	45		8.2	16
42	48	82	M10	49		10.2	20
48	55	90	M10	53		10.2	20
55	63	100	M10	58		10.2	20
63	70	110	M10	63		10.2	20
70	78	120	M10	68		10.2	20
78	85	130	M10	73		10.2	20

45. 분할 핀

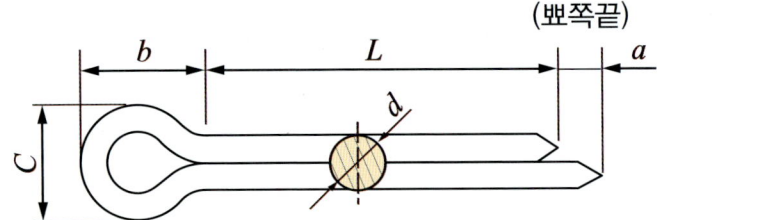 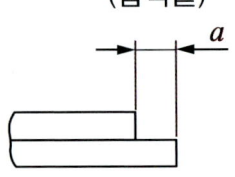

호칭 지름		1	1.2	1.6	2	2.5	3.2	4
d	기준 치수	0.9	1	1.4	1.8	2.3	2.9	3.7
	허용차	\$0\\-0.1\$					\$0\\-0.2\$	
적용하는 볼트	초과	3.5	4.5	5.5	7	9	11	14
	이하	4.5	5.5	7	9	11	14	20

46. 주서 (예)

주서

1. 일반공차 - 가) 가공부 : KS B ISO 2768-m
   나) 주조부 : KS B 0250-CT11
2. 도시되고 지시없는 모떼기는 1×45° 필렛과 라운드는 R3
3. 일반 모떼기는 0.2×45°
4. ∀ 부위 외면 명녹색 도장
   내면 광명단 도장
5. 파커라이징 처리
6. 전체 열처리 H_RC 50±2
7. 표면 거칠기 ∀ = ∀
   $^w\!\!\forall$ = $^{12.5}\!\!\forall$, N10
   $^x\!\!\forall$ = $^{3.2}\!\!\forall$, N8
   $^y\!\!\forall$ = $^{0.8}\!\!\forall$, N6
   $^z\!\!\forall$ = $^{0.2}\!\!\forall$, N4

47. 센터 구멍

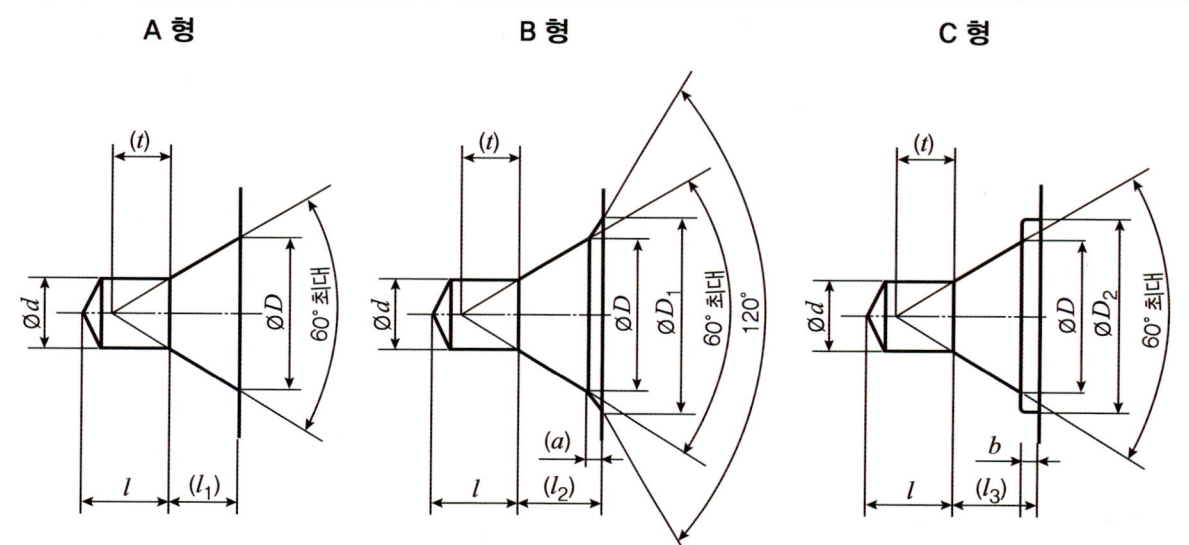

A형   B형   C형

단위 : mm

호칭 지름 d	D	D_1	D_2 (최소)	l (²) (최대)	b (약)	참고				
						l_1	l_2	l_3	t	a
(0.5)	1.06	1.6	1.6	1	0.2	0.48	0.64	0.68	0.5	0.16
(0.63)	1.32	2	2	1.2	0.3	0.6	0.8	0.9	0.6	0.2
(0.8)	1.7	2.5	2.5	1.5	0.3	0.78	1.01	1.08	0.7	0.23
1	2.12	3.15	3.15	1.9	0.4	0.97	1.27	1.37	0.9	0.3
(1.25)	2.65	4	4	2.2	0.6	1.21	1.6	1.81	1.1	0.39
1.6	3.35	5	5	2.8	0.6	1.52	1.99	2.12	1.4	0.47
2	4.25	6.3	6.3	3.3	0.8	1.95	2.54	2.75	1.8	0.59
2.5	5.3	8	8	4.1	0.9	2.42	3.2	3.32	2.2	0.78
3.15	6.7	10	10	4.9	1	3.07	4.03	4.07	2.8	0.96
4	8.5	12.5	12.5	6.2	1.3	3.9	5.05	5.2	3.5	1.15
(5)	10.6	16	16	7.5	1.6	4.85	6.41	6.45	4.4	1.56
6.3	13.2	18	18	9.2	1.8	5.98	7.36	7.78	5.5	1.38
(8)	17	22.4	22.4	11.5	2	7.79	9.35	9.79	7	1.56
10	21.2	28	28	14.2	2.2	9.7	11.66	11.9	8.7	1.96

R 형

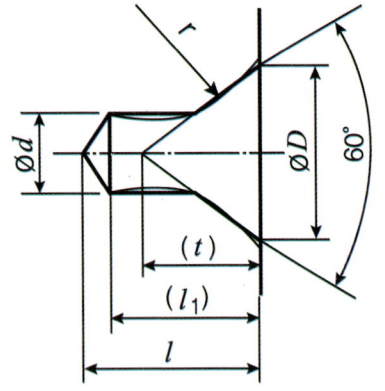

단위 : mm

호칭 지름 d	D	r		l [2] (최대)	참고			
					l_1		t	
		최대	최소		r이 최대일 때	r이 최소일 때	r이 최대일 때	r이 최소일 때
1	2.12	3.15	2.5	2.6	2.14	2.27	1.9	1.8
(1.25)	2.65	4	3.15	3.1	2.67	2.73	2.3	2.2
1.6	3.35	5	4	4	3.37	3.45	2.9	2.8
2	4.25	6.3	5	5	4.24	4.34	3.7	3.5
2.5	5.3	8	6.3	6.2	5.33	5.46	4.6	4.4
3.15	6.7	10	8	7.9	6.77	6.92	5.8	5.6
4	8.5	12.5	10	9.9	8.49	8.68	7.3	7
(5)	10.6	16	12.5	12.3	10.52	10.78	9.1	8.8
6.3	13.2	20	16	15.6	13.39	13.73	11.3	11
(8)	17	25	20	19.7	16.98	17.35	14.5	14
10	21.2	31.5	25	24.6	21.18	21.66	18.2	17.5

주 [2] l은 t보다 작은 값이 되면 안 된다.
비고 ( )를 붙인 호칭의 것은 되도록 사용하지 않는다.

48. 센터 구멍의 표시방법

[센터 구멍의 도시 기호와 지시 방법] – 단, 규격은 KS A ISO 6411-1에 따른다.

센터 구멍 필요 여부 (도시된 상태로 다듬질되었을 때)	도시 기호	센터 구멍 규격 번호 및 호칭 방법을 지정하지 않는 경우	센터 구멍의 규격 번호 및 호칭 방법을 지정하는 경우 도시 방법
반드시 남겨둔다.	<		규격번호, 호칭방법
남아 있어도 좋다.			규격번호, 호칭방법
남아 있어서는 안된다.	K		규격번호, 호칭방법

호칭방법 예시) KS A ISO 6411 – B 2.5/8 혹은 KS A ISO 6411-1 – B 2.5/8로 사용

49. 요목표(예)

스퍼 기어 요목표

기어 치형		표준
공구	모듈	☐
	치형	보통이
	압력각	20°
전체 이 높이		☐
피치원 지름		☐
잇수		☐
다듬질 방법		호브절삭
정밀도		KS B ISO 1328-1, 4급

베벨 기어 요목표

기어 치형	글리슨 식
모듈	☐
치형	보통이
압력각	20°
축각	90°
전체 이 높이	☐
피치원 지름	☐
피치원 추각	☐
잇수	☐
다듬질 방법	절삭
정밀도	KS B 1412, 4급

헬리컬 기어 요목표

기어 치형		표준
공구	모듈	☐
	치형	보통이
	압력각	20°
전체 이 높이		☐
치형 기준면		치직각
피치원 지름		☐
잇수		☐
리드		☐
방향		☐
비틀림 각		15°
다듬질 방법		호브절삭
정밀도		KS B ISO 1328-1, 4급

웜과 웜휠 요목표

구분 \ 품번	① (웜)	② (웜휠)
원주 피치	–	☐
리드	☐	–
피치 원경	☐	☐
잇수	–	☐
치형 기준 단면	축직각	
줄 수, 방향	☐	
압력각	20°	
진행각	☐	
모듈	☐	
다듬질 방법	호브절삭	연삭

체인, 스프로킷 요목표

종류	구분 \ 품번	☐
체인	호칭	☐
	원주피치	☐
	롤러외경	☐
스프로킷	잇수	☐
	치형	☐
	피치 원경	☐

래크와 피니언 요목표

구분 \ 품번	① (래크)	② (피니언)
기어 치형	표준	
공구	모듈	☐
	치형	보통이
	압력각	20°
전체 이 높이	☐	☐
피치원 지름	–	☐
잇수	☐	☐
다듬질 방법	호브절삭	
정밀도	KS B ISO 1328-1, 4급	

래칫 휠

종류	구분 \ 품번	
	잇수	☐
	원주 피치	☐
	이 높이	☐

50. 기계재료 기호 예시 (KS D)

– 본 예시 이외에 해당 부품에 적절한 재료라 판단되면, 다른 재료기호를 사용해도 무방함

명칭	기호	명칭	기호
회 주철품*1	GC100, GC150 GC200, GC250	구상흑연 주철품*1	GCD 350-22, GCD 400-18, GCD 450-10, GCD 500-7
탄소강 주강품*1	SC360, SC410 SC450, SC480	탄소강 단강품	SF390A, SF440A SF490A
인청동 주물*1	CAC502A CAC502B	청동 주물*1	CAC402
침탄용 기계구조용 탄소강재	SM9CK, SM15CK SM20CK	알루미늄 합금주물	AC4C, AC5A
탄소공구강 강재	STC85, STC95 STC105, STC120	기계구조용 탄소강재	SM25C, SM30C, SM35C, SM40C, SM45C
합금공구강 강재	STS3, STD4	화이트메탈	WM3, WM4
크로뮴 몰리브데넘 강	SCM415, SCM430 SCM435	니켈 크로뮴 몰리브데넘 강	SNCM415, SNCM431
니켈 크로뮴 강	SNC415, SNC631	크로뮴 강	SCr415, SCr420, SCr430, SCr435
스프링강재	SPS6, SPS10	스프링용 냉간압연강재	S55C-CSP
피아노선	PW-1	일반 구조용 압연강재	SS235, SS275 SS315
다이캐스팅용 알루미늄 합금	ALDC5, ALDC6	용접 구조용 주강품*1	SCW410, SCW450
인청동 봉	C5102B	인청동 선	C5102W

주 *1 : 해당 재료 기호는 KS 규격이 아닌 단체 표준으로 이관

51. 구름 베어링용 로크너트 와셔

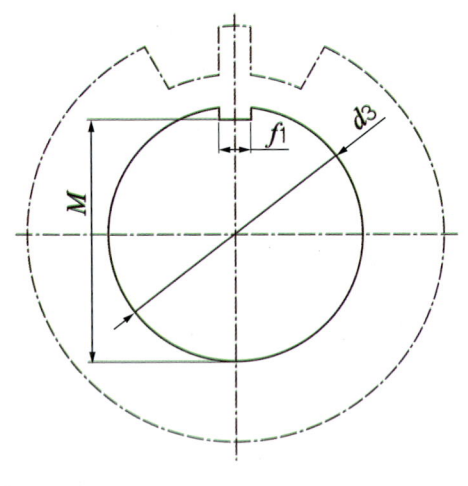

(A형, X형 동일하게 적용)

호칭번호	d_3	M	f_1	호칭번호	d_3	M	f_1
AW00X	10	8.5	3	AW07X	35	32.5	6
AW01X	12	10.5	3	AW08X	40	37.5	6
AW02X	15	13.5	4	AW09X	45	42.5	6
AW03X	17	15.5	4	AW10X	50	47.5	6
AW04X	20	18.5	4	AW11X	55	52.5	8
AW/22X	22	20.5	4	AW12X	60	57.5	8
AW05X	25	23	5	AW13X	65	62.5	8
AW/28X	28	26	5	AW14X	70	66.5	8
AW06X	30	27.5	5	AW15X	75	71.5	8
AW/32X	32	29.5	5	AW16X	80	76.5	10

비고

(1) 다음 항목은 KS 규격이 폐지되었거나 혹은 변경되었으나 기계설계 실무에서 유용하게 적용하는 데이터이므로 국가기술자격 실기시험에서 이 규격을 적용함
- 1. 표면거칠기
- 20. 생크
- 27. 테이퍼 롤러 베어링
- 31. 베어링 구석 홈 부 둥글기
- 32. 베어링의 끼워 맞춤

5 CHAPTER 동력전달장치-1 따라하기

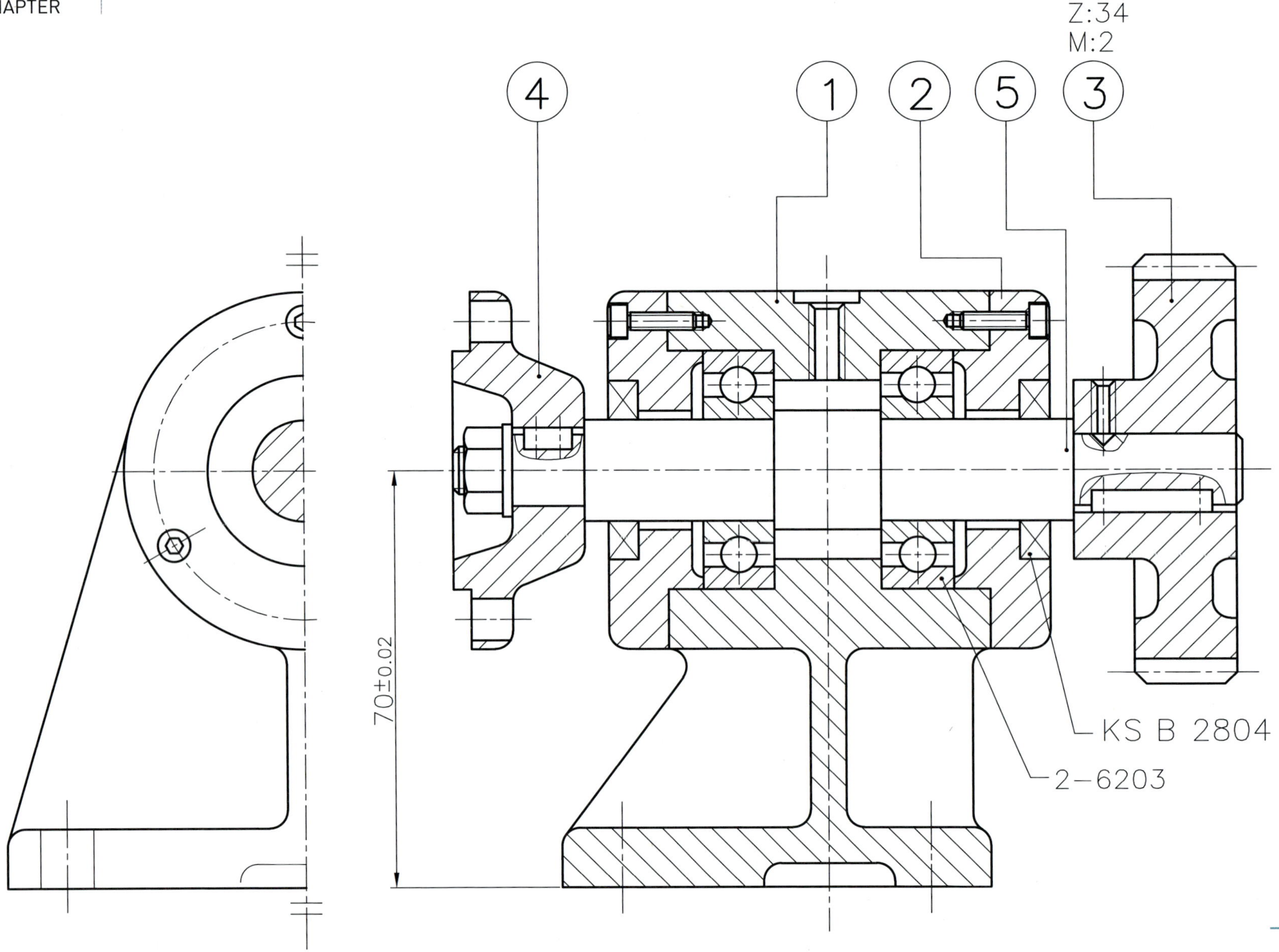

Z:34
M:2

① ② ③ ④ ⑤

70±0.02

KS B 2804

2-6203

01 문제도면

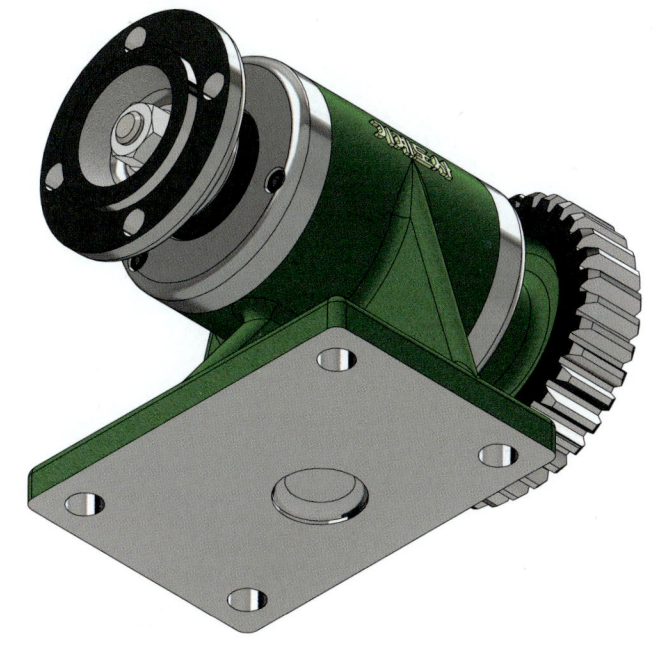

| 도 명 | 동력전달장치-1 | 척 도 | NS |

02 3D 등각도

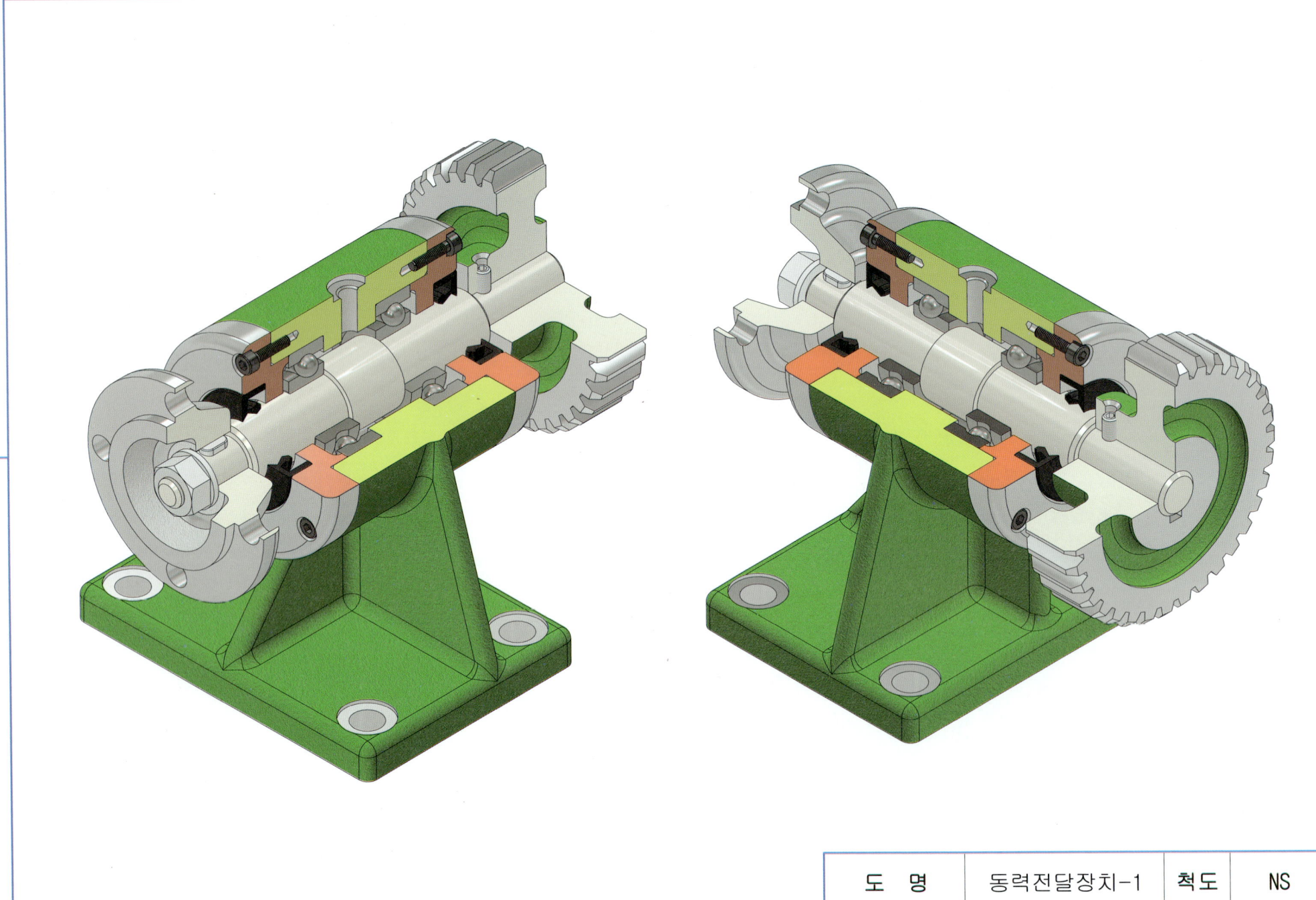

| 도 명 | 동력전달장치-1 | 척 도 | NS |

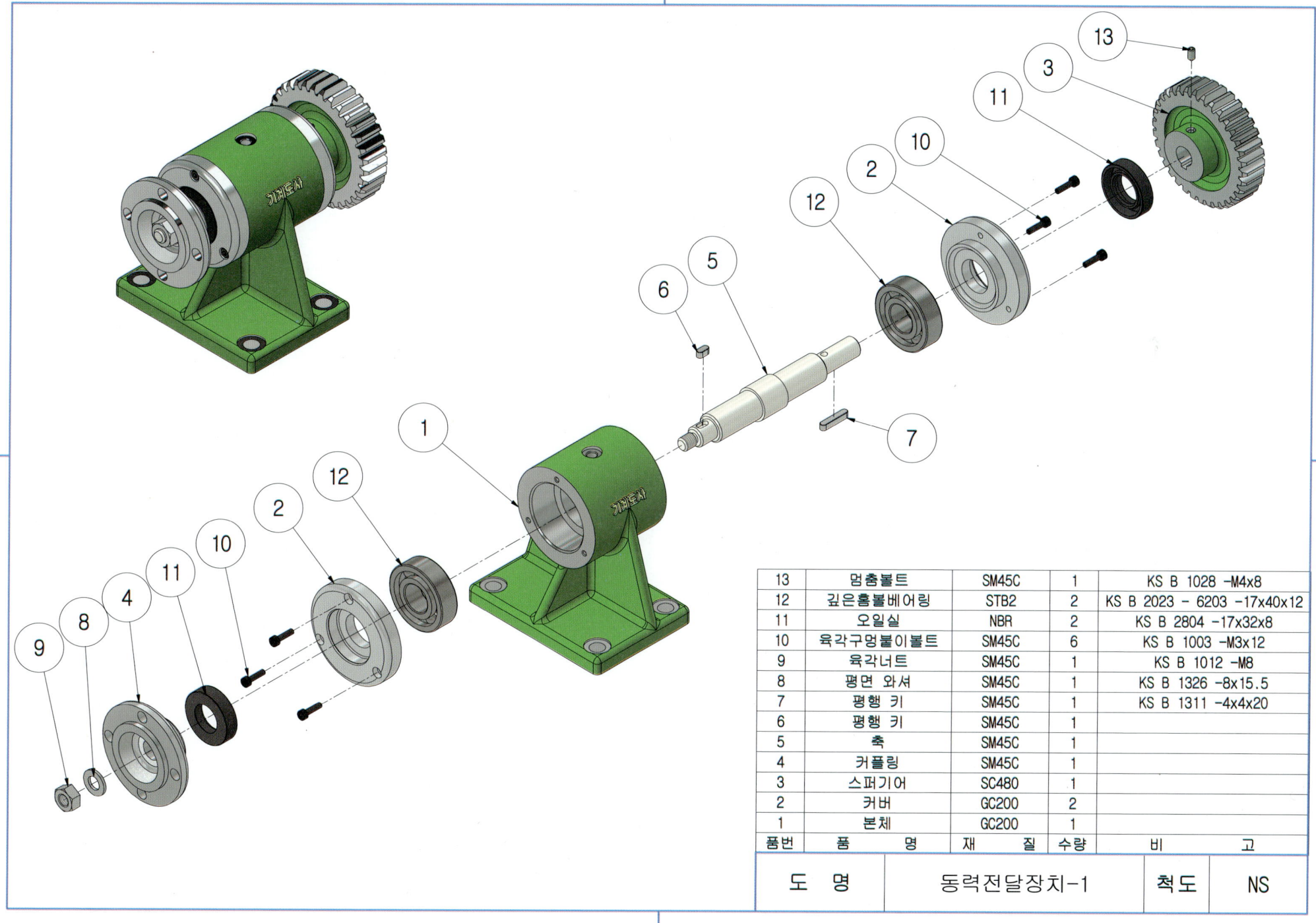

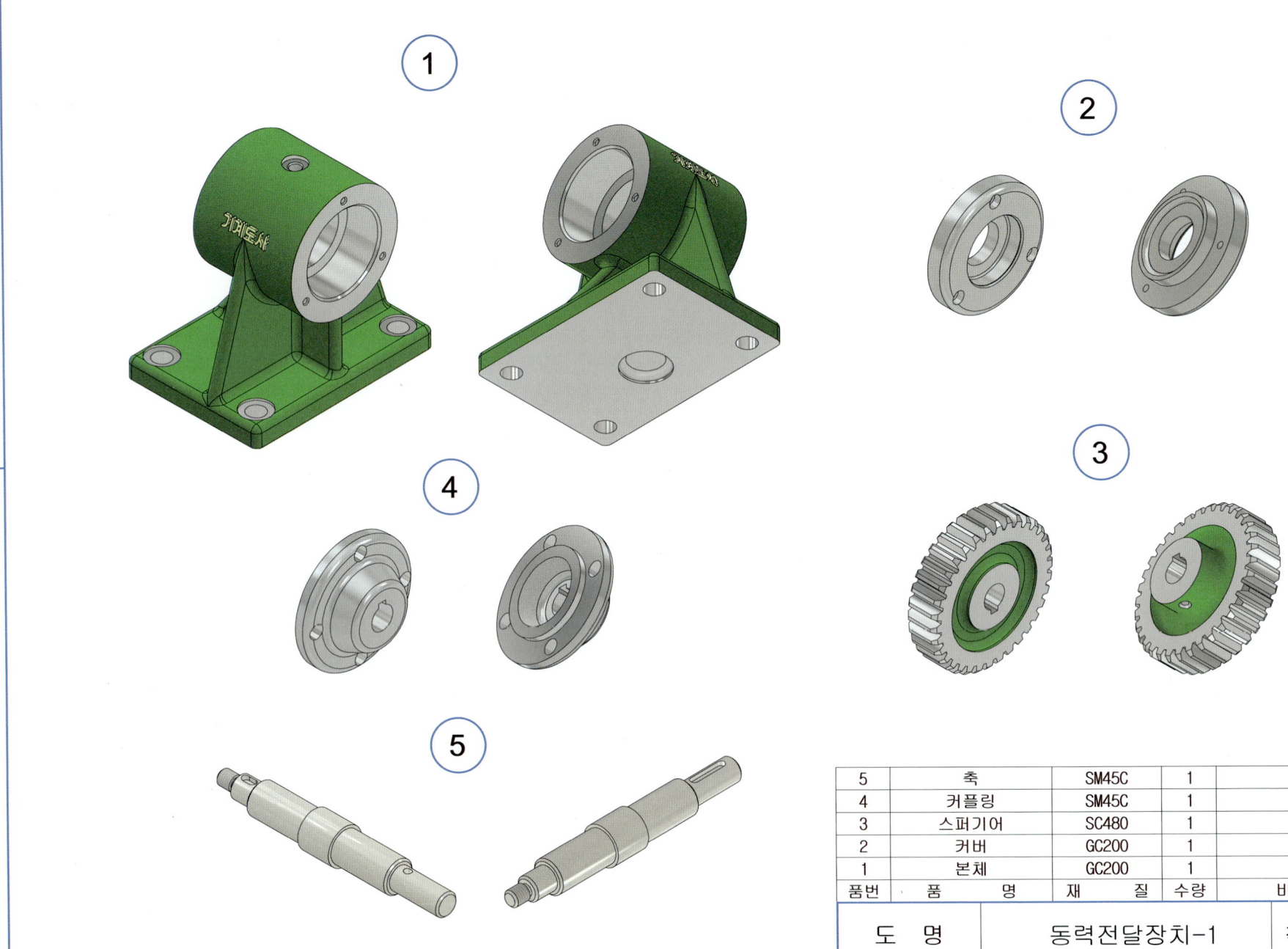

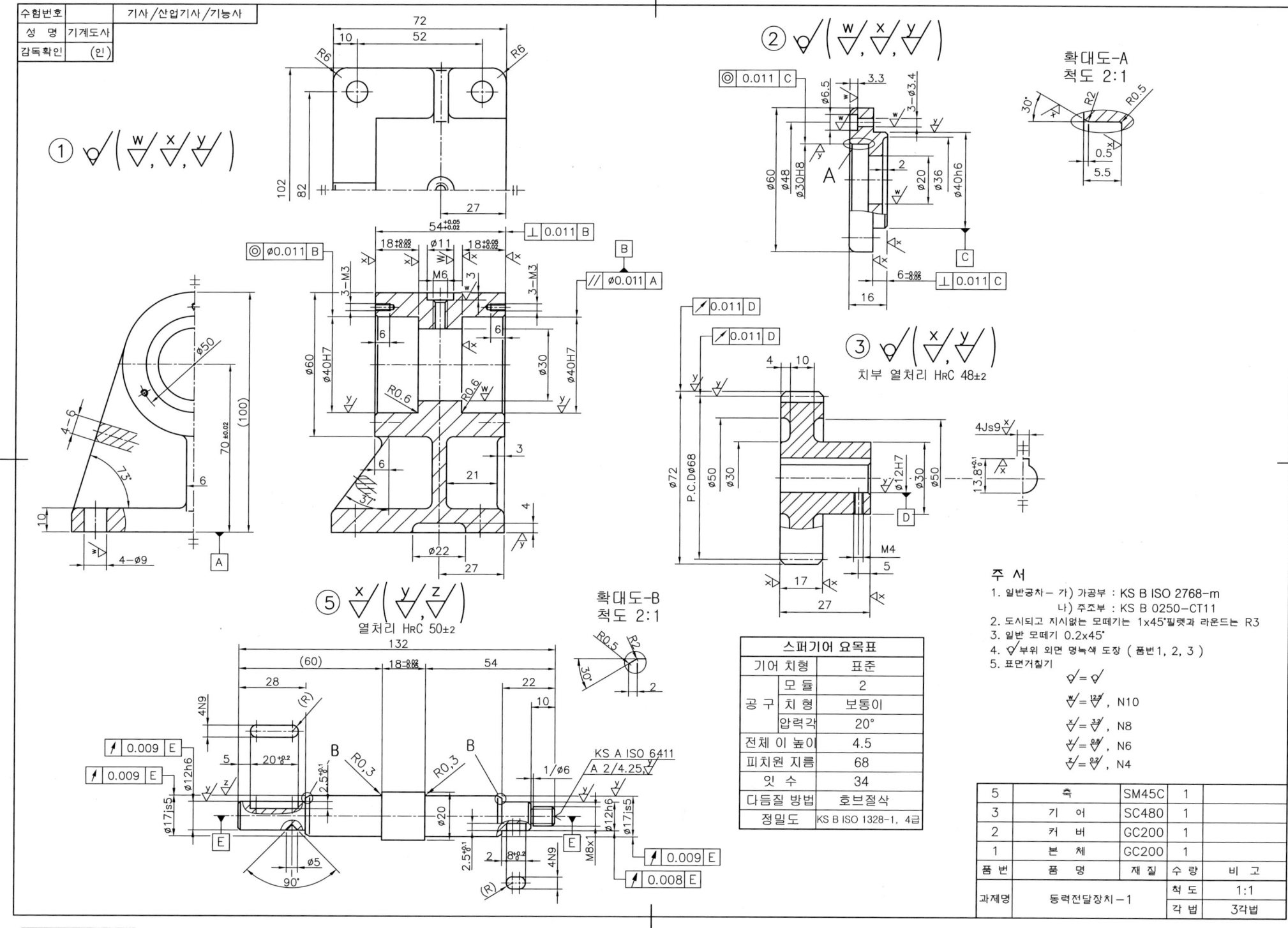

동력 전달 장치는 모터와 같은 동력원에서 발생한 동력을 기계가 일하는 곳까지 전달하기 위한 장치로 본체, 축, 커버, V-벨트풀리, 기어, 베어링, 오일실 등의 기계요소로 구성되어 있다.

1. 동력전달장치에 포함될 사항들

(1) 부품 재료

구분	① 본체	② 커버	③ 기어	⑤ 축
재료	GC250 (회주철품) 인장강도 250 N/mm² 이상	GC250 (회주철품) 인장강도 250 N/mm² 이상	SC480 (탄소 주강품) 인장강도 480 N/mm² 이상	SM45C (기계 구조용 탄소강) 탄소 함유량 45% 의미

(2) 각 부품에 고려되어야 할 KS 규격 부품

구분	① 본체	② 커버	③ 기어	⑤ 축
KS 규격	베어링 6각구멍붙이볼트 중심거리의 허용차	베어링 오일실 볼트 자리파기	기어의 이 계산 평행키(키 홈) 요목표	6203 베어링 오일실 평행키(키 홈) 센터 구멍

(3) 표면 거칠기 기입

구분	① 본체	② 커버	③ 기어	⑤ 축
표면 거칠기	① ∀(w/∀, x/∀, y/∀)	② ∀(w/∀, x/∀, y/∀)	③ ∀(x/∀, y/∀)	⑤ x/∀(y/∀)

(4) 기하 공차 기입

구분	① 본체	② 커버	③ 기어	⑤ 축
기하 공차	직각도 평행도 동심도	원주 흔들림 동축도	원주 흔들림	원주 흔들림
적용 IT 공차	IT5 등급			

2. 동력전달장치 도면 ① 본체 따라하기

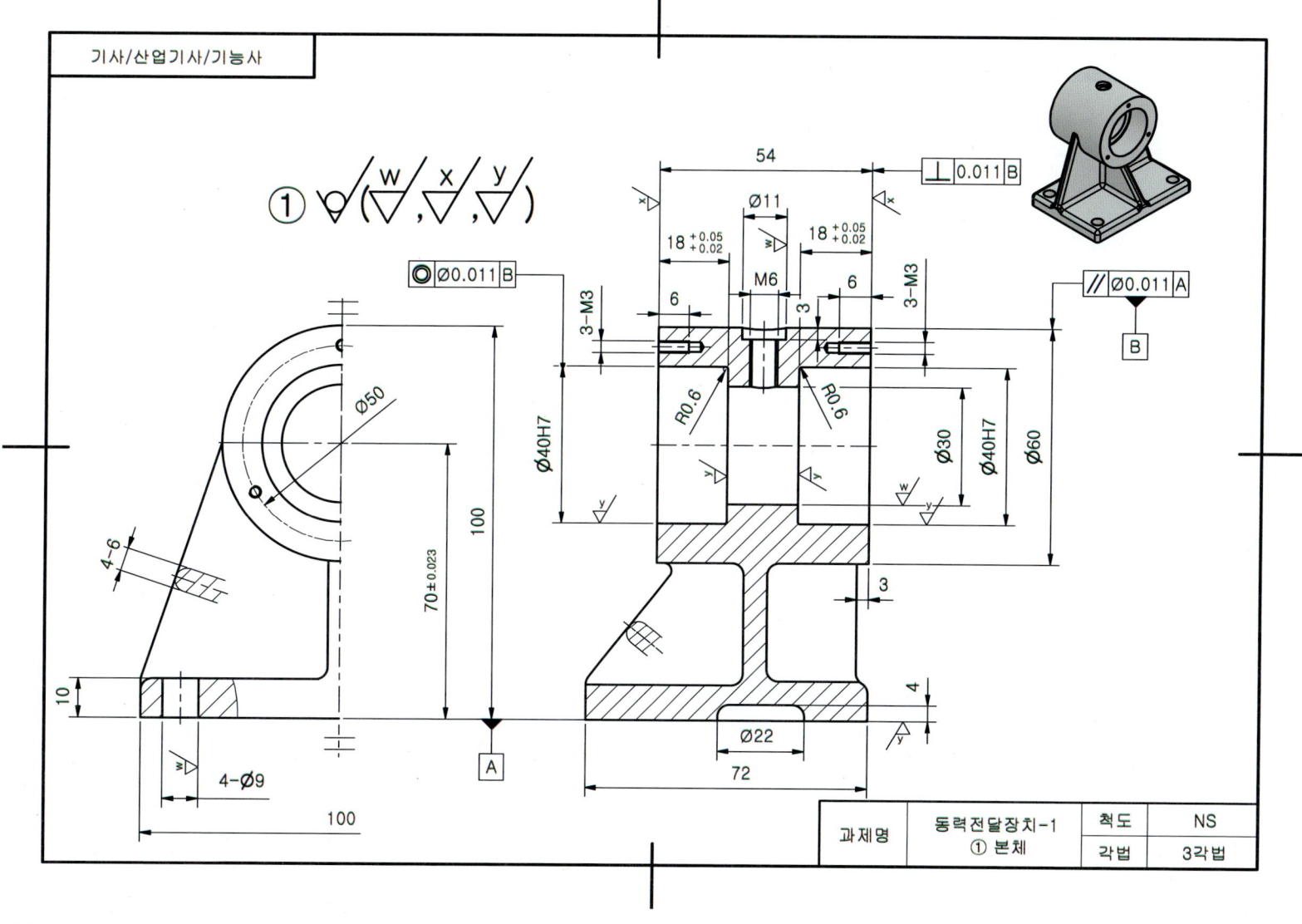

① 동력 전달 장치의 요소들이 조립되어 원활히 작동할 수 있도록 전체를 조립하는 기능을 한다.
② 구조적으로 다른 곳에 설치할 수 있도록 밑 바닥면을 볼트로 고정시킬 수 있다.
③ 본체의 투상도는 정면도, 우측면도, 평면도 기본적으로 3면도를 나타내는 것을 권장한다.

(1) 본체에 적용되는 KS 규격 부품의 치수와 공차 기입하기

① 베어링의 치수 결정

규격집 23. 깊은 홈 볼 베어링 KS 규격의 6203을 찾아 결정, 베어링의 바깥지름 D=40으로 설계하고 구석 부분의 라운드 값도 R=0.6으로 결정한다. 규격집 32. 베어링의 끼워 맞춤 KS 규격의 하우징 끼워맞춤공차 H7을 적용한다.

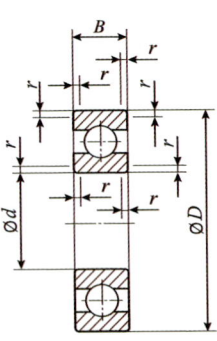

호칭 번호 (62 계열)	치수			
	d	D	B	r
6200	10	30	9	0.6
6201	12	32	10	0.6
6202	15	35	11	0.6
6203	17	40	12	0.6
6204	20	47	14	1
6205	25	52	15	1
6206	30	62	16	1
6207	35	72	17	1.1
6208	40	80	18	1.1

하우징 구멍 공차		
외륜 정지 하중	모든 종류의 하중	H7
외륜 회전 하중	보통하중 또는 중하중	N7

② 중심거리 허용차

규격집 4. 중심 거리의 허용차 KS 규격을 적용하여 중심 축선에서 본체 바닥까지의 거리가 70mm이므로 2급을 적용하여 ±23μm(0.023mm)을 적용한다.

중심 거리 구분		등급	
초과	이하	1급	2급
–	3	±3	±7
3	6	±4	±9
6	10	±5	±11
10	18	±6	±14
18	30	±7	±17
30	50	±8	±20
50	80	±10	±23
80	120	±11	±27
120	180	±13	±32
180	250	±15	±36
250	315	±16	±41

③ 본체의 + 공차 기입

$18^{+0.05}_{+0.02}$ 본체의 왼쪽과 오른쪽에 6003 베어링이 체결될 때 본체에서 베어링 사이의 간격 치수는 +공차를 주었고, 베어링을 밀어주는 축 부분에는 -공차를 준다.

(2) 본체의 표면 거칠기 기입하기

∇ : 가공하지 않는 면(주물품)

$\overset{w}{\nabla}$: 드릴 구멍. 접촉이 없는 부분

$\overset{x}{\nabla}$: 바닥 부분, 커버가 조립되는 부분, 두 부분이 면으로 접촉하는 부분

$\overset{y}{\nabla}$: 베어링과 접촉하는 부분, 두 부분이 서로 조립되는 부위(끼워맞춤 공차 적용)

(3) 본체의 기하 공차 기입하기

① 본체 밑 바닥면을 기준면(A)으로 밑 바닥면을 기준으로 베어링이 조립되는 본체 베어링 구멍 부분에 평행도 공차 기입 → | // | 0.011 | A |

② 본체 구멍에 베어링이 두개 조립되어 있을 경우 우측 베어링 구멍을 기준(B)으로 좌측의 동축도 공차 기입 → | ◎ | ⌀0.011 | B |

③ 커버가 본체에 조립되는 경우 본체 밑 바닥면을 기준으로 커버 조립면 직각도 공차 기입 → | // | ⌀0.011 | A |

3. 동력전달장치 도면 ② 커버 따라하기

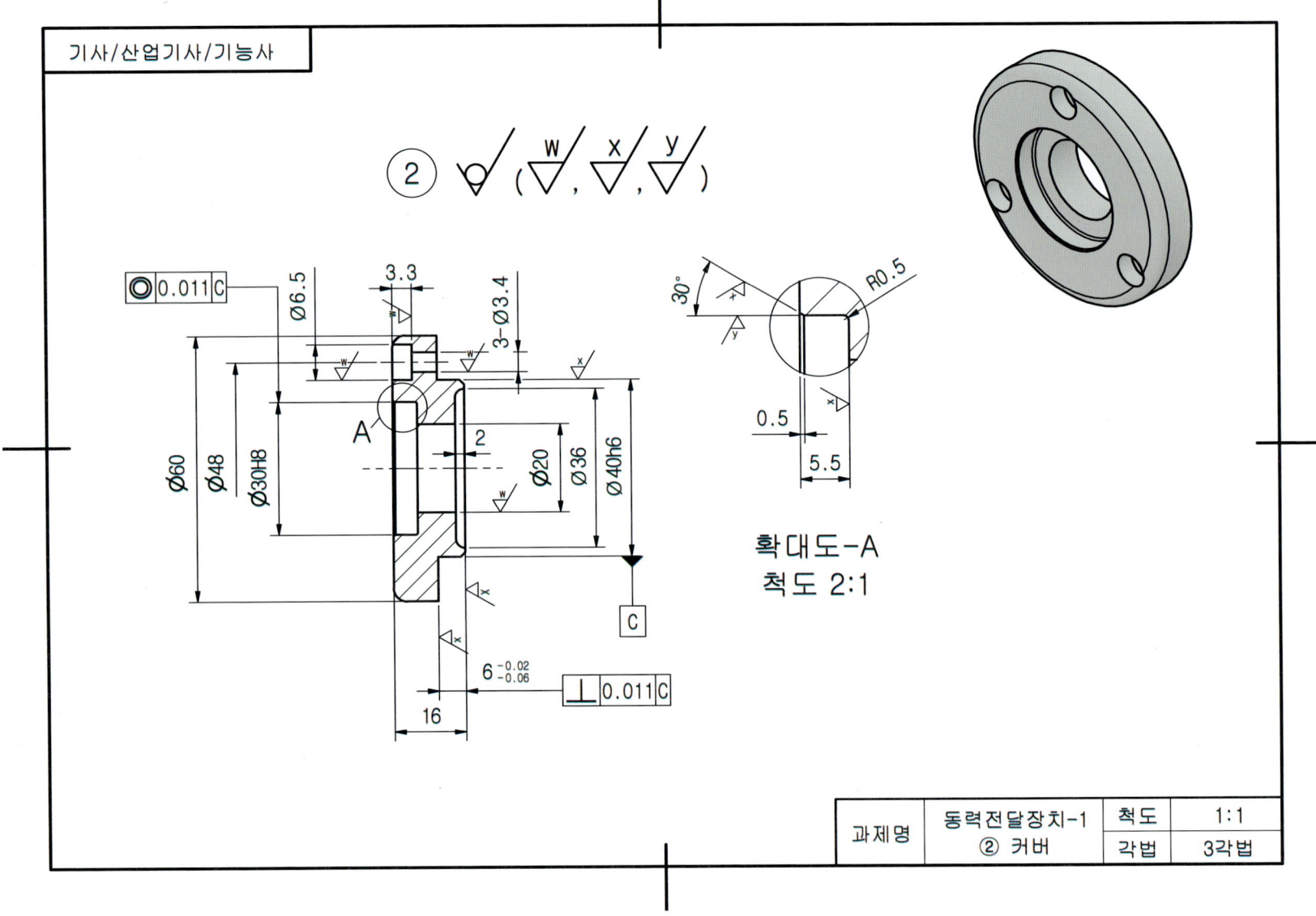

① 커버는 베어링과 축이 옆으로 빠져 나오지 않도록 고정해 주고, 이물질 침입을 차단하기 위해 오일 실을 사용한다.
② 주조나 단조에 의해 1차로 생산된 소재를 선반, 드릴링, 카운터 보링 등의 2차 가공을 거쳐 상품성을 높이기 위해 표면에 도장 처리를 한다.

(1) 커버에 적용되는 KS 규격 부품의 치수와 공차 기입하기

① 오일 실의 치수 결정

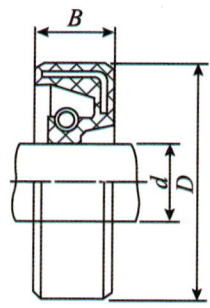

호칭 안지름 d	D	B
7	18	4
	20	7
8	18	4
	22	7
9	20	4
	22	7
10	20	4
	25	7
11	22	4
	25	7
12	22	4
	25	7
*13	25	4
	28	7
14	25	4
	28	7
15	25	4
	30	7
16	28	4
	30	7
17	30	5
	32	8
18	30	5
	35	8

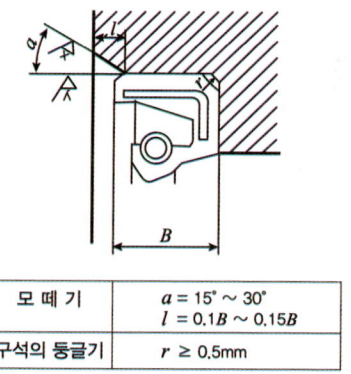

모 떼 기	$a = 15° \sim 30°$
	$l = 0.1B \sim 0.15B$
구석의 둥글기	$r \geq 0.5mm$

규격집 37. 오일실의 KS 규격의 오일실의 G, GM, GA 계열치수의 안지름(축지름) d = 17mm를 기준치수로 바깥지름을 측정하여 D = 30mm로 결정하고, 폭값 B=5mm를 결정한다. 규격집 38. 오일 실 부착 관계 KS 규격의 a = 30°값과 l = 0.5mm값 r = 0.5mm 값을 결정하여 적용해 준다.

② 본체에 조립되는 커버의 축 부분

본체와 끼워지는 커버 외경 → 외경 D는 본체 내경치수(Ø40H7)를 참고하여 결정하고 끼워맞춤 공차는 h6(헐거운 끼워맞춤)으로 한다.

③ 깊은 홈 볼 베어링 측면을 밀어주는 길이 치수는 베어링이 조립된 후 공간이 생기도록 마이너스공차 $6\,^{-0.02}_{-0.06}$ 를 주었다.

(2) 커버의 표면 거칠기 기입하기

$\sqrt[\infty]{}$: 가공하지 않는 면(주물품)

$\sqrt[w]{}$: 드릴 구멍(카운트 보어), 접촉이 없는 부분

$\sqrt[x]{}$: 본체와 접촉 부분, 오일실 부분, 두 부분이 면으로 접촉하는 부분

$\sqrt[y]{}$: 본체에 조립되는 커버 외경, 오일실 부분, 베어링과 접촉 부분, 두 부분이 서로 조립되는 부위(끼워맞춤 공차 적용)

(3) 커버의 기하 공차 기입하기

① 커버가 본체에 삽입되는 Ø40h6 부분을 데이텀 기준(C) 으로 적용
② 본체의 측면과 접촉하는 부분과 베어링 측면과 접촉하는 부분에 흔들림 공차 적용 → ↗ 0.011 C
③ 오일실이 조립되는 Ø30H8의 구멍의 축 중심을 동축도 공차 적용 → ◎ Ø0.011 C

4. 동력전달장치 도면 ③ 기어 따라하기

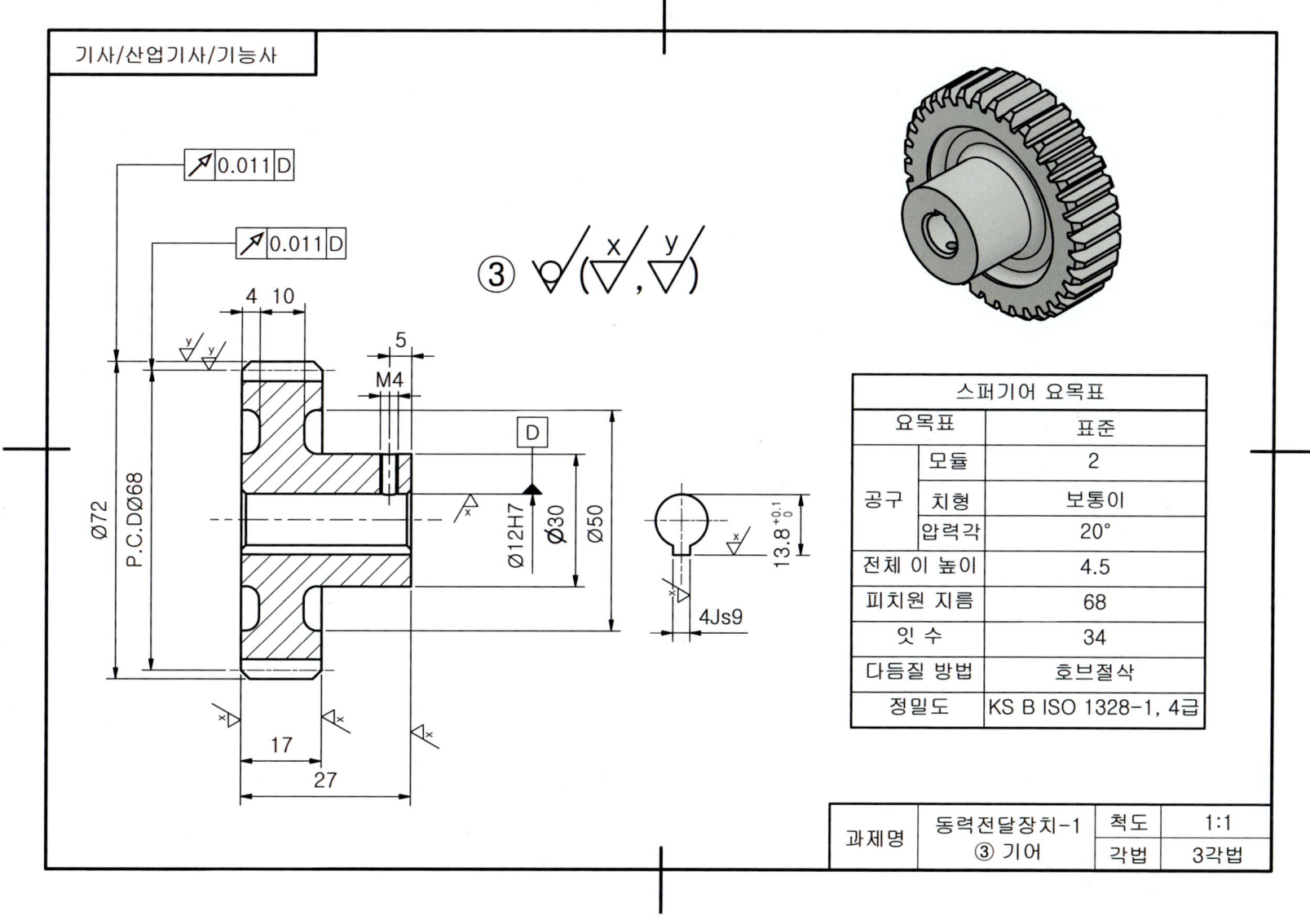

(1) 기어에 적용되는 KS 규격 부품의 치수와 공차 기입하기

① 기어 요목표 그리기

규격집 49. 요목표(예)의 KS 규격을 참고하여 기어 요목표를 그려주고 모듈과 잇수를 통해 이 높이와 피치원 지름 등을 계산하여 기록한다.

스퍼기어 요목표		
기어 치형		표준
공구	모듈	□
	치형	보통이
	압력각	20°
전체 이 높이		□
피치원 지름		□
잇 수		□
다듬질 방법		호브절삭
정밀도		KS B ISO 1328-1, 4급

- 잇 수, 피치원 지름은 계산하여 기입.
- 피치원 지름(P.C.D) = m × Z = 2 × 34 = 68mm (m : 모듈 Z : 잇 수)
- 이끝원 지름(D_o) = m × (Z+2) = 2 × (34+2) = 72mm
- 전체 이 높이(h) = 2.25 × m = 2.25 × 2 = 4.5mm

② 평행키의 치수 결정

규격집 21. 평행 키 (키 홈) KS 규격의 기어에 조립된 축의 지름 Ø12를 기준으로 t_2=1.8mm와 b_2=4mm 치수를 결정하여 그린다.

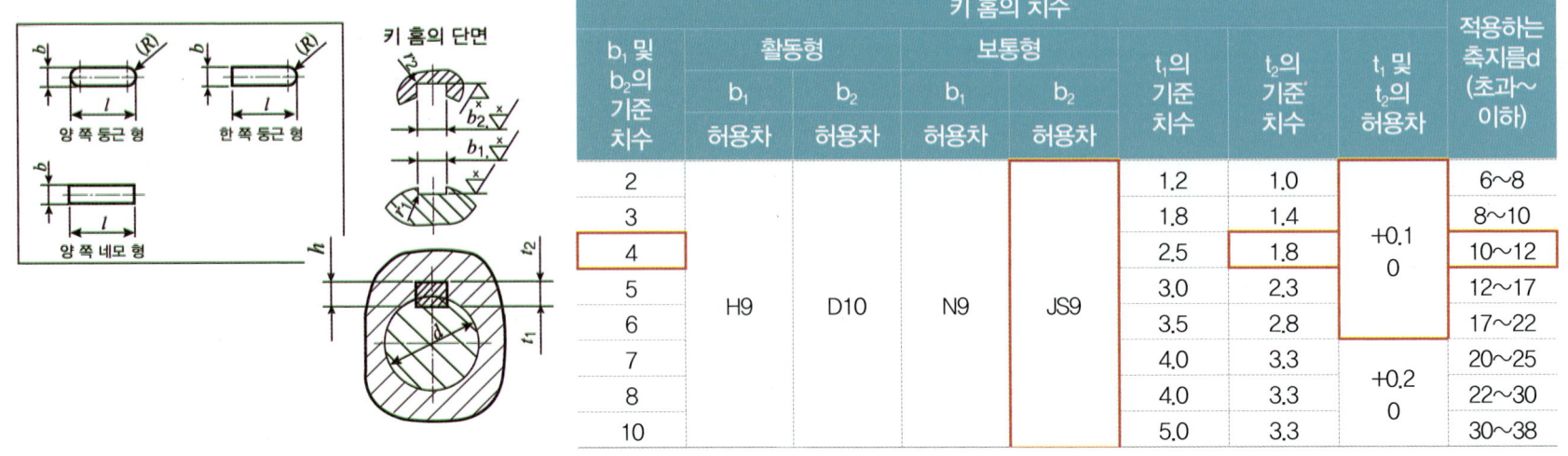

b_1 및 b_2의 기준 치수	키 홈의 치수				t_1의 기준 치수	t_2의 기준 치수	t_1 및 t_2의 허용차	적용하는 축지름 d (초과~이하)
	활동형		보통형					
	b_1 허용차	b_2 허용차	b_1 허용차	b_2 허용차				
2	H9	D10	N9	JS9	1.2	1.0	+0.1 0	6~8
3					1.8	1.4		8~10
4					2.5	1.8		10~12
5					3.0	2.3		12~17
6					3.5	2.8		17~22
7					4.0	3.3	+0.2 0	20~25
8					4.0	3.3		22~30
10					5.0	3.3		30~38

(2) 기어의 표면 거칠기 기입하기

∇ : 가공하지 않는 면(주물 상태)

x/∇ : 키의 접촉면, 바닥 부분, 두 부분이 면으로 접촉하는 부분

y/∇ : 축과 접촉 부분, 기어 이의 부분, 두 부분이 서로 조립되는 부위(끼워맞춤 공차 적용)

(3) 기어의 기하 공차 기입하기

① 축 중심이 지나가는 12H7의 구멍을 데이텀 기준(⊥ D)으로 적용
② 기어의 바깥지름 부분과 측면에 흔들림 공차를 적용 → ↗ 0.011 C
③ 각 단면에 해당하는 측정 평면은 원통면을 규제하기 때문에 원주 흔들림 공차값에는 파이를 붙이지 않음.

5. 동력전달장치 도면 ⑤ 축 따라하기

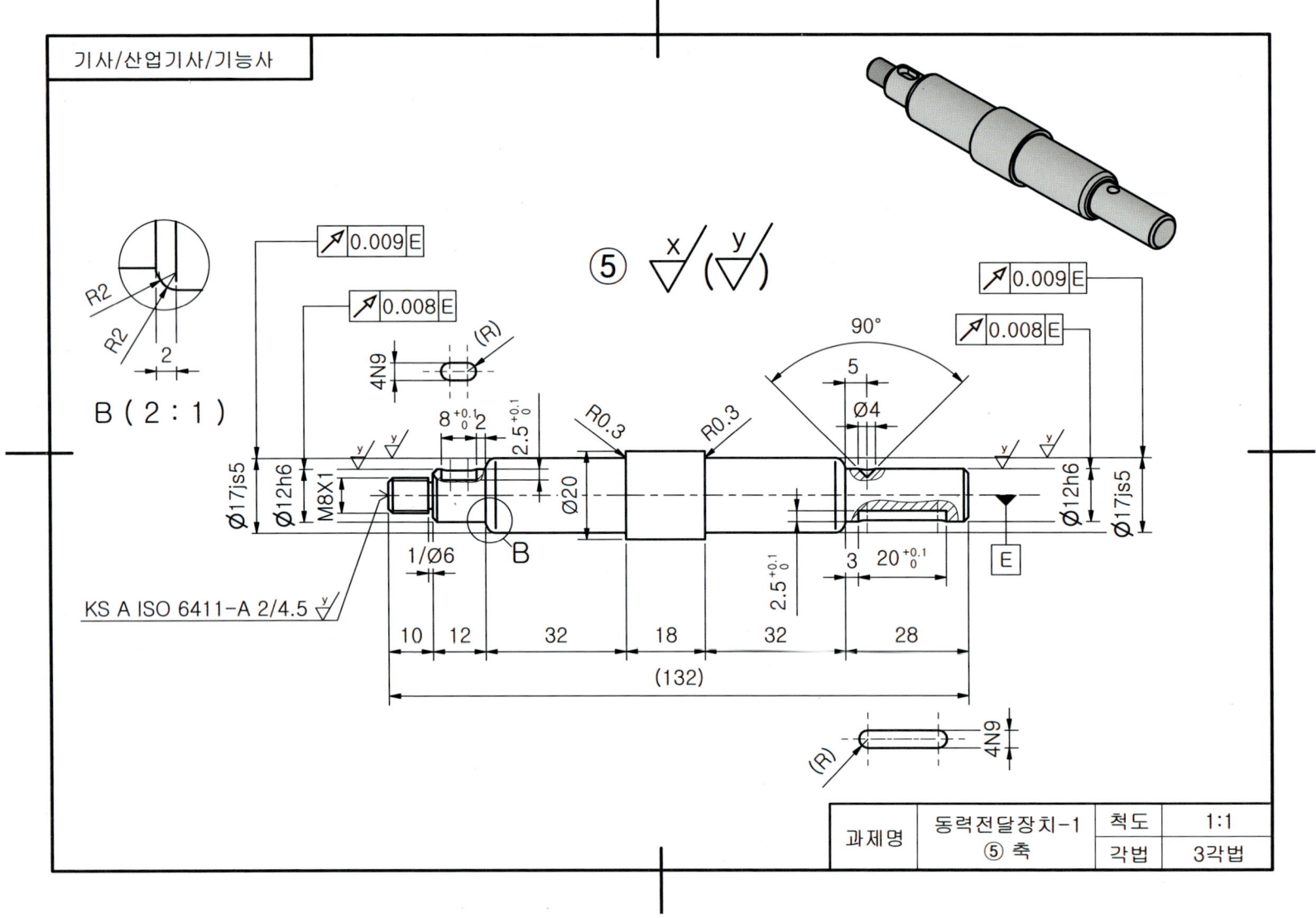

① 축은 본체에 삽입되어 있는 베어링에 의해 지지되어 회전력을 전달하는 역할을 하며, 정확하게 설계되고 가공 및 조립되어야 기계의 소음과 진동이 적고 수명이 길어짐
② 투상은 길이방향으로 정면도 1개를 그리는 것을 원칙으로 하고 특정 부위(키홈)는 국부 투상도로 처리
③ 축은 선반 가공후 열처리를 하고 연삭 등 마무리 공정을 거쳐 완성하므로 기계구조용 탄소강(SM45C), 크롬–몰리브뎀강(SCM415) 등의 재료를 선택

(1) 축에 적용되는 KS 규격 부품의 치수와 공차 기입하기

① 베어링의 치수 결정

규격집 23. 깊은 홈 볼 베어링 KS 규격의 6203을 찾아 베어링 안지름 d=17mm을 결정하고 32. 베어링의 끼워맞춤 KS 규격의 내륜회전의 끼워맞춤 공차 js5를 적용. 31. 베어링 구석 홈 부 둥글기 KS 규격의 R값을 0.3mm을 적용.

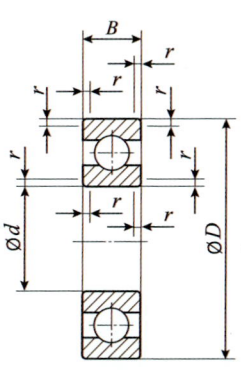

호칭 번호 (62 계열)	치수			
	d	D	B	r
6200	10	30	9	0.6
6201	12	32	10	0.6
6202	15	35	11	0.6
6203	17	40	12	0.6
6204	20	47	14	1
6205	25	52	15	1
6206	30	62	16	1
6207	35	72	17	1.1
6208	40	80	18	1.1

내륜회전 하중 또는 부정 하중(보통 하중)			허용차 등급
볼 베어링	원통, 테이퍼 롤러 베어링	자동조심 롤러 베어링	
축 지름			
18 이하	−	−	js5
18 초과 100 이하	40 이하	40 이하	k5
100 초과 200 이하	40 초과 100 이하	40 초과 65 이하	m5

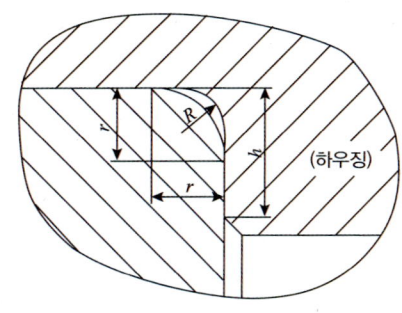

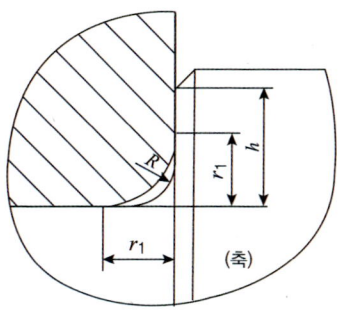

r 또는 r_1 (min)	R(max)	축 또는 하우징 레이디얼 베어링의 경우의 어깨 높이 h	
		일반	특수
0.1	0.1	0.4	
0.15	0.15	0.6	
0.2	0.2	0.8	
0.3	0.3	1.25	1
0.6	0.6	2.25	2
1.0	1.0	2.75	2.5

② 평행 키의 치수 결정

규격집 21. 평행 키 (키 홈) KS 규격의 기어와 플랜지에 조립되는 축의 기준치수 12를 찾아서 t_2=2.5mm와 b_2=4mm 치수를 적용.

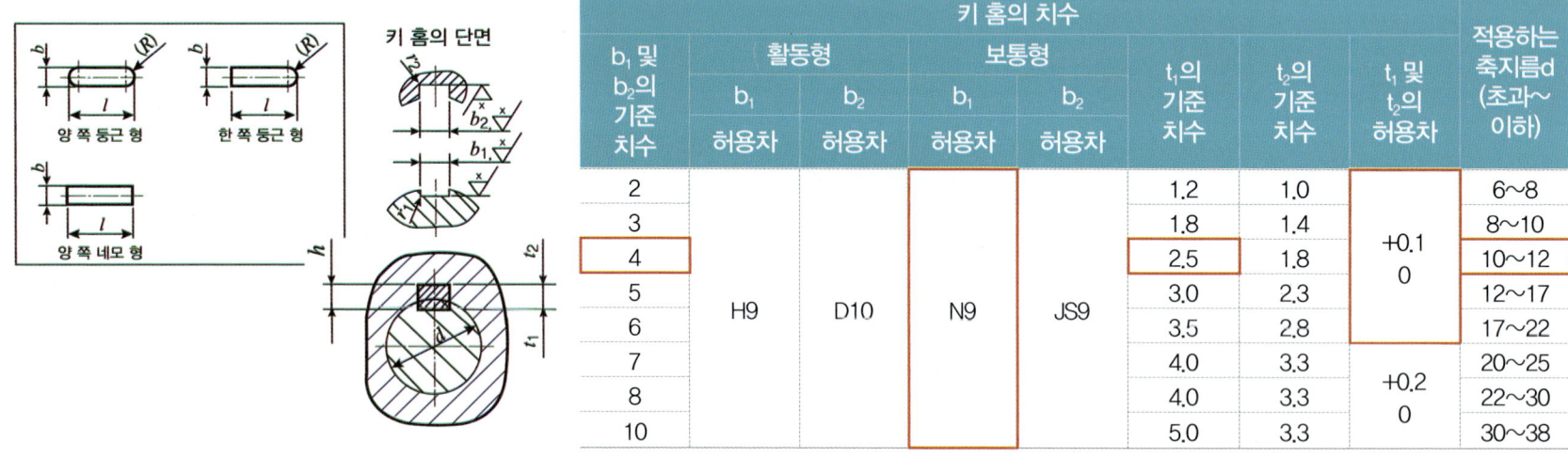

b_1 및 b_2의 기준 치수	키 홈의 치수							적용하는 축지름d (초과~이하)
	활동형		보통형		t_1의 기준 치수	t_2의 기준 치수	t_1 및 t_2의 허용차	
	b_1 허용차	b_2 허용차	b_1 허용차	b_2 허용차				
2	H9	D10	N9	JS9	1.2	1.0	+0.1 0	6~8
3					1.8	1.4		8~10
4					2.5	1.8		10~12
5					3.0	2.3		12~17
6					3.5	2.8		17~22
7					4.0	3.3	+0.2 0	20~25
8					4.0	3.3		22~30
10					5.0	3.3		30~38

③ 오일 실의 치수 결정

규격집 37. 오일 실 부착관계 (축 및 하우징 구멍의 모떼기와 둥글기) KS 규격을 찾아 둥글기를 적절하게 적용한다. 축의 왼쪽과 오른쪽에 베어링과 동시에 오일실이 삽입된다.

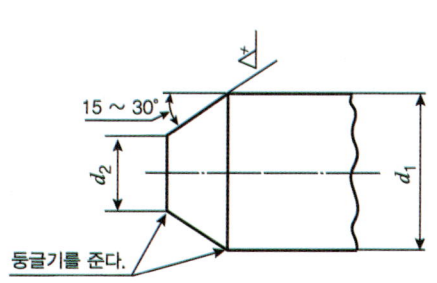

d_1	d_2(최대)
17	14.9
18	15.8
20	17.7
22	19.6
24	21.5
25	22.5
*26	23.4
28	25.3
30	27.3
32	29.2

④ 센터구멍 치수 결정

규격집 47. 센터 구멍 KS 규격의 구멍의 형상을 A형으로 선택하고, 48. 센터 구멍의 표시방법의 도시 기호를 남겨두는 것으로 적용.

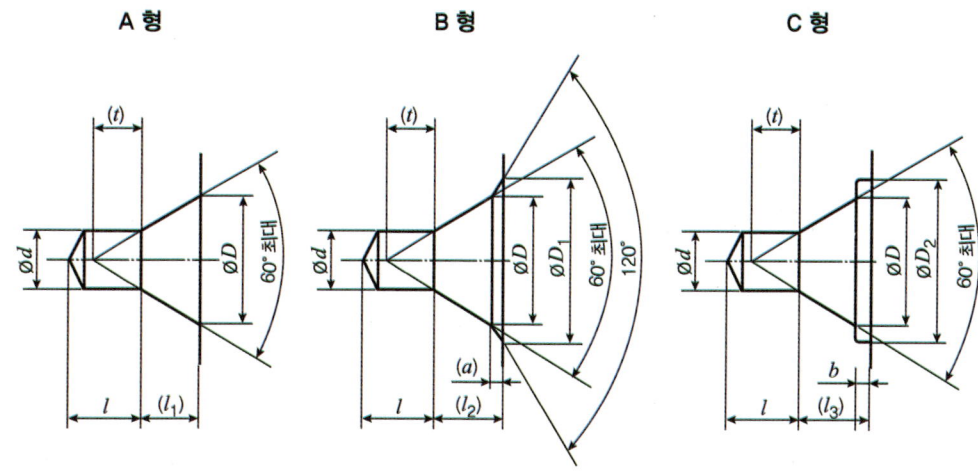

(단위 : mm)

호칭 지름 d	D	D_1	D_2 (최소)	$l^{(2)}$ (최대)	b (약)	참고				
						l_1	l_2	l_3	t	a
(0.5)	1.06	1.6	1.6	1	0.2	0.48	0.64	0.68	0.5	0.16
(0.63)	1.32	2	2	1.2	0.3	0.6	0.8	0.9	0.6	0.2
(0.8)	1.7	2.5	2.5	1.5	0.3	0.78	1.01	1.08	0.7	0.23
1	2.12	3.15	3.15	1.9	0.4	0.97	1.27	1.37	0.9	0.3
(1.25)	2.65	4	4	2.2	0.6	1.21	1.6	1.81	1.1	0.39
1.6	3.35	5	5	2.8	0.6	1.52	1.99	2.12	1.4	0.47
2	4.25	6.3	6.3	3.3	0.8	1.95	2.54	2.72	1.8	0.59
2.5	5.3	8	8	4.1	0.9	2.42	3.2	3.32	2.2	0.78
3.15	6.7	10	10	4.9	1	3.07	4.03	4.07	2.8	0.96
4	8.5	12.5	12.5	6.2	1.3	3.9	5.05	5.2	3.5	1.15
(5)	10.6	16	16	7.5	1.6	4.85	6.41	6.45	4.4	1.56
6.3	13.2	18	18	9.2	1.8	5.98	7.36	7.78	5.5	1.38
(8)	17	22.4	22.4	11.5	2	7.79	9.35	9.79	7	1.56
10	21.2	28	28	14.2	2.2	9.7	11.66	11.9	8.7	1.96

[센터 구멍의 도시 기호와 지시 방법] – 단, 규격은 KS A ISO 6411-1에 따른다.

센터 구멍 필요 여부 (도시된 상태로 다듬질되었을 때)	도시 기호	센터 구멍 규격 번호 및 호칭 방법을 지정하지 않는 경우	센터 구멍의 규격 번호 및 호칭 방법을 지정하는 경우 도시 방법
반드시 남겨둔다	<		
남아 있어도 좋다			
남아 있어서는 안된다	K		

(2) 축의 표면 거칠기 기입하기

$\overset{x}{\triangledown}$: 일반적인 축의 표면 거칠기, 두 부분이 면으로 접촉하는 부분

$\overset{y}{\triangledown}$: 베어링과 접촉하는 부분, 키와 접촉하는 부분, 두 부분이 서로 조립되는 부위(끼워맞춤 공차 적용)

(3) 축의 기하 공차 기입하기

축의 양 센터를 지나는 중심을 축의 데이텀 기준(E)으로 결정.
- 베어링, 기어, 풀리가 조립되는 축의 바깥지름(외경)에 흔들림 공차 적용 → ⟋ 0.008 E

6 CHAPTER 드릴지그-1 따라하기

가공 제품도

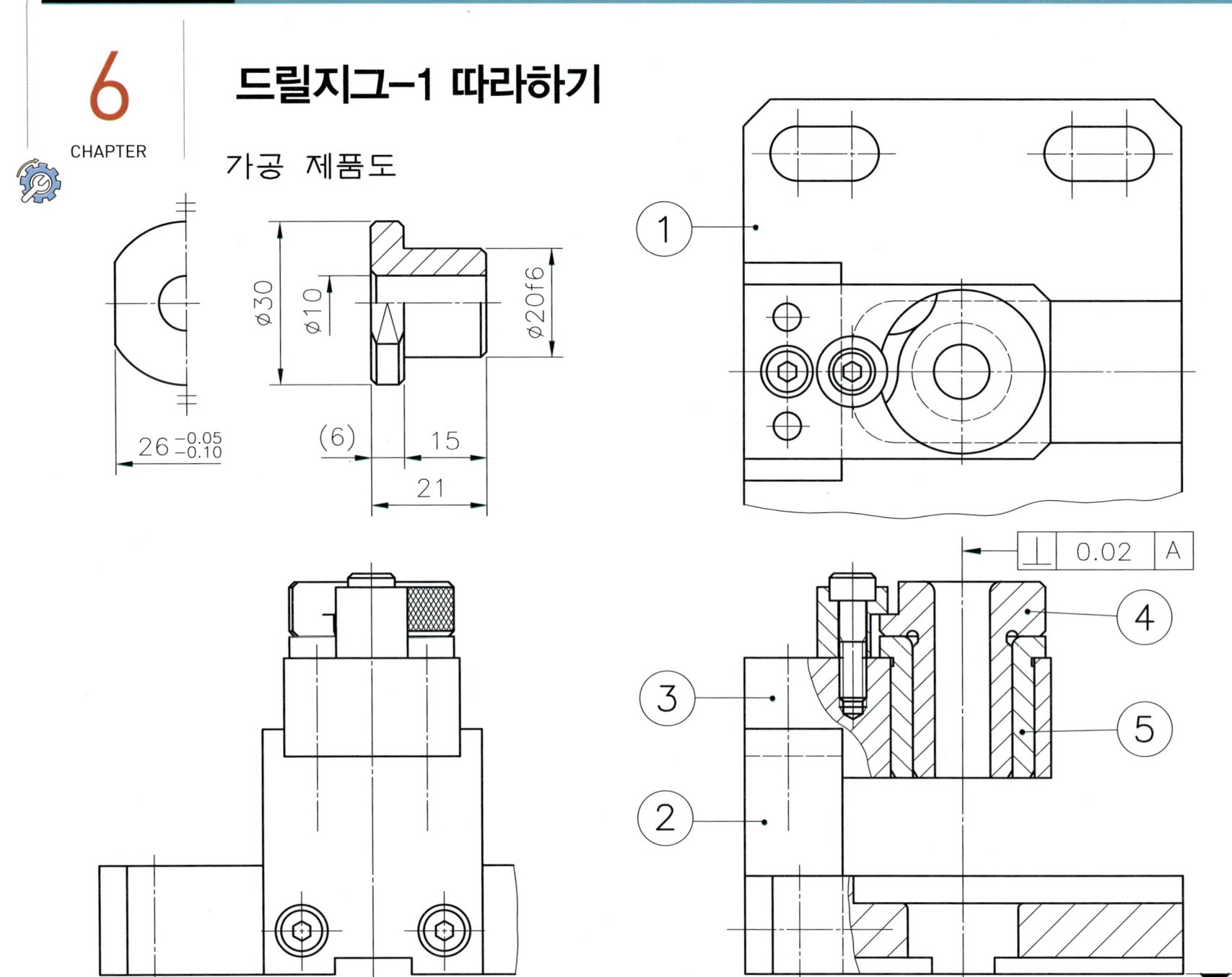

02 3D 등각도

작동 분해 조립
동영상

URL https://m.site.naver.com/1gmk6

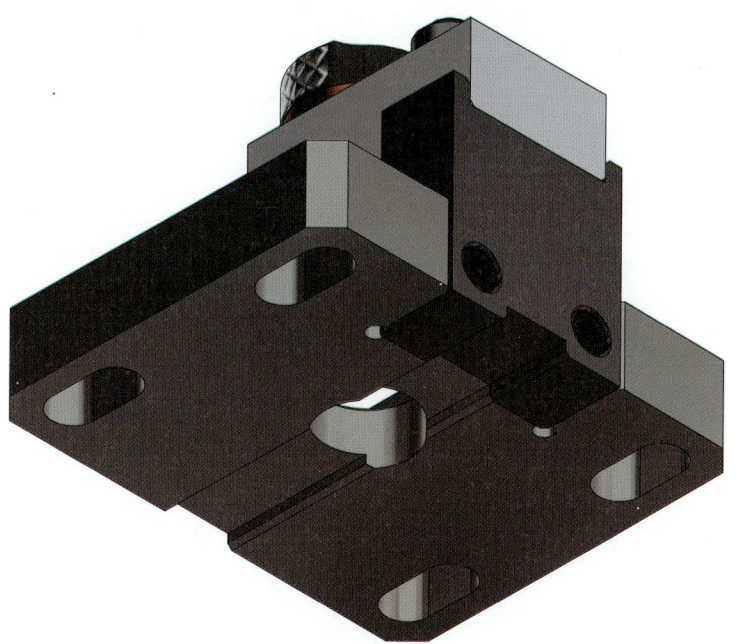

| 도 명 | 드릴지그-1 | 척 도 | NS |

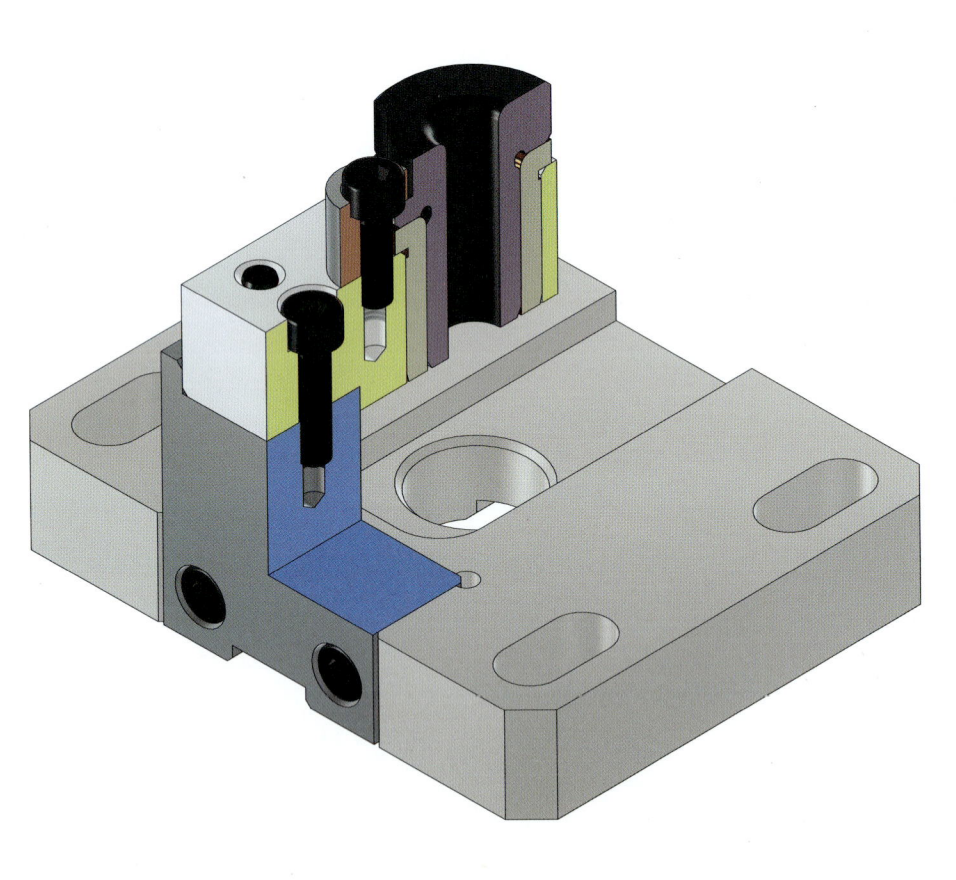
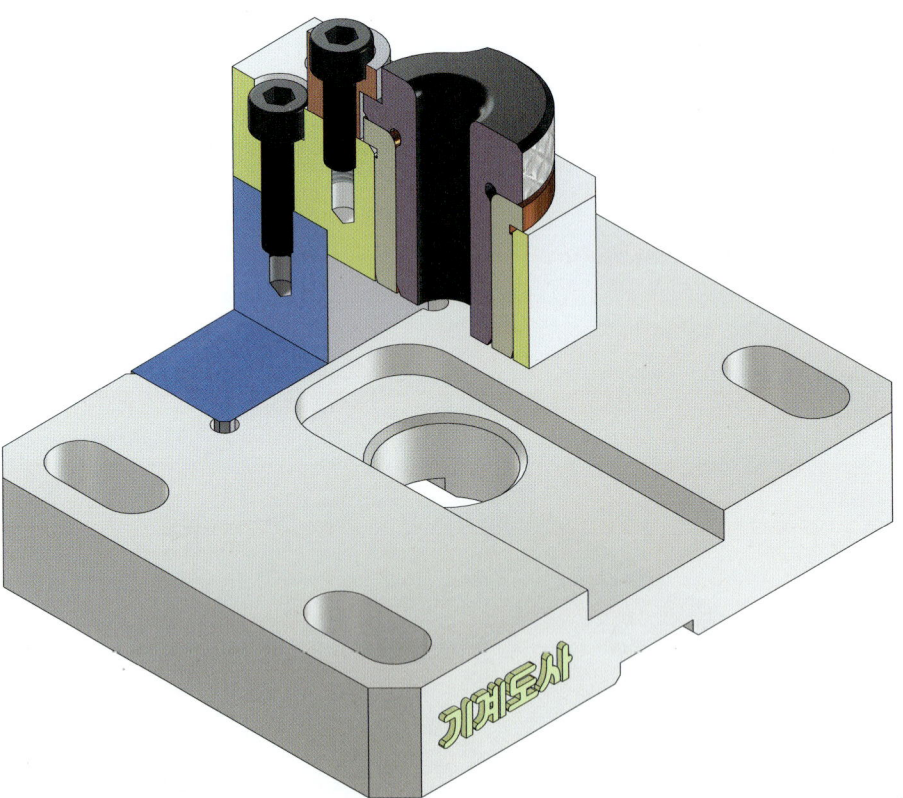

| 도 명 | 드릴지그-1 | 척 도 | NS |

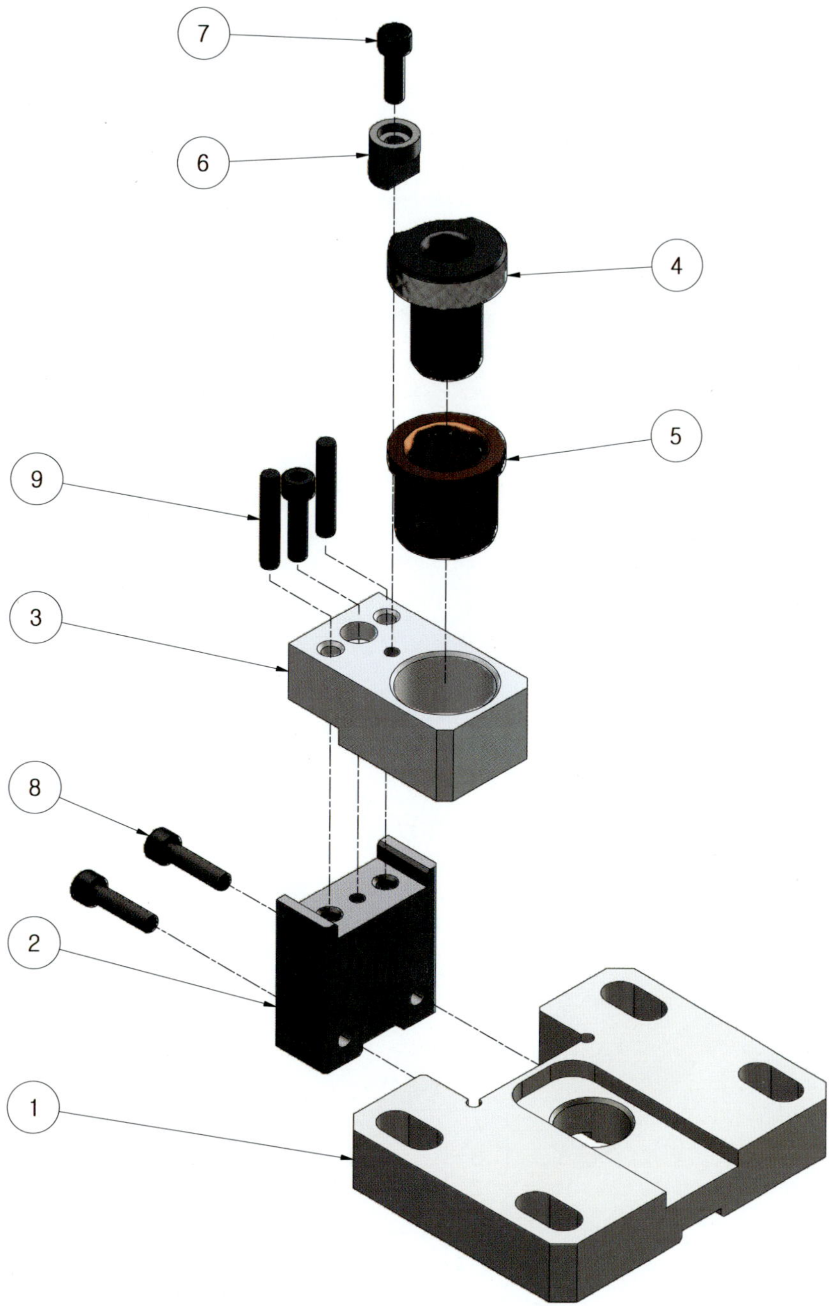

9	평행 핀	SM45C	2	KS B 1320 - B 5 x 28
8	육각 구멍붙이 볼트	SM45C	3	KS B 1003 - M 5 x 20
7	육각 구멍붙이 볼트	SM45C	1	KS B 1003 - M 5 x 16
6	멈춤쇠	SM45C	1	
5	고정라이너	STC3	1	
4	삽입부시	STC3	1	
3	플레이트	SM45C	1	
2	서포트	SM45C	1	
1	베이스	SM45C	1	
품번	품 명	재 질	수량	비 고
도 명		드릴지그-1	척 도	NS

04 3D 분해도

CHAPTER 06 | 드릴지그-1 따라하기

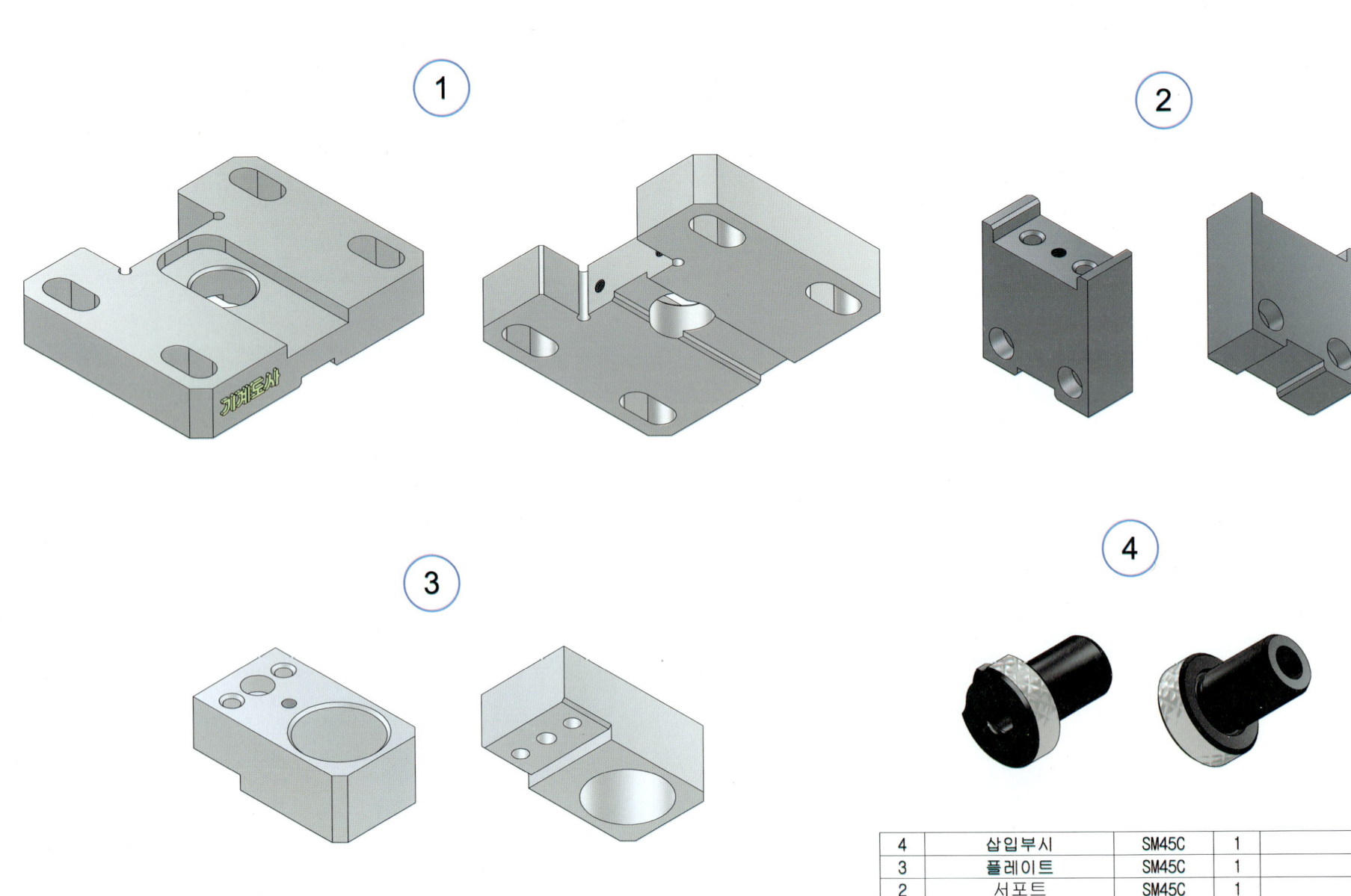

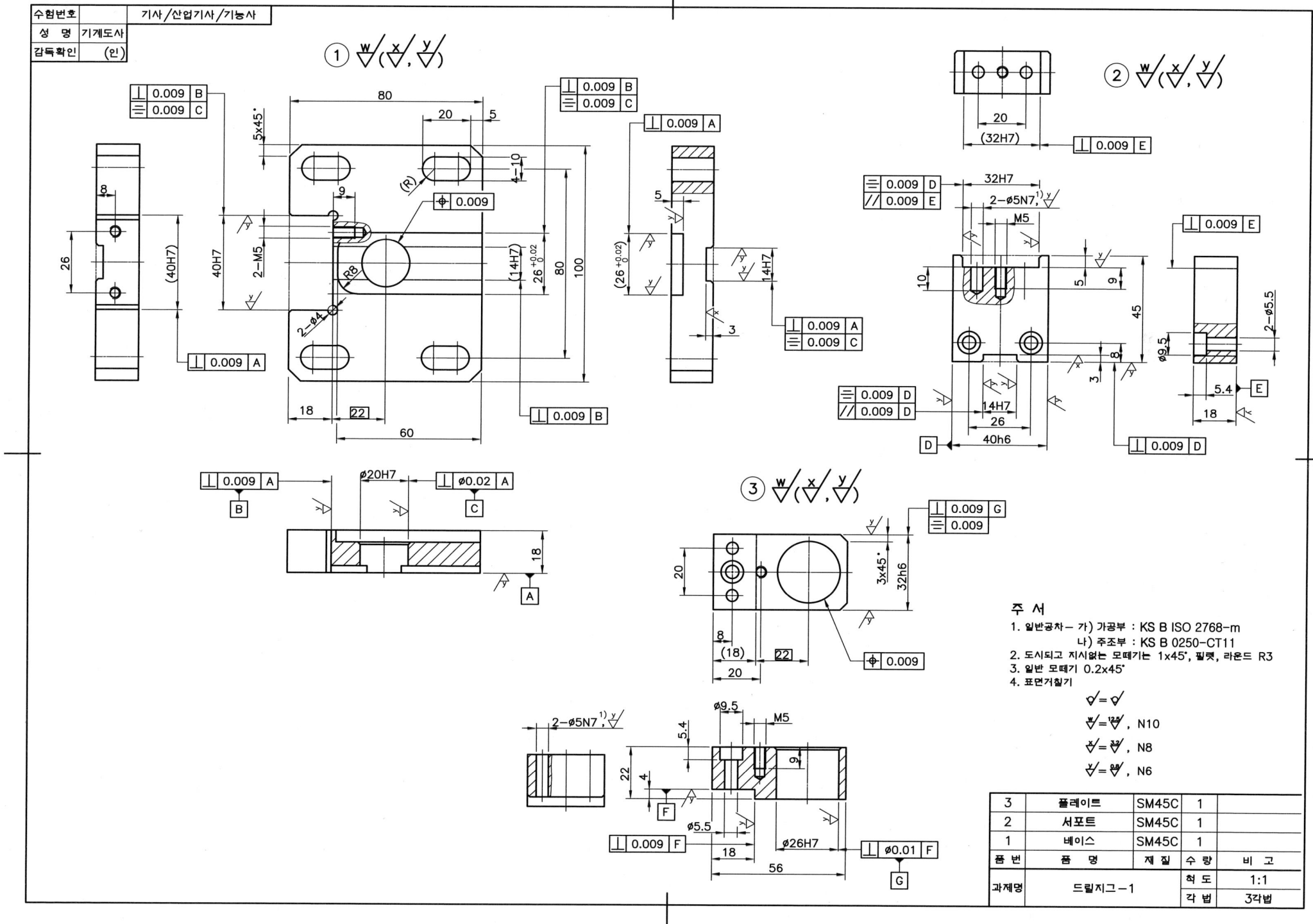

드릴지그는 기계가공에서 드릴 구멍의 가공위치를 쉽고 정확하게 정하기 위한 보조용 기구이다. 가공제품의 동일한 위치에 구멍 가공을 하여 대량생산을 하기 위한 장치로 ① 베이스, ② 서포트, ③ 플레이트, ④ 삽입부시, ⑤ 고정라이너, ⑥ 멈춤쇠 등으로 구성되어 있다.

1. 드릴지그에 포함될 사항들

(1) 부품 재료

구분	① 베이스	② 서포트	③ 플레이트	④ 삽입부시	⑤ 고정라이너
재료	SM45C (기계구조용 탄소강재) 탄소함유량 45% 함유 인장강도 686 N/mm² 이상	SM45C (기계구조용 탄소강재) 탄소함유량 45% 함유 인장강도 686 N/mm² 이상	SM45C (기계구조용 탄소강재) 탄소함유량 45% 함유 인장강도 686 N/mm² 이상	STC3 (탄소공구강 강재) 탄소함유량 1.3% 함유 인장강도 520 N/mm² 이상	STC3 (탄소공구강 강재) 탄소함유량 1.3% 함유 인장강도 520 N/mm² 이상

(2) 각 부품에 고려되어야 할 KS 규격 부품

구분	① 베이스	② 서포트	③ 플레이트	④ 삽입부시	⑤ 고정라이너
KS 규격	–	6각구멍붙이 볼트	6각구멍붙이 볼트	삽입부시	고정라이너

(3) 표면 거칠기 기입

구분	① 베이스	② 서포트	③ 플레이트	④ 삽입부시	⑤ 고정라이너
표면 거칠기	① $\overset{w}{\triangledown}$ ($\overset{x}{\triangledown}$, $\overset{y}{\triangledown}$)	② $\overset{w}{\triangledown}$ ($\overset{x}{\triangledown}$, $\overset{y}{\triangledown}$)	③ $\overset{w}{\triangledown}$ ($\overset{x}{\triangledown}$, $\overset{y}{\triangledown}$)	④ $\overset{x}{\triangledown}$ ($\overset{y}{\triangledown}$)	⑤ $\overset{y}{\triangledown}$

(4) 기하 공차 기입

구분	① 베이스	② 서포트	③ 플레이트	④ 삽입부시	⑤ 고정라이너
기하 공차	직각도 대칭도 평행도	직각도 대칭도 평행도	직각도 대칭도 위치도	동심도	동심도

2. 드릴지그 도면 ① 베이스 따라하기

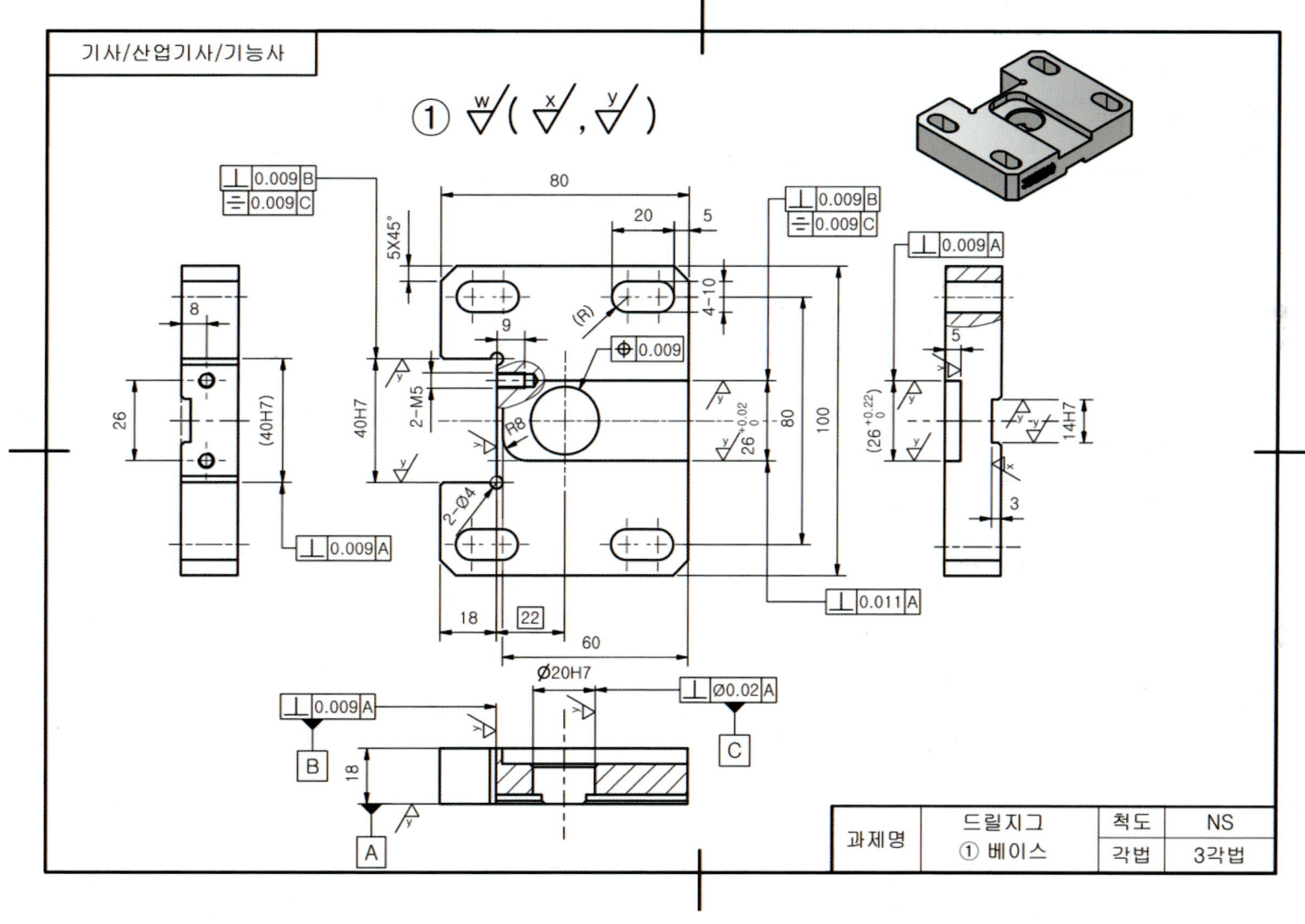

① 드릴지그의 기준이 되는 제품으로 베이스 또는 본체라고 한다.
② 베이스 가공은 밀링, 드릴링, 보링, 태핑 등의 가공 후 열처리를 하여 연마로 완성하고 파커라이징 처리를 한다. 파커라이징 처리란 녹이 발생하는 것을 방지하기 위하여 인산 염 피막을 입히는 화학 처리를 말한다. 철강제품에 파커라이징 처리를 하면 흑색으로 변하기 때문에 흑 착색이라고도 한다.
③ 가공 부품이 끼워지는 게이지 구멍을 기준으로 하여 ② 서포트의 홈 및 밑면의 키 홈은 서로 대칭에 있어야 하고, 베이스 밑면으로부터 직각자세가 유지되어야 한다.

(1) 베이스의 투상도 선택과 배열하기

주어진 과제의 조립도를 기준으로 할 때, 가로와 세로의 치수를 모두 나타낼 수 있는 조립도의 평면 모양이 부품의 특징을 가장 잘 나타내고 있으므로 그 투상면을 정면도로 선택하고 그 정면도를 기준으로 좌, 우측, 저면도 배열을 하였다.

(2) 베이스의 치수공차와 끼워 맞춤 공차 기입하기

① 치수기입에서 치수는 중요치수와 일반 치수로 나뉜다.
  ㉠ 중요치수 : 부품간의 조립과 관련된 치수나 기능과 작동에 있어서 정확한 값으로 기입되어야 할 치수를 말한다. (치수공차, 끼워맞춤 공차 등이 지시된 경우)
  ㉡ 일반치수 : 기능과 작동에 직접적인 영향을 미치지 않는 단독 모양의 크기 치수나 위치 치수 등을 말한다.
② 치공구의 제품은 가공 제품을 기준으로 공차, 끼워맞춤, 표면 거칠기, 기하공차를 기입한다.
③ 가공제품과 관련된 치수는 ① 베이스 부품에서 가공제품이 들어갈 작은 외경부 $\varnothing 20H7$와 큰 외경의 양 절단면 부분 $26^{+0.02}_{0}$이다. $26^{+0.02}_{0}$은 $26H7$로 치수기입 해도 무방하다.
④ 조립과 관련된 치수는 ① 베이스 부품 밑바닥 부분에 홈을 파서 고정시키기 위한 $14H7$과 ② 서포트 부분과 조립되는 부분의 $40H7$에 끼워 맞춤공차를 기입한다.

(3) 베이스의 표면 거칠기 기입하기

① 치공구 부품의 대표 거칠기는 $\overset{w}{\triangledown}$로 정한다. 주물로 만든 주조품이 아니고 절삭 가공(선반, 밀링등)을 통해 생산된 제품이기 때문이다.
② 제품의 기능과 작동을 우선적으로 고려하여 거칠기 정도를 정하게 되며, 주로 치수공차, 끼워 맞춤 공차 및 기하공차 기호를 기입하는 곳에 표면 거칠기 $\overset{y}{\triangledown}$를 기입한다.
③ 가공제품이 조립될 부분의 치수 $\varnothing 20H7$과 $26^{+0.02}_{0}$부분, 베이스 밑바닥 부분에 키홈과 결합될 $14H7$부분, ② 서포트 부분과 조립되는 $40H7$부분, ① 베이스 부품 밑면 부분에 표면 거칠기 $\overset{x}{\triangledown}$ 및 $\overset{y}{\triangledown}$를 기입한다.

(4) 베이스의 기하 공차 기입하기

① 기하공차 기호 기입은 기능과 작동 및 정밀도 유지에 필요한 곳을 찾아서 기입한다.
② 저면도의 밑 바닥면은 제품 가공에 있어 기초가 되며 다른 부품과의 조립 관계에서도 기초가 되기 때문에 데이텀 기준(A)으로 정한다.
③ 데이텀 A를 기준으로 가공 제품과 관련된 치수 $\varnothing 20H7$부분과 $26^{+0.02}_{0}$부분, ② 서포트 부분과 조립되는 $40H7$부분이 베이스 밑 바닥면과 수직으로 규제되어야 하기에 직각도 공차 기입 → ⊥ 0.009 A
④ 저면도에서 드릴로 가공되는 부분에 데이텀 기준(B)으로 ② 서포트 부분과 가공 제품이 고정되는 $26^{+0.02}_{0}$부분의 구멍을 수직으로 규제하기 위해 직각도 공차 기입 → ⊥ 0.009 B
⑤ 데이텀 기준(C)으로 $14H7$부분, $26^{+0.02}_{0}$부분, $40H7$부분의 홈 부분은 구멍 치수와 $\varnothing 20H7$의 구멍과 대칭상태로 있어야 하므로 대칭도 공차를 기입 → ⌯ 0.009 C
⑥ 가공 제품과 관련된 치수 $\varnothing 20H7$에 ③ 플레이트와 연관된 치수로 과제 도면의 ② 서포트 우측면을 기준으로 22 의 구멍 위치에 직각도를 유지하기 위하여 위치도 공차를 기입 → ⌖ 0.009

① 베이스 2D 치수기입 표현 예시

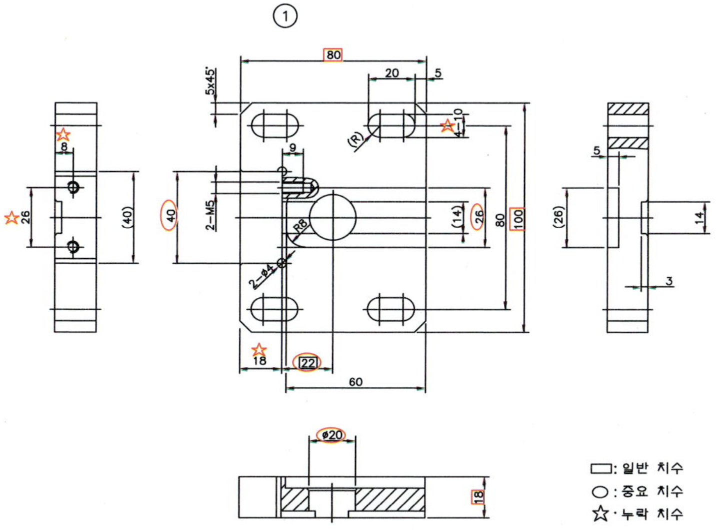

치수 기입

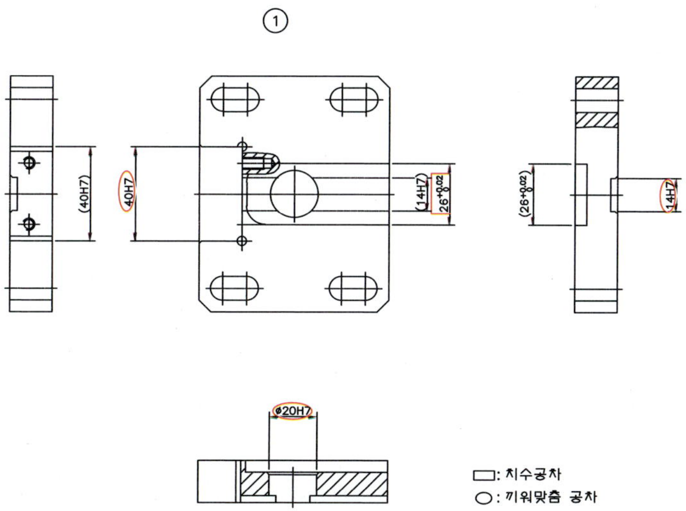

□ : 일반 치수
○ : 중요 치수
☆ : 누락 치수

공차

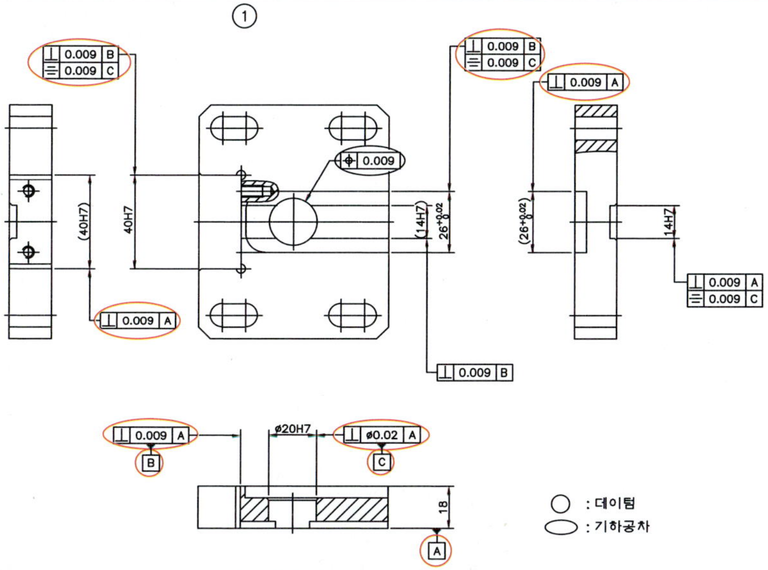

□ : 치수공차
○ : 끼워맞춤 공차

기하 공차

○ : 데이텀
○ : 기하공차

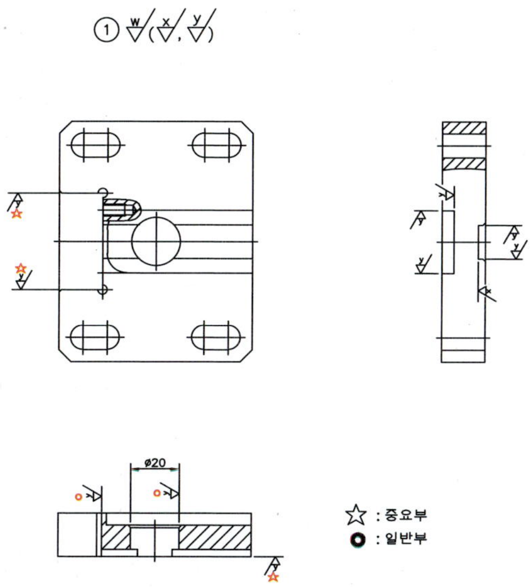

표면 거칠기

☆ : 중요부
● : 일반부

CHAPTER 06 | 드릴지그-1 따라하기

3. 드릴지그 도면 ② 서포트 따라하기

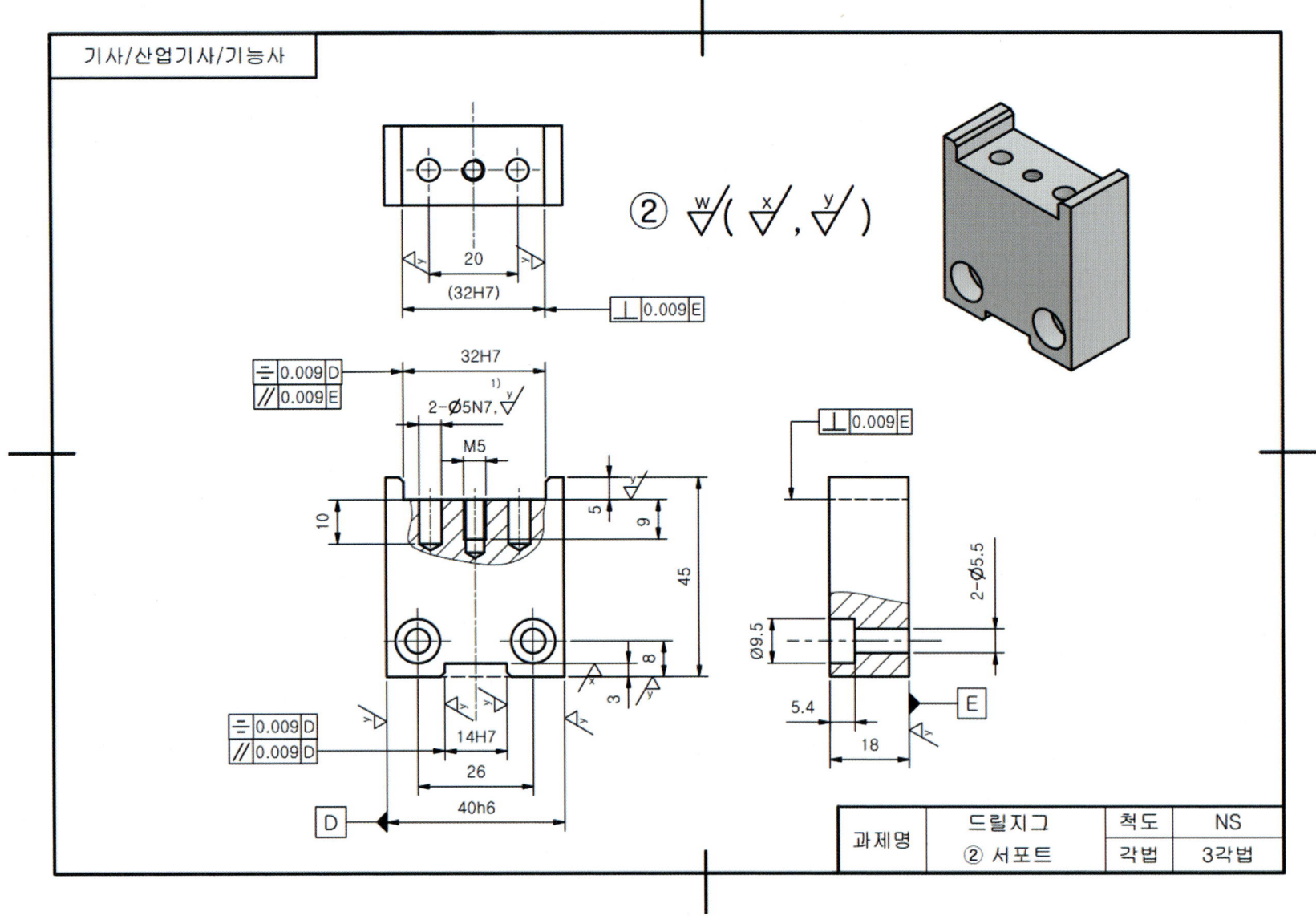

① 명칭은 서포트 혹은 플레이트이며 드릴지그의 게이지 구멍 중심과 드릴 부시의 구멍 중심이 일치하도록 수평 유지를 하는 역할을 한다.
② 밀링 가공 후 열처리를 하여 연마로 완성하고 파커라이징 처리를 한다.

(1) 서포트의 투상도 선택과 배열하기

정면도의 선택은 그 부품의 특징이 가장 잘 나타내는 쪽을 선택해야 하므로, 서포트가 세워진 상태를 정면도로 선택하여 암나사와 핀 구멍의 크기와 깊이를 도시할 수 있도록 부분 단면을 하여 정면도로 배치하였다. 정면도를 기준으로 우측면도와 평면도를 그려준다.

(2) 서포트의 치수공차와 끼워 맞춤 공차 기입하기

① 서포트 밑 바닥 부분의 홈과 조립되는 부분에 끼워맞춤 공차 $14H7$, ① 베이스와 조립되는 부분의 끼워맞춤 공차 $40h6$, ③ 플레이트와 조립되는 부분에 끼워맞춤 공차 $32H7$ 를 기입한다.
② ③ 플레이트와 조립되는 부분의 핀이 들어갈 구멍에 억지끼워 맞춤 공차 $\varnothing 5N7$ 을 기입한다.

(3) 서포트의 표면 거칠기 기입하기

① 대표 거칠기는 $\overset{w}{\vee}$ 로 정한다.
② 바닥 부분의 홈, ① 베이스, ③ 플레이트와 조립되는 부분의 거칠기 $\overset{y}{\vee}$ 를 기입한다.
③ 핀이 들어갈 구멍에 표면 거칠기 $\overset{y}{\vee}$ 를 기입한다.

(4) 서포트의 기하 공차 기입하기

① 정면도의 ① 베이스와 조립되는 부분을 데이텀 기준(D)으로 결정.
② 데이텀 D를 기준으로 베이스의 밑 바닥부분의 홈과 조립되는 구멍, ③ 플레이트와 조립되는 부분의 구멍에 대칭도 공차 기입 → ⌰ 0.009 D 바닥의 홈 부분과 조립되는 부분을 높이를 수직으로 규제하기 위해 평행도 공차 기입 → // 0.009 D

③ ① 베이스와 조립되어 밀착되는 부분을 데이텀 기준(E)으로 정한다.
④ 데이텀 E를 기준으로 ③ 플레이트와 조립되는 부분의 기하공차를 직각도와 평행도 공차 기입 → ⊥ 0.009 E, // 0.009 E

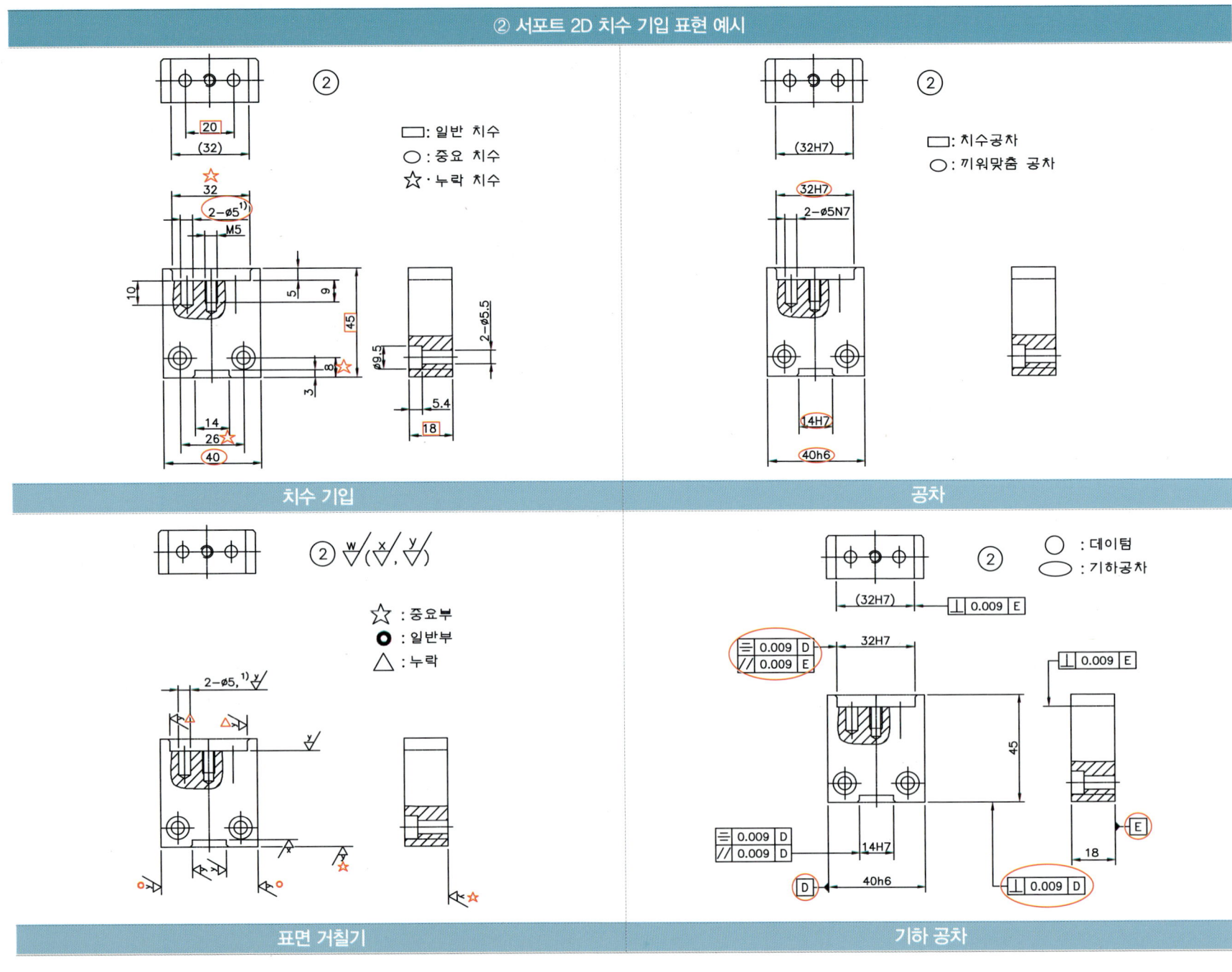

4. 드릴지그 도면 ③ 플레이트 따라하기

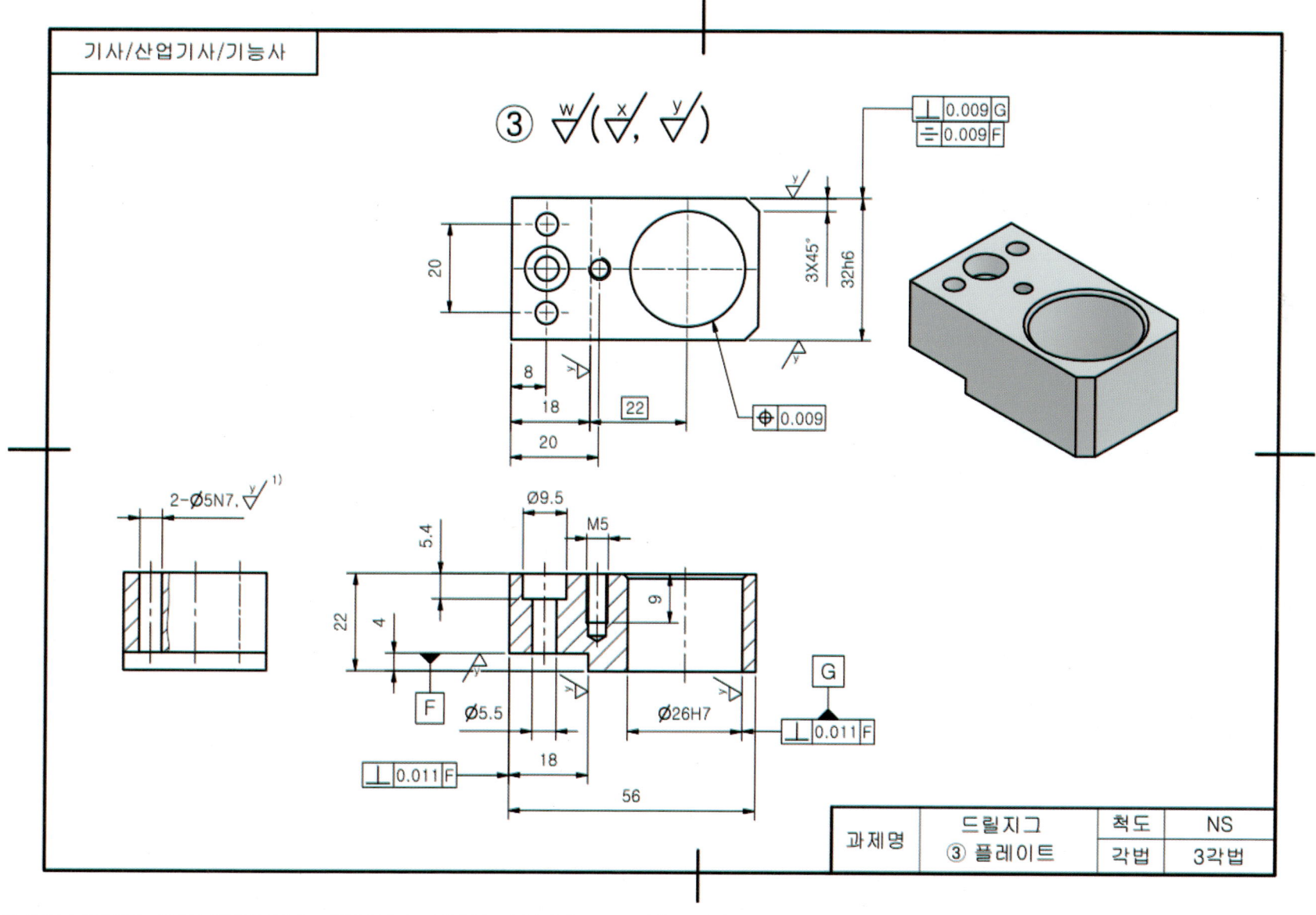

① ① 베이스의 제품 게이지 구멍 중심과 드릴 부시의 구멍 중심이 일치하도록 수평을 유지하는 역할을 한다.
② 밀링 가공 후, 열처리를 하여 연마로 완성하고 파커라이징 처리를 한다.

(1) 플레이트의 투상도 선택과 배열하기

① 조립도면을 기준으로 정면도로 선택하여 전단면도로 고정라이너, 드릴부시가 들어갈 구멍과 6각 구멍붙이 볼트, 나사가 들어갈 구멍을 표시하여 준다.
② 정면도를 기준으로 평면도와 좌측면도를 배열하였다.

(2) 플레이트의 치수공차와 끼워 맞춤 공차 기입하기

④ 드릴부시와 ⑤ 조 고정 라이너가 들어갈 구멍과 관련된 치수에 ⌀25H7 를 기입한다. ② 서포트와 조립관계인 치수에 32h6 끼워맞춤 치수를 기입하고, 핀 구멍이 들어갈 치수에 억지끼워 맞춤인 ⌀5N7 을 기입한다.

(3) 플레이트의 표면 거칠기 기입하기

① 대표 거칠기는 $\sqrt[w]{}$ 로 정한다.
② ④ 드릴부시 ⑤조 고정 라이너가 들어갈 구멍 부분의 거칠기 $\sqrt[y]{}$ 를 기입한다.
③ ② 서포트와 조립되는 부분의 거칠기에 $\sqrt[x]{}$, $\sqrt[y]{}$ 를 기입한다.

(4) 플레이트의 기하 공차 기입하기

① 정면도의 ② 서포트와 조립되는 부분의 밑 바닥부분을 데이텀 기준(F)으로 정한다.
② ② 서포트와 조립되는 부분과 ④ 드릴부시 ⑤조 고정 라이너가 들어갈 구멍 부분을 직각도 공차 기입 → ⊥ 0.011 F
③ ④ 드릴부시 ⑤조 고정 라이너가 들어갈 구멍 부분을 데이텀 기준(G)으로 정한다.
④ ② 서포트와 조립되는 부분을 데이텀 G를 기준으로 직각도 공차 기입 → ⊥ 0.009 G
⑤ 가공 제품과 관련된 치수에 ② 서포트와 연관된 치수로 과제 도면의 ③ 플레이트와 좌측면을 기준으로 22 의 구멍 위치에 직각도를 유지하기 위하여 위치도 공차를 기입 → ⌖ 0.009

③ 플레이트 2D 치수 기입 표현 예시

치수 기입	공차
표면 거칠기	기하 공차

5. ④ 드릴부시 ⑤ 고정라이너 따라하기

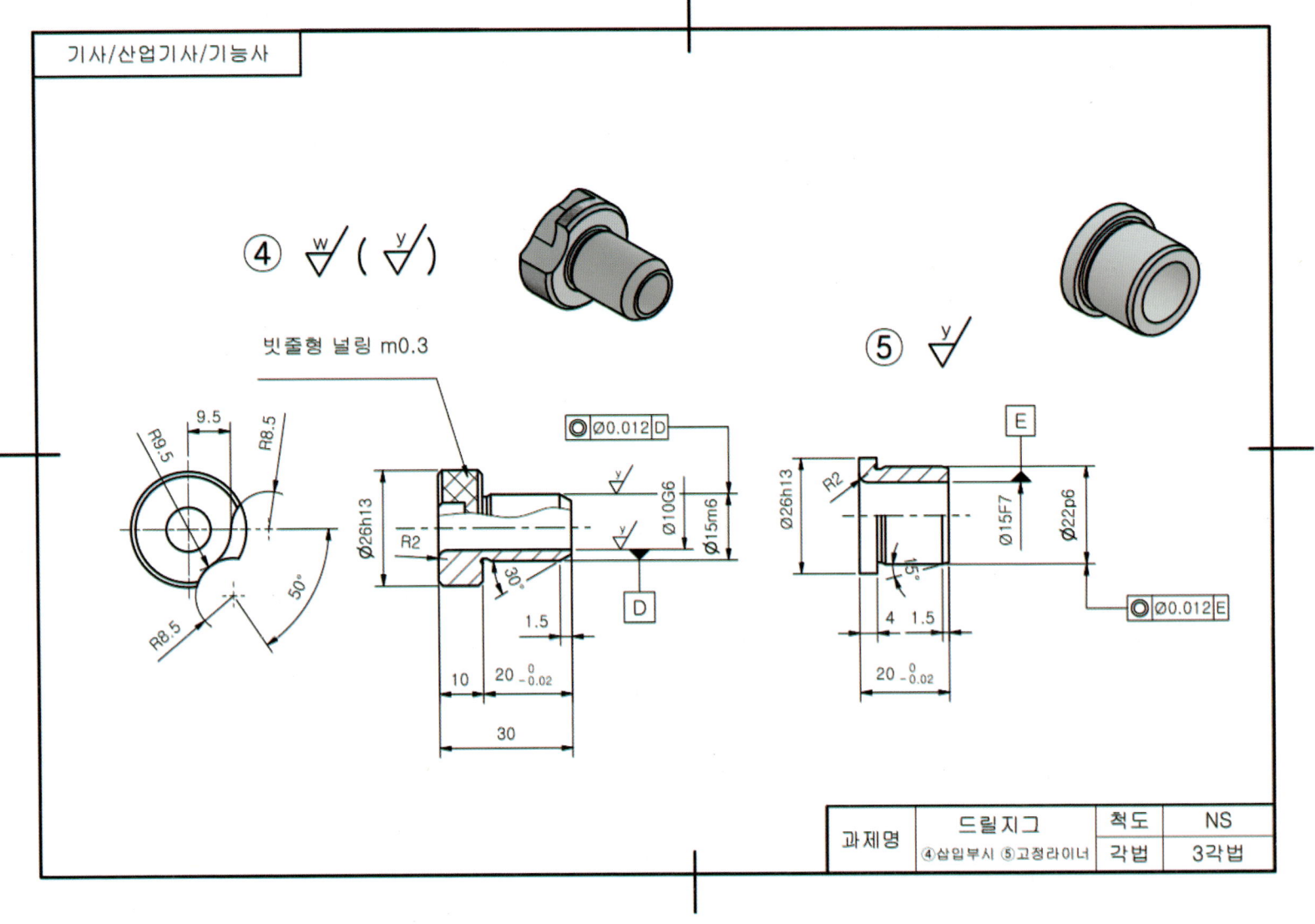

① 드릴부시는 드릴 공구의 휘어짐이 없이 가공할 수 있도록 안내하는 안내면 역할을 하며, 규격으로 정해져 있어서 선반가공 후 열처리하여 연마로 완성하고 파커라이징 처리한다.
② 고정라이너는 드릴 부시의 장착 안내 역할을 하며 드릴 부시와 동일한 가공 공정을 따른다.

(1) 드릴부시, 고정라이너의 투상도 선택과 배열하기

드릴부시와 고정라이너는 선반으로 가공한 제품으로 가공 상태의 길이 방향으로 뉘어서 정면을 선택한다.

(2) 드릴부시, 고정라이너의 치수공차와 끼워 맞춤 공차, 표면 거칠기, 기하 공차 기입하기

① 치수, 공차 등의 전반적인 내용은 규격집에 정한 데이터 (42. 삽입 부시 / 43. 지그용 부시 및 그 부속 부품 (고정 라이너))를 참고하여 제도한다.

② 삽입 부시는 가공할 제품의 구멍 크기에 따라 규격품의 부시를 시중에서 구입하여 사용한다. 가공제품의 내경이 Ø100이므로 d_1 의 치수는 8 초과 10 이하를 택하고 나머지 치수도 규격을 따른다.

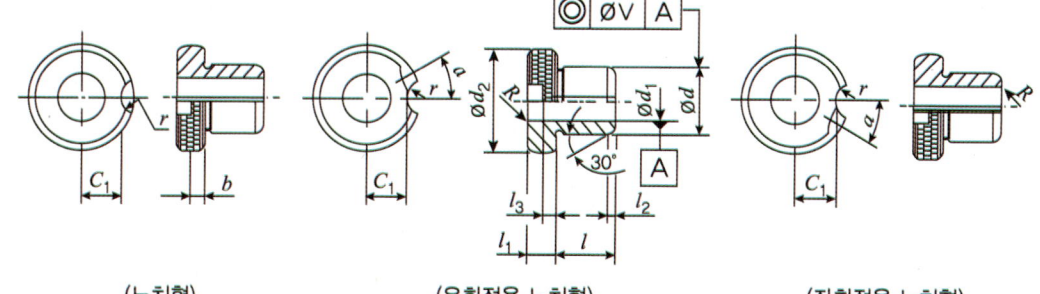

(노치형)　　(우회전용 노치형)　　(좌회전용 노치형)

d_1		d		d_2		l	l_1	l_2	R	l_3		C_1	r	a (°)
초과	이하	기준치수	허용차	기준치수	허용차					기준치수	허용차			
	4	8		15		10 12 16	8		1	3		4.5	7	65
4	6	10		18		12 16 20						6		
6	8	12		22		25						7.5		60
8	10	15		26		16 20 28	10			4		9.5	8.5	
10	12	18		30		36			2			11.5		50
12	15	22		34		20 25 36						13		
15	18	26		39		45						15.5		35
18	22	30		46		25 36 45	12			5.5		19	10.5	
22	26	35		52		56		1.5	3		−0.1	22		
26	30	42	m6	59	h13						−0.2	25.5		30
30	35	48		66		30 35 45 56						28.5		
35	42	55		74								32.5		
42	48	62		82		35 45 56 67						36.5		
48	55	70		90			16					40.5	12.5	25
55	63	78		100		40 56 67 78			4	7		45.5		
63	70	85		110								50.5		
70	78	95		120		45 50 67 89						55.5		20
78	85	105		130								60.5		

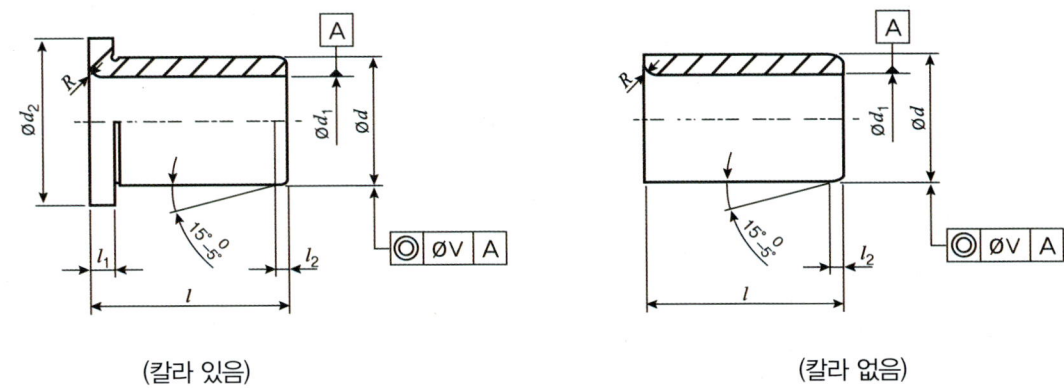

(칼라 있음)　　　　　　　　　　　(칼라 없음)

d₁ 기준치수	허용차	d 기준치수	허용차	d₂ 기준치수	허용차	l	l₁	l₂	R
8	F7	12	p6	16	h13	10 12 16	3	1.5	2
10		15		19		12 16 20 25			
12		18		22					
15		22		26		16 20 28 36	4		
18		26		30					
22		30		35		20 25 36 45	5		3
26		35		40					
30		42		47		25 36 45 56			

"꿈은 날짜와 함께 적으면 목표가 되고,
목표를 잘게 나누면 계획이 되며,
계획을 실행에 옮기면 꿈은 실현된다."

당신의 합격메이커 **에듀피디**

일 반 기 계 기 사
기 계 설 계 산 업 기 사
전산응용기계제도기능사
실기(인벤터 2D · 3D)

PART 02
실전 과제 연습

오토데스크(미국)에서 만든 인벤터와 오토캐드는 홈페이지(www.autodesk.co.kr)에서 제품 다운로드 후 학생인증(학생증, 재학증명서 등)을 하면 무료로 1년 교육용 라이센스를 제공하며, 1년 단위로 연장이 가능하다. 학생 인증을 하지 않더라도 무료체험판 30일을 제공한다.(체험판 출력시 워터마크 표시) 이 외에도 다양한 3D 및 2D 프로그램을 홈페이지를 통해 무료로 다운로드를 제공하고 있다.

일 반 기 계 기 사
기 계 설 계 산 업 기 사
전산응용기계제도기능사
실기(인벤터 2D · 3D)

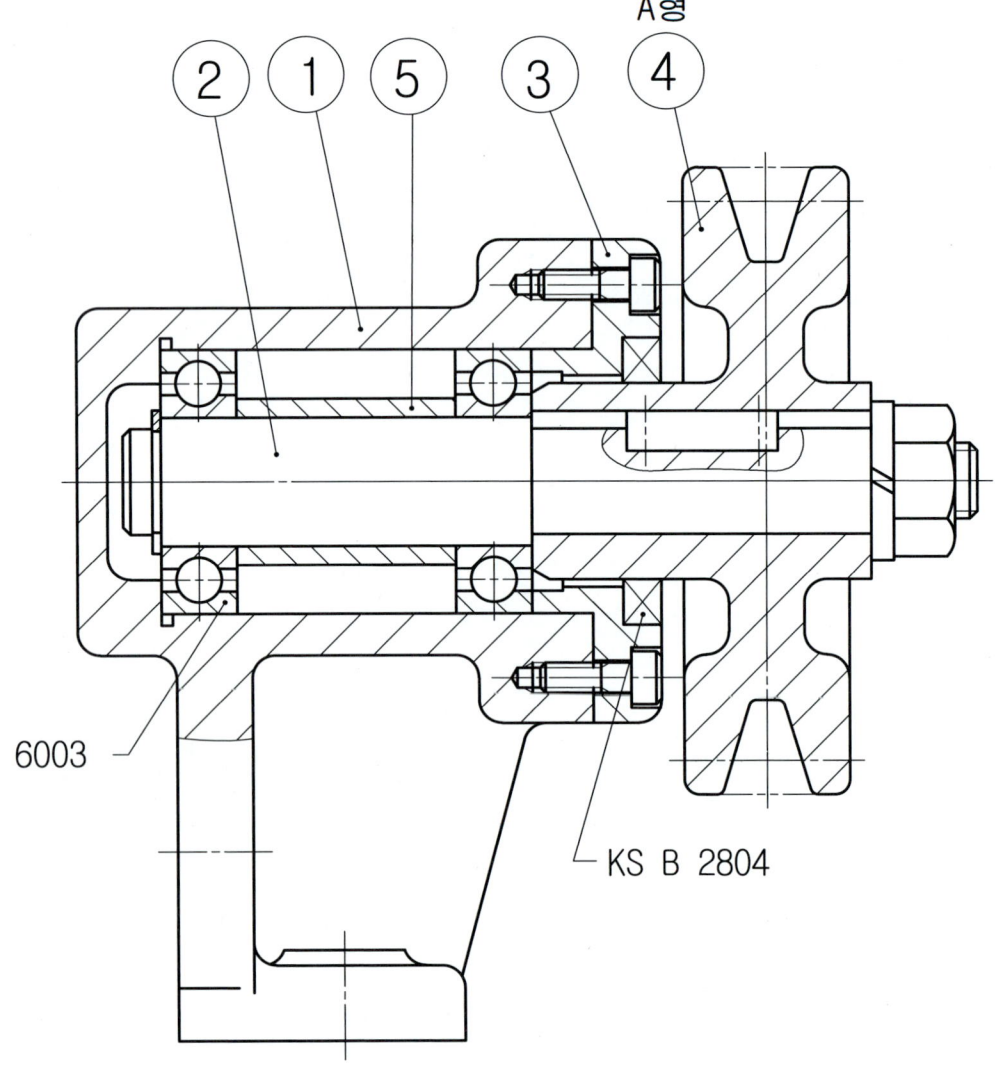
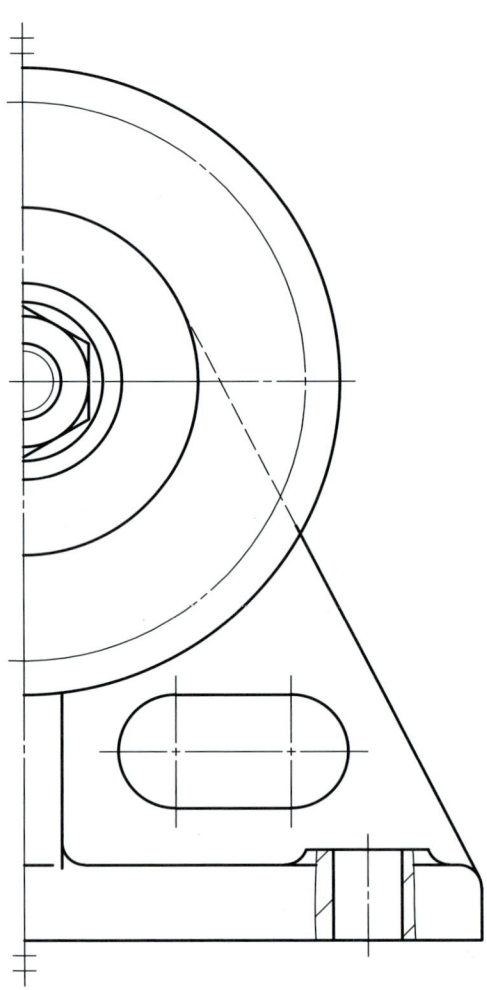

| 도 명 | 동력전달장치-2 | 척 도 | NS |

02 3D 등각도

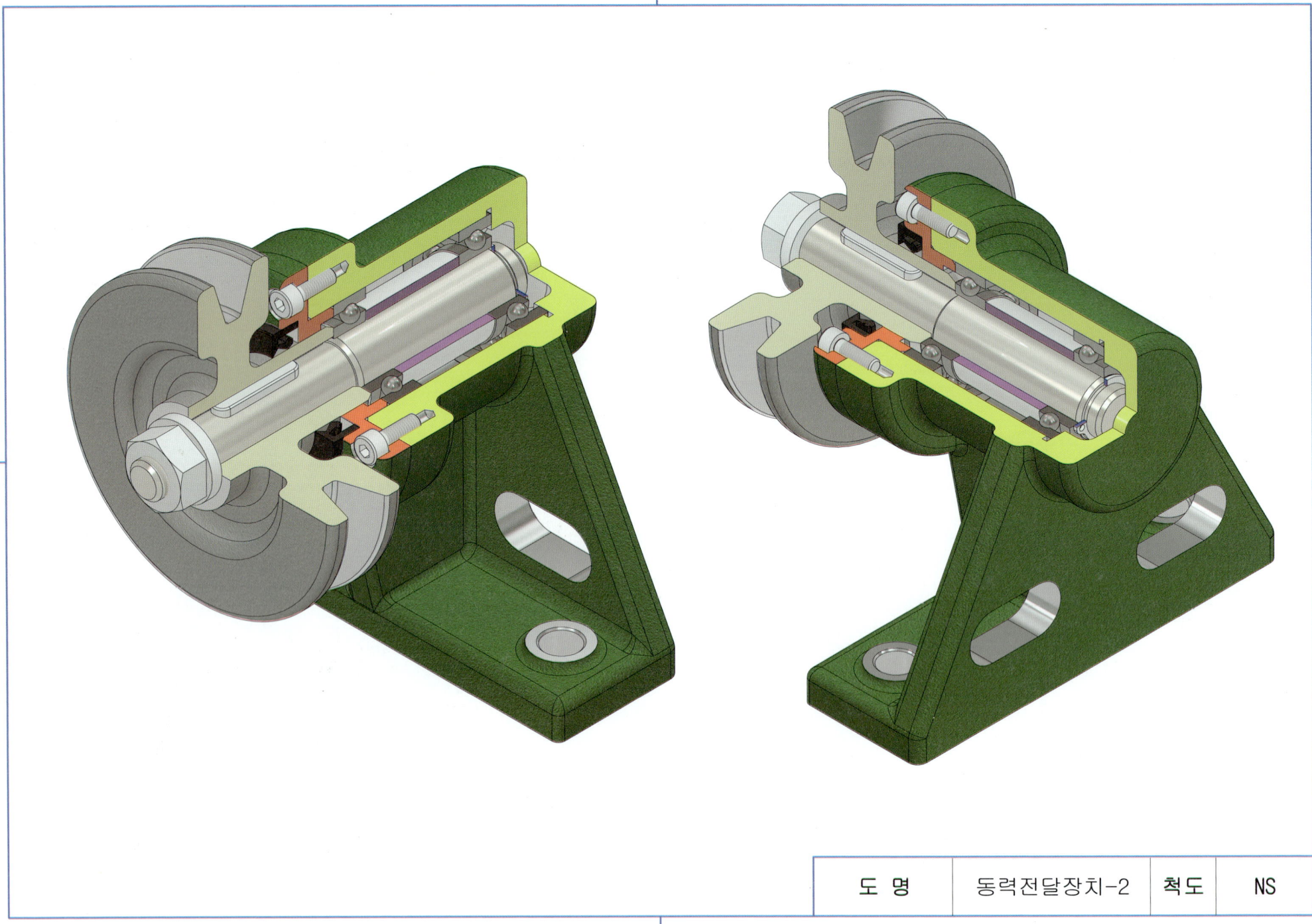

| 도 명 | 동력전달장치-2 | 척 도 | NS |

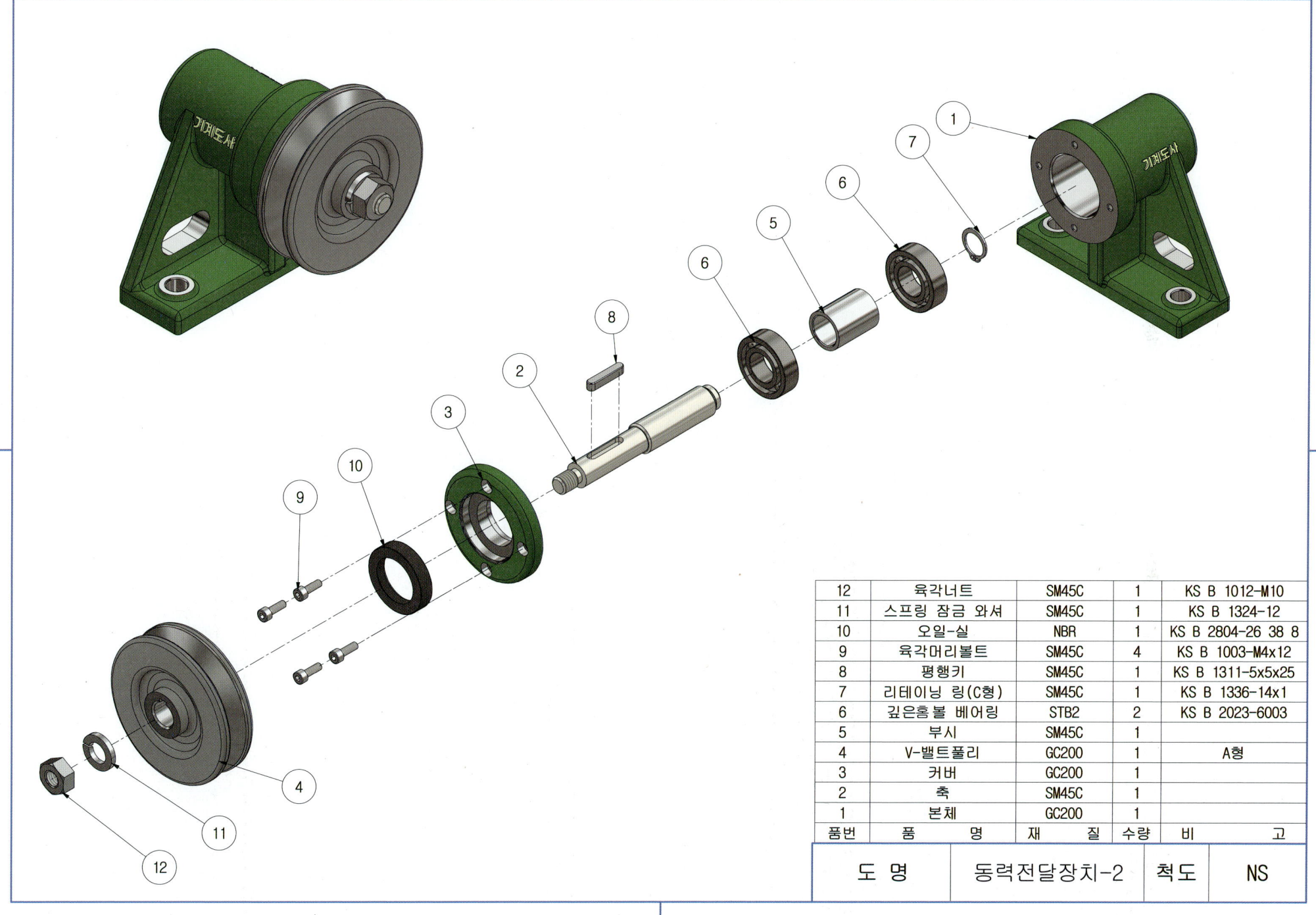

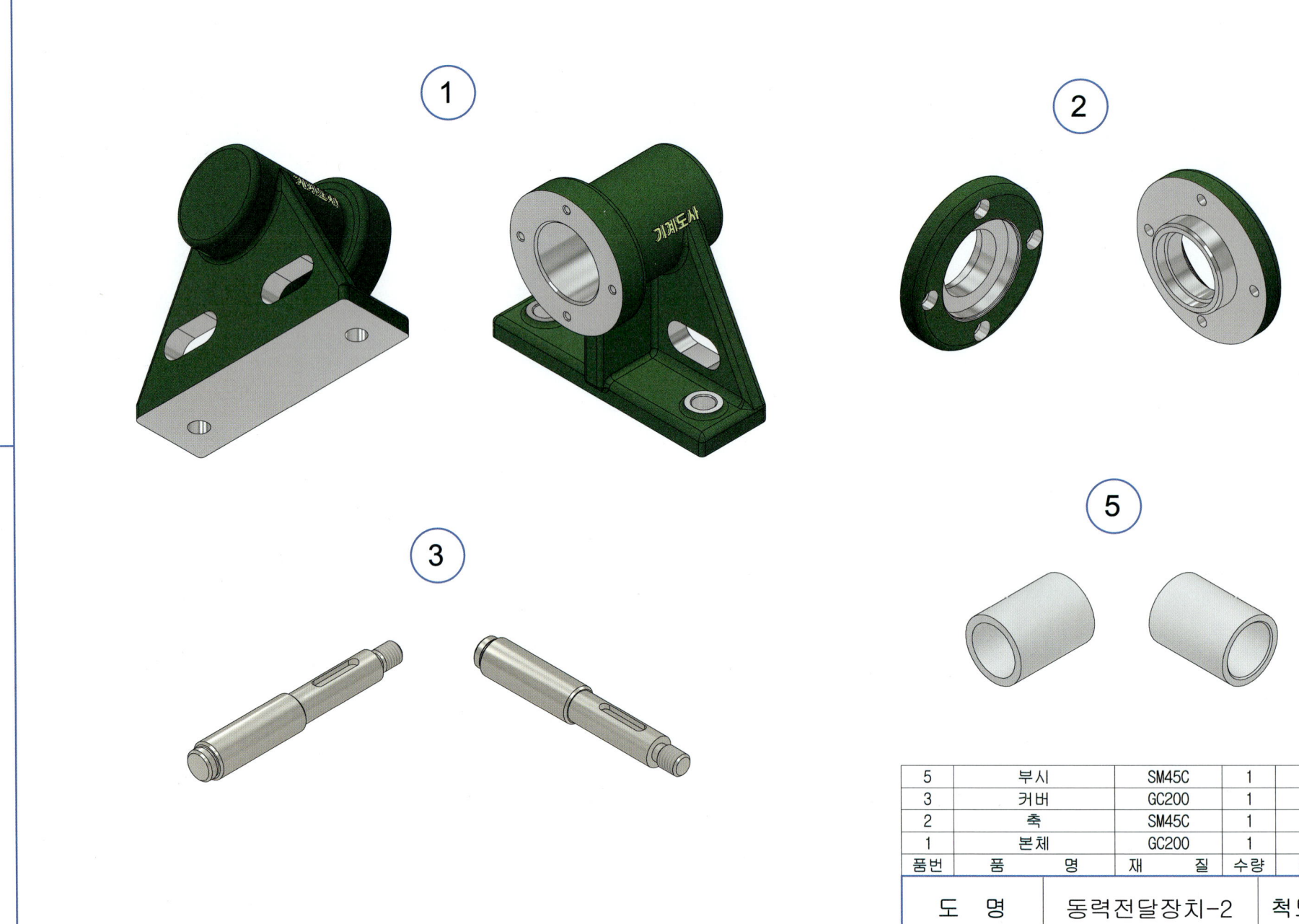

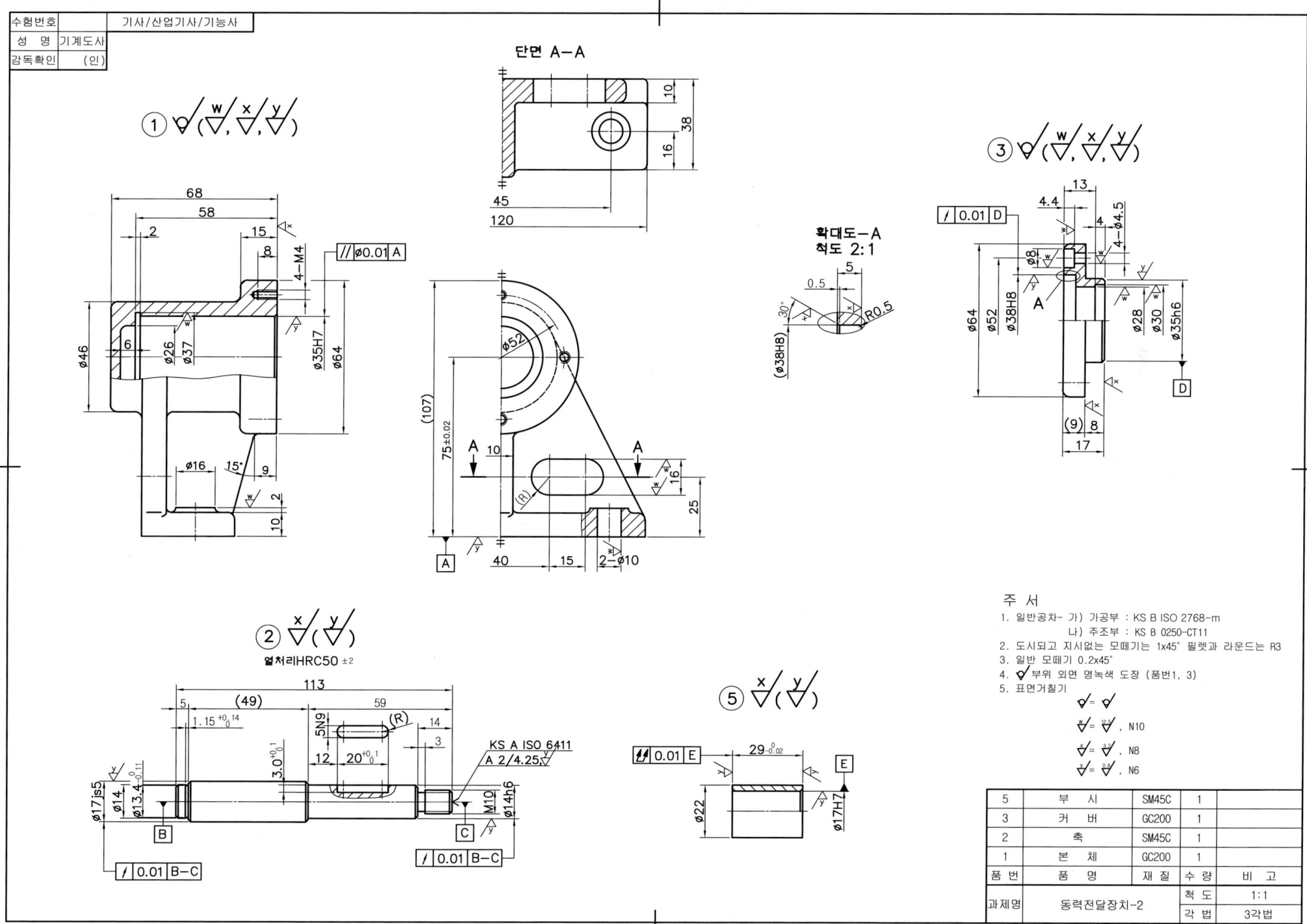

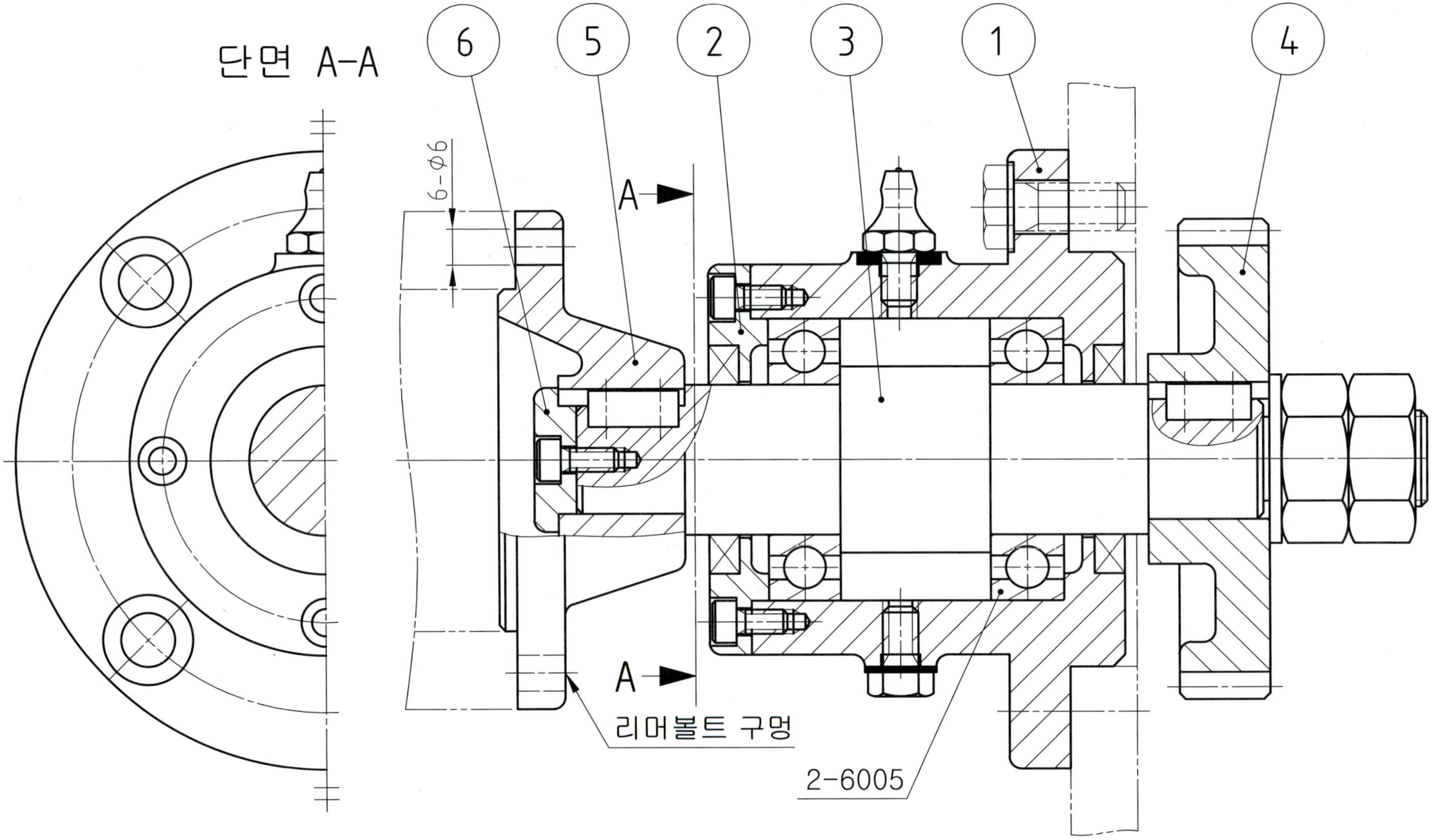

단면 A-A

6-Ø6

리머볼트 구멍

2-6005

01 문제도면

| 도 명 | 동력전달장치-3 | 척도 | NS |

02 3D 등각도

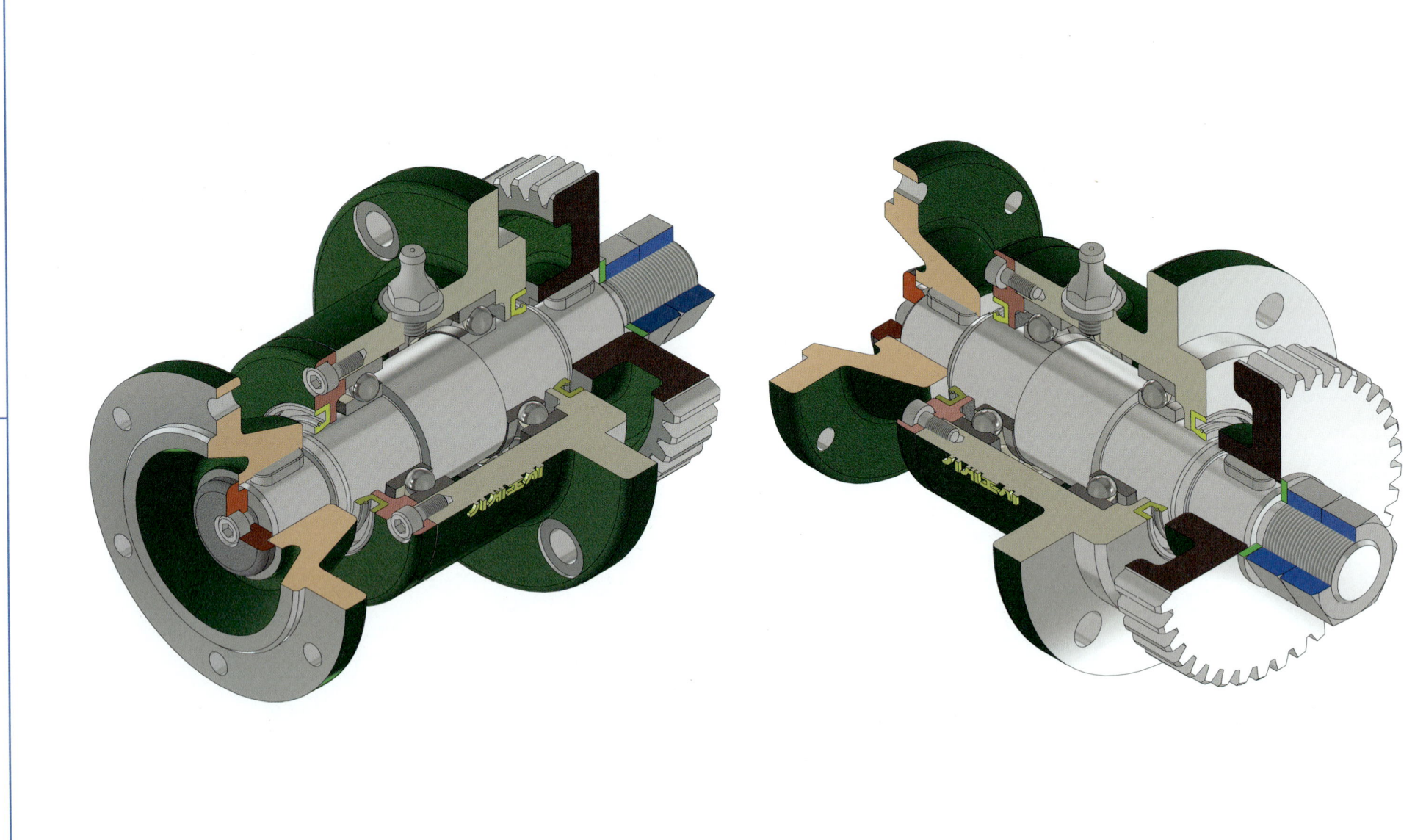

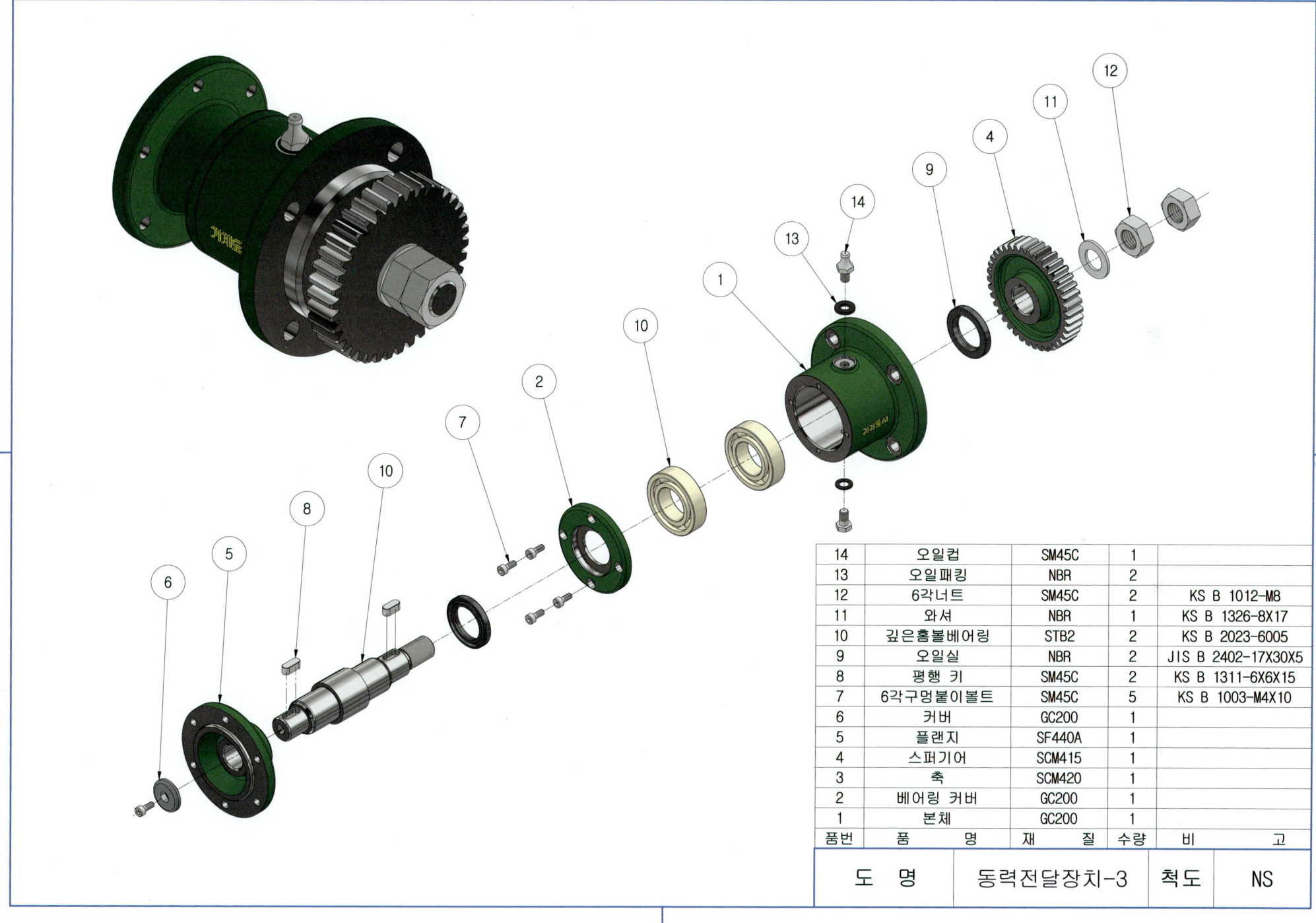

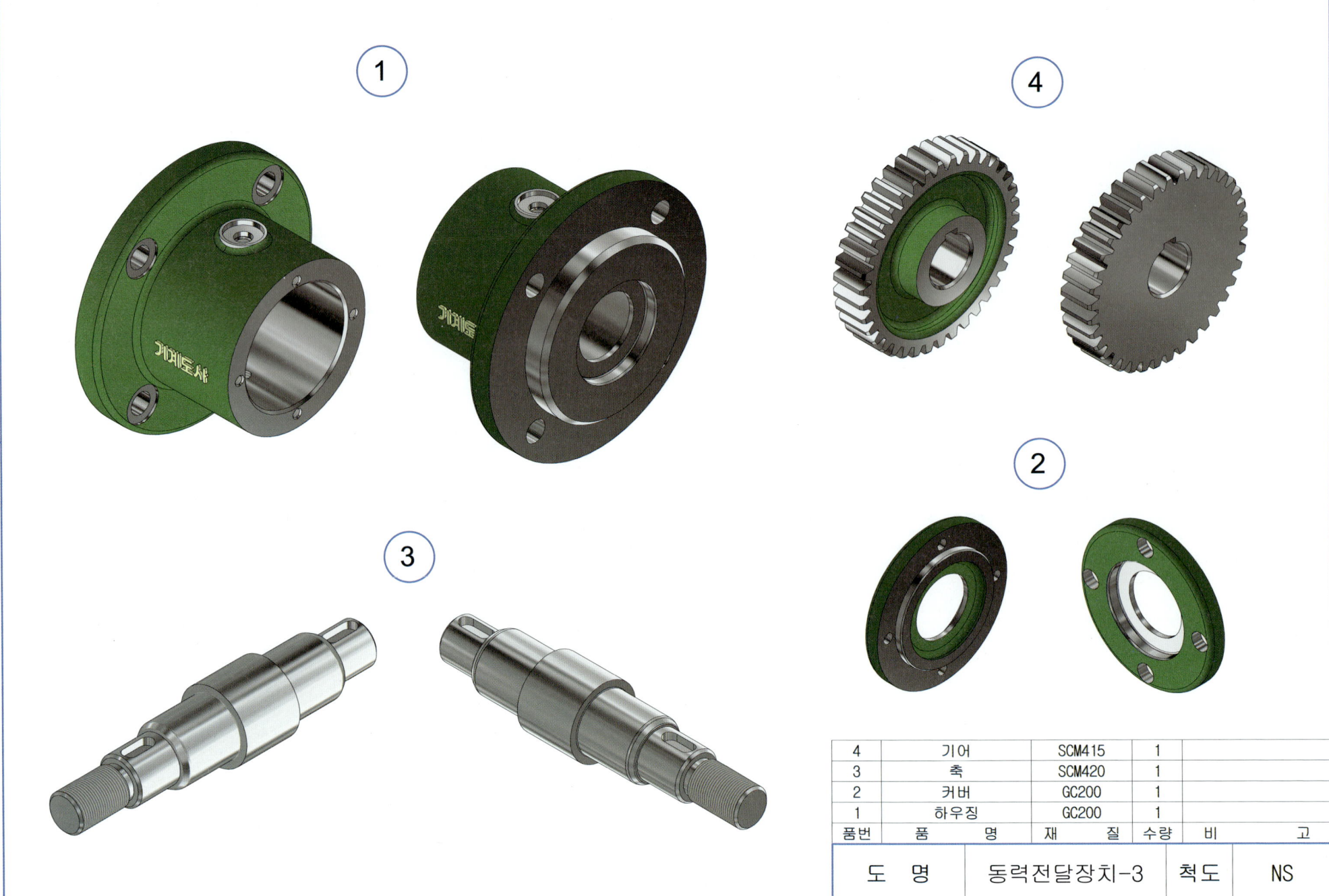

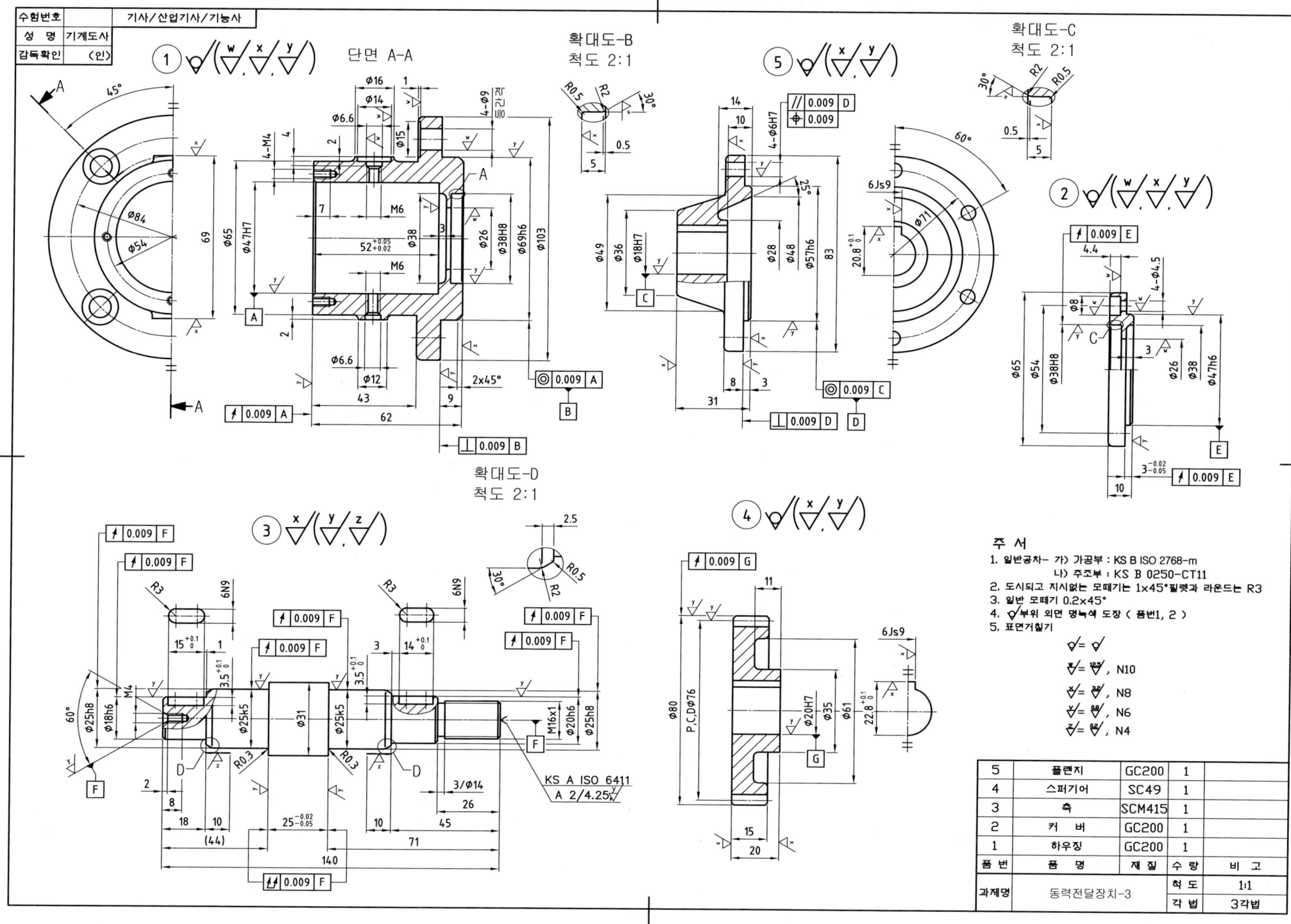

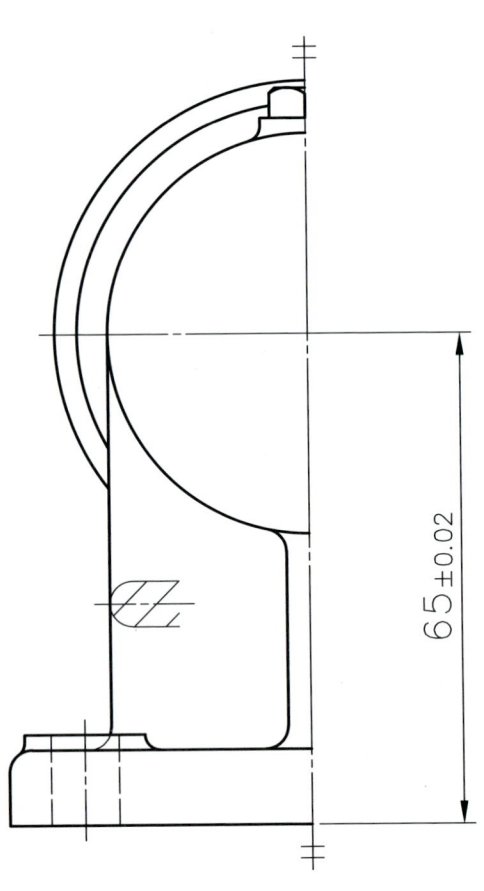
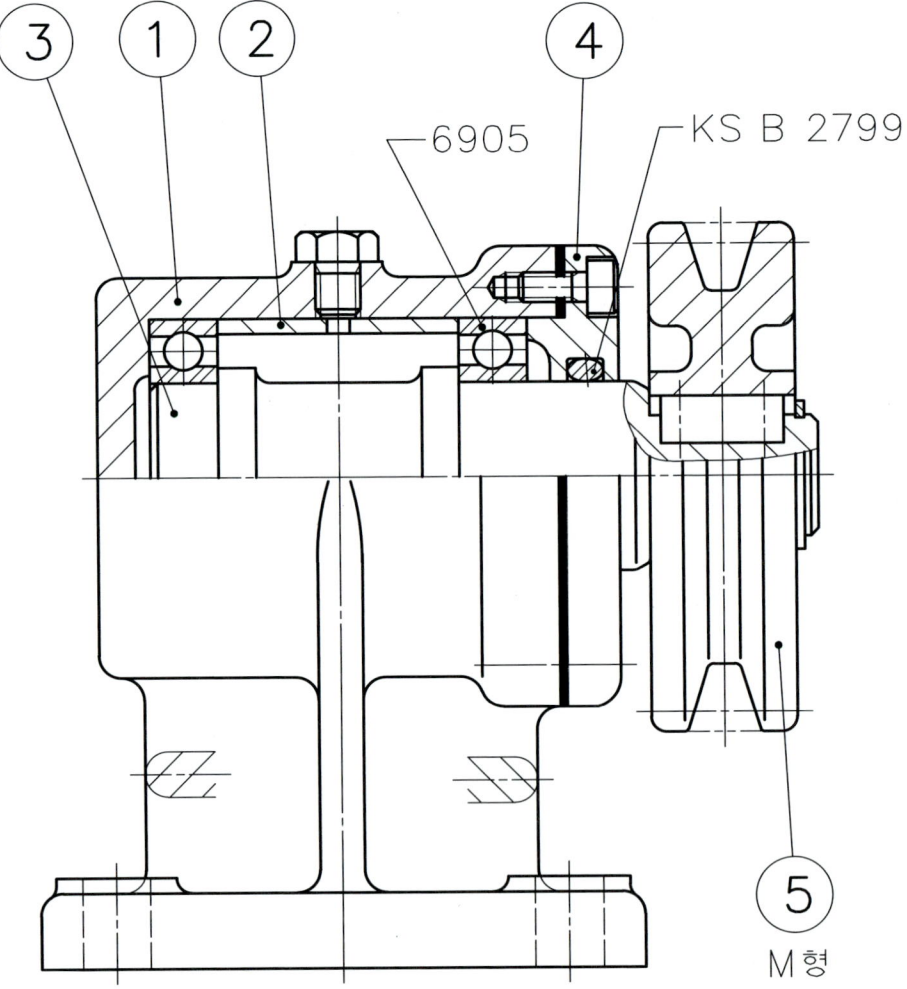
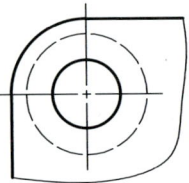

M형

02 3D 등각도

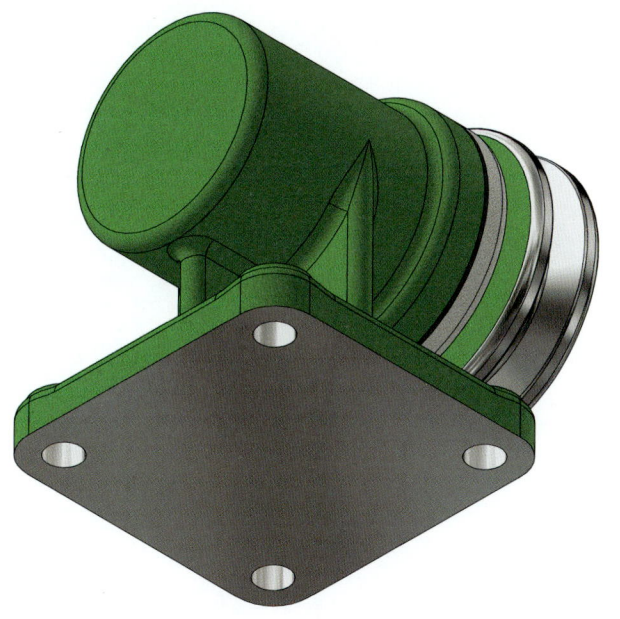

| 도 명 | 동력전달장치-4 | 척 도 | NS |

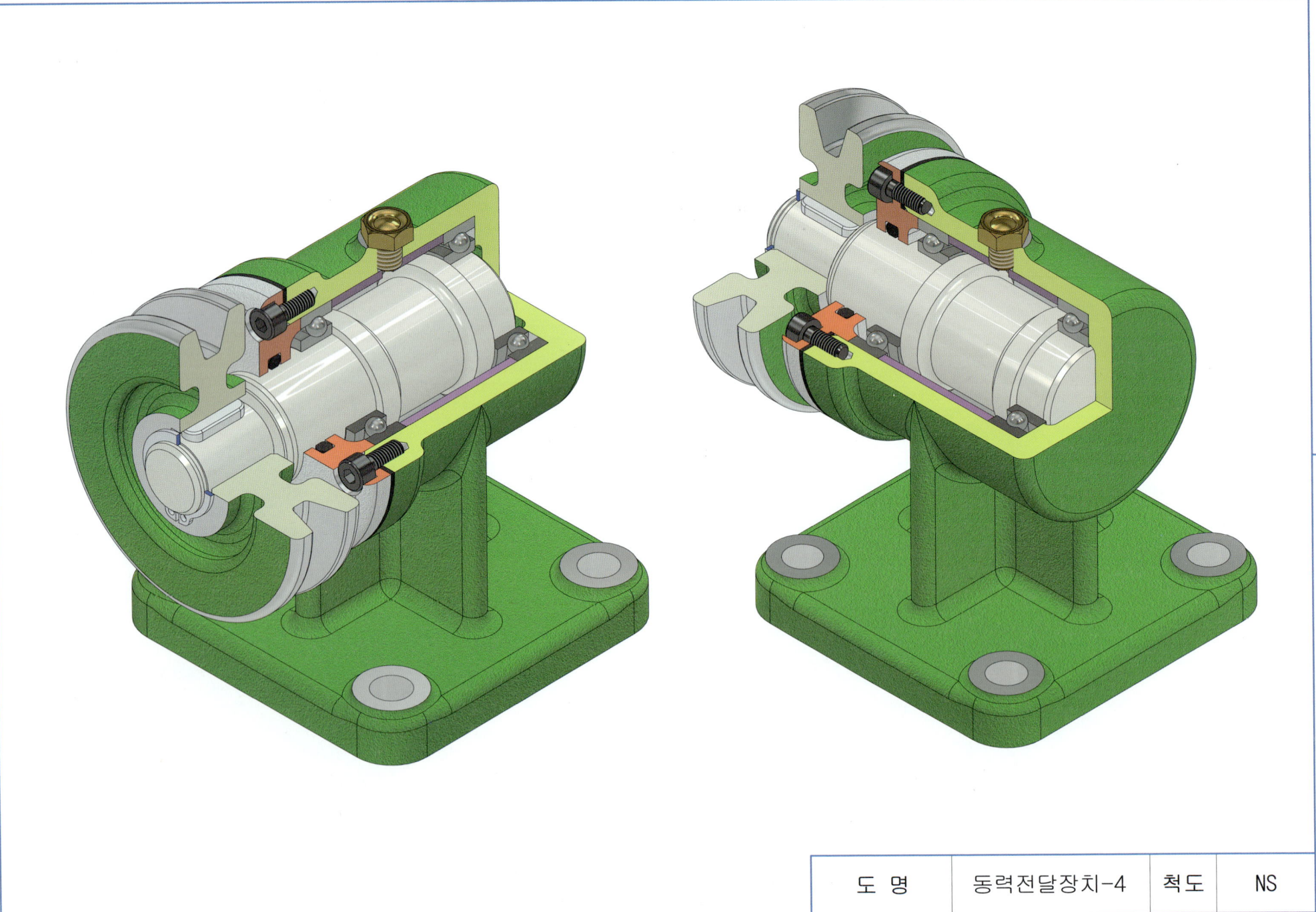

| 도 명 | 동력전달장치-4 | 척 도 | NS |

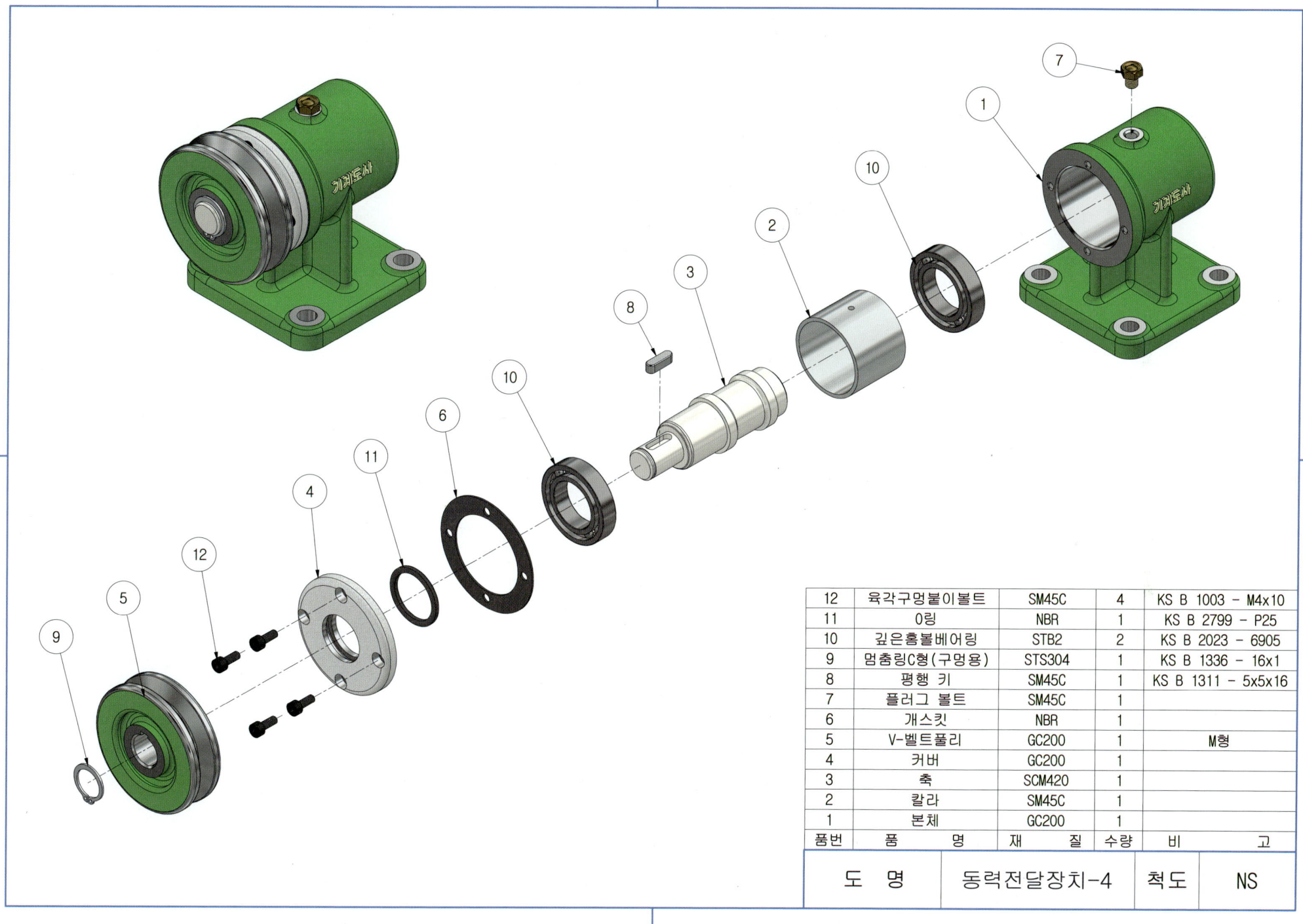

①
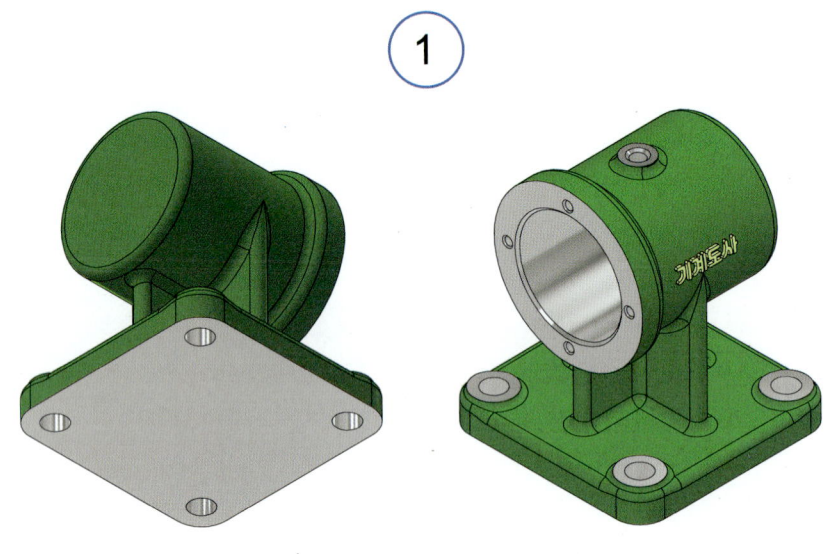

⑤

④
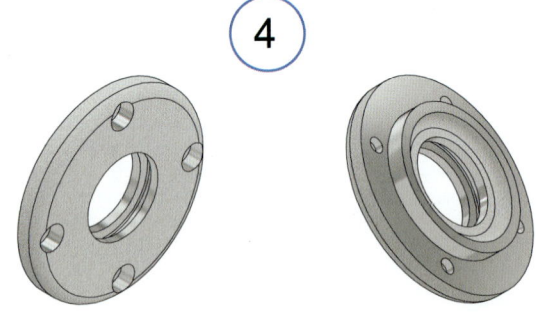

③
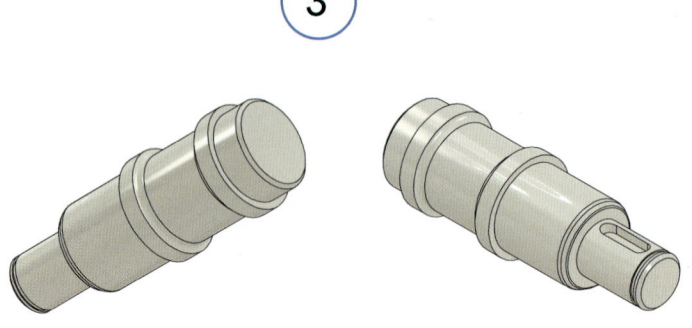

5	V-벨트풀리	GC200	1	M형
4	커버	GC200	1	
3	축	SCM420	1	
1	본체	GC200	1	
품번	품 명	재 질	수량	비 고

도 명	동력전달장치-4	척 도	NS

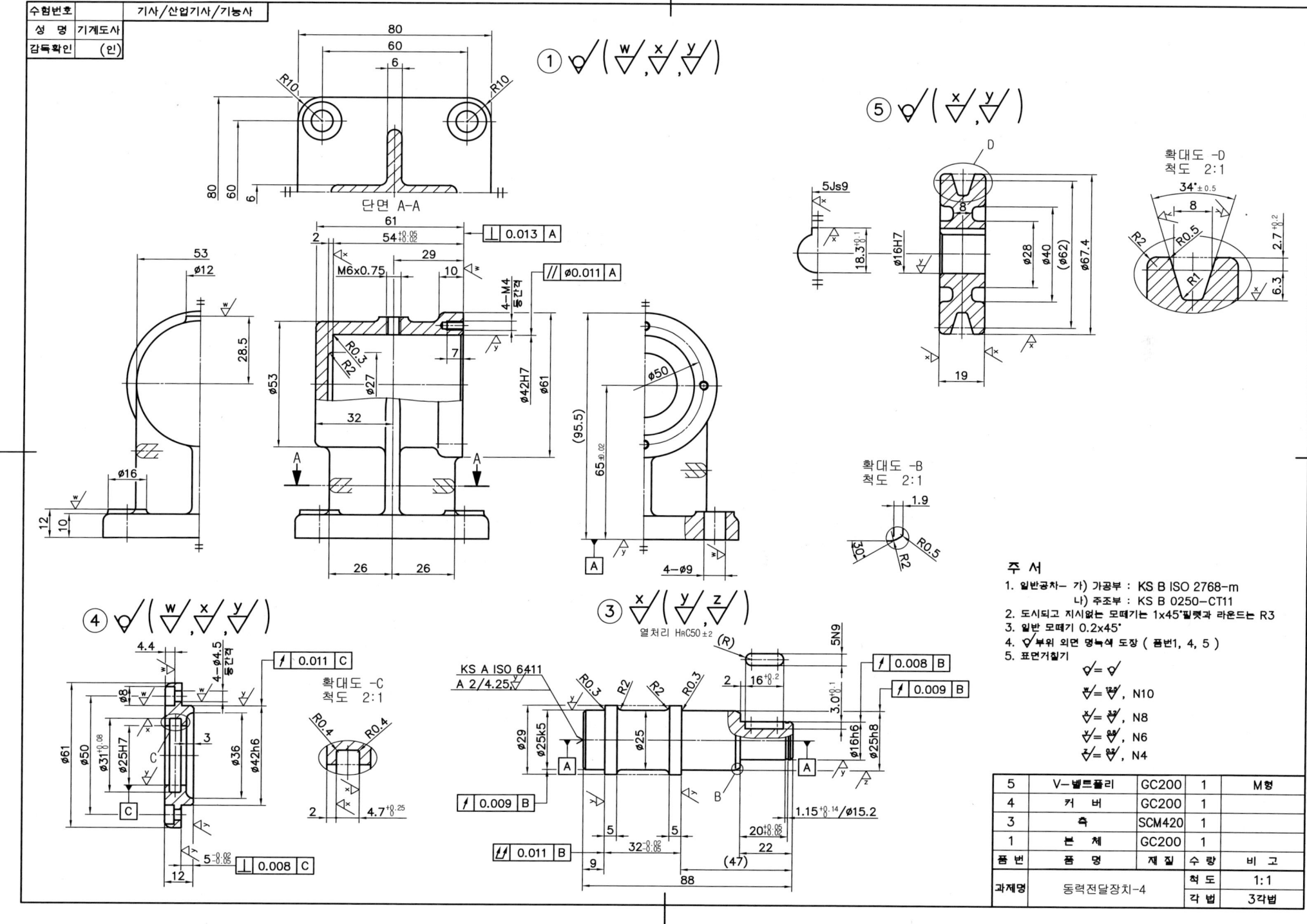

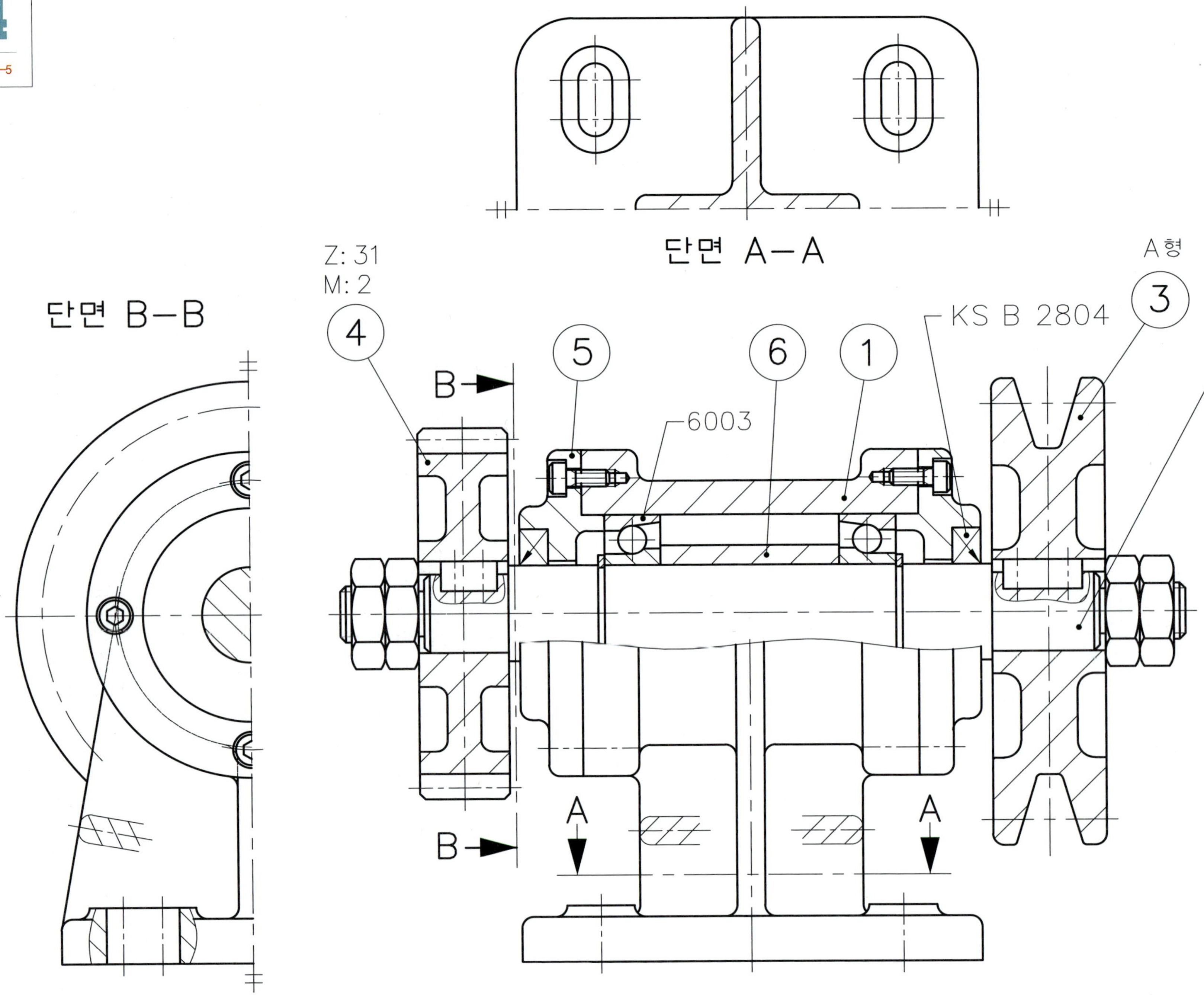

단면 A-A

단면 B-B

Z: 31
M: 2

A형

KS B 2804

6003

01 문제도면

작동 분해 조립
동영상

URL https://m.site.naver.com/1gm5d

| 도 명 | 동력전달장치-5 | 척 도 | NS |

02 3D 등각도

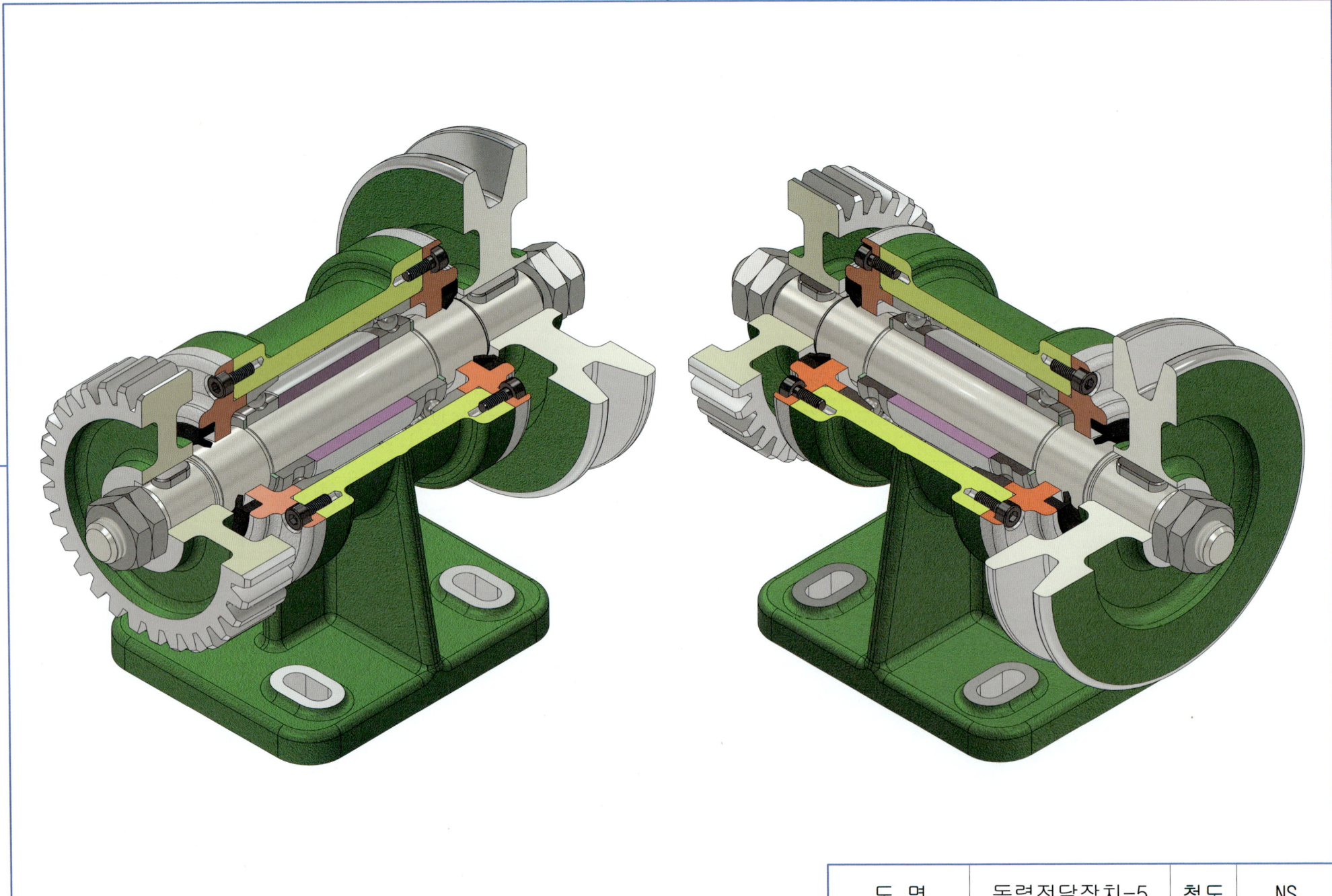

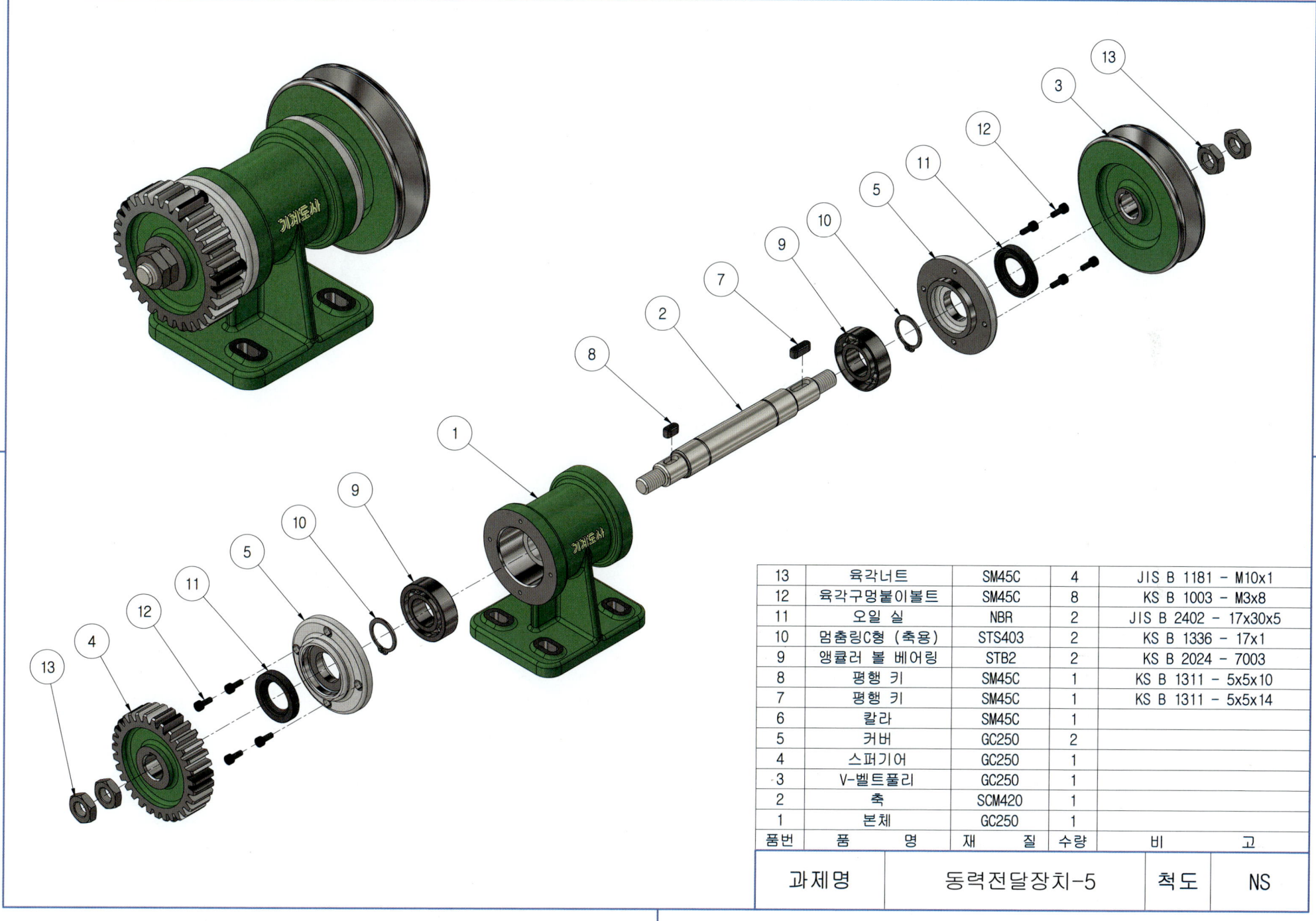

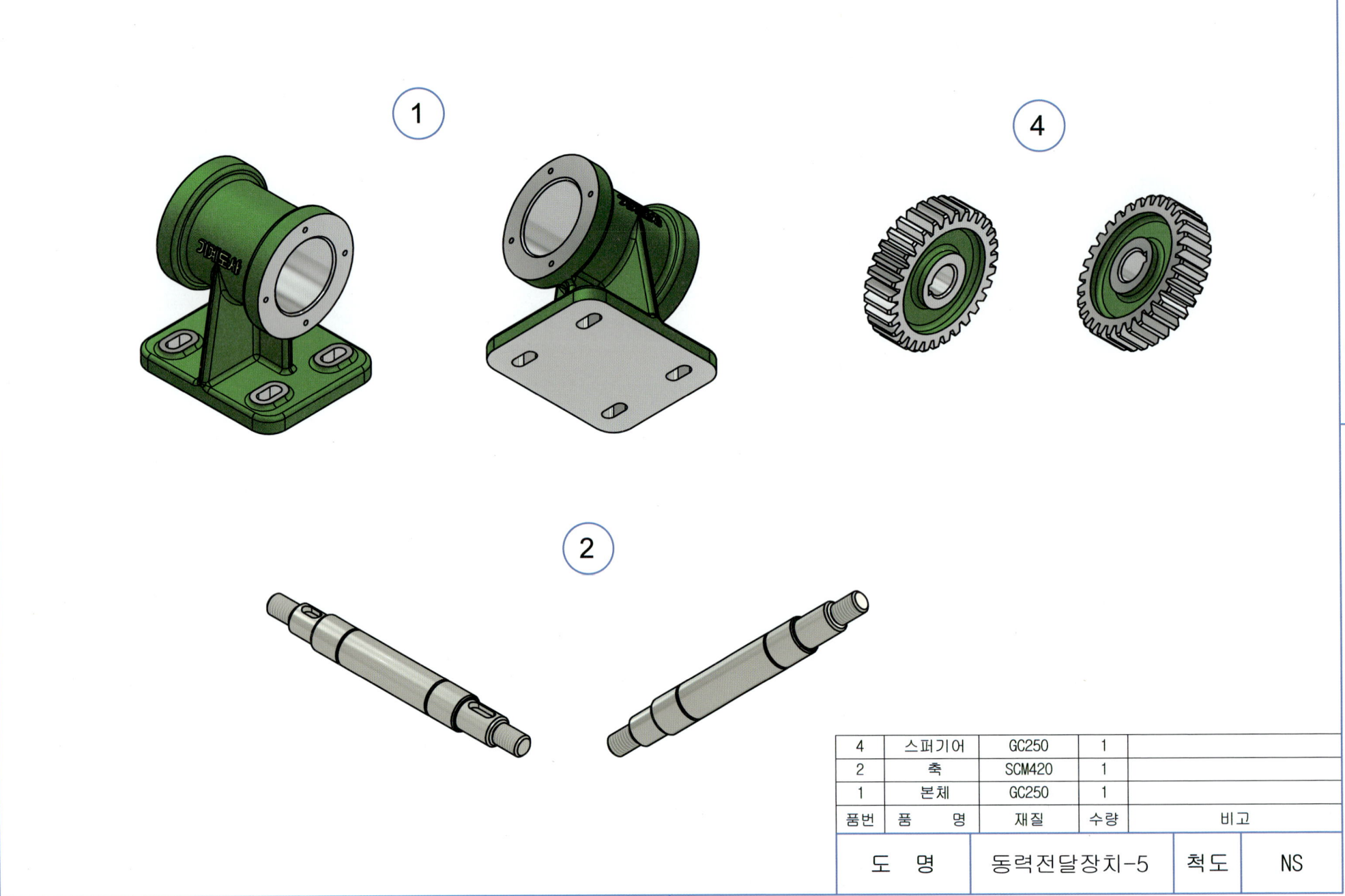

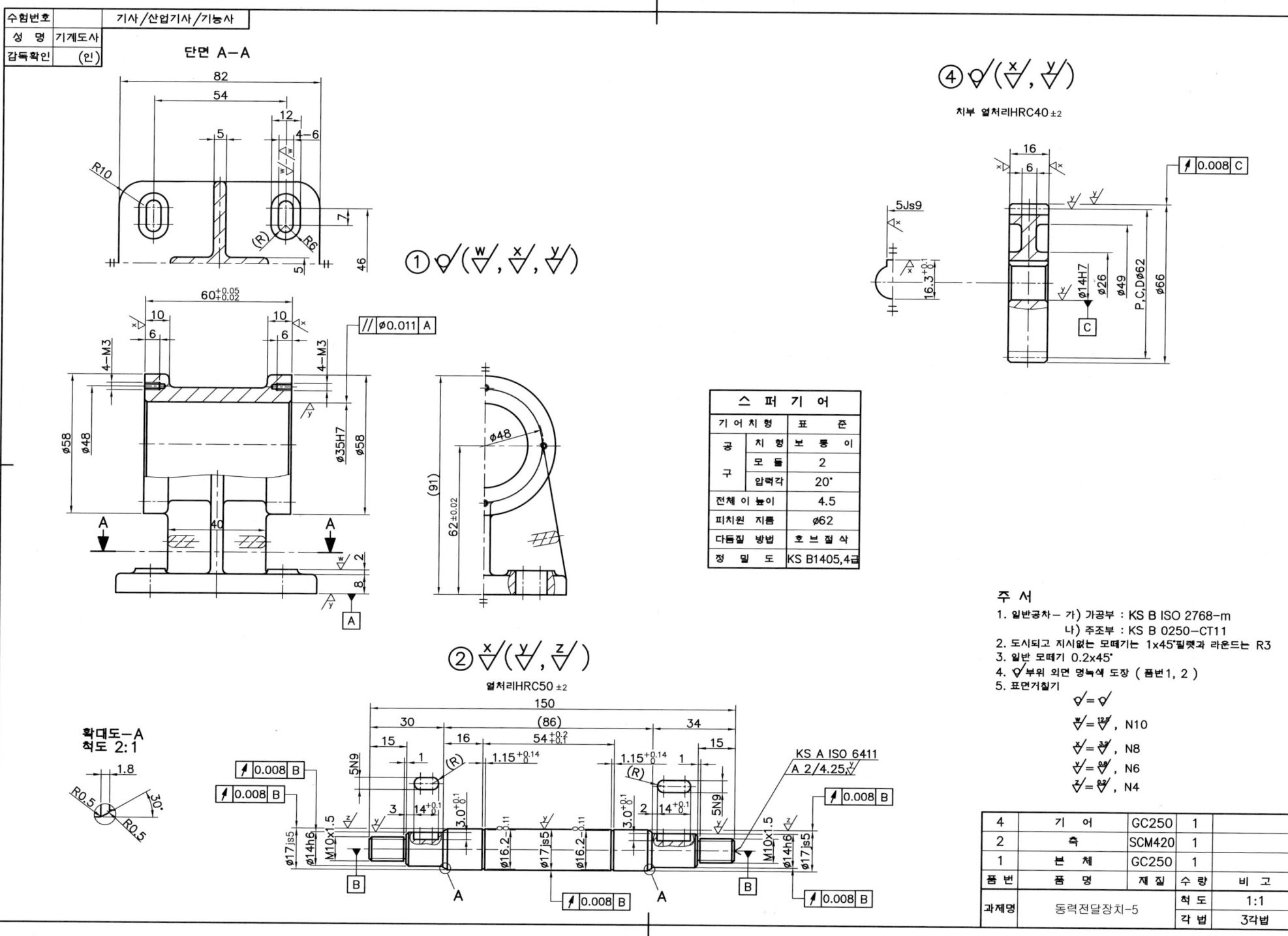

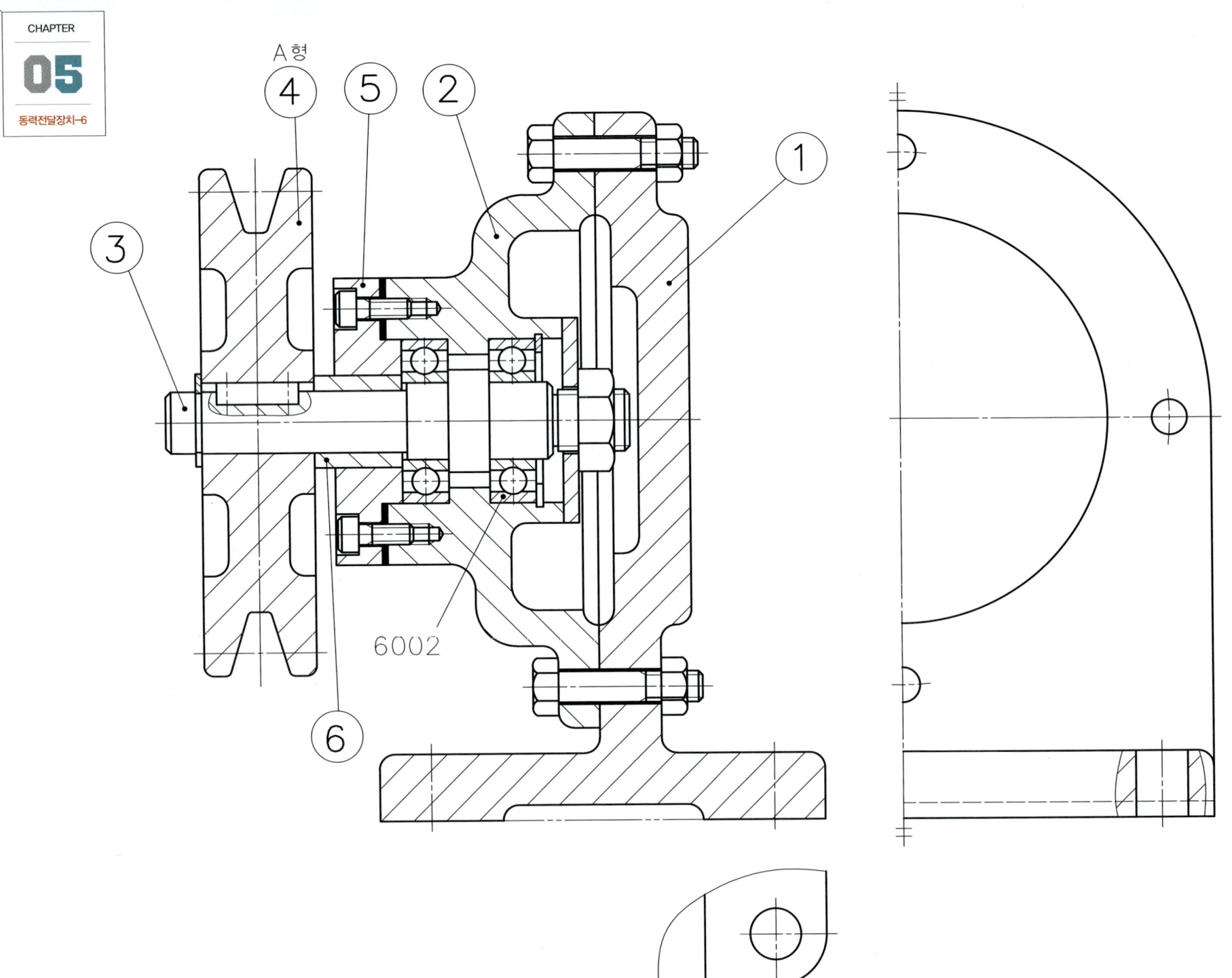

| 도 명 | 동력전달장치-6 | 척 도 | NS |

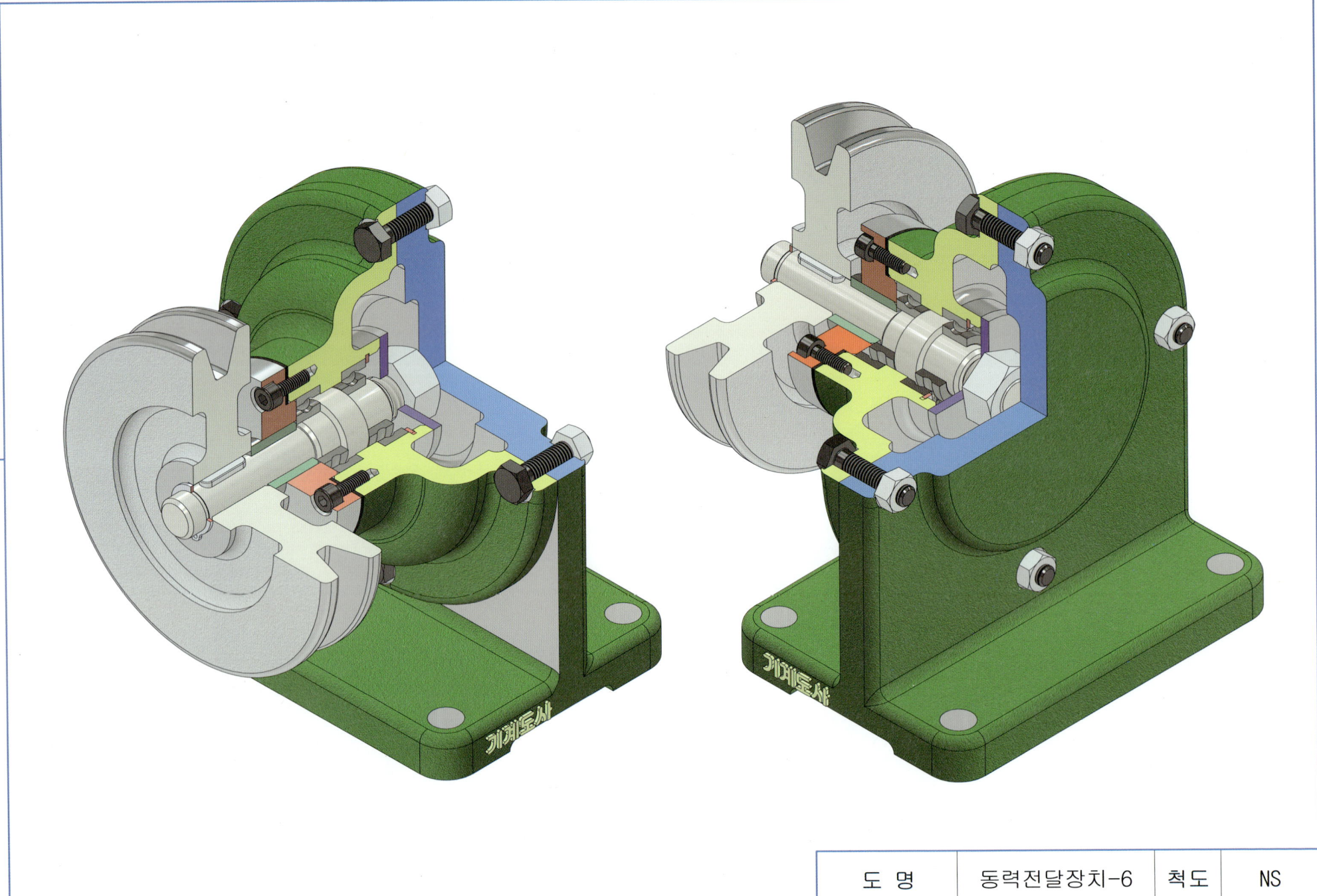

| 도 명 | 동력전달장치-6 | 척 도 | NS |

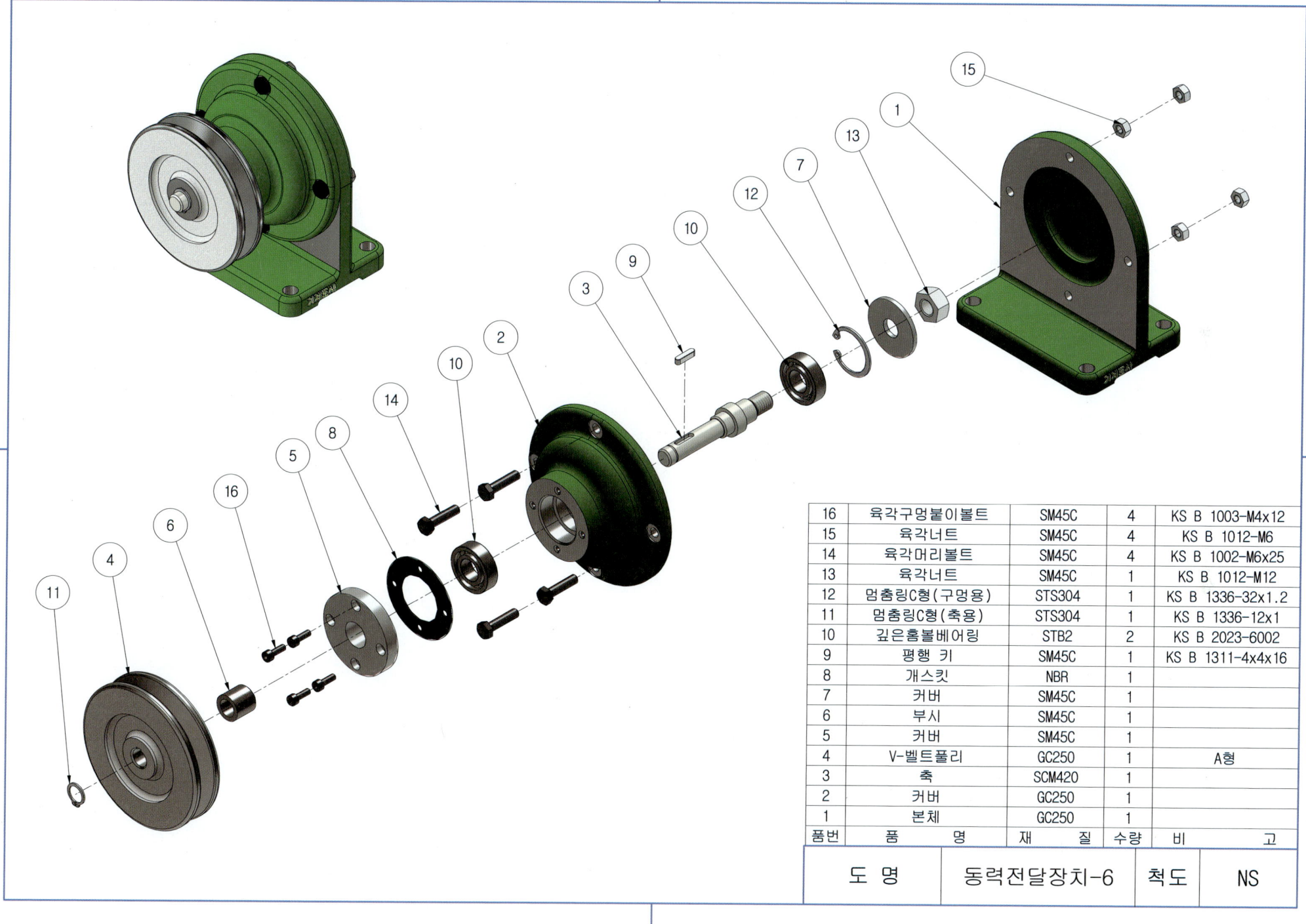

1

2

3

6

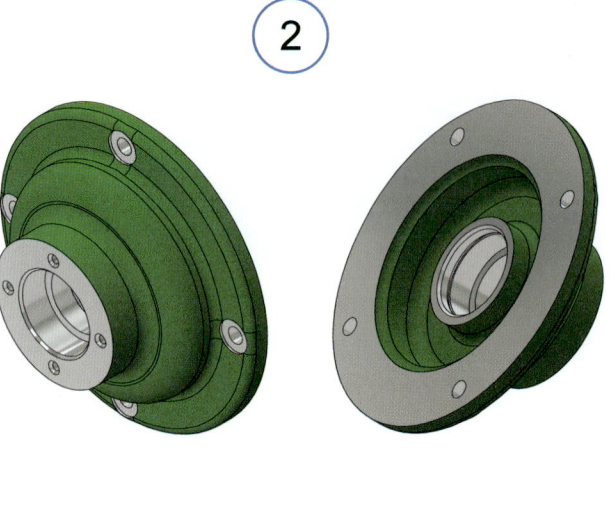

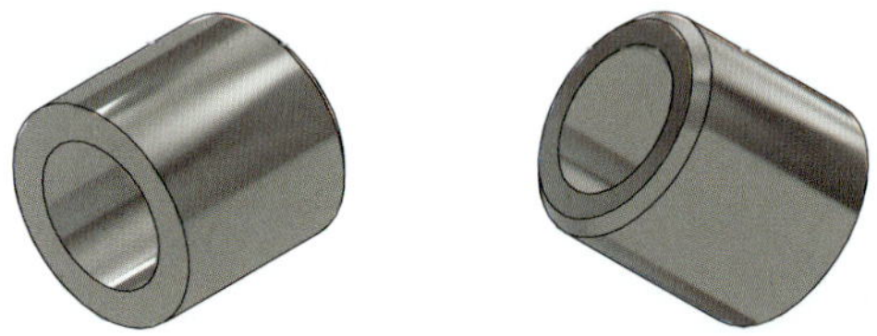

6	부시	SM45C	1	
3	축	SCM420	1	
2	커버	GC250	1	
1	본체	GC250	1	
품번	품 명	재 질	수량	비 고

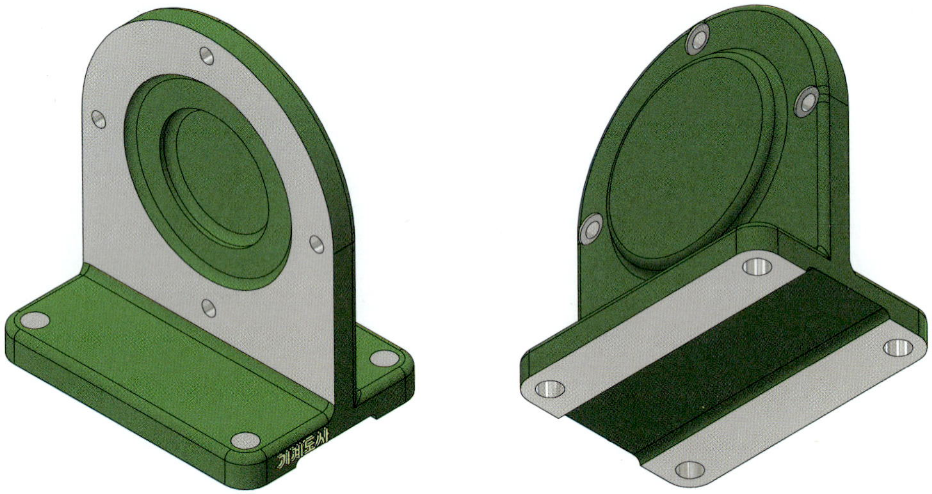

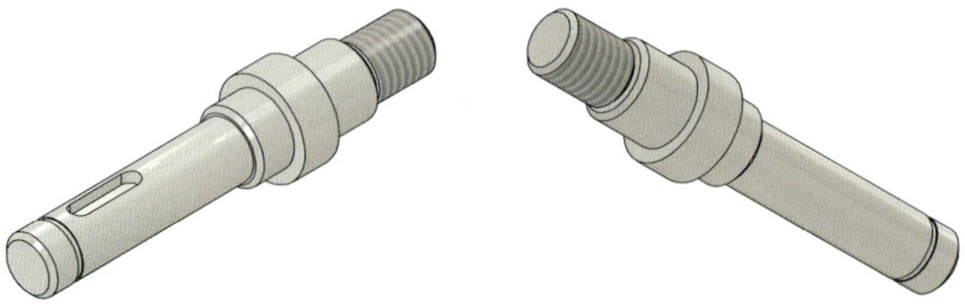

도 명	동력전달장치-6	척도	NS

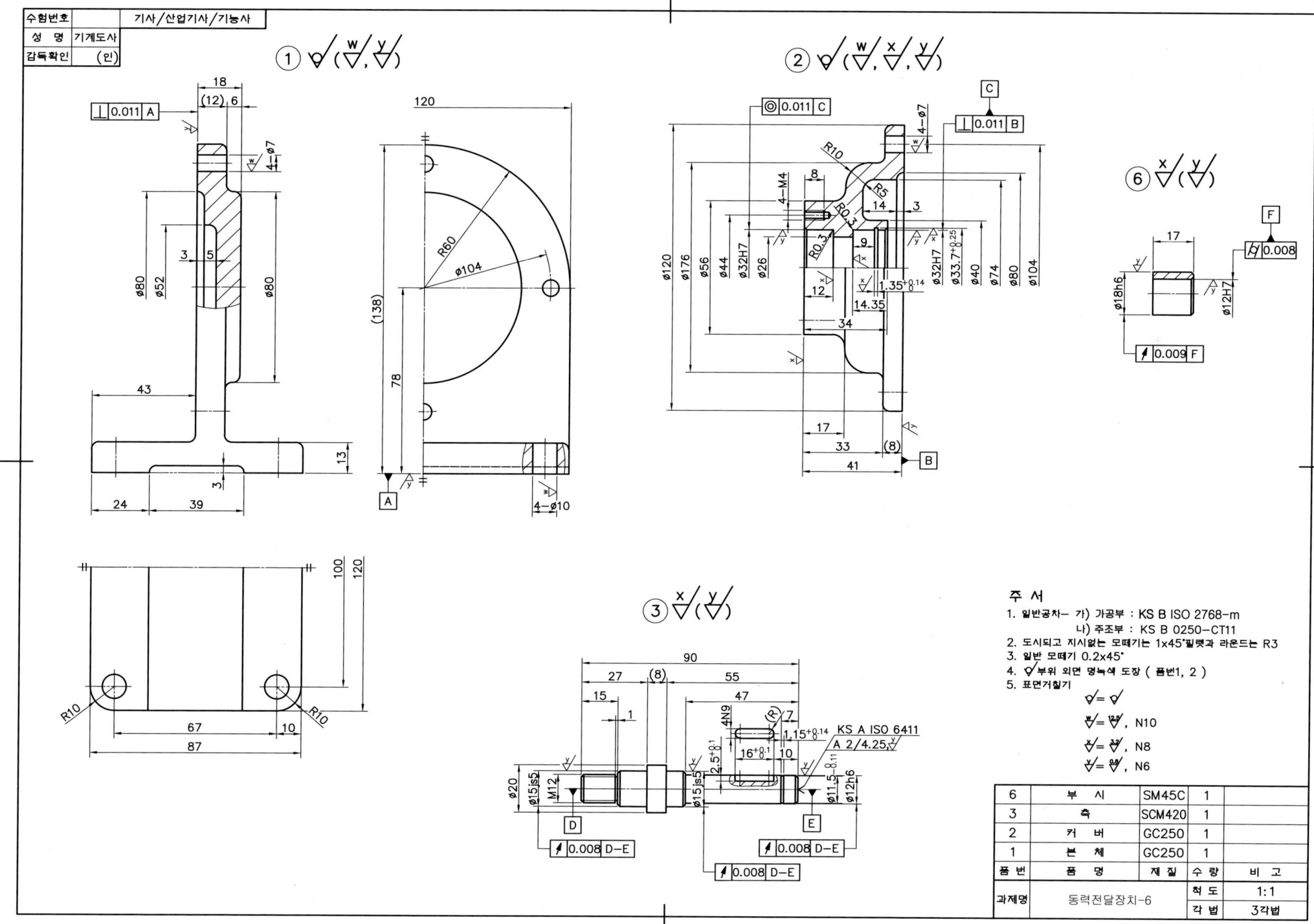

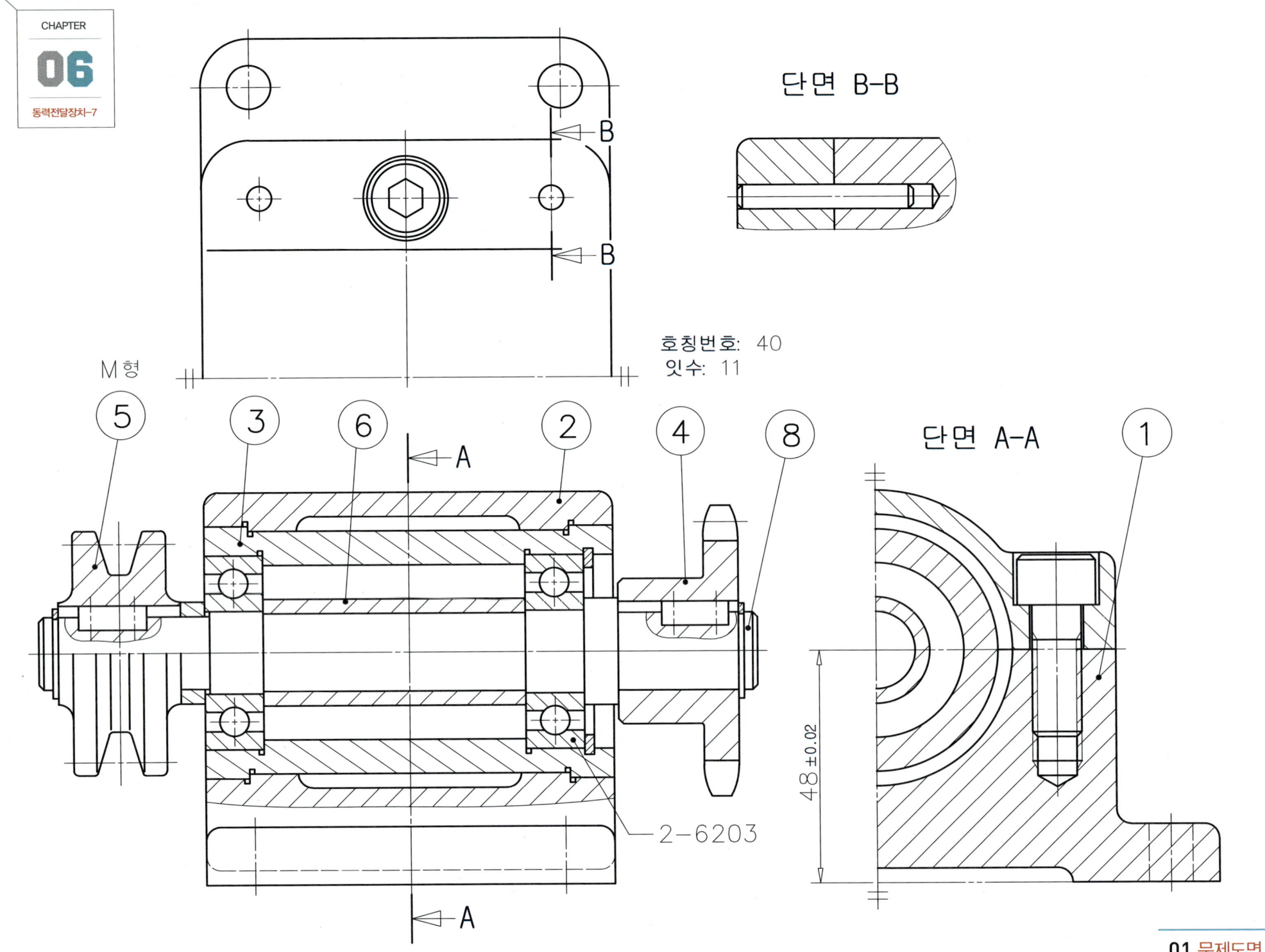

| 도 명 | 동력전달장치-7 | 척 도 | NS |

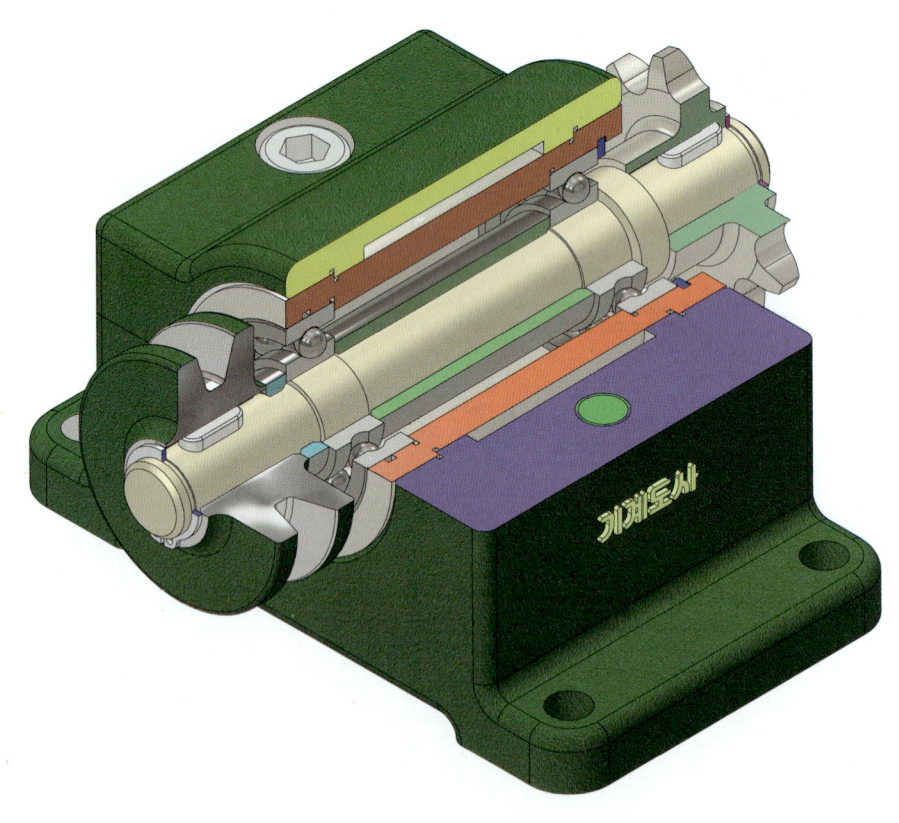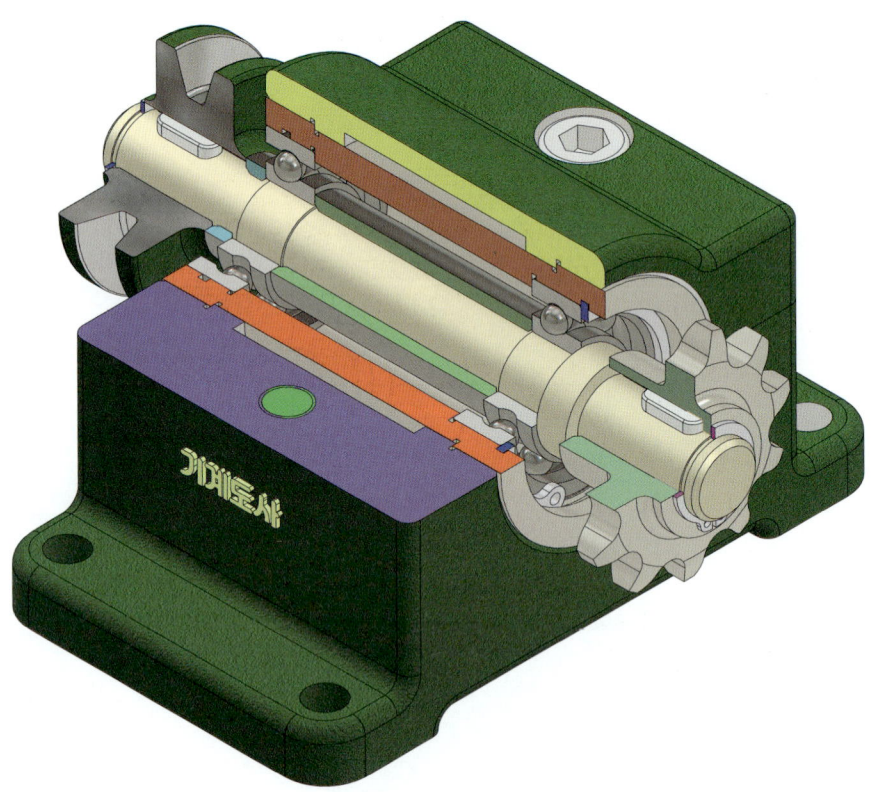

| 도 명 | 동력전달장치-7 | 척 도 | NS |

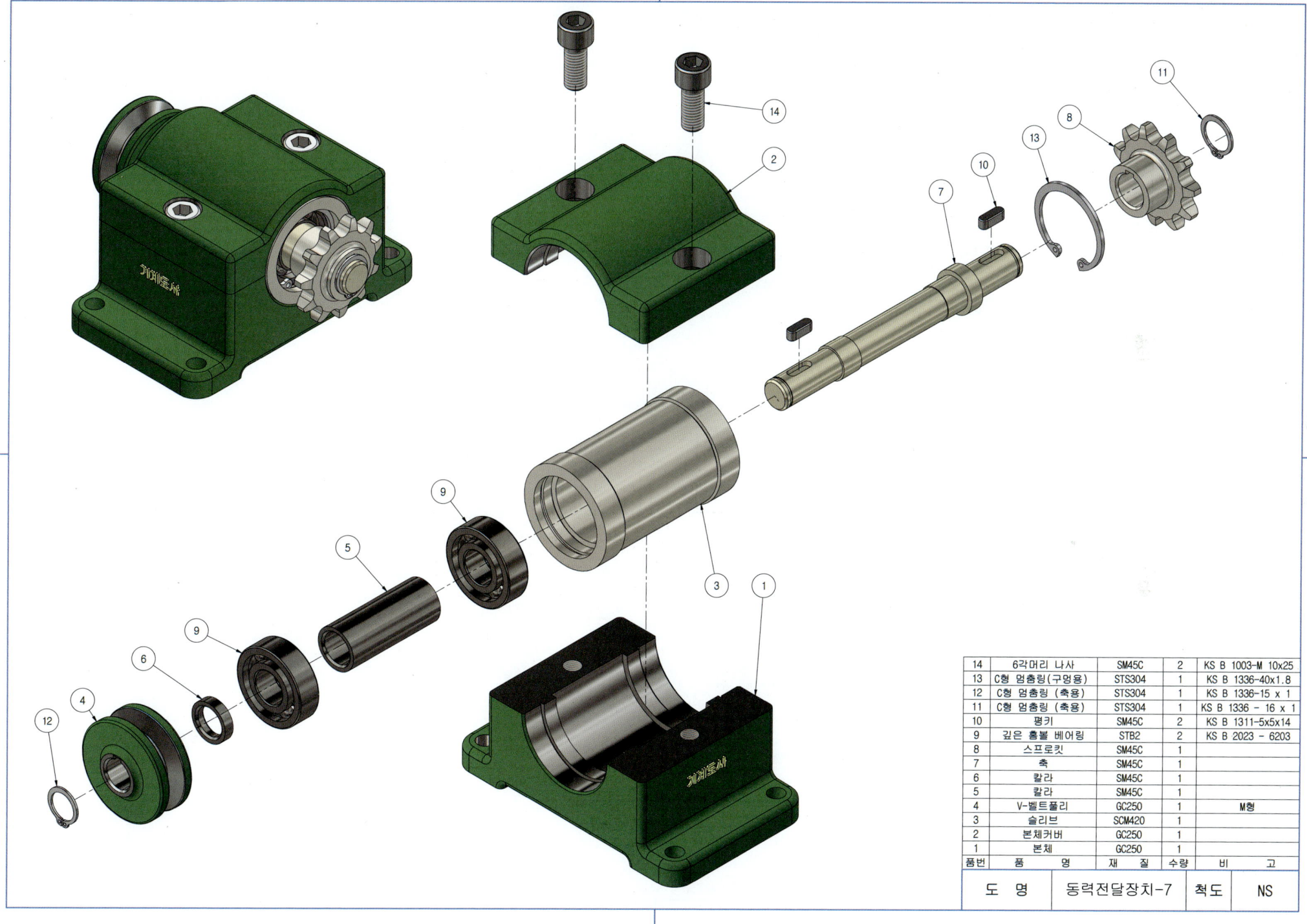

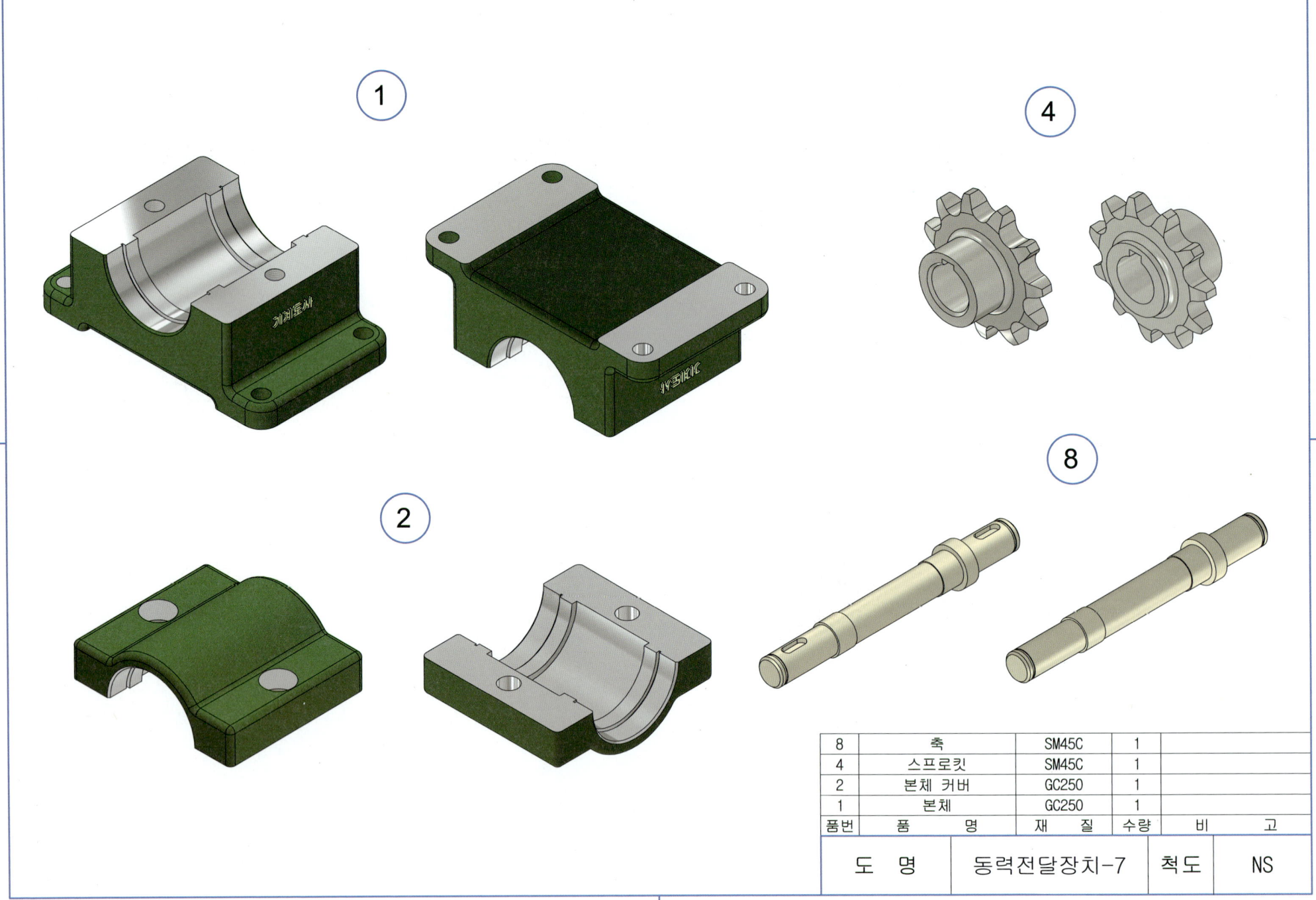

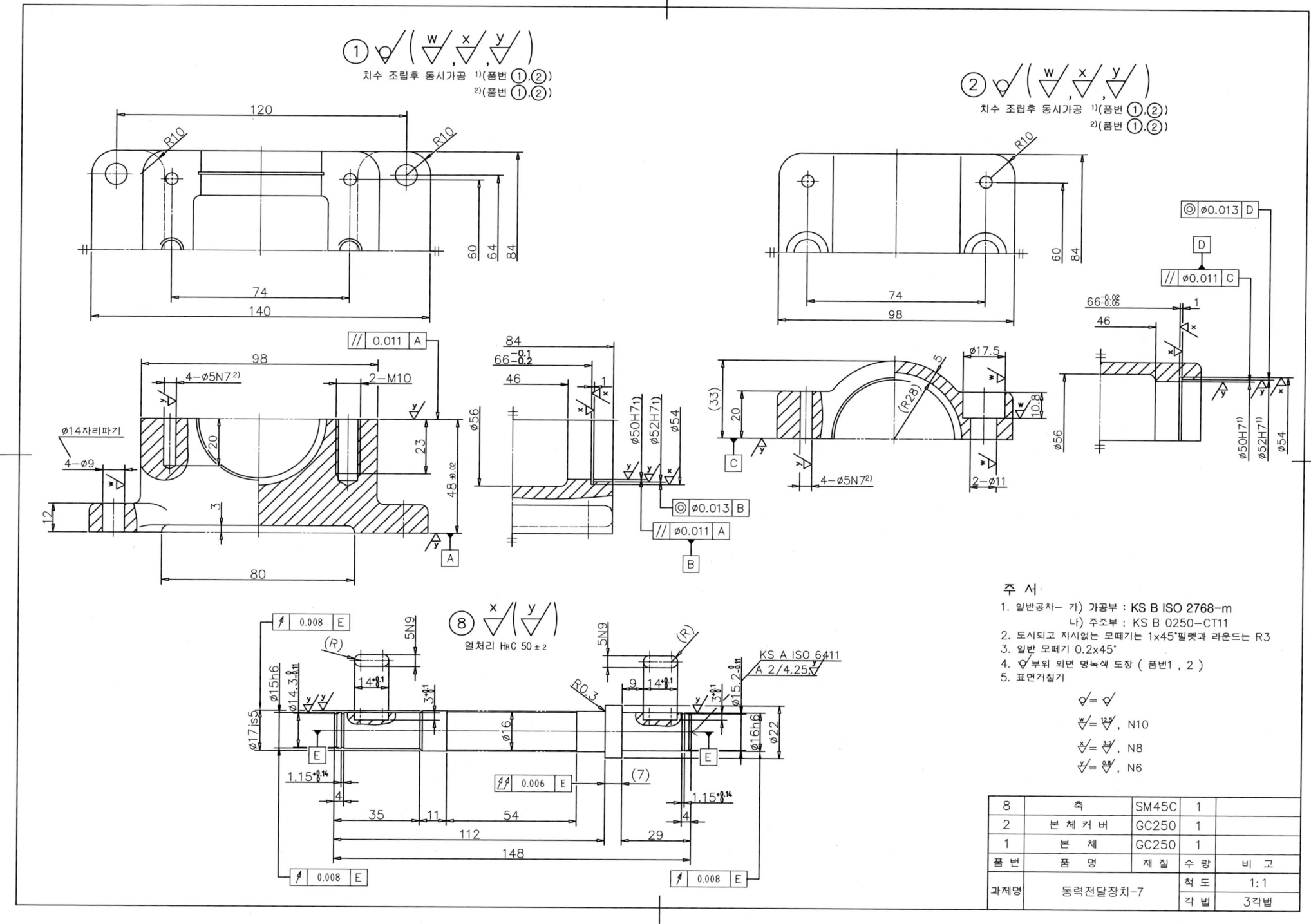

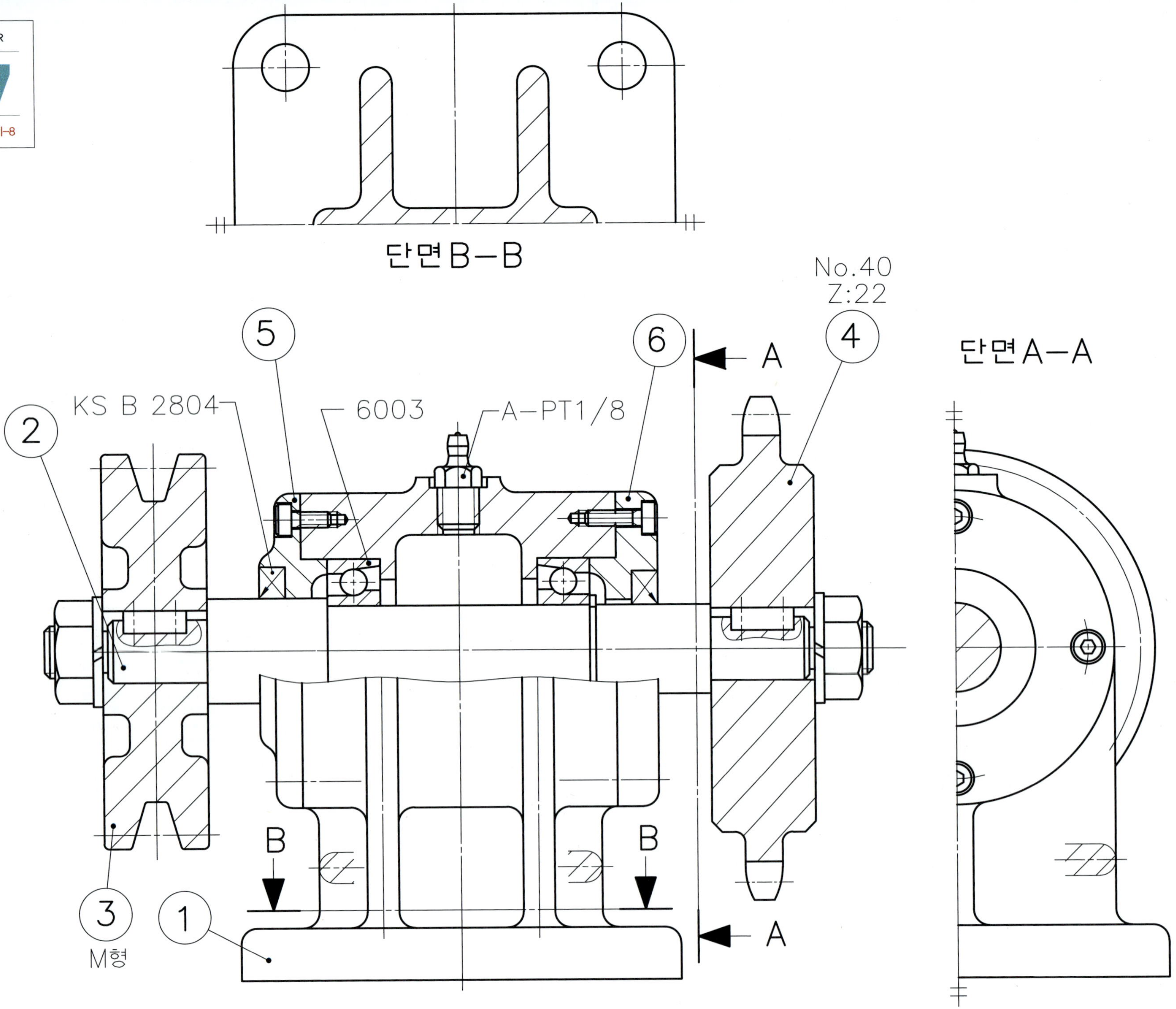

단면 B-B

No.40
Z:22

단면 A-A

KS B 2804
6003
A-PT1/8

M형

01 문제도면

작동 분해 조립
동영상
URL https://m.site.naver.com/1gmQB

| 도 명 | 동력전달장치-8 | 척 도 | NS |

02 3D 등각도

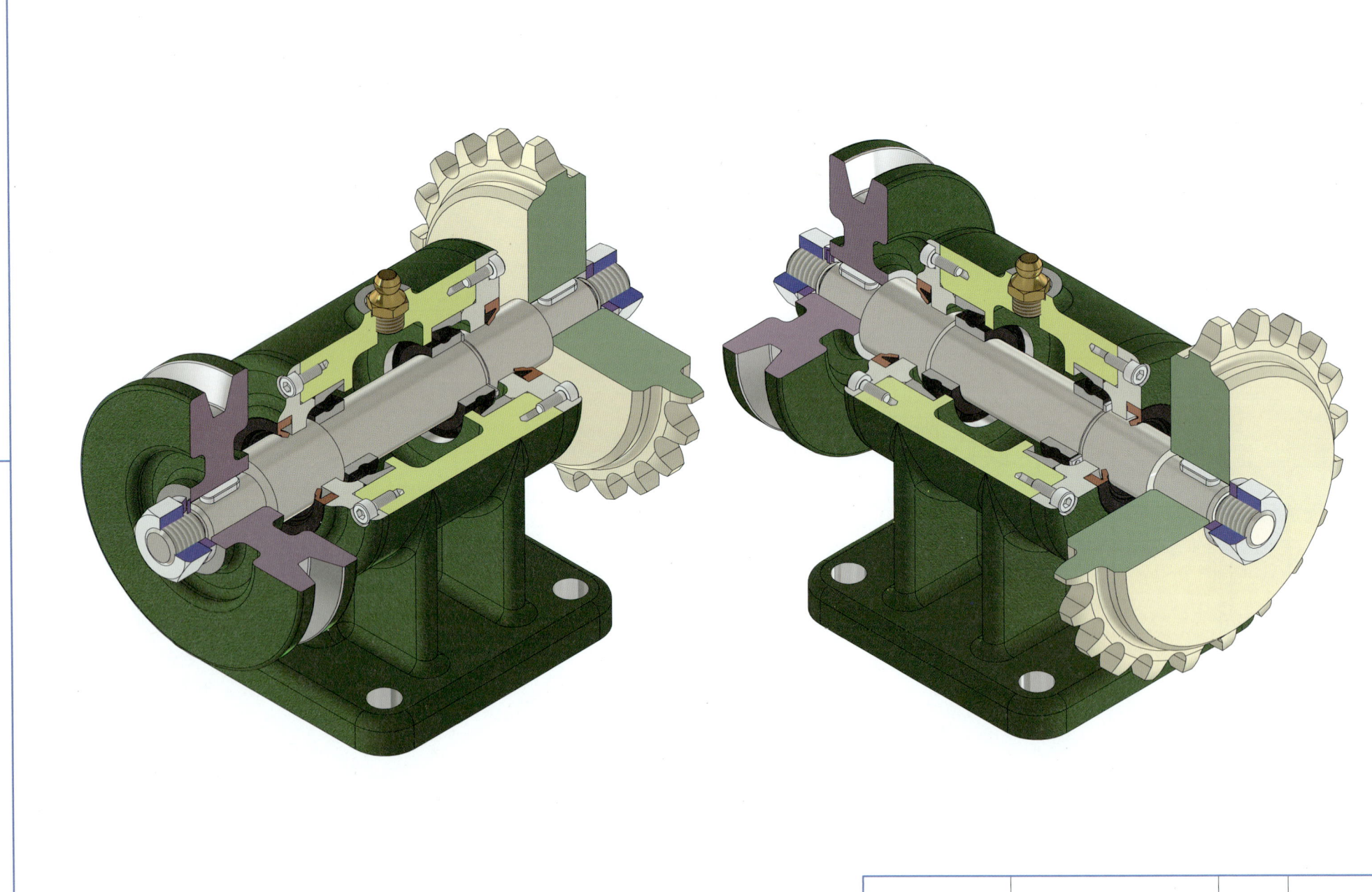

| 도 명 | 동력전달장치-8 | 척 도 | NS |

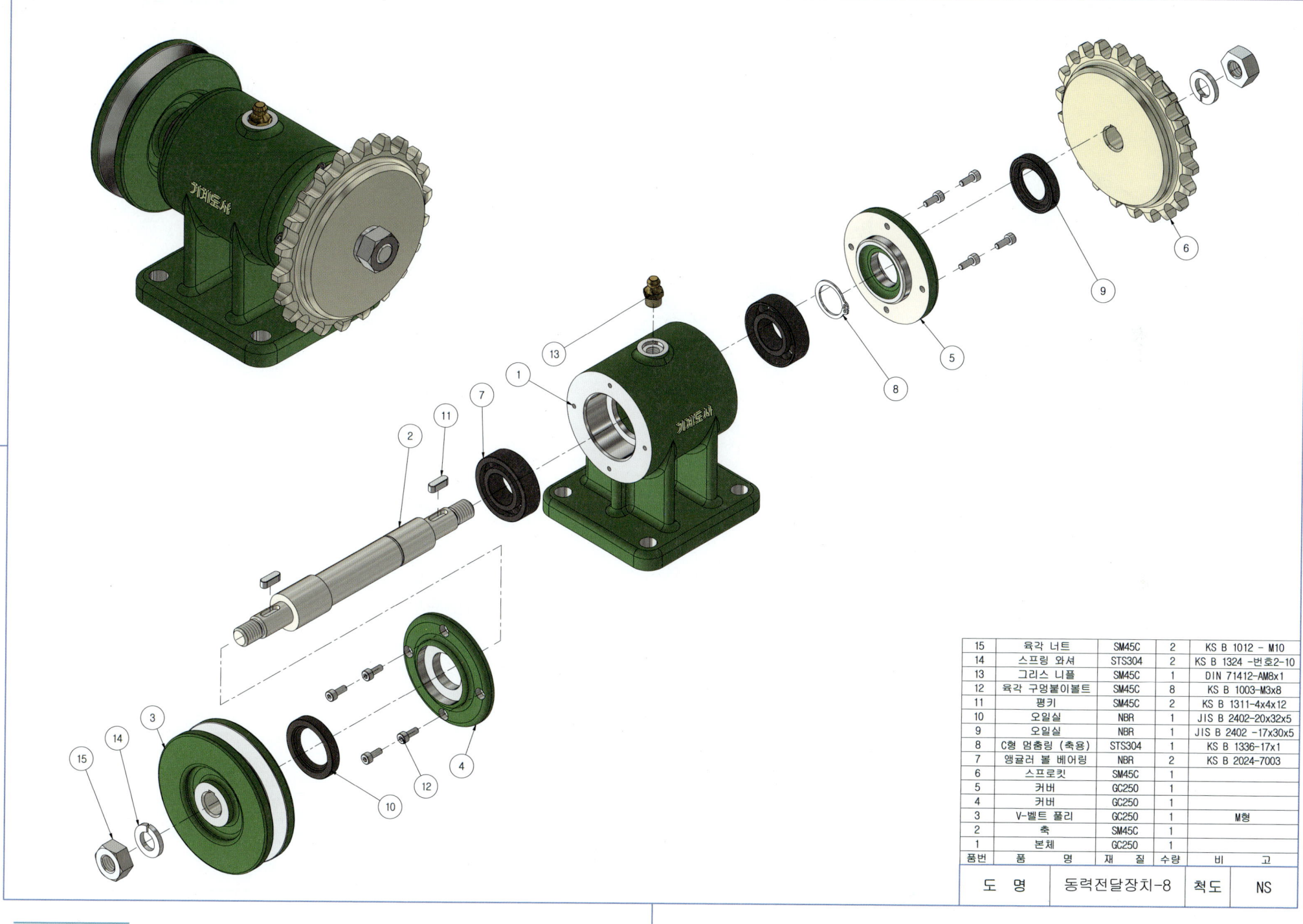

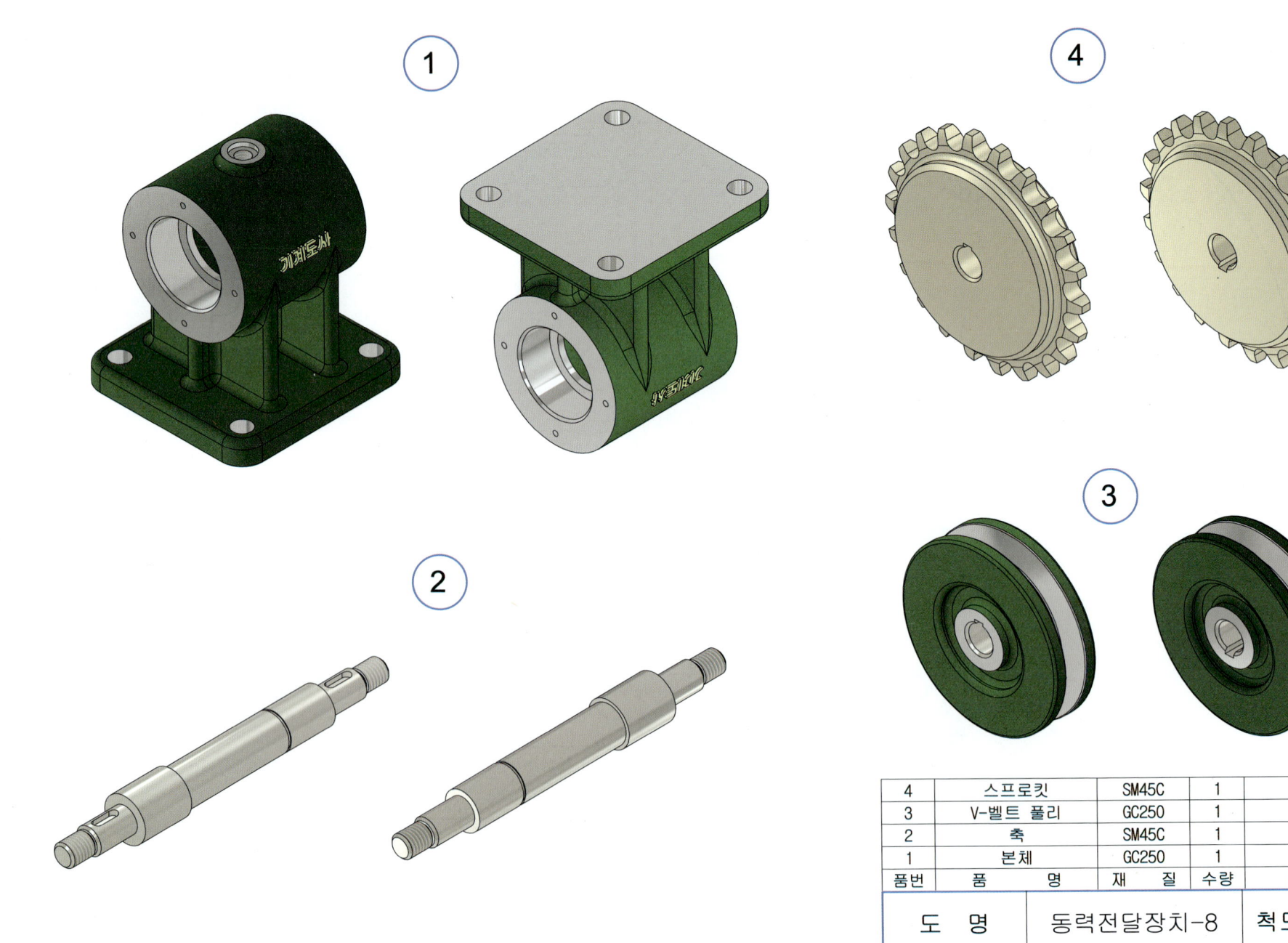

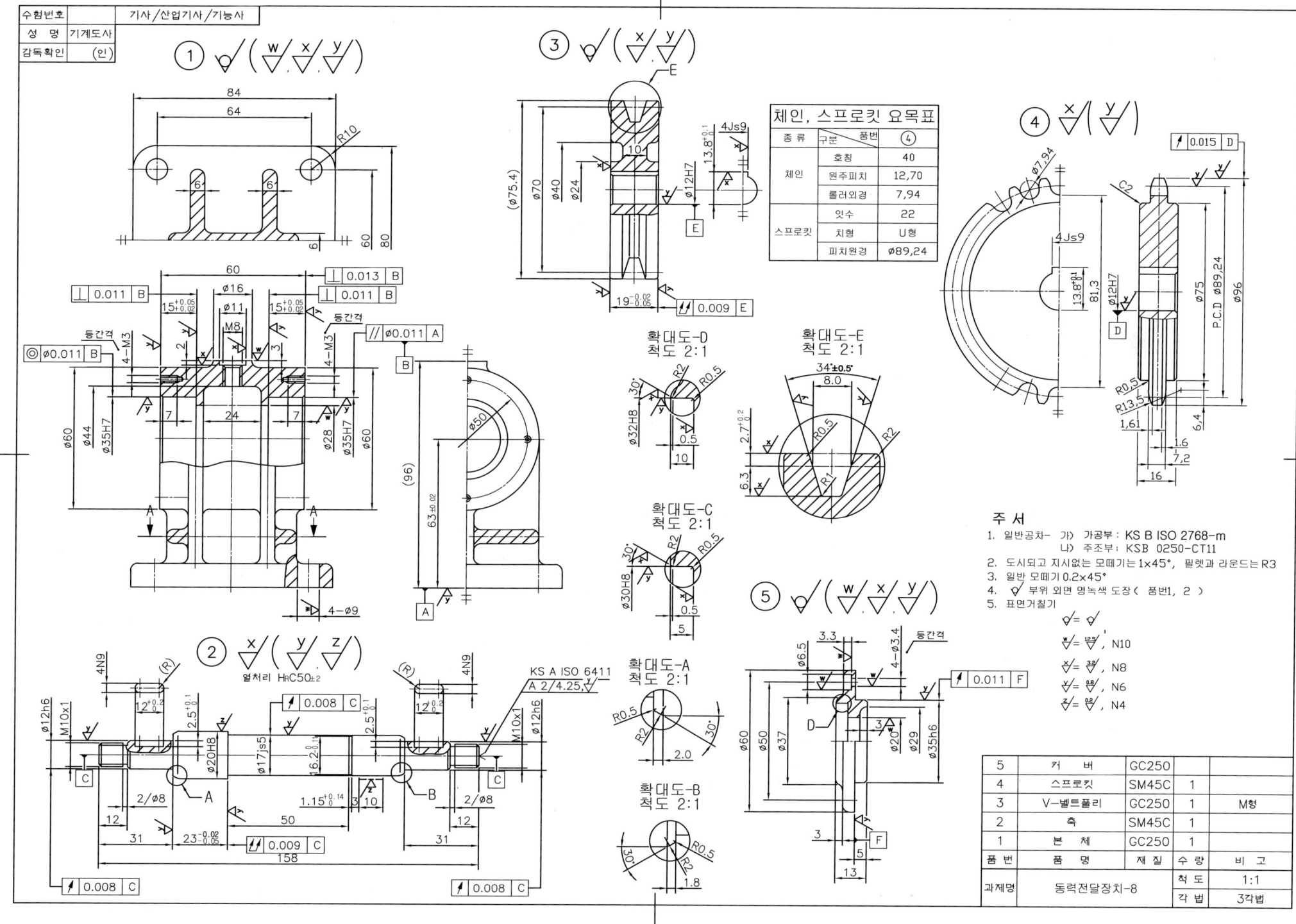

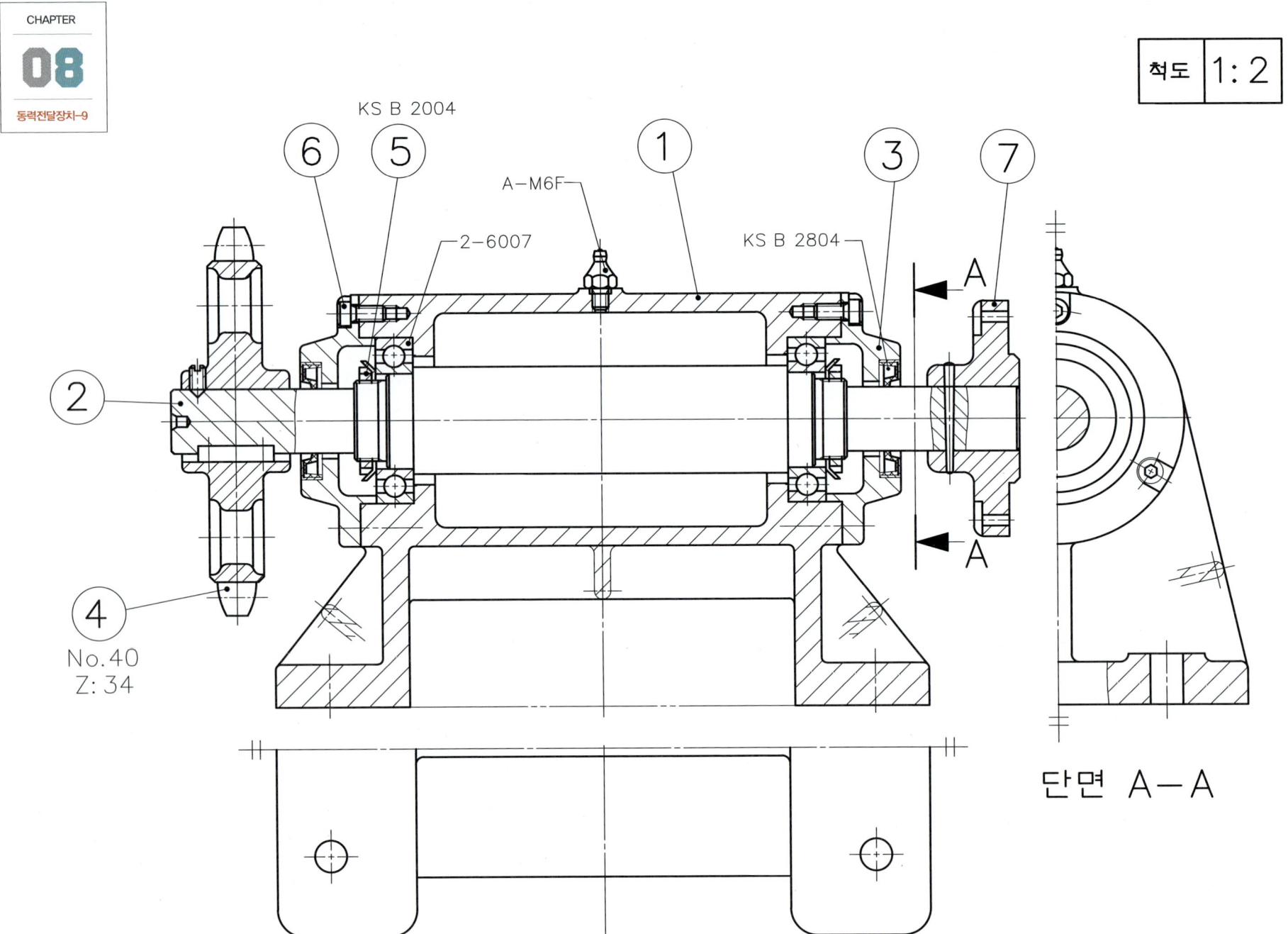

02 3D 등각도

| 도 명 | 동력전달장치-9 | 척도 | NS |

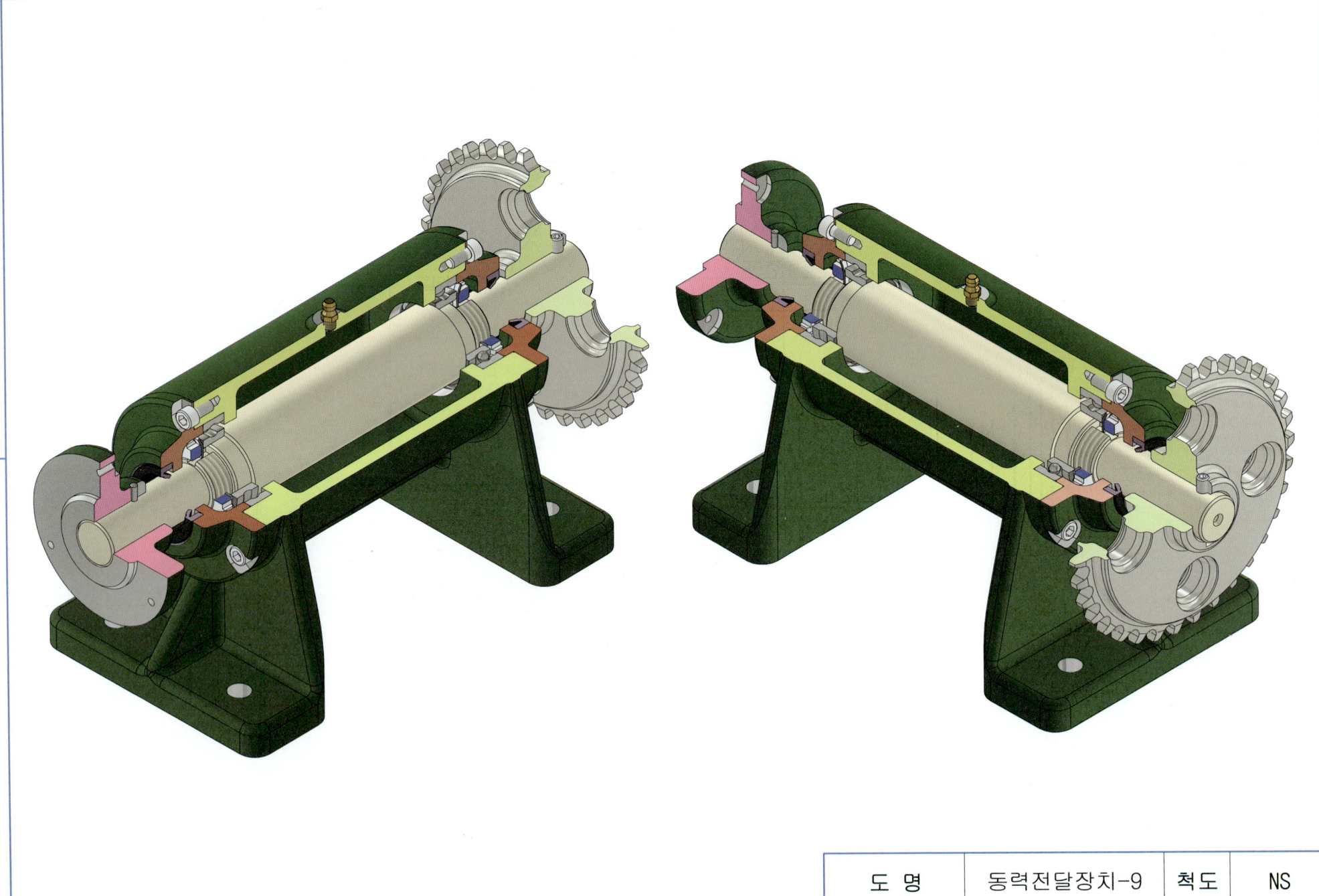

| 도 명 | 동력전달장치-9 | 척 도 | NS |

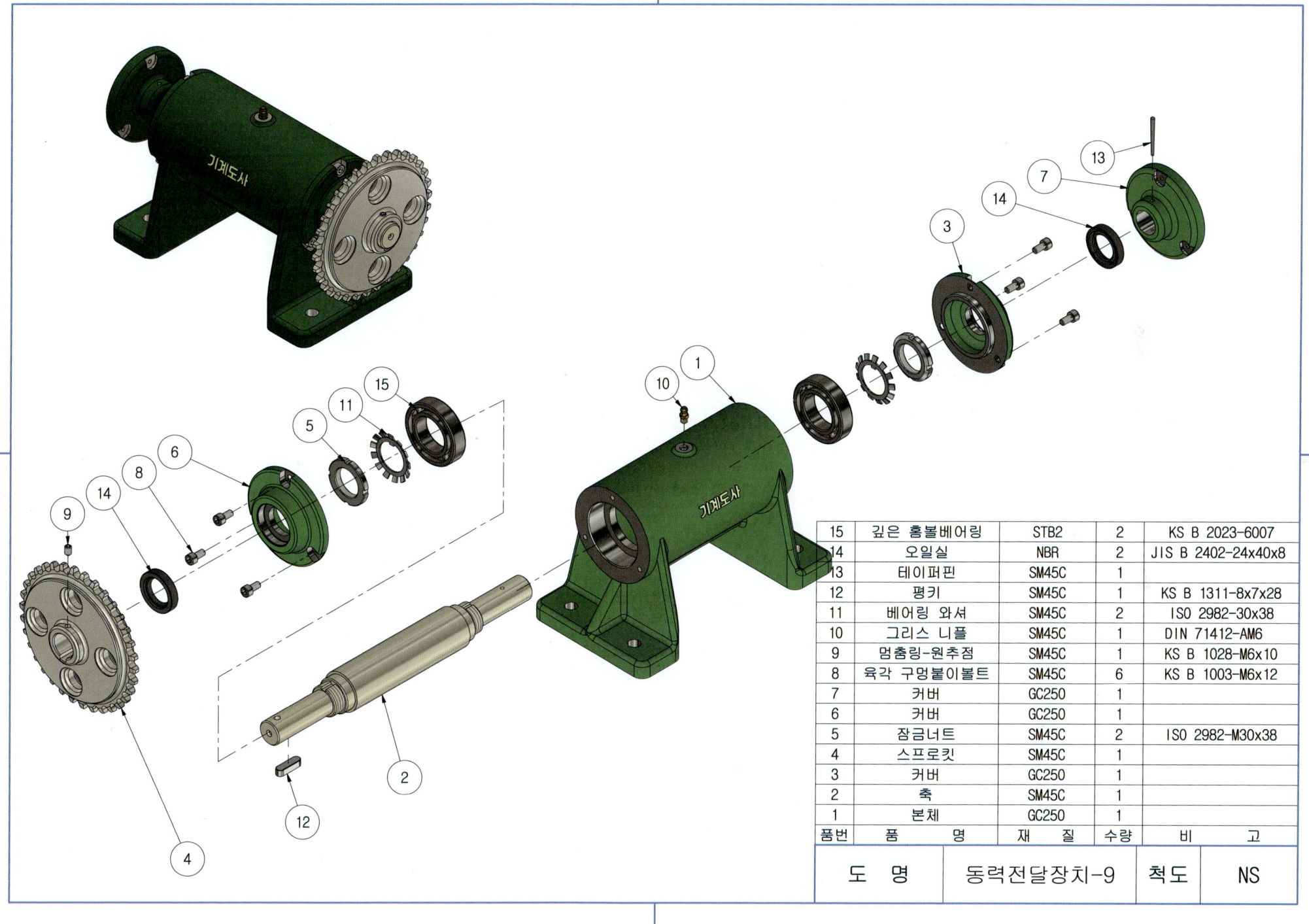

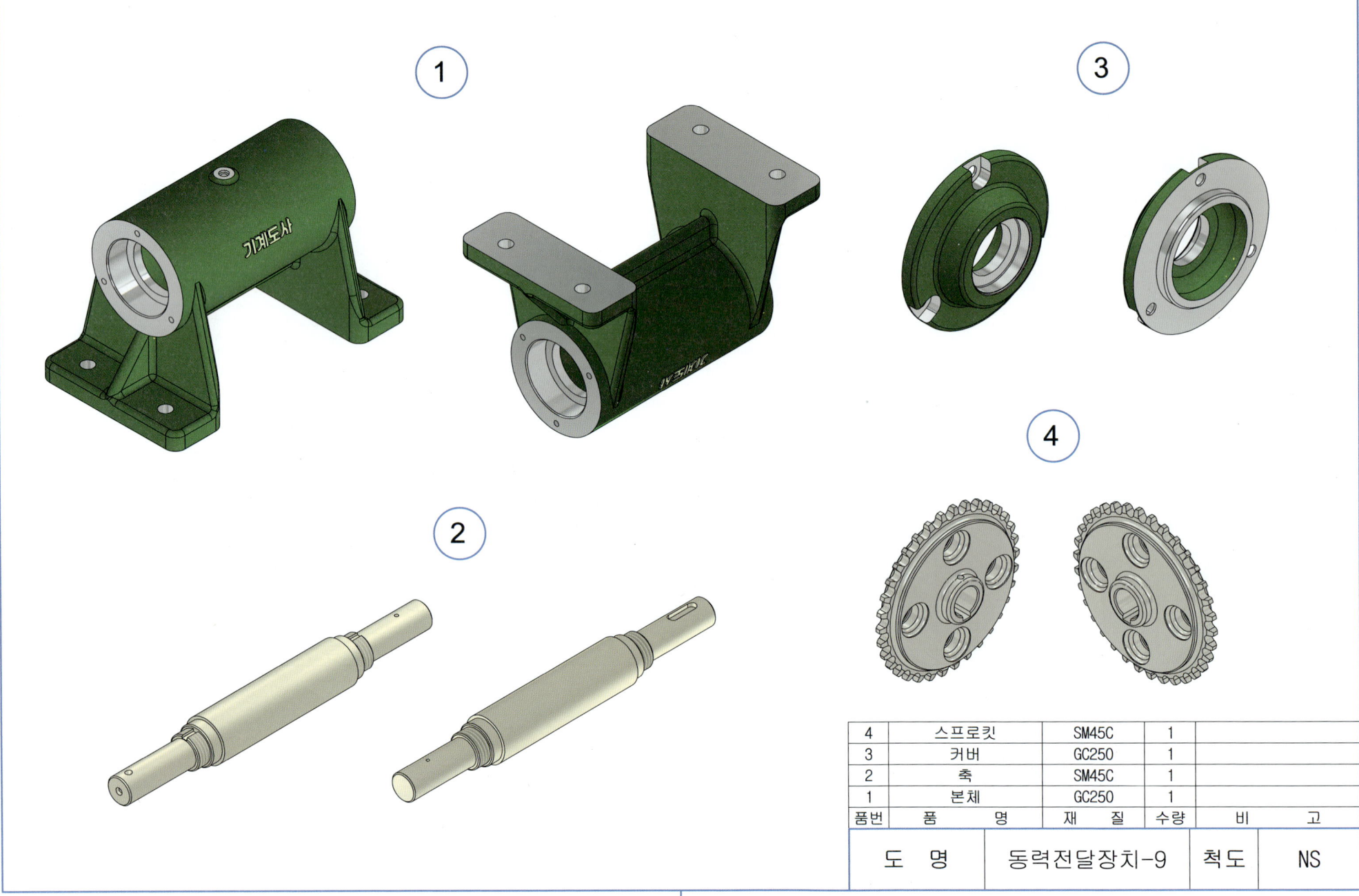

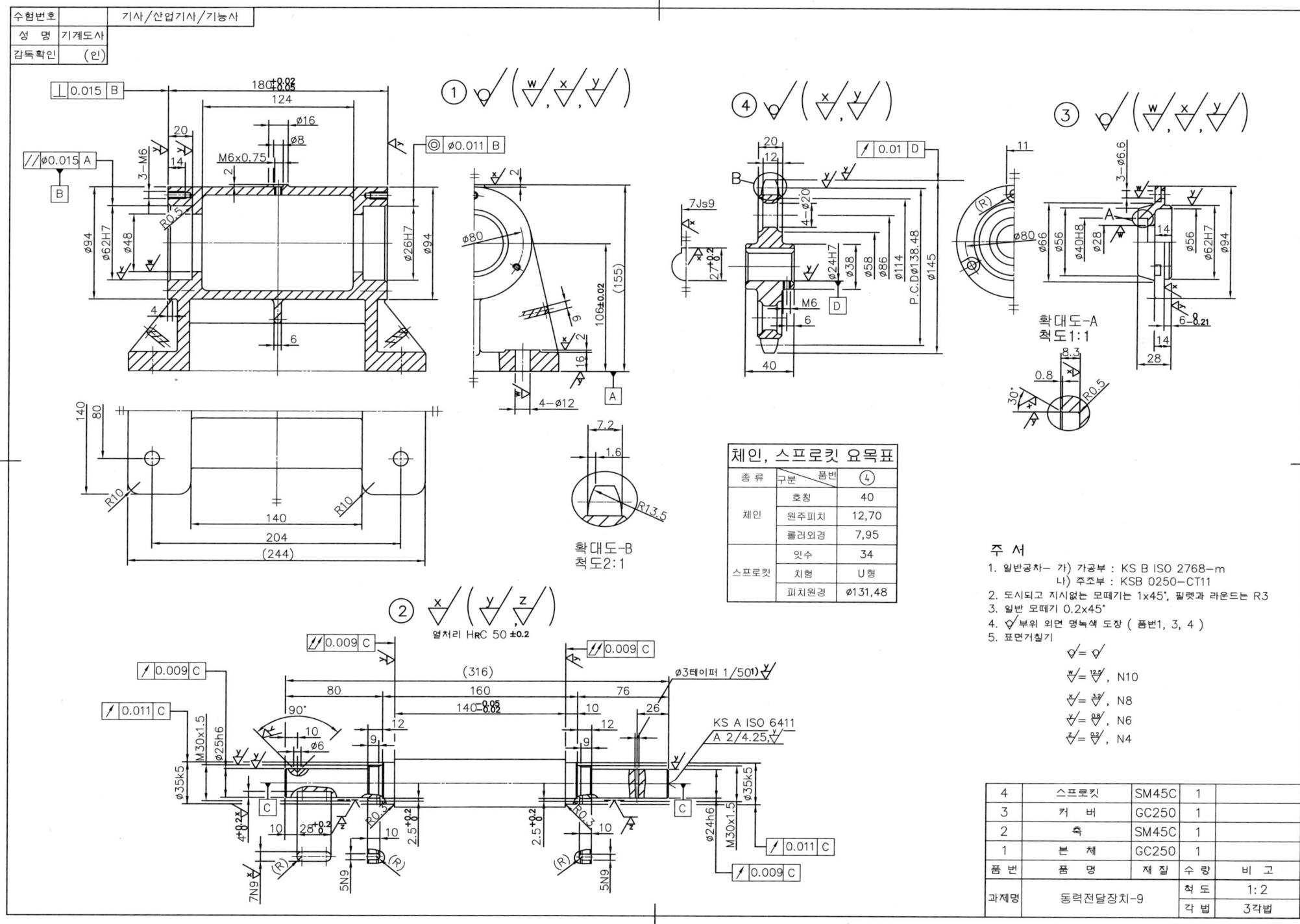

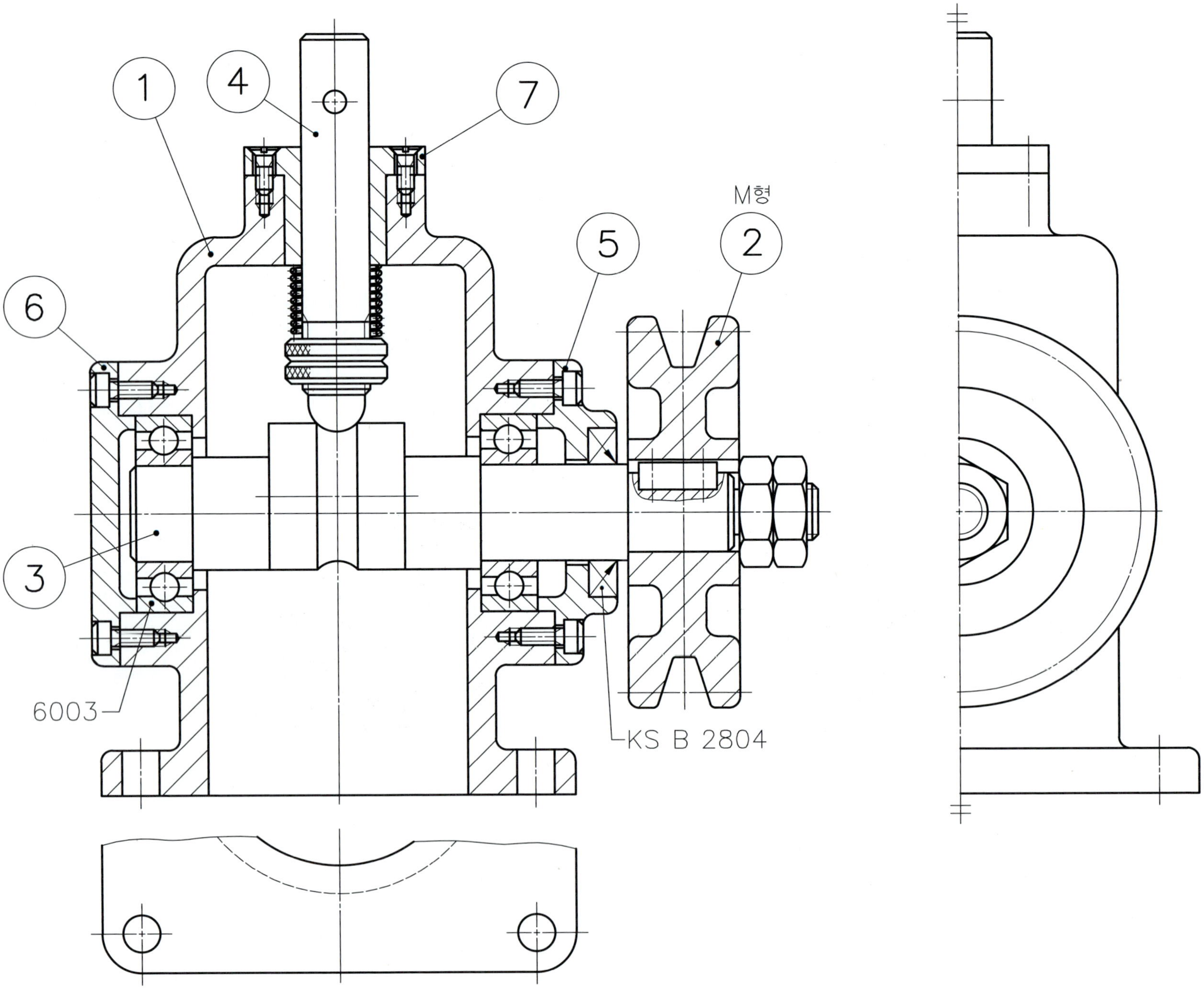

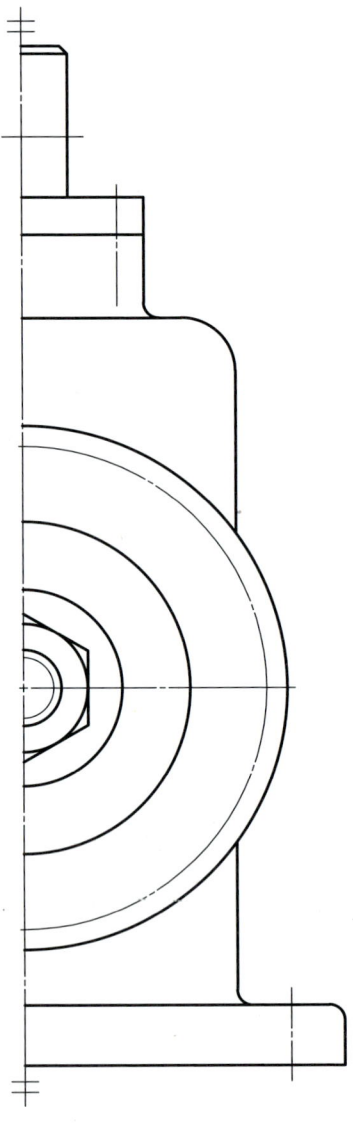

01 문제도면

02 3D 등각도

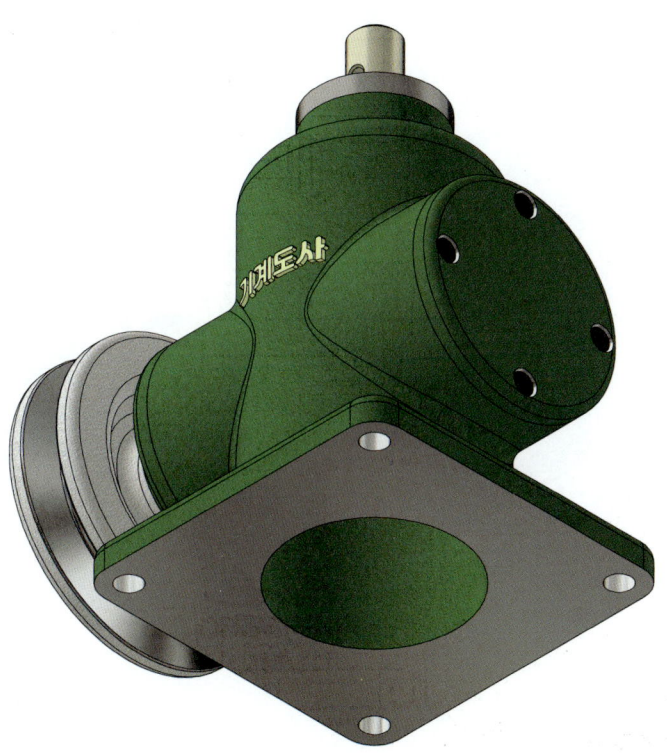
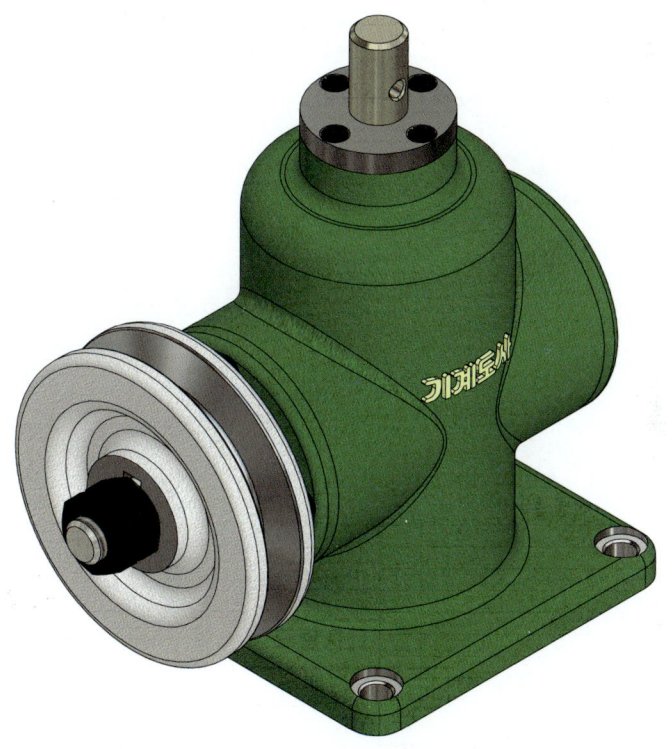

| 도 명 | 편심구동장치-1 | 척도 | NS |

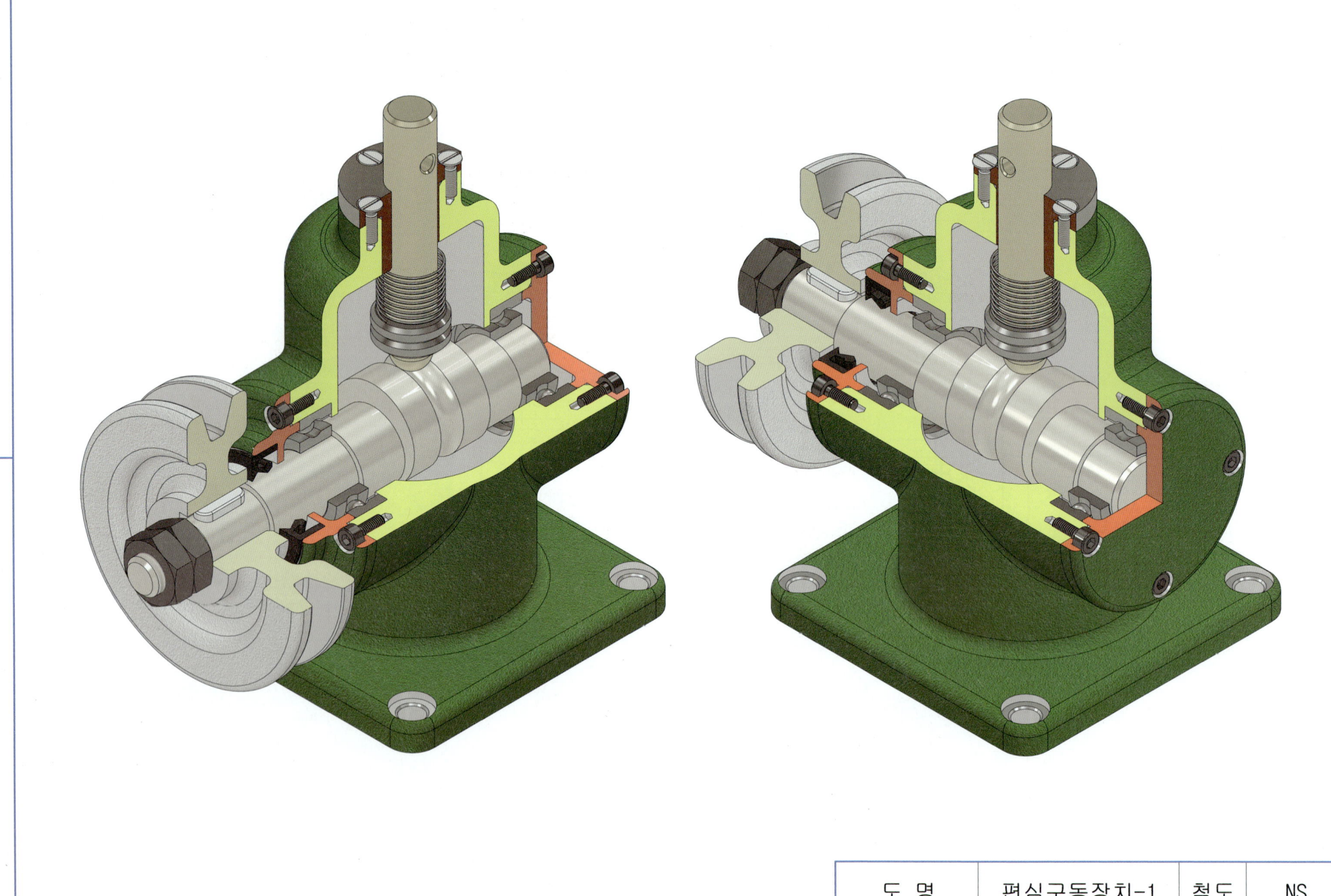

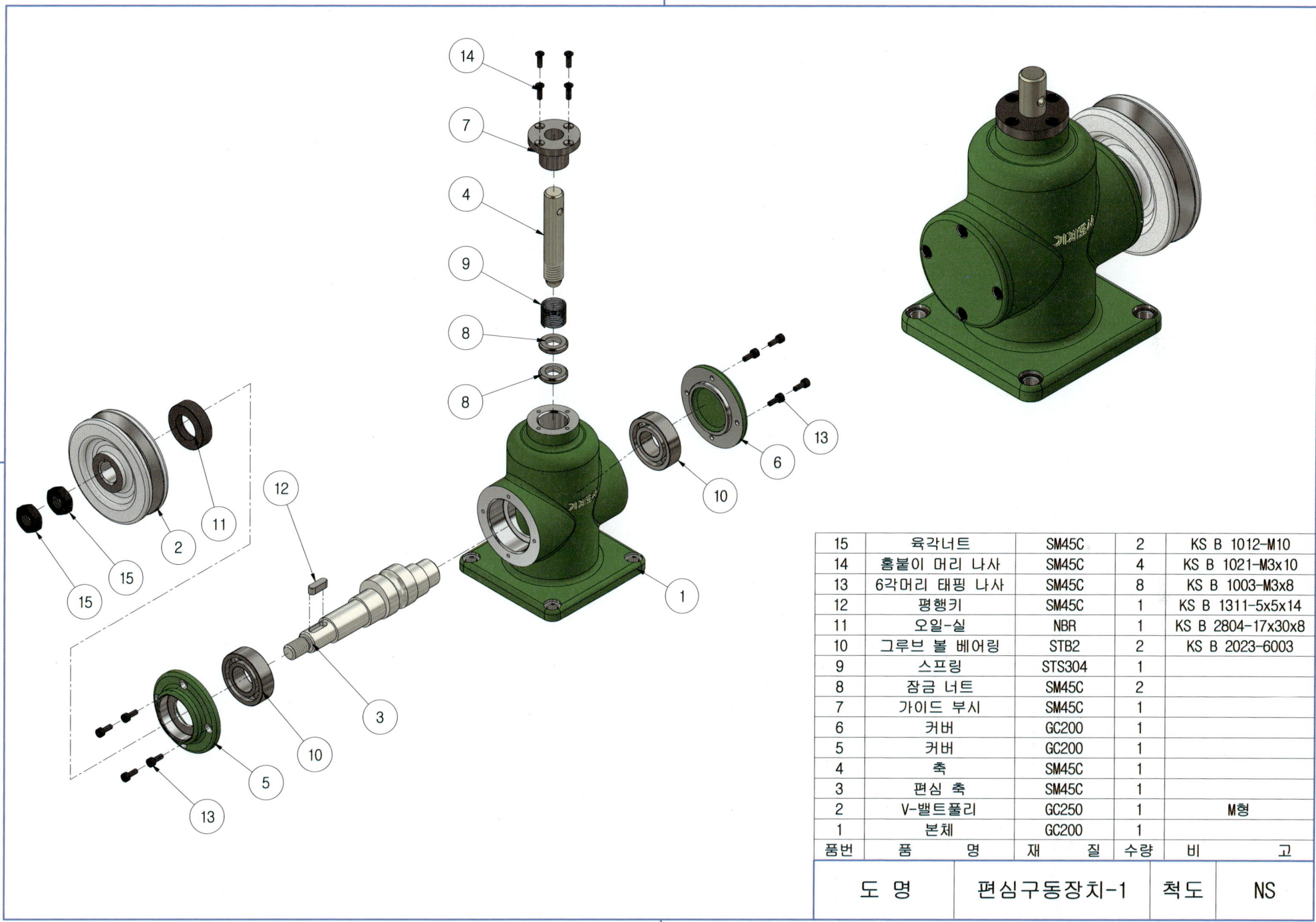

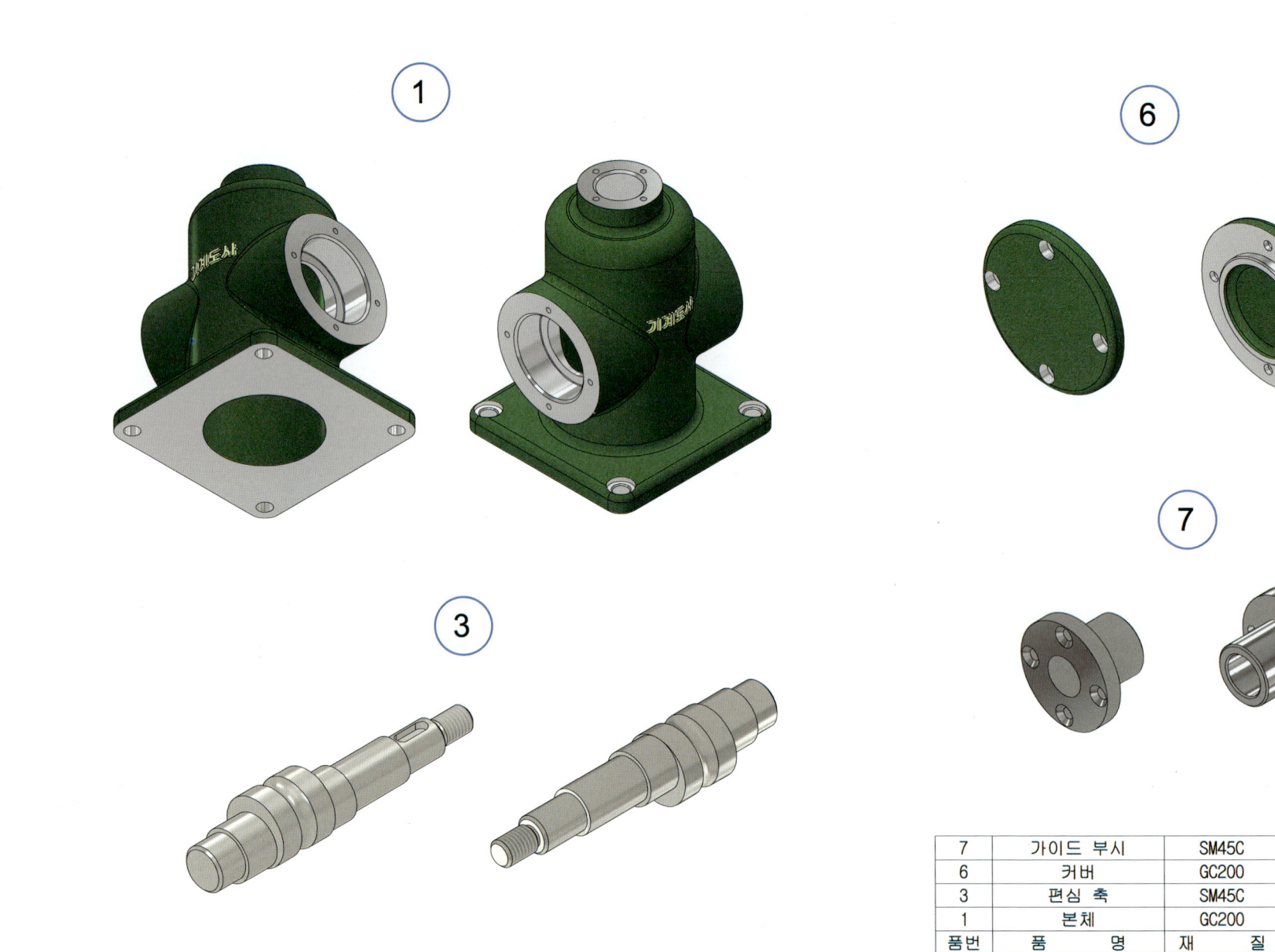

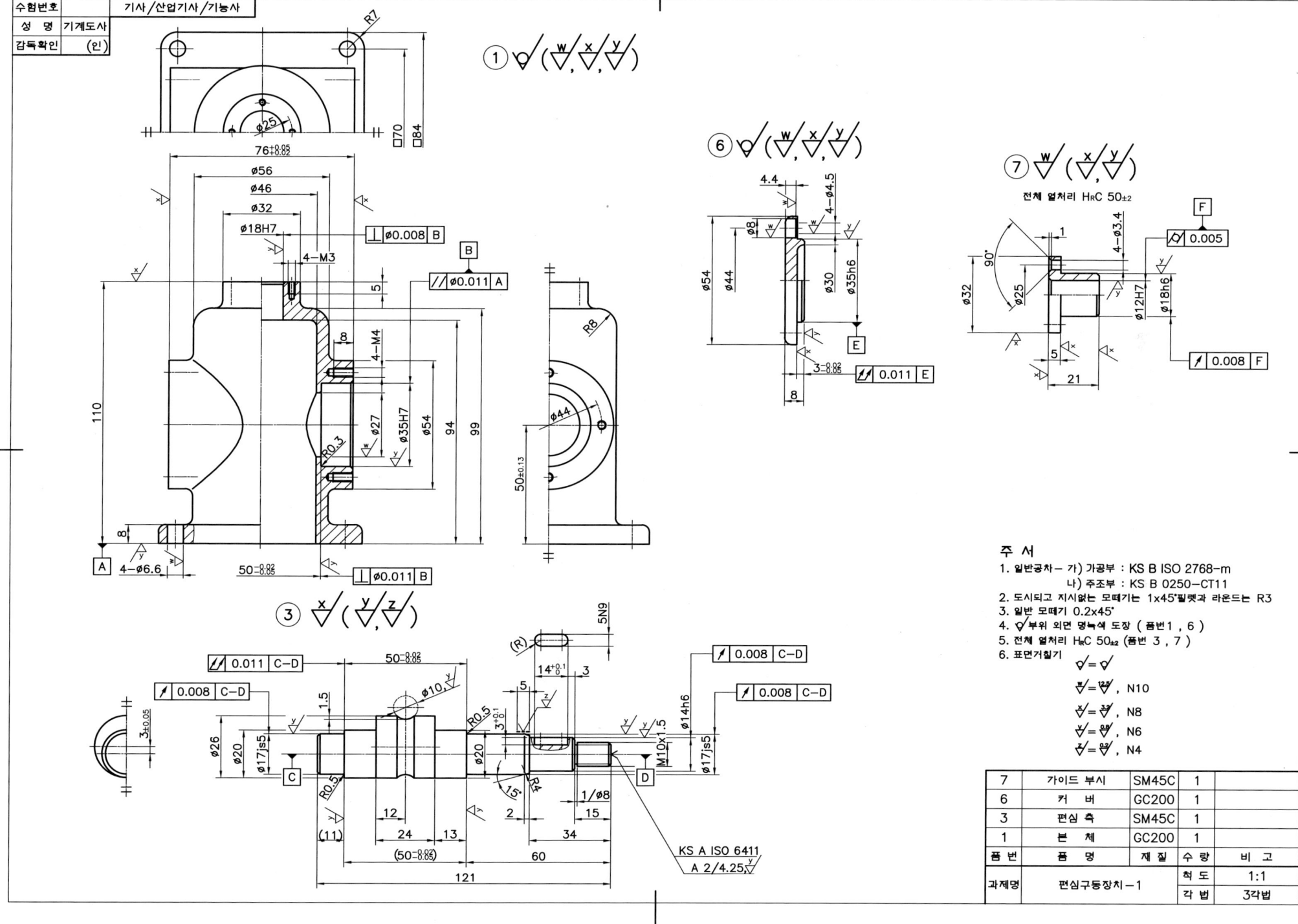

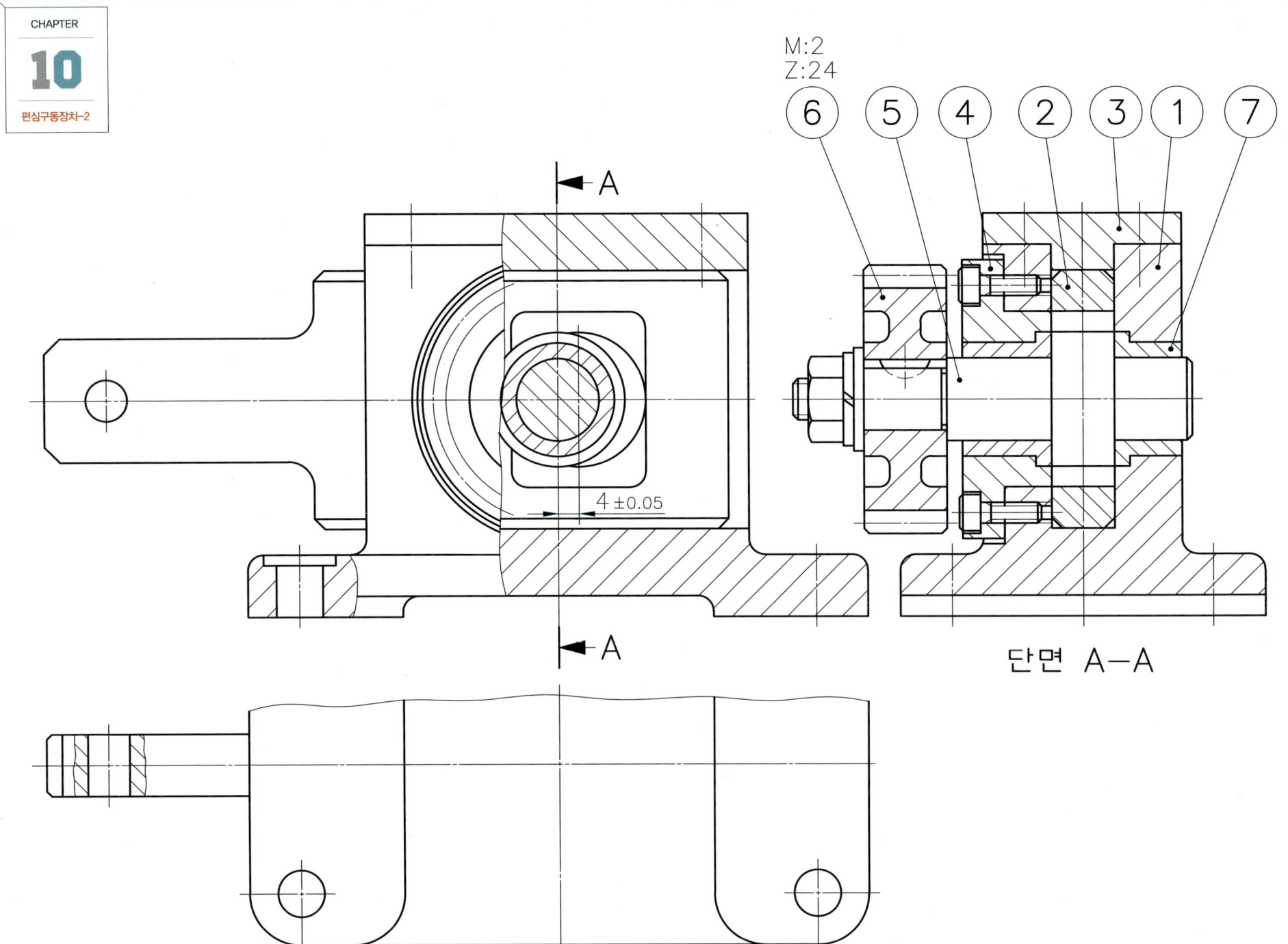

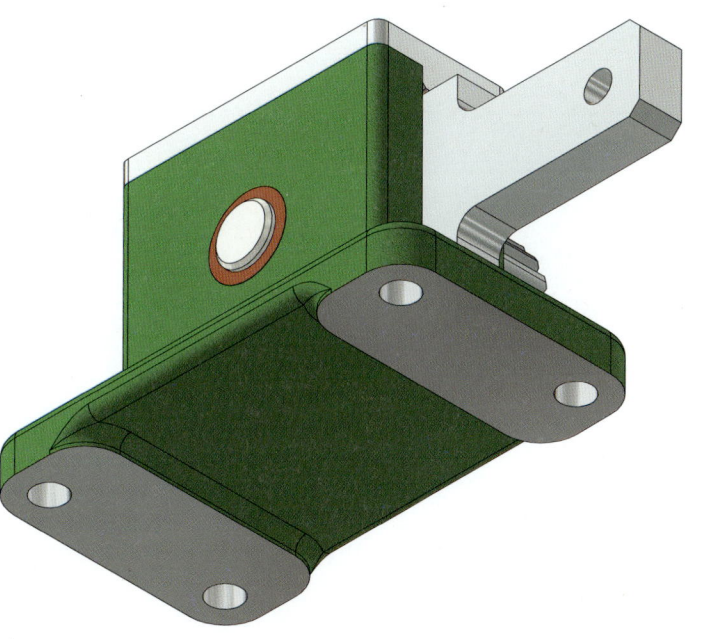
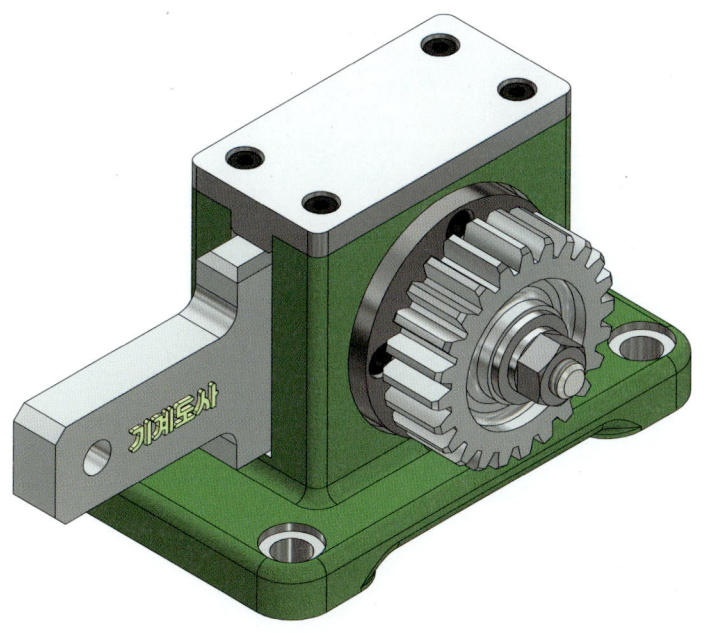

| 도 명 | 편심구동장치-2 | 척도 | NS |

02 3D 등각도

CHAPTER 10 | 편심구동장치-2   213

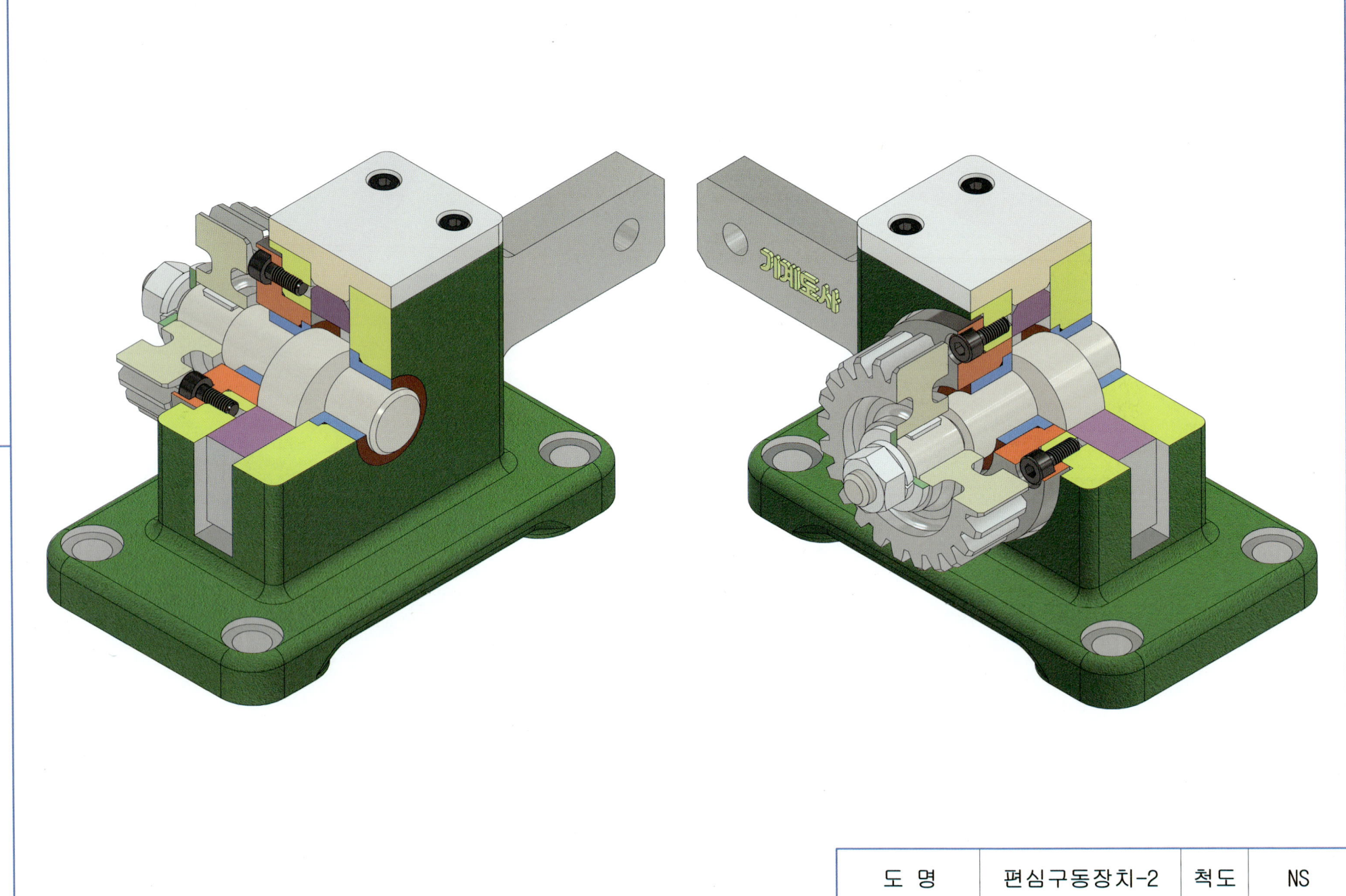

| 도 명 | 편심구동장치-2 | 척 도 | NS |

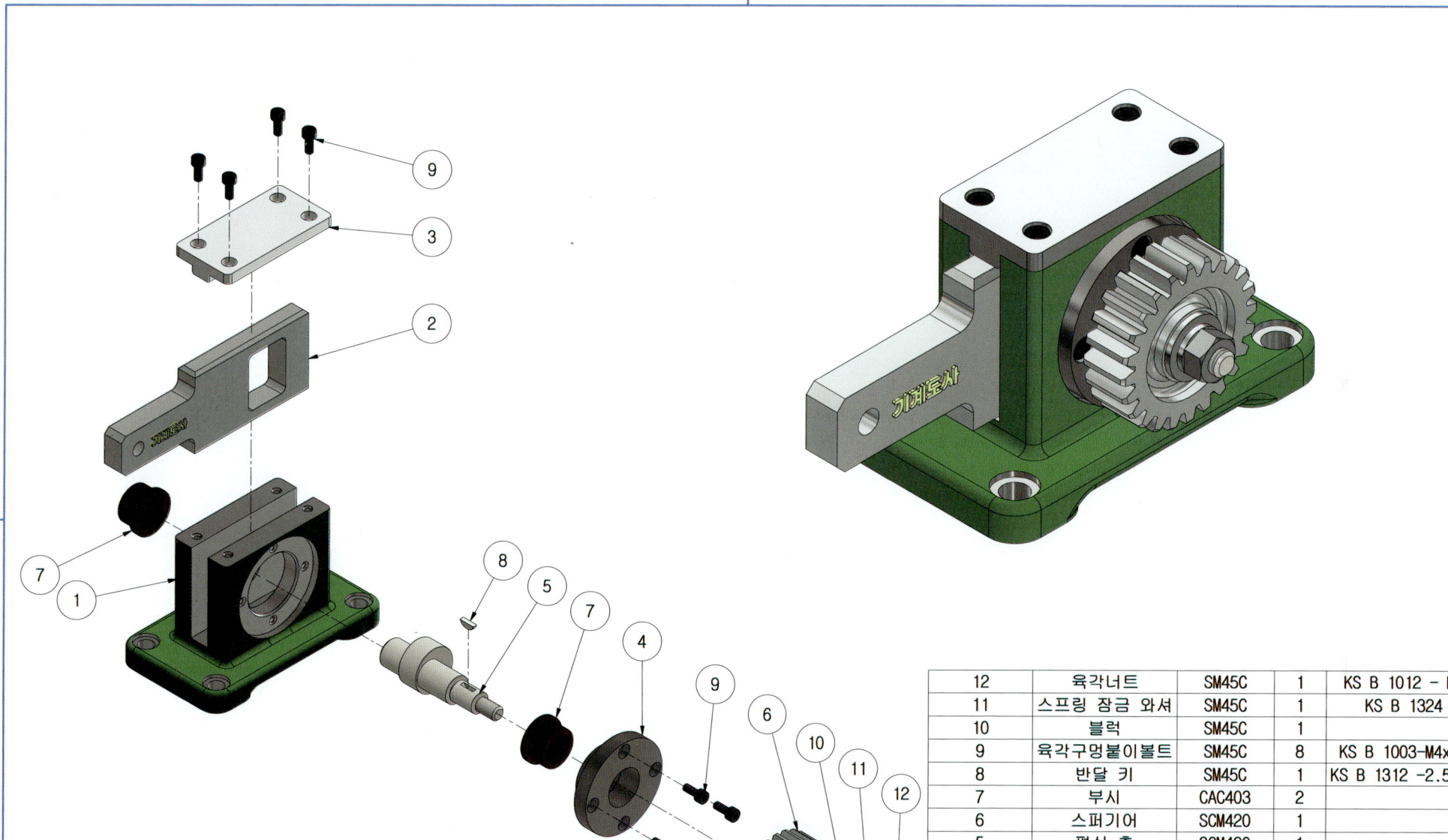

04 3D 분해도

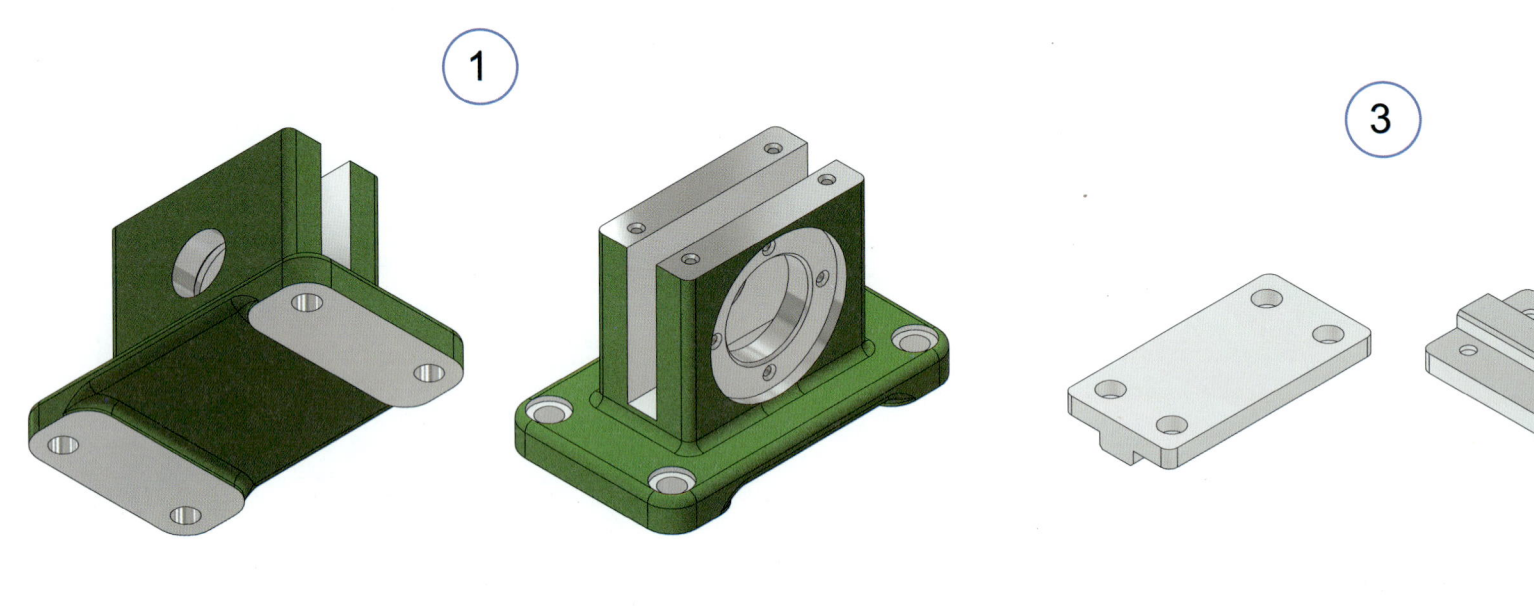
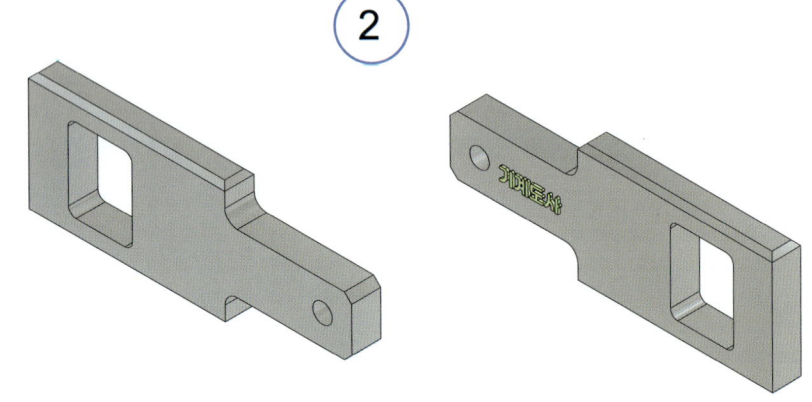

3	커버	SM45C	1	
2	슬라이드	SM45C	1	
1	본체	GC250	1	
품번	품　　명	재　　질	수량	비　　고

도 명	편심구동장치-2	척 도	NS

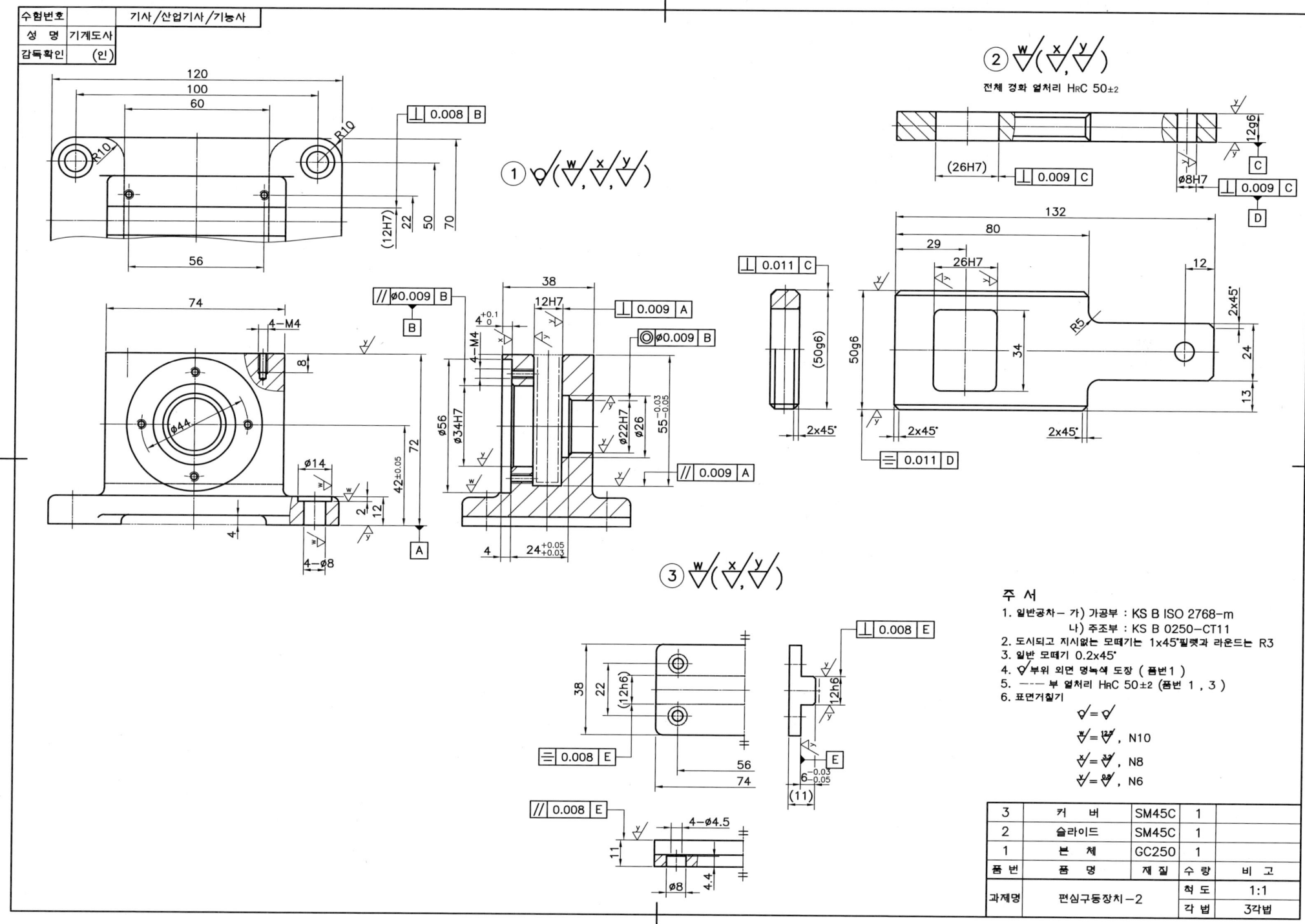

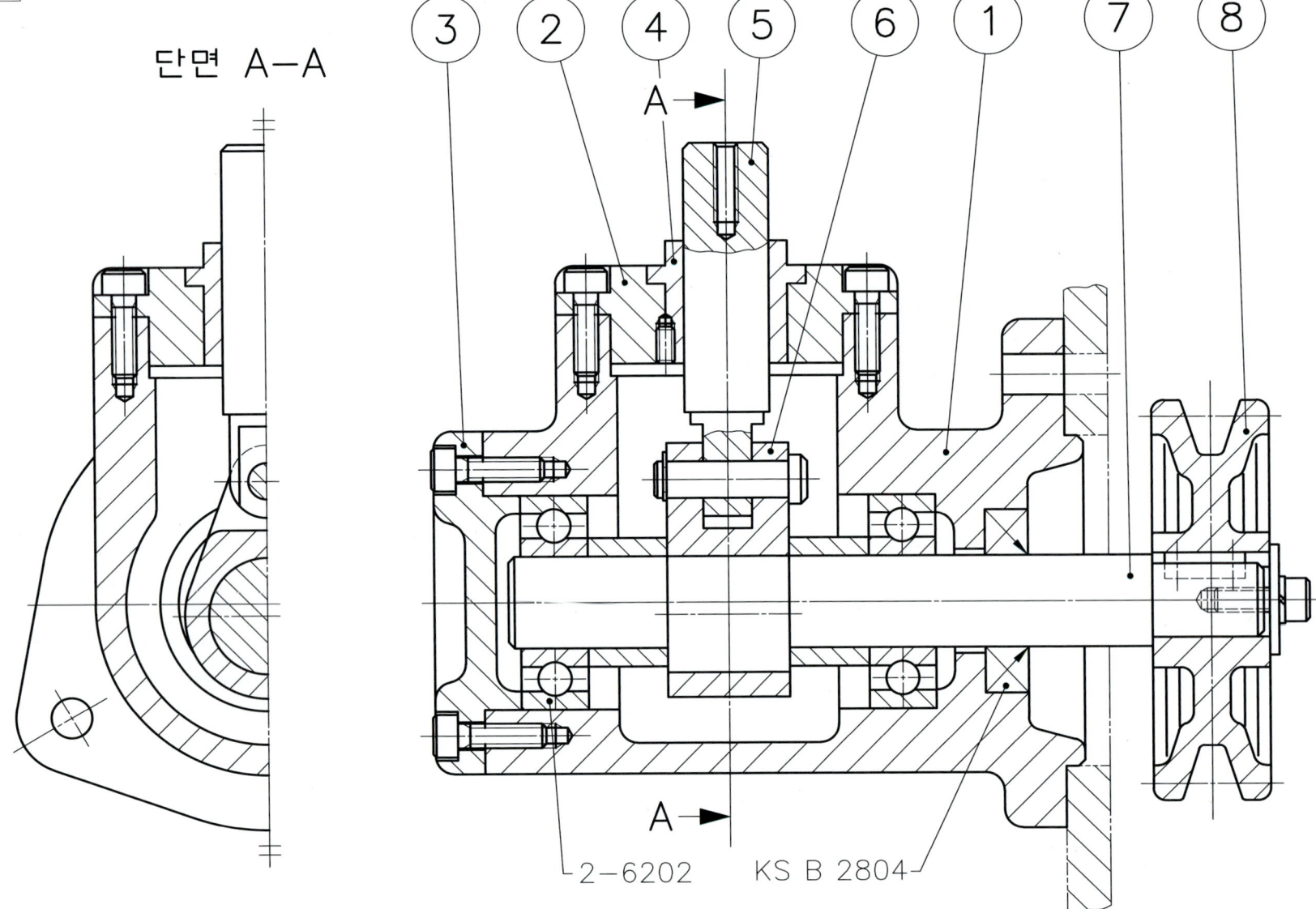

02 3D 등각도

| 도 명 | 편심구동장치-3 | 척도 | NS |

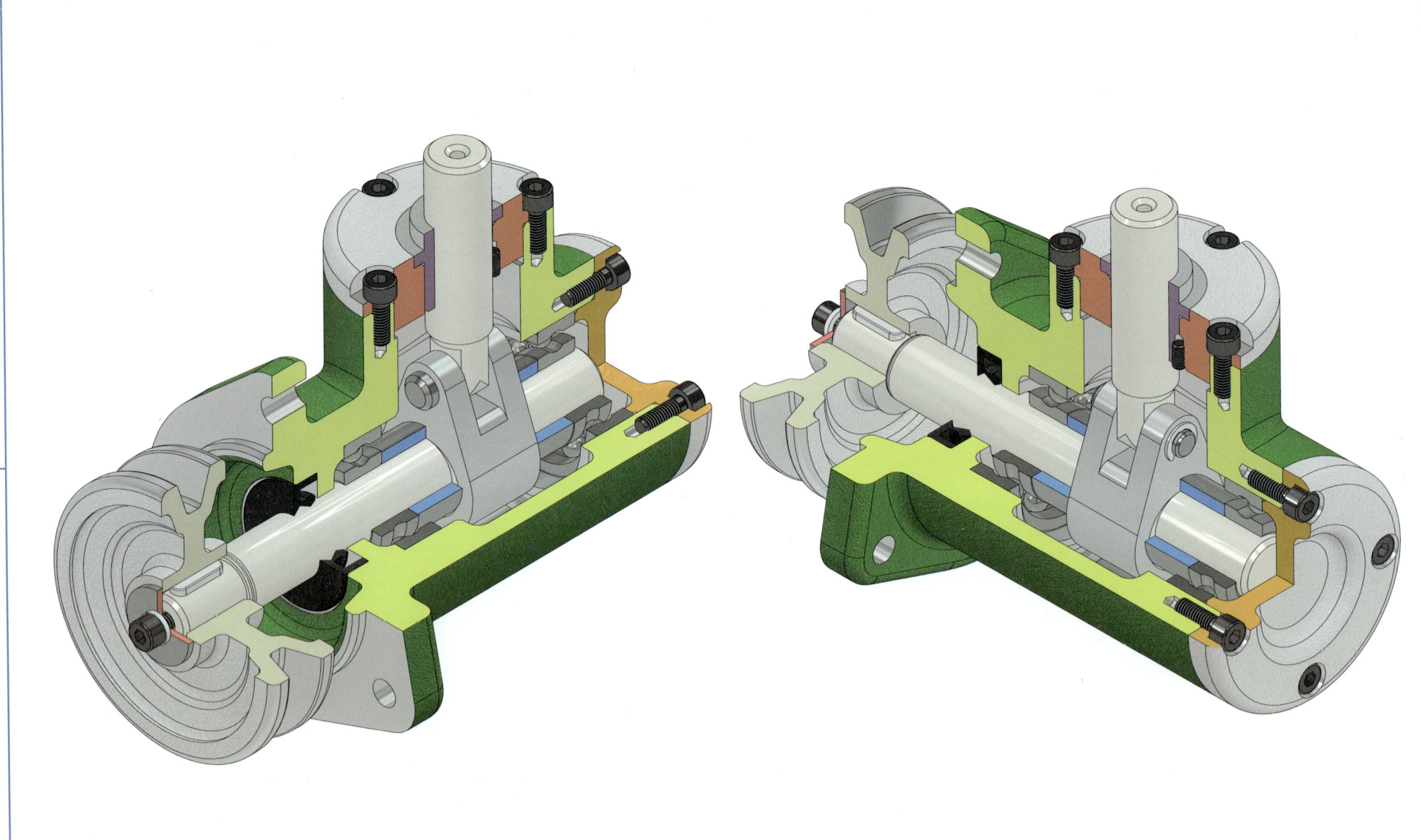

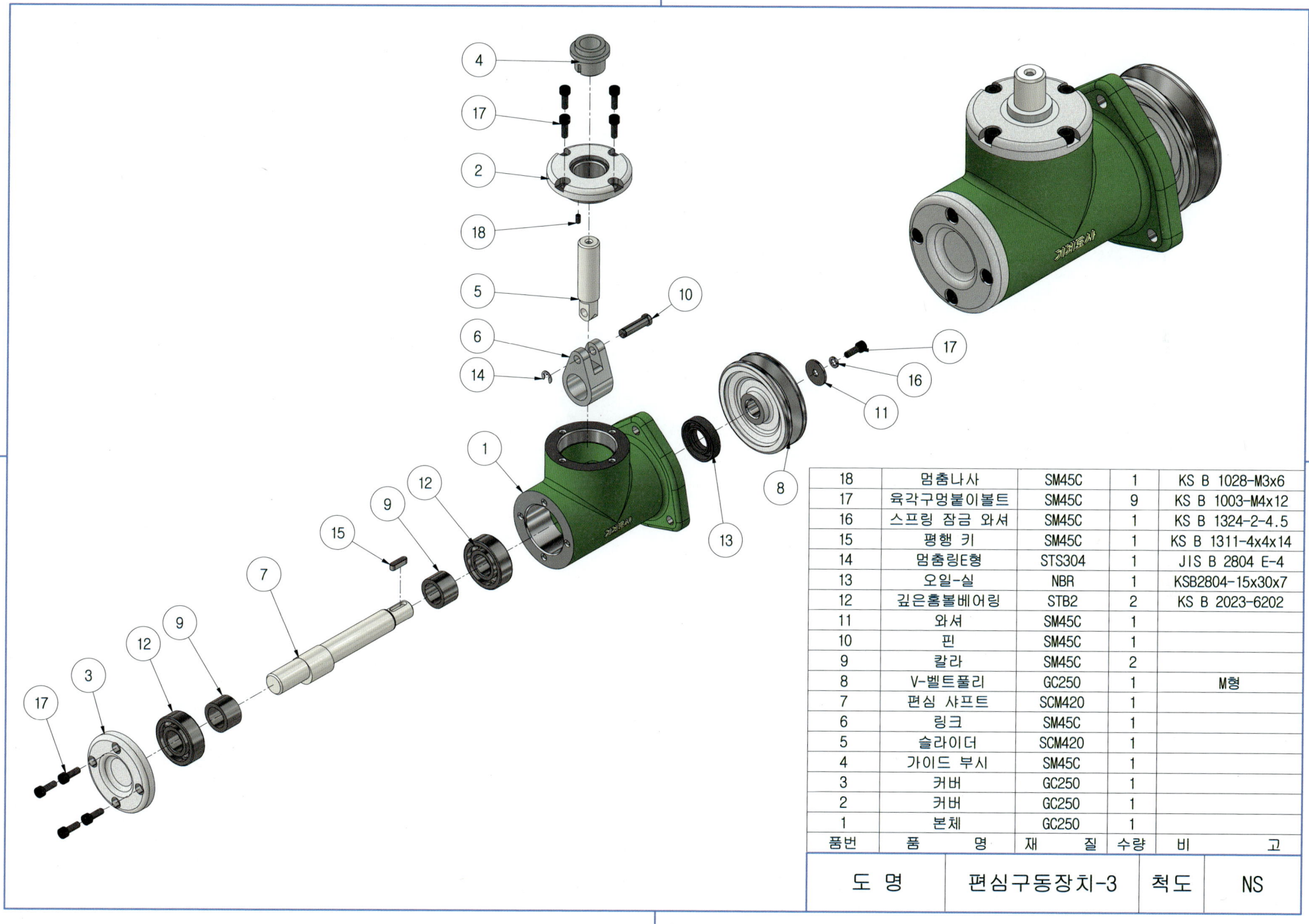

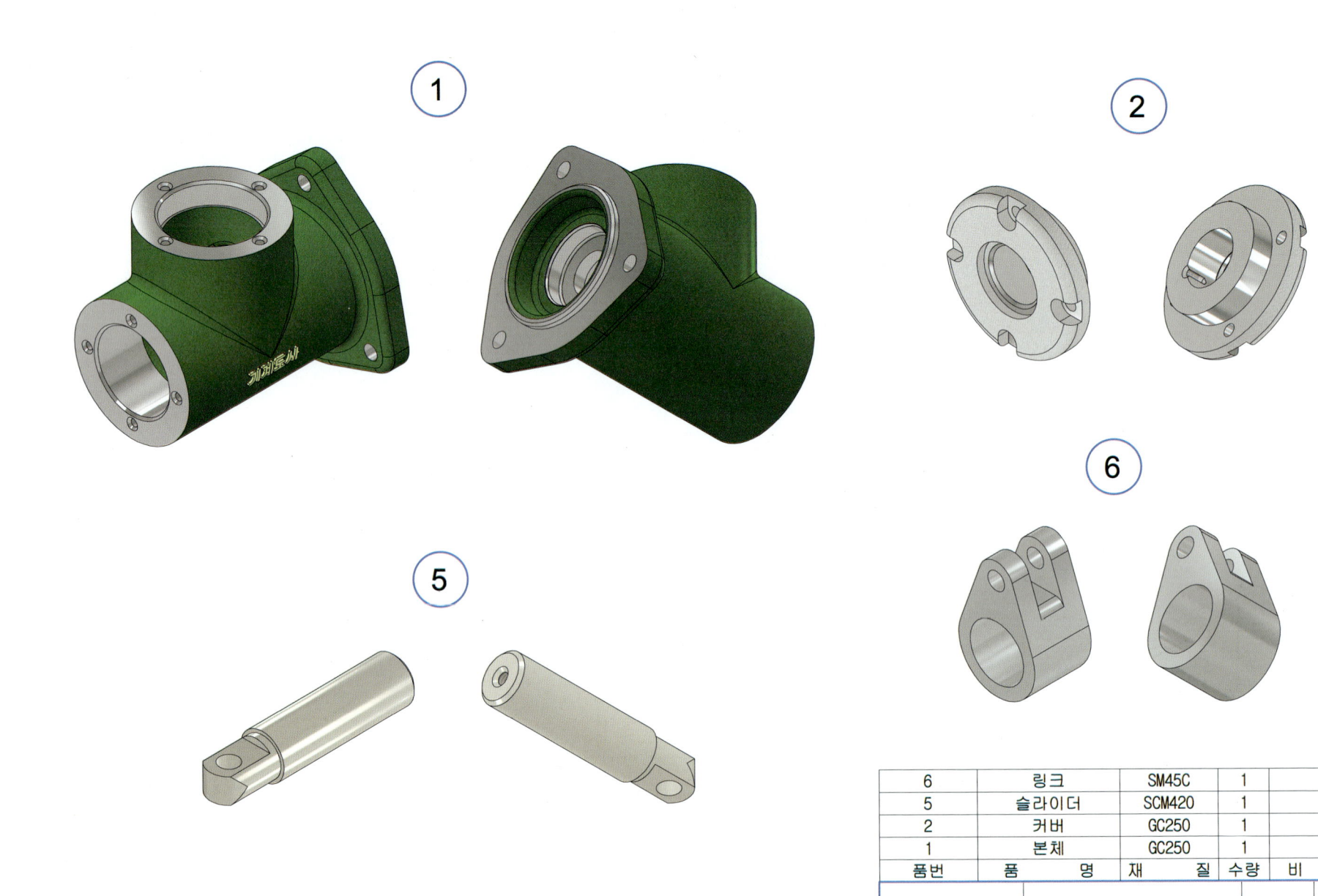

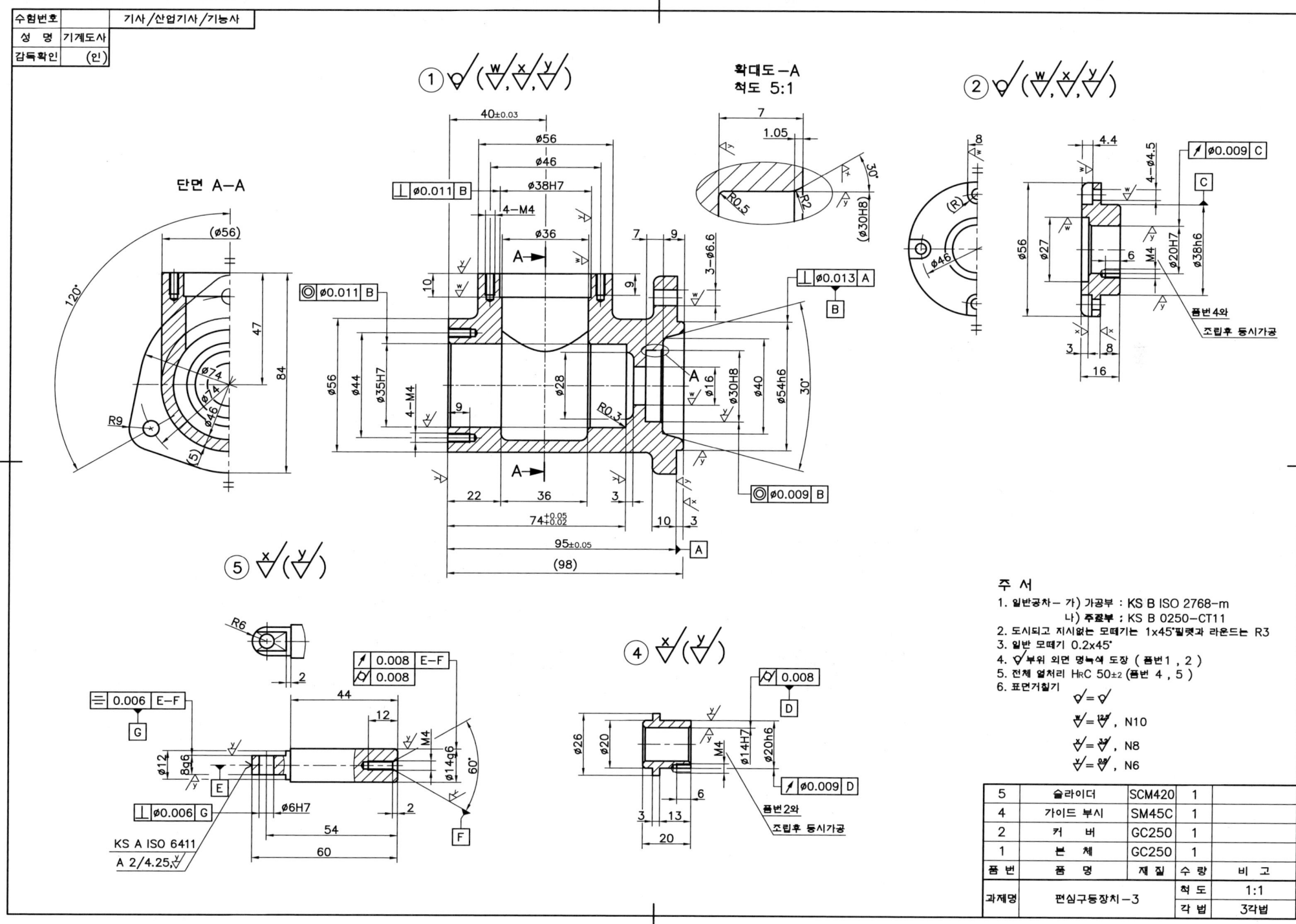

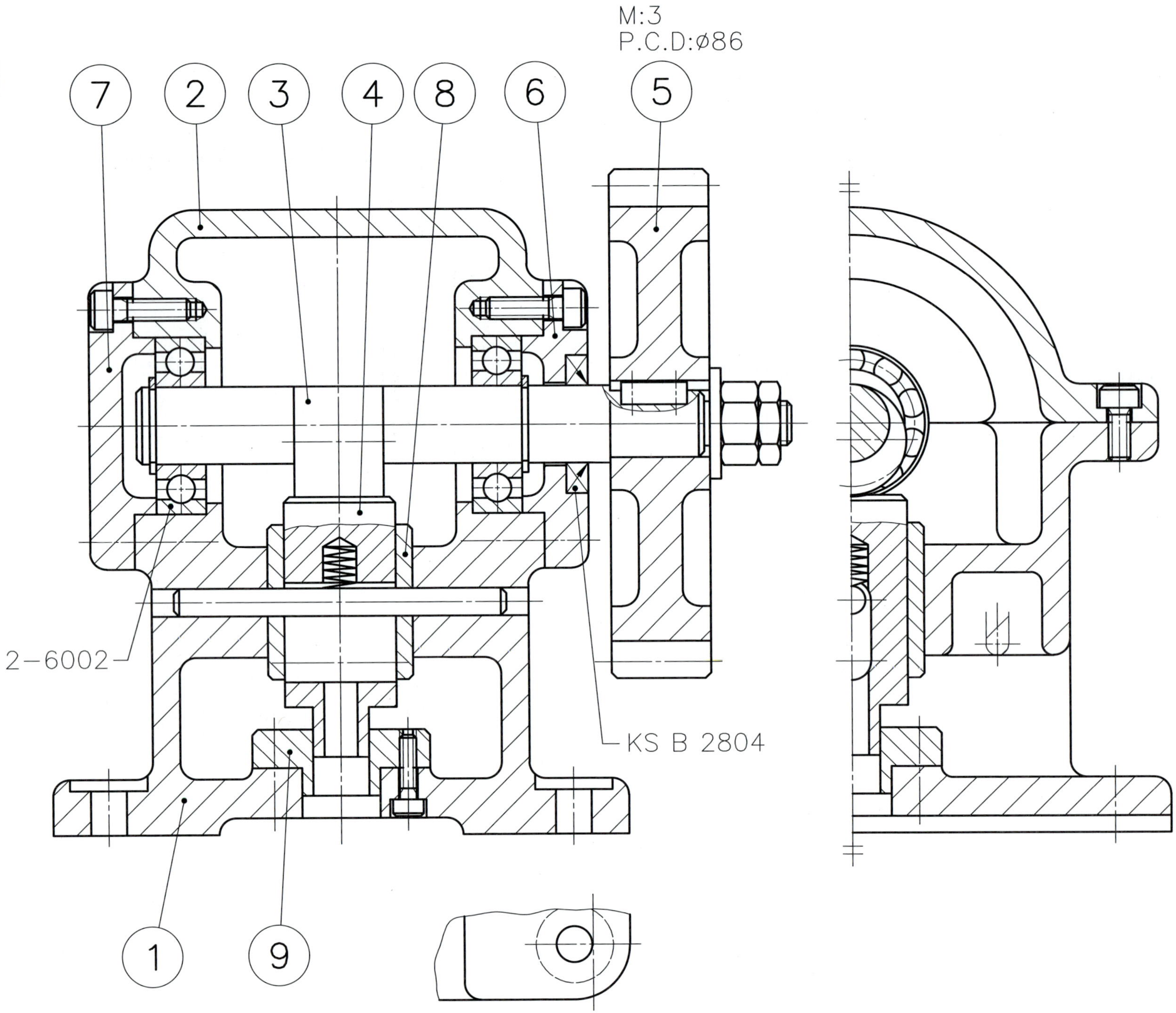

M:3
P.C.D:⌀86

2-6002

KS B 2804

01 문제도면

작동 분해 조립 동영상
URL https://m.site.naver.com/1gmil

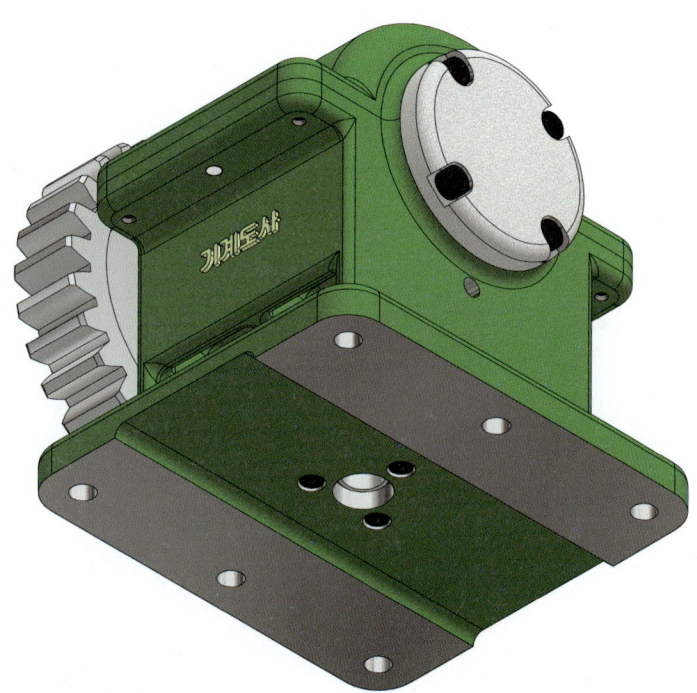
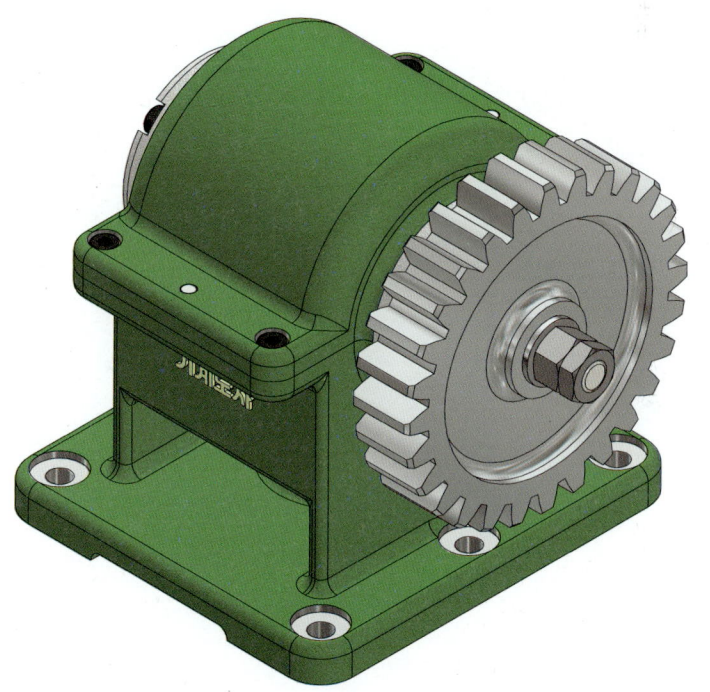

| 도 명 | 편심구동장치-4 | 척 도 | NS |

02 3D 등각도

CHAPTER 12 | 편심구동장치-4

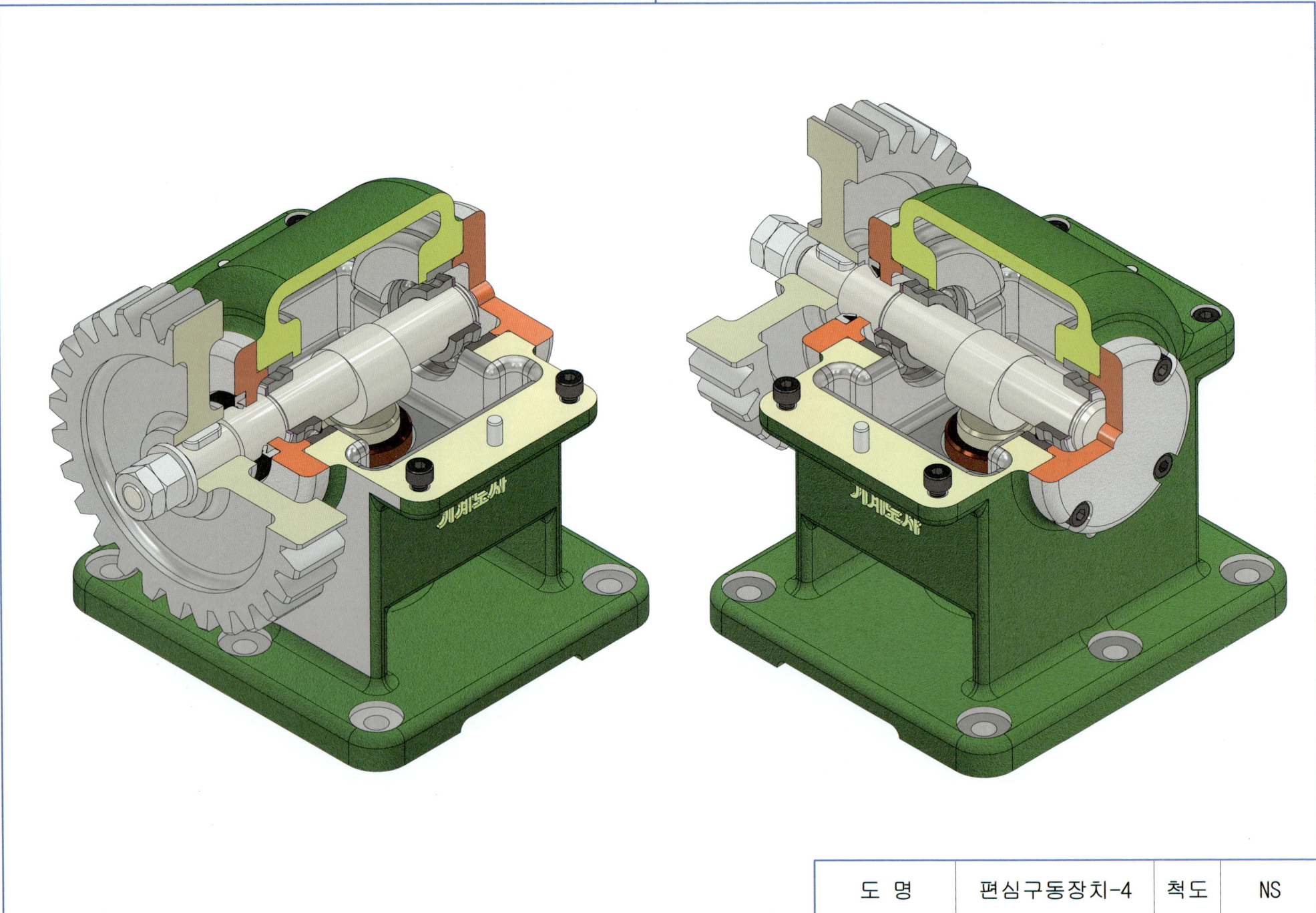

품번	품 명	재 질	수량	비 고
22	육각구멍붙이볼트	SM45C	3	KS B 1003-M3x12
21	평행 핀	SM45C	2	KS B 1320-4x14
20	육각구멍붙이볼트	SM45C	4	KS B 1003-M4x8
19	육각구멍붙이볼트	SM45C	8	KS B 1003-M4x12
18	평행 핀	SM45C	1	KS B 1320 - 5x50
17	육각너트	SM45C	1	JIS B 1181 - M8
16	육각너트	SM45C	1	KS B 1012-M8
15	평면 와셔	SM45C	1	KS B 1326-8x17
14	C형 멈춤링(축용)	STS304	2	KS B 1336-15x1
13	평행 키	SM45C	1	KS B 1311-5x5x12
12	오일실	NBR	1	JISB2402-15x25x4
11	깊은홈볼베어링	STB2	2	KS B 2023-6002
10	스프링	SPS6	1	
9	커버	SM45C	1	
8	가이드 부시	CAC403	1	
7	커버	GC250	1	
6	커버	GC250	1	
5	스퍼기어	SCM420	1	
4	슬라이더	SCM420	1	
3	편심 축	SCM420	1	
2	본체 커버	GC250	1	
1	본체	GC250	1	

도 명	편심구동장치-4	척 도	NS

04 3D 분해도

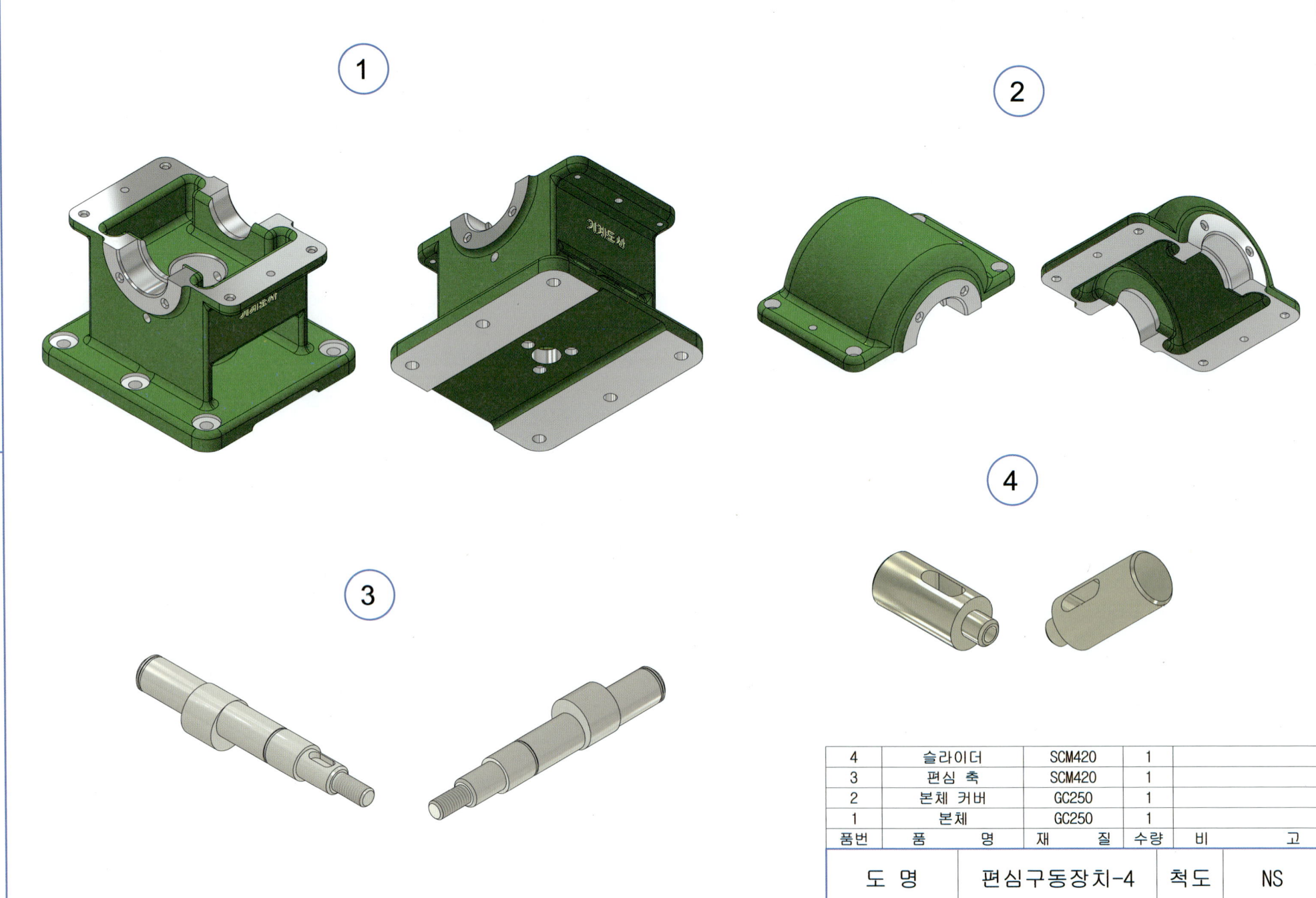

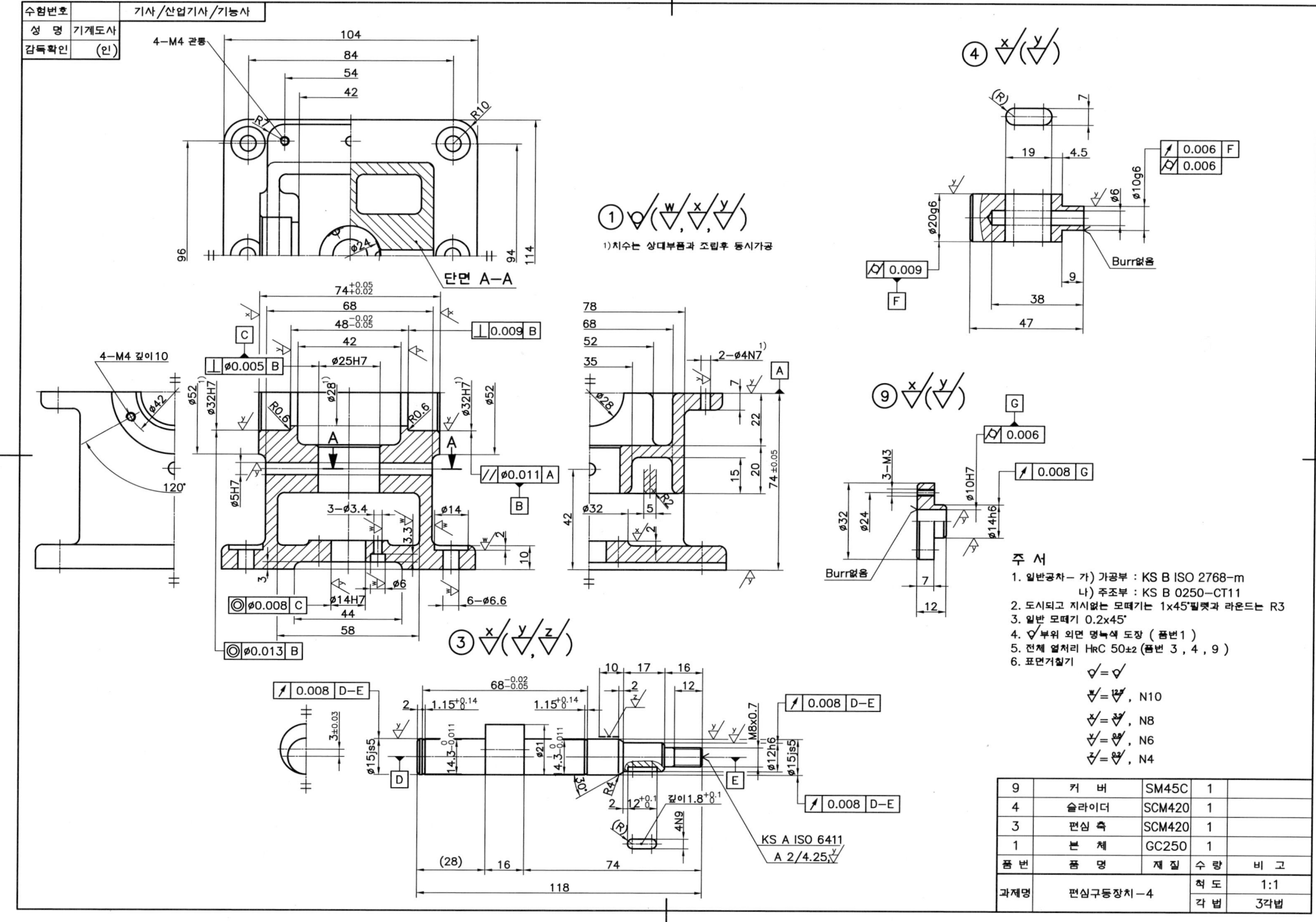

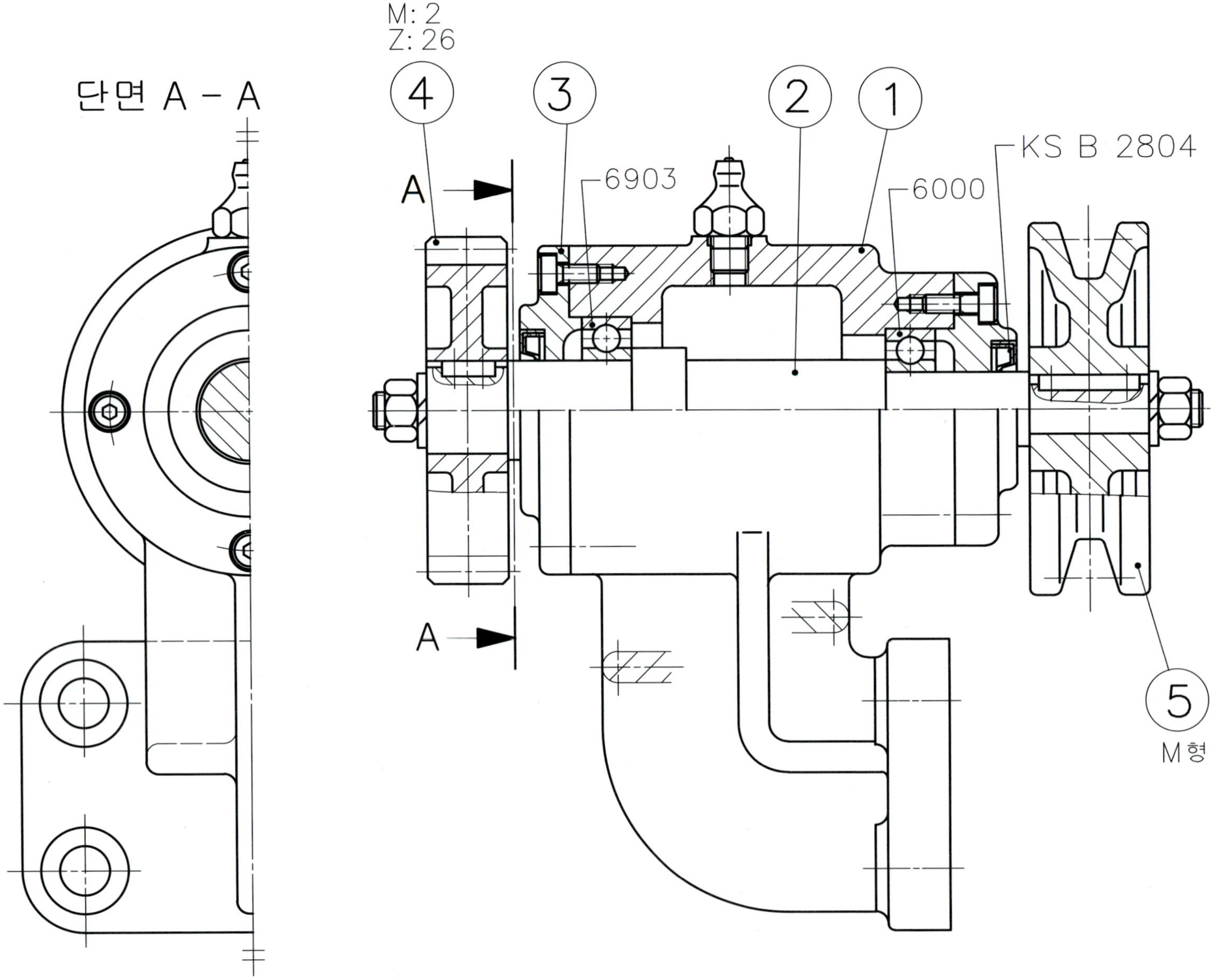

단면 A-A

M: 2
Z: 26

④ ③ ② ①

6903 6000 KS B 2804

⑤
M형

01 문제도면

02 3D 등각도

작동 분해 조립 동영상
URL https://m.site.naver.com/1gm1v

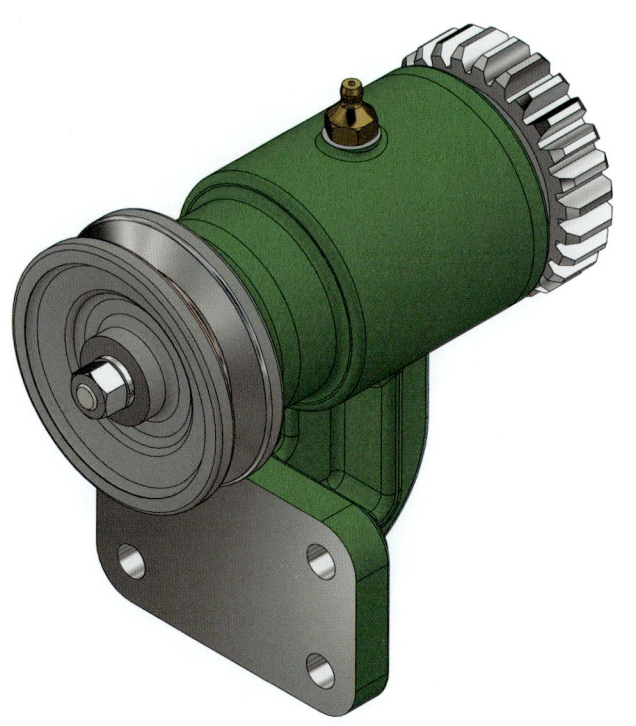

| 도 명 | 전동장치 | 척 도 | NS |

CHAPTER 13 | 전동장치

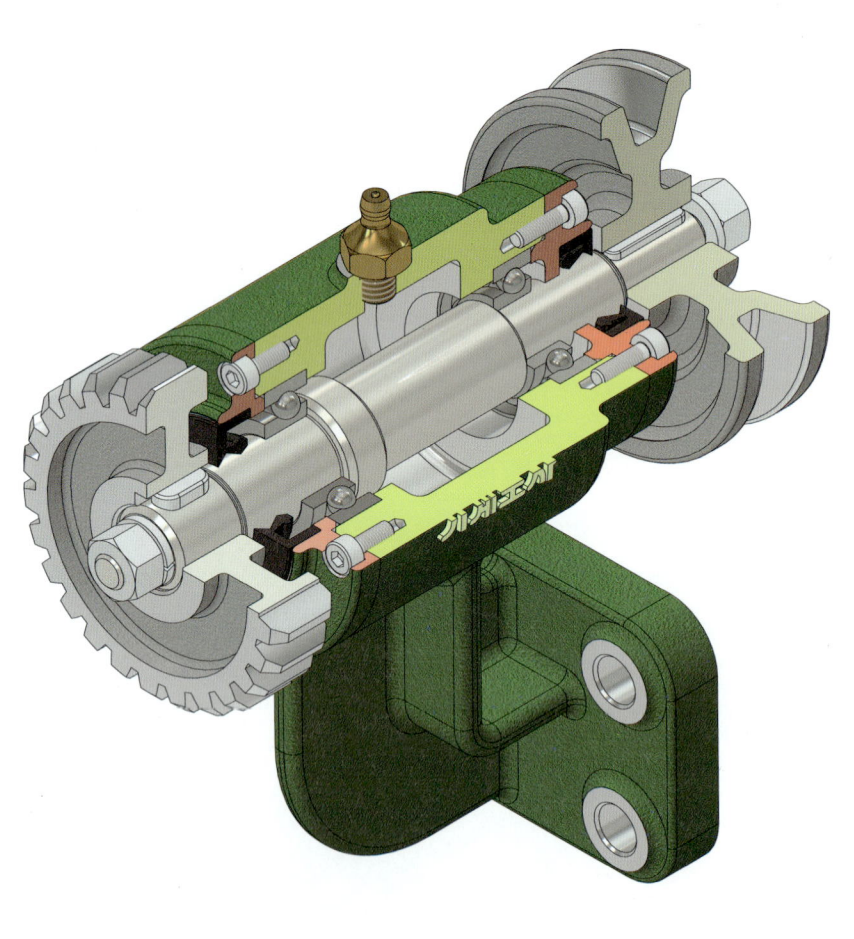
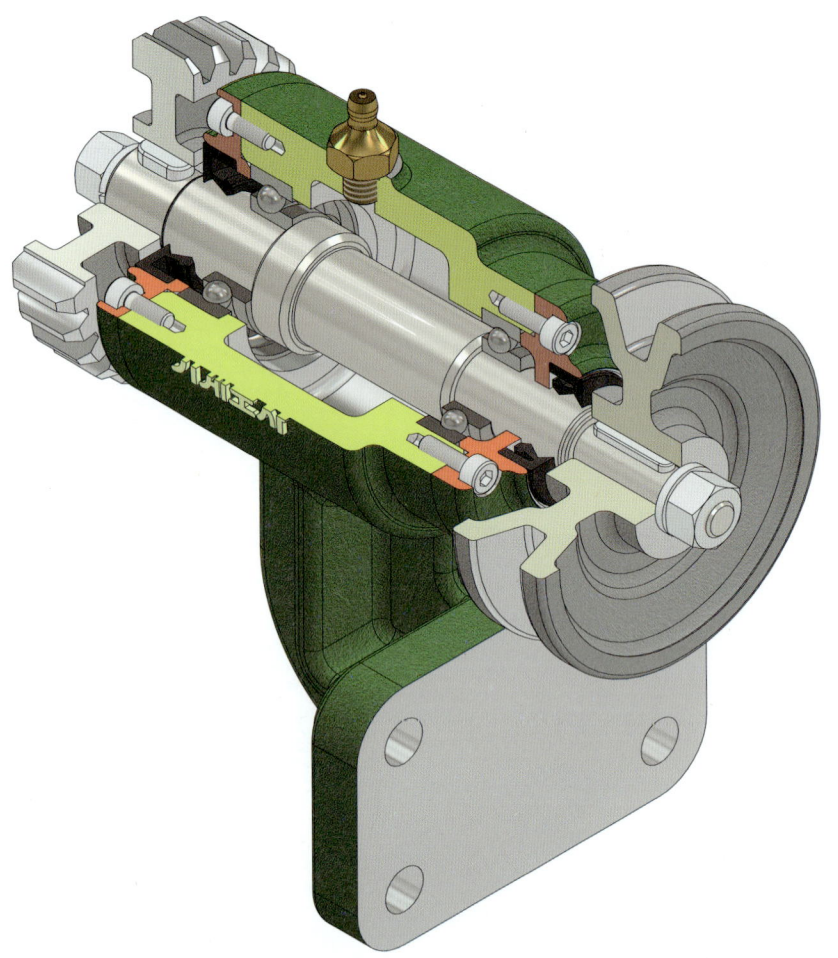

도 명	전동장치	척 도	NS

03 3D 단면도

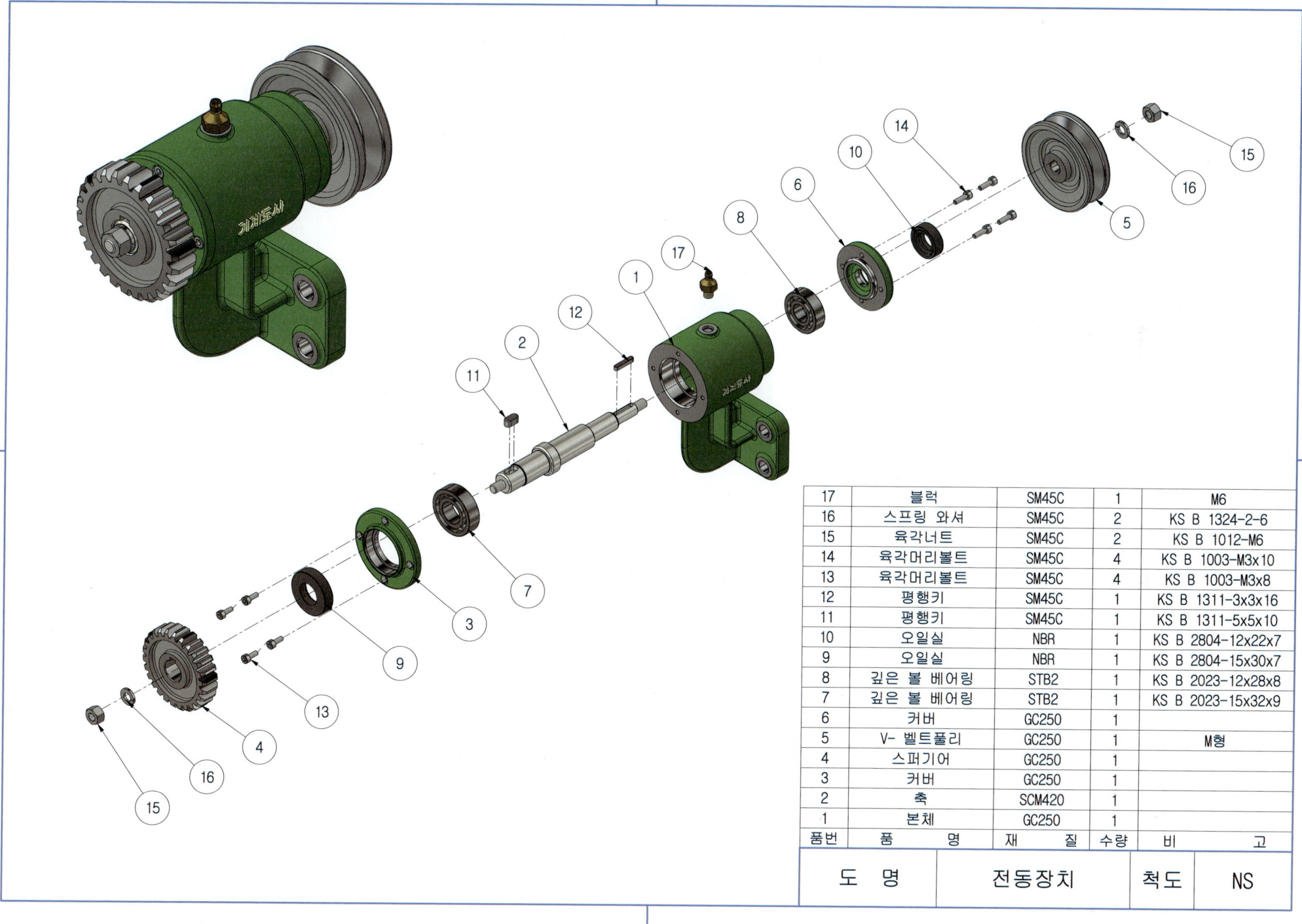

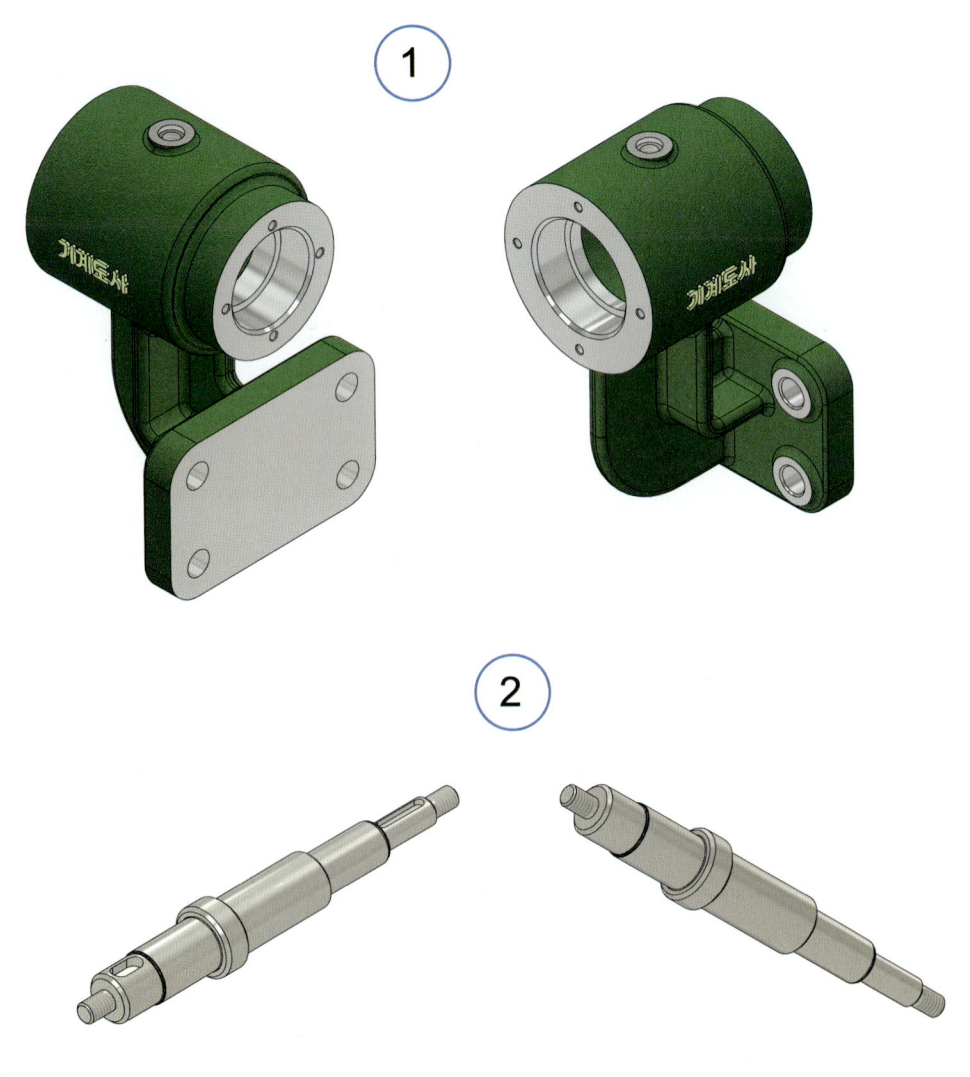

5	V-벨트풀리	GC250	1	M형
2	축	SCM420	1	
1	본체	GC250	1	
품번	품 명	재 질	수량	비 고

도 명	전동장치	척 도	NS

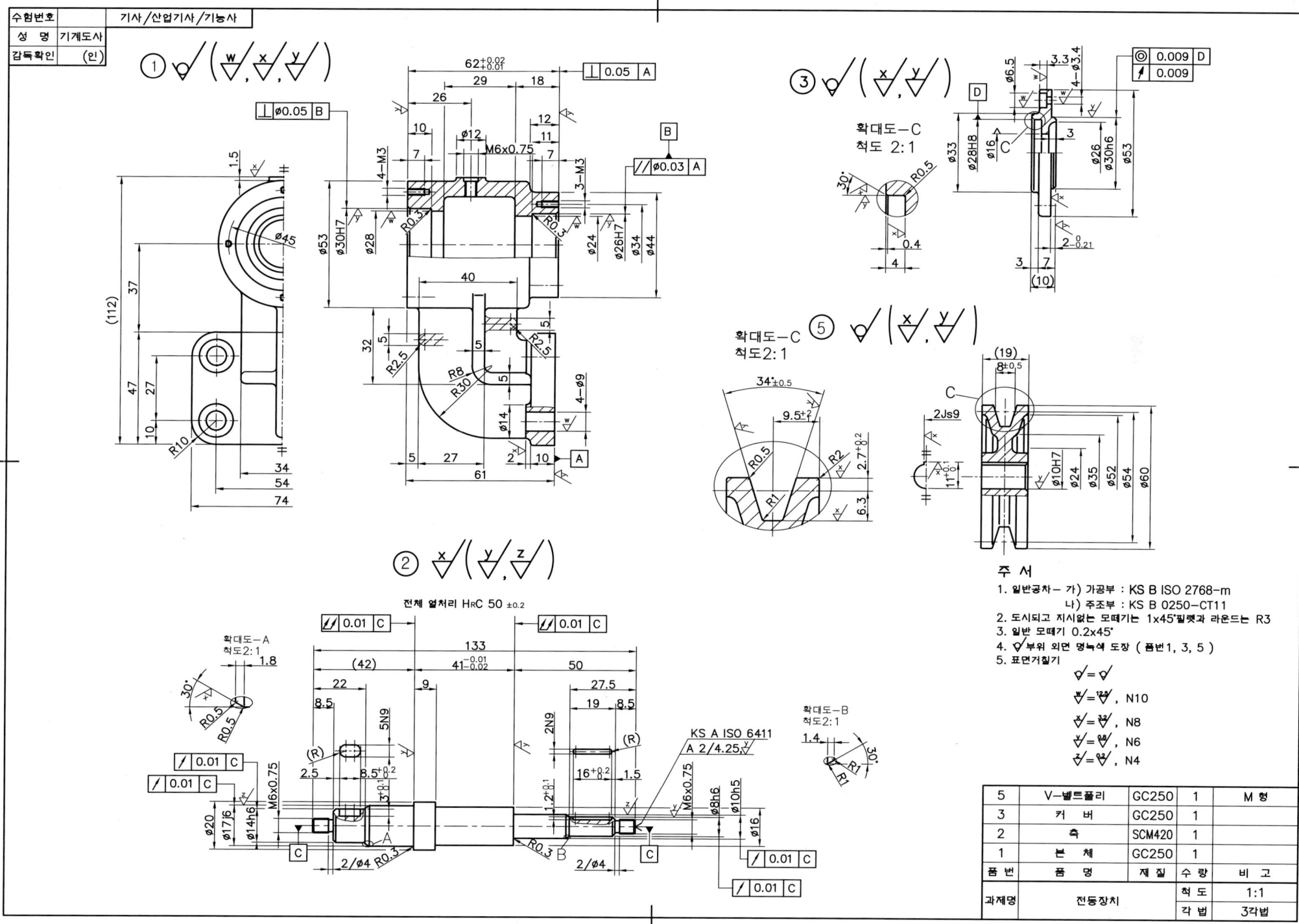

CHAPTER 14
기어박스

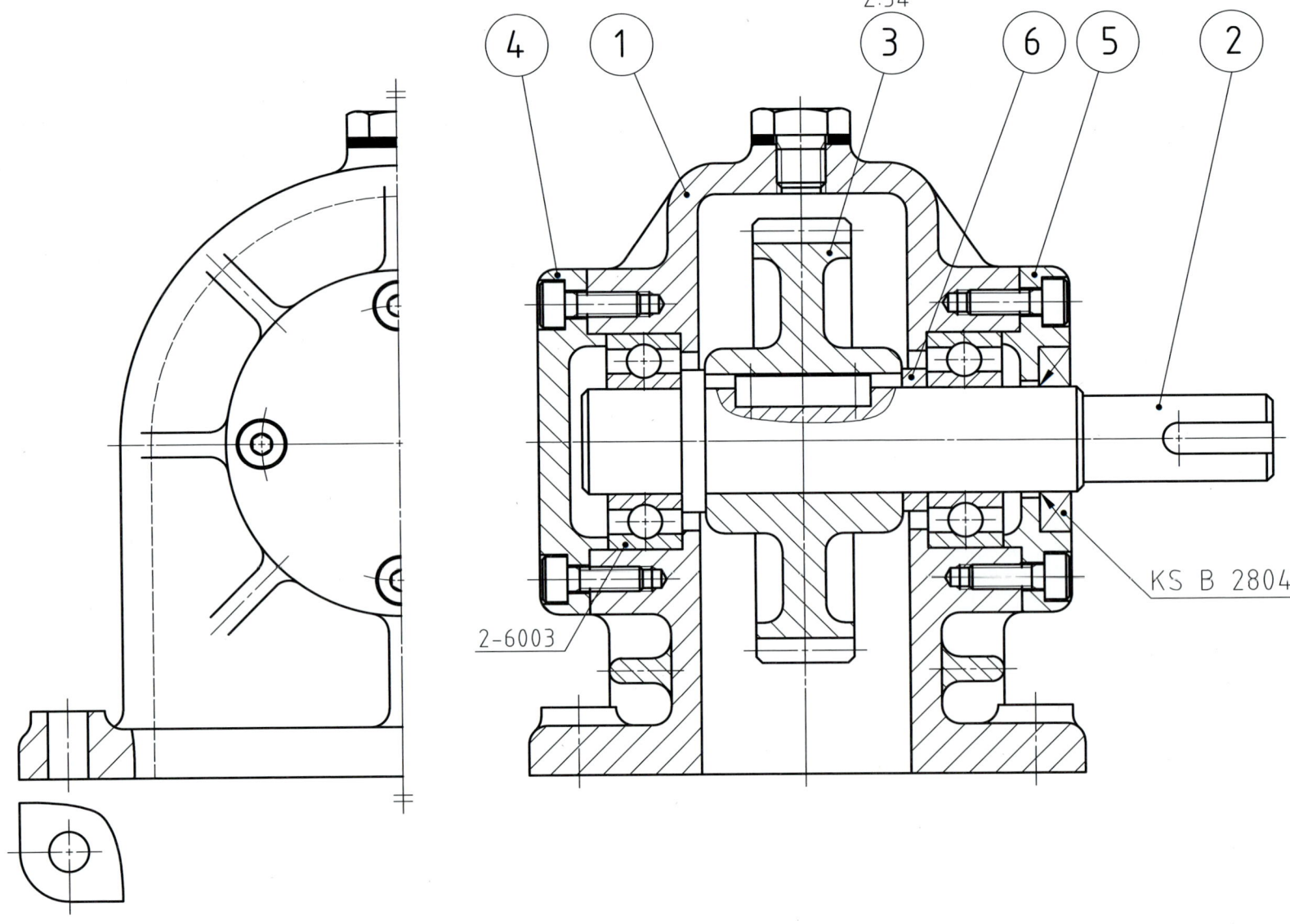

01 문제도면

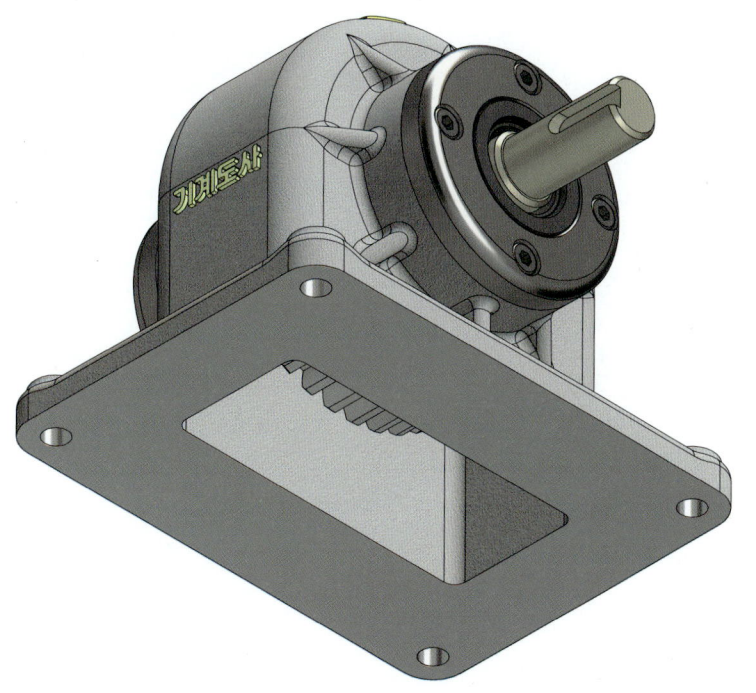
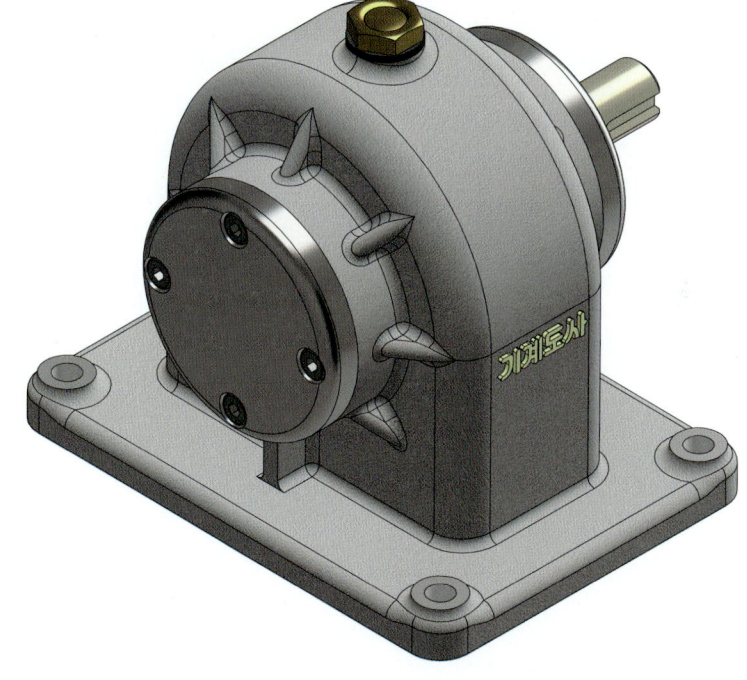

도 명	기어박스	척 도	NS

02 3D 등각도

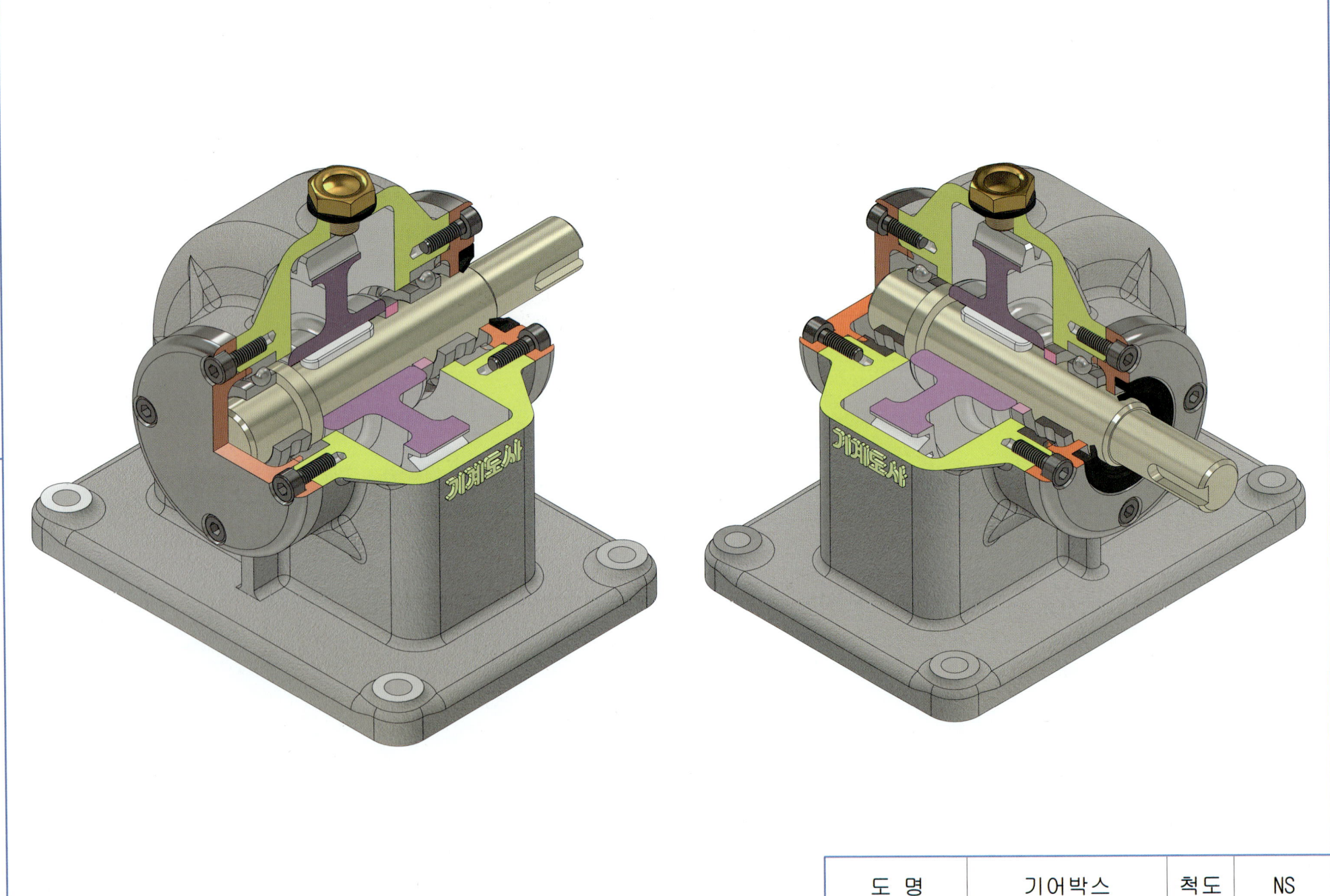

| 도 명 | 기어박스 | 척 도 | NS |

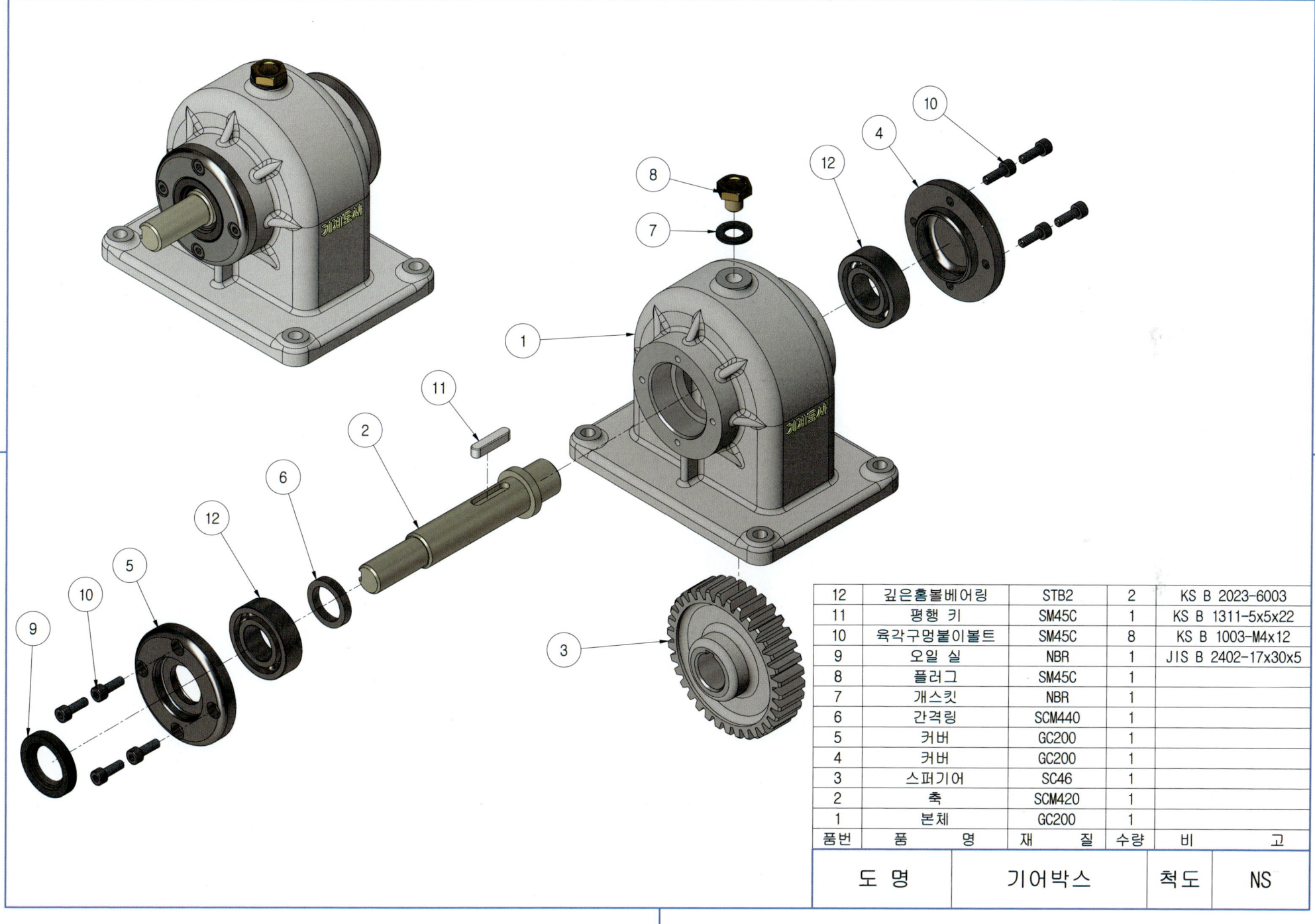

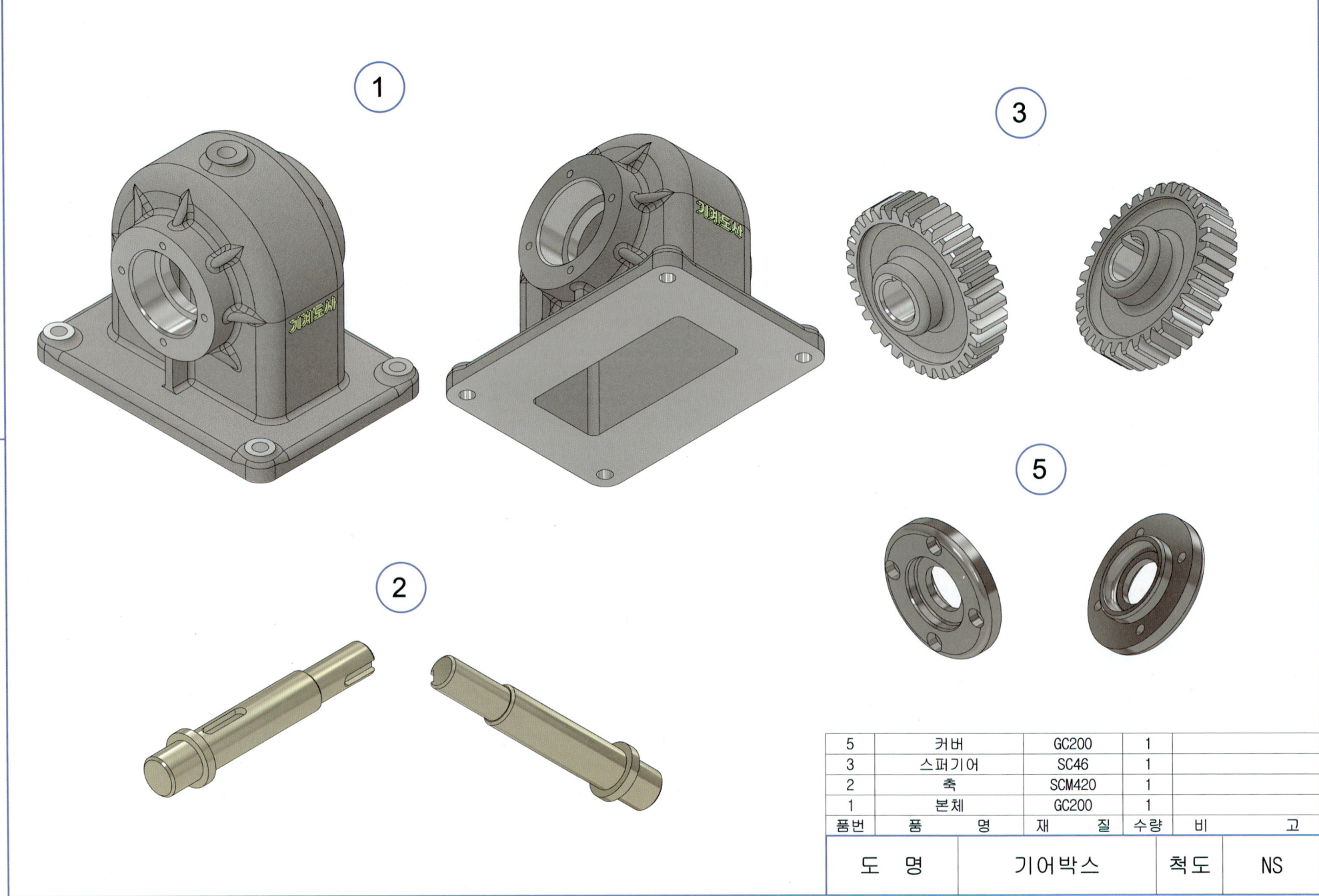

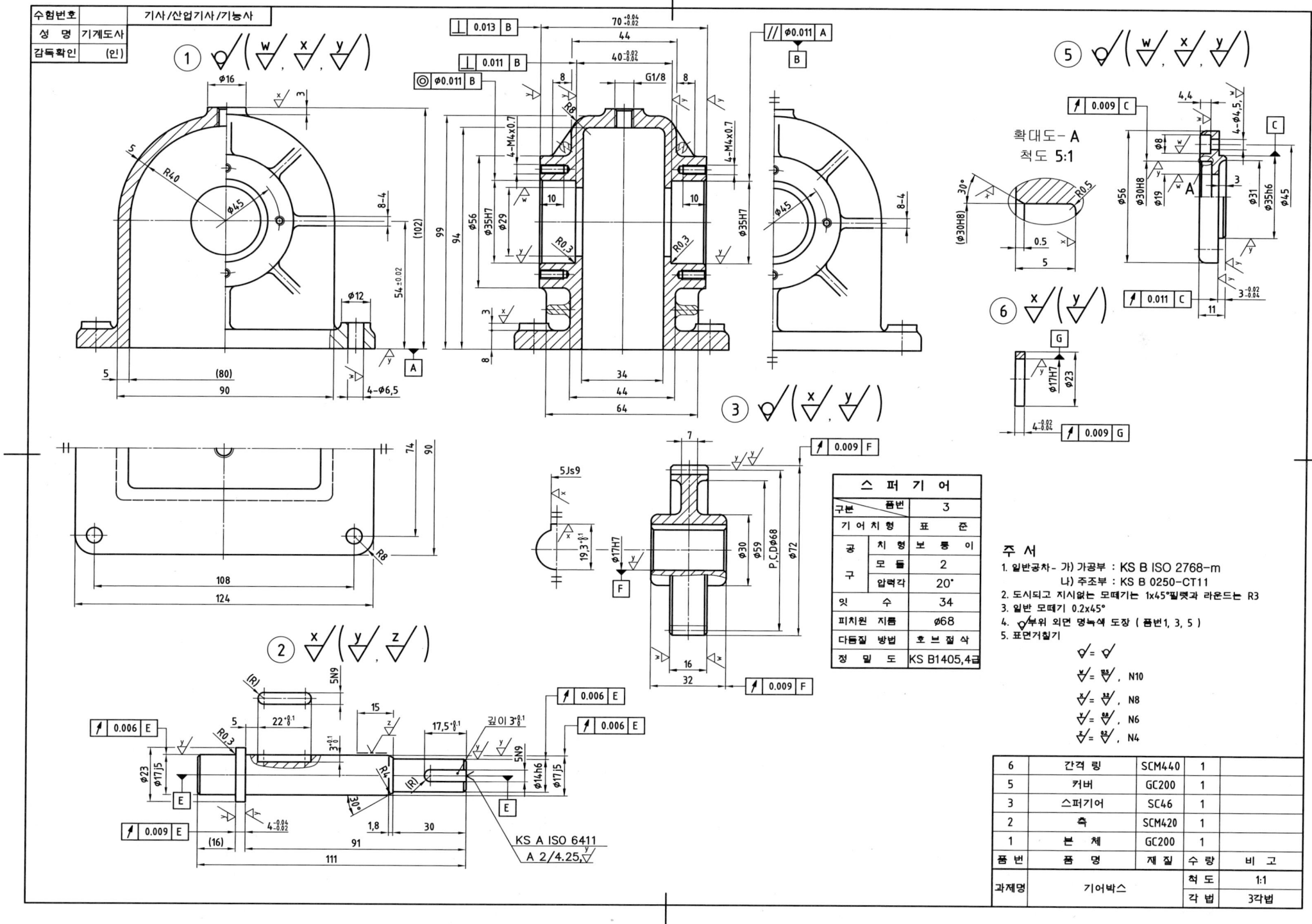

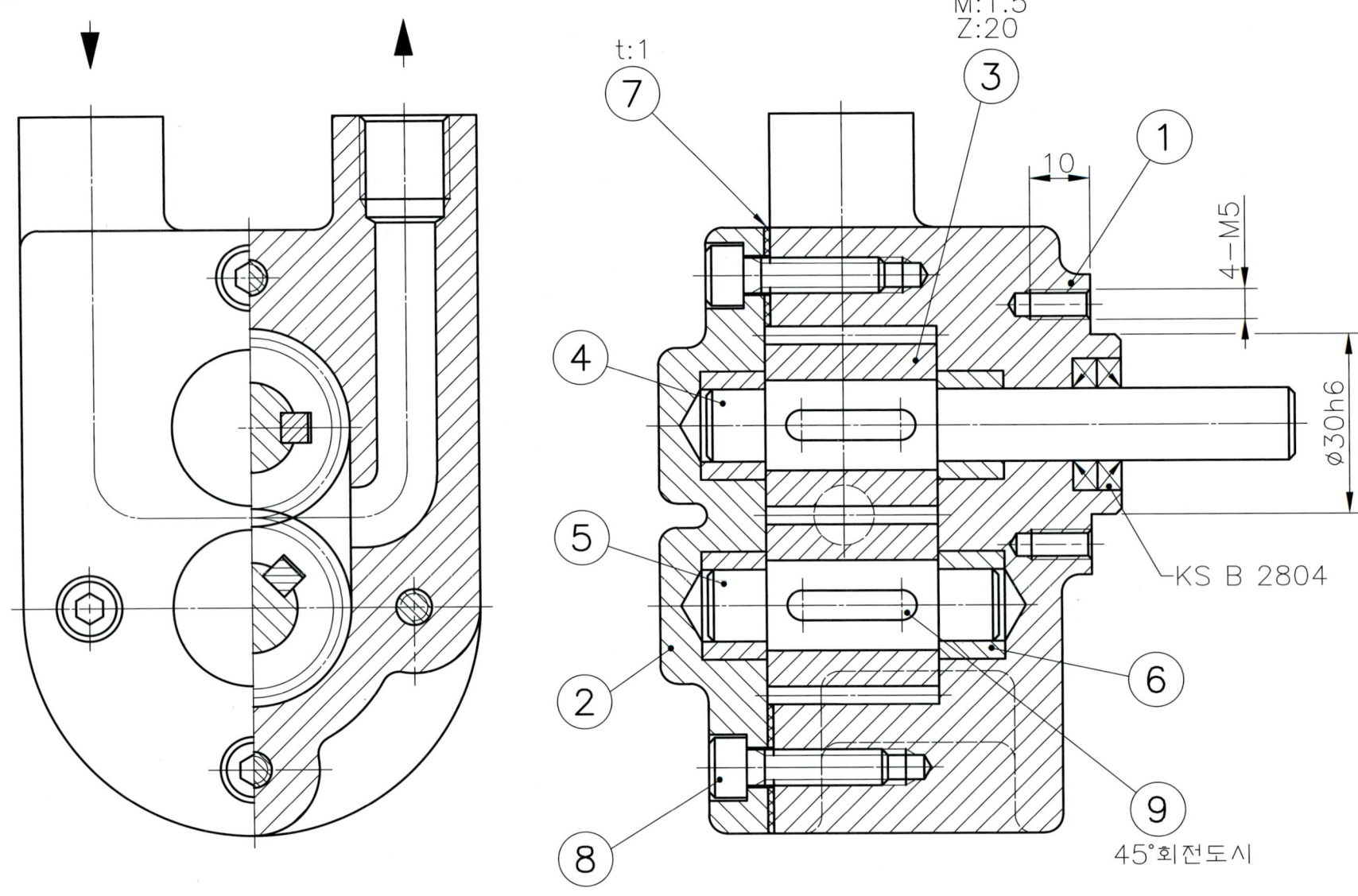

02 3D 등각도

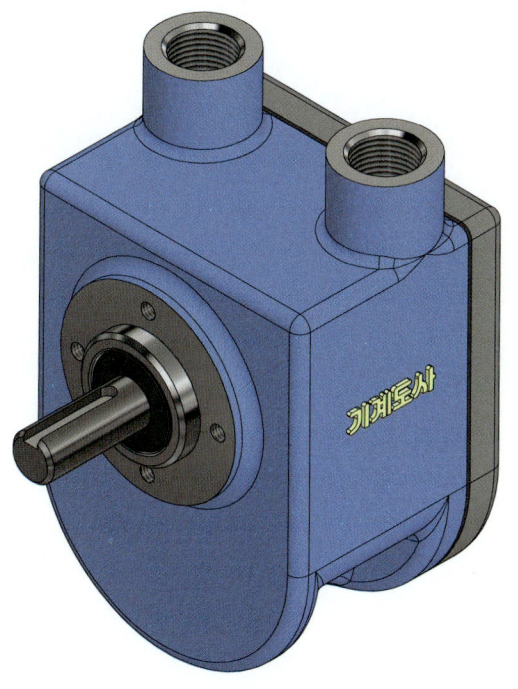

도 명	기어펌프	척 도	NS

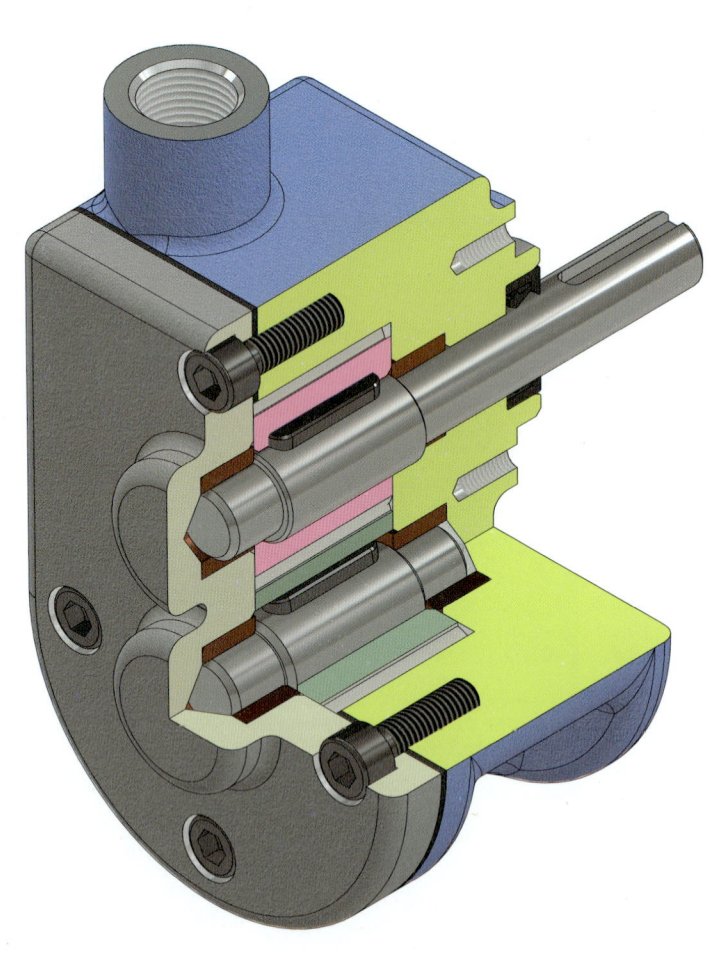
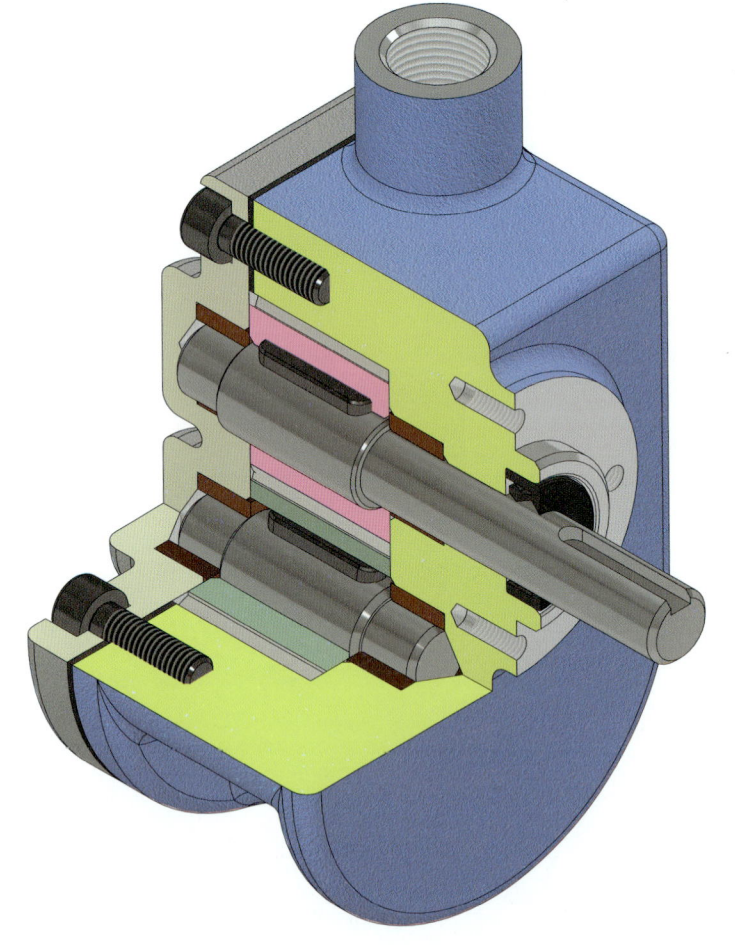

도 명	기어펌프	척 도	NS

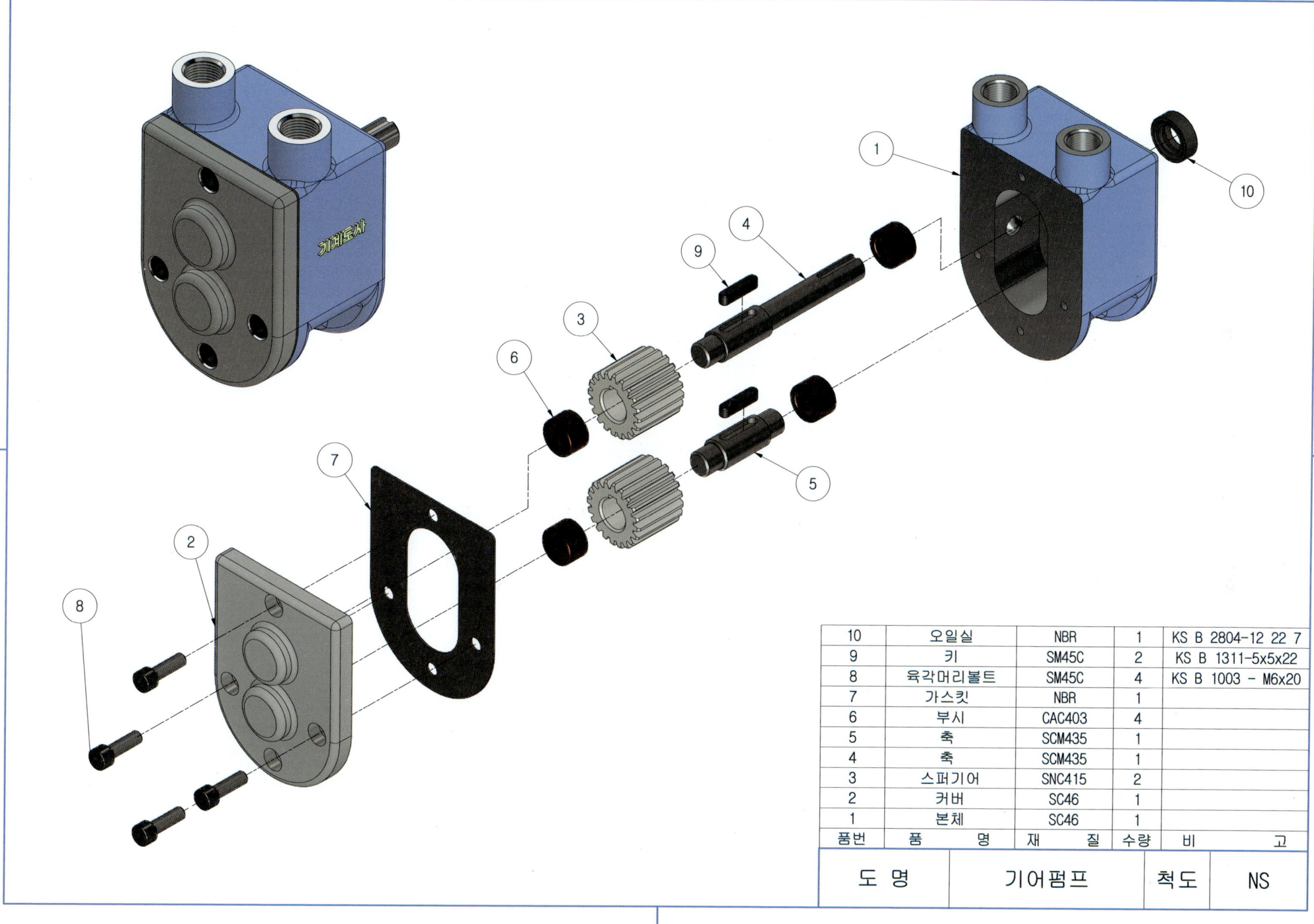

① ②

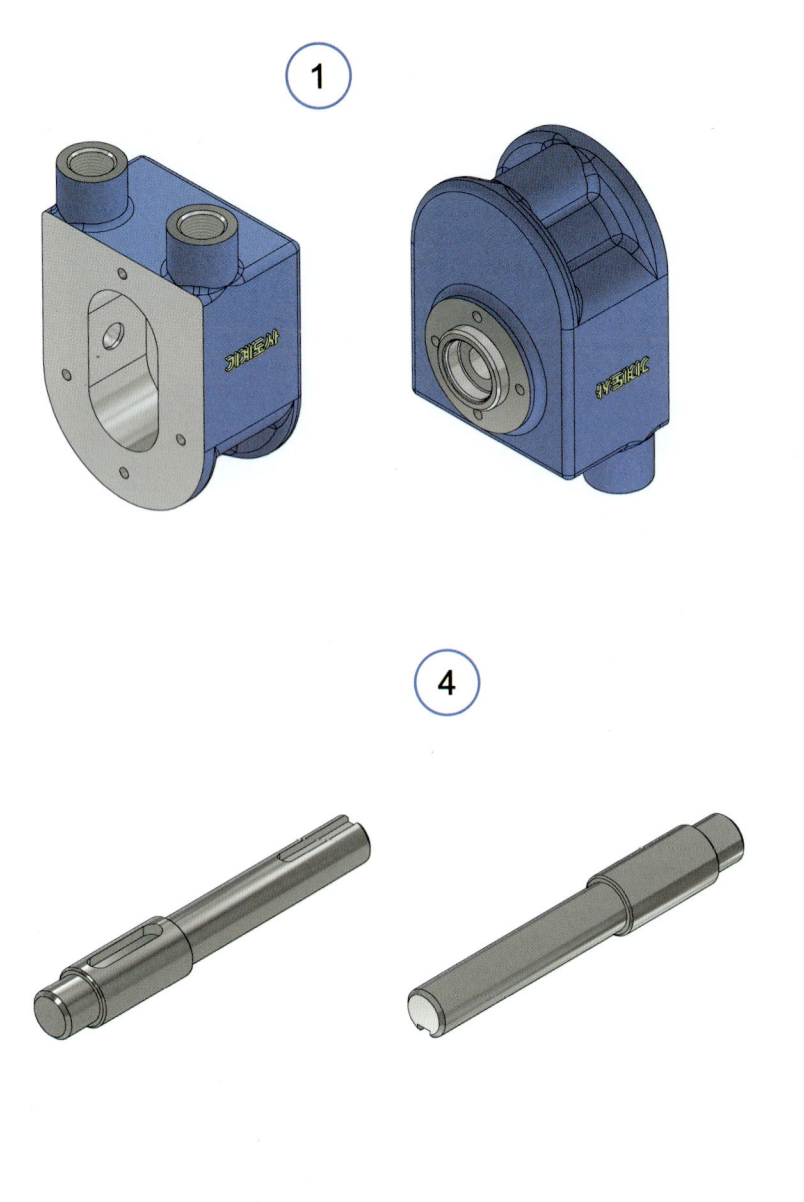
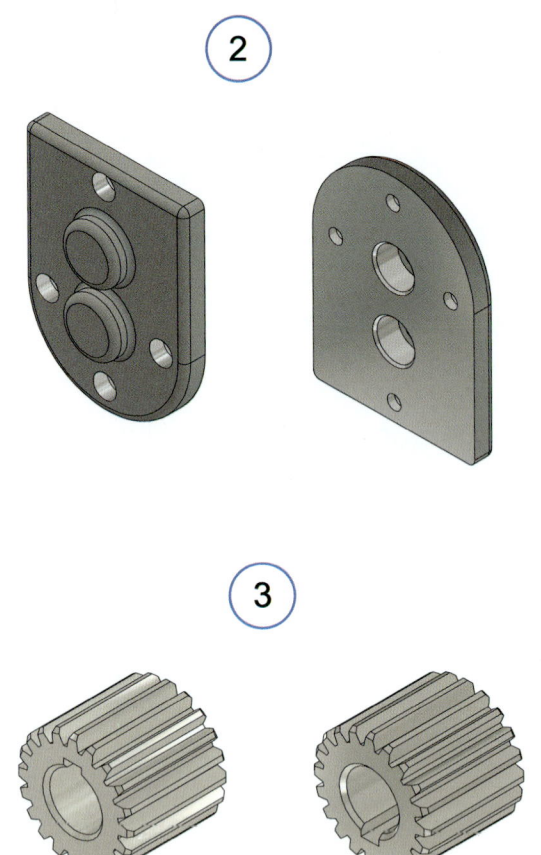

③

④

4	축	SCM435	1	
3	스퍼기어	SNC415	1	
2	커버	SC46	1	
1	본체	SC46	1	
품번	품 명	재 질	수량	비 고

도 명	기어펌프	척도	NS

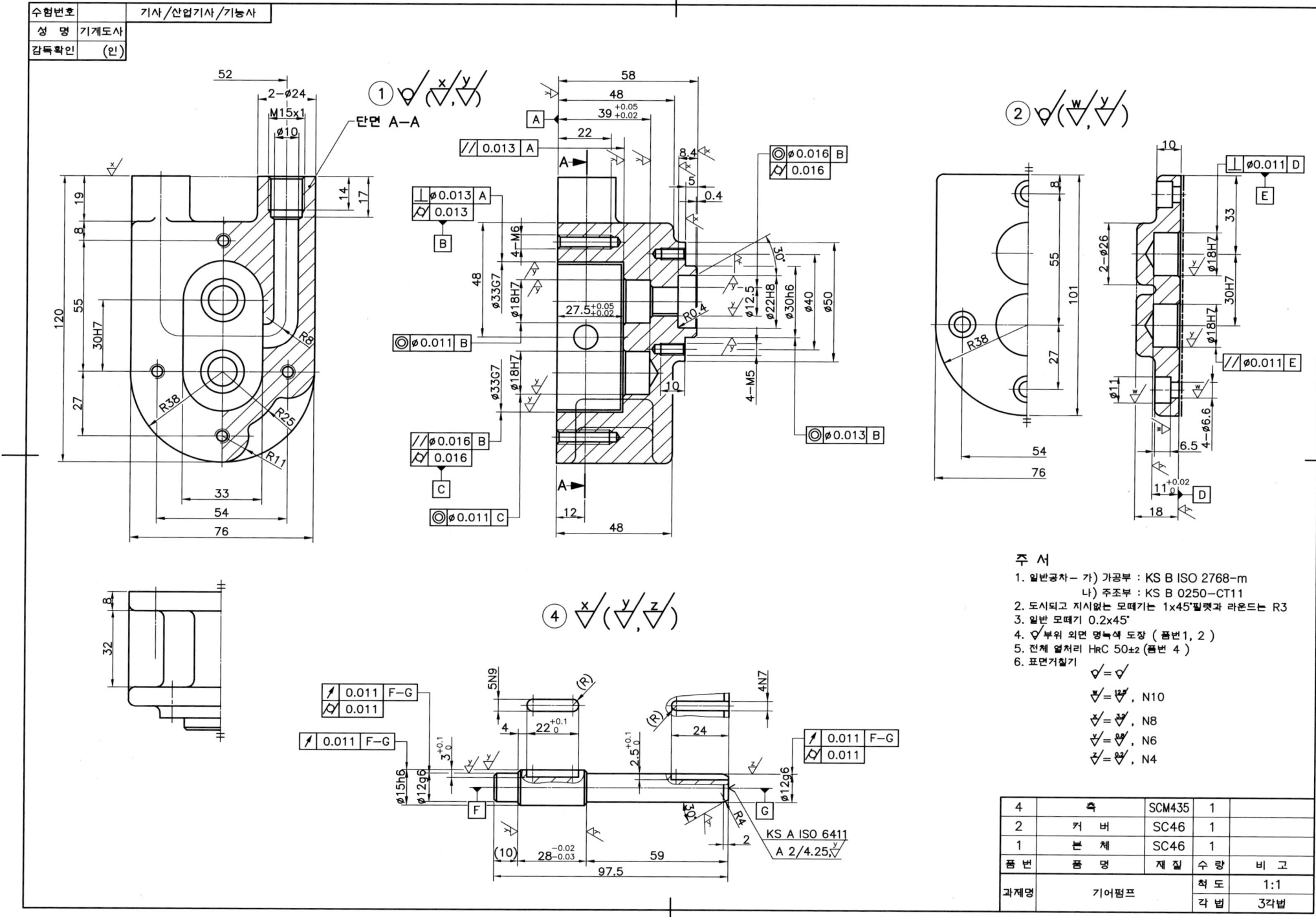

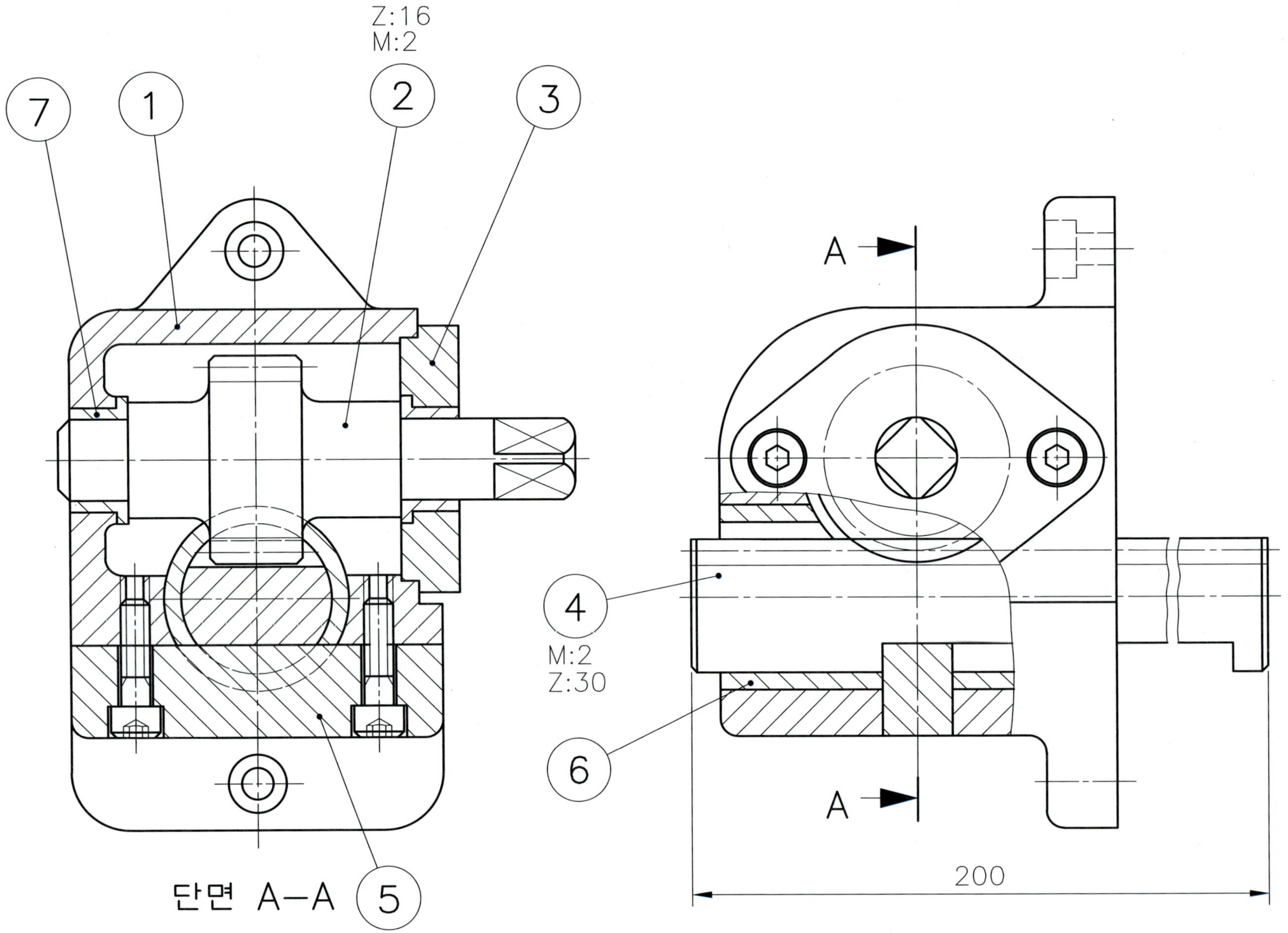

직선왕복장치

Z:16
M:2

단면 A-A

M:2
Z:30

200

01 문제도면

02 3D 등각도

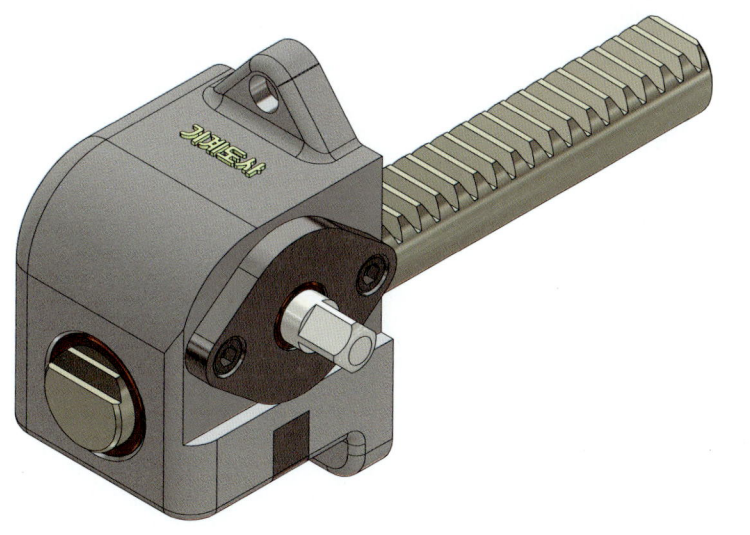

도 명	직선왕복장치	척 도	NS

CHAPTER 16 | 직선왕복장치

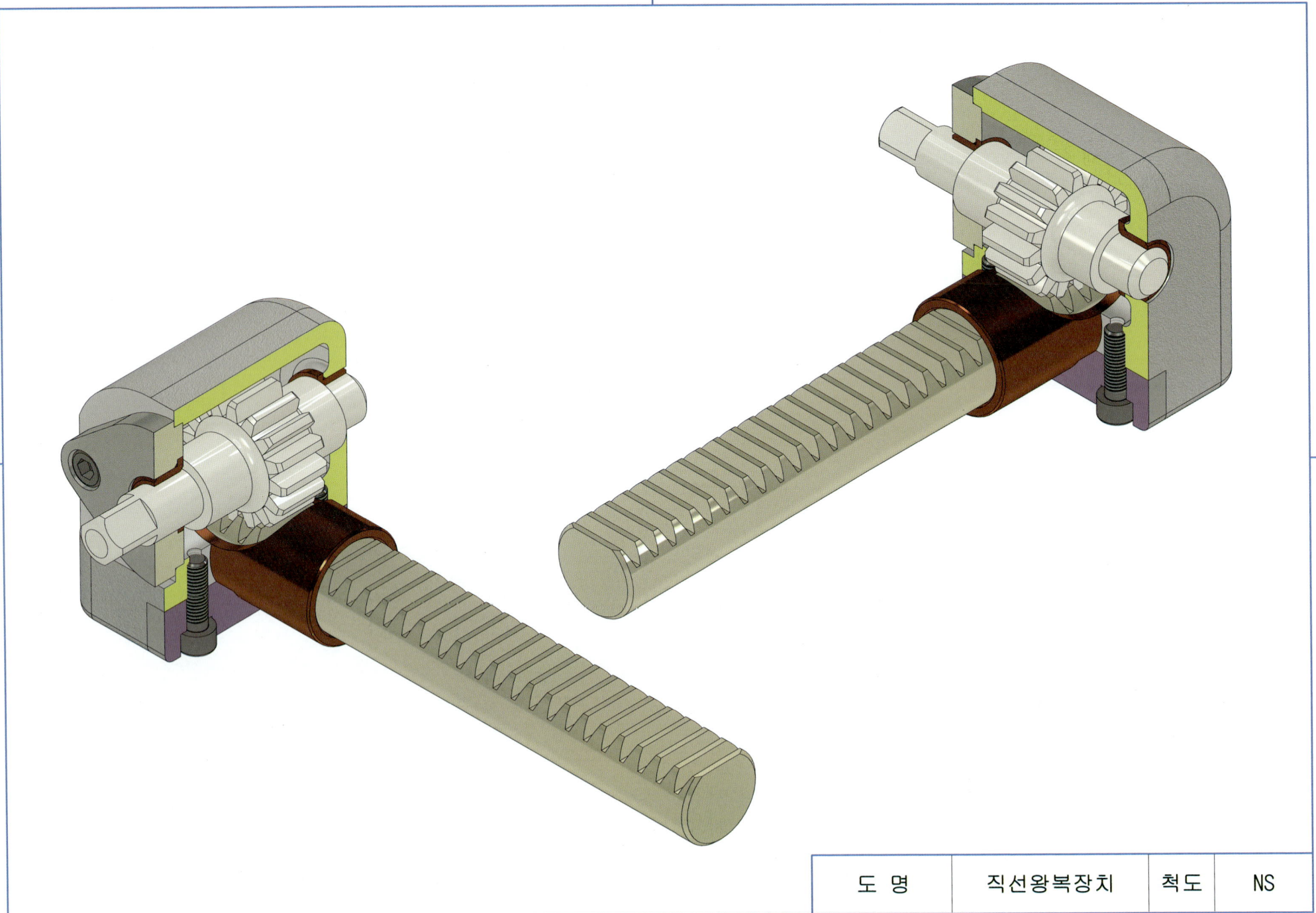

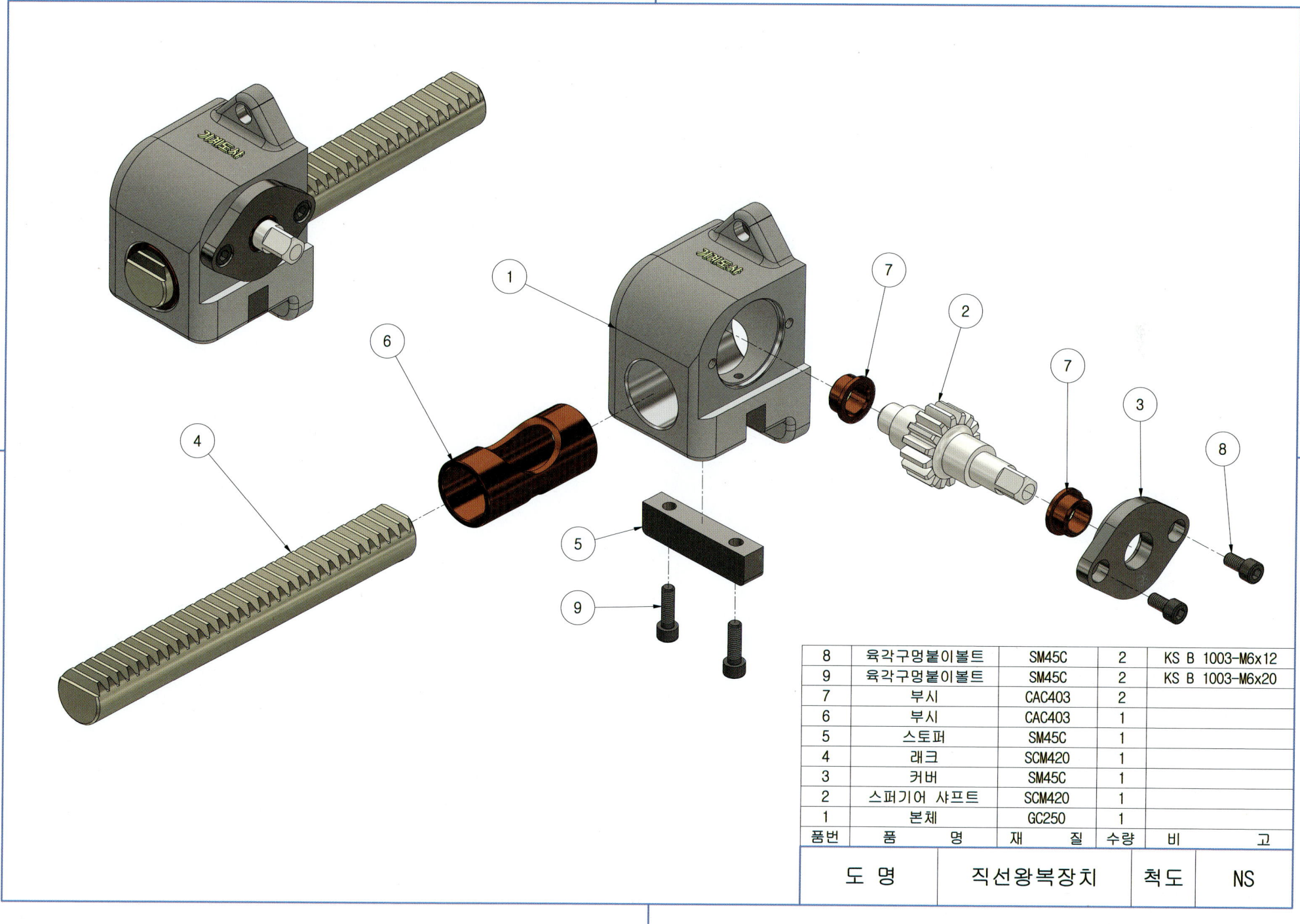

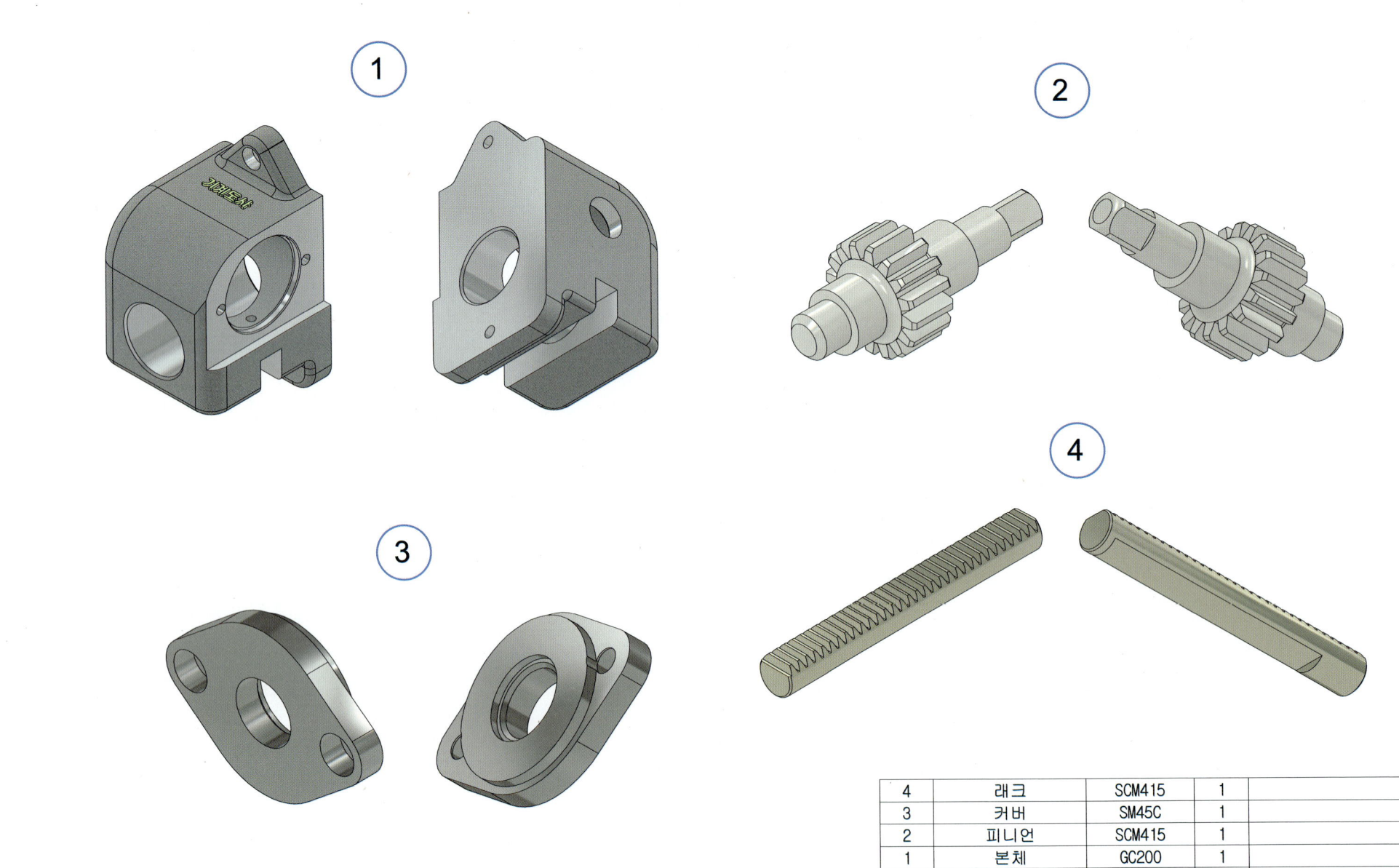

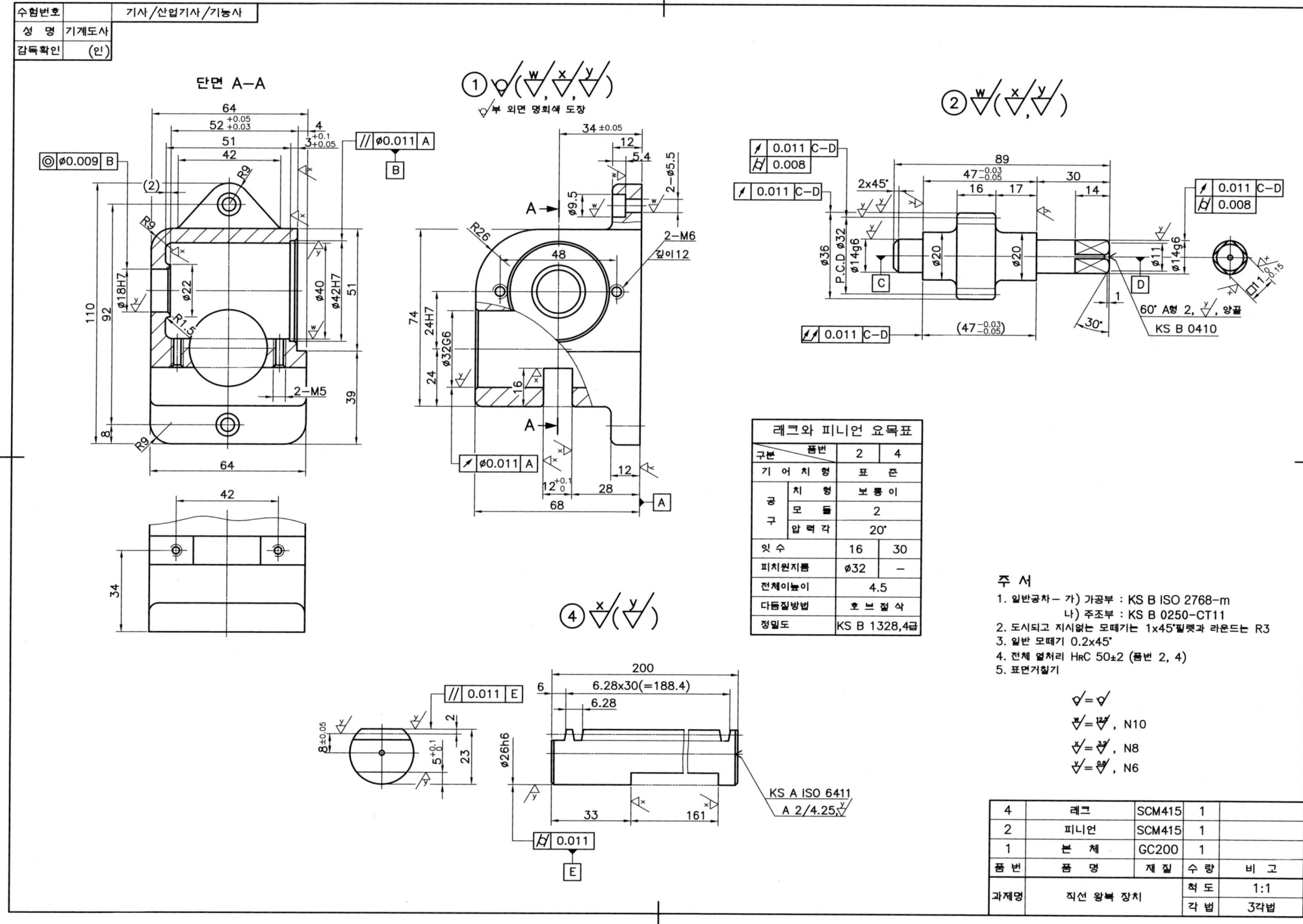

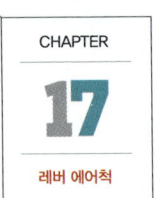

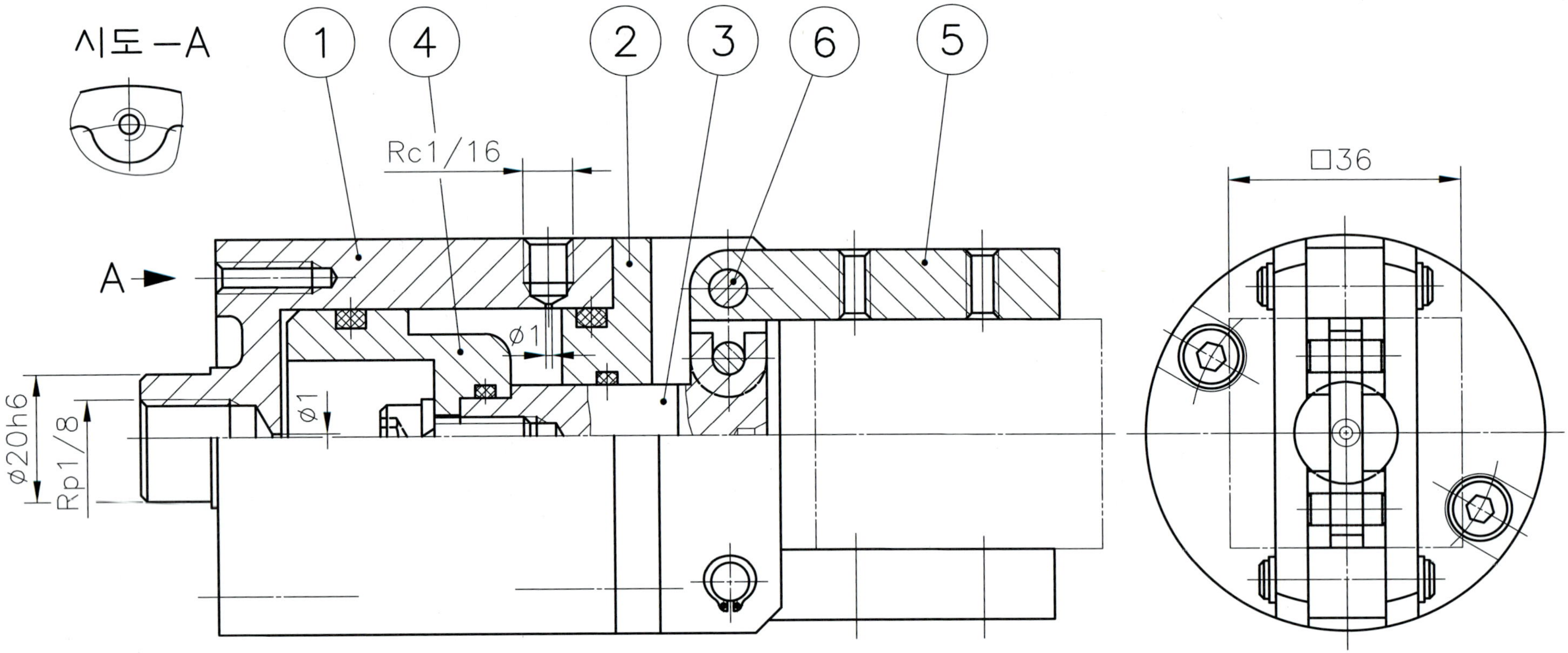
시도 -A
1
4
2
3
6
5
Rc1/16
A
ø1
ø1
ø20h6
Rp1/8
□36

02 3D 등각도

작동 분해 조립
동영상

URL https://m.site.naver.com/1gmjw

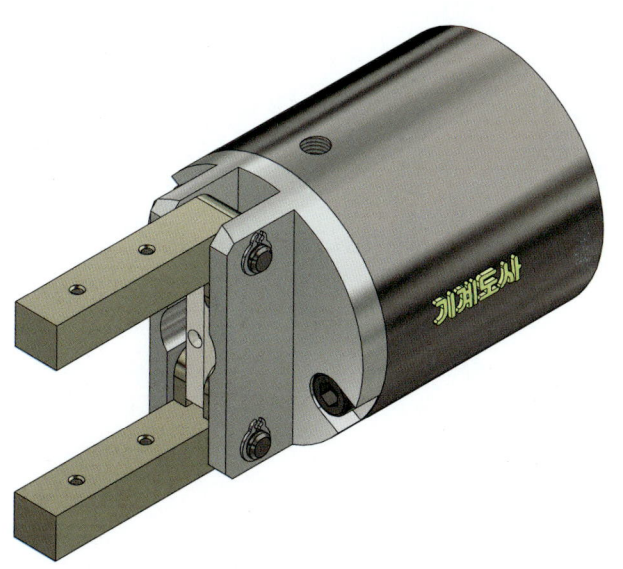

| 도 명 | 레버 에어척 | 척도 | NS |

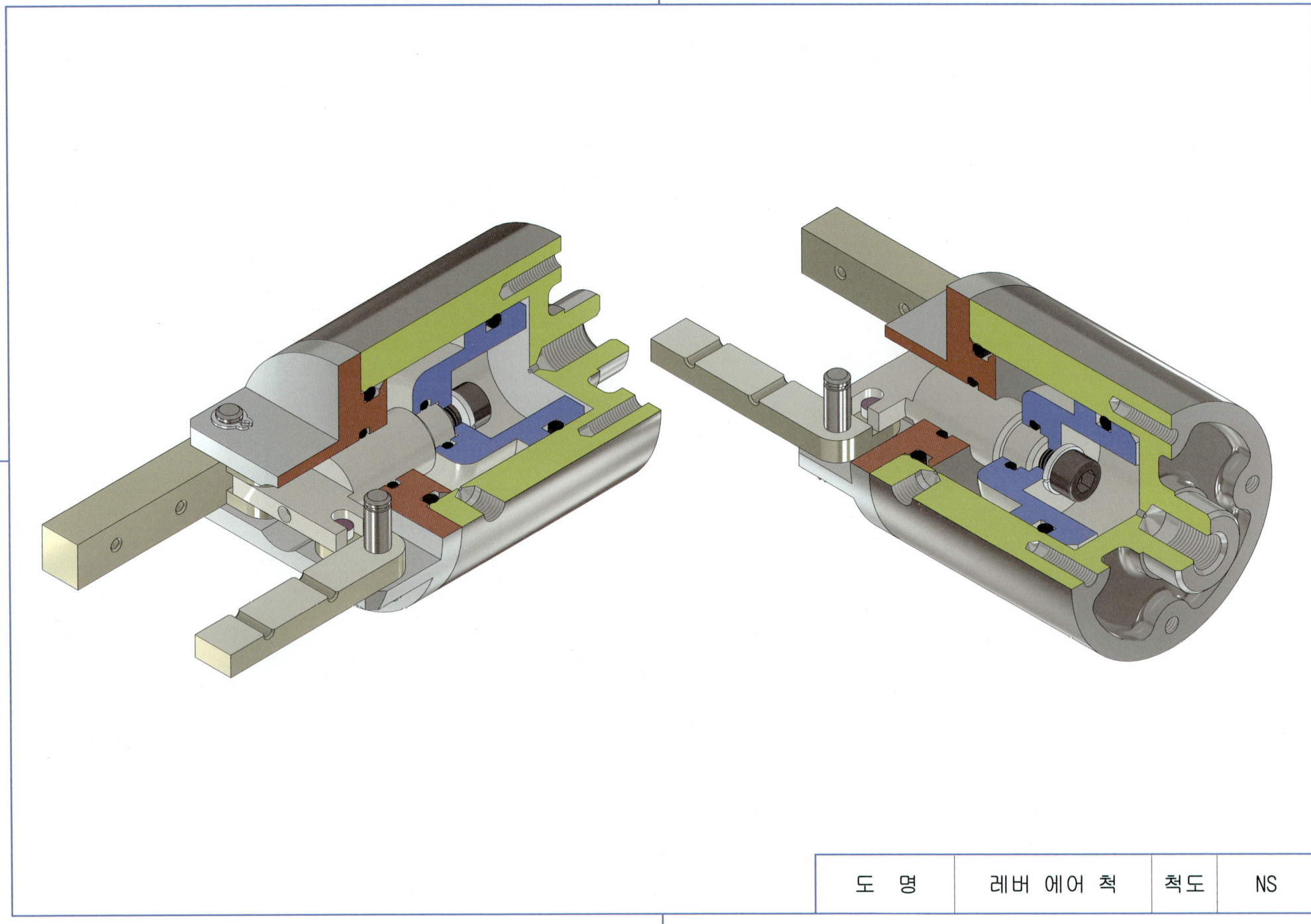

| 도 명 | 레버 에어 척 | 척 도 | NS |

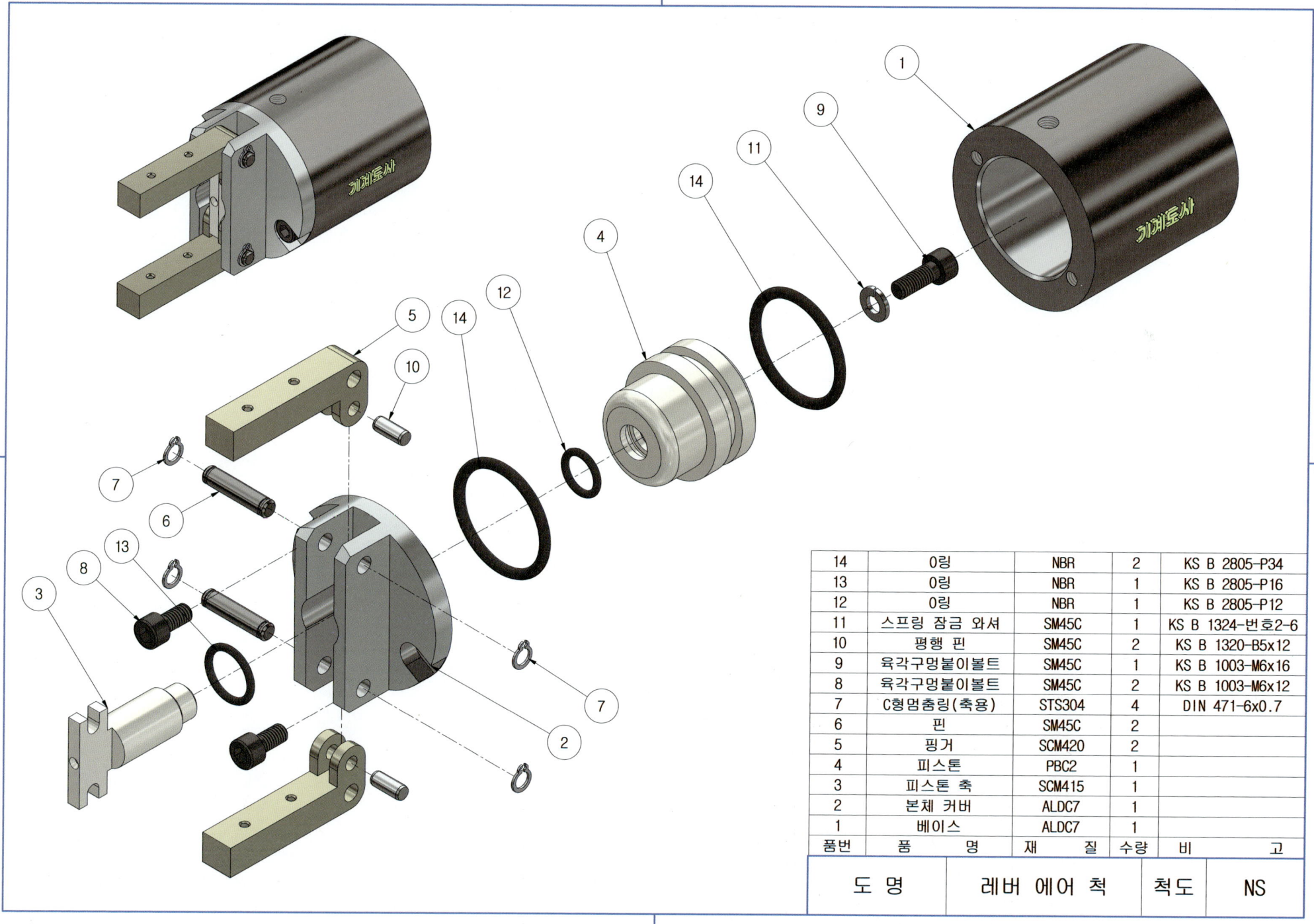

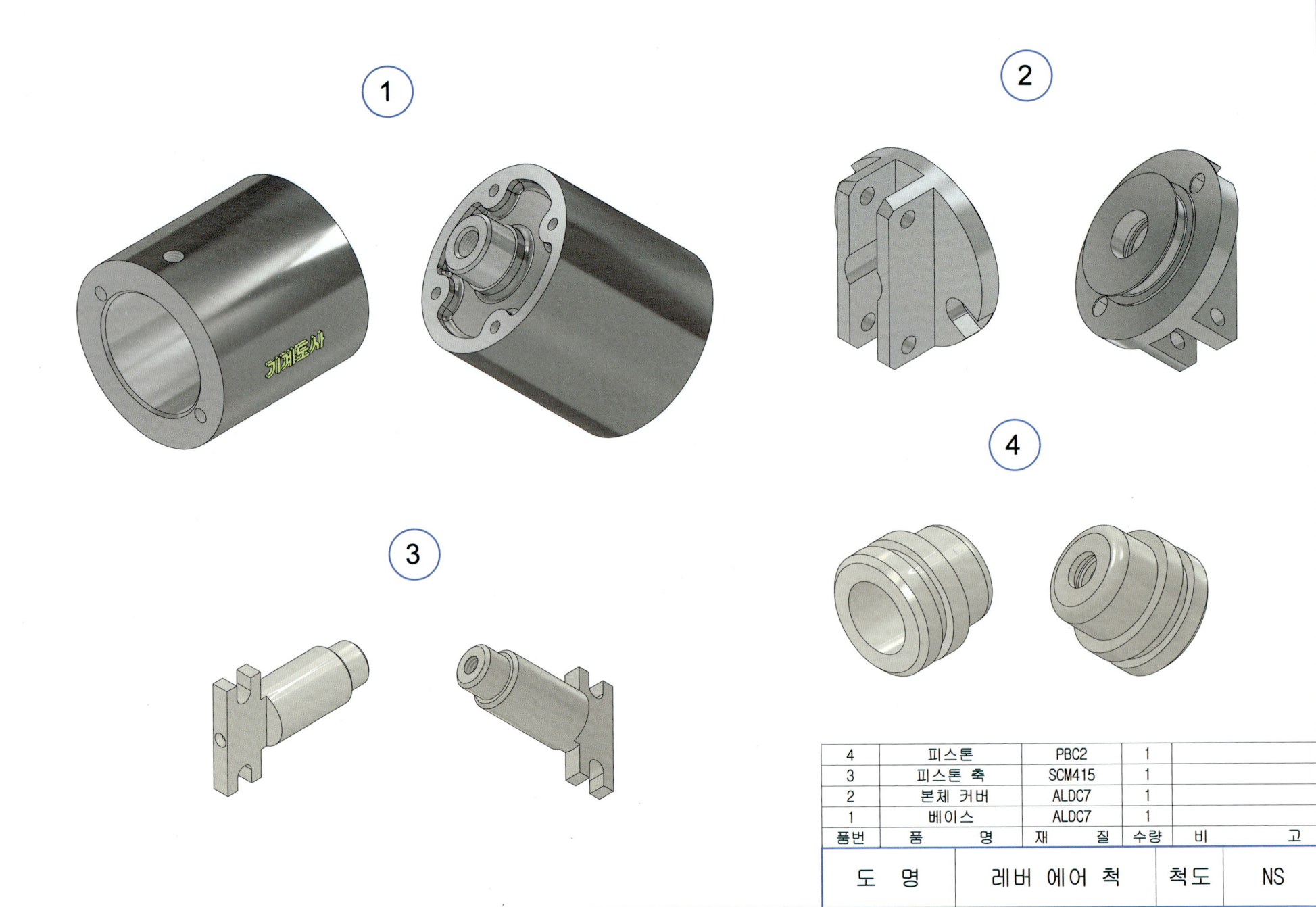

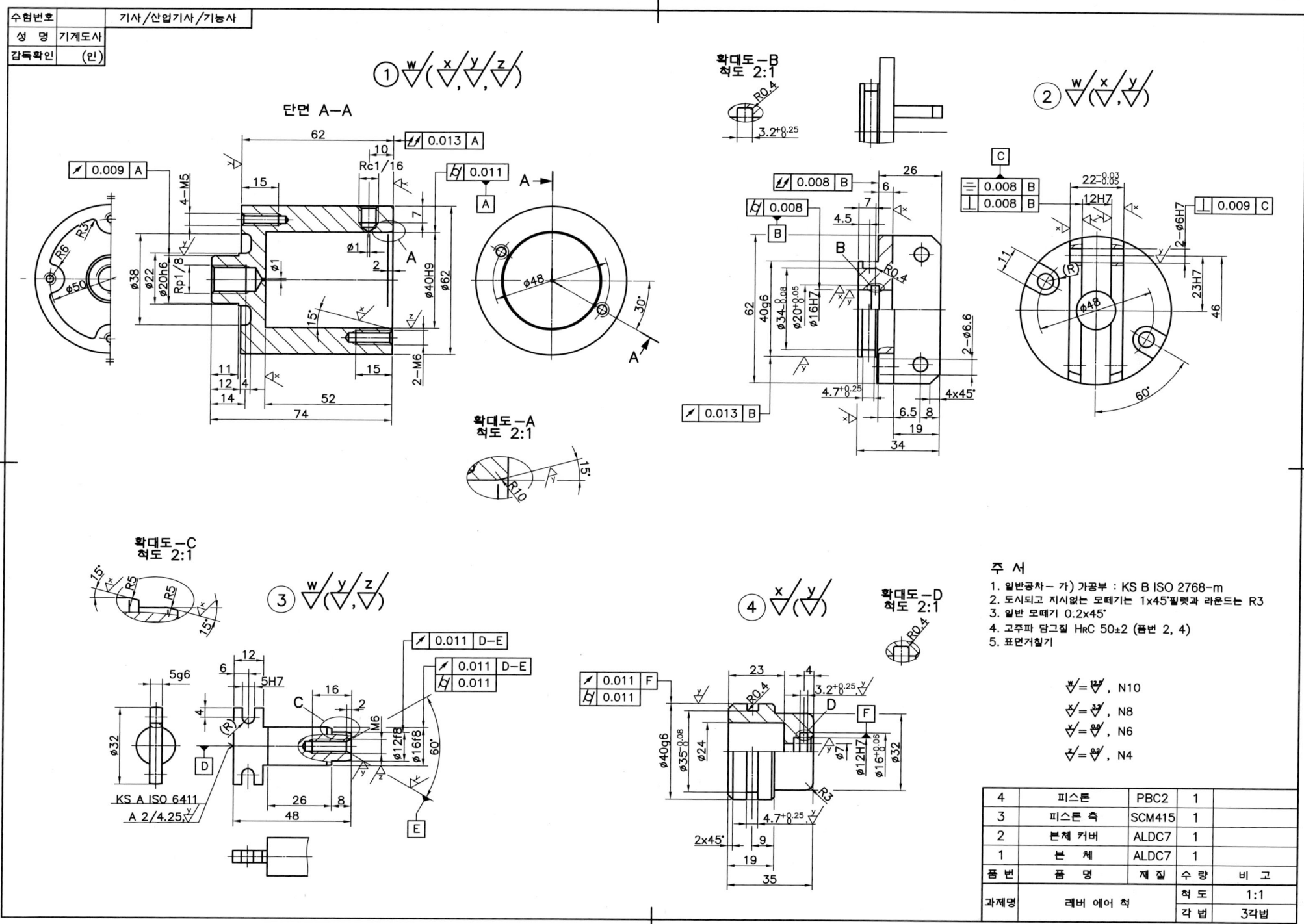

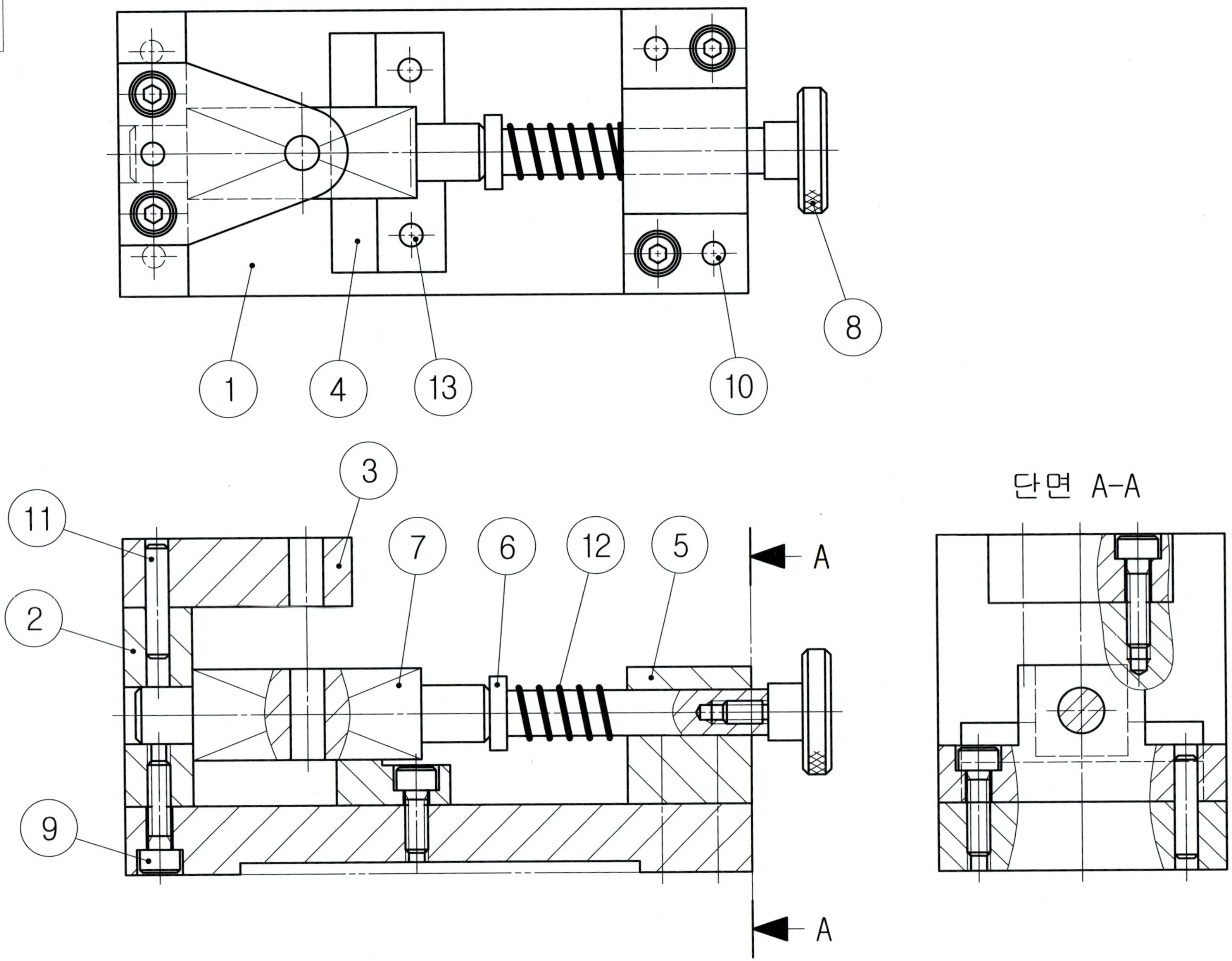

단면 A-A

01 문제도면

02 3D 등각도

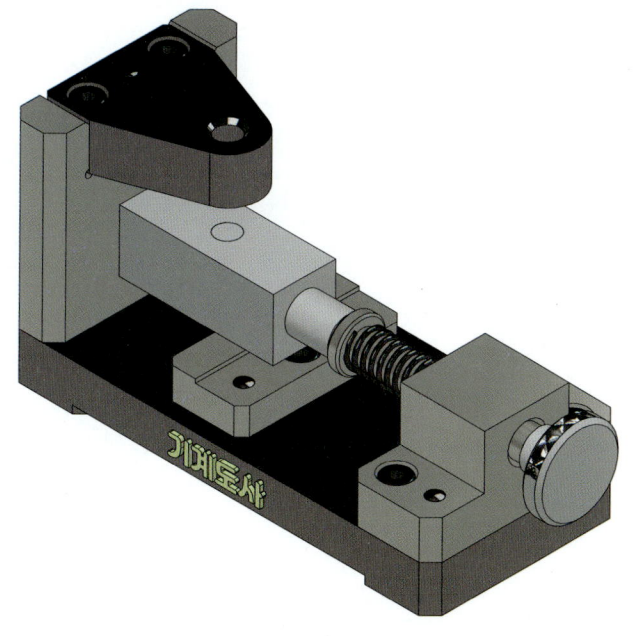
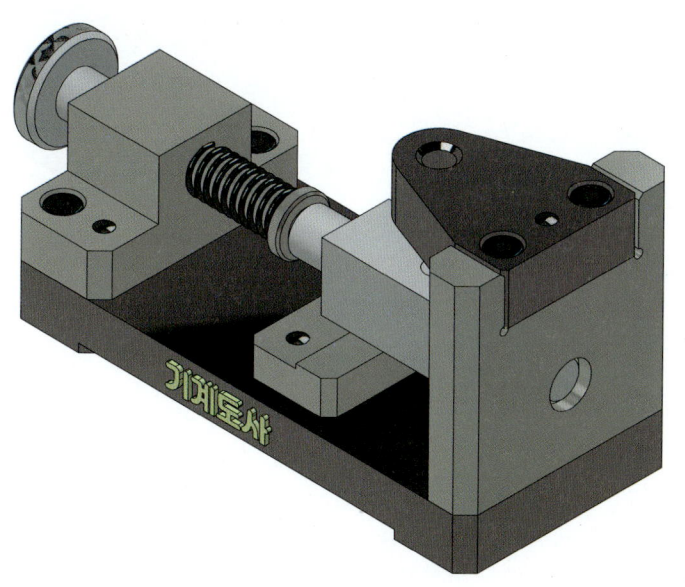

| 도 명 | 드릴지그-2 | 척 도 | NS |

CHAPTER 18 | 드릴지그-2

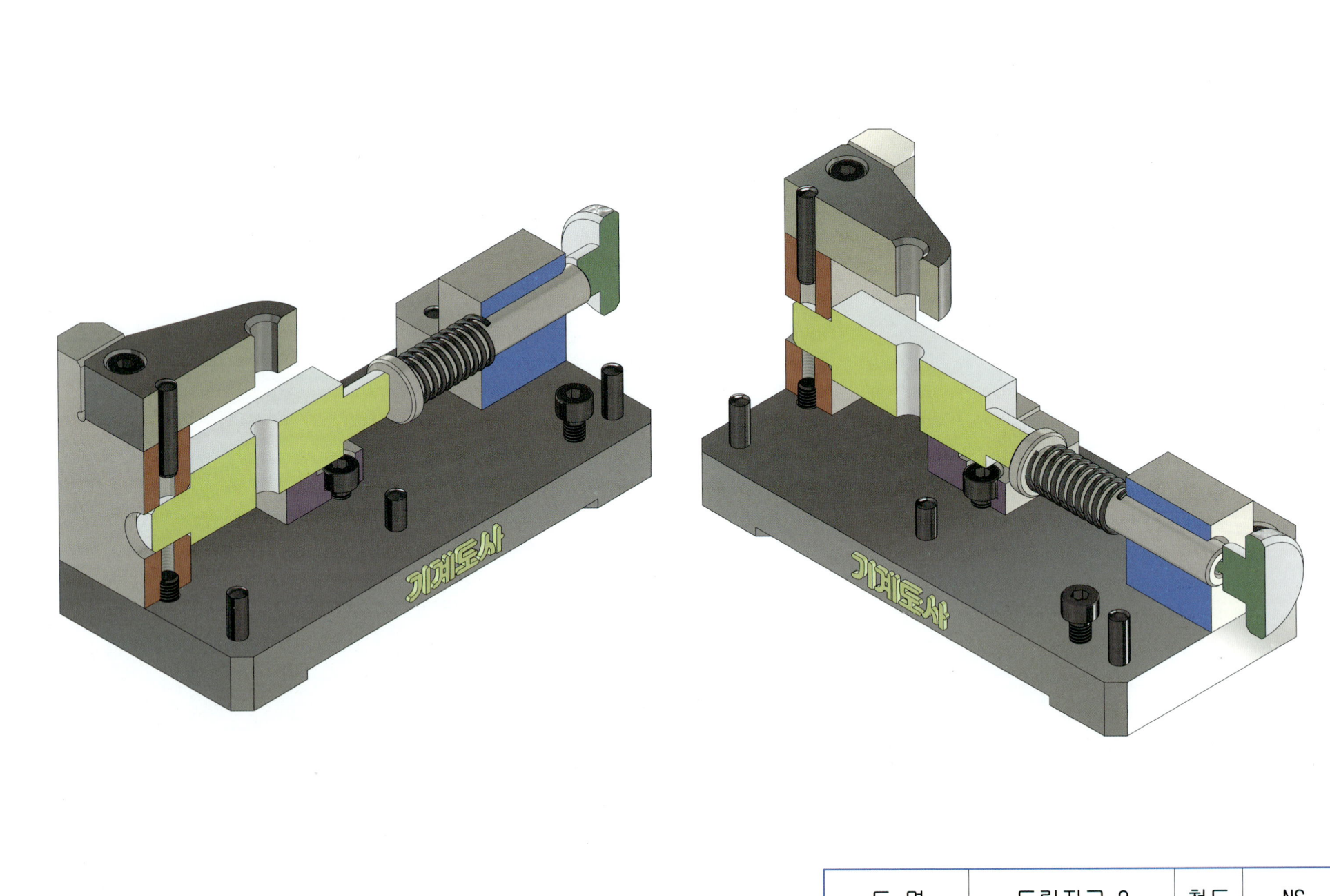

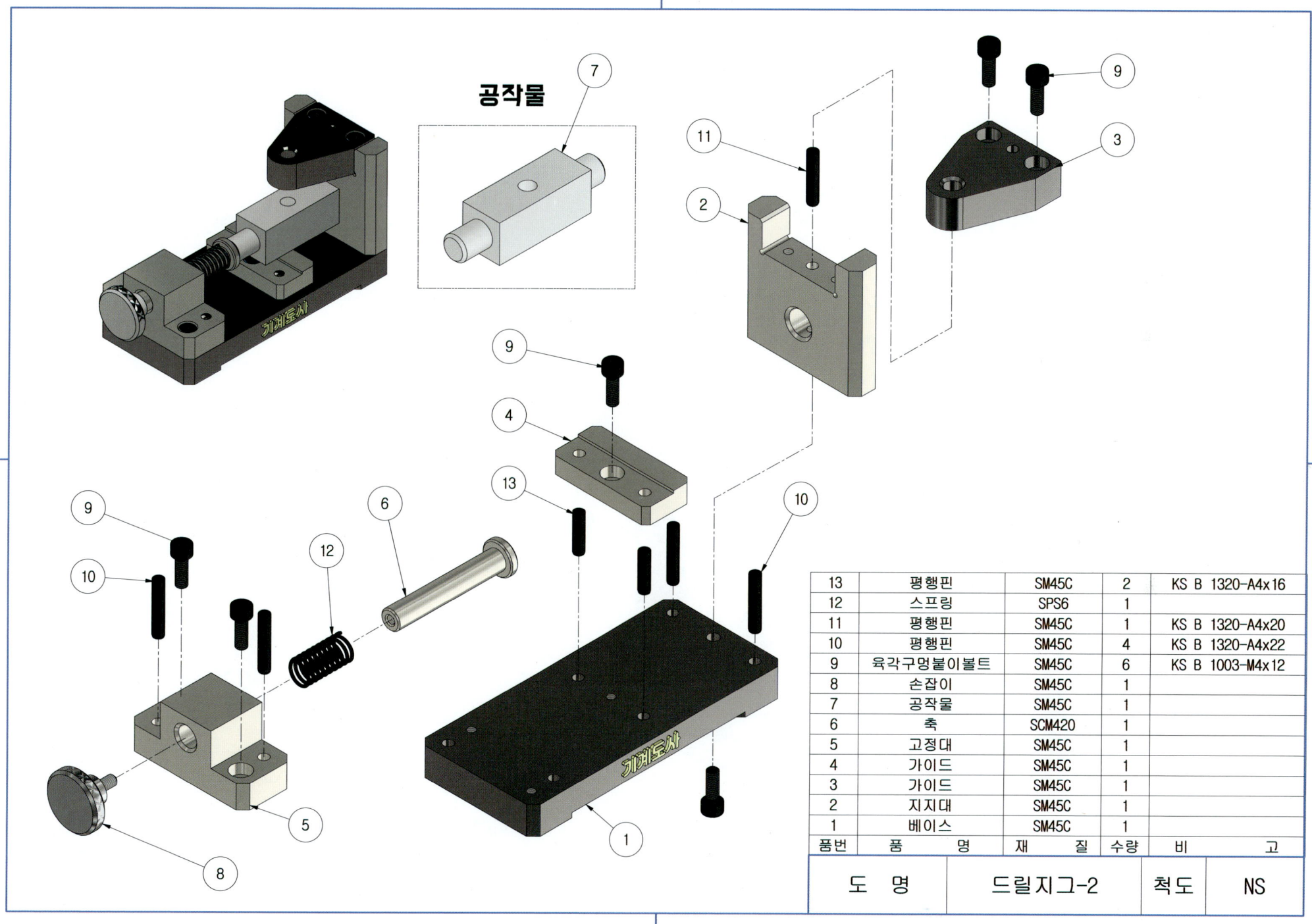

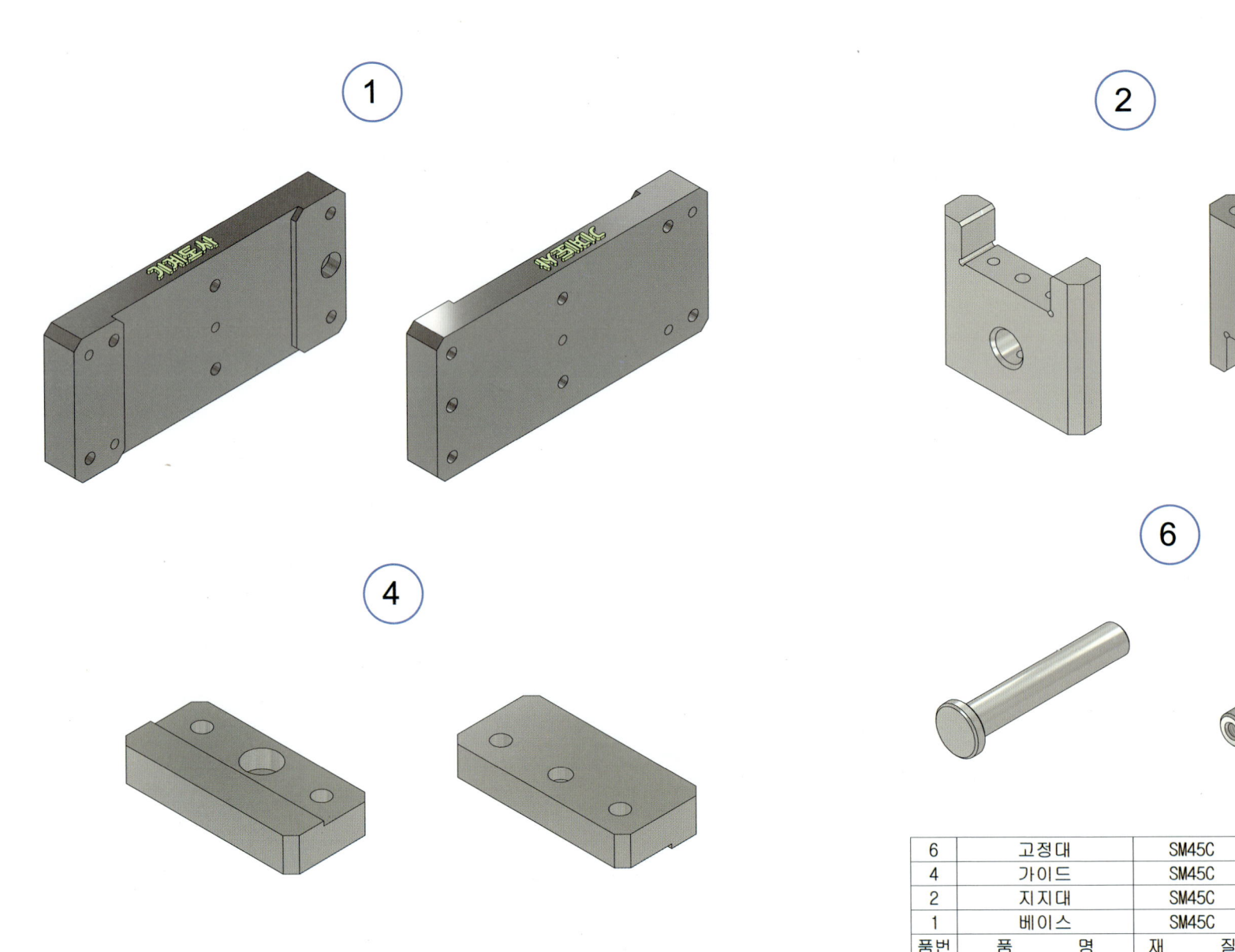

6	고정대	SM45C	1	
4	가이드	SM45C	1	
2	지지대	SM45C	1	
1	베이스	SM45C	1	
품번	품　　　명	재　　질	수량	비　　고

도　명	드릴지그-2	척　도	NS

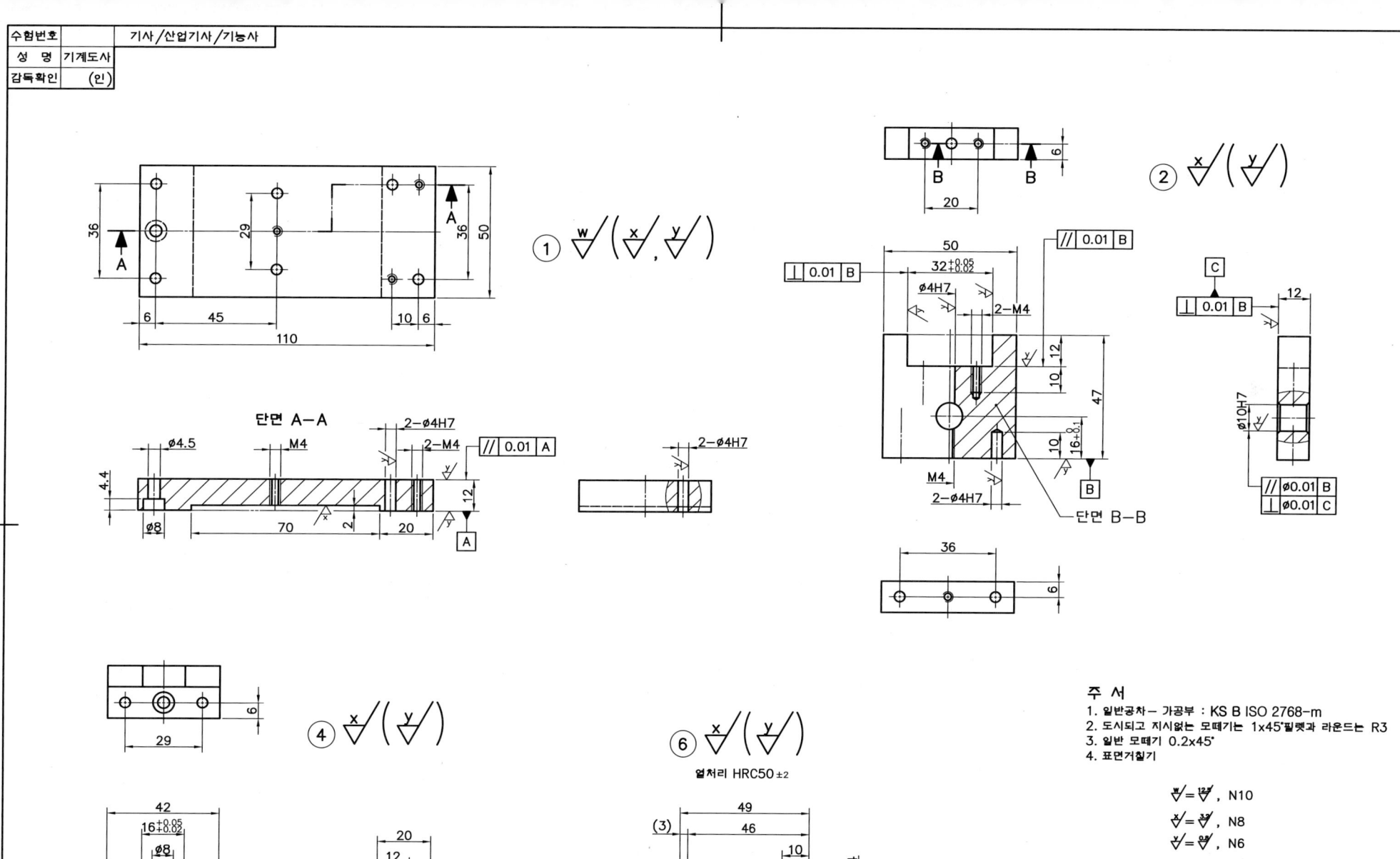

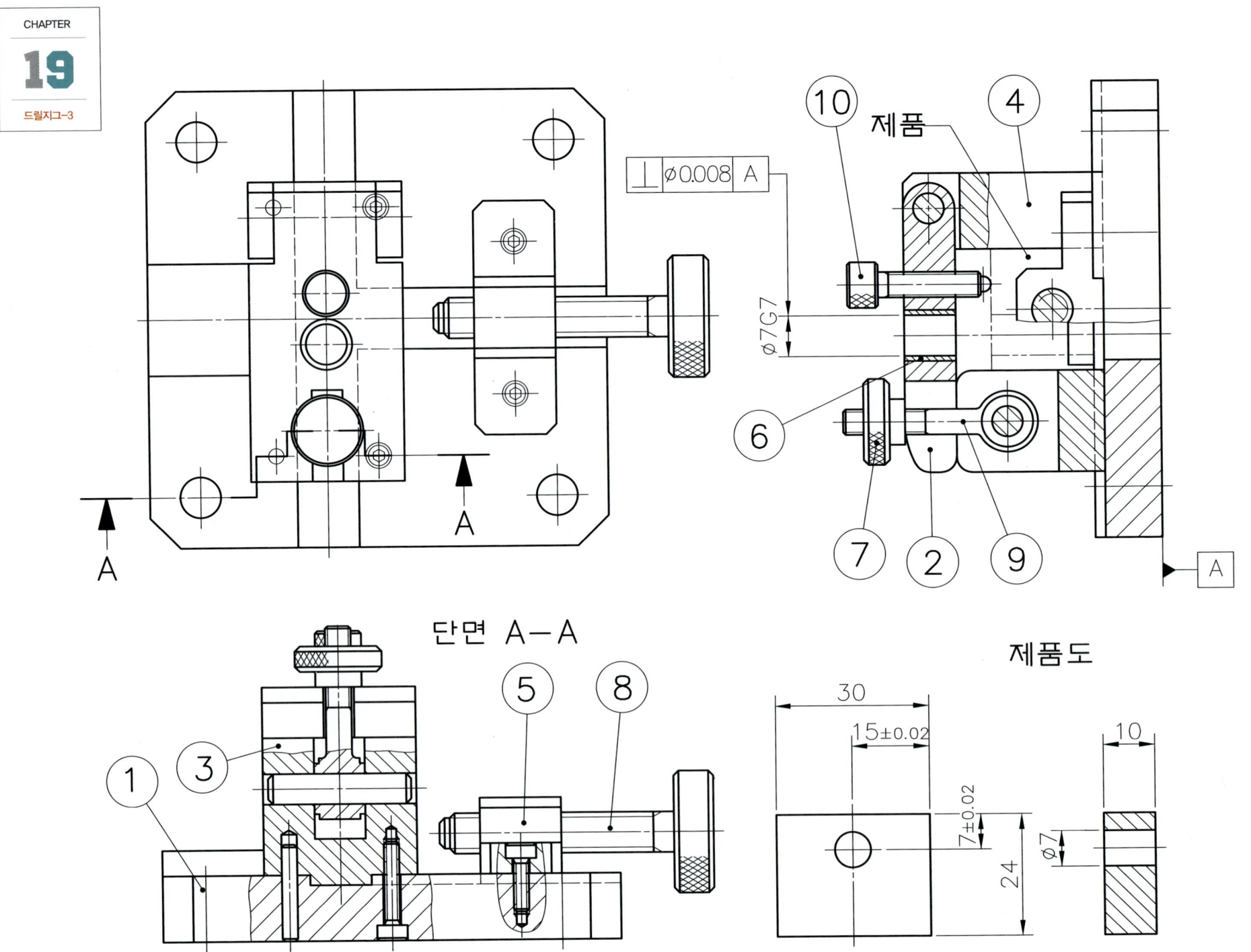

02 3D 등각도

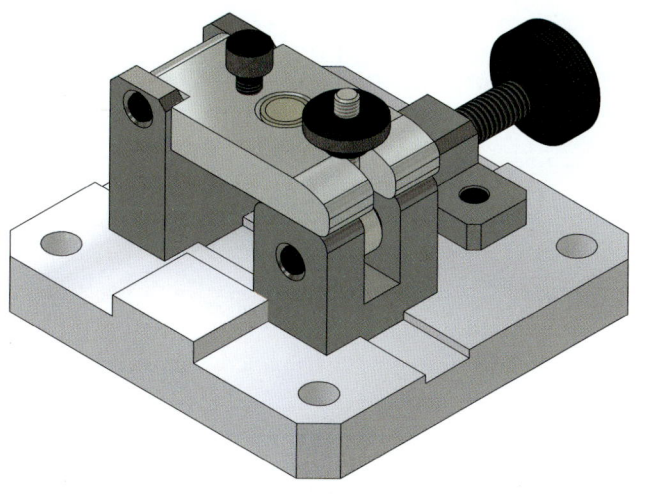

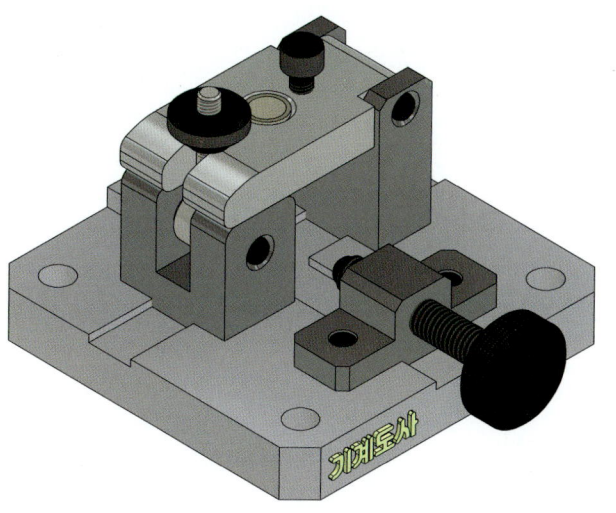

도 명	드릴지그-3	척 도	NS

CHAPTER 19 | 드릴지그-3

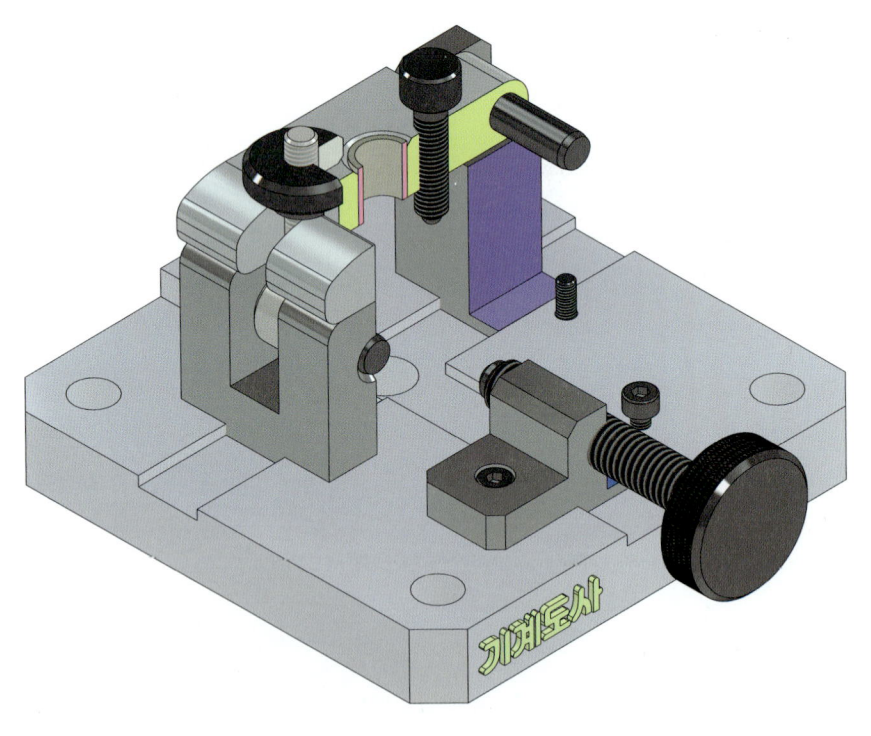 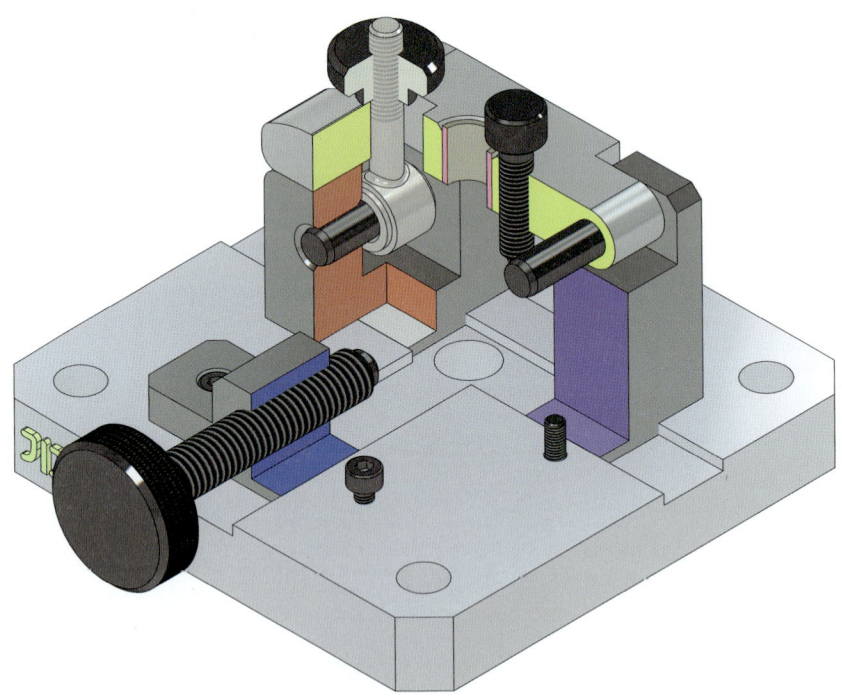

| 도 명 | 드릴지그-3 | 척 도 | NS |

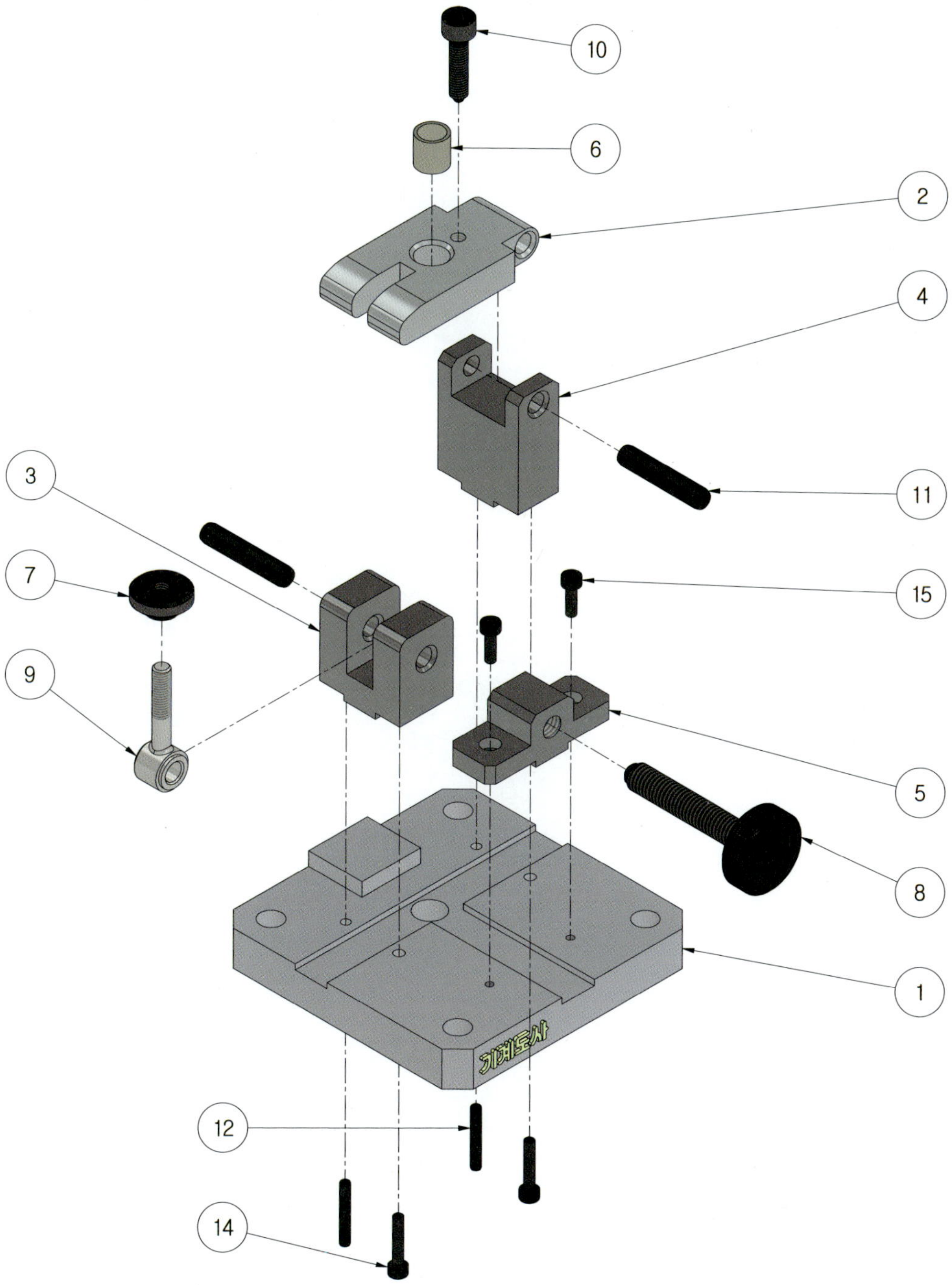

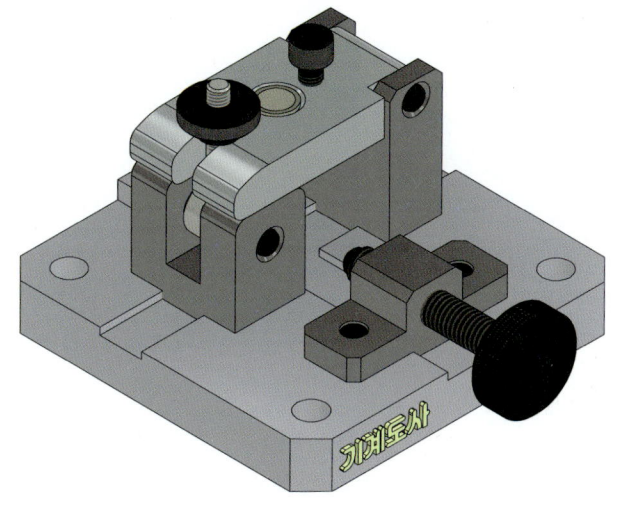

15	6각머리 태핑 나사	SM45C	2	KS B 1003-M3x10
14	6각머리 태핑 나사	SM45C	2	KS B 1003-M3x16
12	평행 핀	SM45C	2	KS B 1320-B3x20
11	평행 핀	SM45C	2	KS B 1320-B6x30
10	고정나사	SM45C	1	
9	고정나사	SM45C	1	
8	고정나사	SM45C	1	
7	손잡이	SM45C	1	
6	드릴부시	SK3	1	
5	가이드	SM45C	1	
4	지지대	SNC415	1	
3	지지대	SNC415	1	
2	받침대	SCN415	1	
1	베이스	SM45C	1	
품번	품 명	재 질	수량	비 고
도 명	드릴지그-3		척도	NS

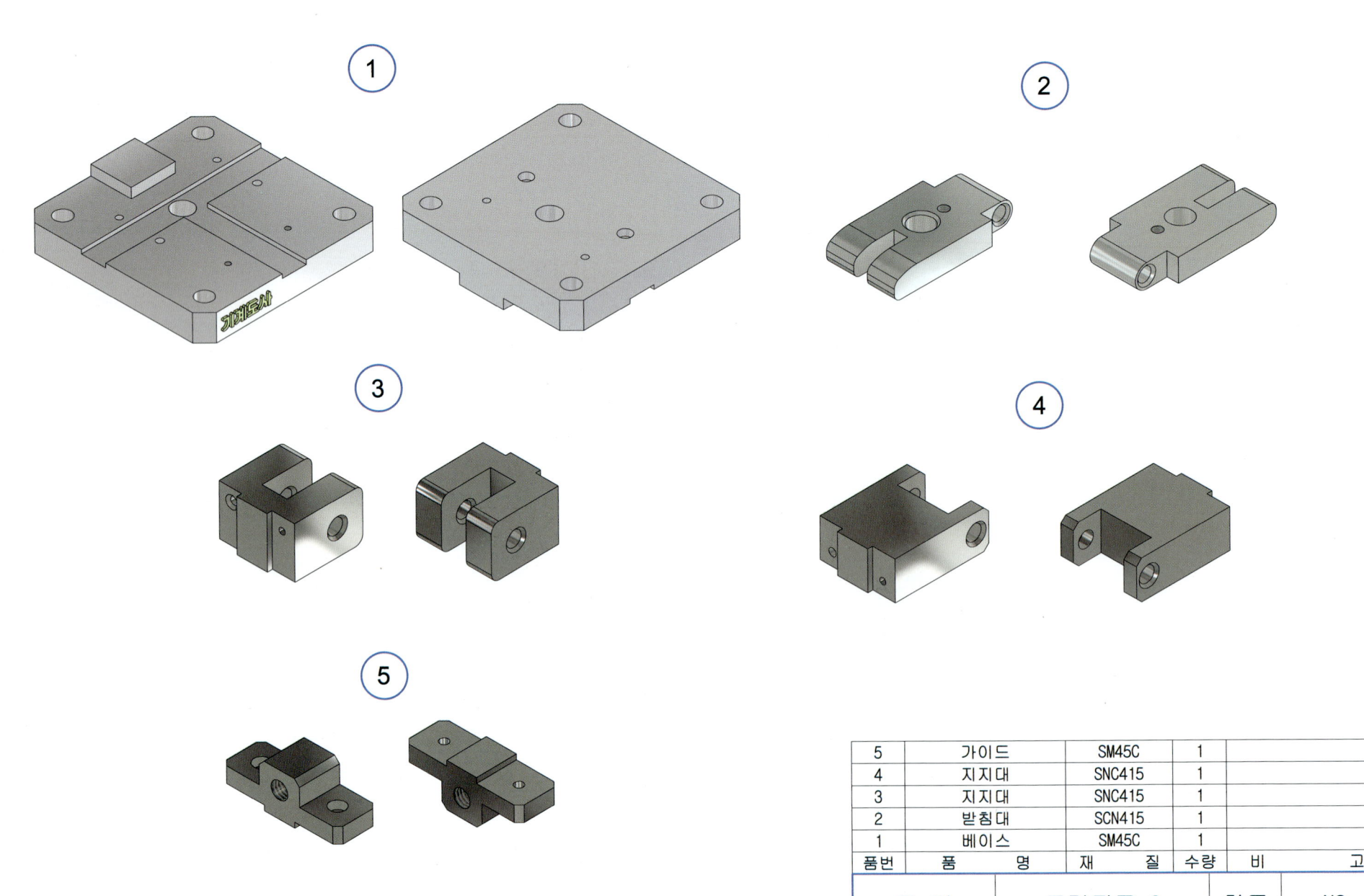

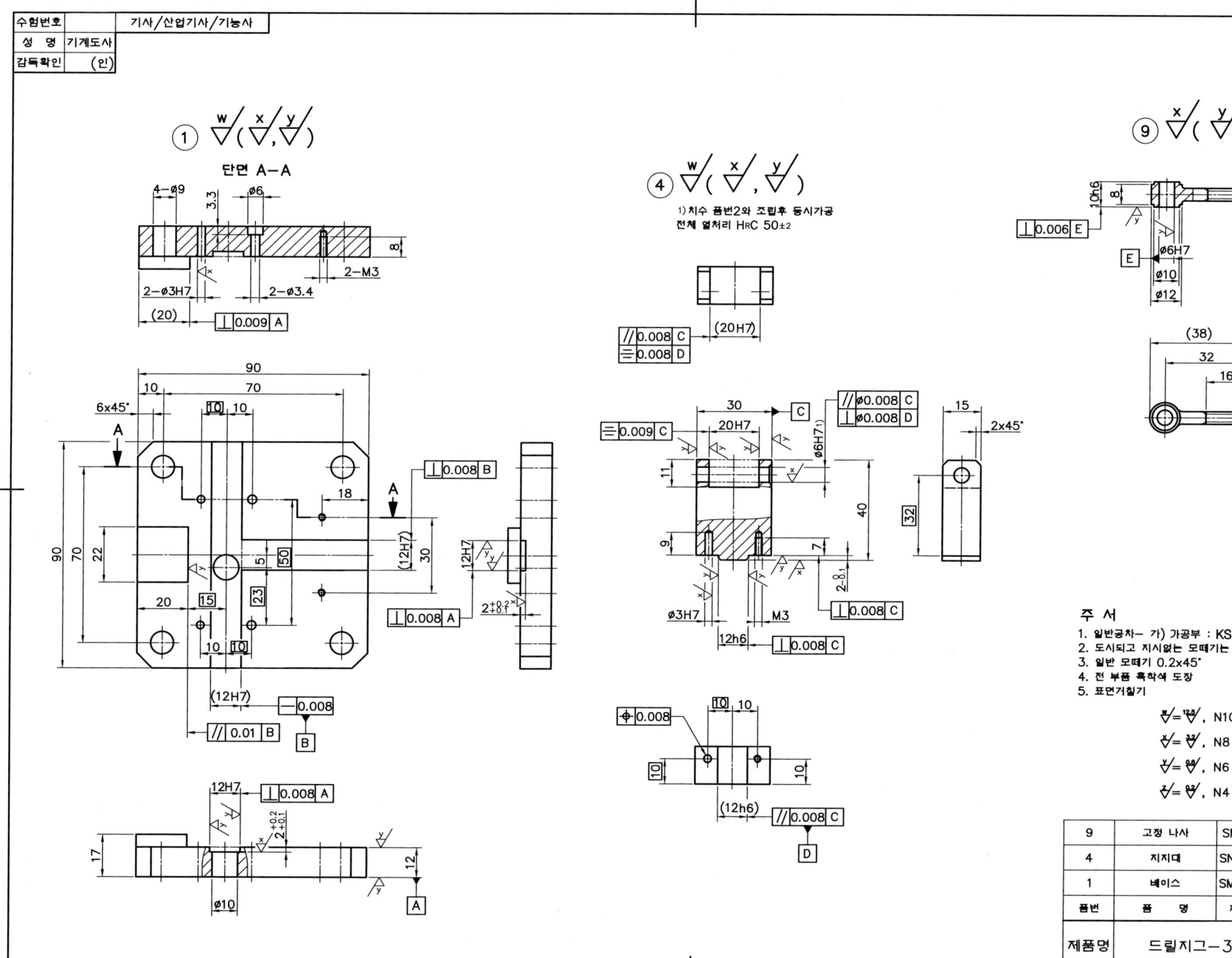

척도	1:2

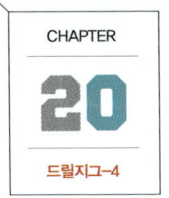

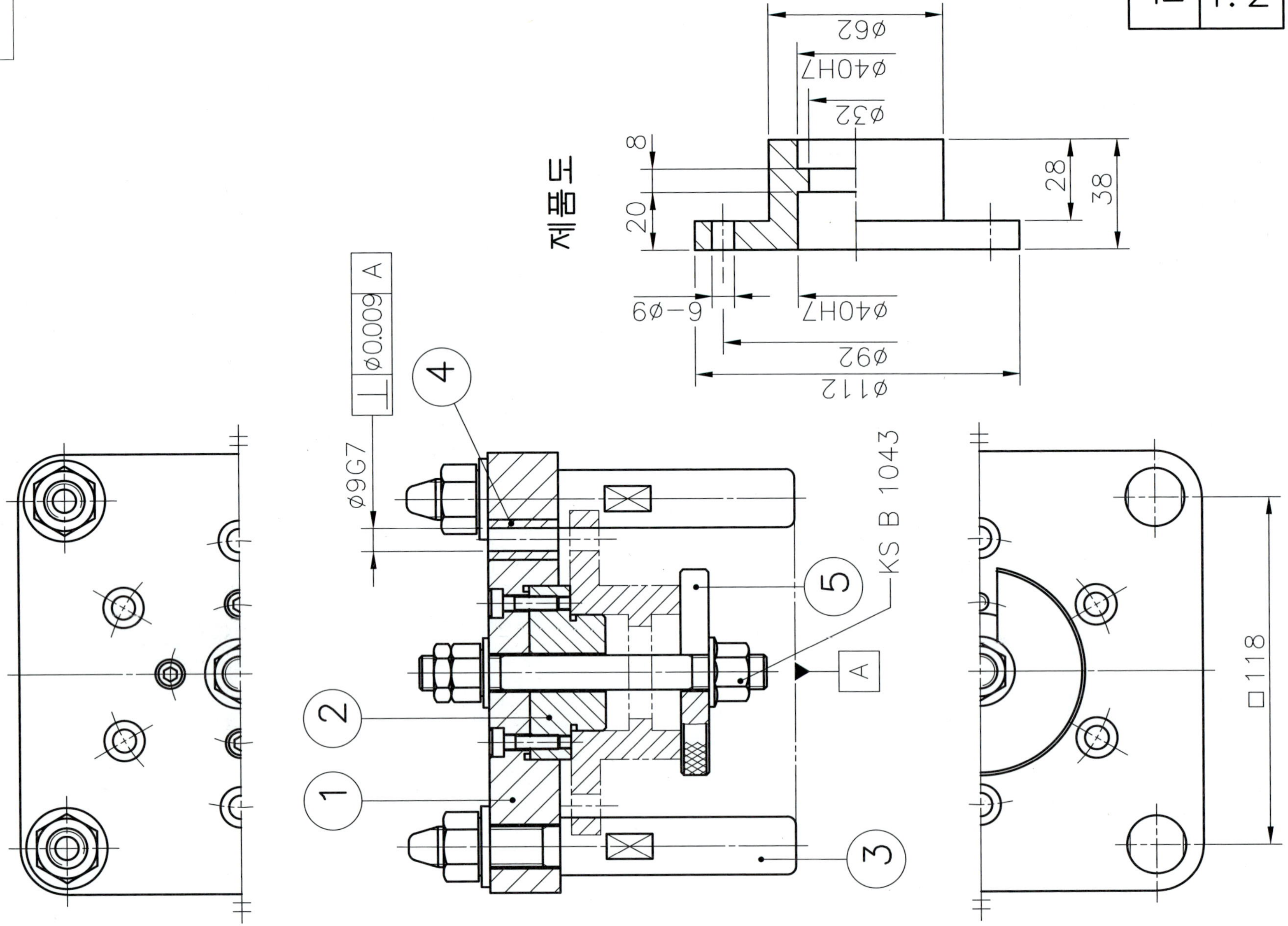
제품도
φ62
φ40H7
φ32
8
20
28
38
6-φ9
φ40H7
φ92
φ112
⊥ φ0.009 A
φ9G7
KS B 1043
A
□118
1
2
3
4
5

02 3D 등각도

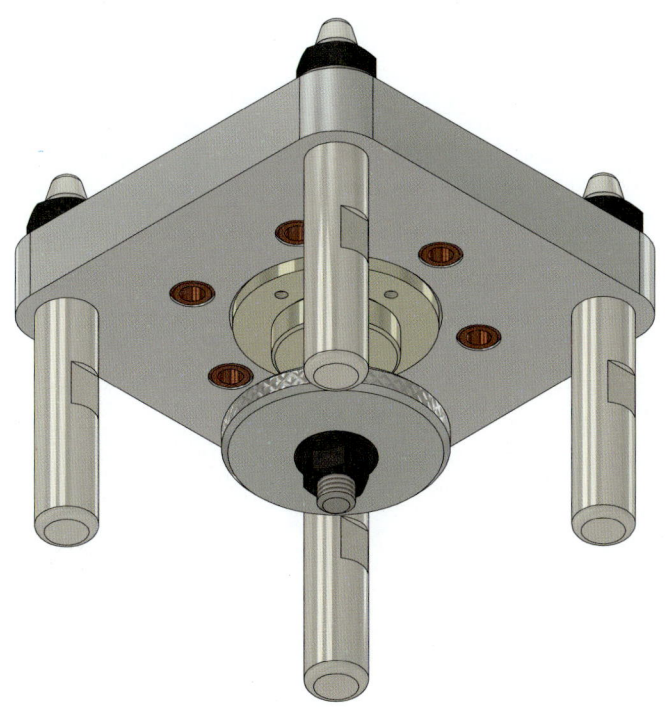
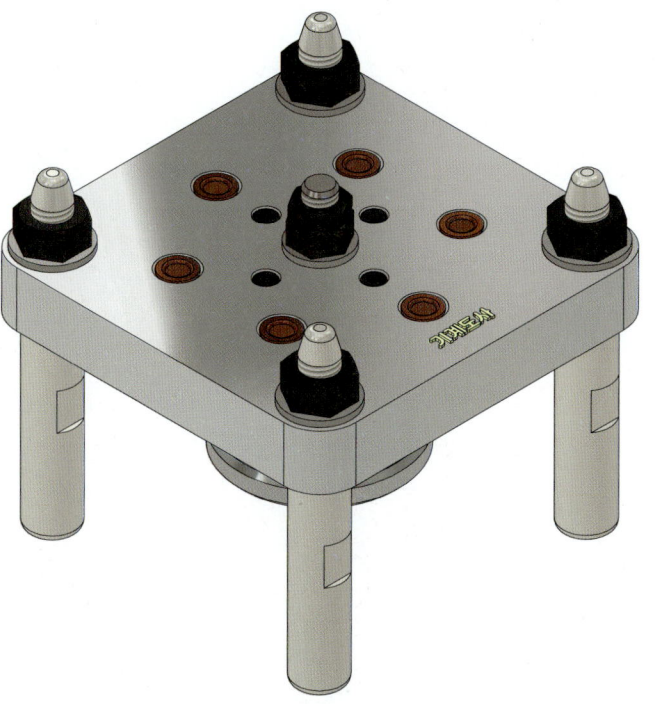

| 도 명 | 드릴지그-4 | 척도 | NS |

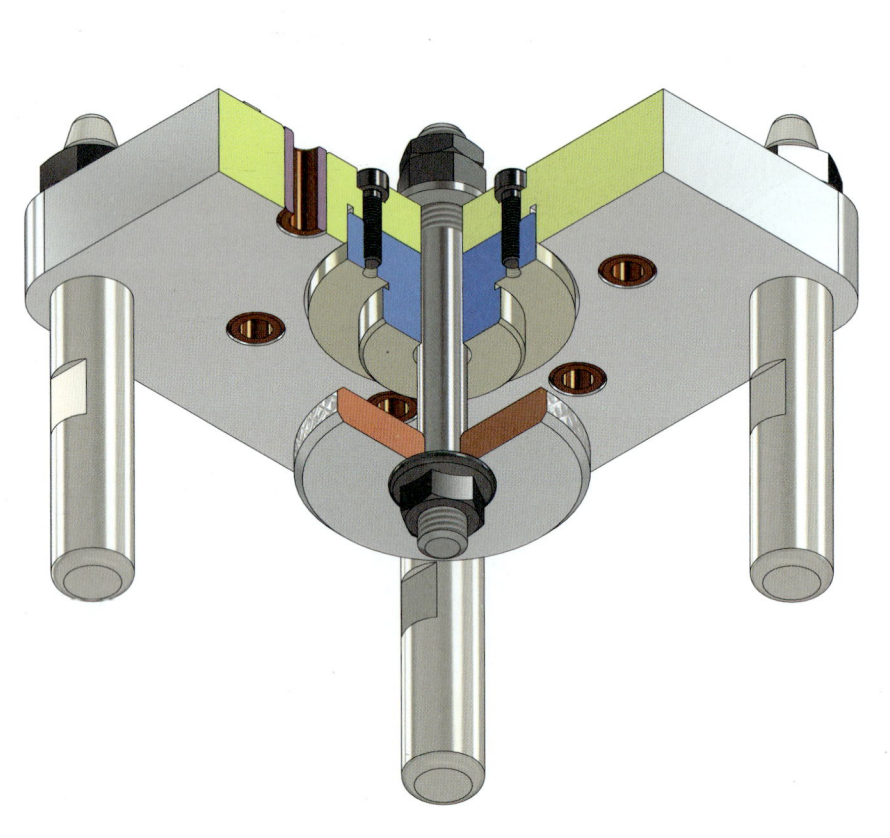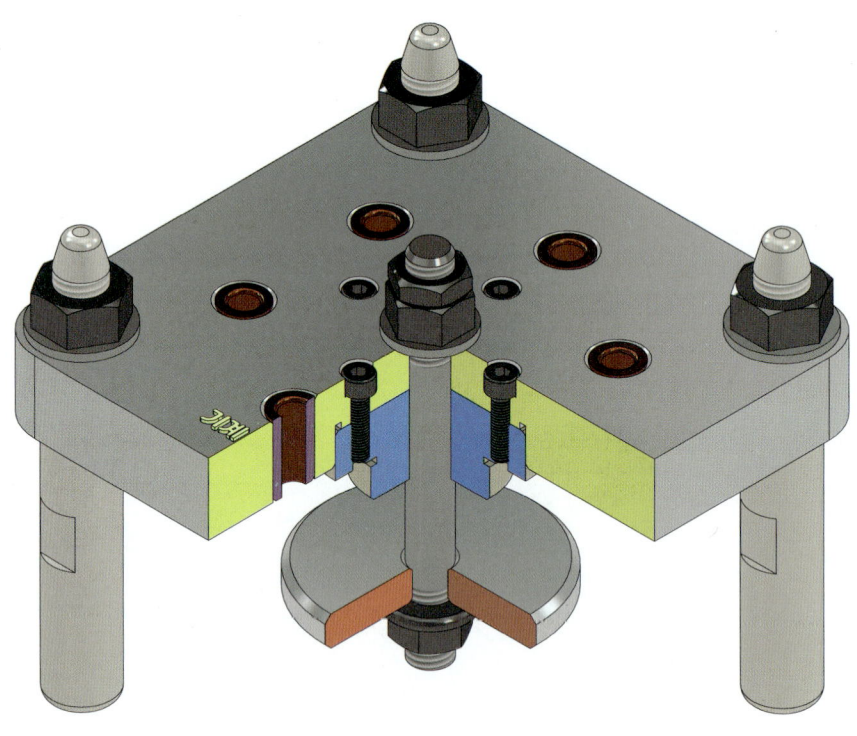

도 명	드릴지그-4	척 도	NS

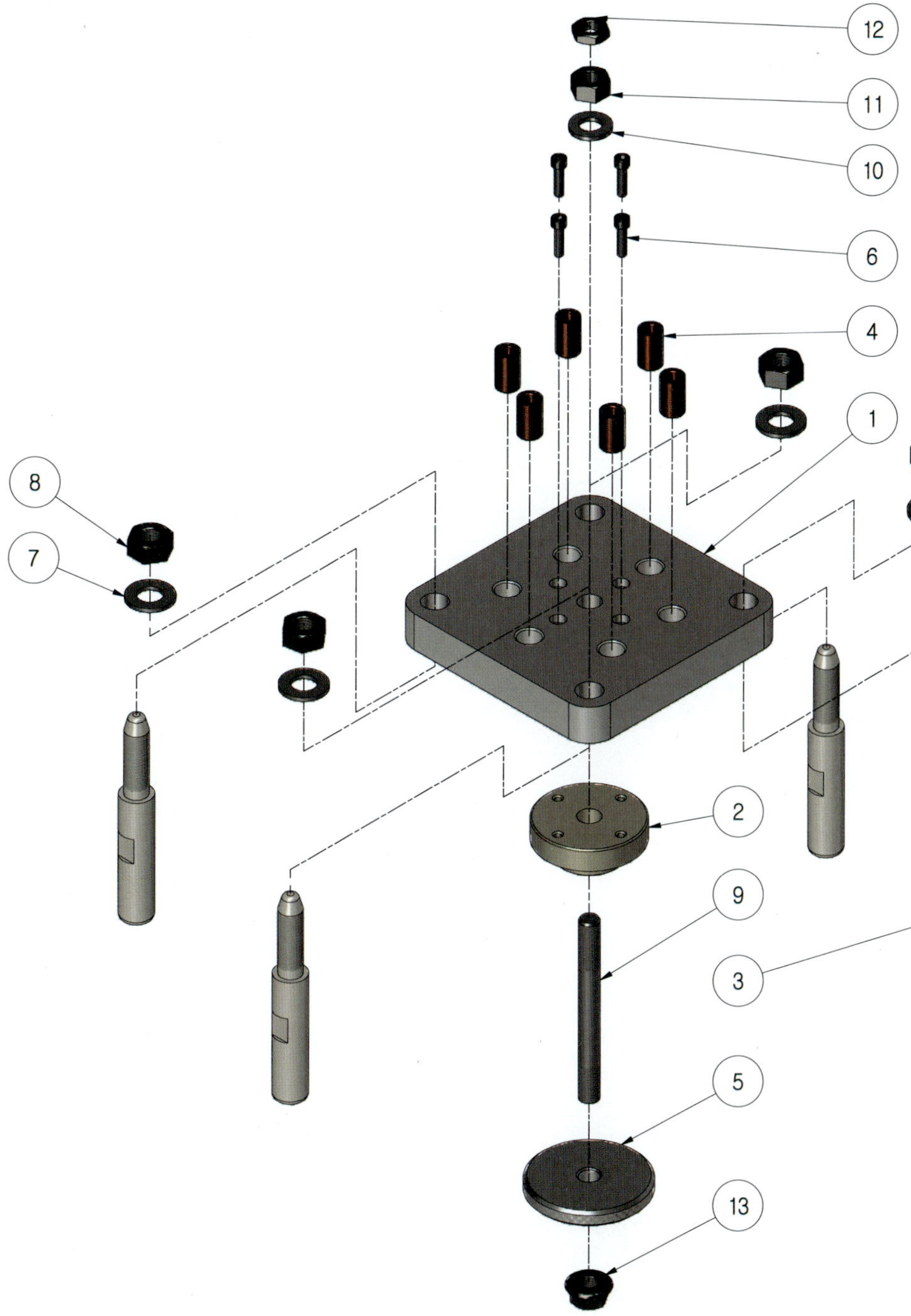

04 3D 분해도

13	플런저육각너트	SM45C	1	ISO 4161 - M12
12	육각너트	SM45C	1	ISO 4035 - M12
11	육각너트	SM45C	1	KS B 1012 - M 12
10	평와셔	SM45C	1	KS B 1326 - 12x24
9	스터드볼트	SM45C	1	IS 1826-M12x120
8	육각너트	SM45C	4	KS B 1012 - M 14
7	평와셔	SM45C	4	KS B 1326 - 14x28
6	육각볼트	SM45C	4	KS B 1003 - M5x20
5	고정판	SM45C	1	
4	드릴 부시	SNC415	6	
3	받침 다리	SM45C	4	
2	고정대	SNC415	1	
1	베이스	SM45C	1	
품번	품 명	재 질	수량	비 고
도 명	드릴지그-4		척 도	NS

CHAPTER 20 | 드릴지그-4

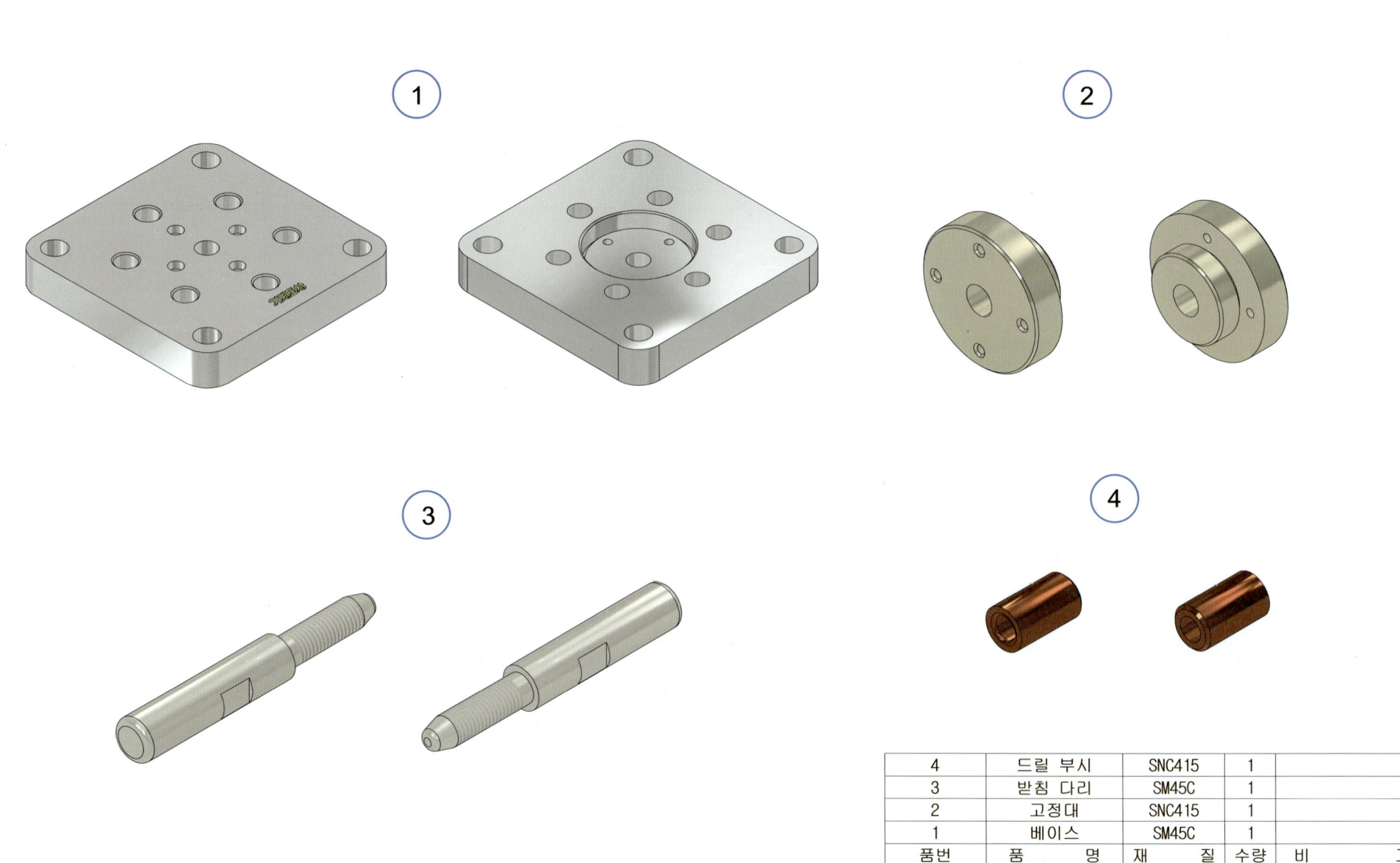

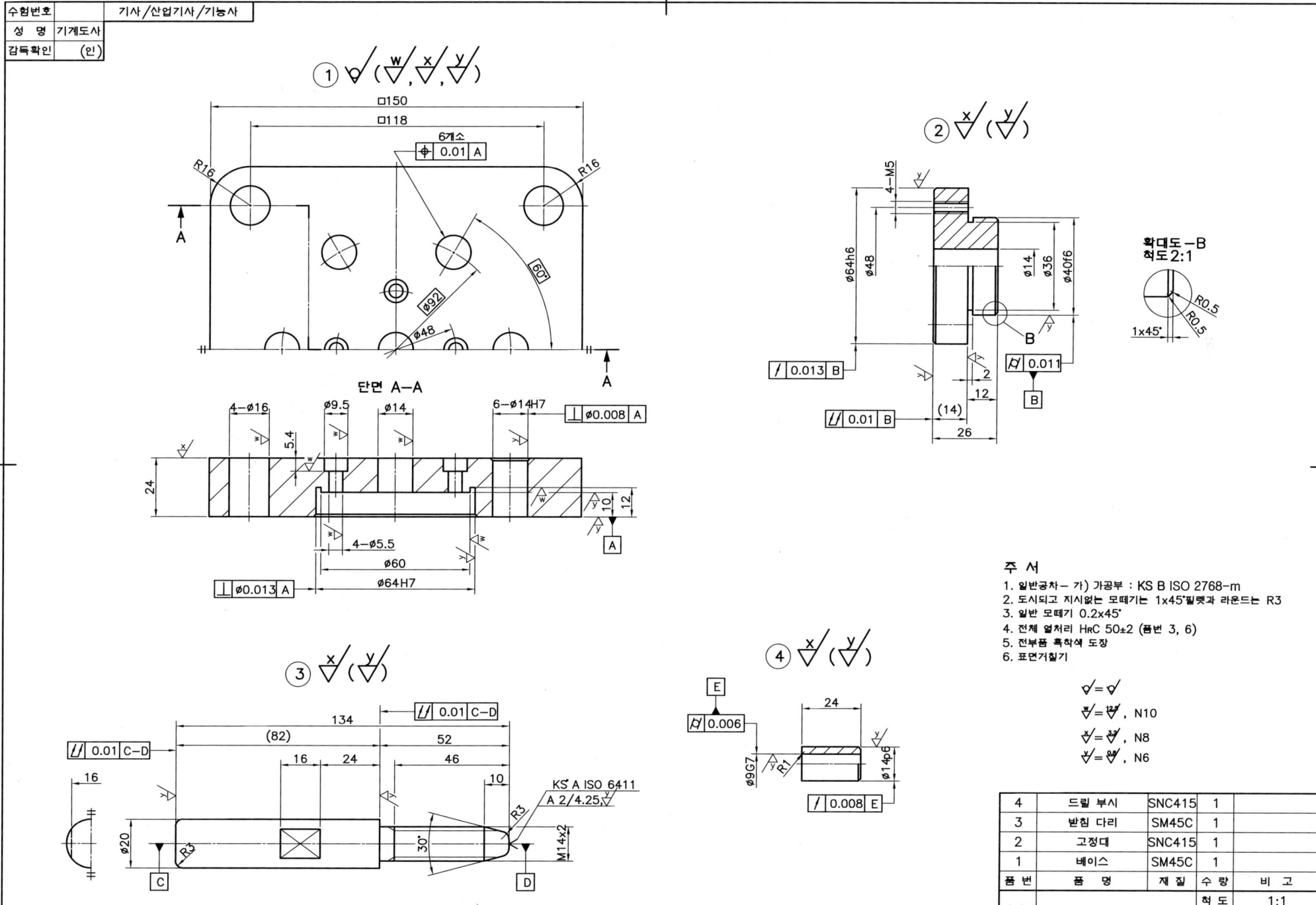

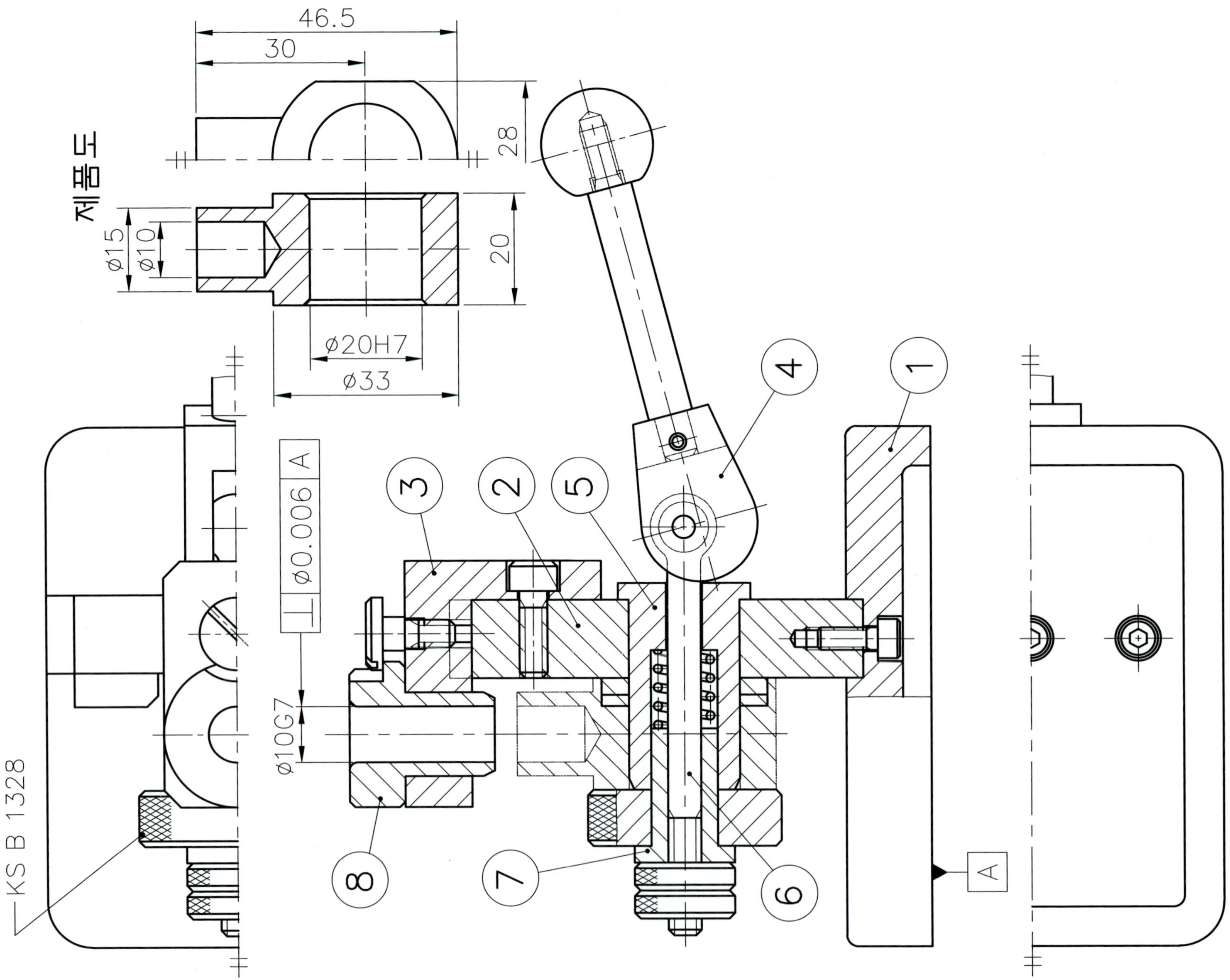

01 문제도면

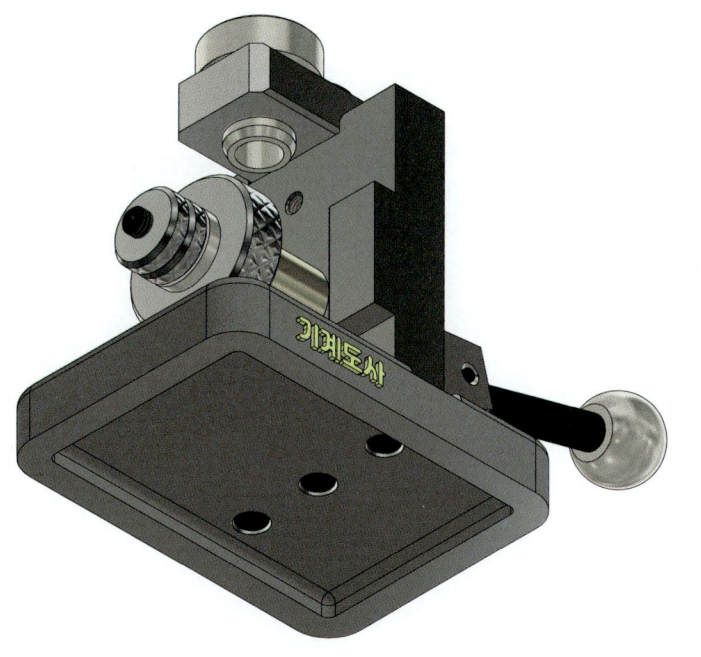
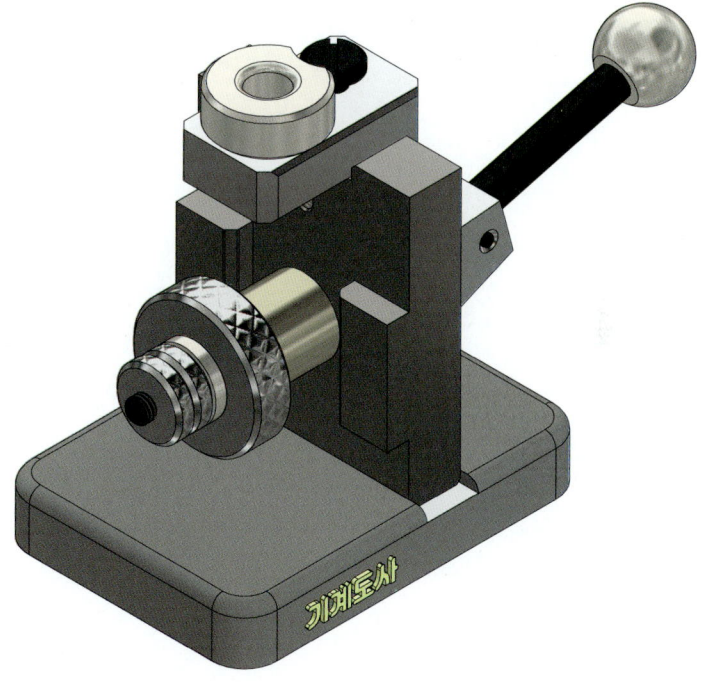

| 도 명 | 드릴지그-5 | 척도 | NS |

02 3D 등각도

CHAPTER 21 | 드릴지그-5

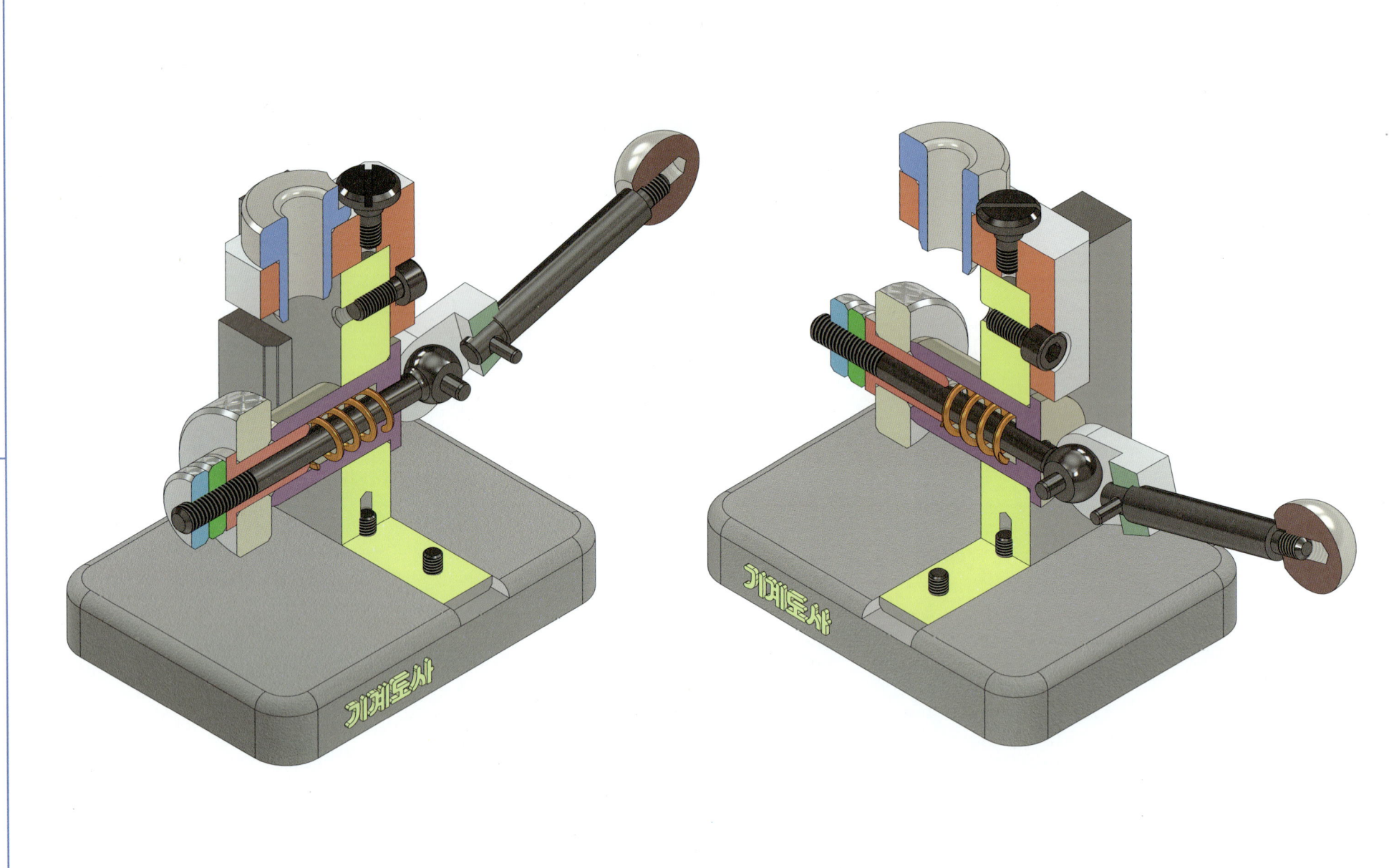

| 도 명 | 드릴지그-5 | 척 도 | NS |

03 3D 단면도

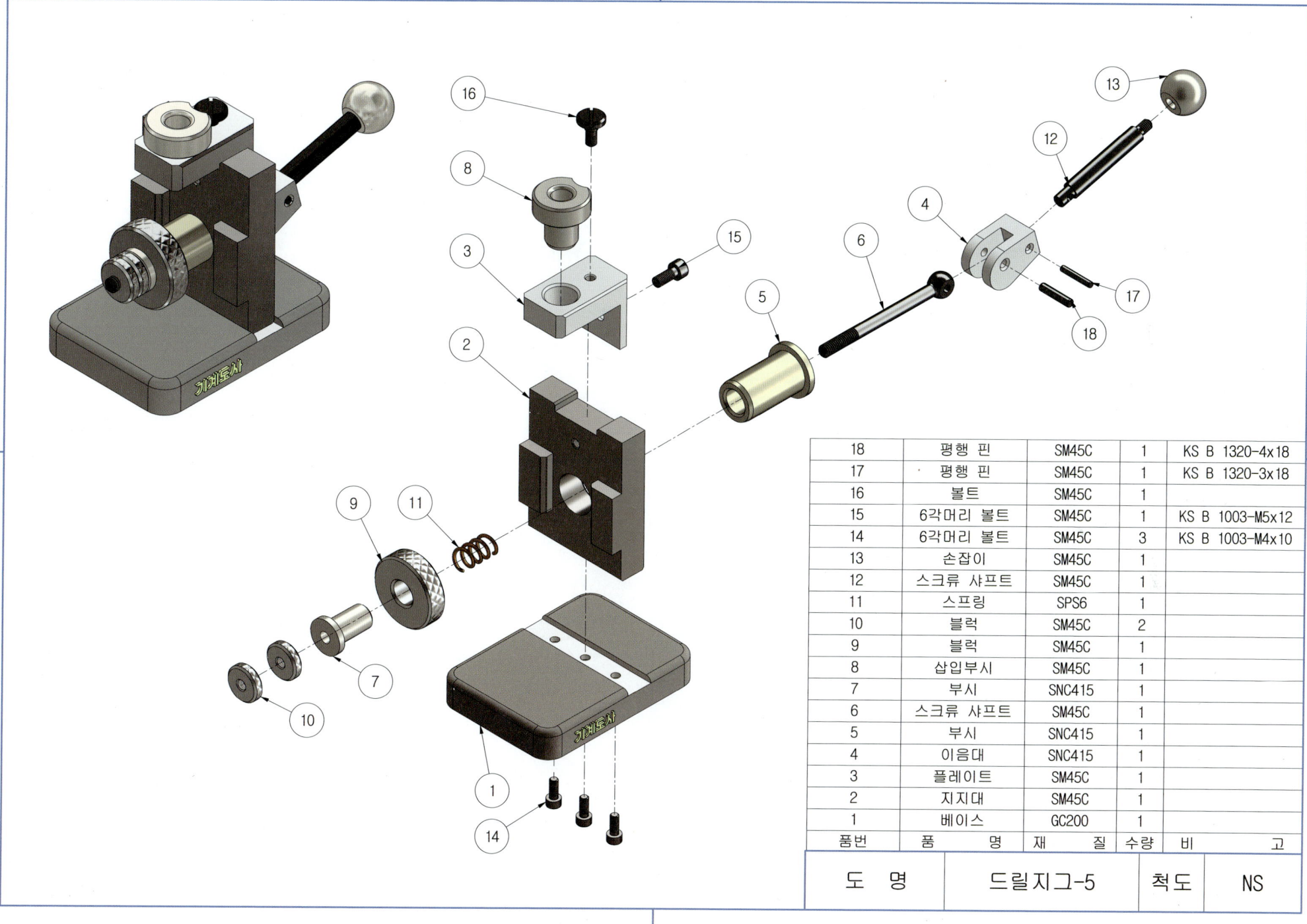

04 3D 분해도

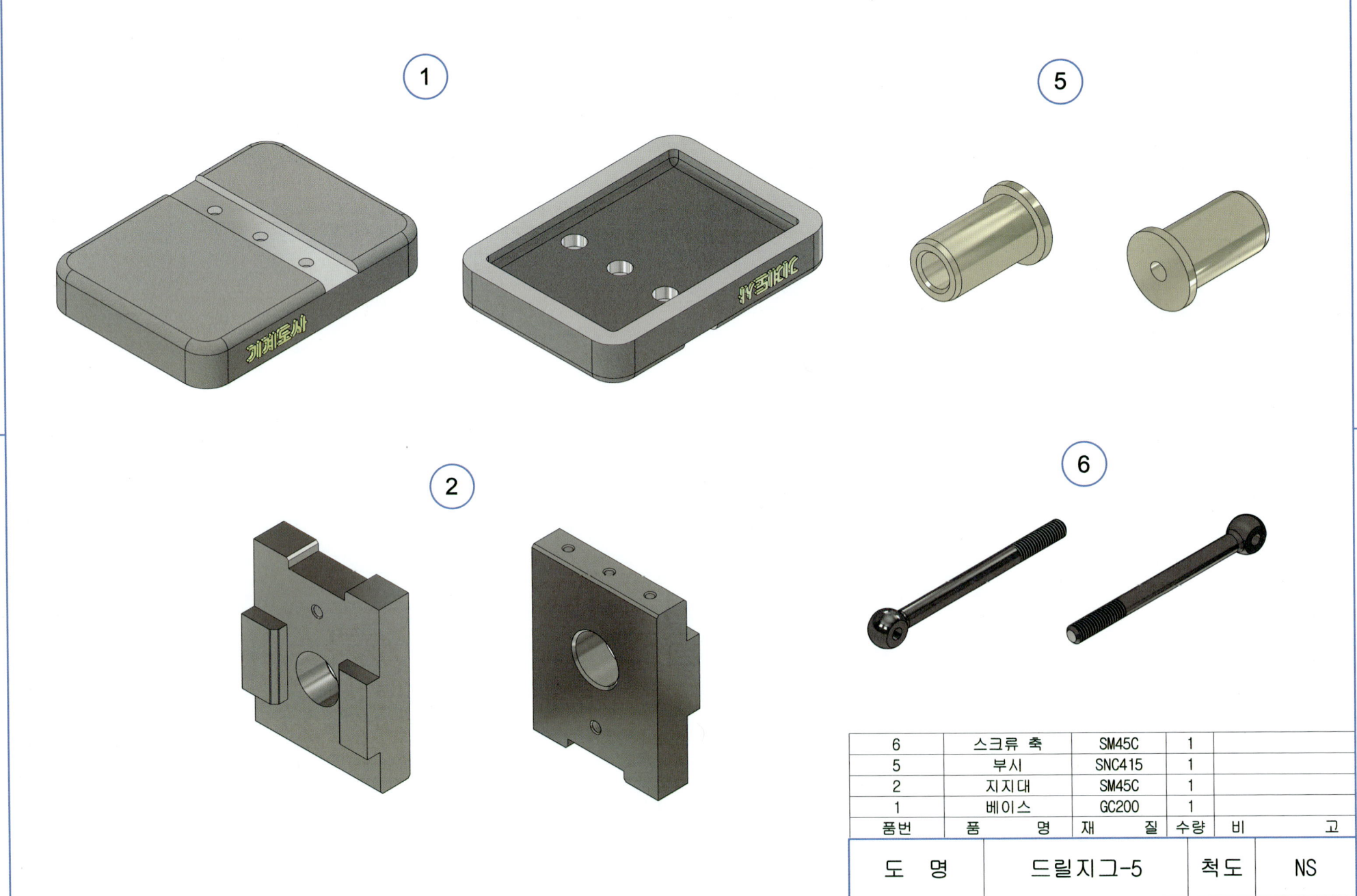

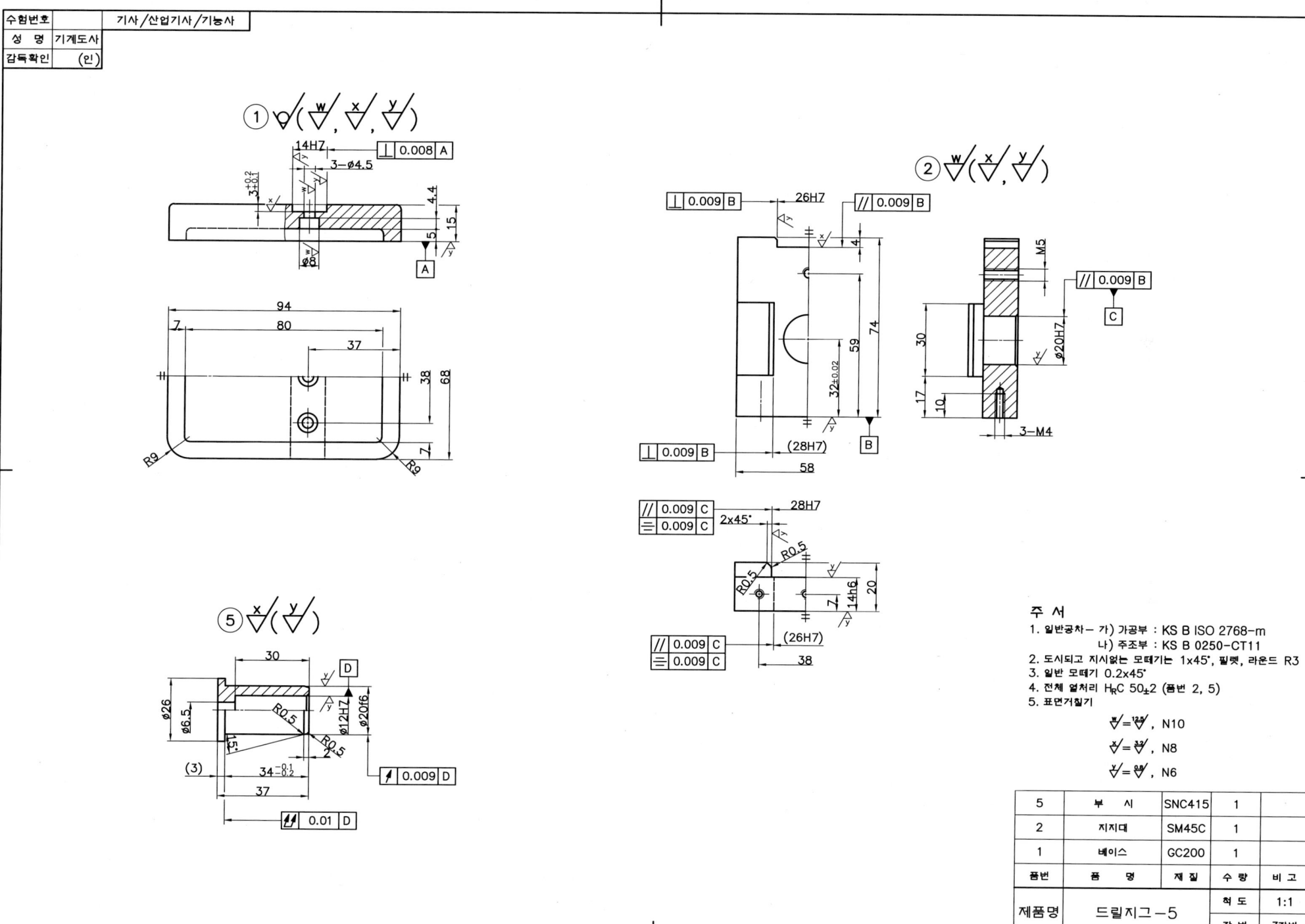

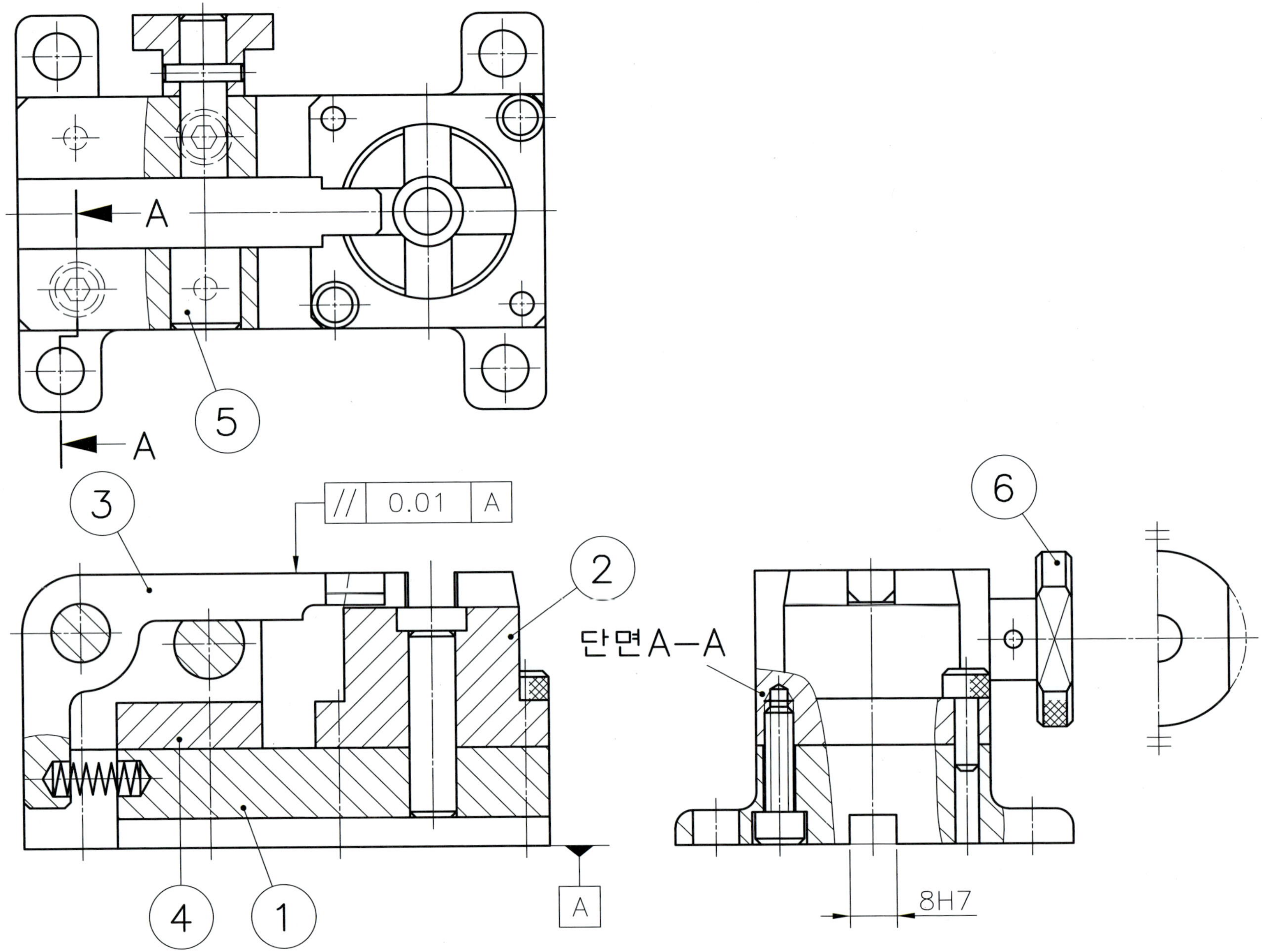

단면A-A

8H7

01 문제도면

02 3D 등각도

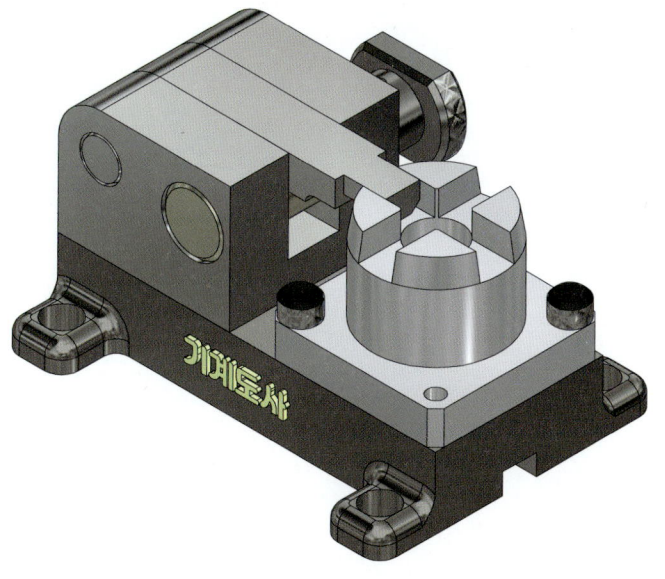

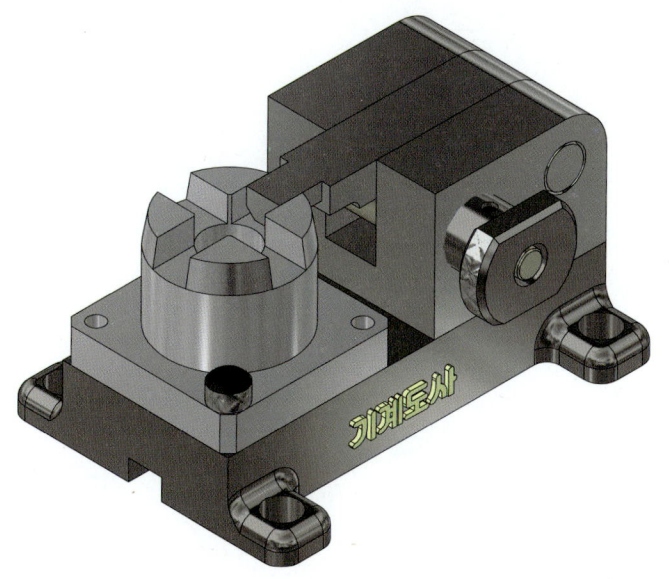

| 도 명 | 고정지그-1 | 척 도 | NS |

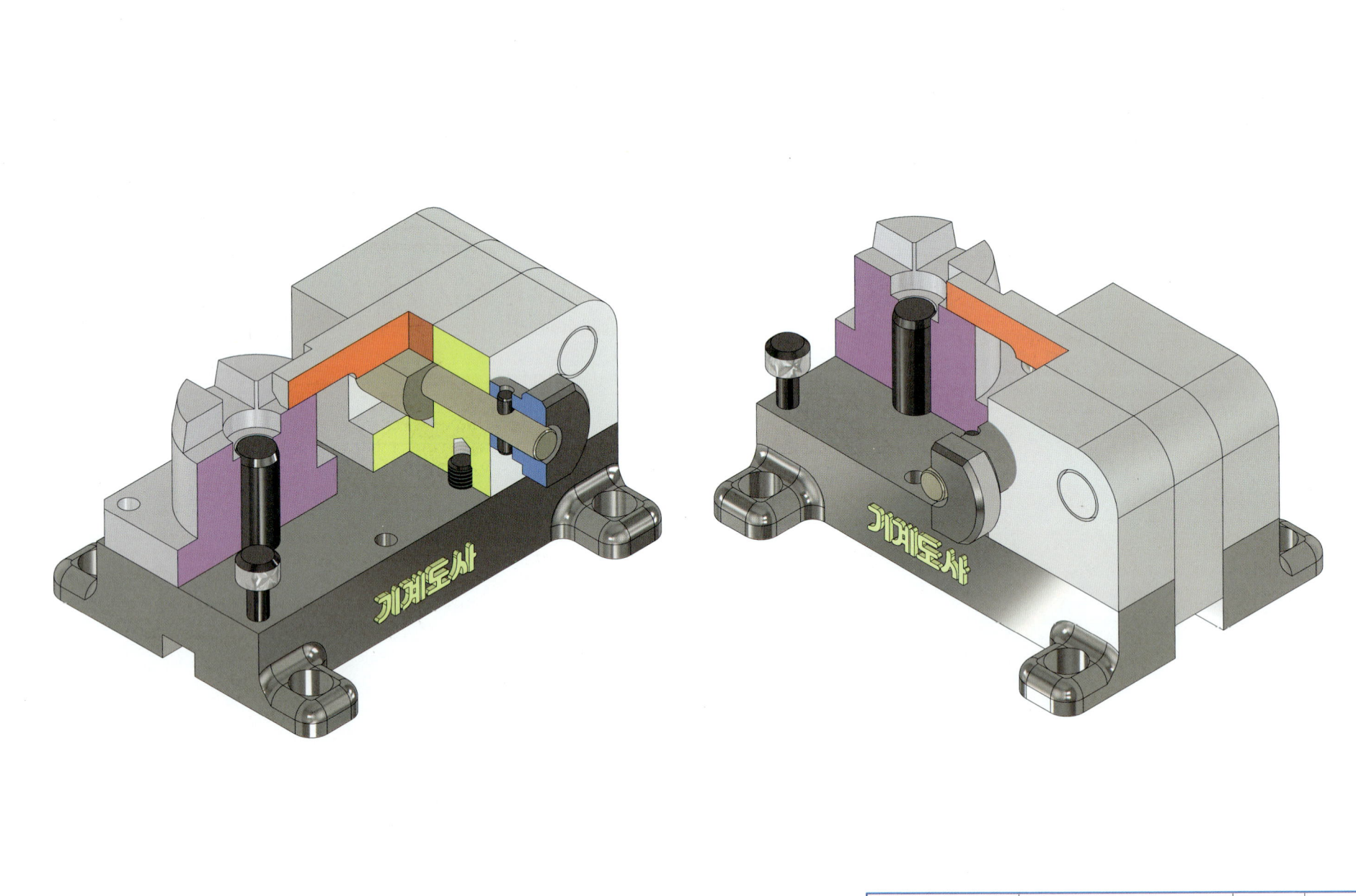

| 도 명 | 고정지그-1 | 척 도 | NS |

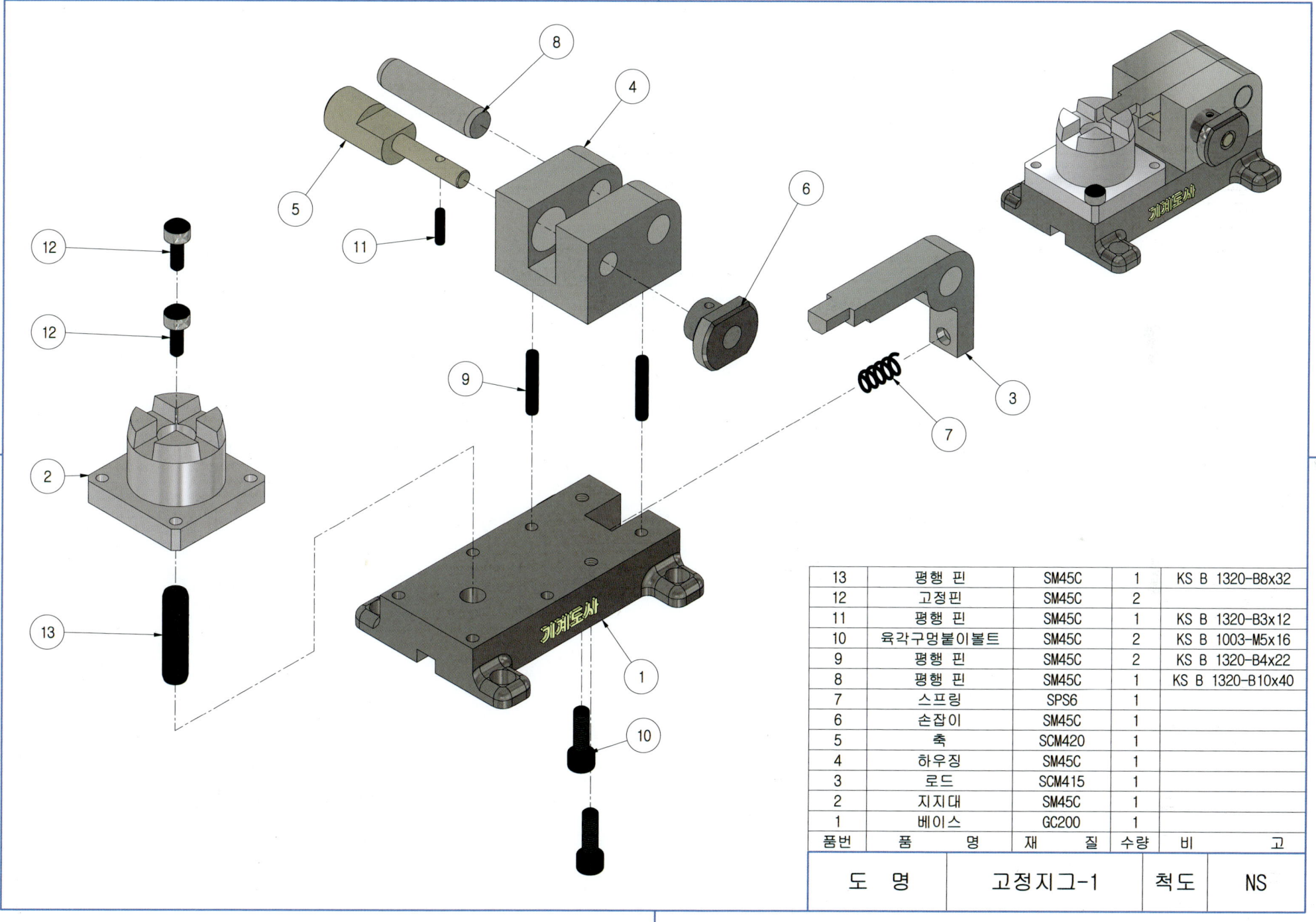

1

2

6

3

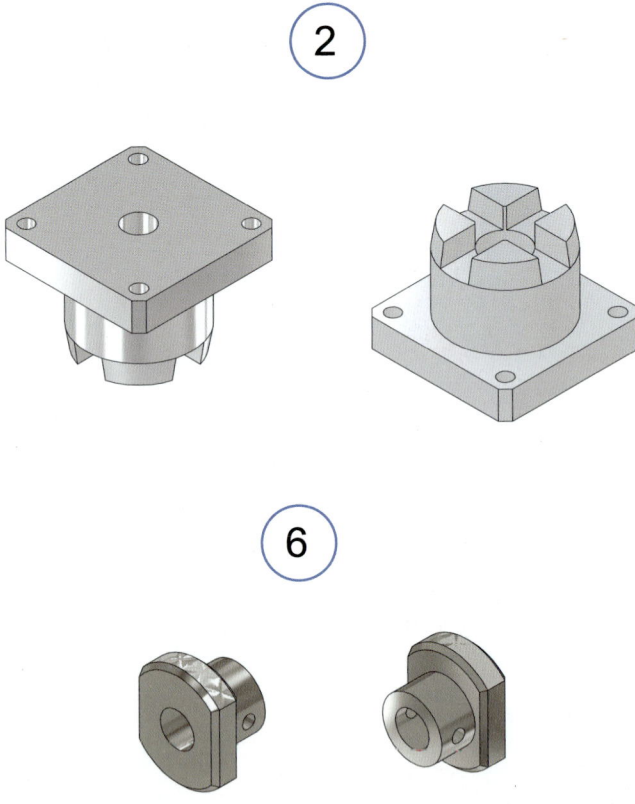

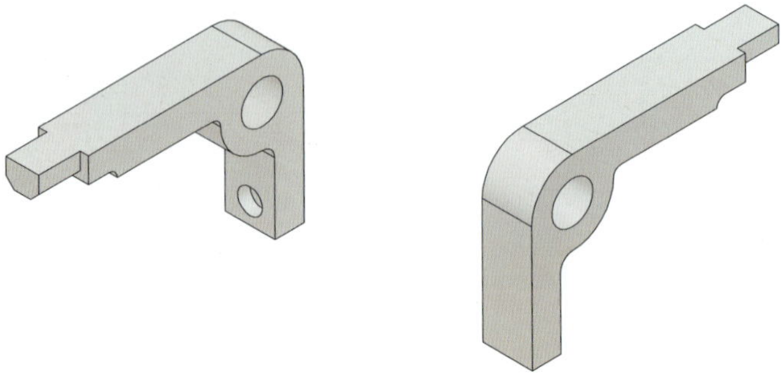

6	손잡이	SM45C	1	
3	로드	SCM415	1	
2	지지대	SM45C	1	
1	베이스	GC200	1	
품번	품 명	재 질	수량	비 고

도 명	고정지그-1	척도	NS

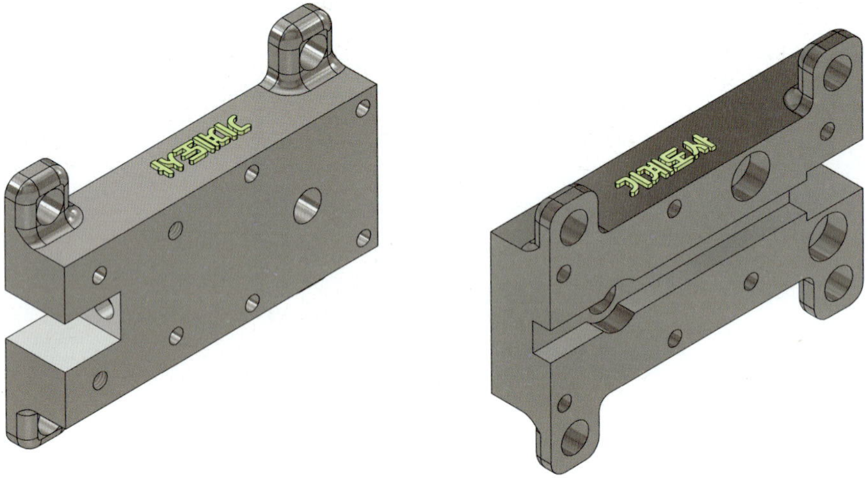

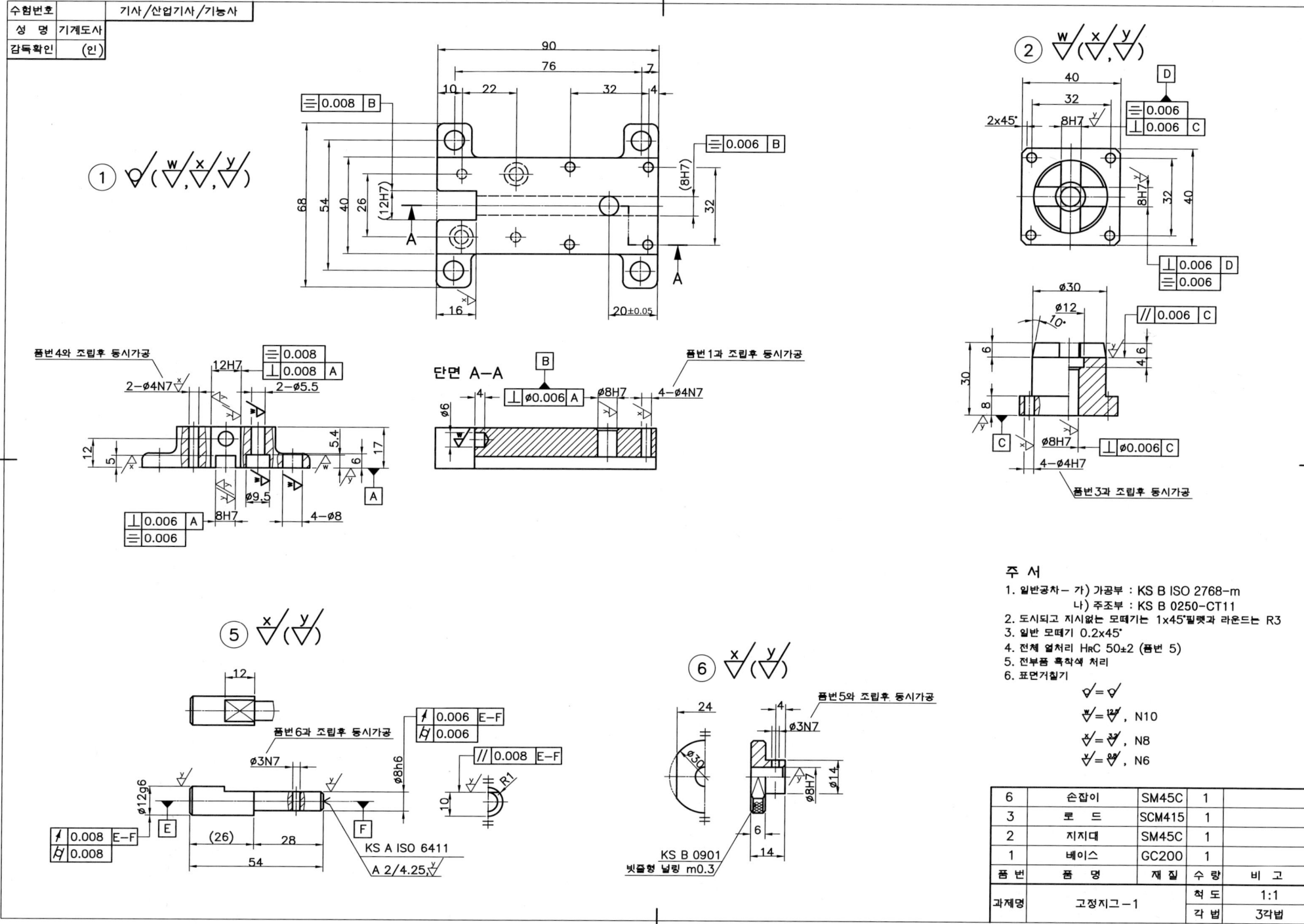

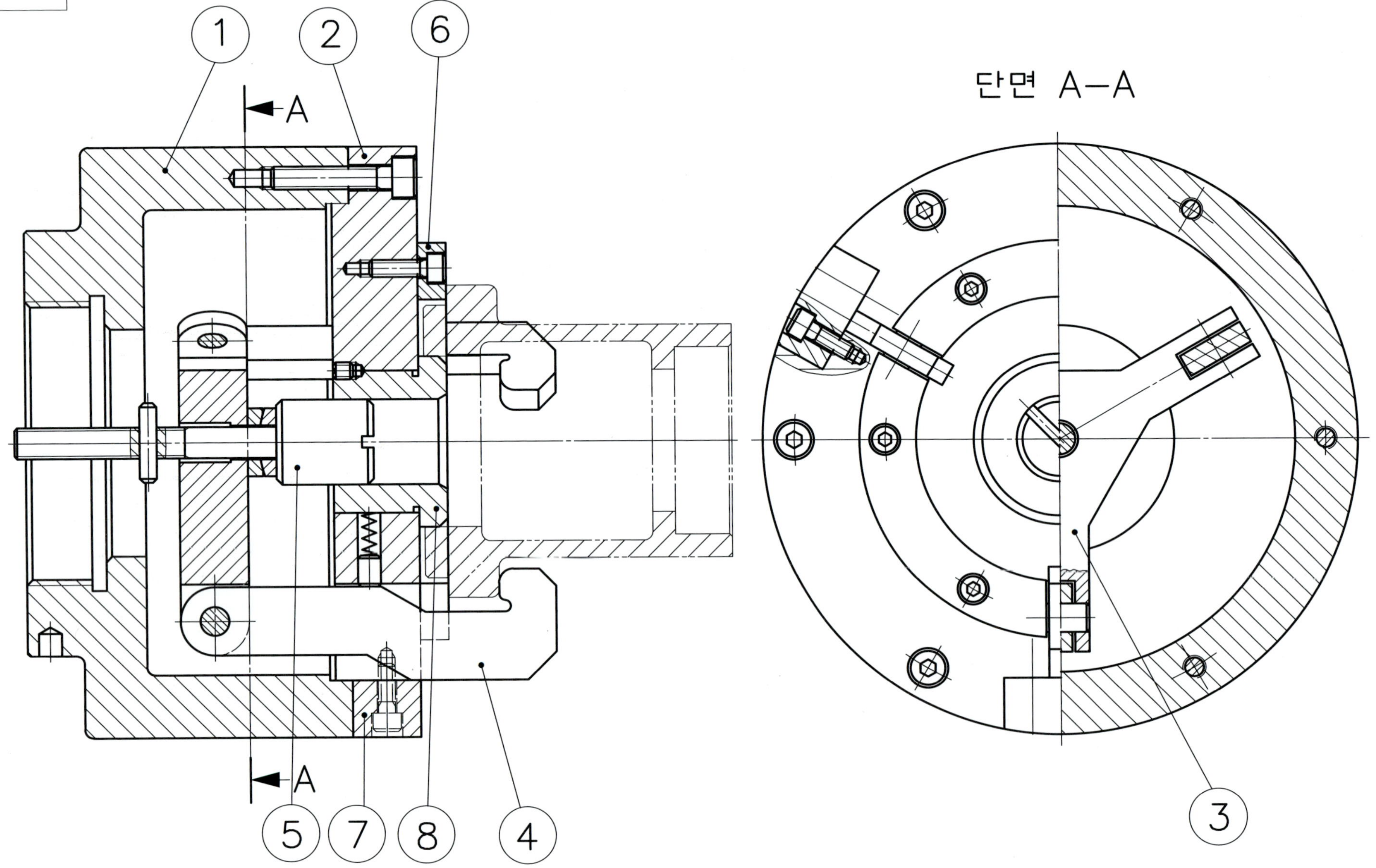

단면 A-A

02 3D 등각도

| 도 명 | 고정지그-2 | 척 도 | NS |

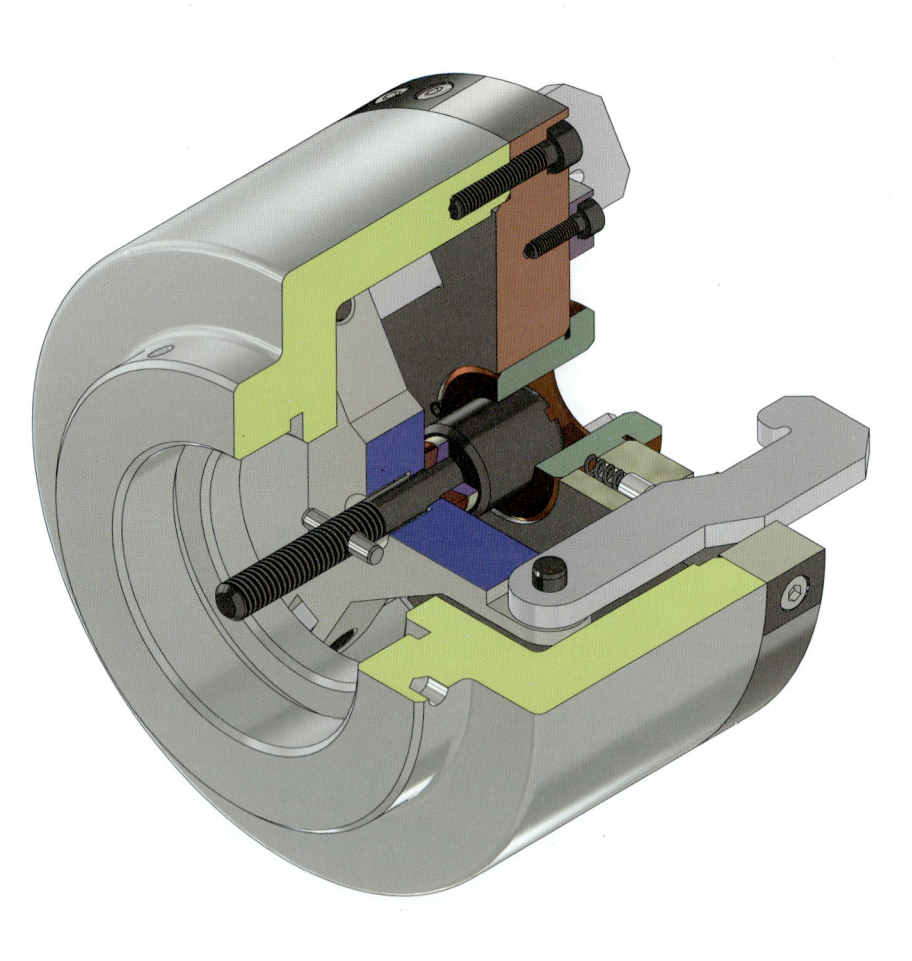
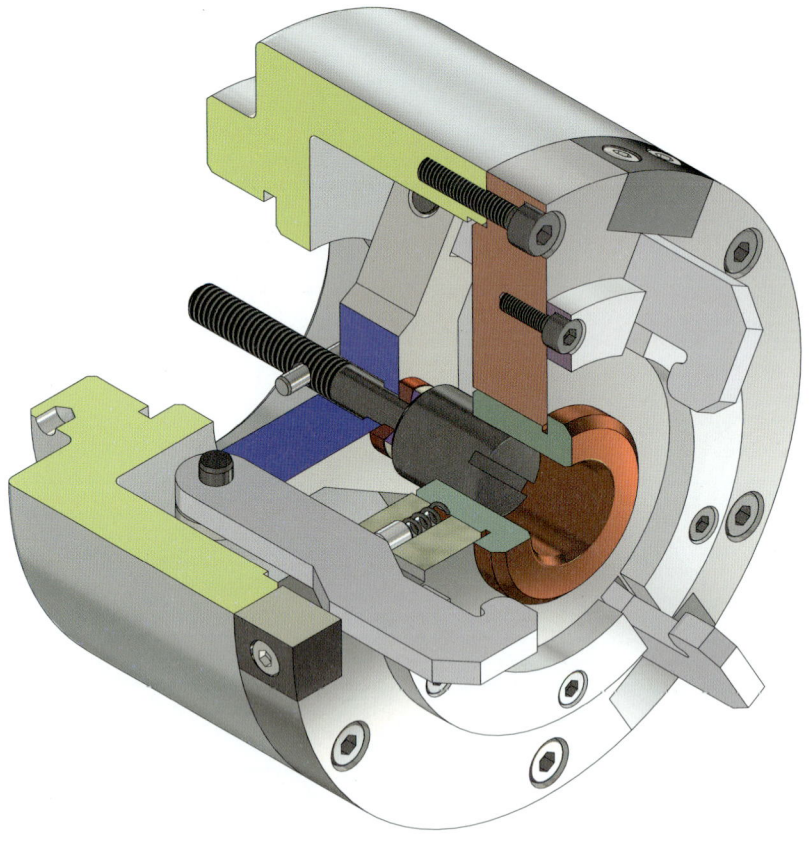

| 도 명 | 고정지그-2 | 척 도 | NS |

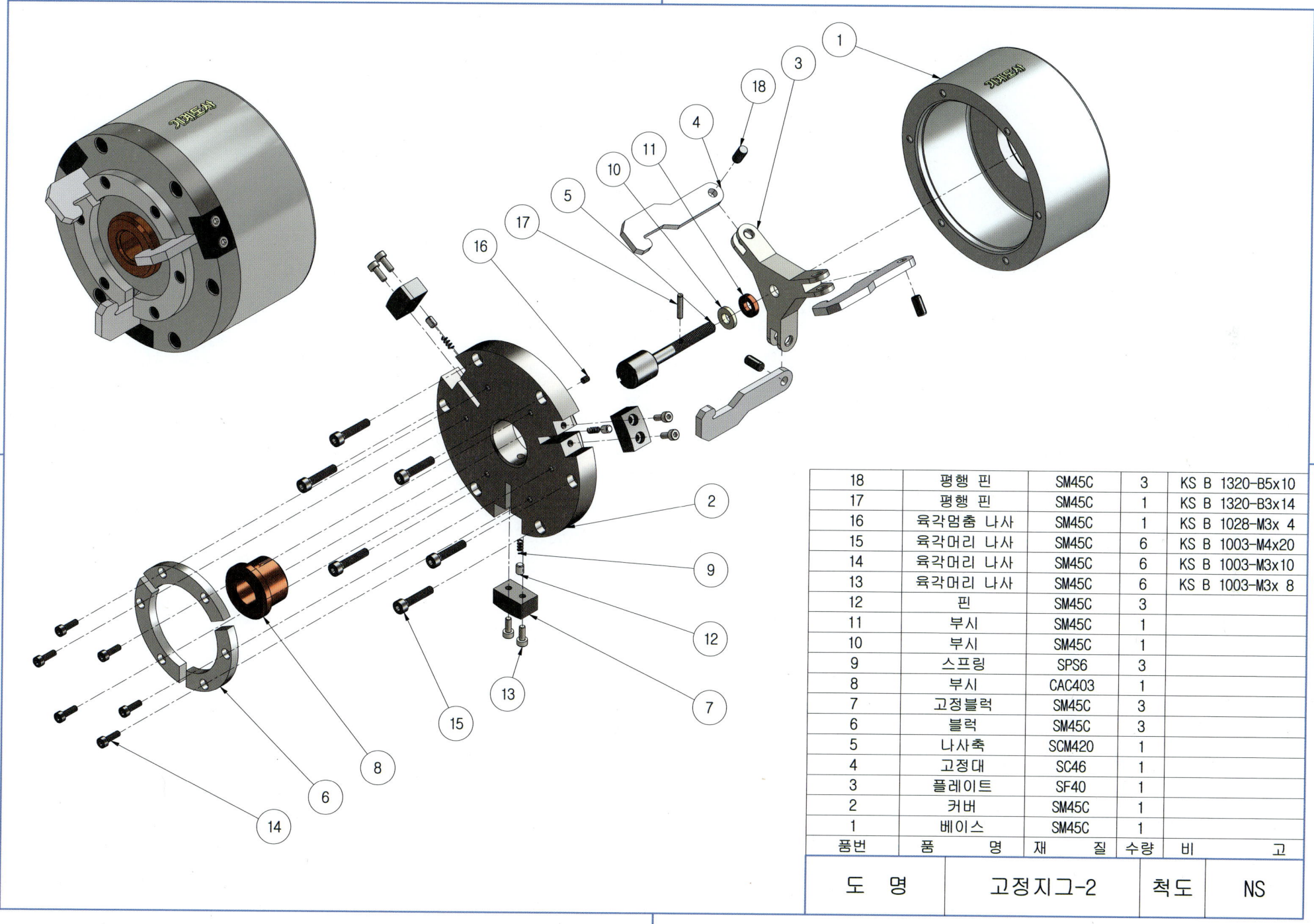

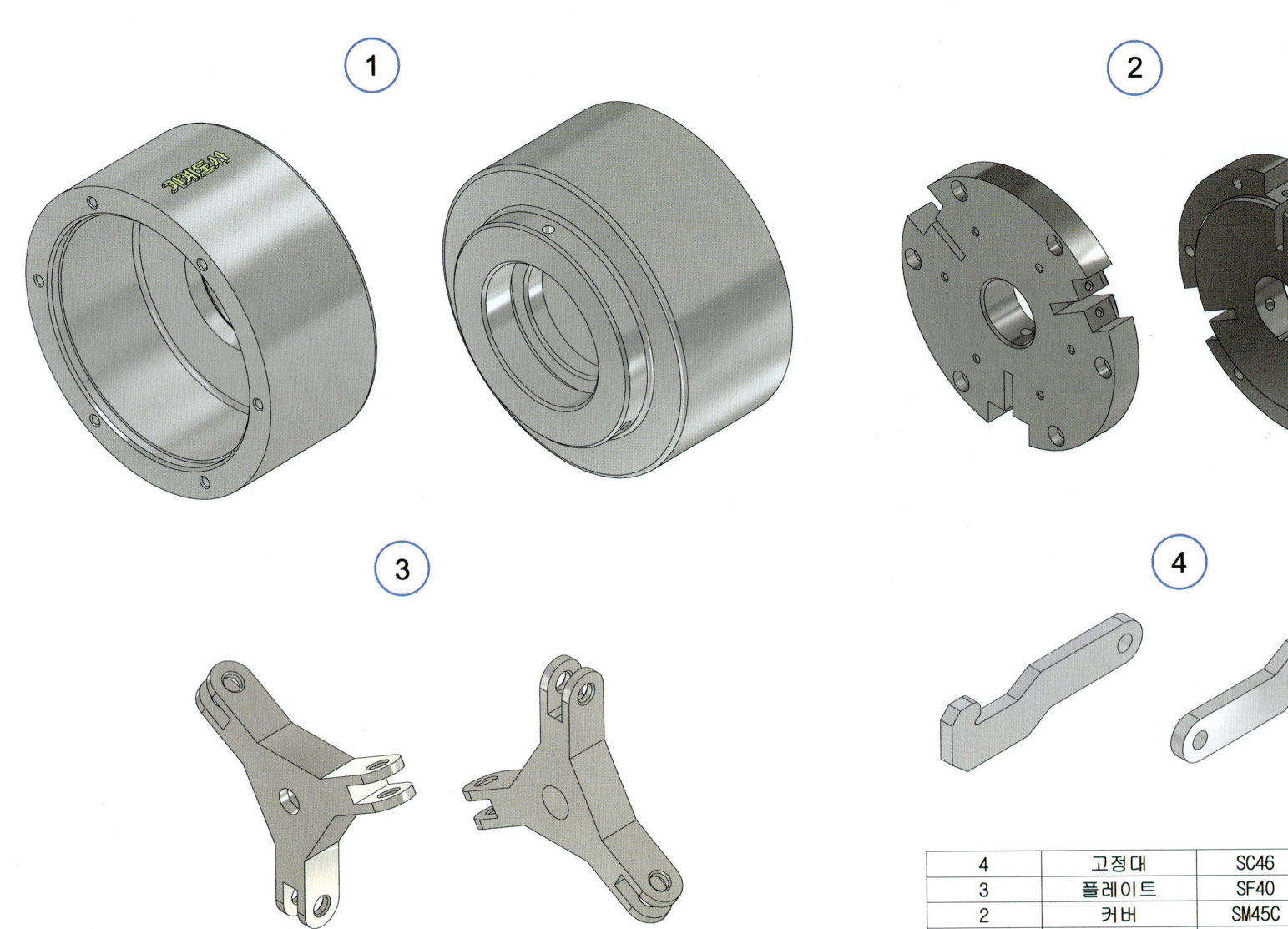

4	고정대	SC46	1	
3	플레이트	SF40	1	
2	커버	SM45C	1	
1	베이스	SM45C	1	
품번	품 명	재 질	수량	비 고

도 명	고정지그-2	척 도	NS

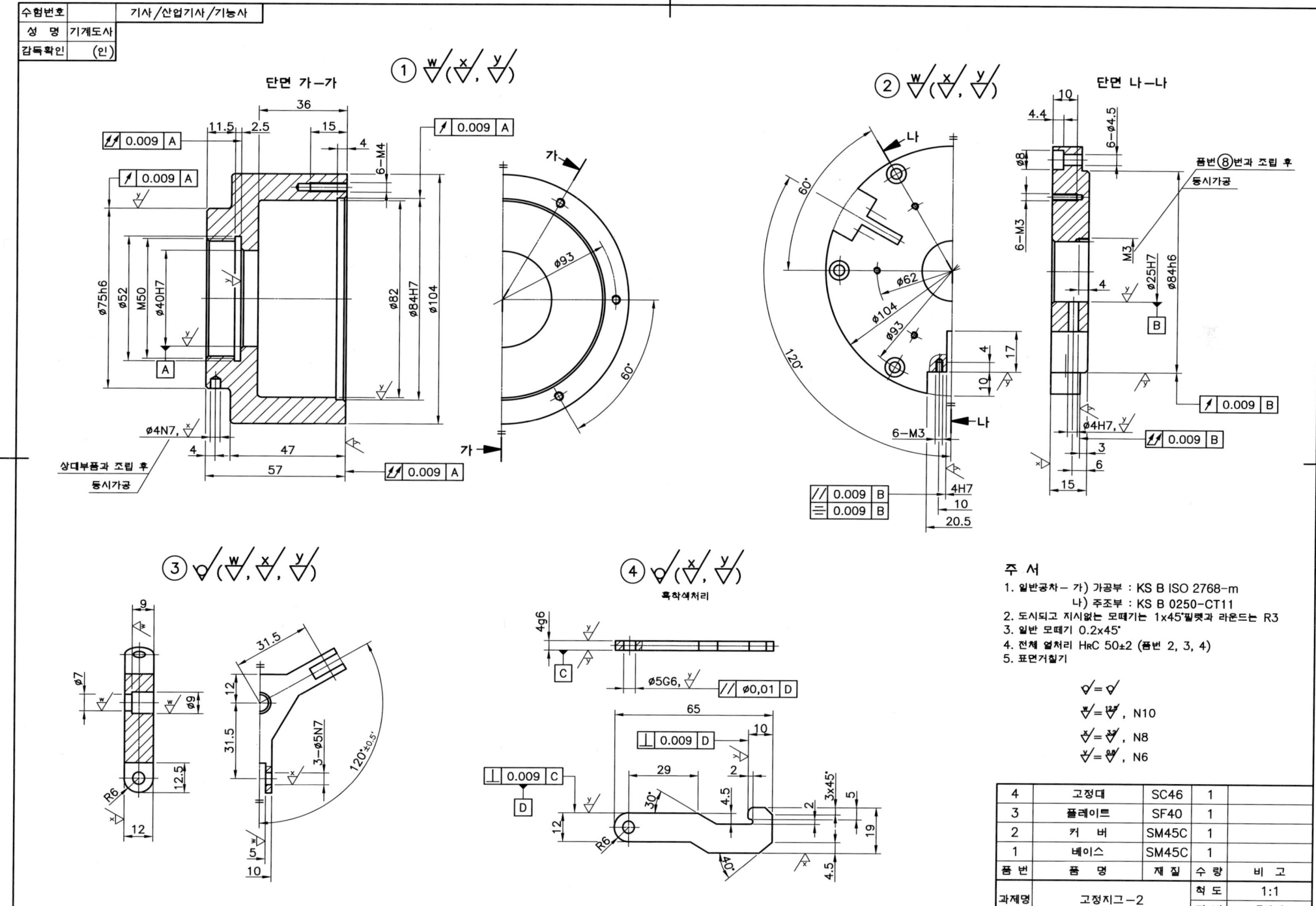

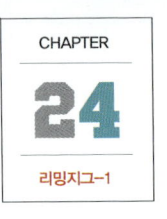

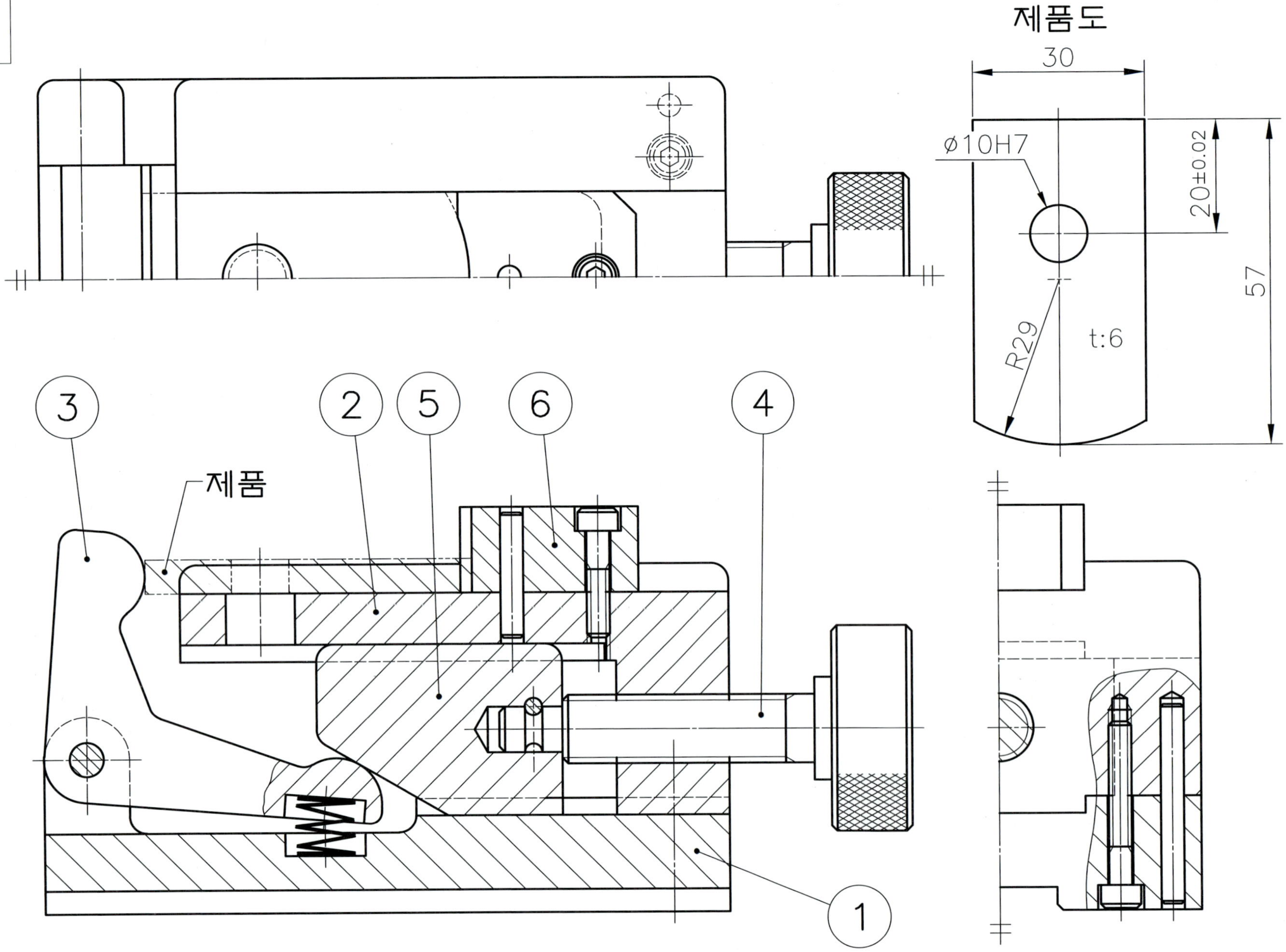
제품도
30
ø10H7
20±0.02
57
R29
t:6
3
2
5
6
4
1
제품

02 3D 등각도

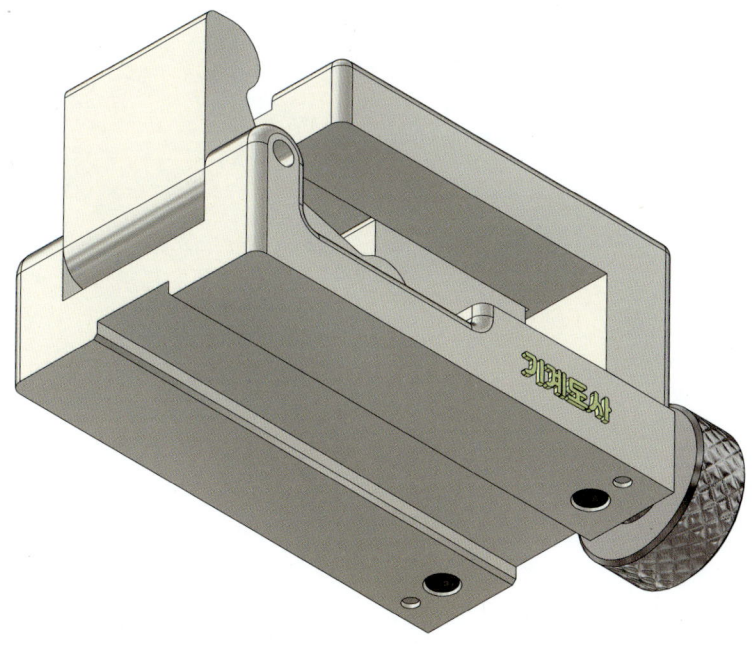
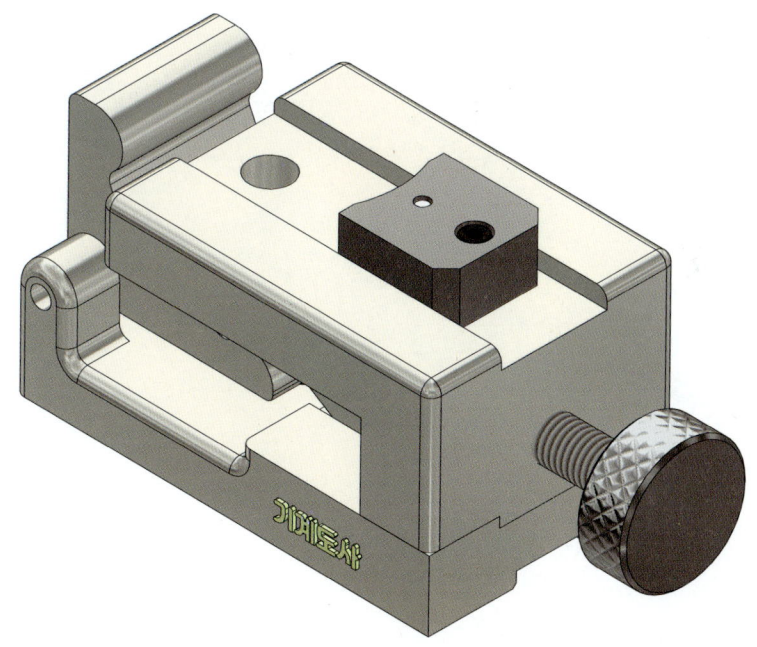

도 명	리밍지그-1	척 도	NS

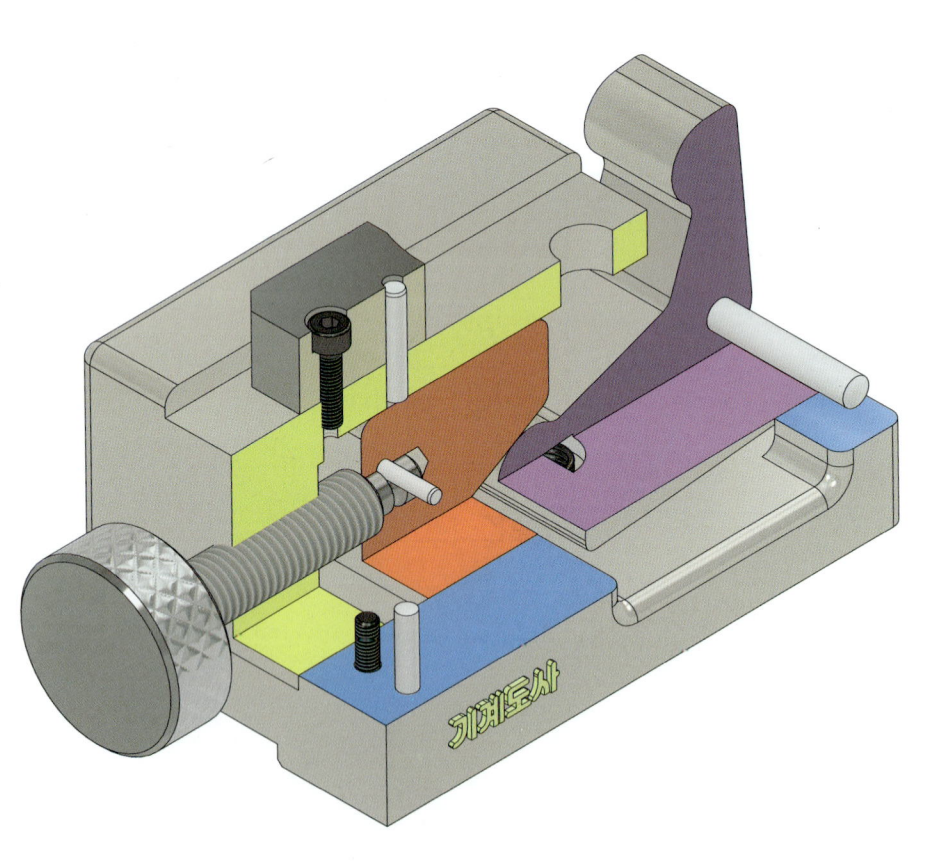
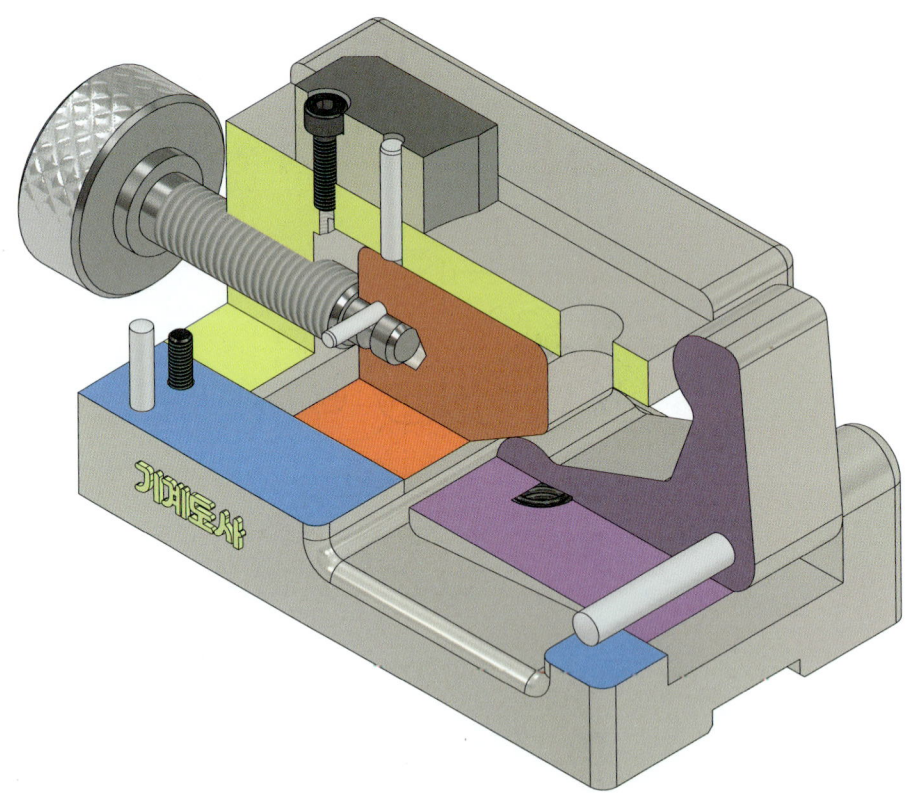

| 도 명 | 리밍지그-1 | 척 도 | NS |

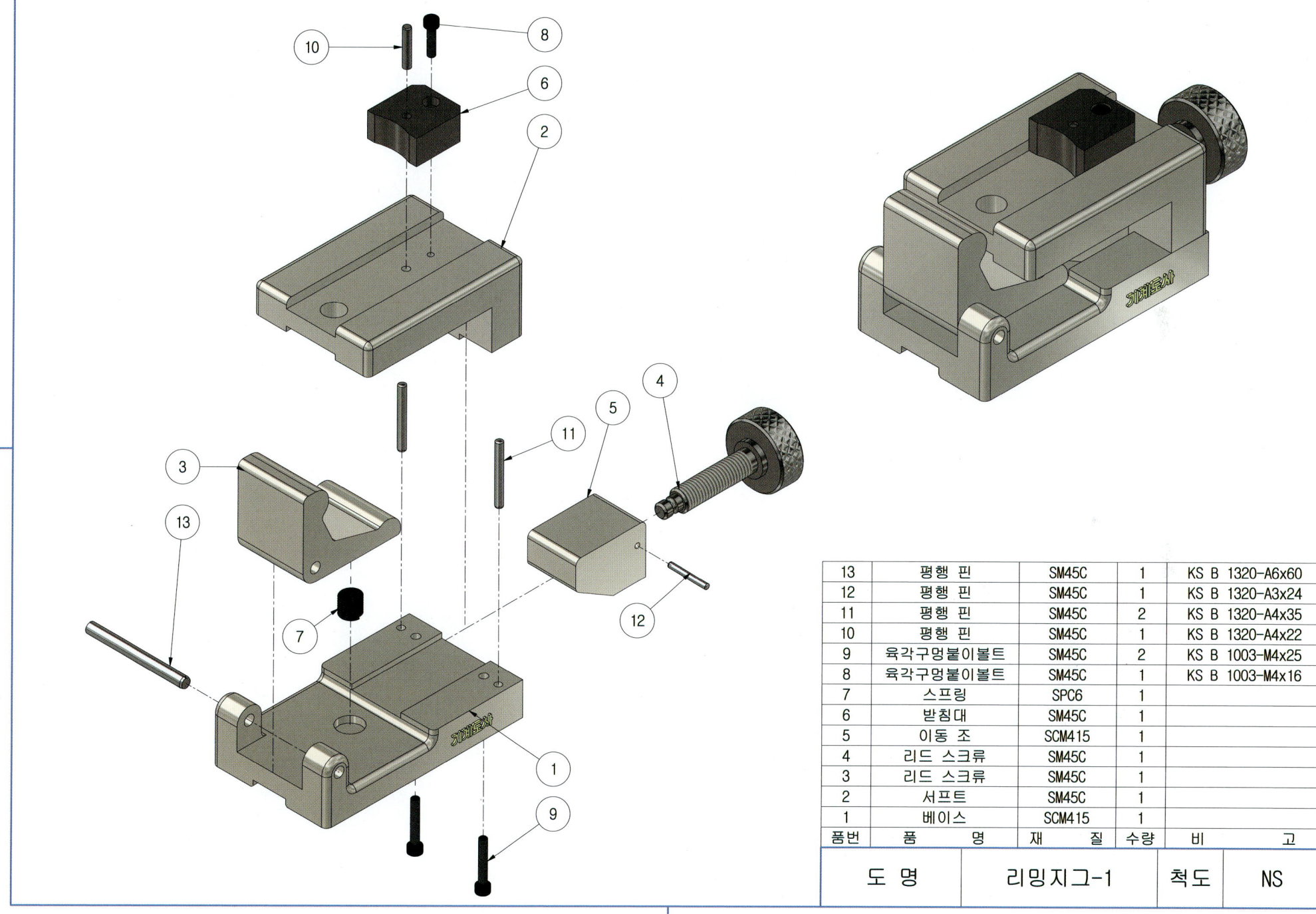

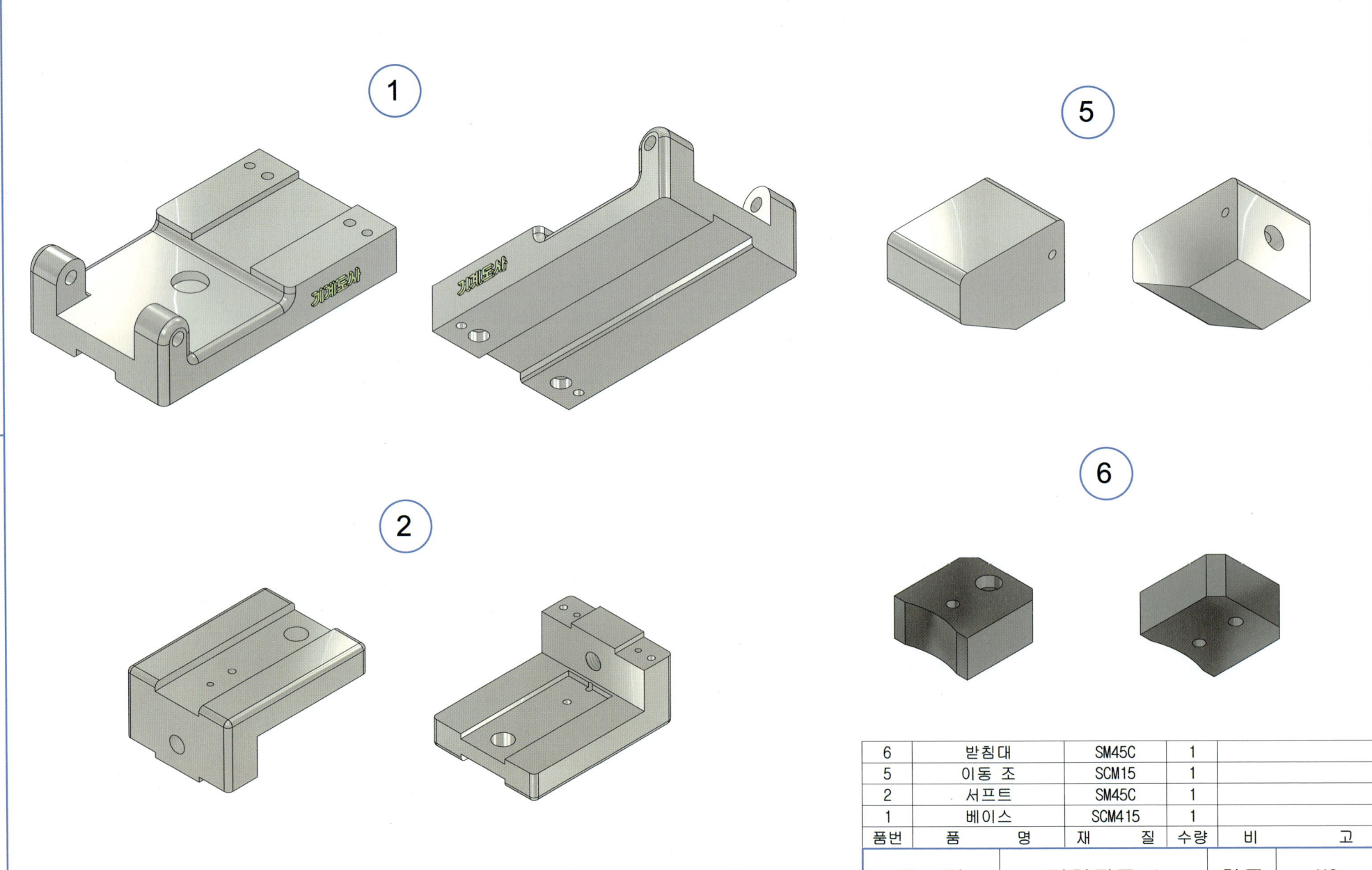

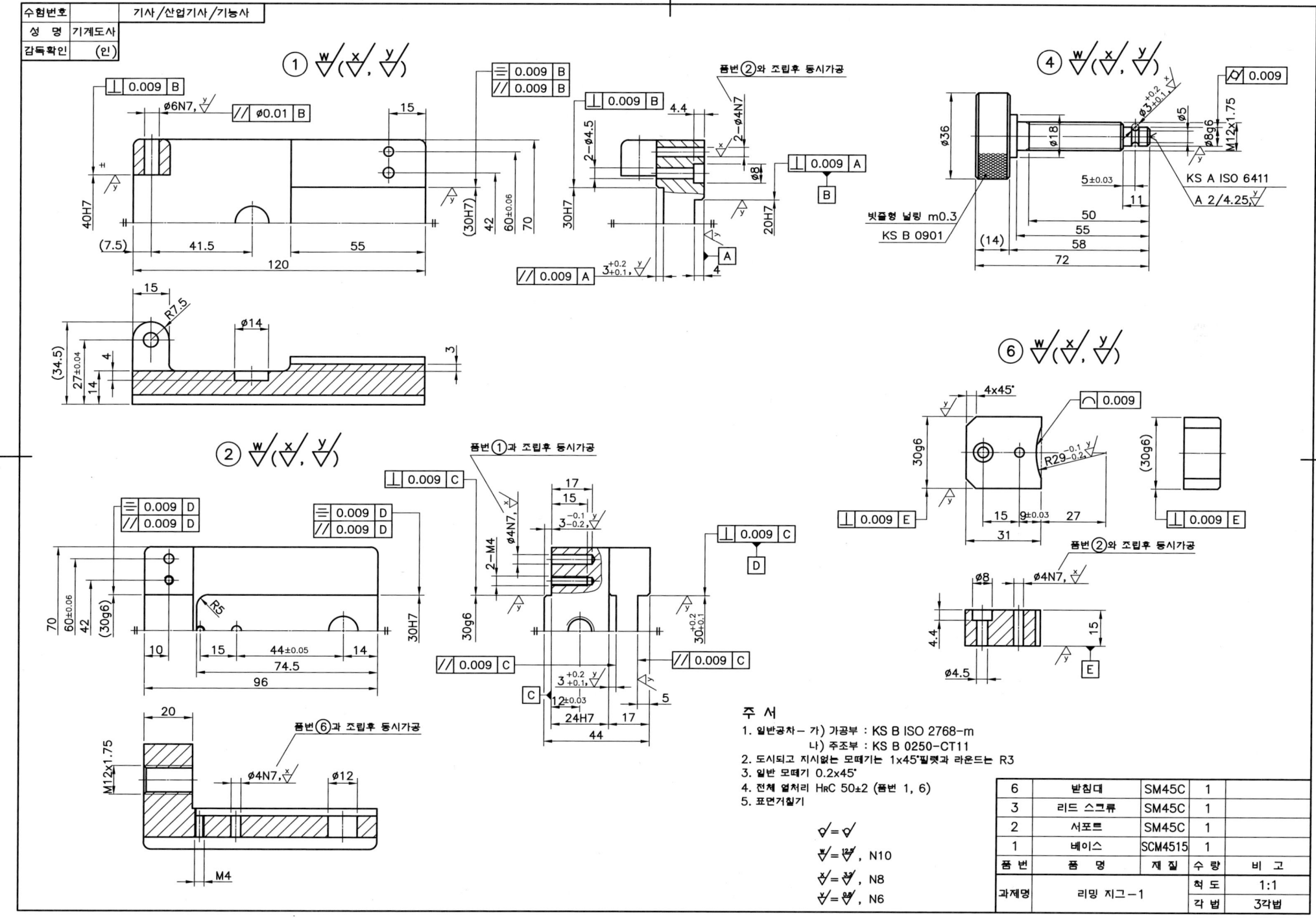

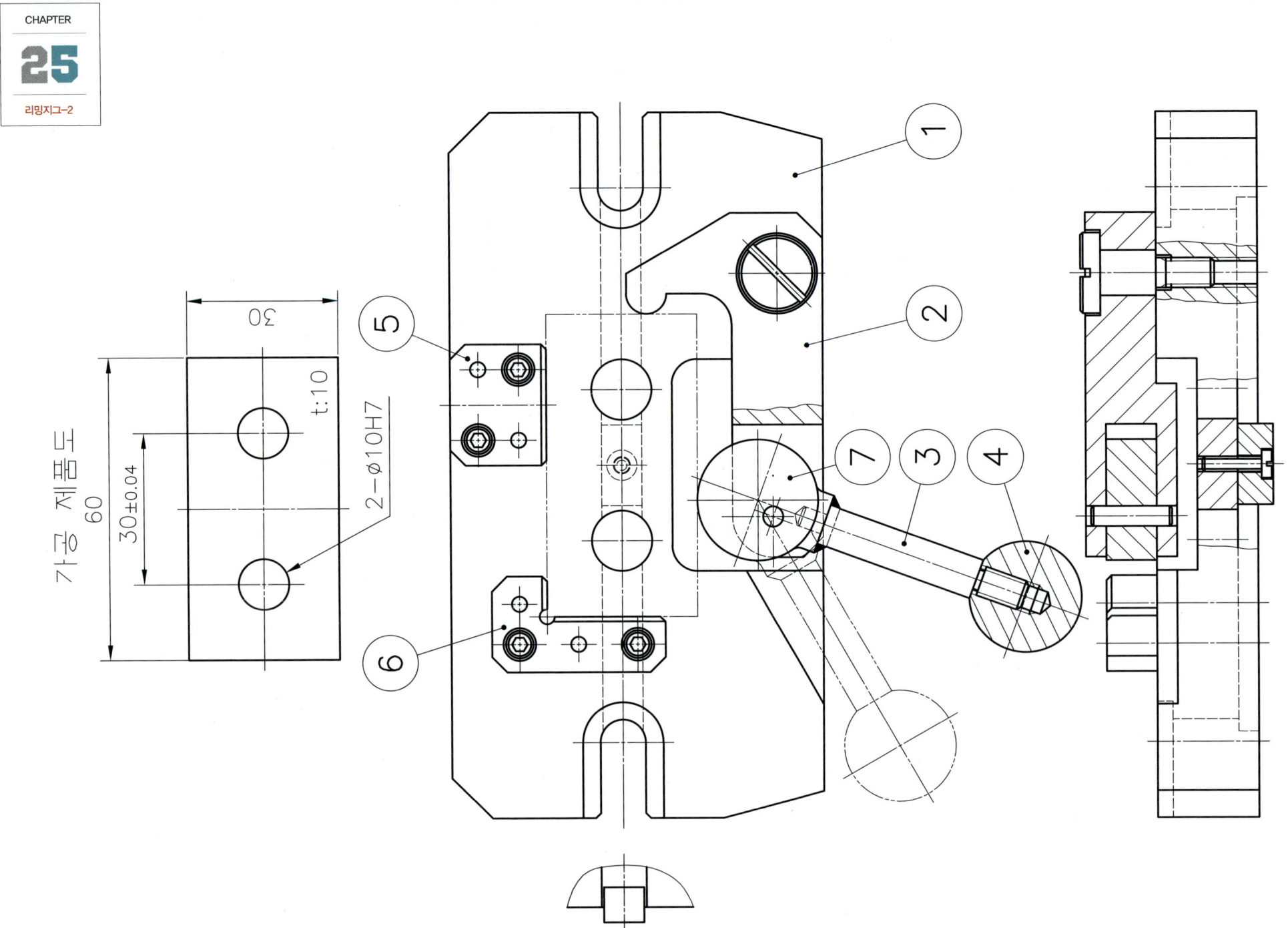

02 3D 등각도

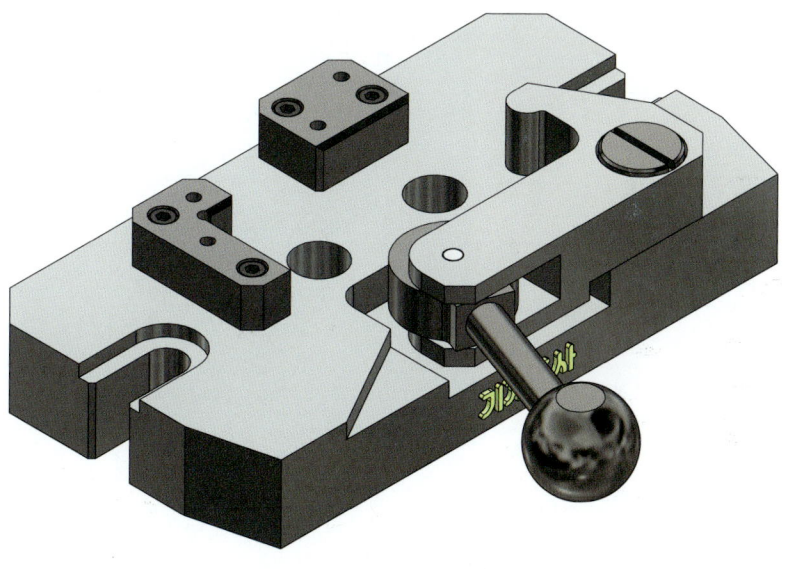

| 도 명 | 리밍지그-2 | 척 도 | NS |

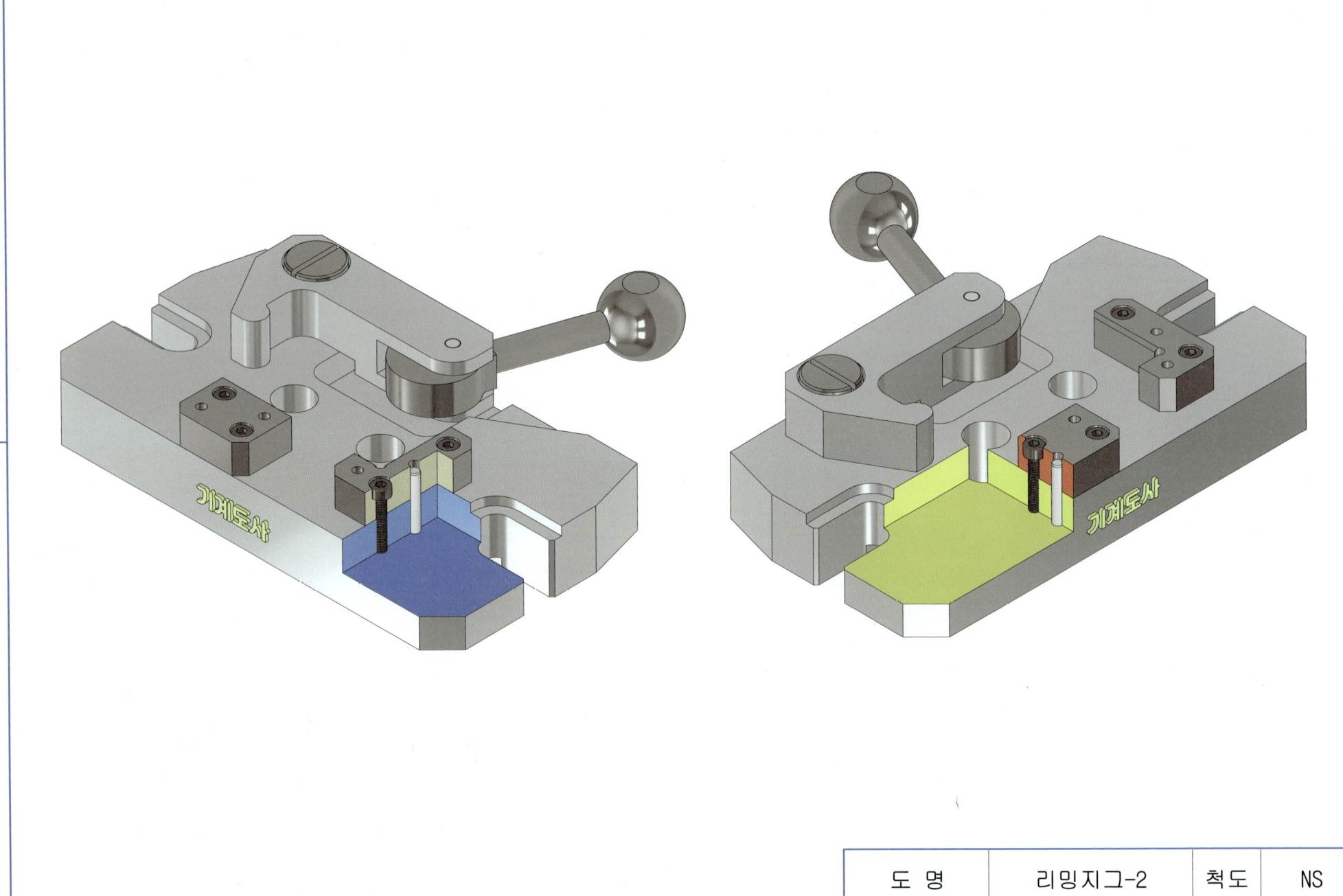

| 도 명 | 리밍지그-2 | 척 도 | NS |

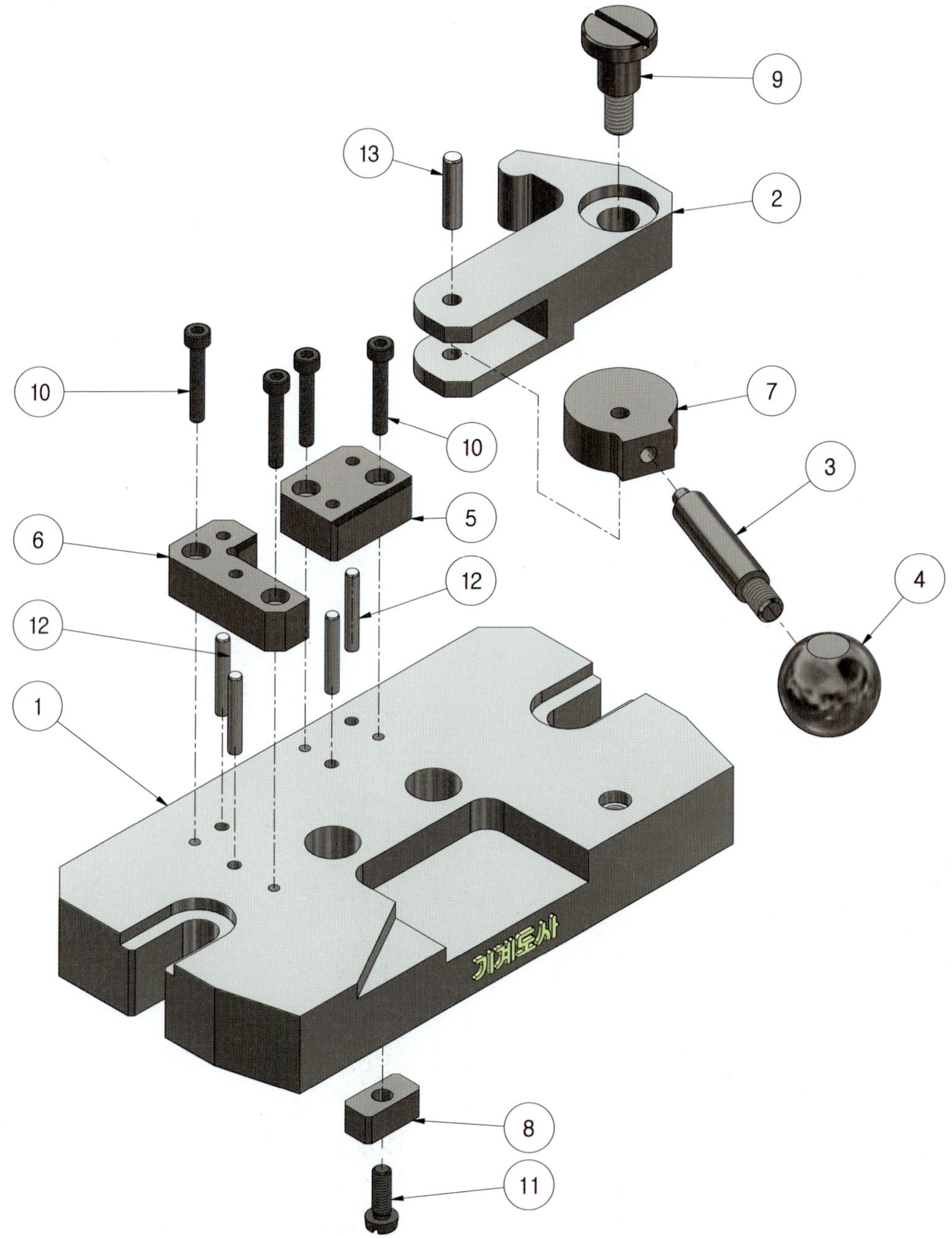

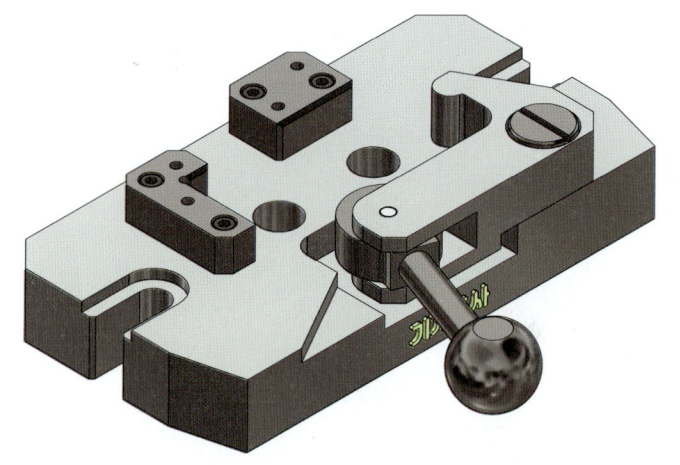

13	평행 핀	SM45C	1	KS B 1320-A4x18
12	평행 핀	SM45C	4	KS B 1320-A3x20
11	육각구멍붙이볼트	SM45C	1	KS B 1021-M4x12
10	육각구멍붙이볼트	SM45C	4	KS B 1003-M3x20
9	고정 볼트	SM45C	1	
8	고정 블럭	SM45C	1	
7	고정구	SM45C	1	
6	고정대	SM45C	1	
5	고정대	SM45C	1	
4	손잡이	SM45C	1	
3	이음축	SCM435	1	
2	지지대	SC46	1	
1	베이스	SCM415	1	
품번	품 명	재 질	수량	비 고

도 명	리밍지그-2	척도	NS

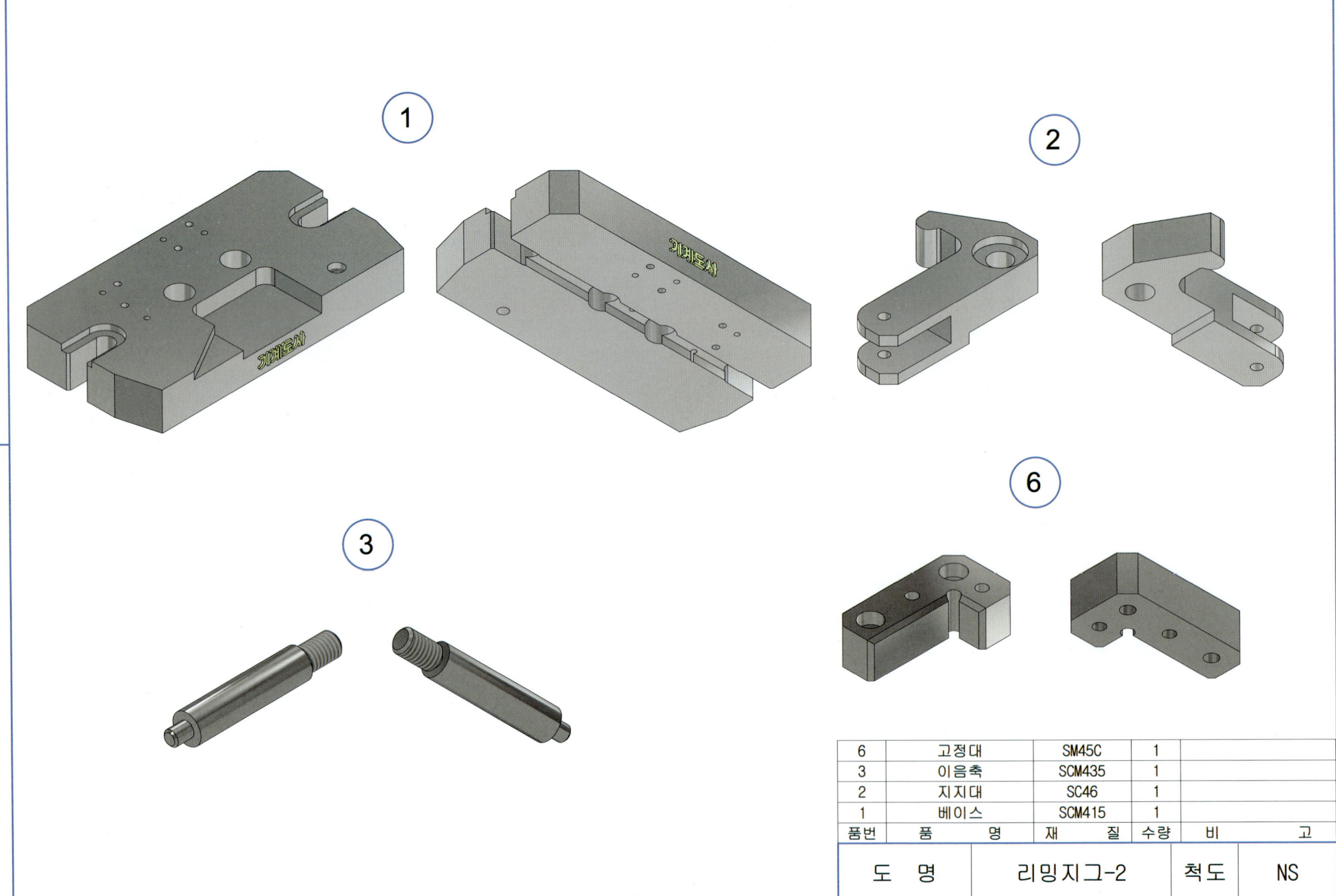

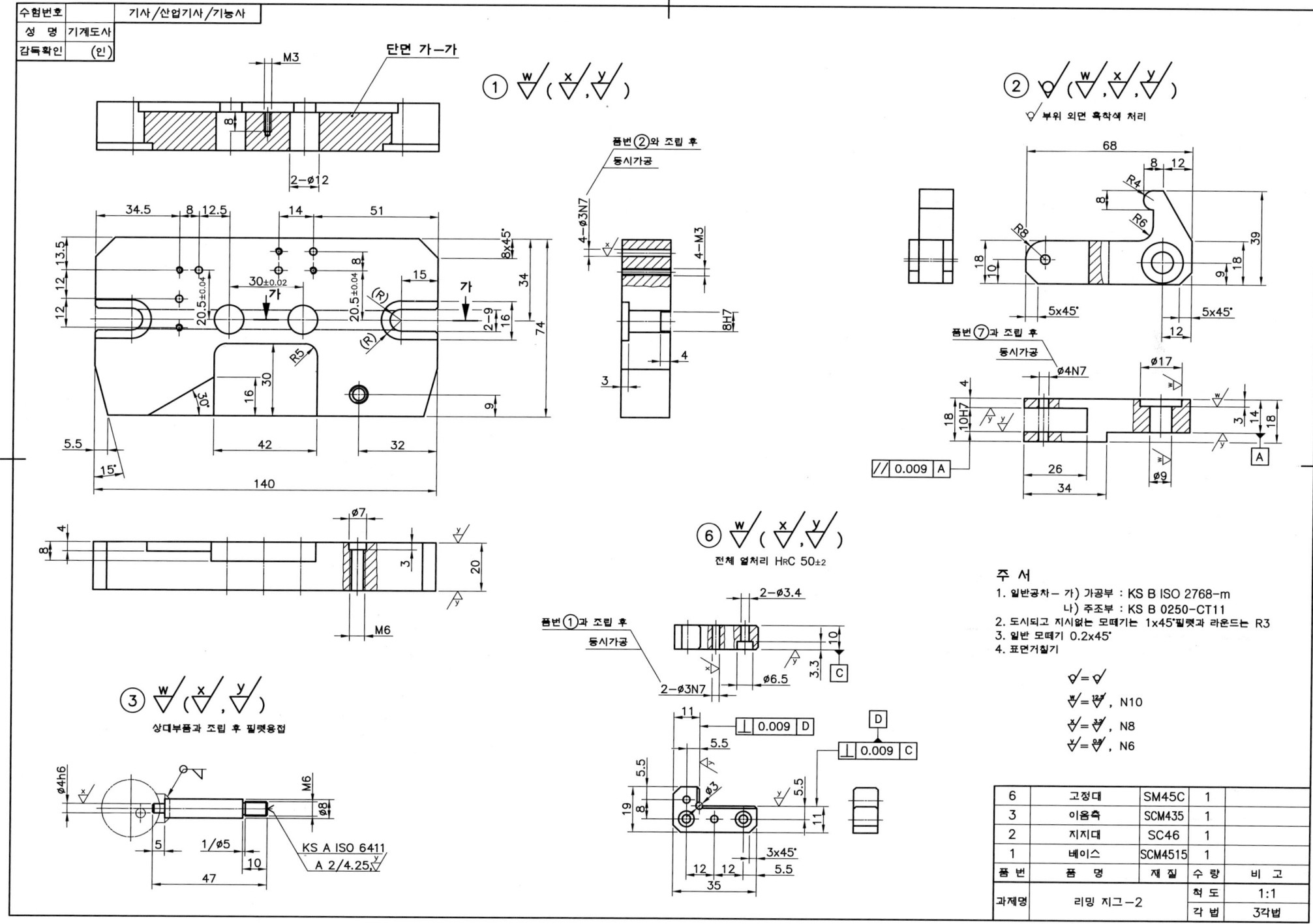

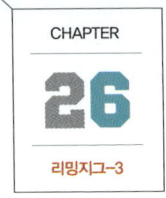

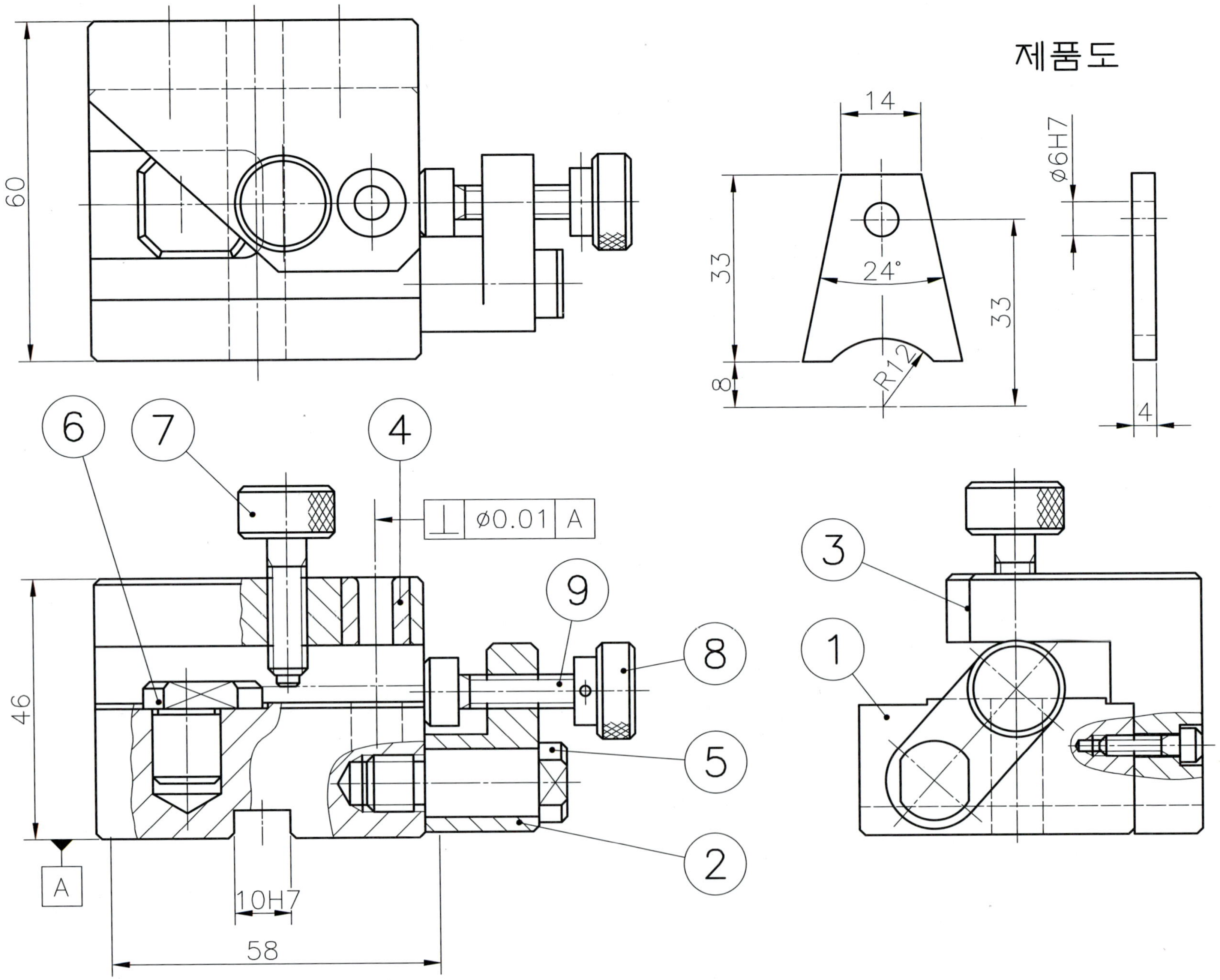
제품도
60
14
ø6H7
33
24°
33
8
R12
4
6
7
4
⊥ ø0.01 A
9
8
46
5
2
A
10H7
58
3
1

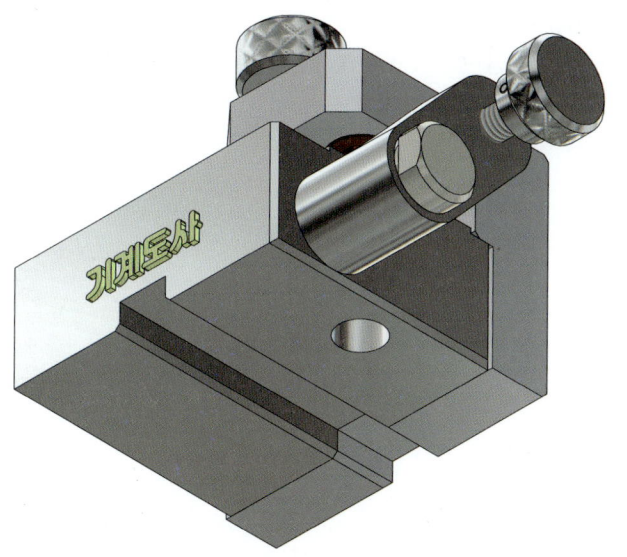 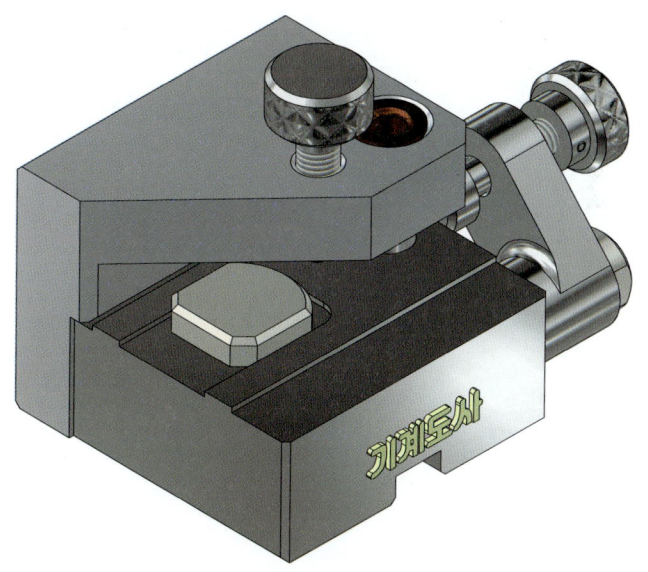

도 명	리밍지그-3	척 도	NS

02 3D 등각도

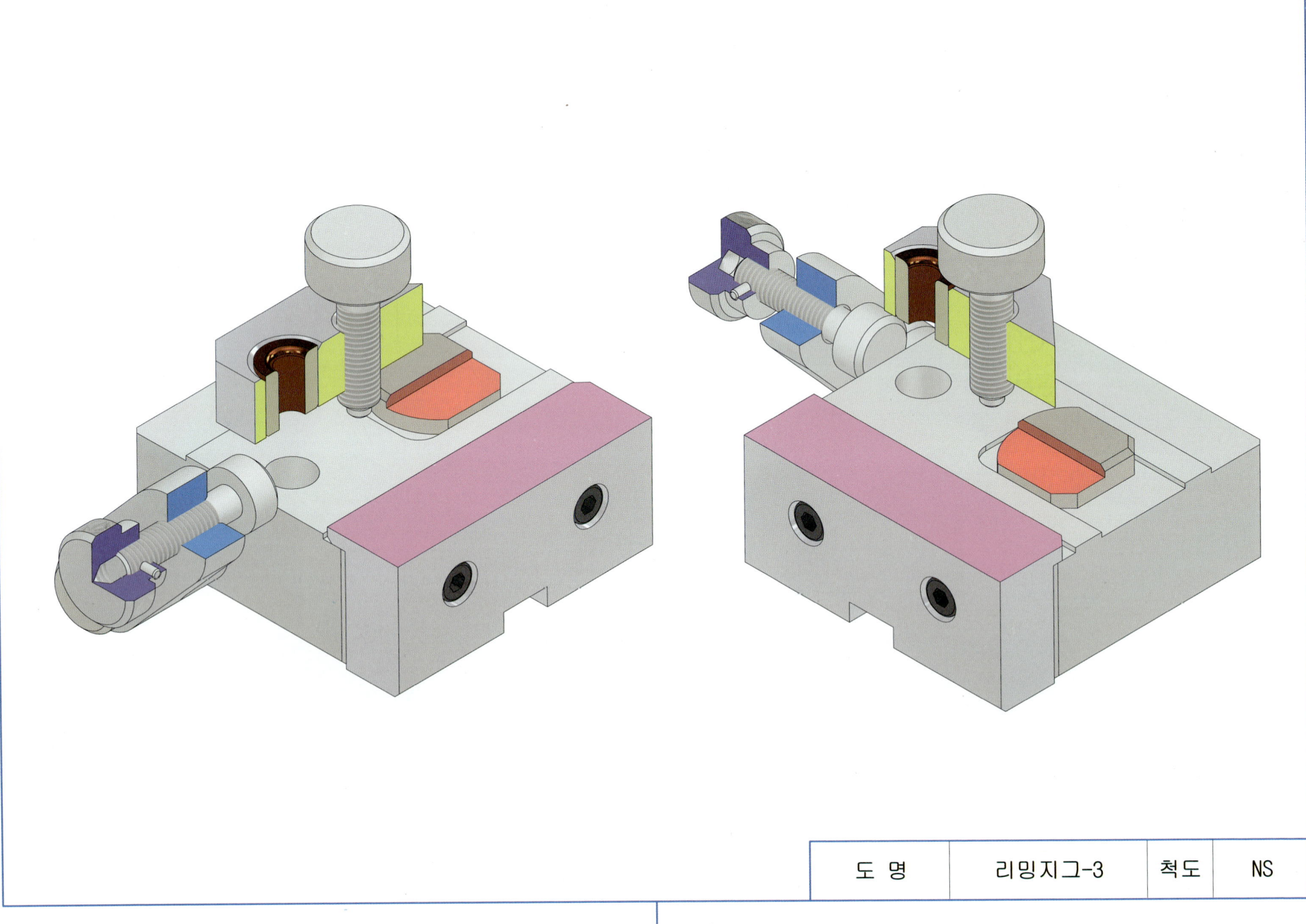

| 도 명 | 리밍지그-3 | 척도 | NS |

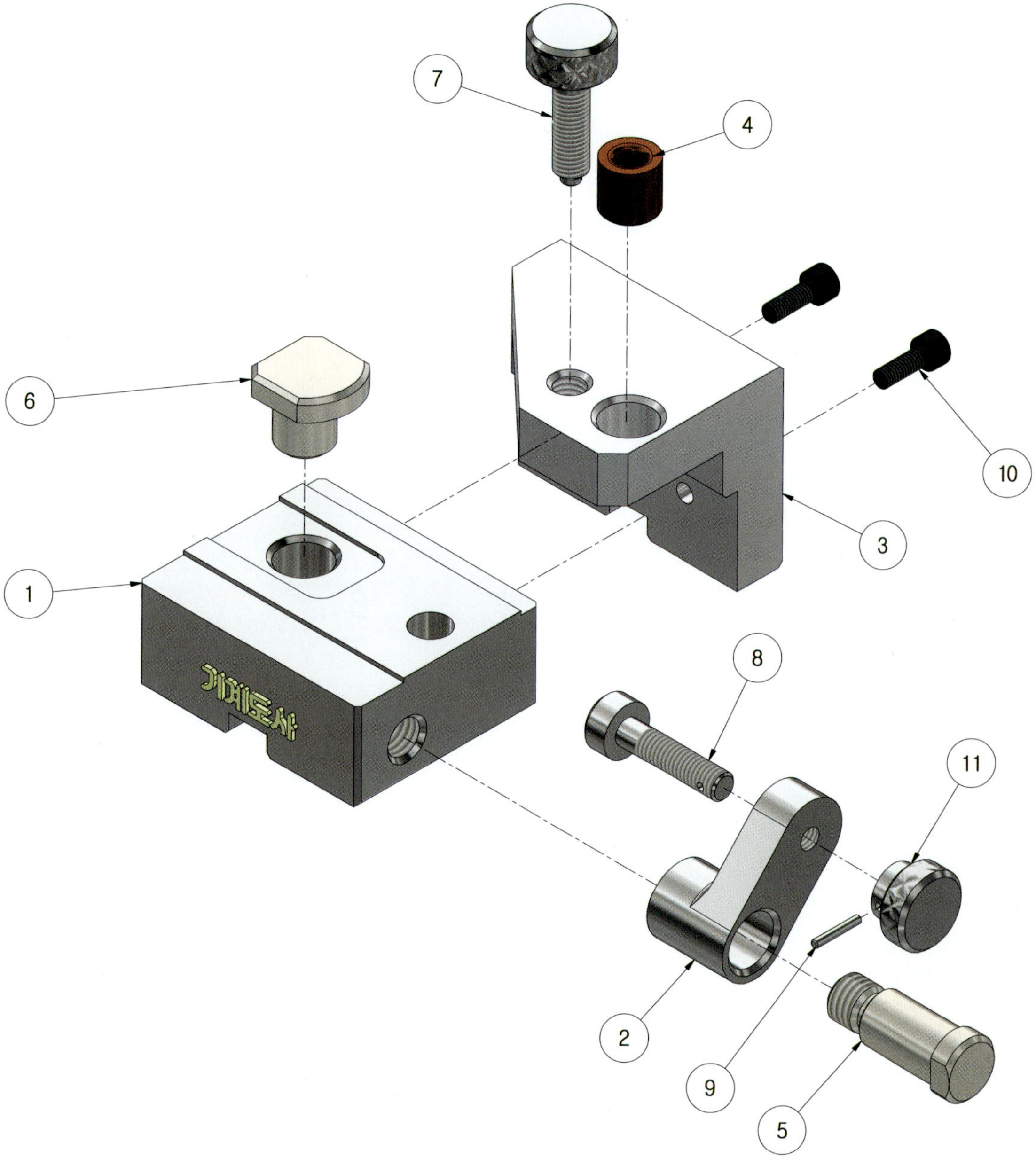

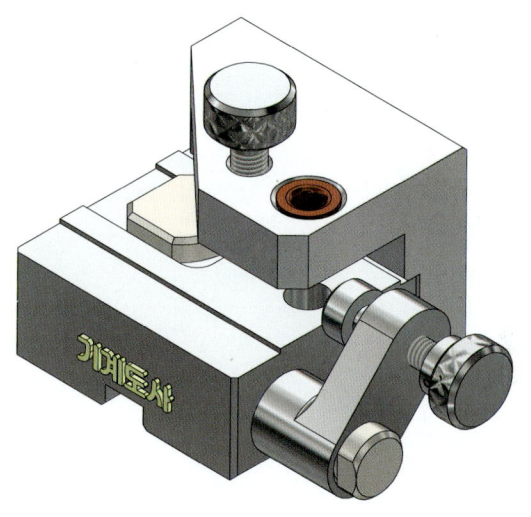

11	육각구멍붙이볼트	SM45C	1	KS B 1003-M4x12
10	평행 핀	SM45C	2	
9	평행 핀	SM45C	1	
8	널링 블럭	SM45C	1	
7	나사 축	SM45C	1	
6	서포트	SM45C	1	
5	샤프트	SCM420	1	
4	부시	CAC403	1	
3	로케이터	SM45C	1	
2	서포트	SM45C	1	
1	베이스	SM45C	1	
품번	품 명	재 질	수량	비 고
도 명		리밍지그-3	척도	NS

04 3D 분해도

CHAPTER 26 | 리밍지그-3　311

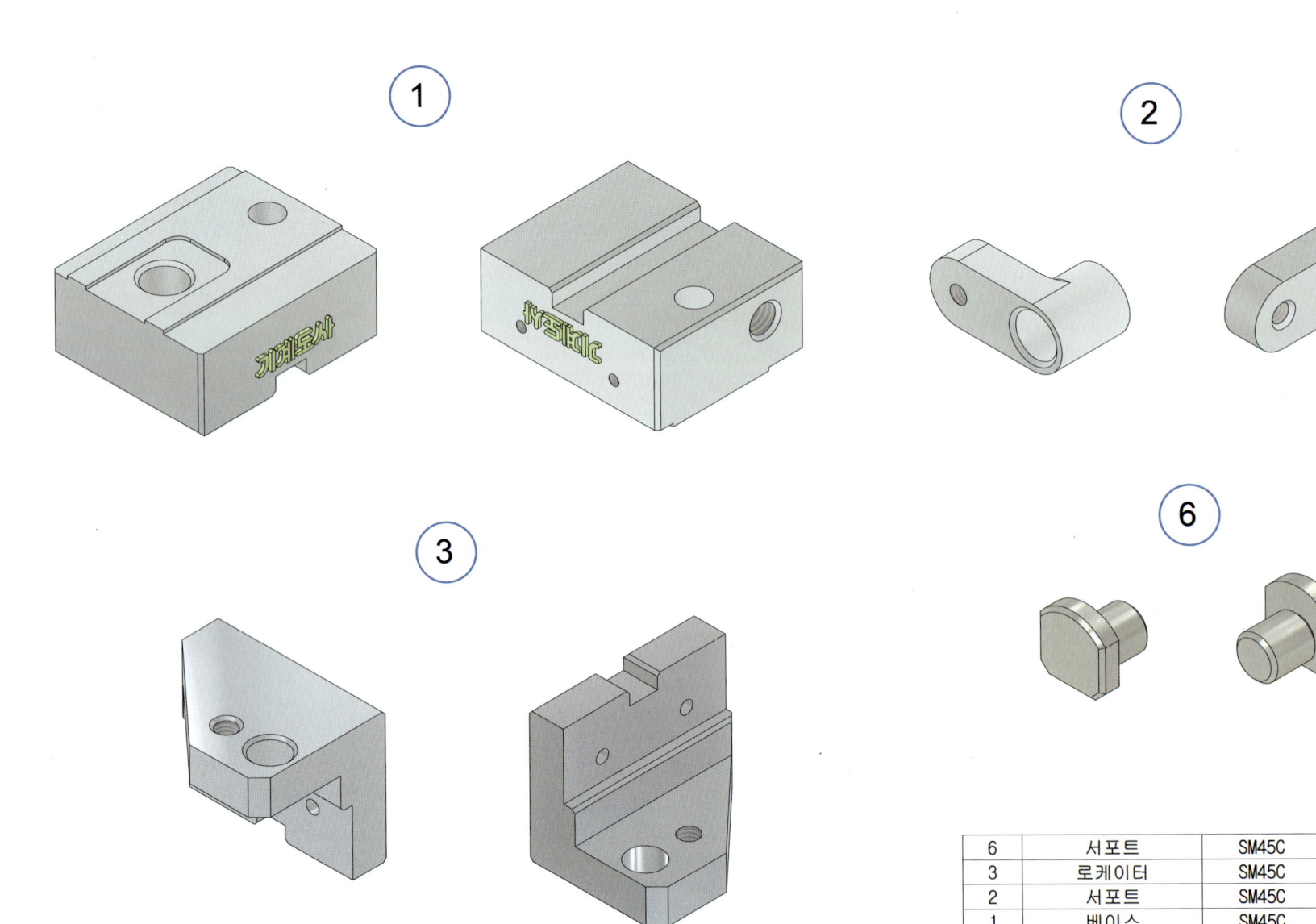

6	서포트	SM45C	1	6
3	로케이터	SM45C	1	3
2	서포트	SM45C	1	2
1	베이스	SM45C	1	1
품번	품 명	재 질	수량	비 고

도 명	리밍지그-3	척도	NS

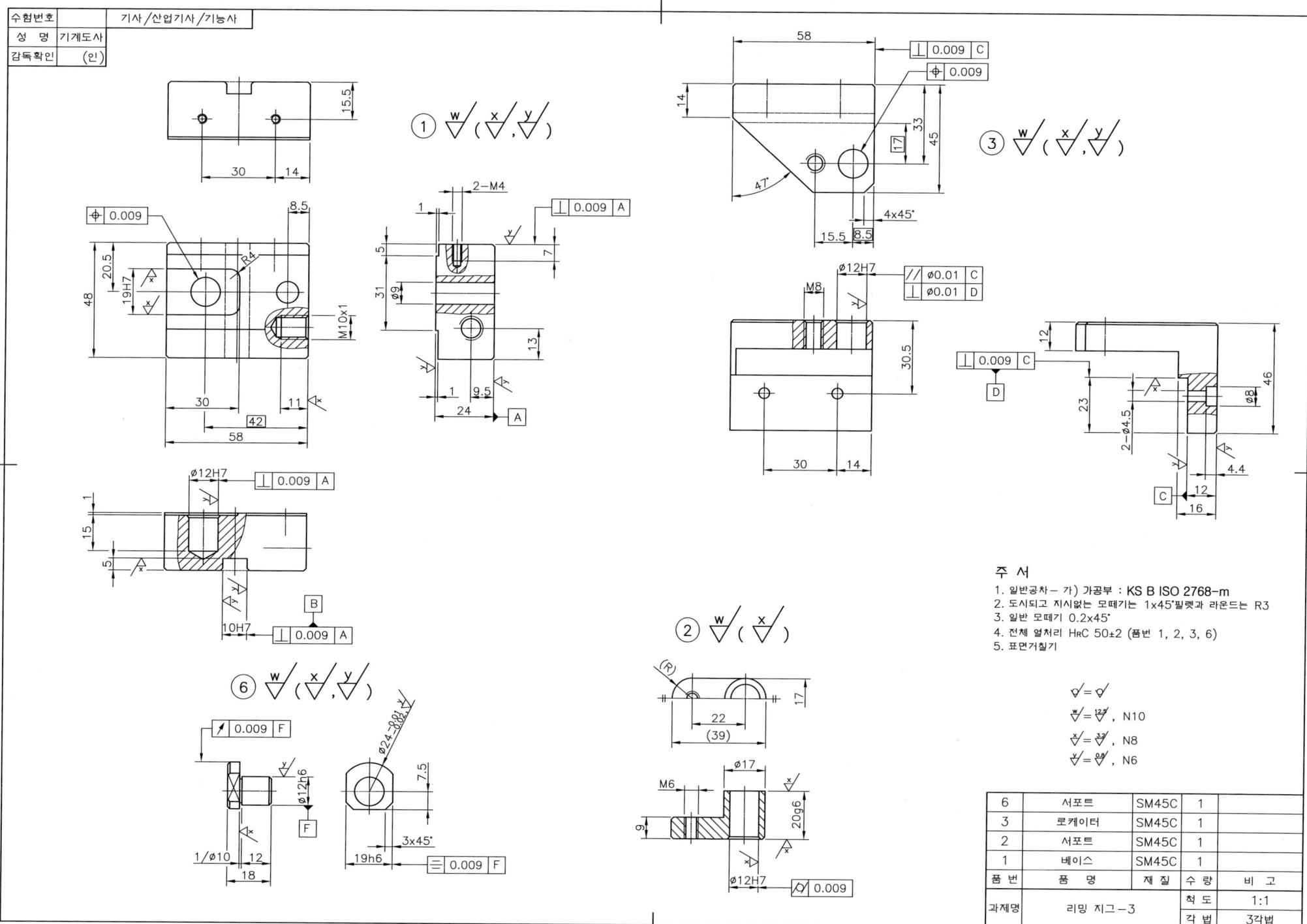

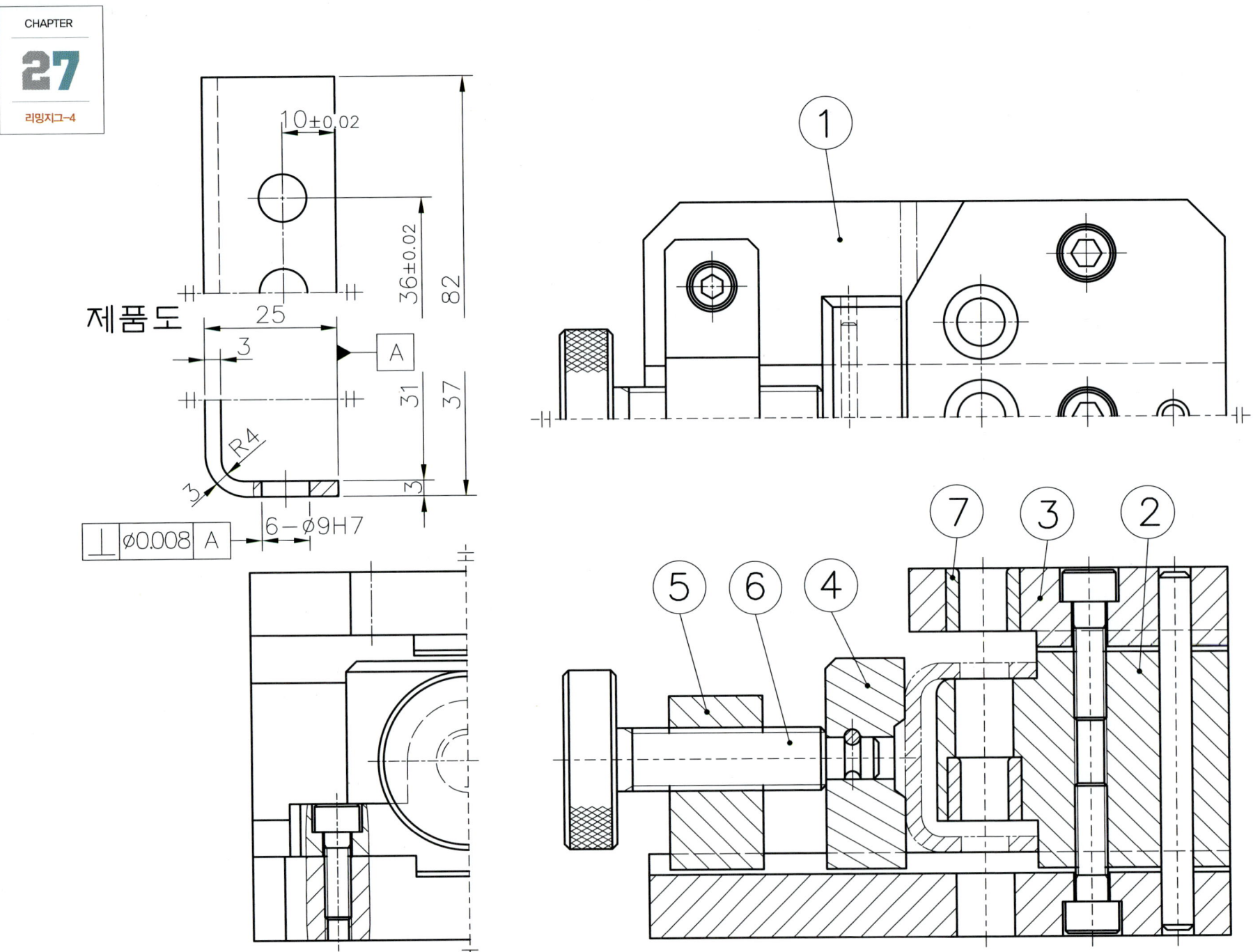

02 3D 등각도

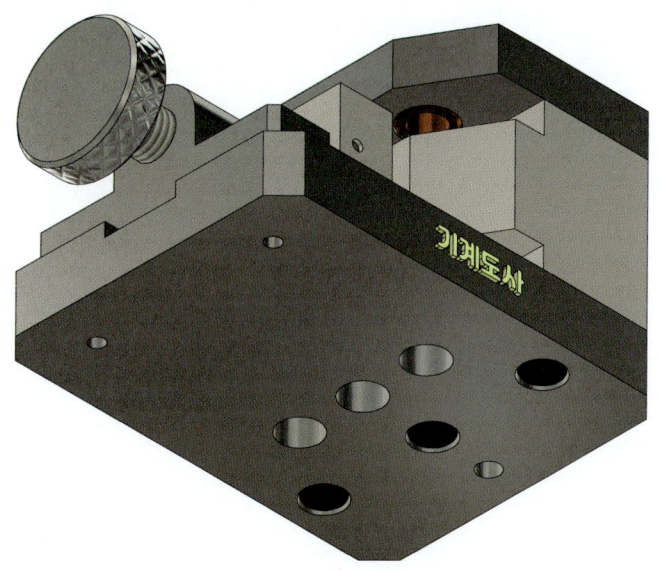

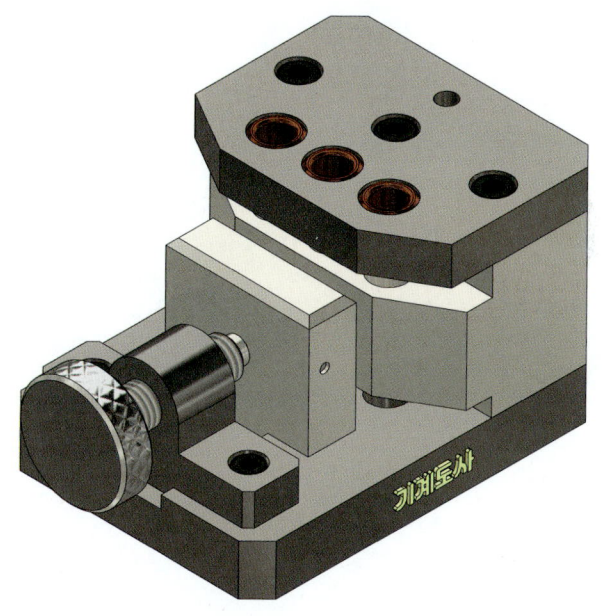

| 도 명 | 리밍지그-4 | 척 도 | NS |

CHAPTER 27 | 리밍지그-4

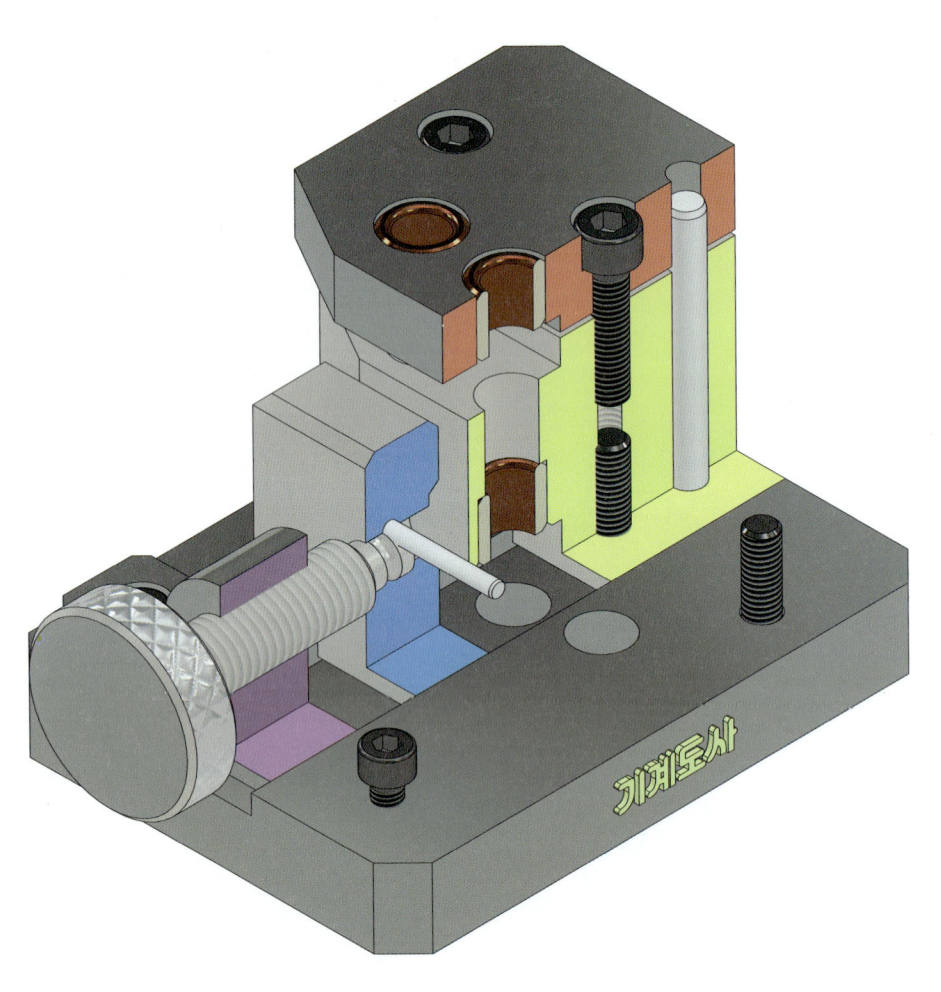
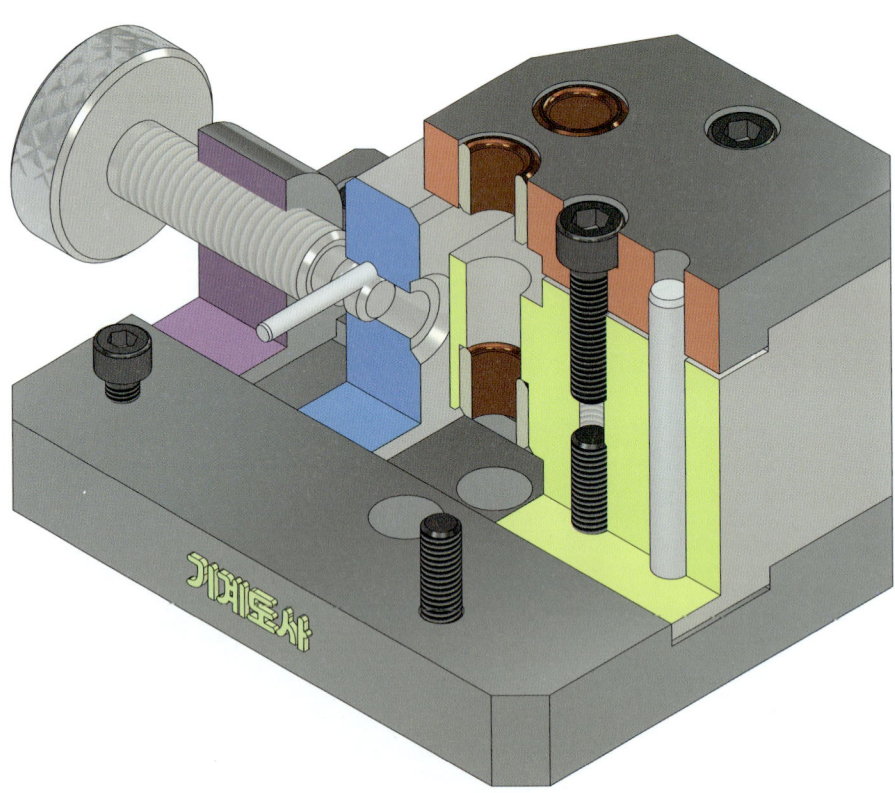

도 명	리밍지그-4	척 도	NS

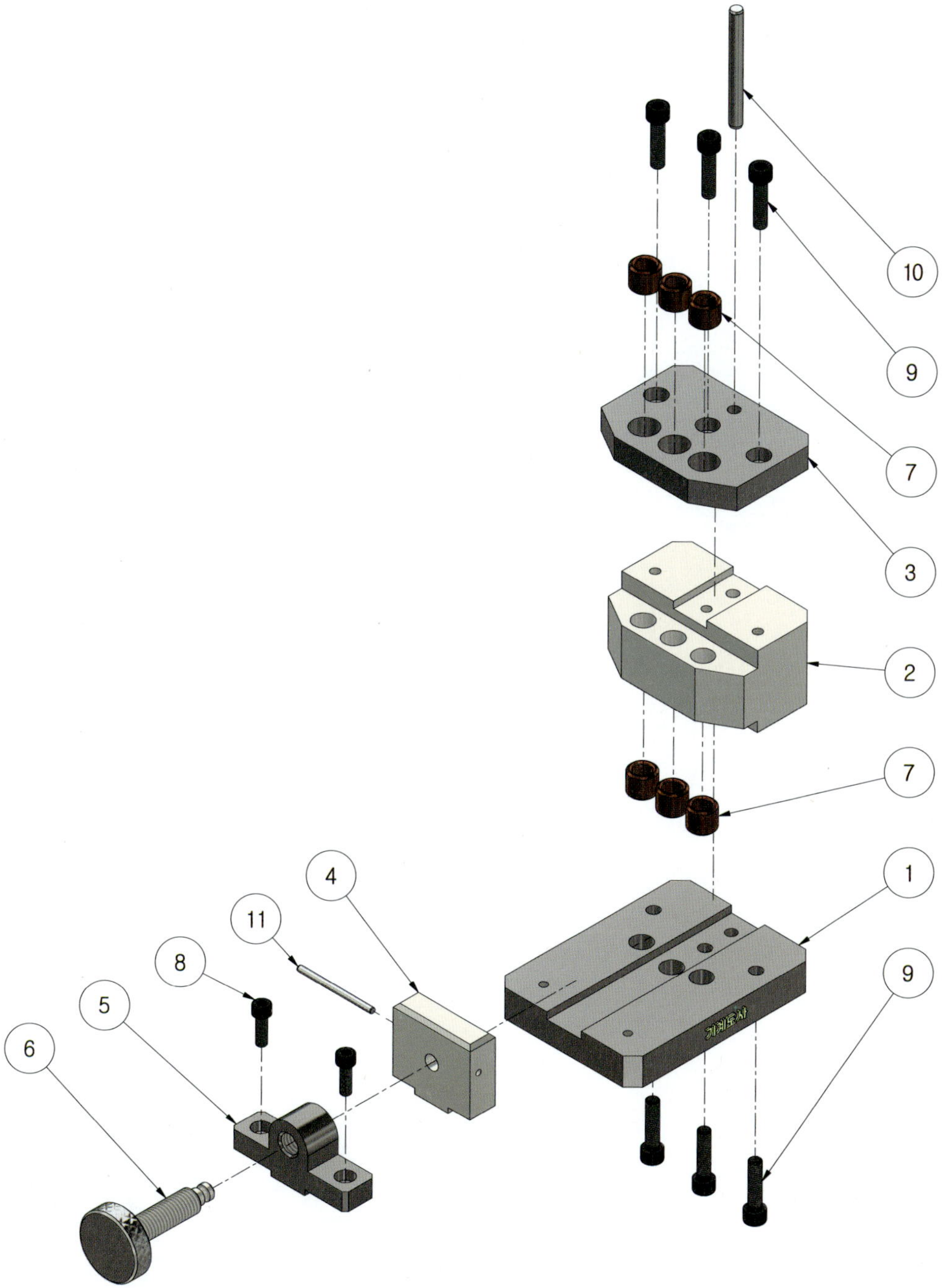

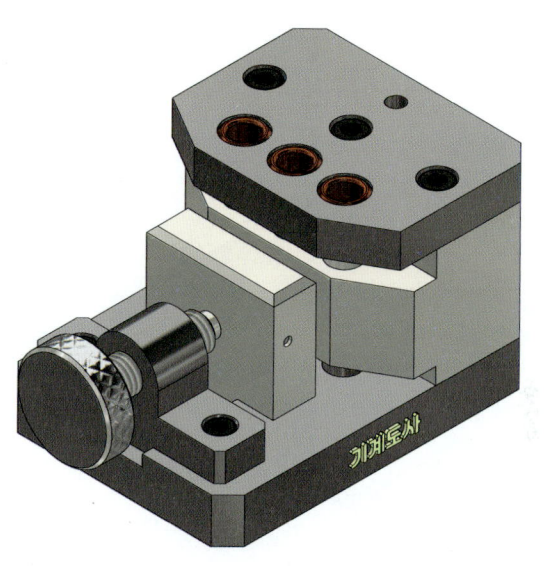

11	평행 핀	SM45C	1	KS B 1320-B3x30
10	평행 핀	SM45C	1	KS B 1320-B6x60
9	육각 구멍붙이 볼트	SM45C	6	KS B 1003-M6x25
8	육각 구멍붙이 볼트	SM45C	2	KS B 1003-M5x16
7	부시	CAC502A	6	
6	손잡이	SCM420	1	
5	지지대	SM45C	1	
4	고정대	SM45C	1	
3	서포트	SM45C	1	
2	조 서포트	SM45C	1	
1	베이스	SNC415	1	
품번	품 명	재 질	수량	비 고

도 명	리밍지그-4	척도	NS

04 3D 분해도

CHAPTER 27 | 리밍지그-4   317

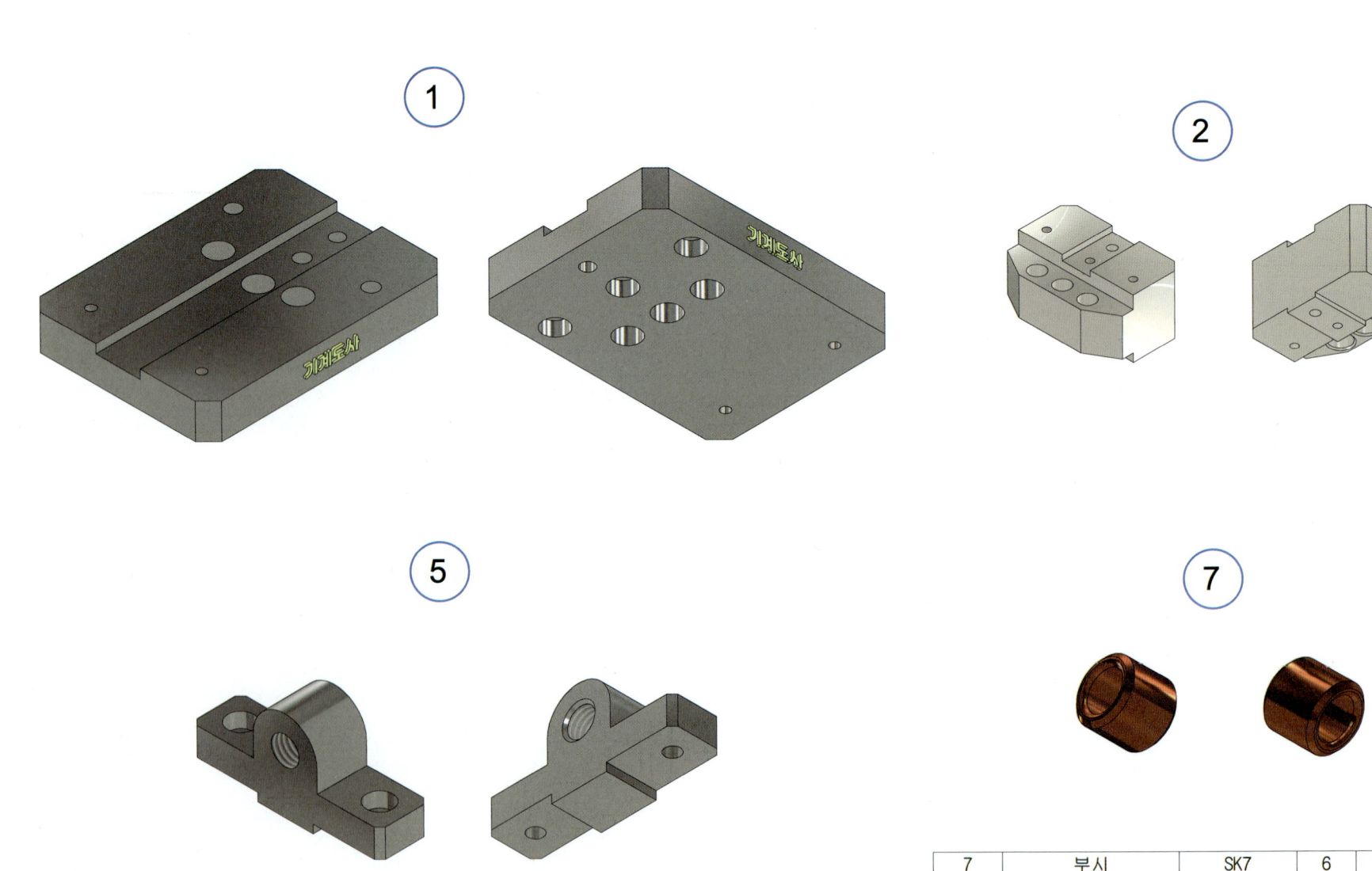

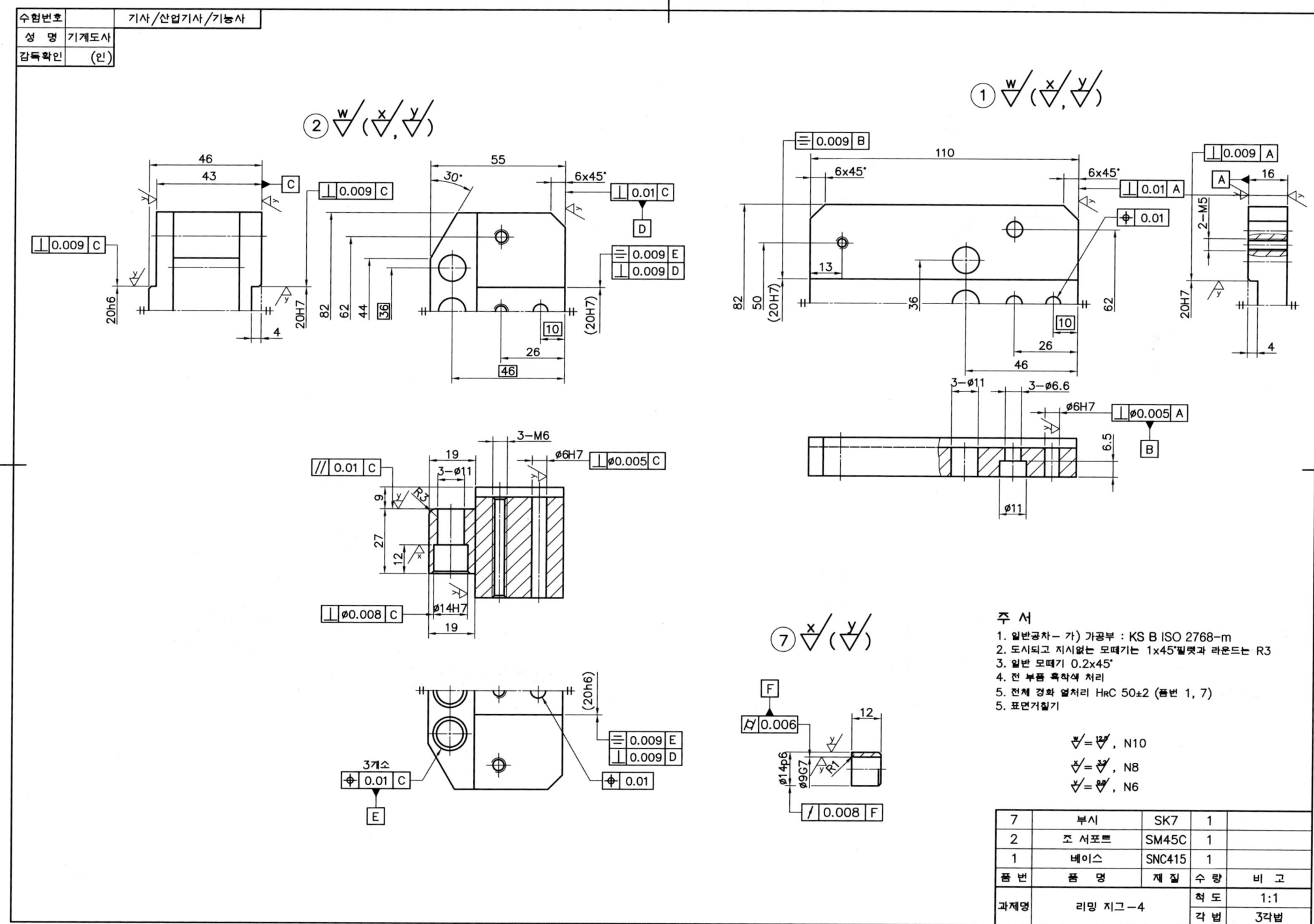

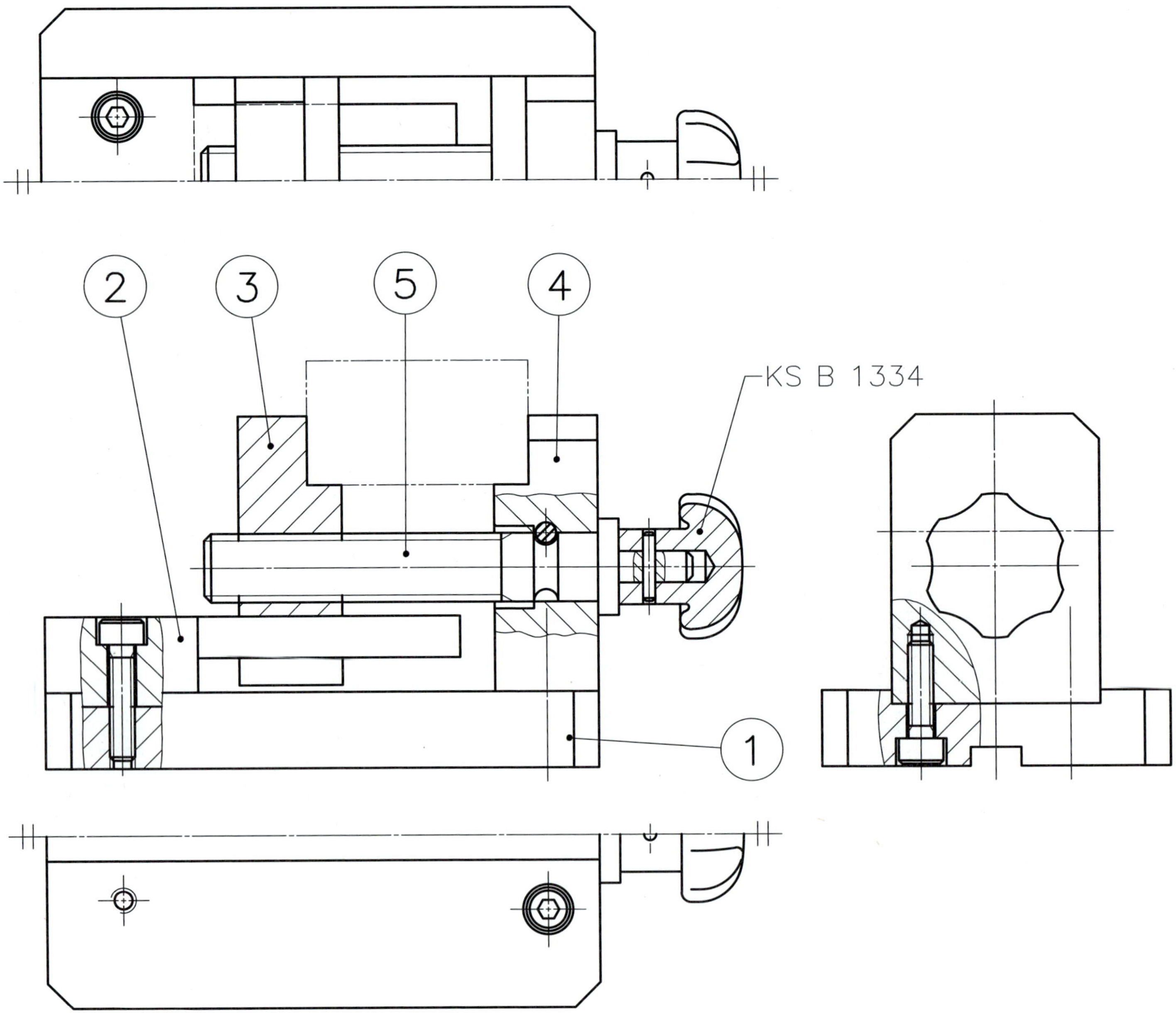

KS B 1334

02 3D 등각도

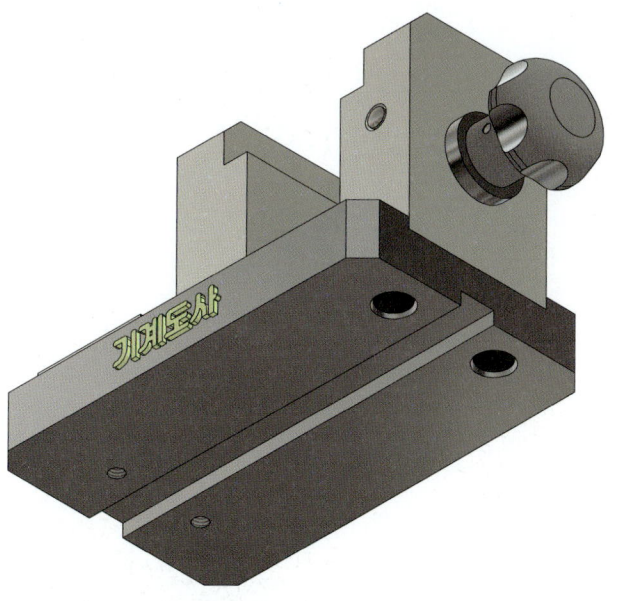

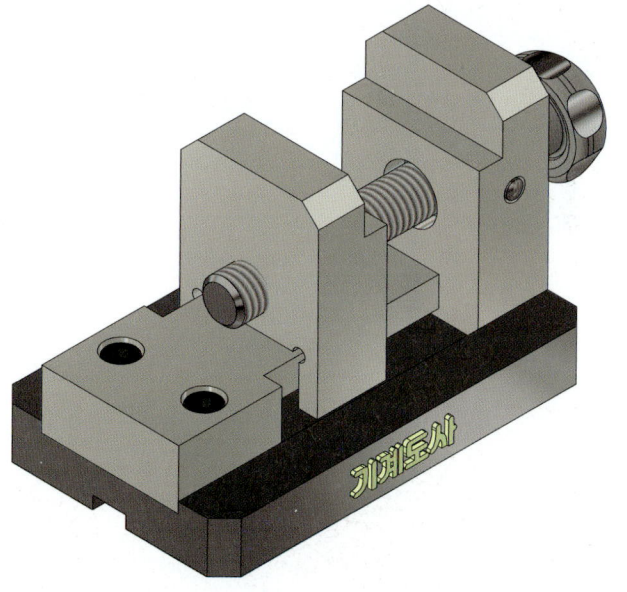

도 명	바이스-1	척도	NS

CHAPTER 28 | 바이스-1

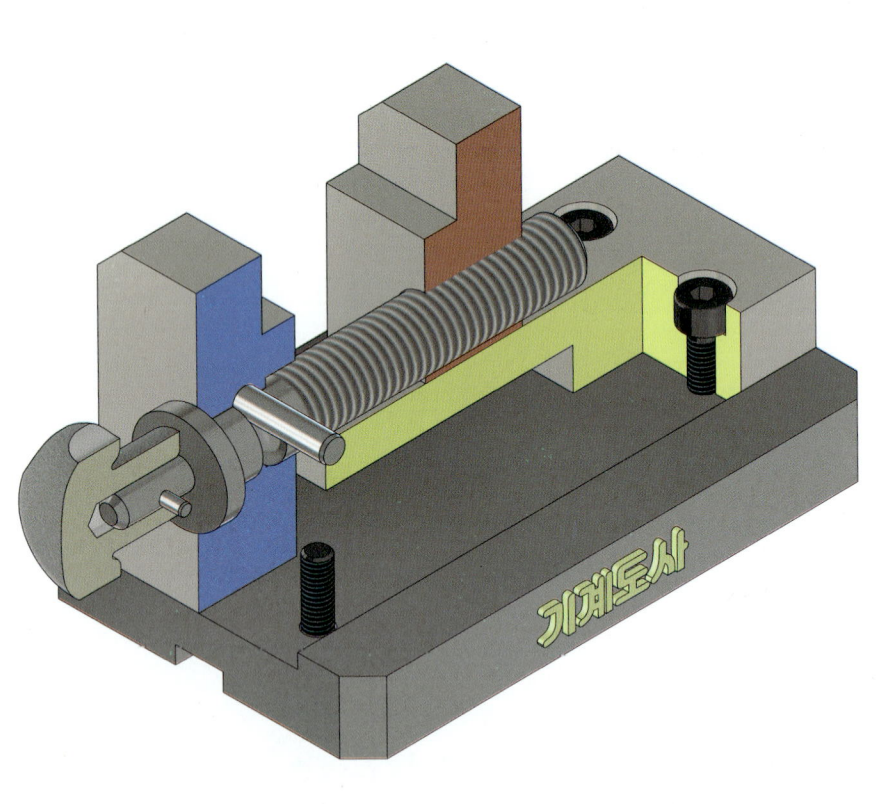
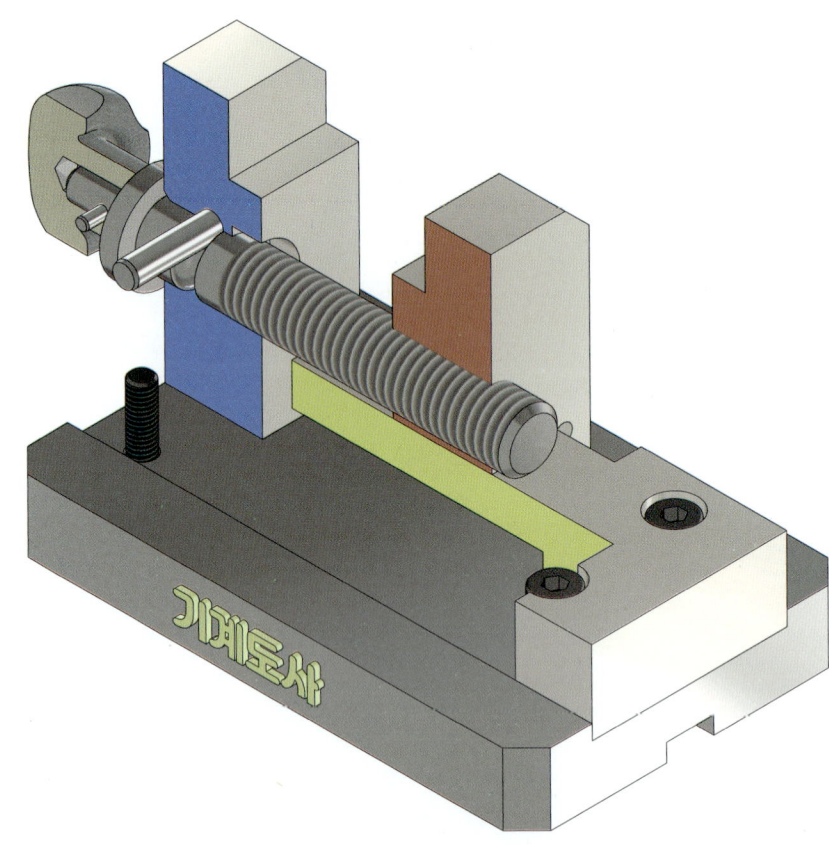

도 명	바이스-1	척 도	NS

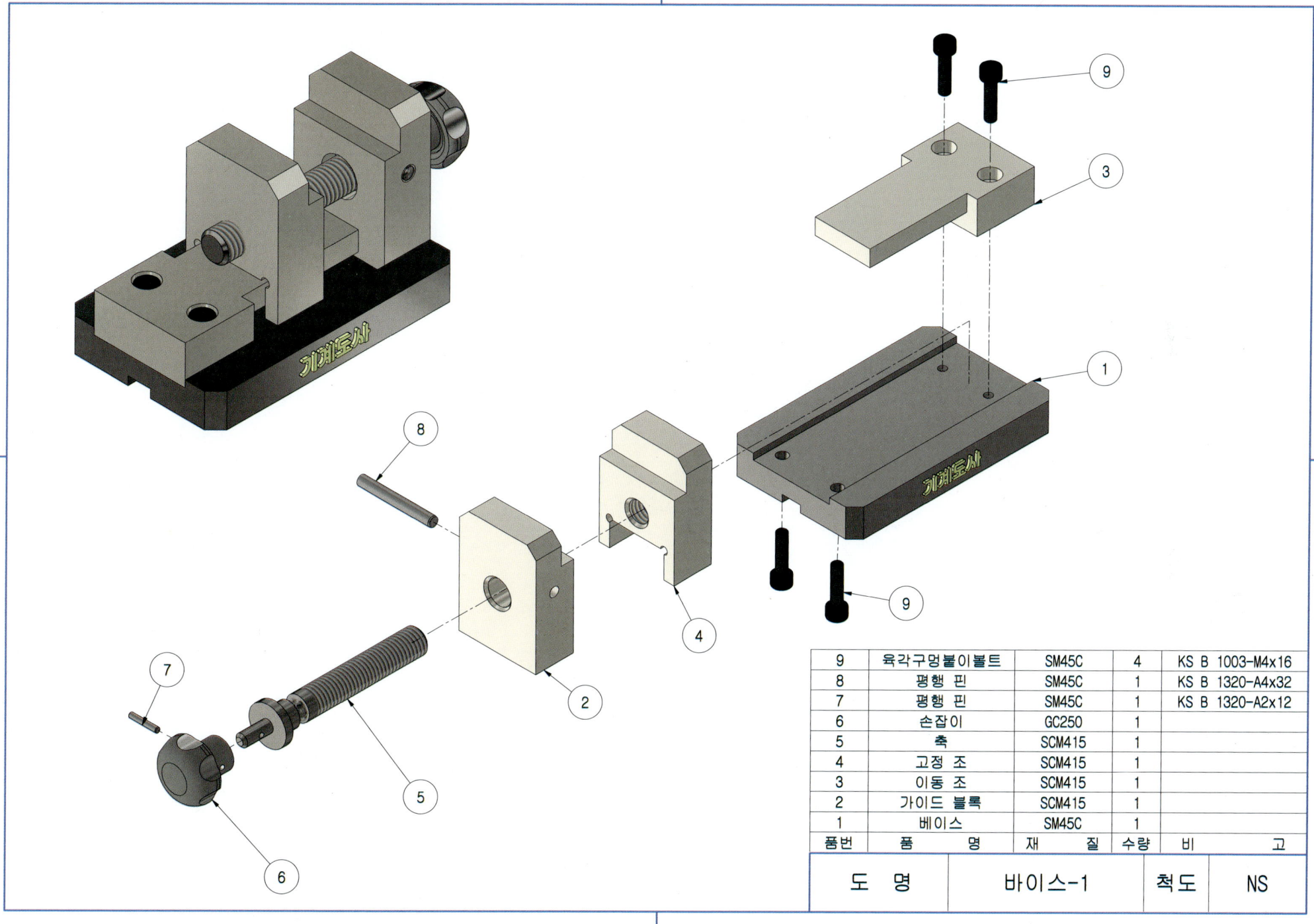

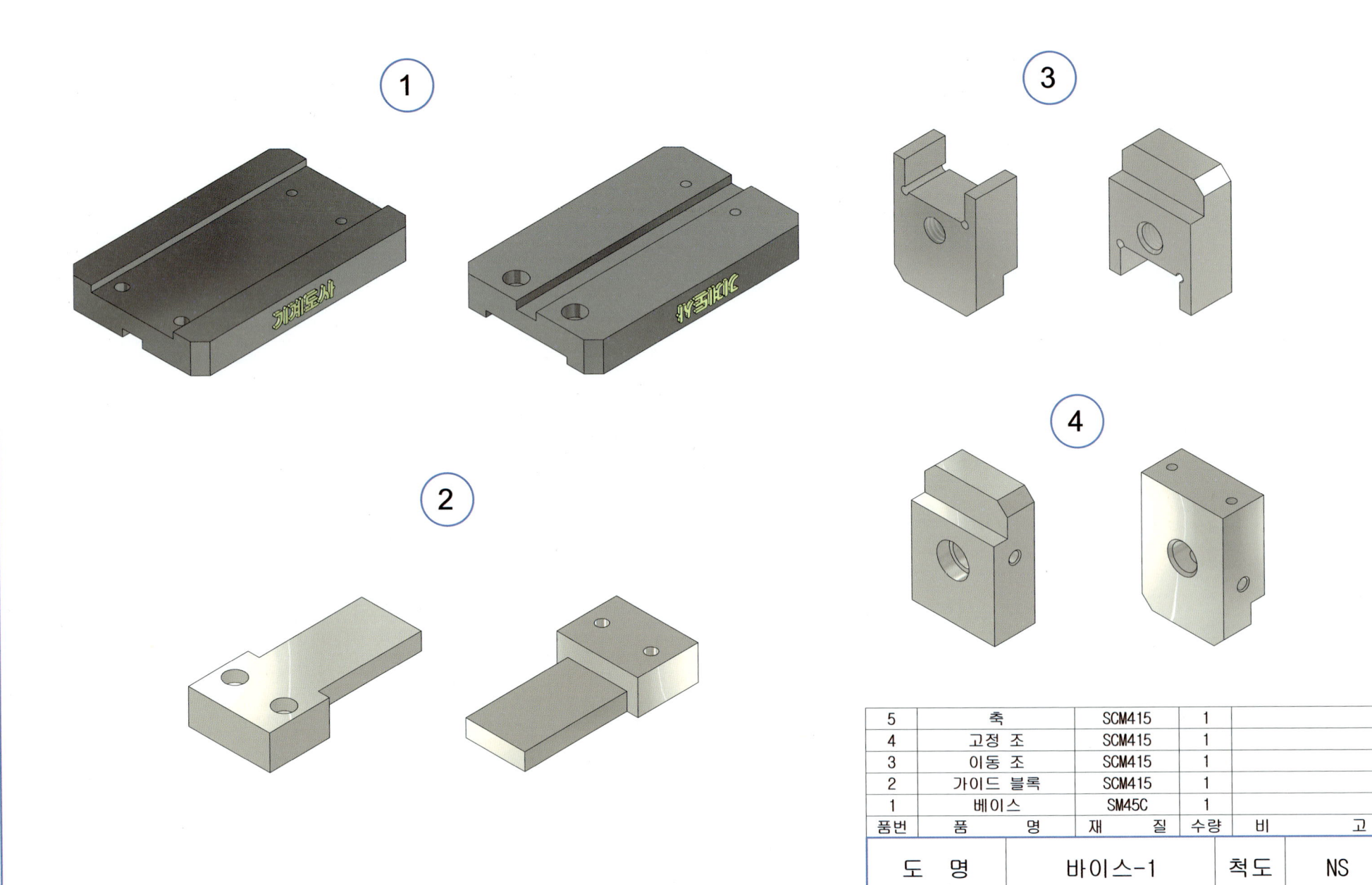

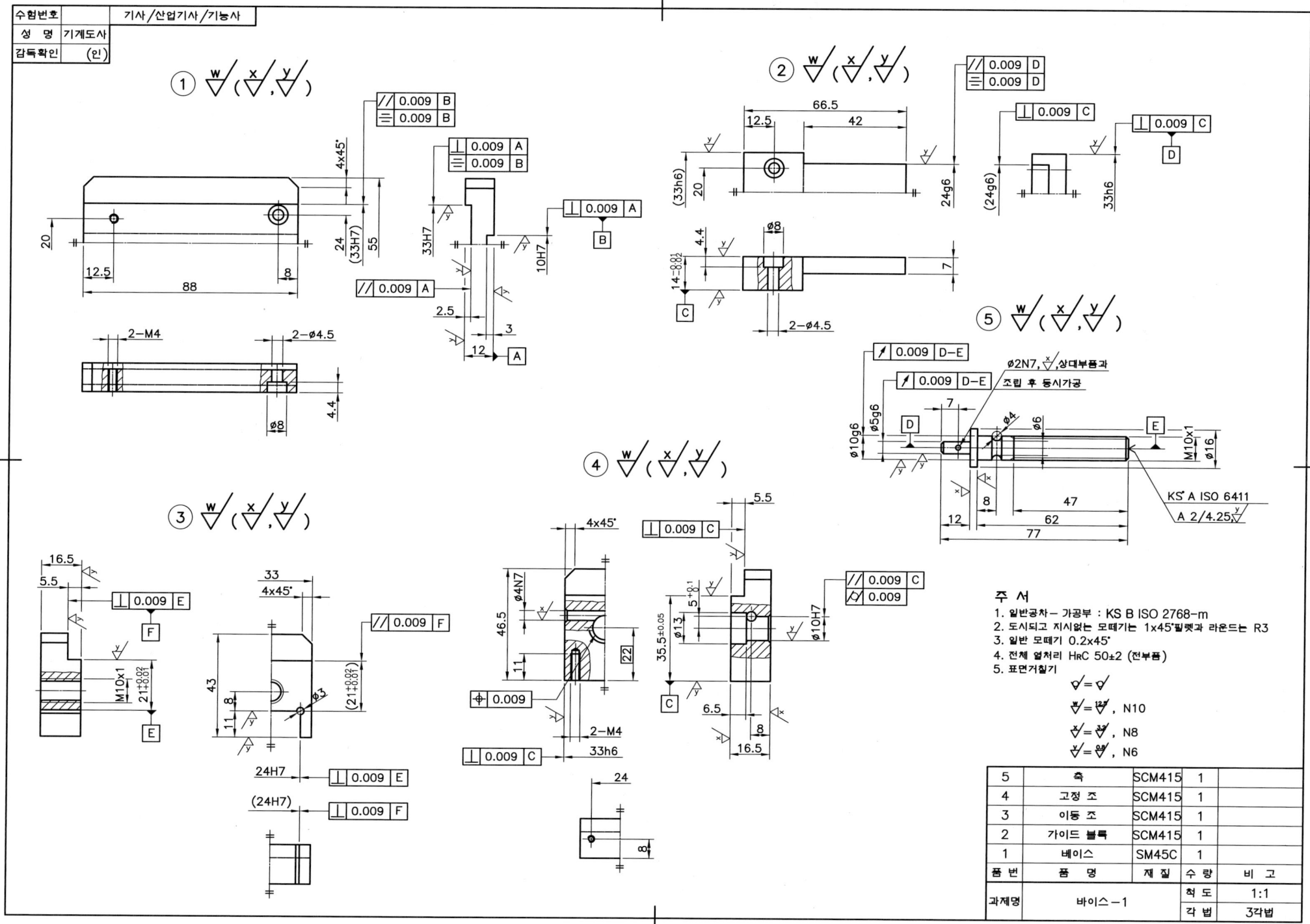

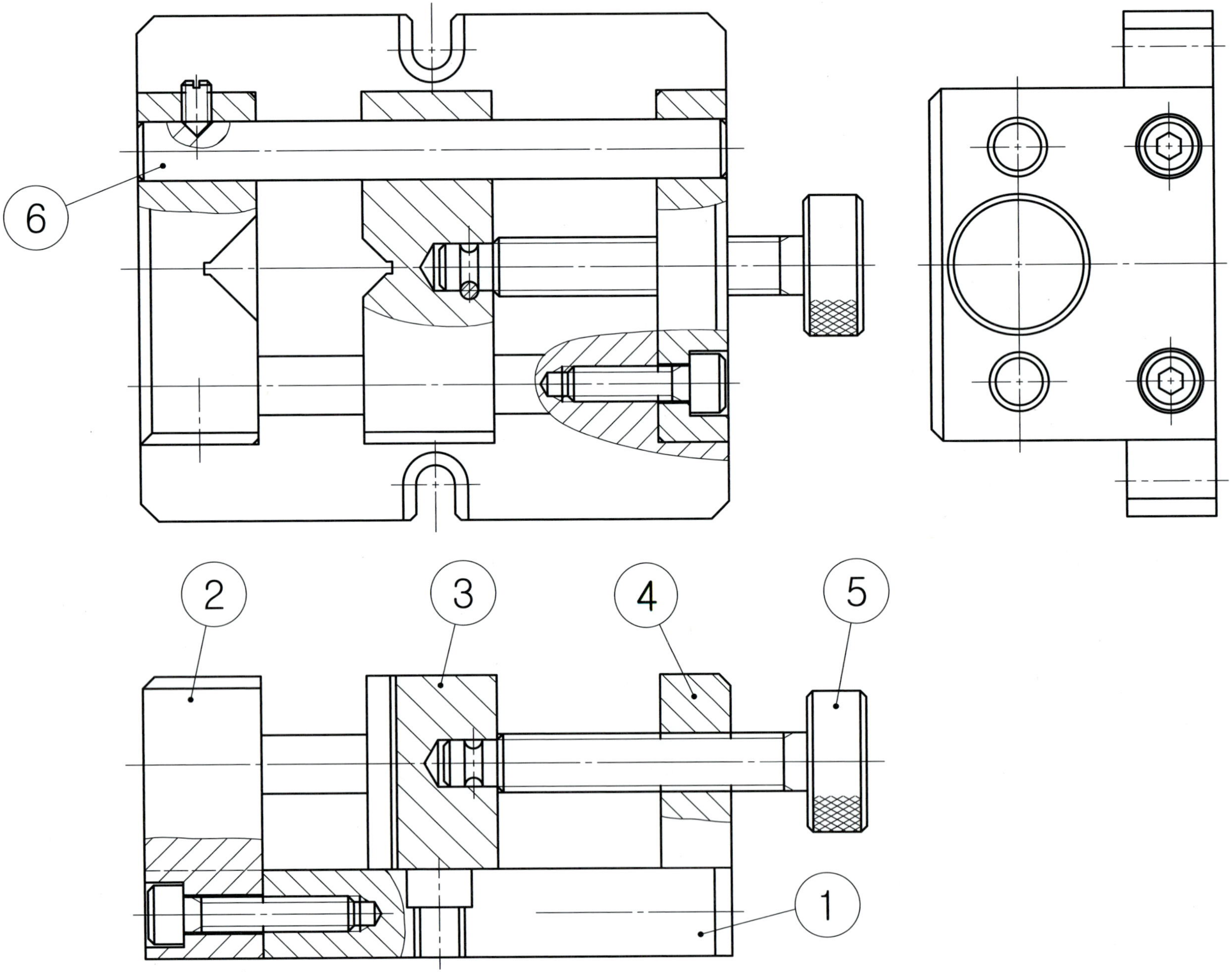

326 PART 02 | 실전 과제 연습

01 문제도면

02 3D 등각도

작동 분해 조립
동영상
URL https://m.site.naver.com/1gmpc

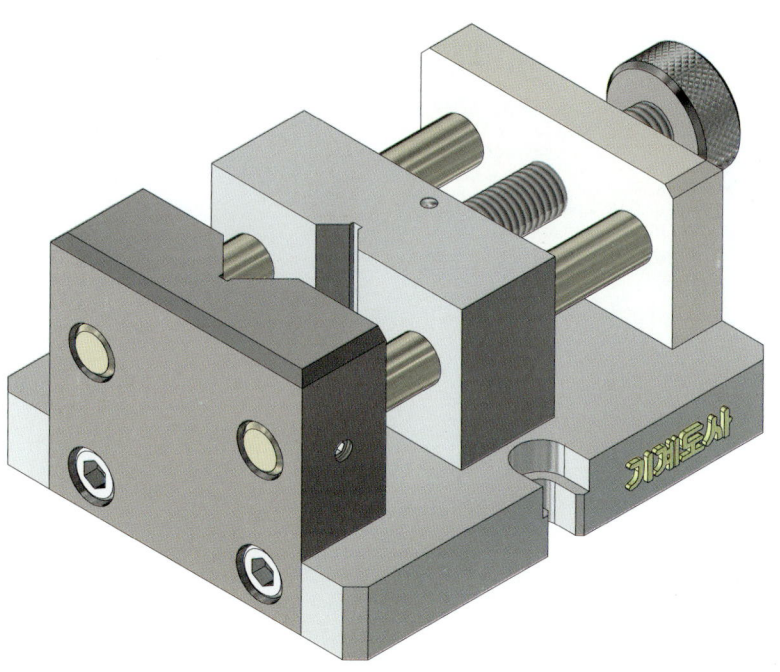
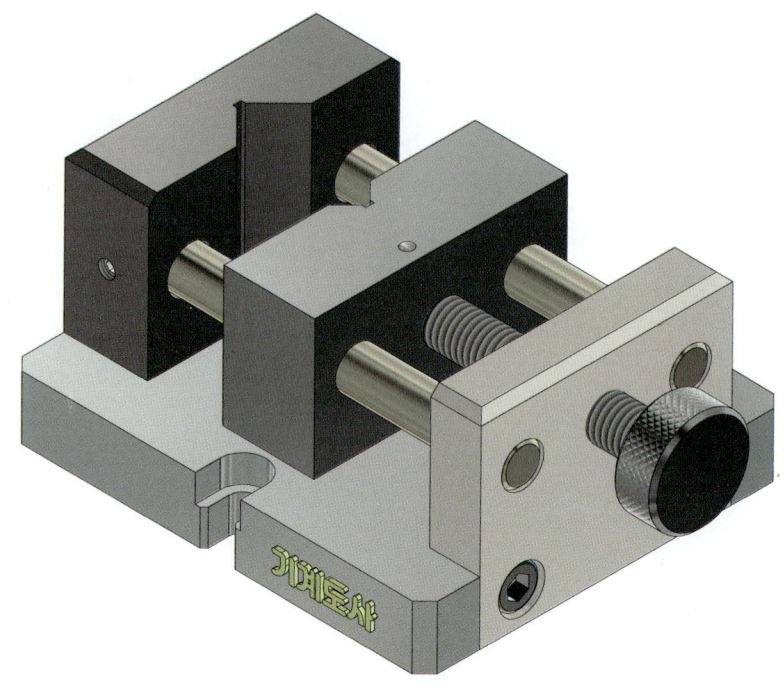

| 도 명 | 바이스-2 | 척도 | NS |

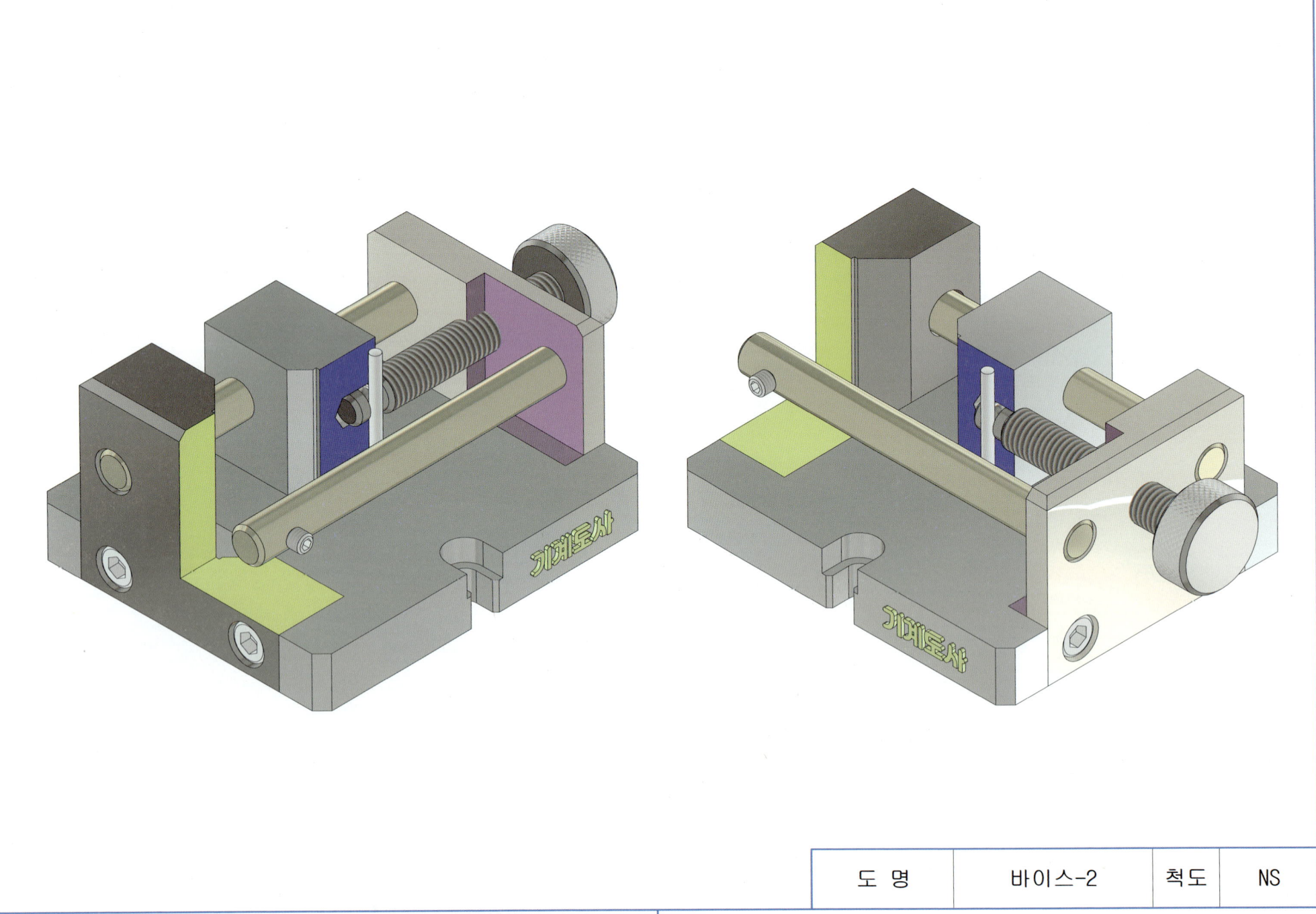

| 도 명 | 바이스-2 | 척 도 | NS |

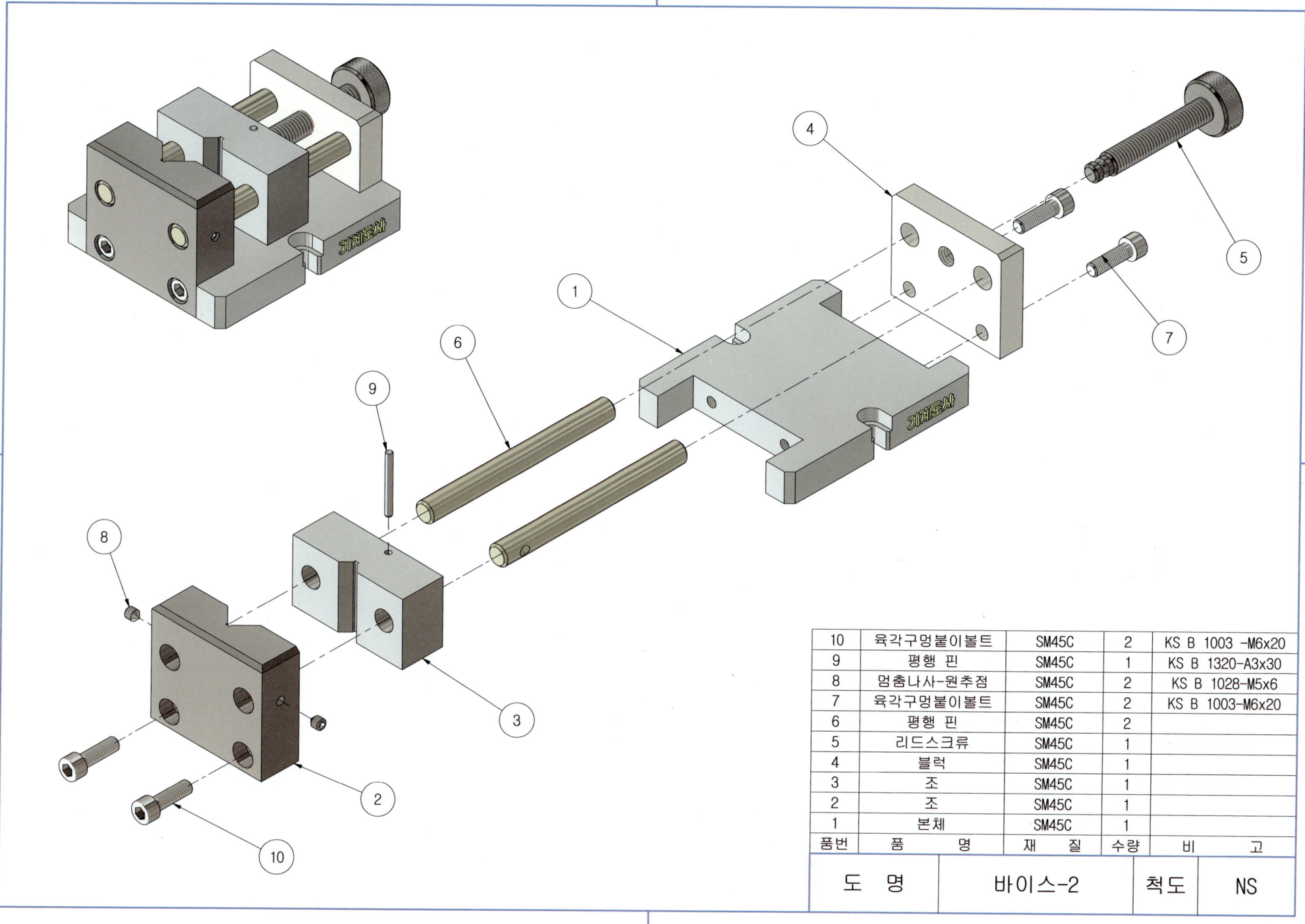

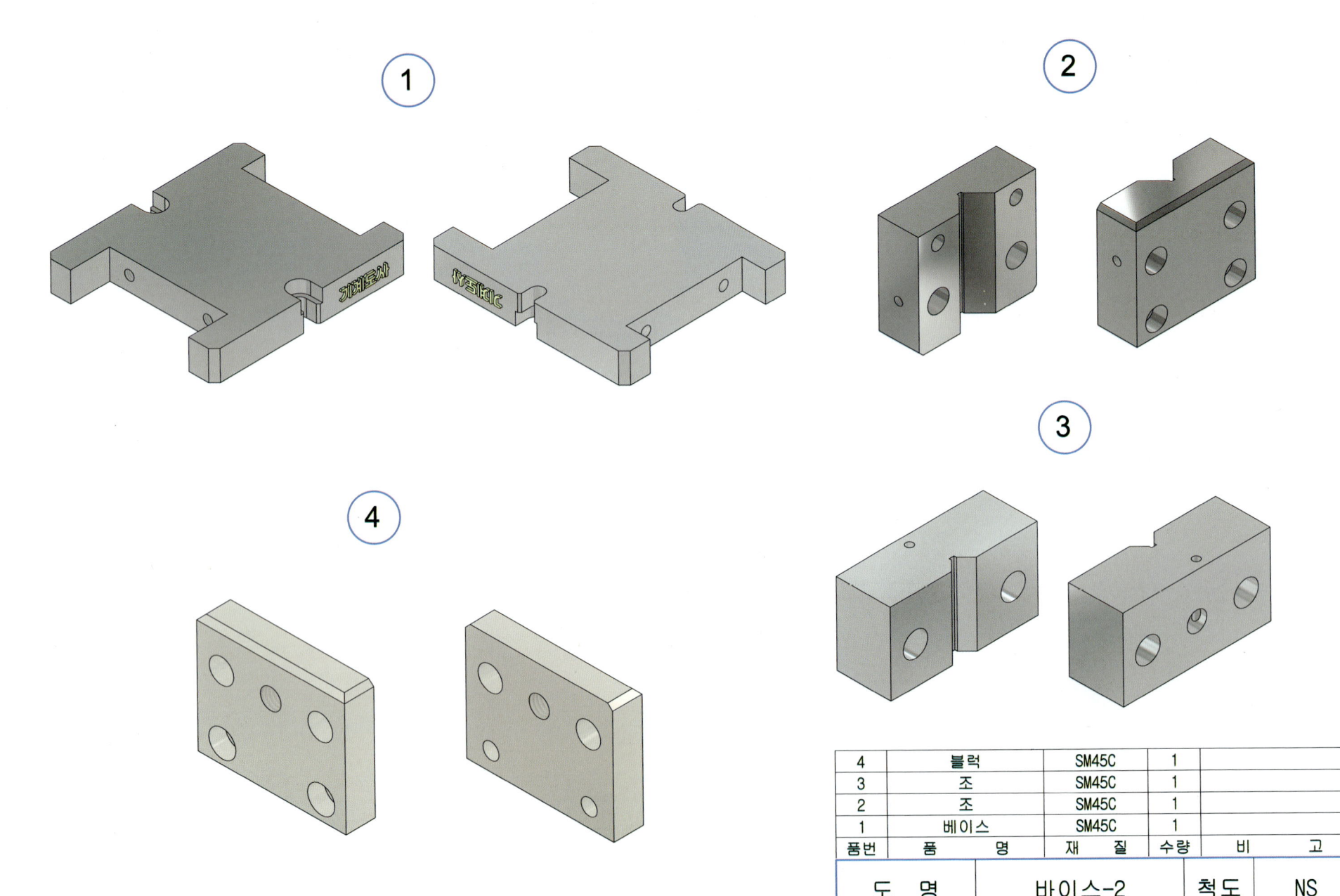

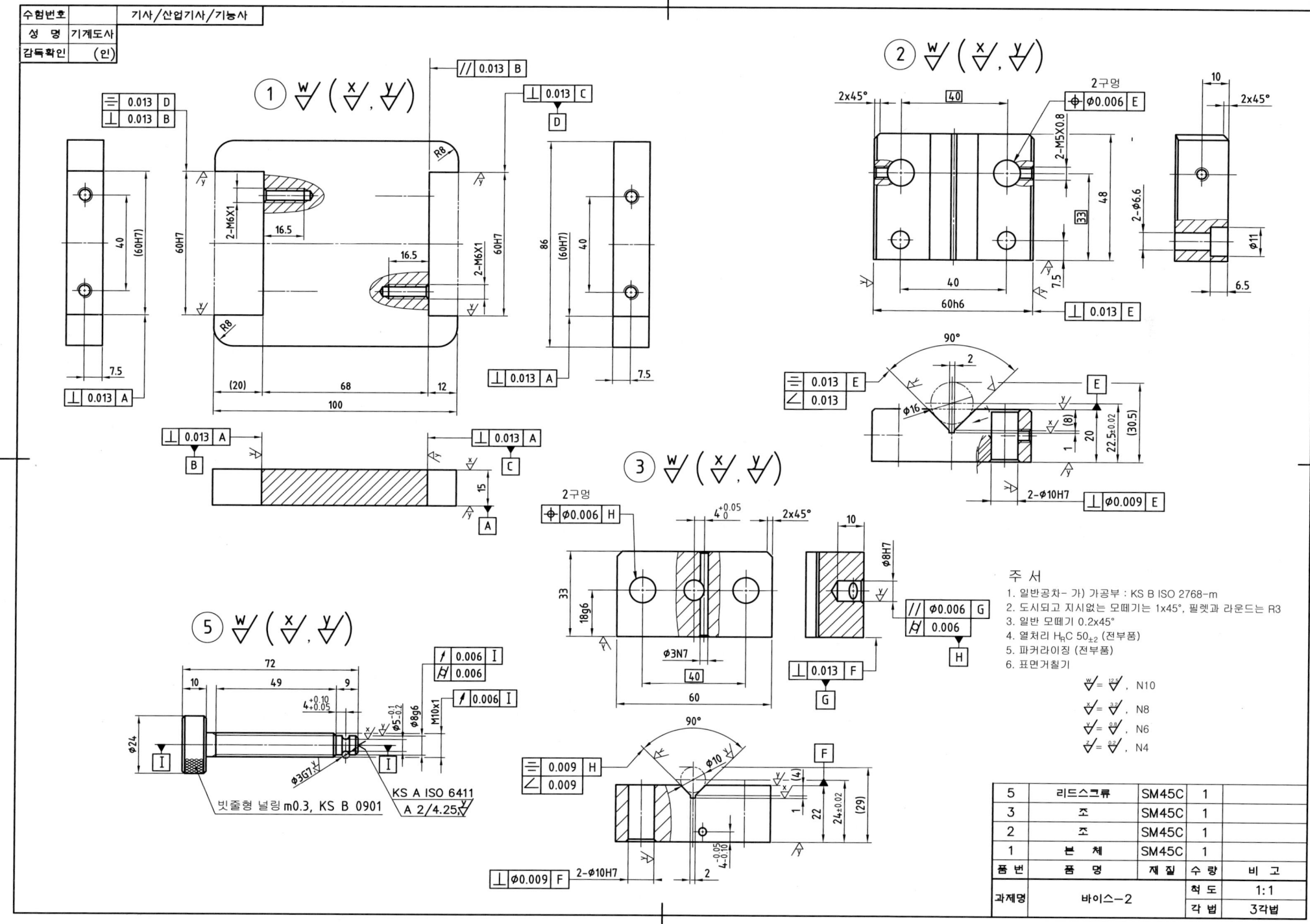

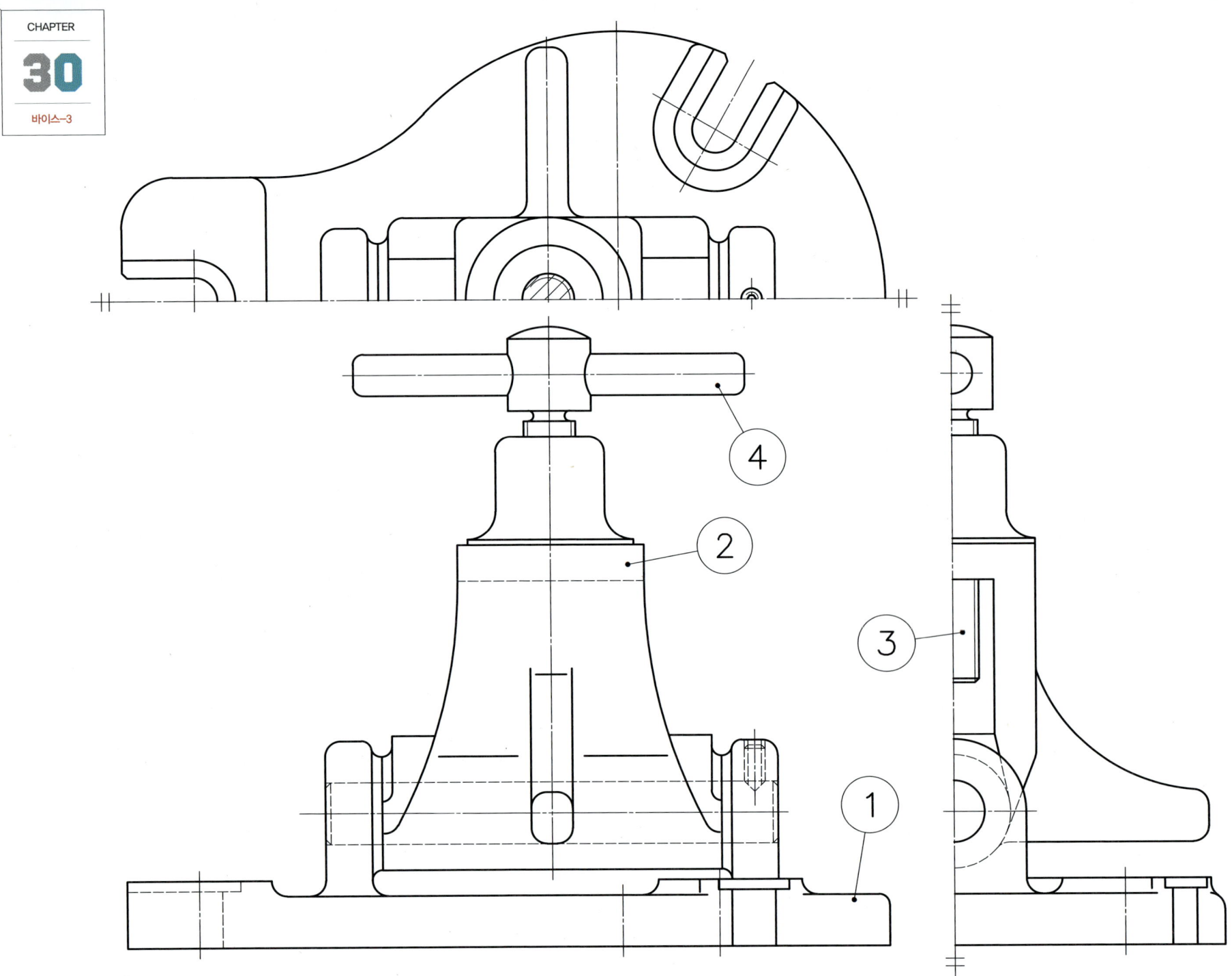

01 문제도면

02 3D 등각도

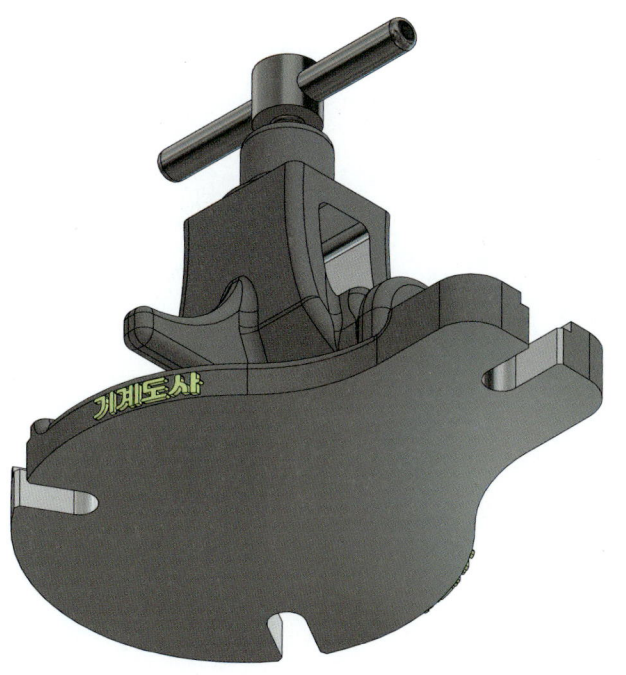

도 명	바이스-3	척 도	NS

CHAPTER 30 | 바이스-3

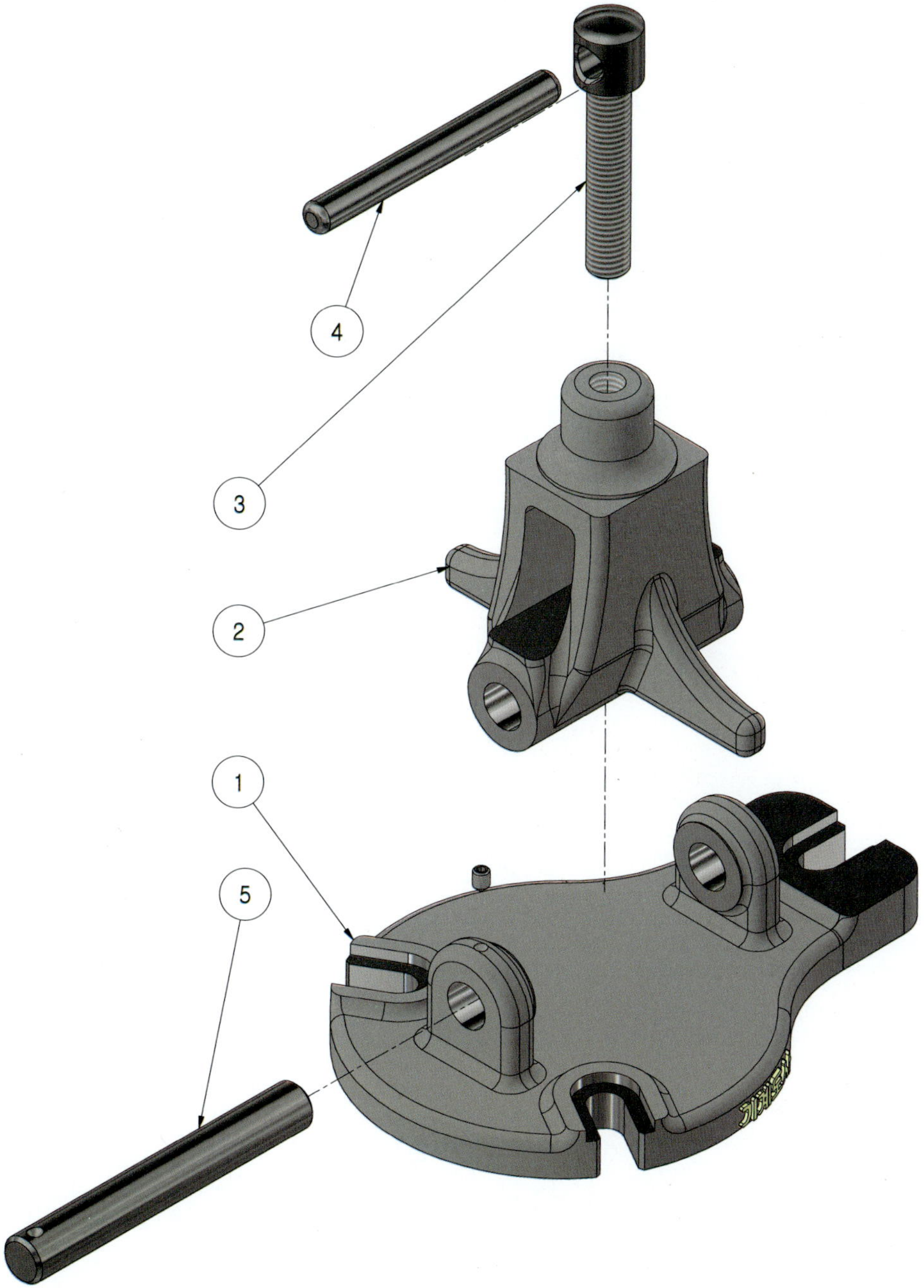

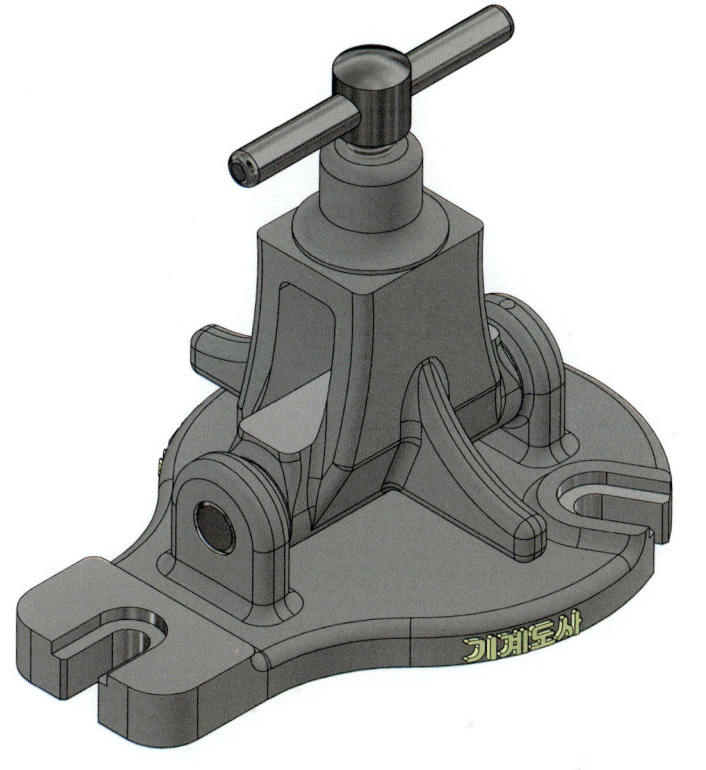

6	멈춤나사(원추점)	SM45C	1	KS B 1028 M4x6
5	축	SCM415	1	
4	축	SCM415	1	
3	나사 축	SCM415	1	
2	본체	GC200	1	
1	받침대	GC200	1	
품번	품 명	재 질	수량	비 고

도 명	바이스-3	척 도	NS

04 3D 분해도

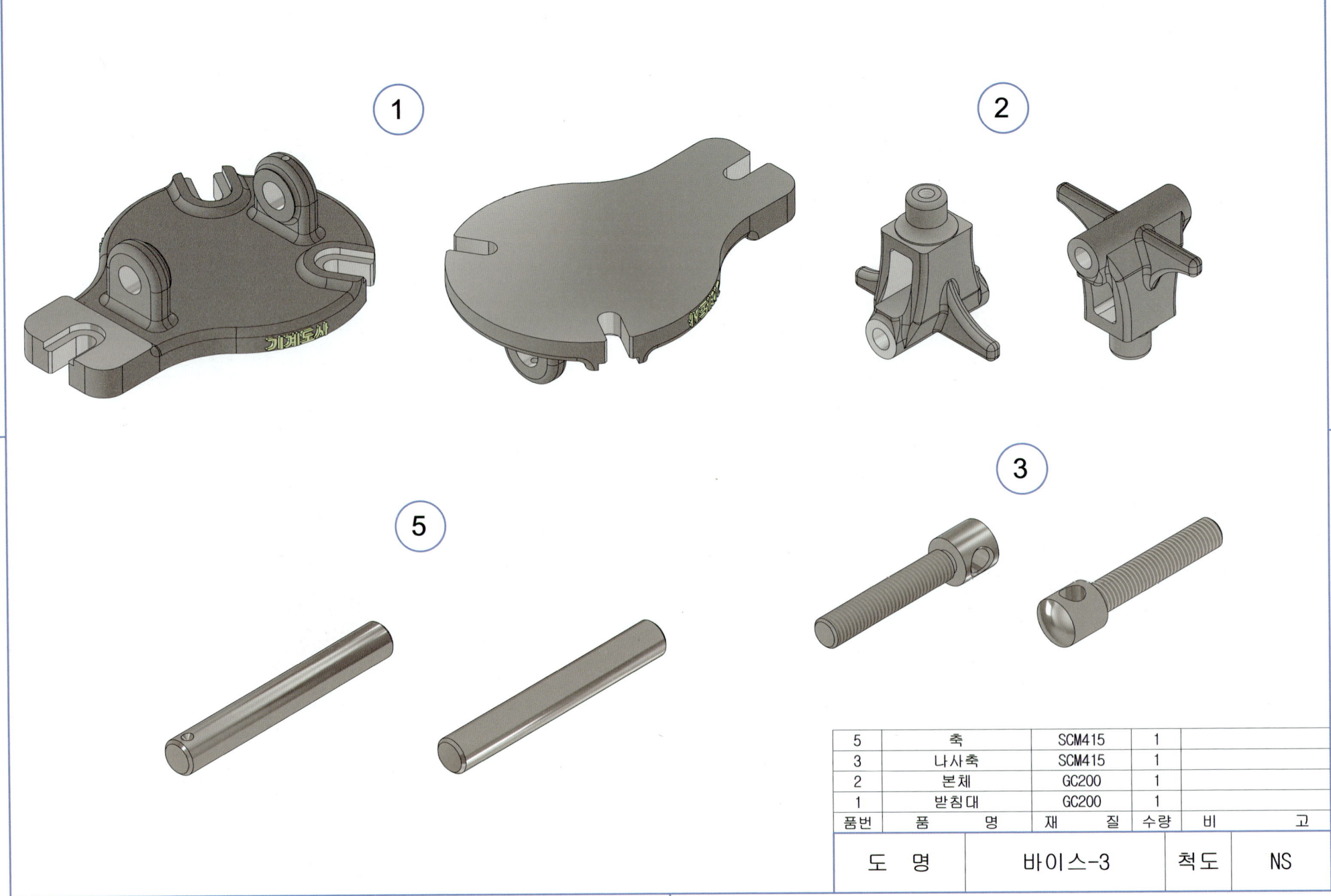

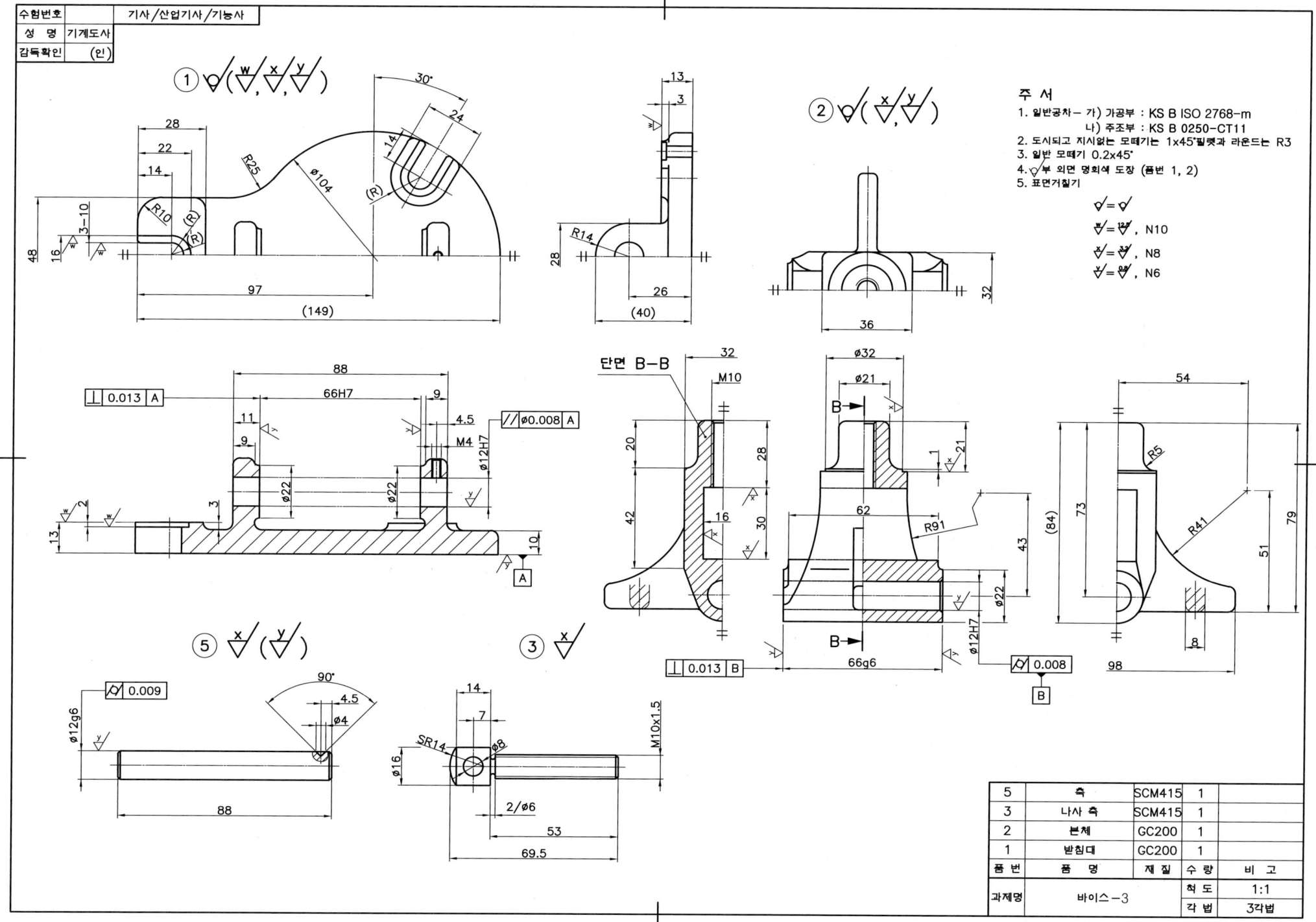

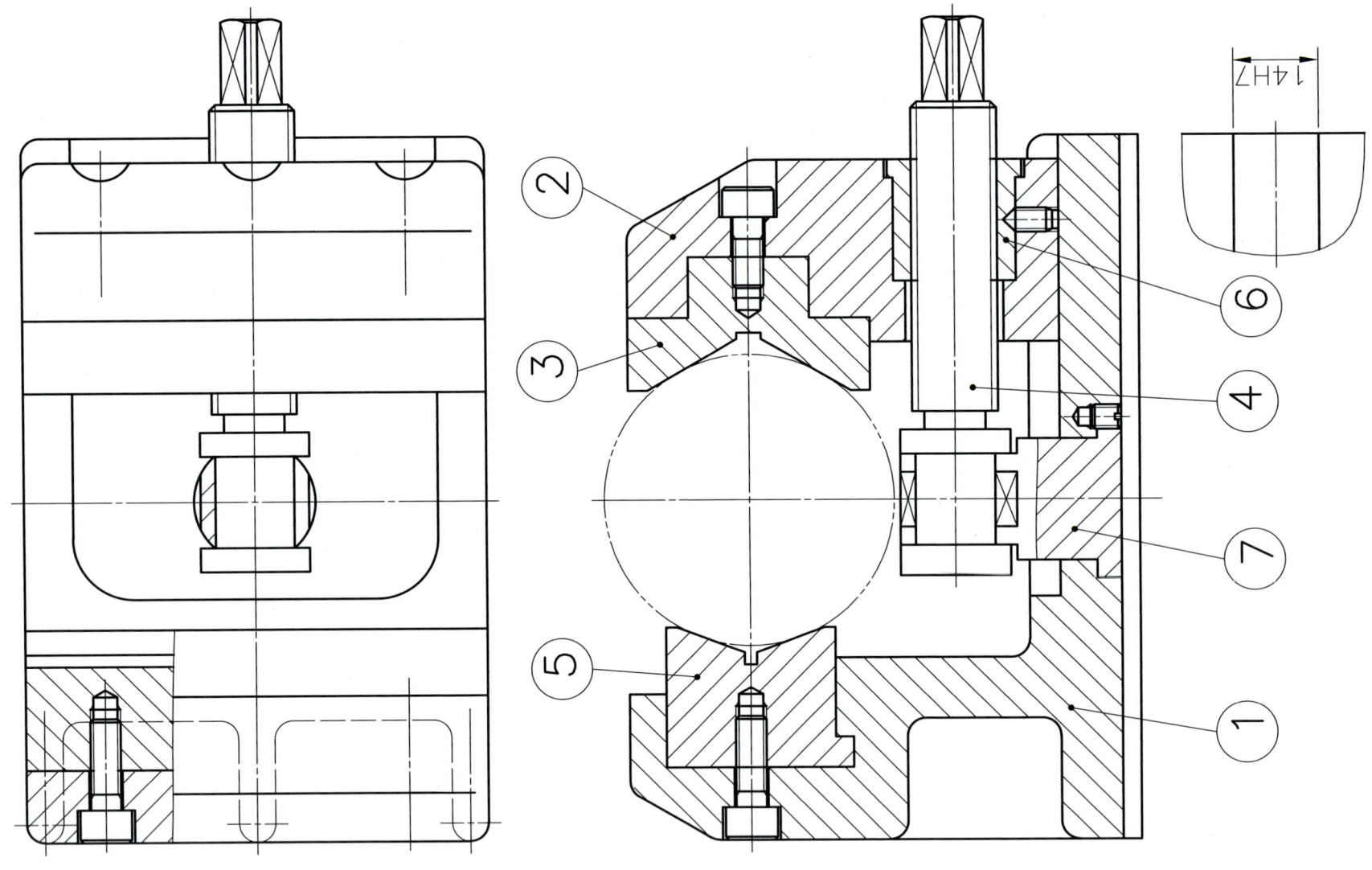

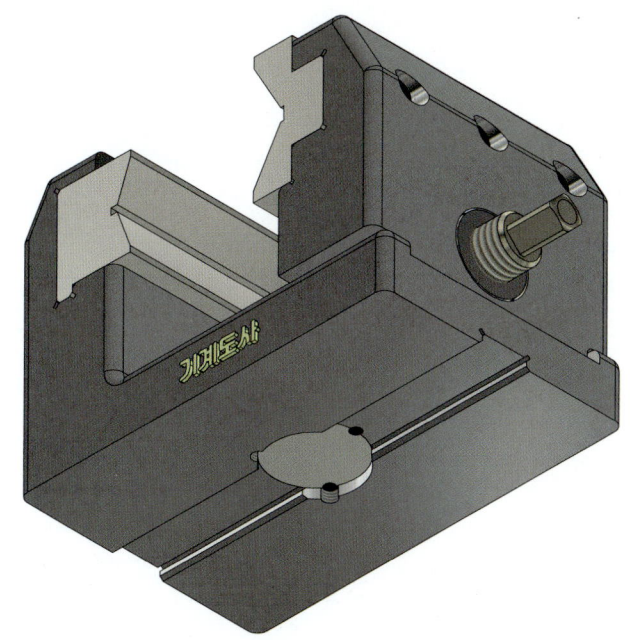

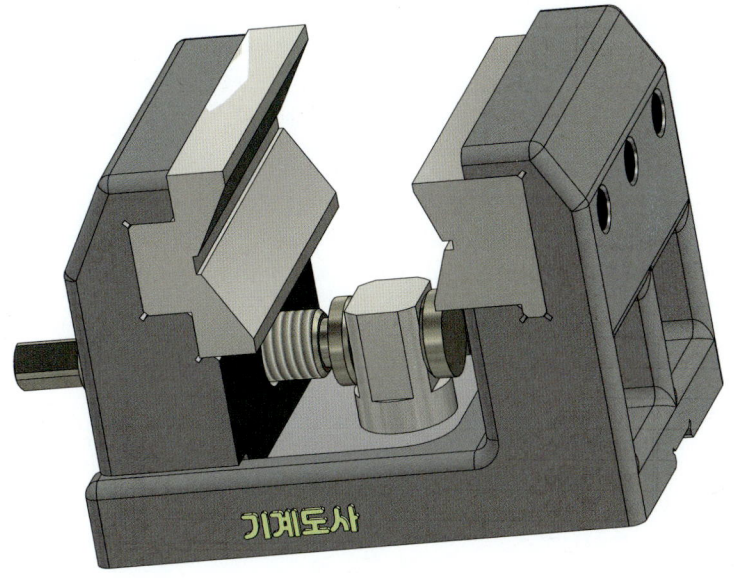

도 명	클램프-1	척 도	NS

02 3D 등각도

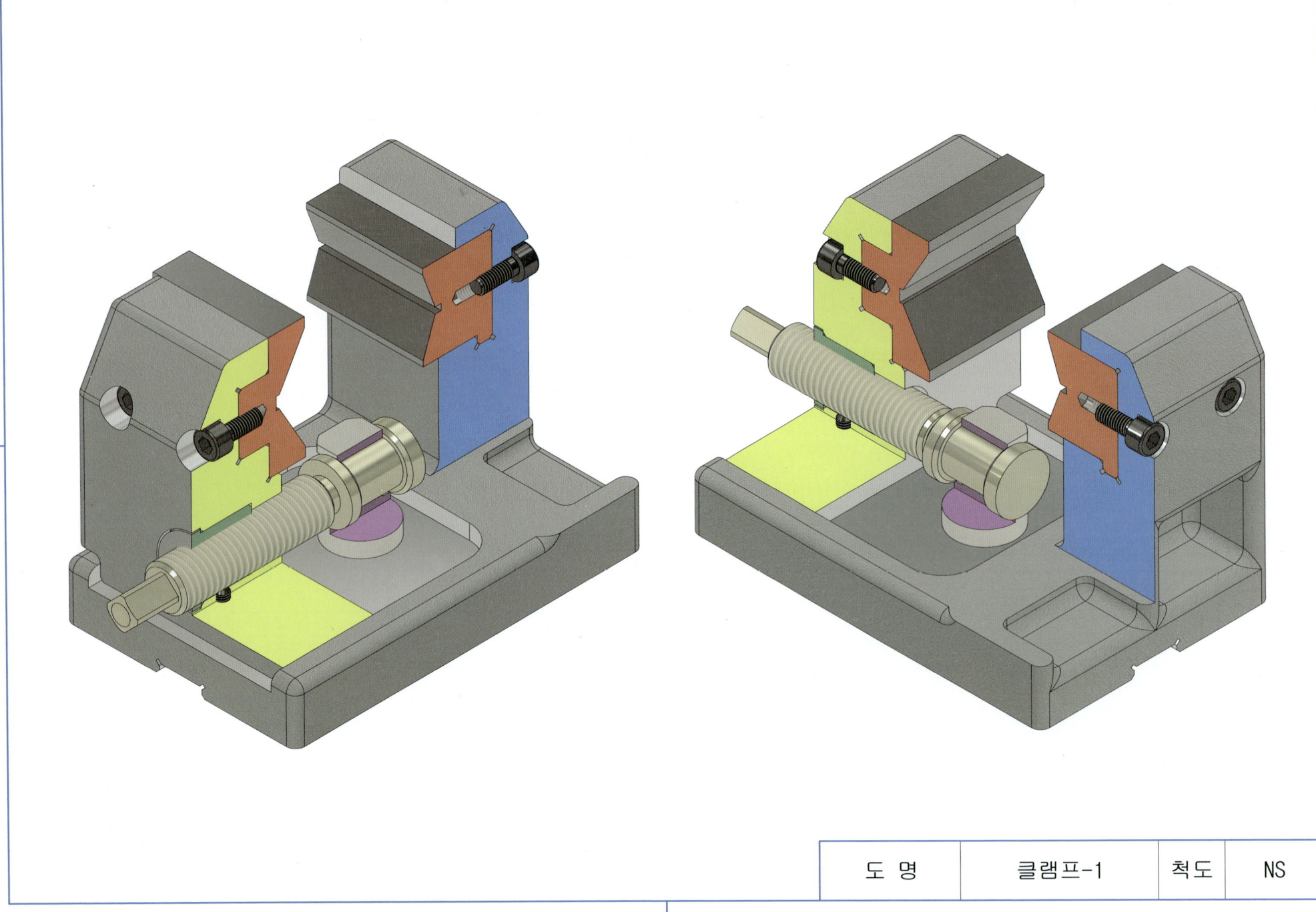

| 도 명 | 클램프-1 | 척 도 | NS |

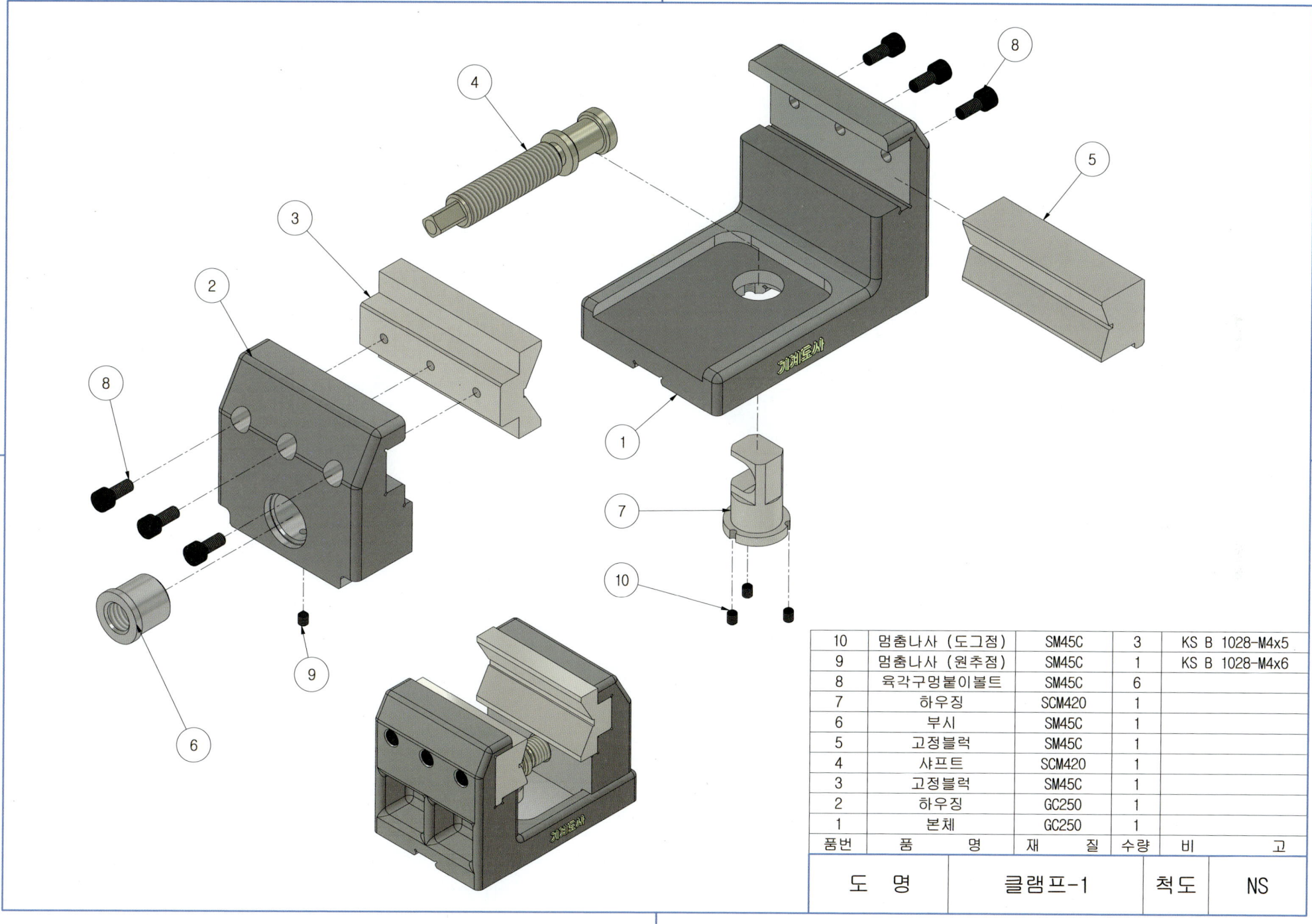

04 3D 분해도

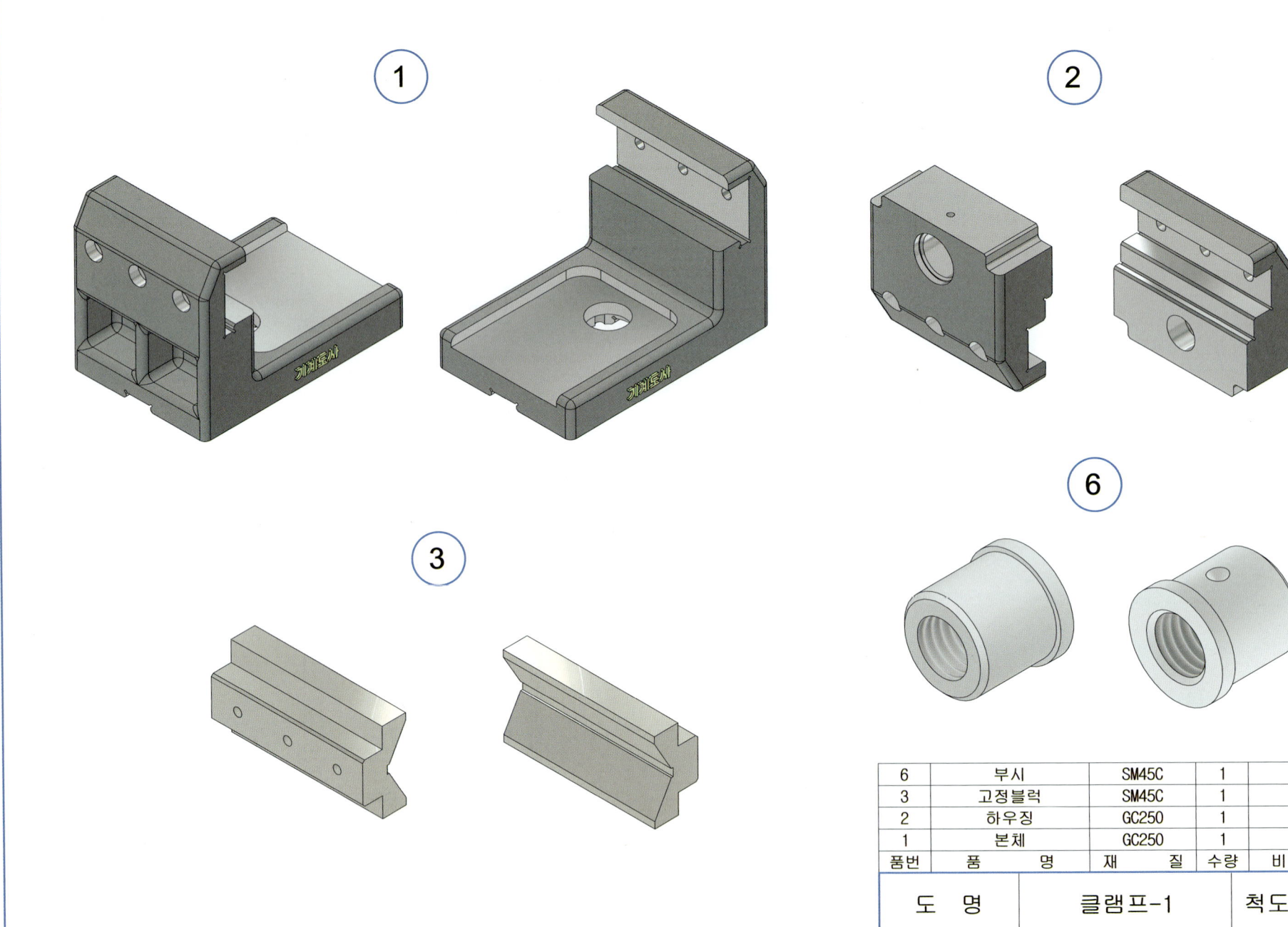

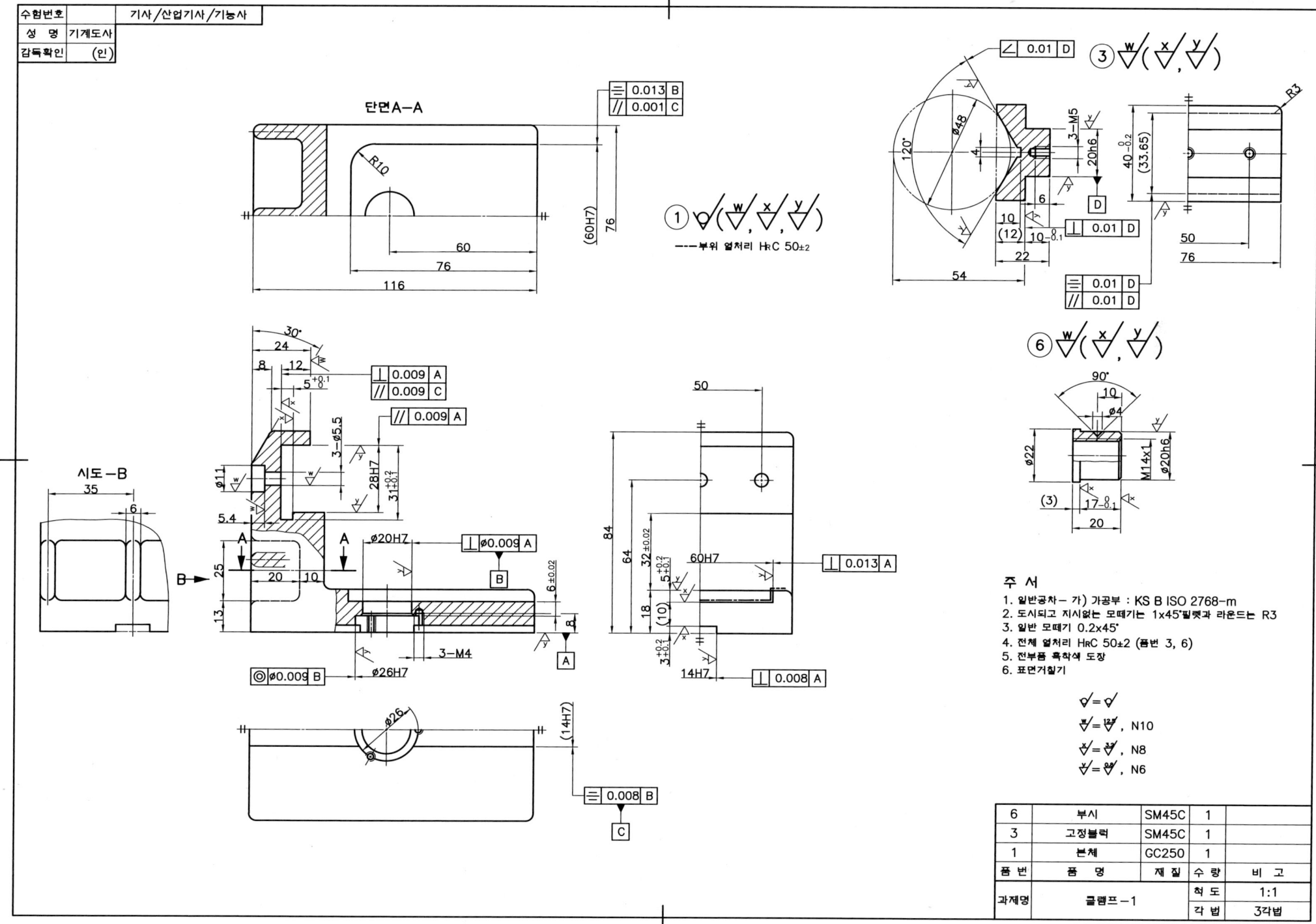

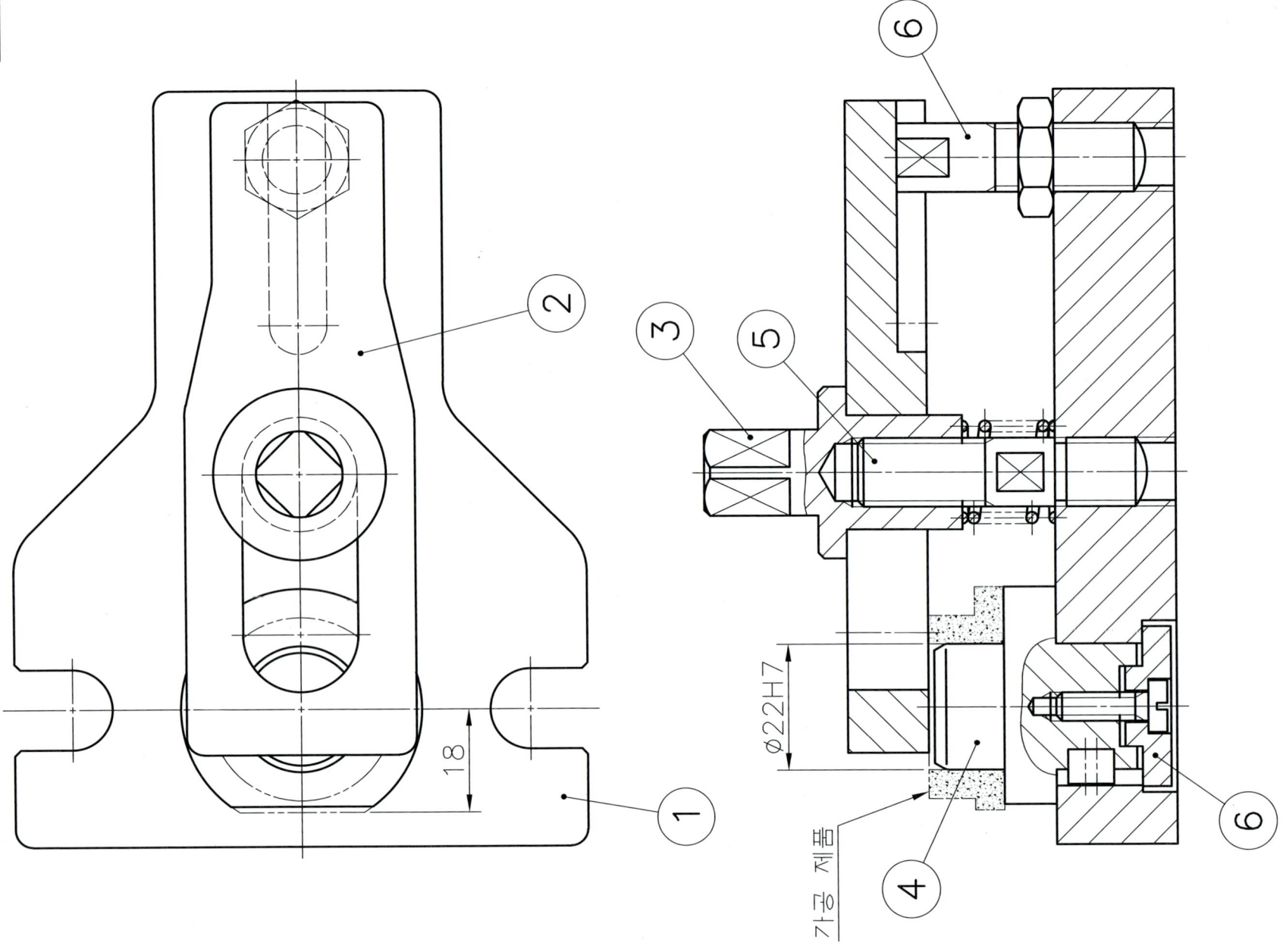

02 3D 등각도

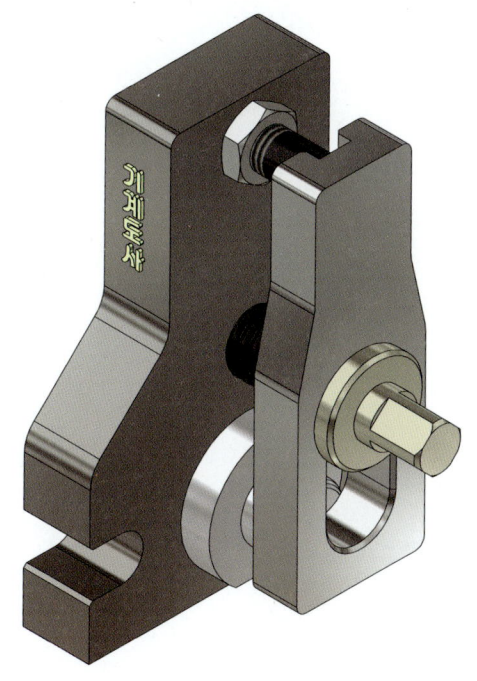
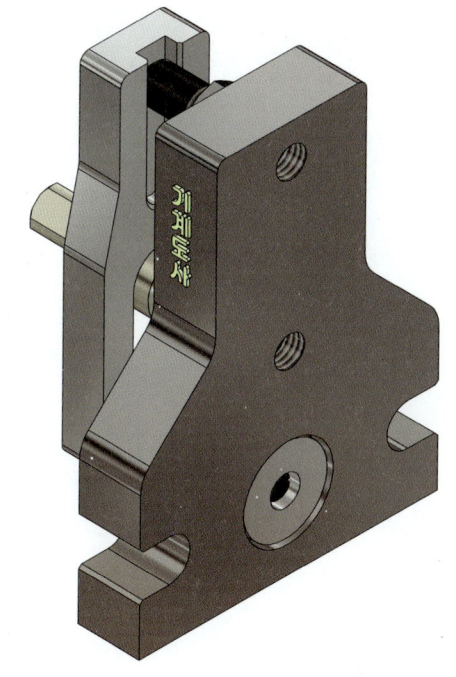

도 명	클램프-2	척 도	NS

CHAPTER 32 | 클램프-2

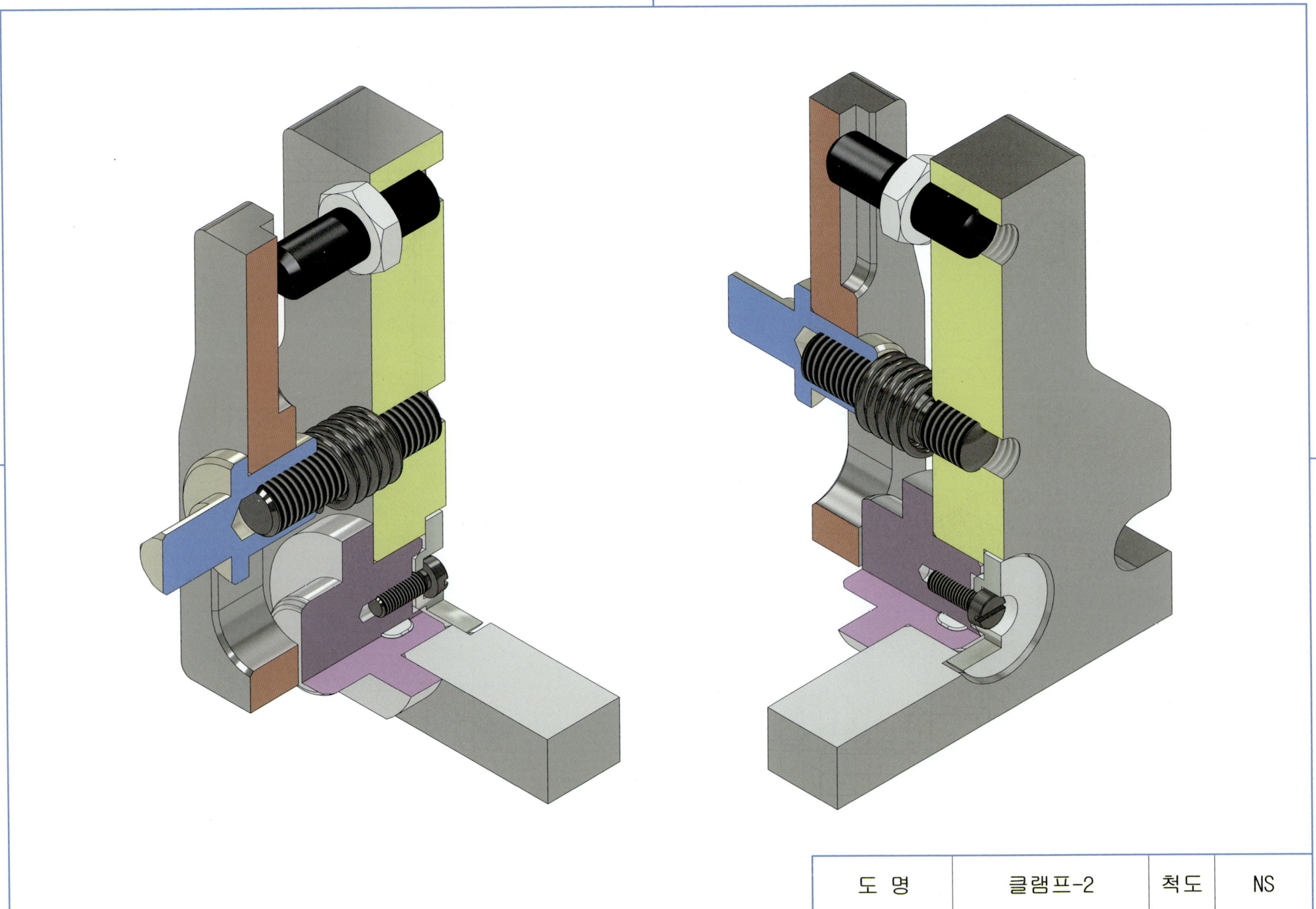

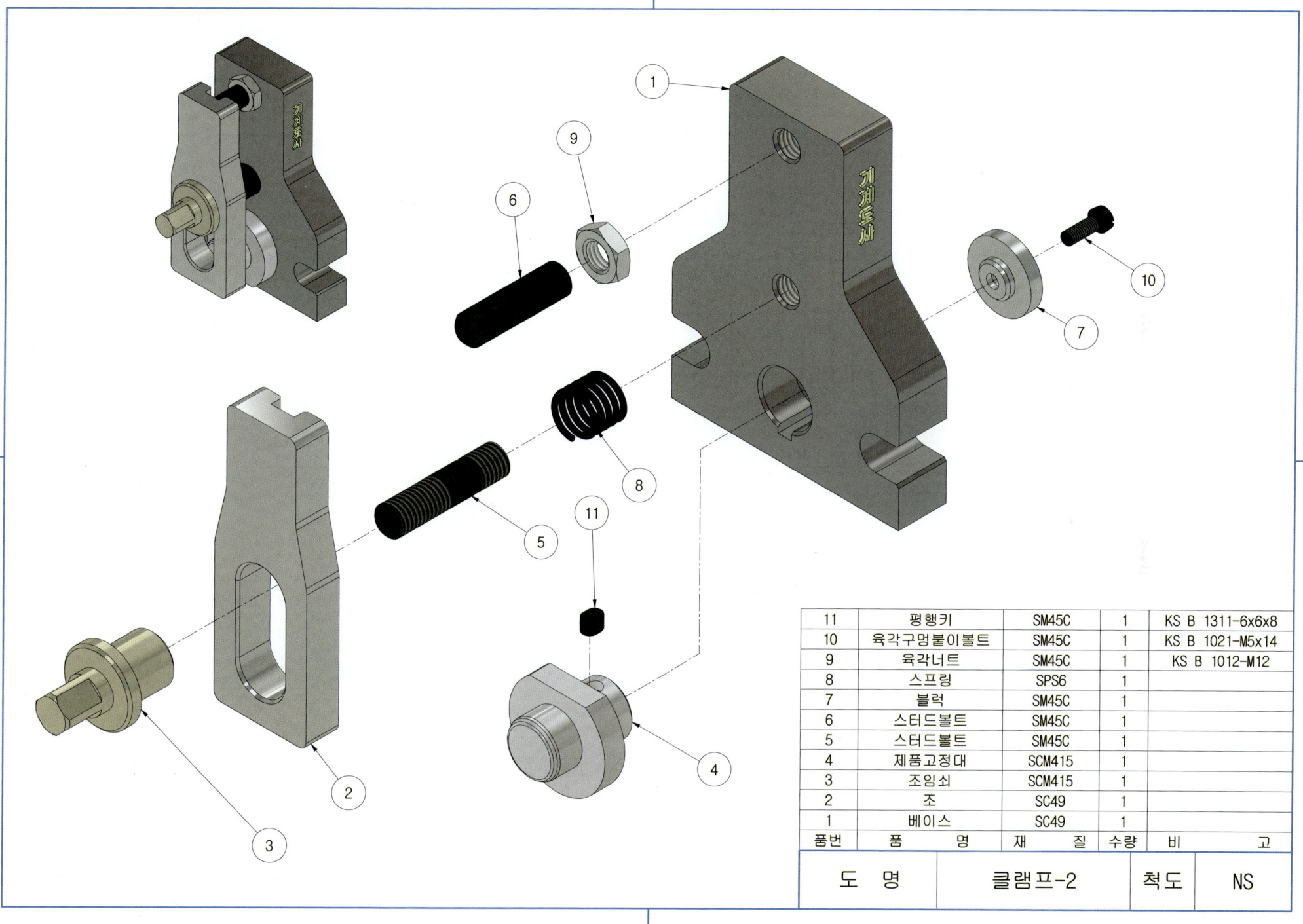

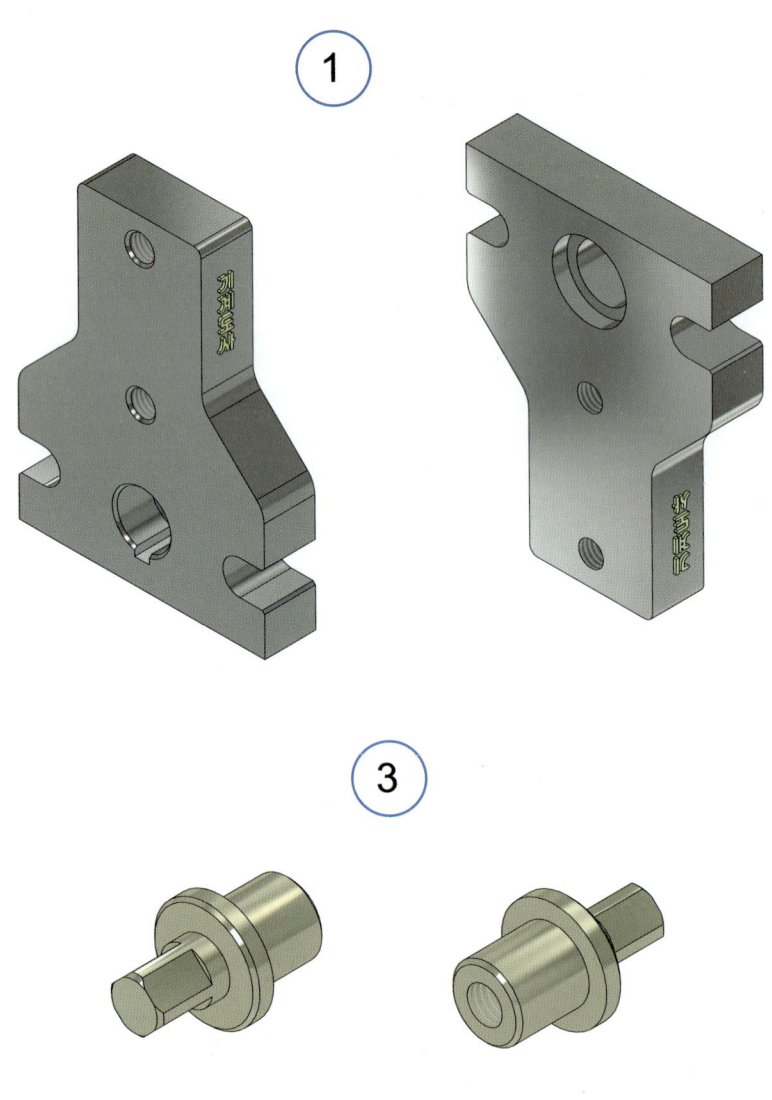
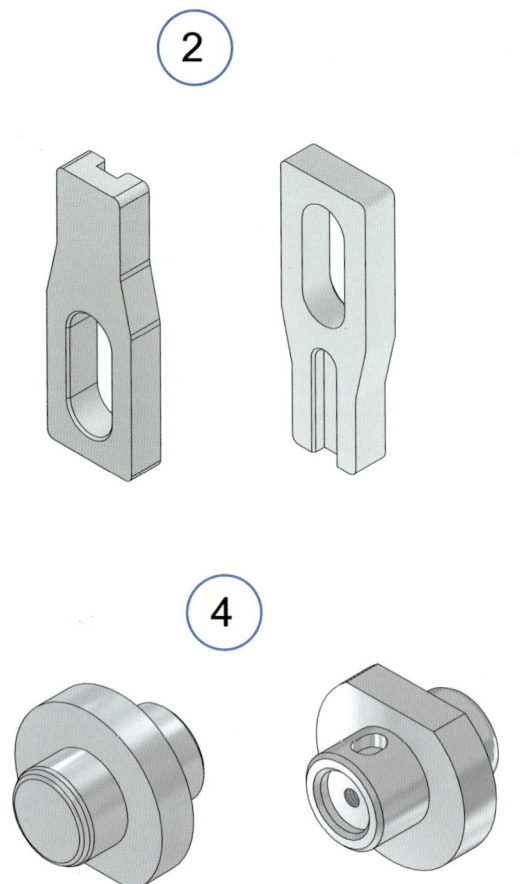

4	제품고정대	SCM415	1	
3	조임쇠	SCM415	1	
2	조	SC49	1	
1	베이스	SC49	1	
품번	품 명	재 질	수량	비 고

도 명	클램프-2	척 도	NS

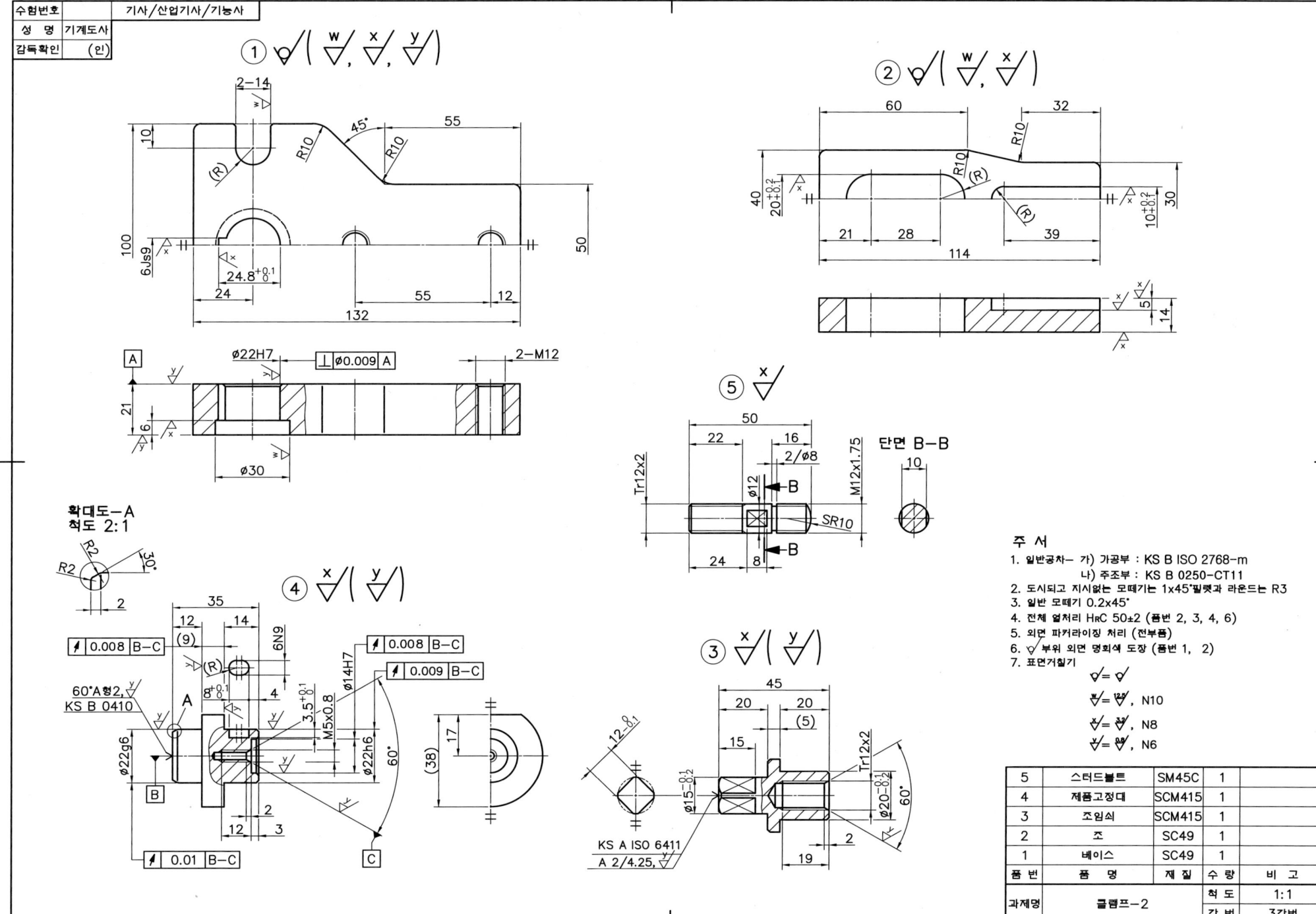

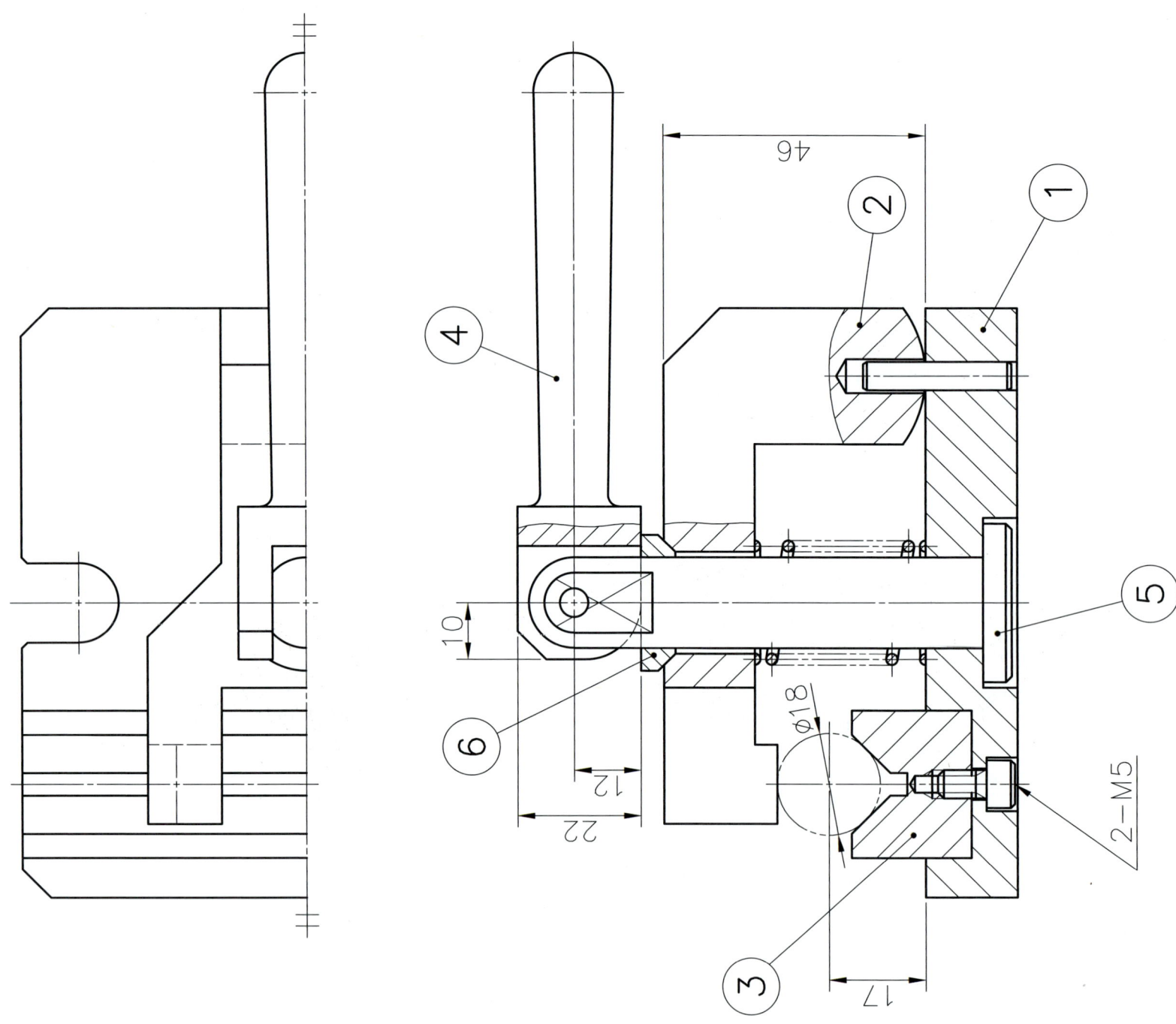

02 3D 등각도

작동 분해 조립 동영상
URL https://m.site.naver.com/1gmoF

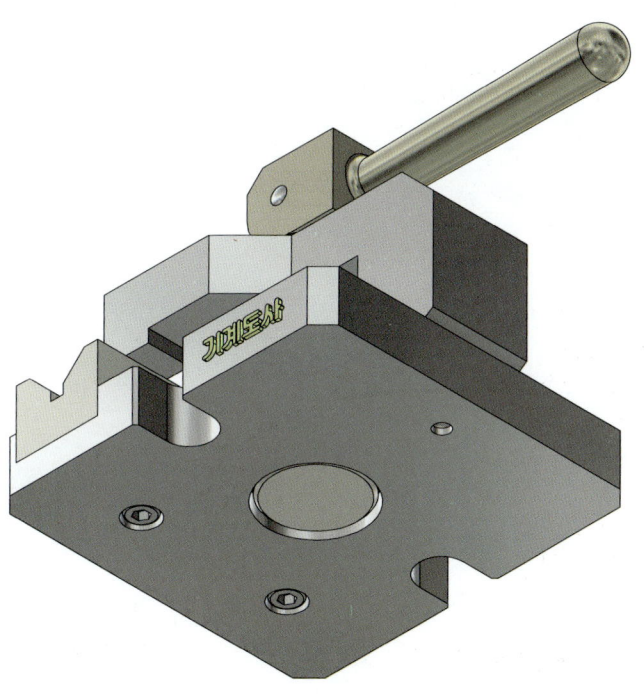
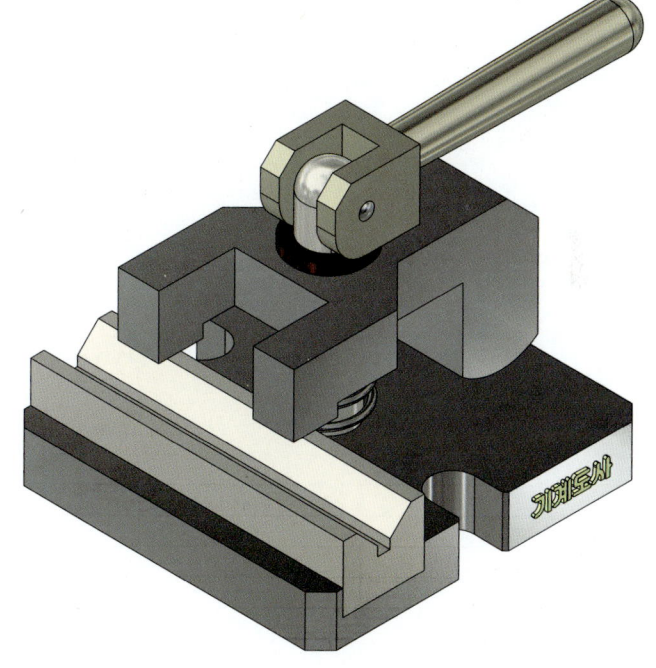

| 도 명 | 클램프-3 | 척 도 | NS |

CHAPTER 33 I 클램프-3

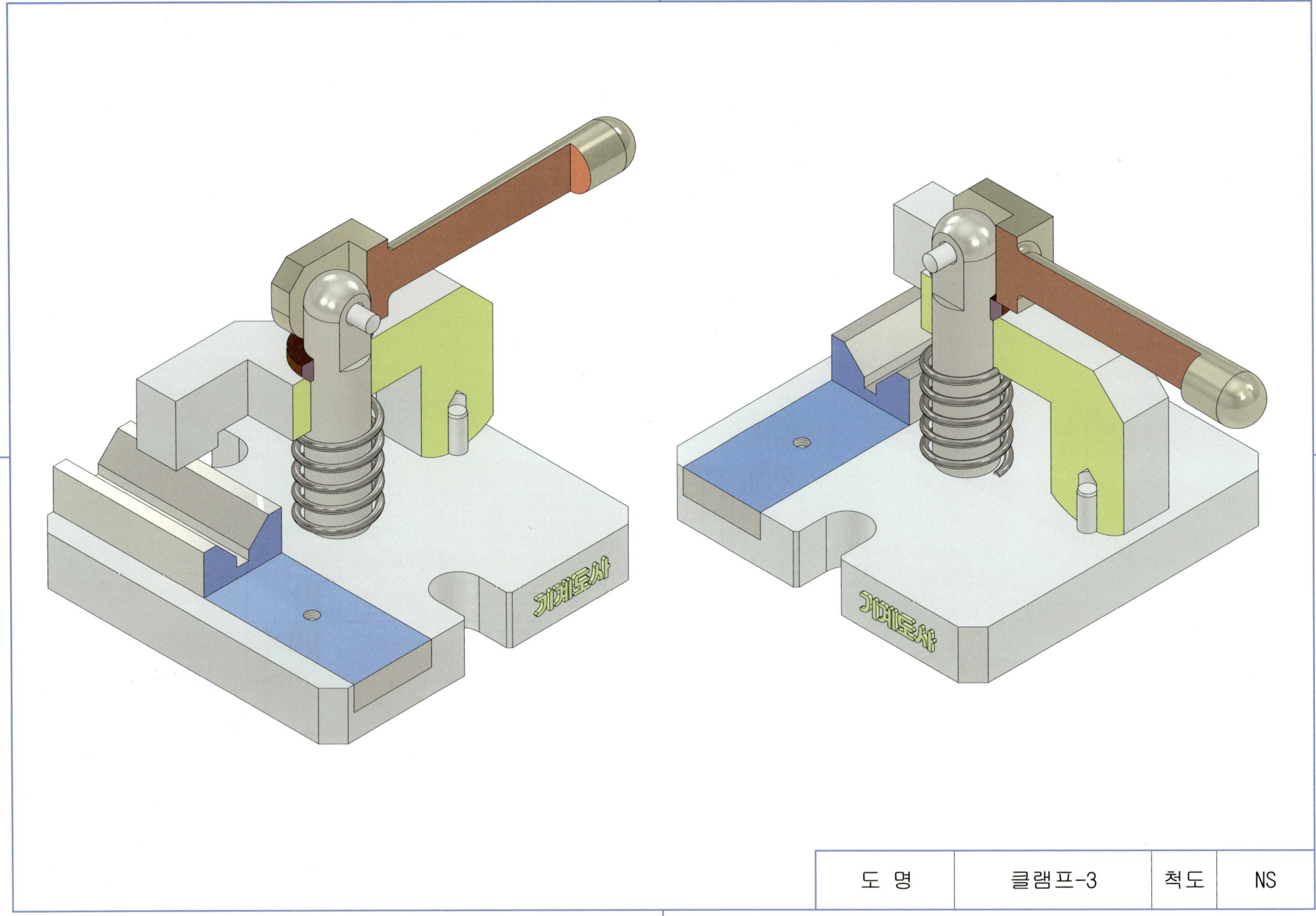

| 도 명 | 클램프-3 | 척 도 | NS |

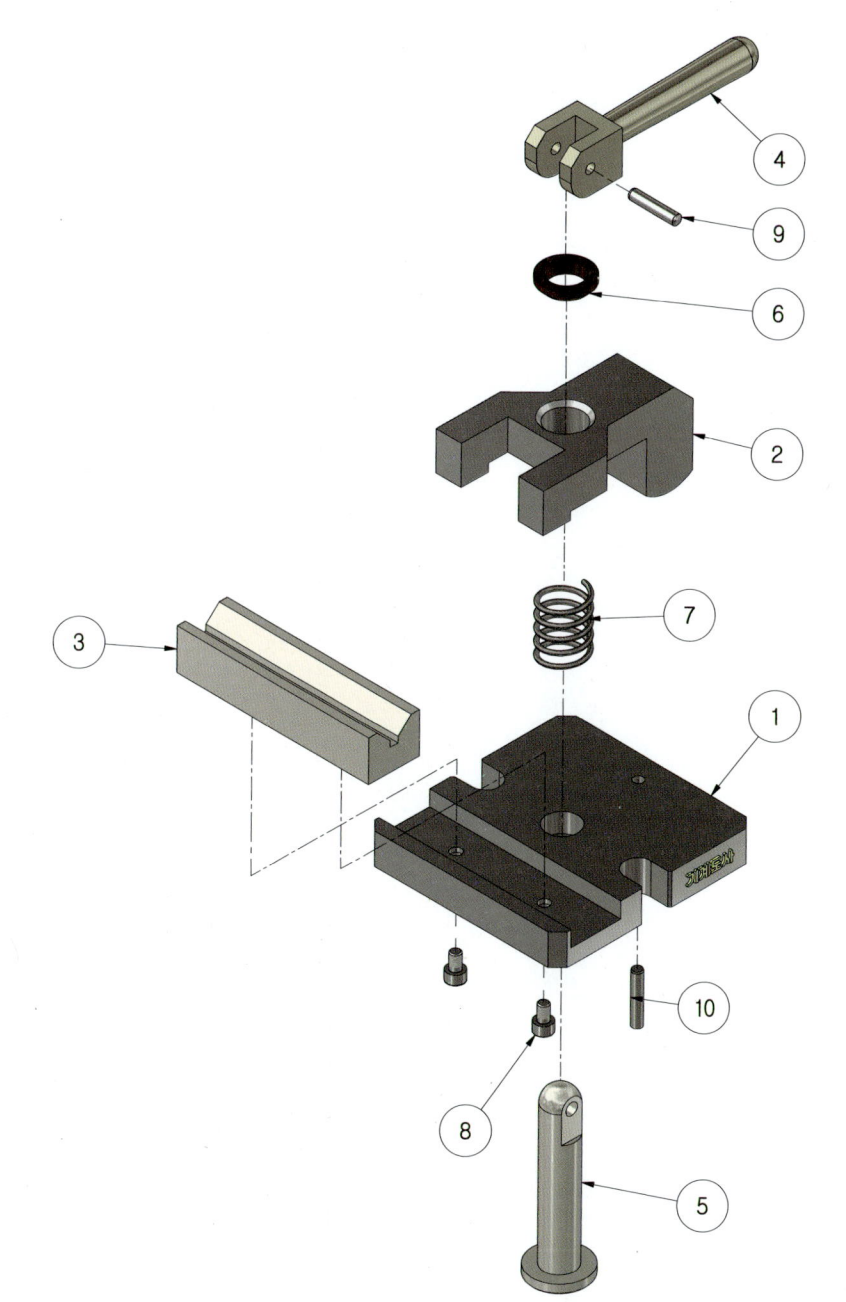
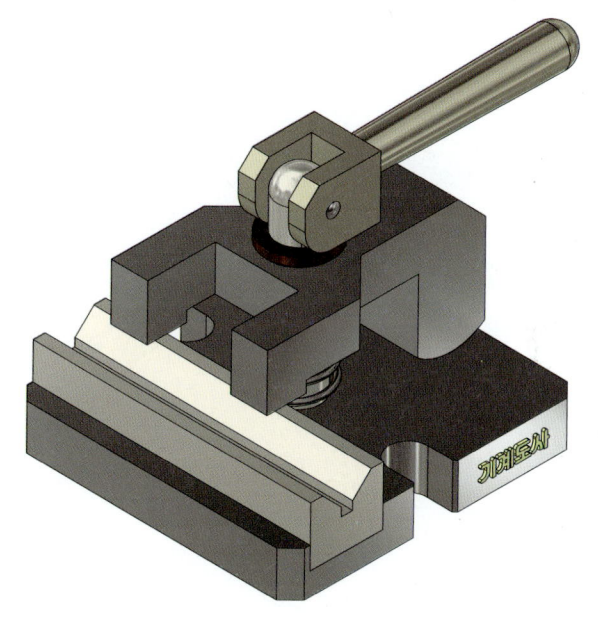

10	평행 핀	SM45C	1	KS B 1320-A5 x26
9	평행 핀	SM45C	1	KS B 1320-A5x24
8	육각구멍붙이볼트	SM45C	2	KS B 1003-M5x8
7	스프링	SPS6	1	
6	칼라	SNC415	1	
5	축	SNC415	1	
4	핸들	SC49	1	
3	제품 고정대	SCM415	1	
2	조	SCM415	1	
1	베이스	SM45C	1	
품번	품 명	재 질	수량	비 고

도 명	클램프-3	척 도	NS

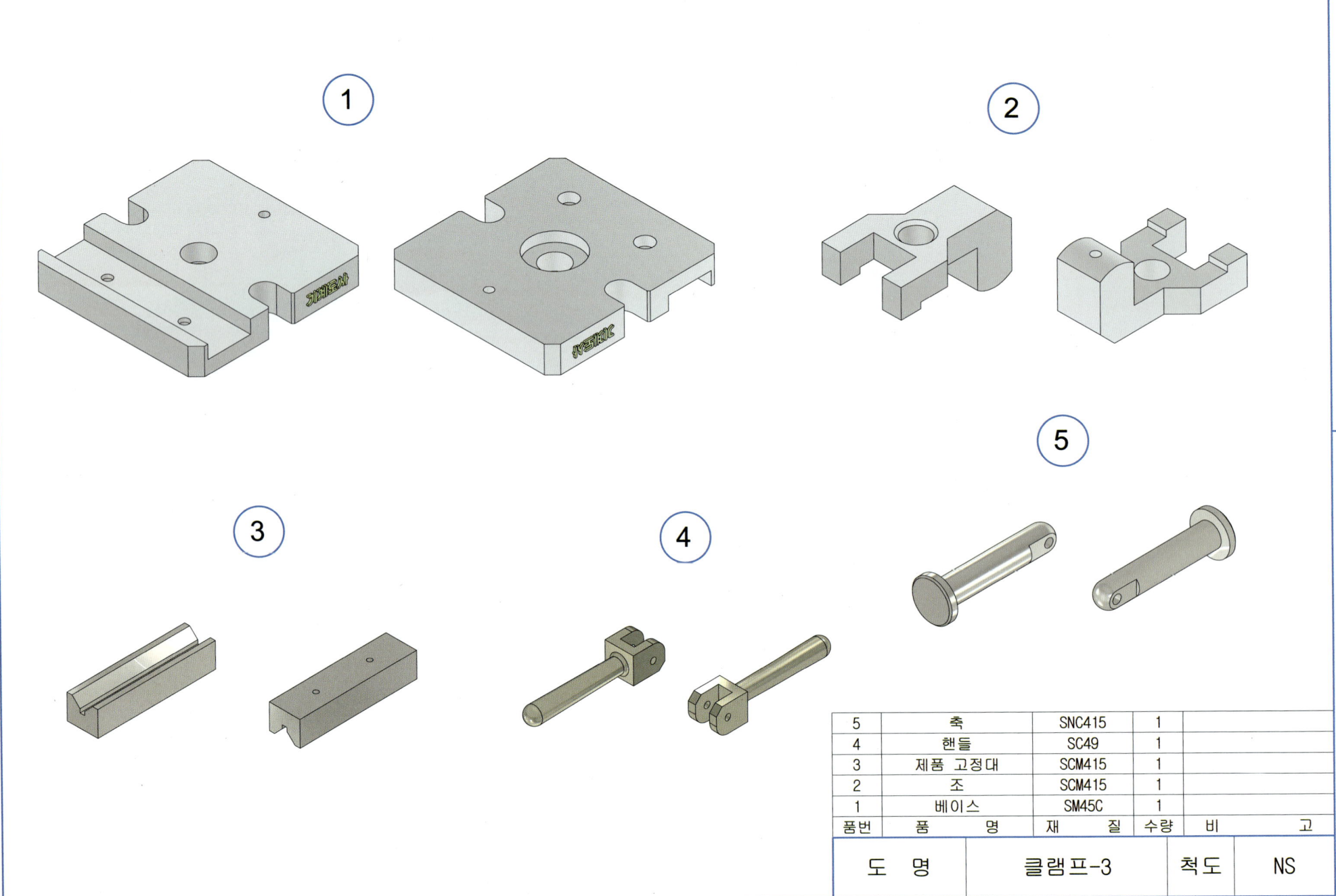

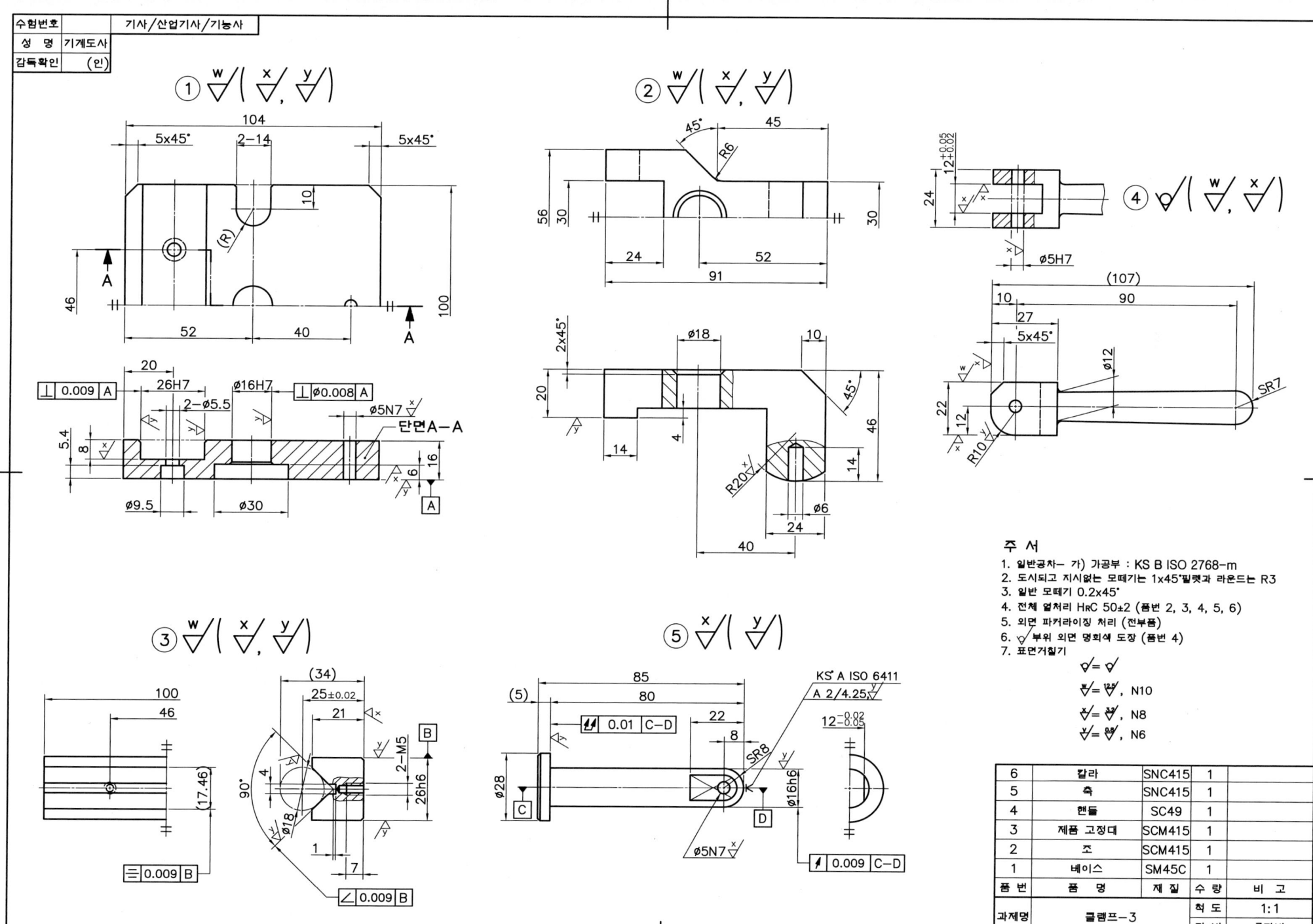

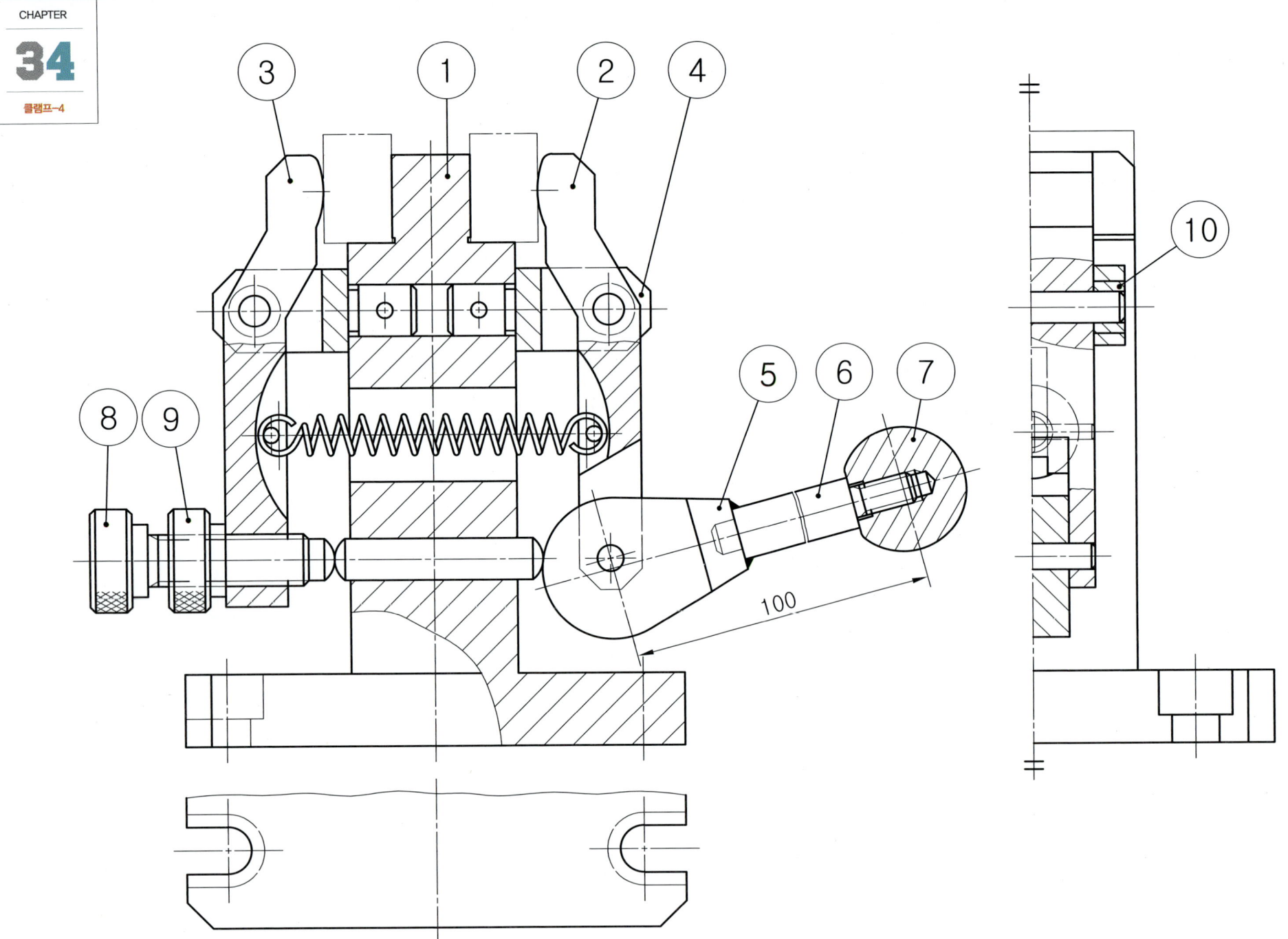

01 문제도면

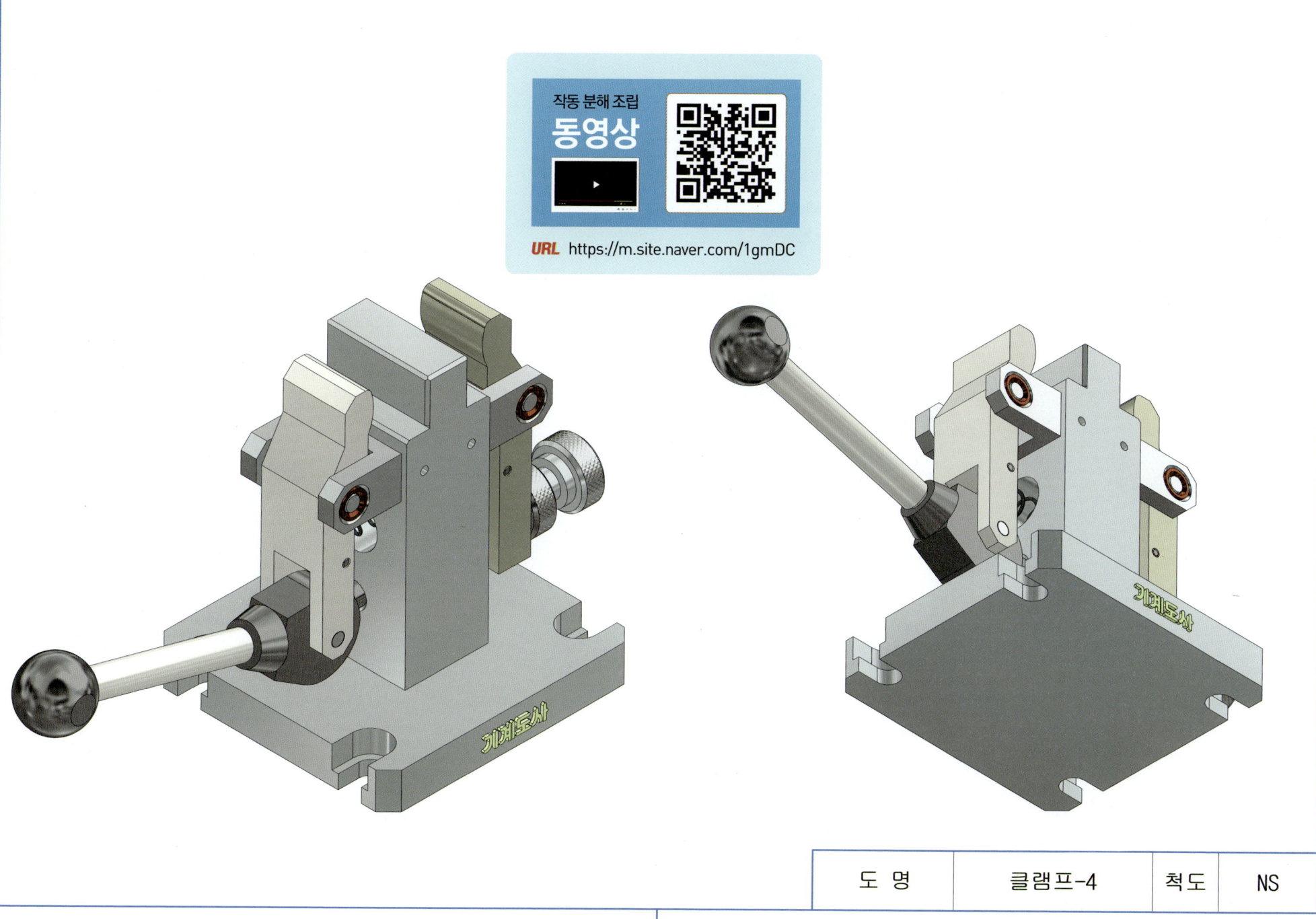

| 도 명 | 클램프-4 | 척 도 | NS |

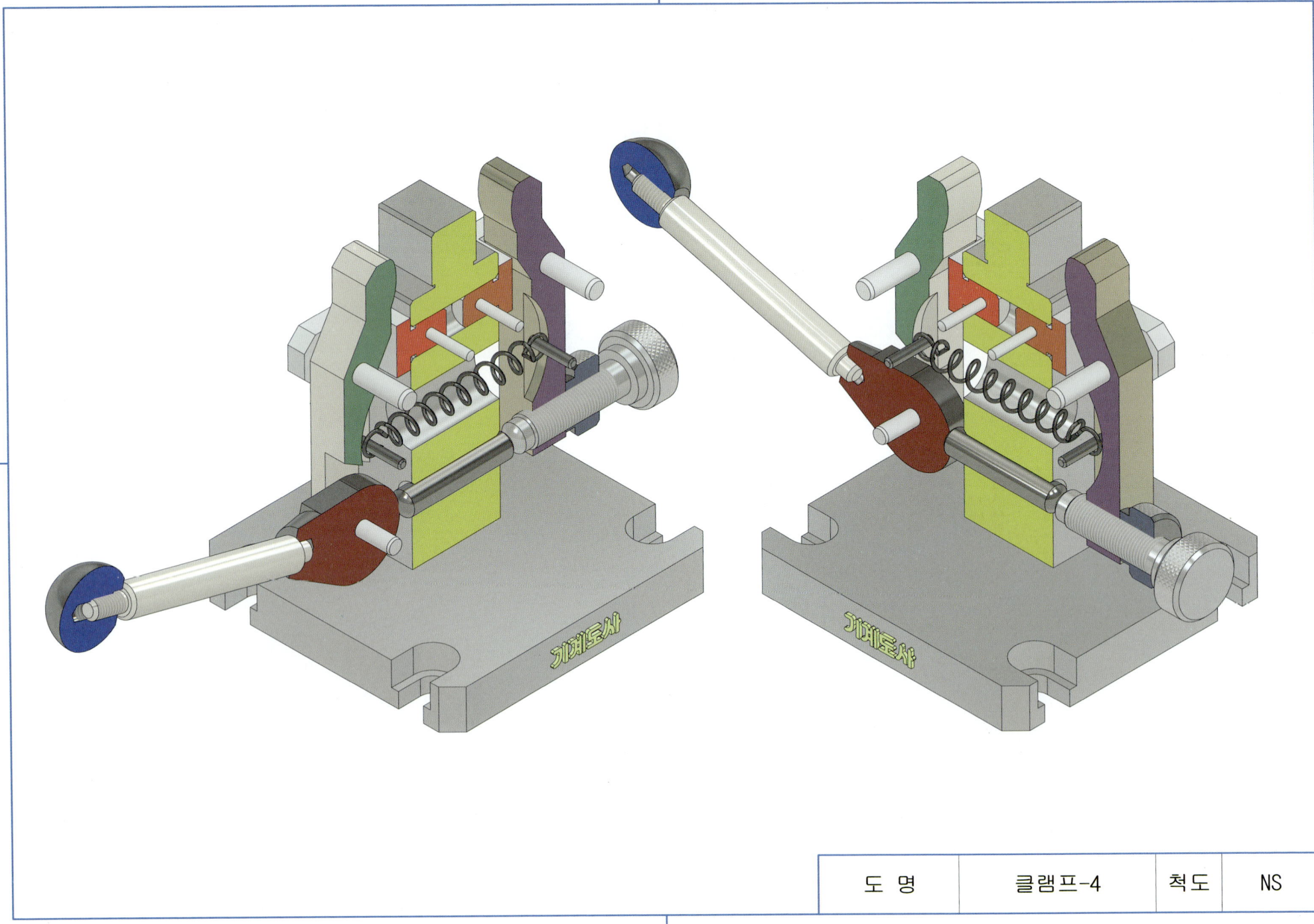

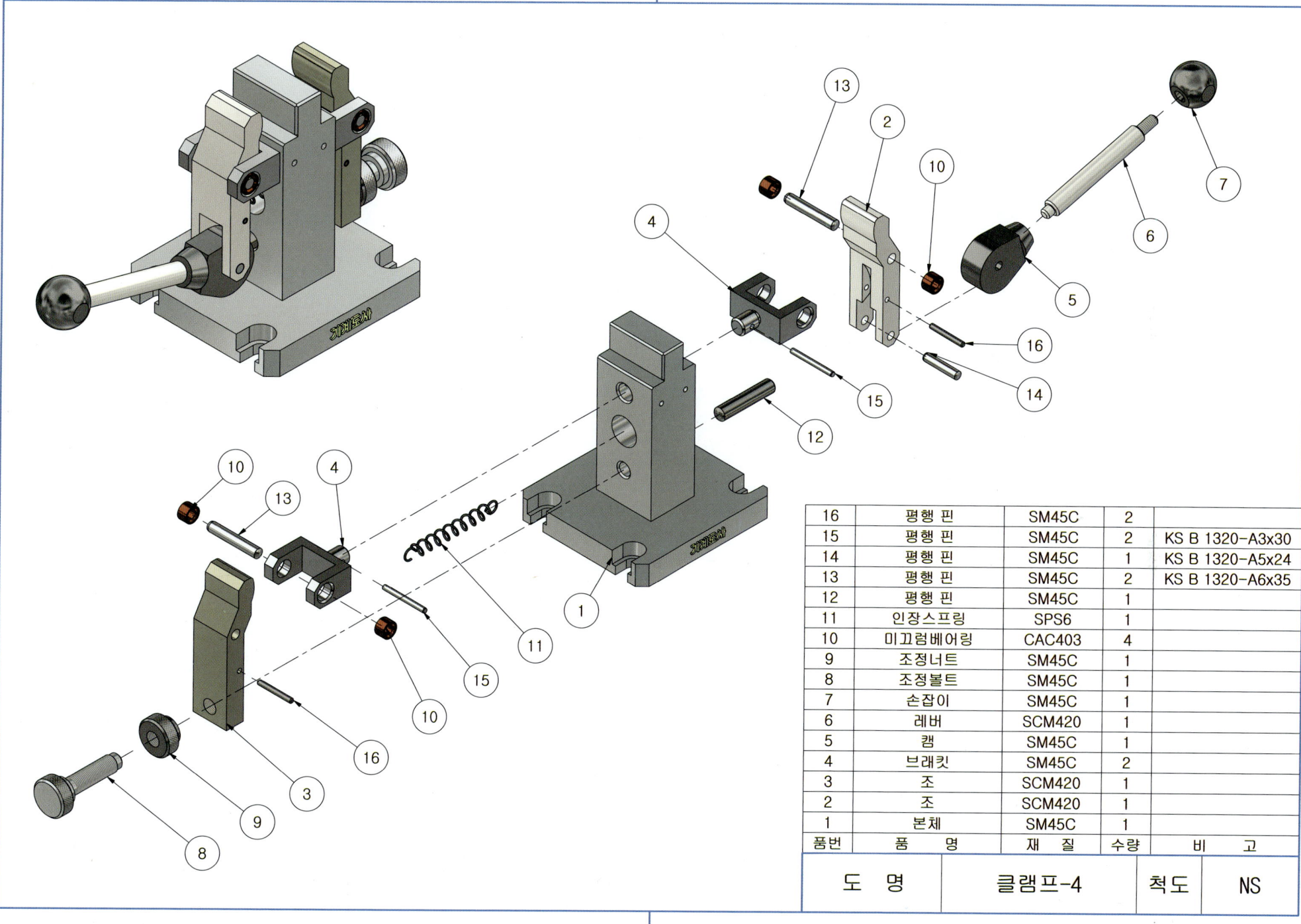

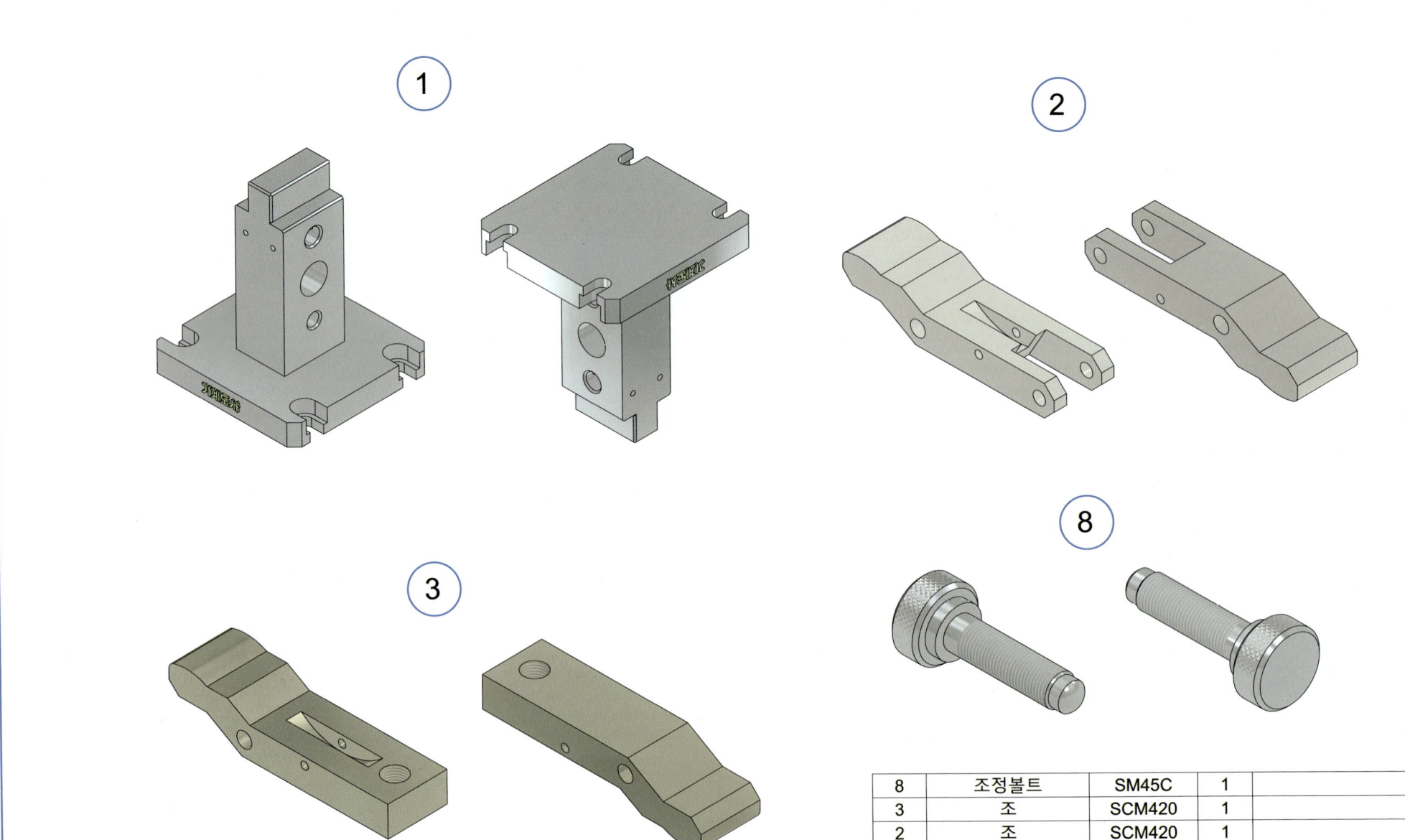

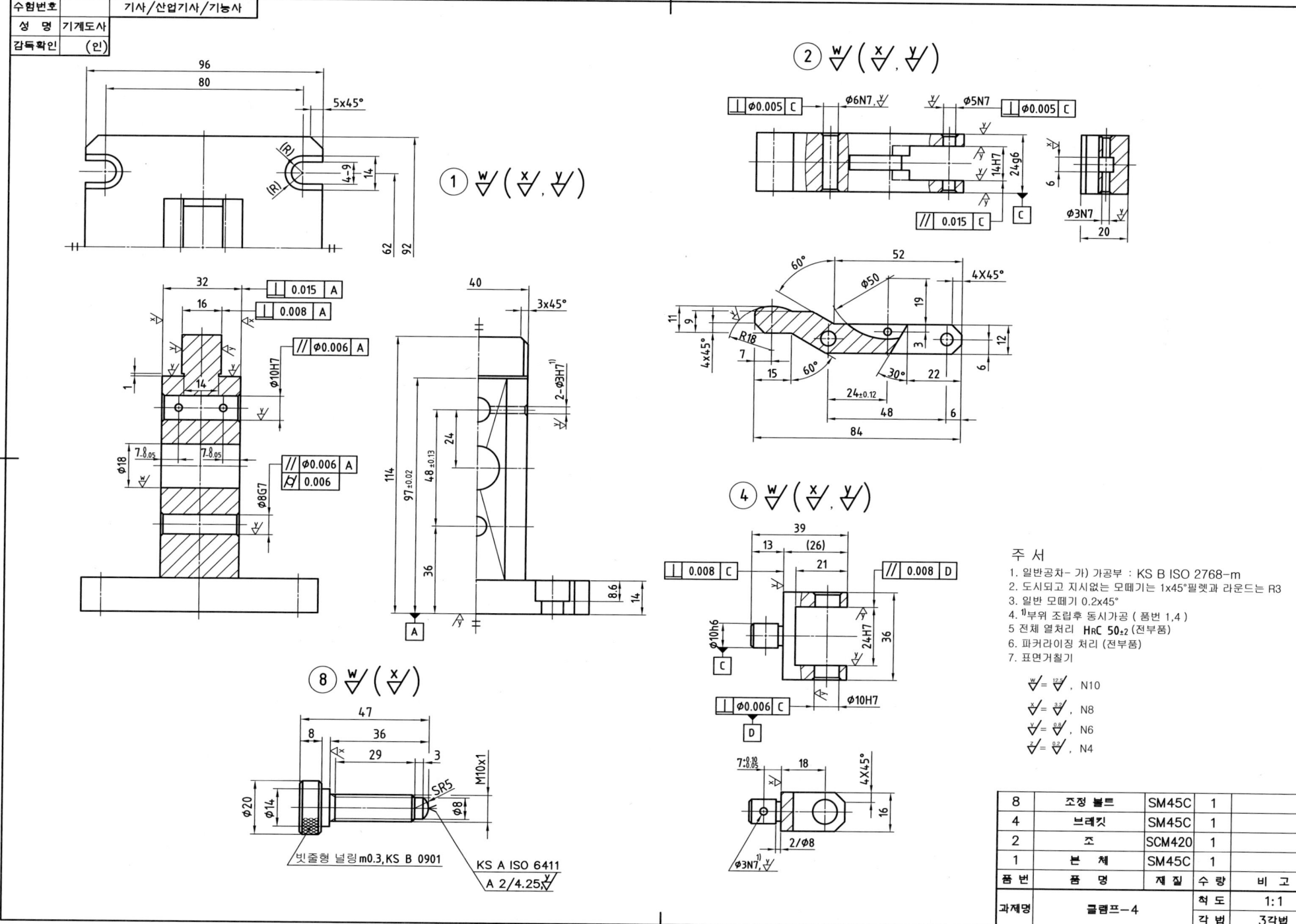

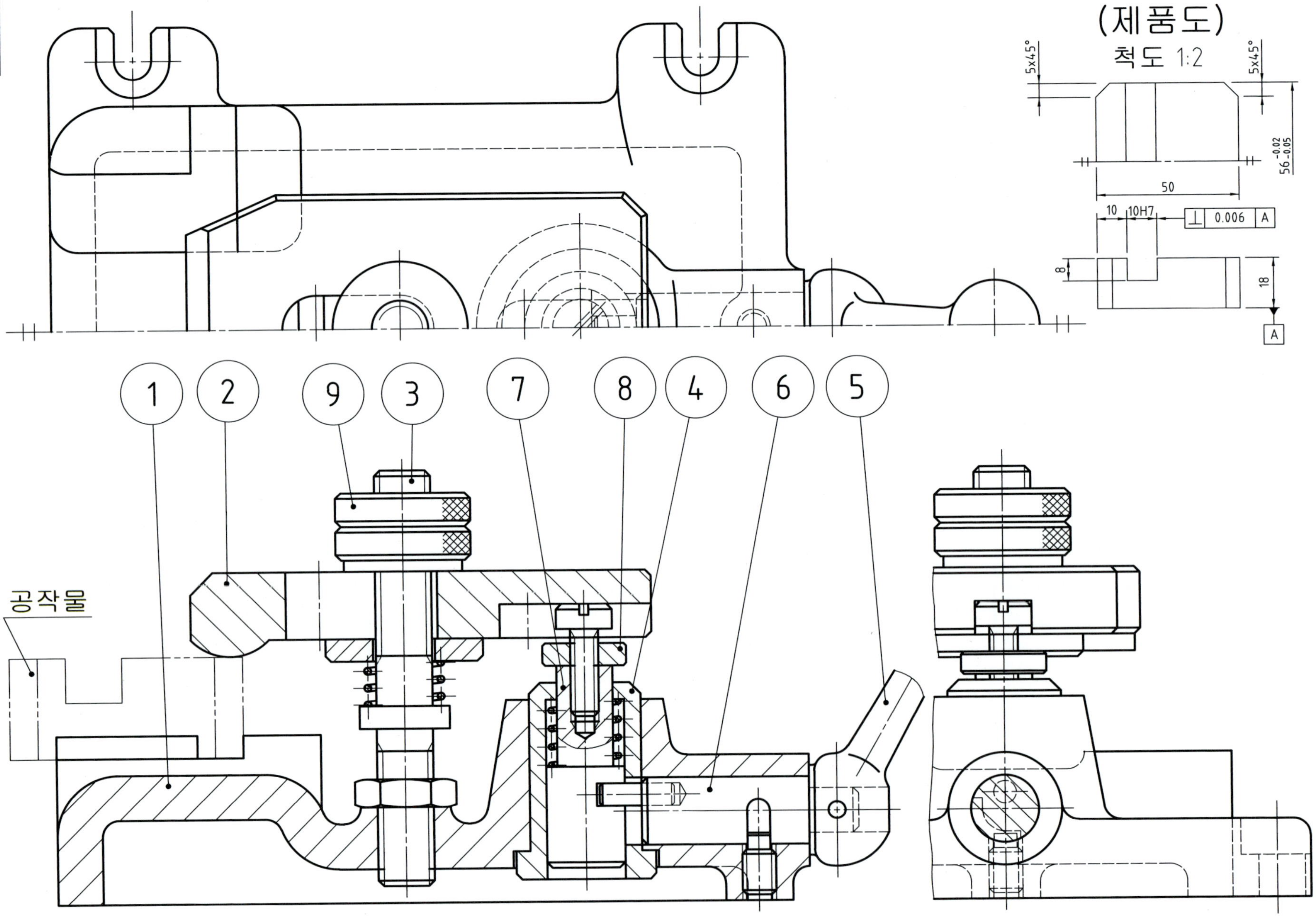
(제품도)
척도 1:2
5x45°
5x45°
$56^{-0.02}_{-0.05}$
50
10
10H7
⊥ 0.006 A
8
18
A
1
2
9
3
7
8
4
6
5
공작물

작동 분해 조립
동영상

URL https://m.site.naver.com/1gmF0

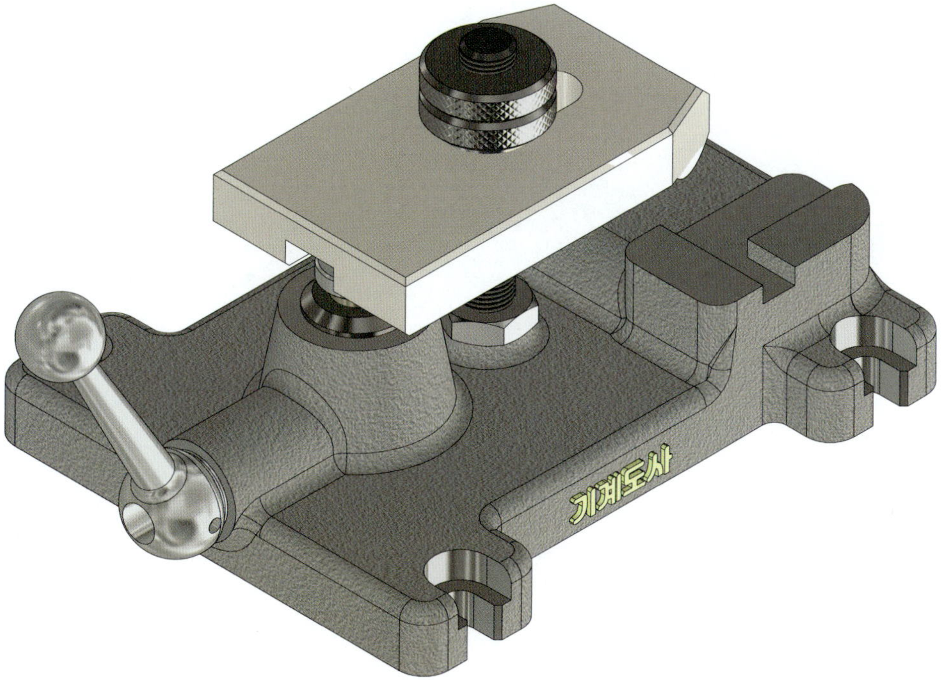

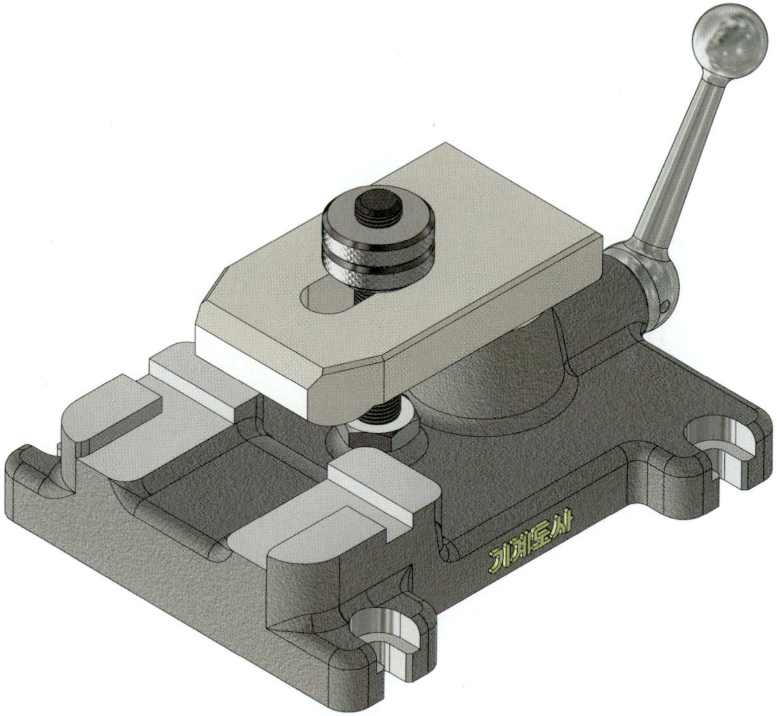

도 명	클램프-5	척도	NS

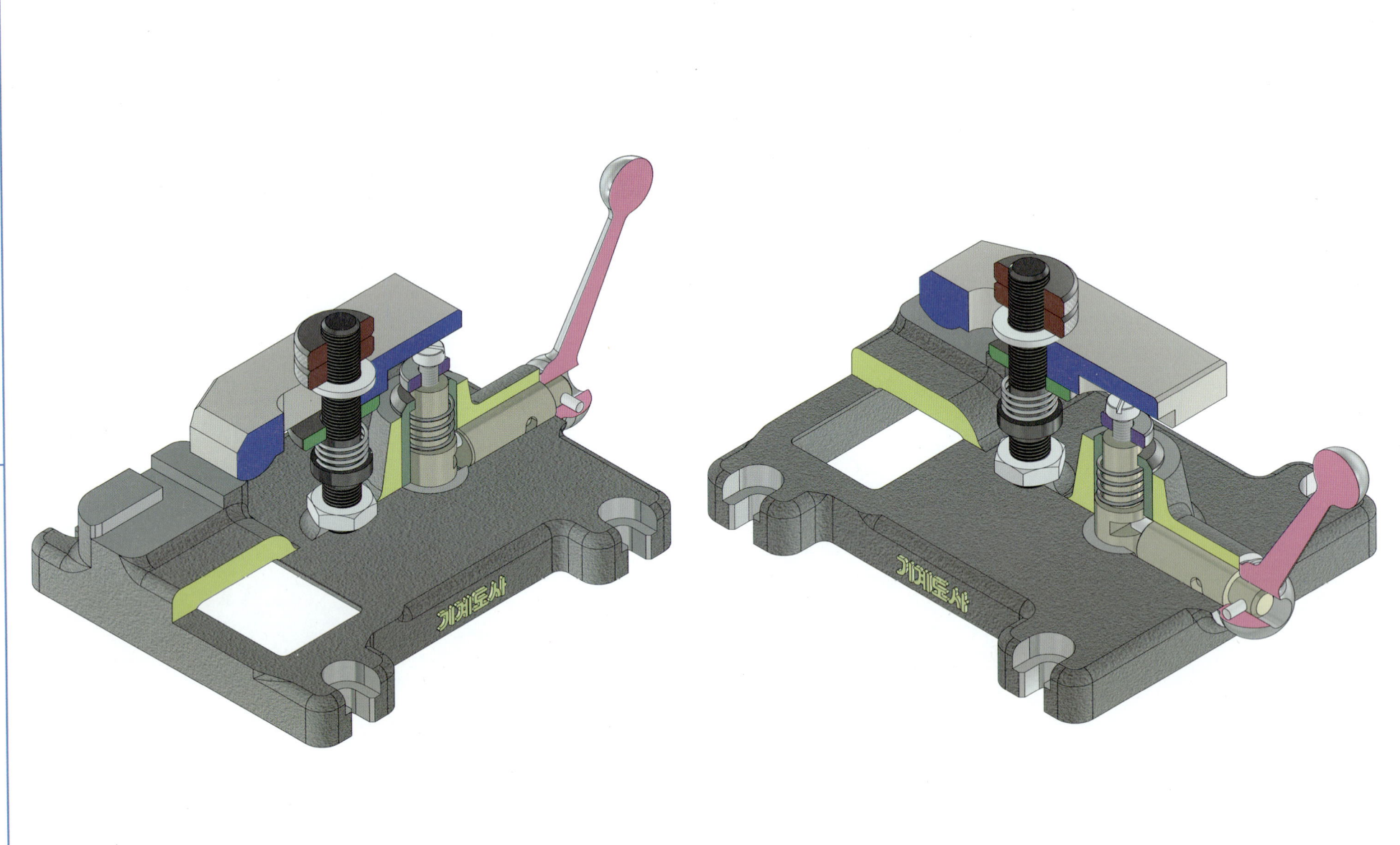

| 도 명 | 클램프-5 | 척 도 | NS |

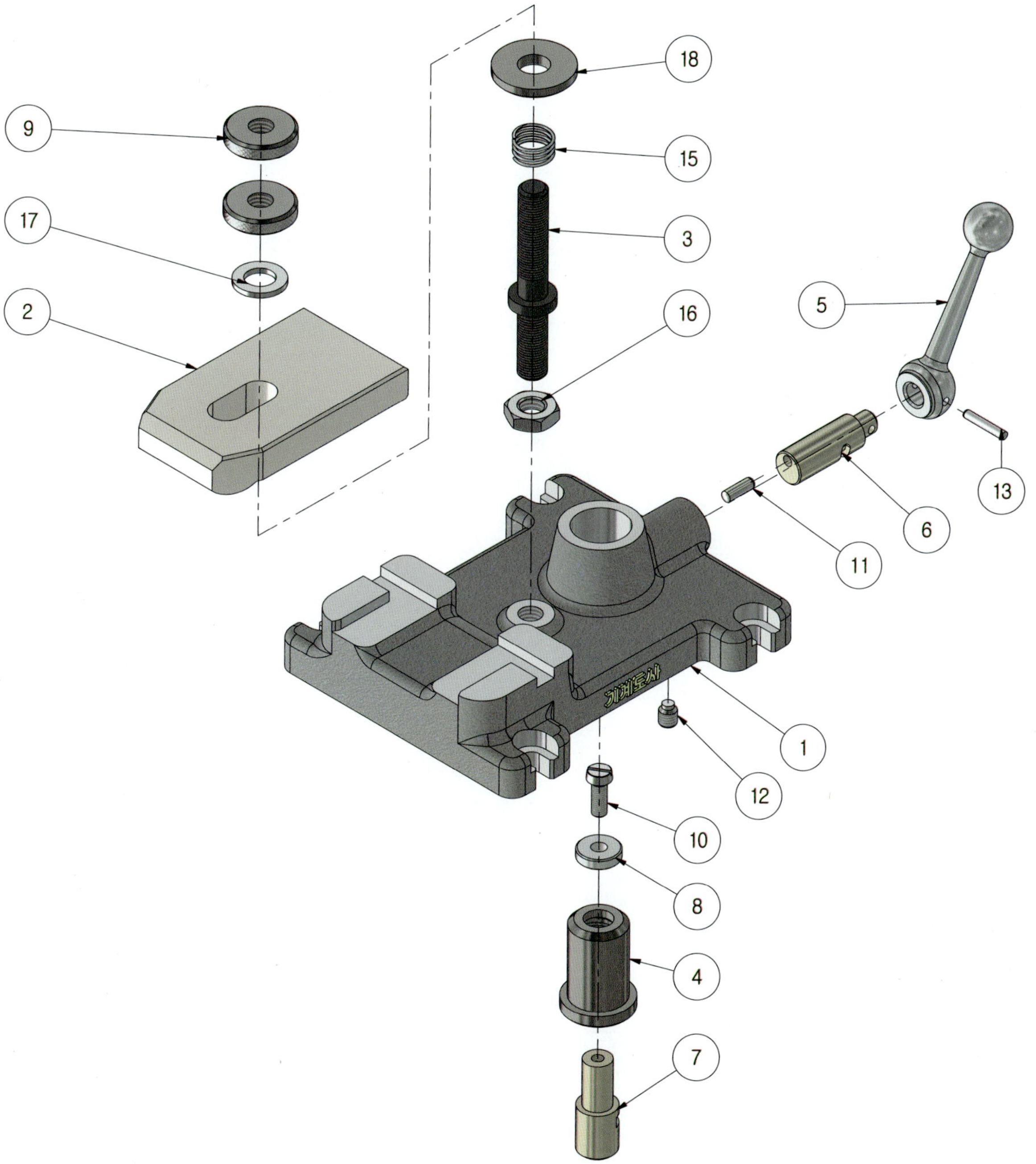

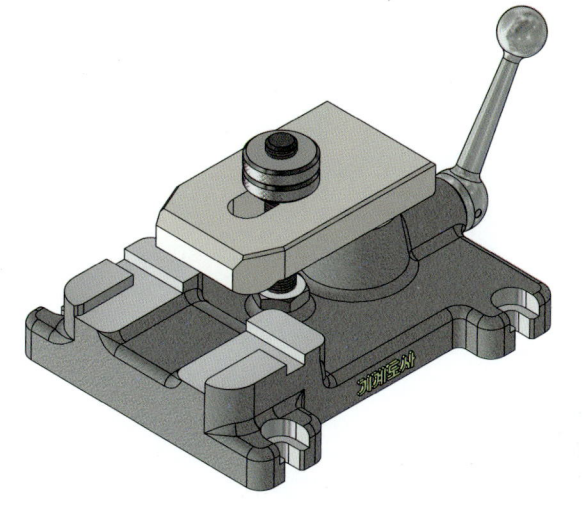

18	와셔	SM45C	1	
17	평면 와셔	SM45C	1	KS B 1326-10x18
16	육각너트	SM45C	1	KS B 1012-M10
15	스프링	SPS6	1	
14	스프링	SPS6	1	
13	평행 핀	SM45C	1	KS B 1320-A3x18
12	멈춤나사	SM45C	1	KS B 1028- M6x8
11	평행 핀	SM45C	1	KS B 1320-A4x12
10	일자구멍붙이볼트	SM45C	1	KS B 1021-M5x14
9	너트	SM45C	2	
8	너트	SM45C	1	
7	슬라이더	SM45C	1	
6	슬라이더	SCM420	1	
5	손잡이	SM45C	1	
4	부시	CAC403	1	
3	스터드 볼트	SM45C	1	
2	조	SCM420	1	
1	본체	GC250	1	
품번	품 명	재 질	수량	비 고

도 명	클램프-5	척도	NS

04 3D 분해도

CHAPTER 35 | 클램프-5   365

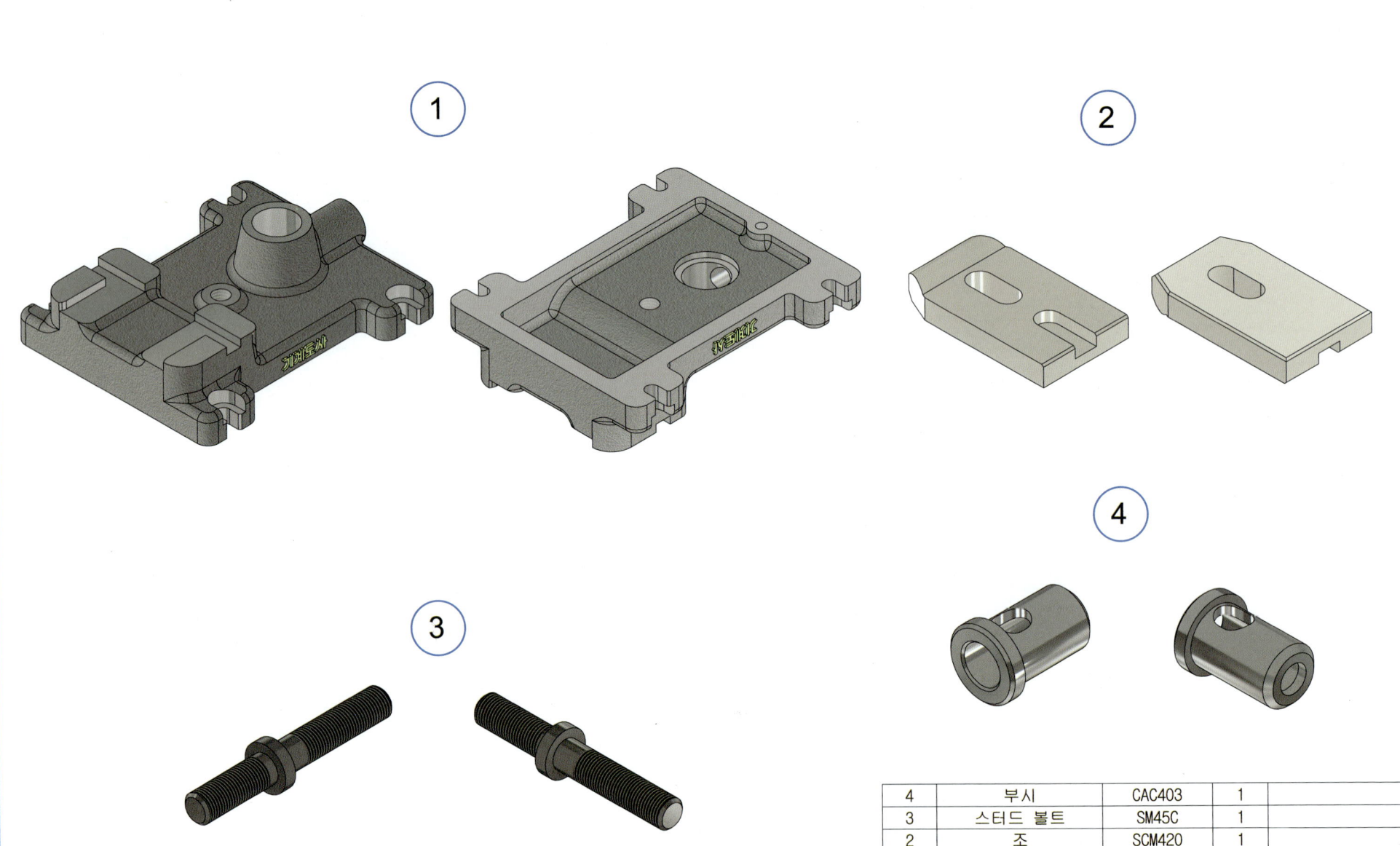

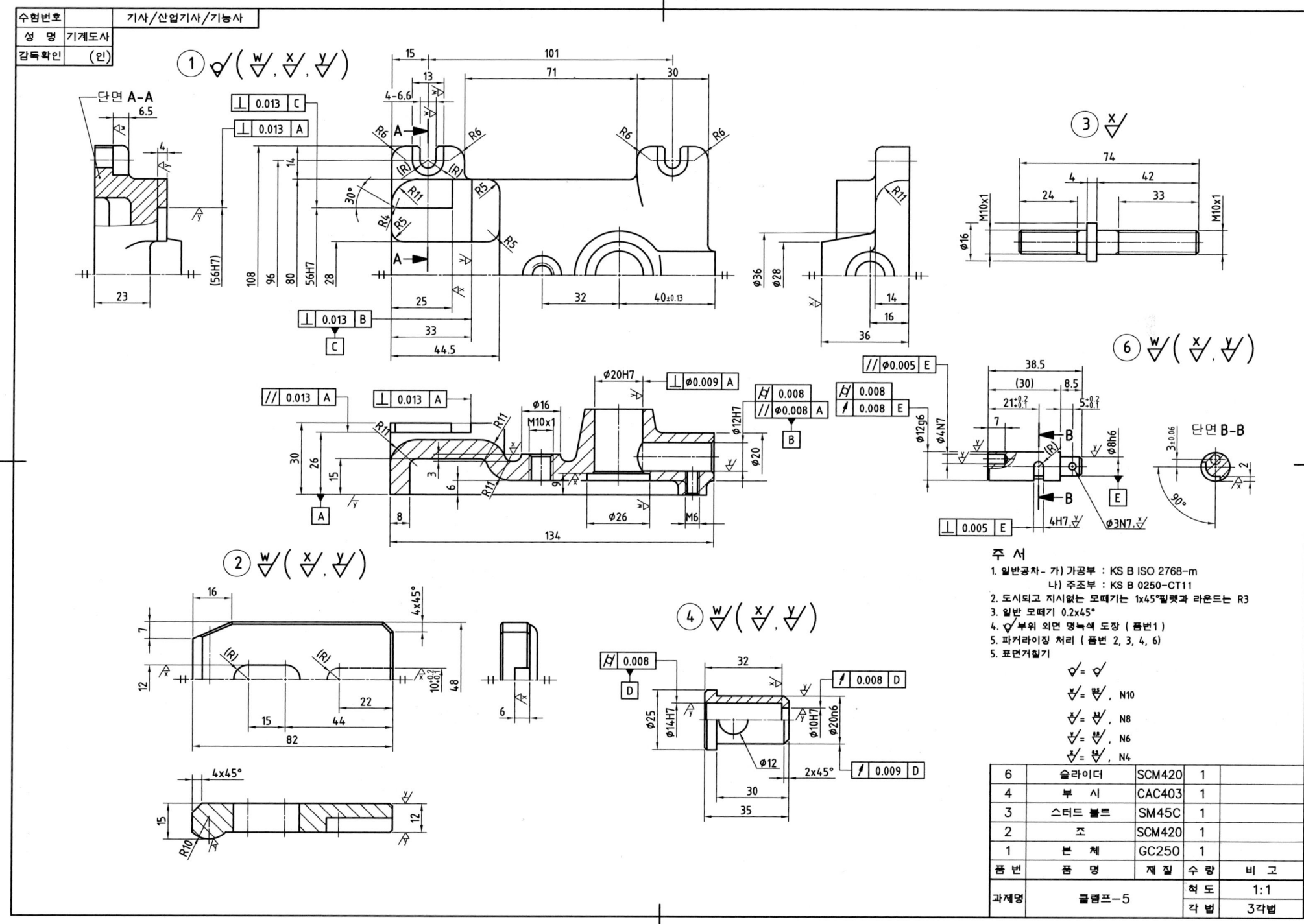

단면A-A
확대도-C
척 도2:1
A
8
7
1
4
6
2
3
M:1.5
P.C.D:ø18
C
ø23h6
B
B
5
단면B-B
A

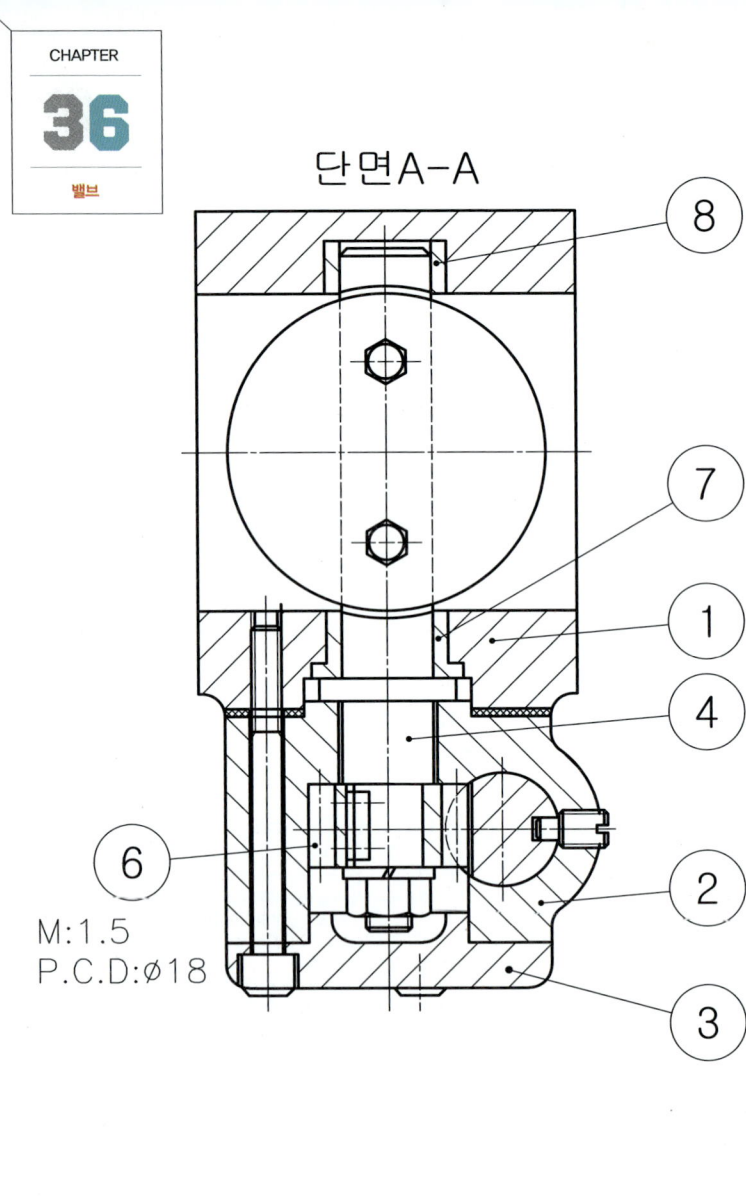

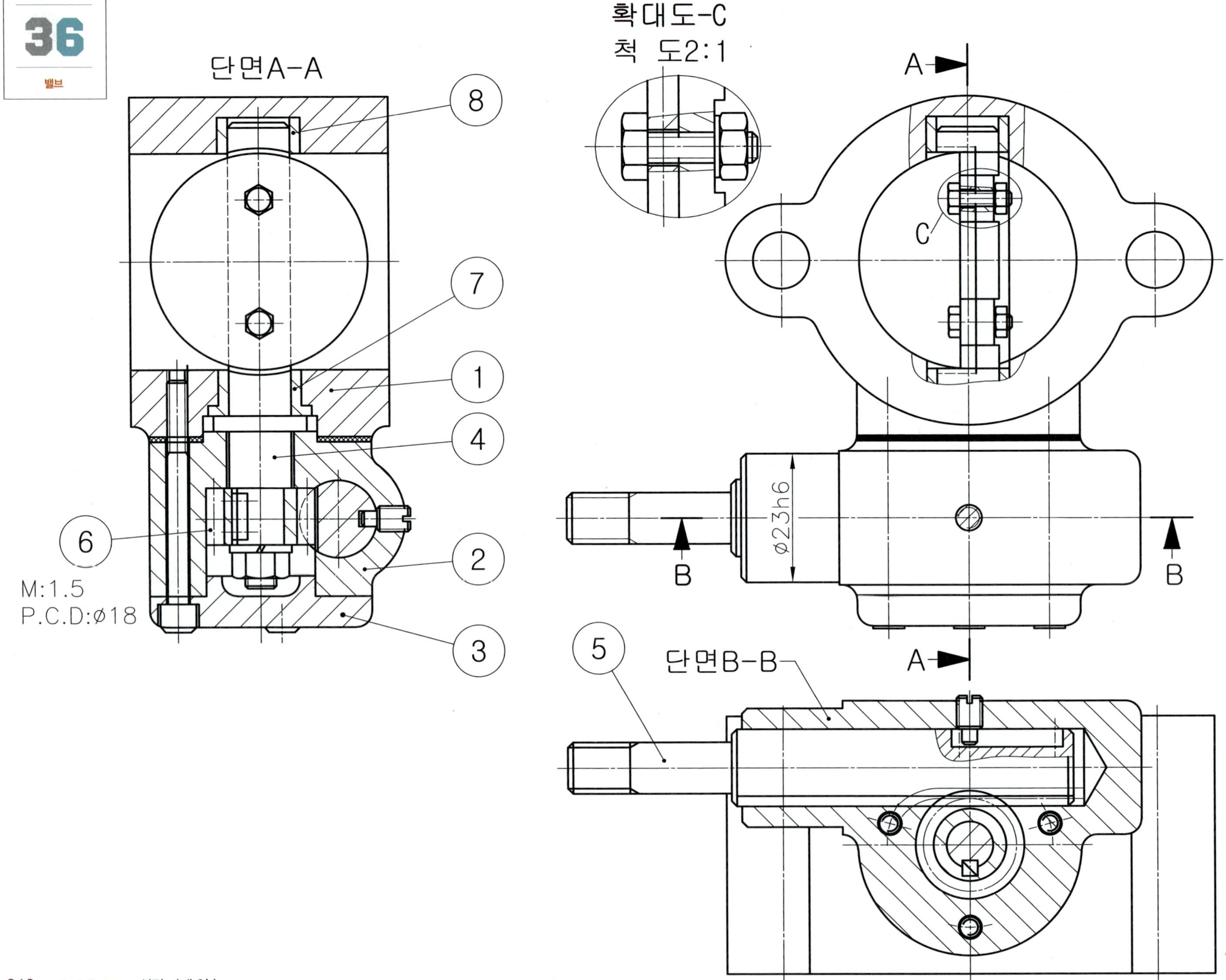

도 명	밸브	척 도	NS

02 3D 등각도

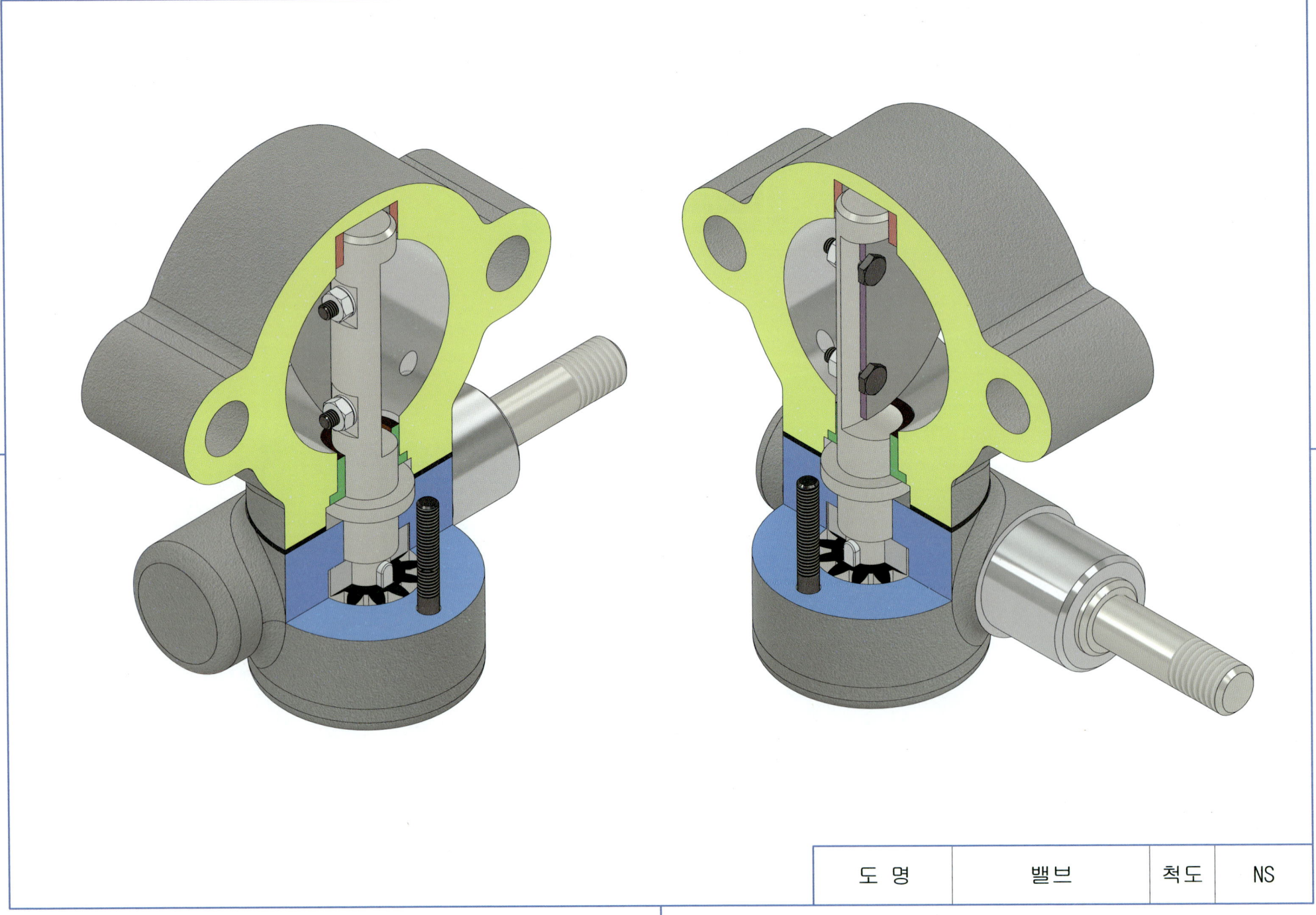

| 도 명 | 밸브 | 척 도 | NS |

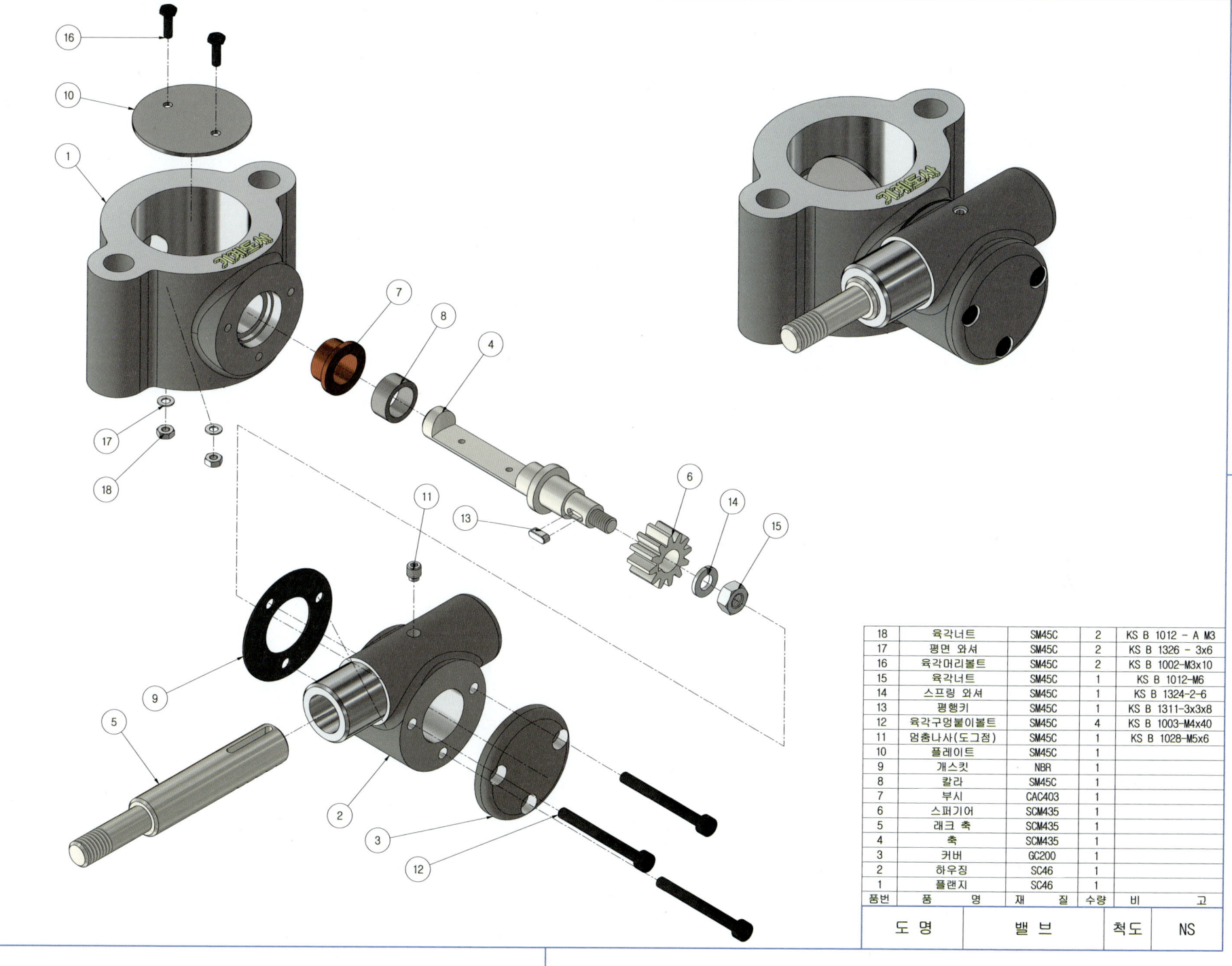

04 3D 분해도

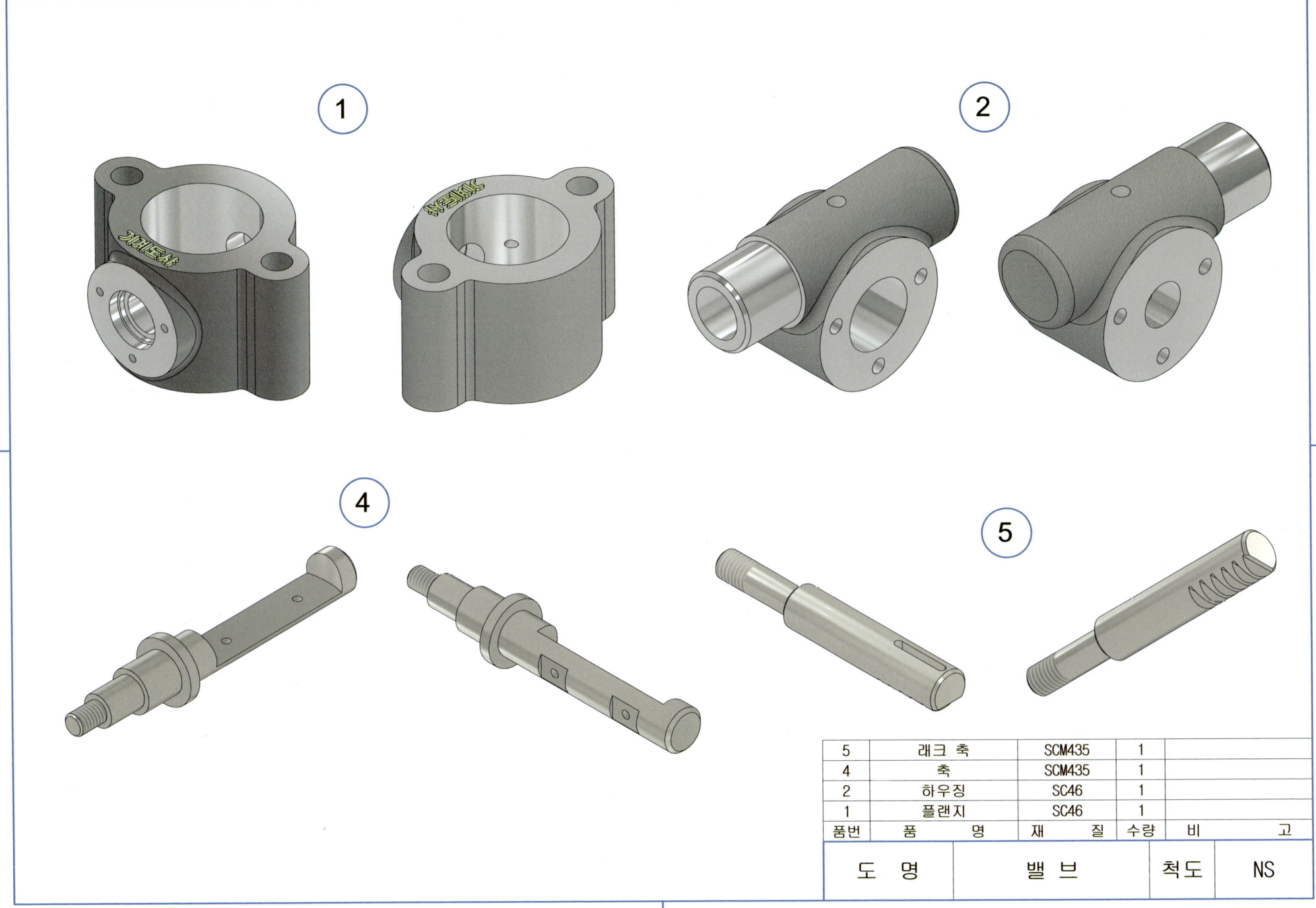

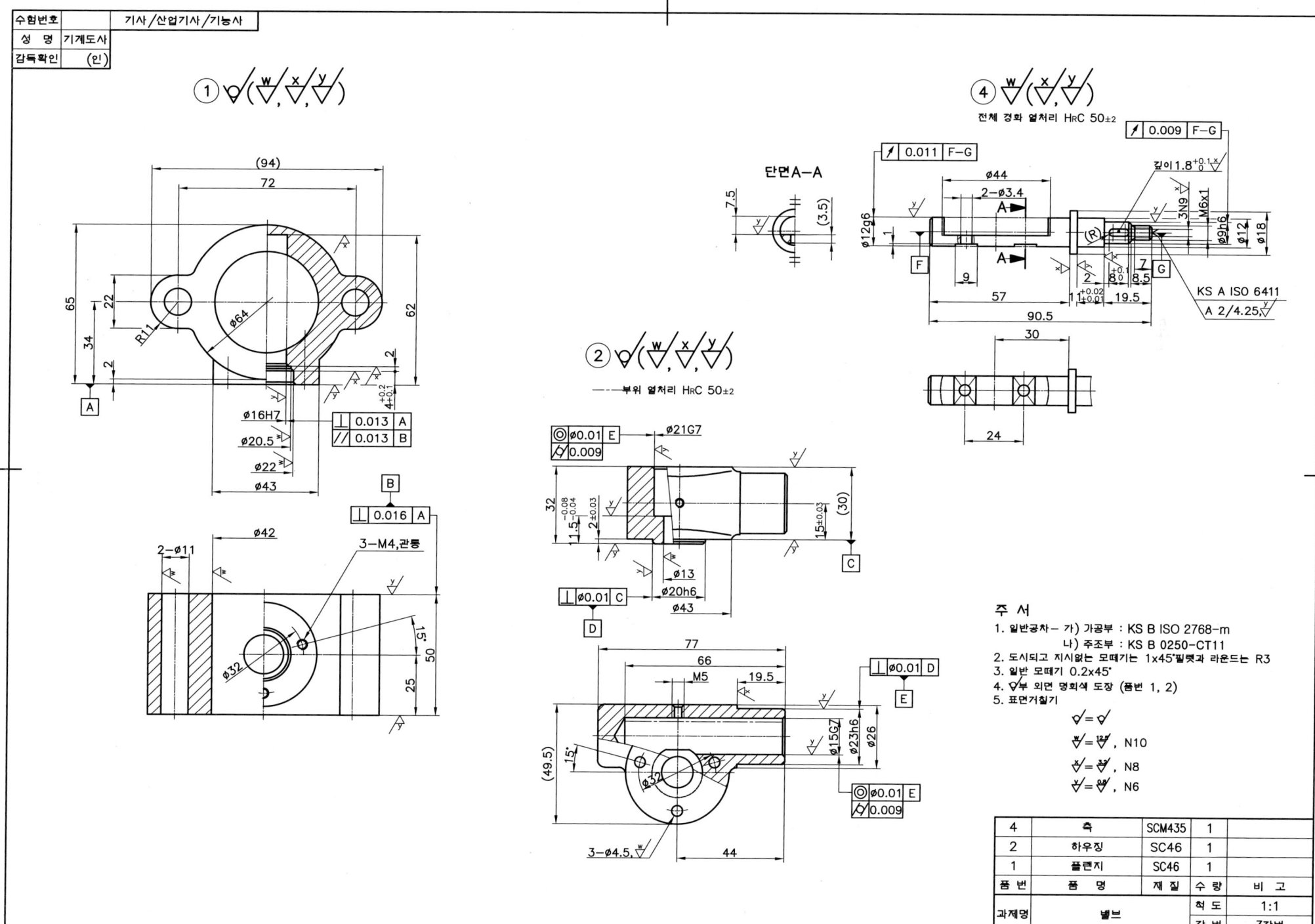

CHAPTER 37 드래서

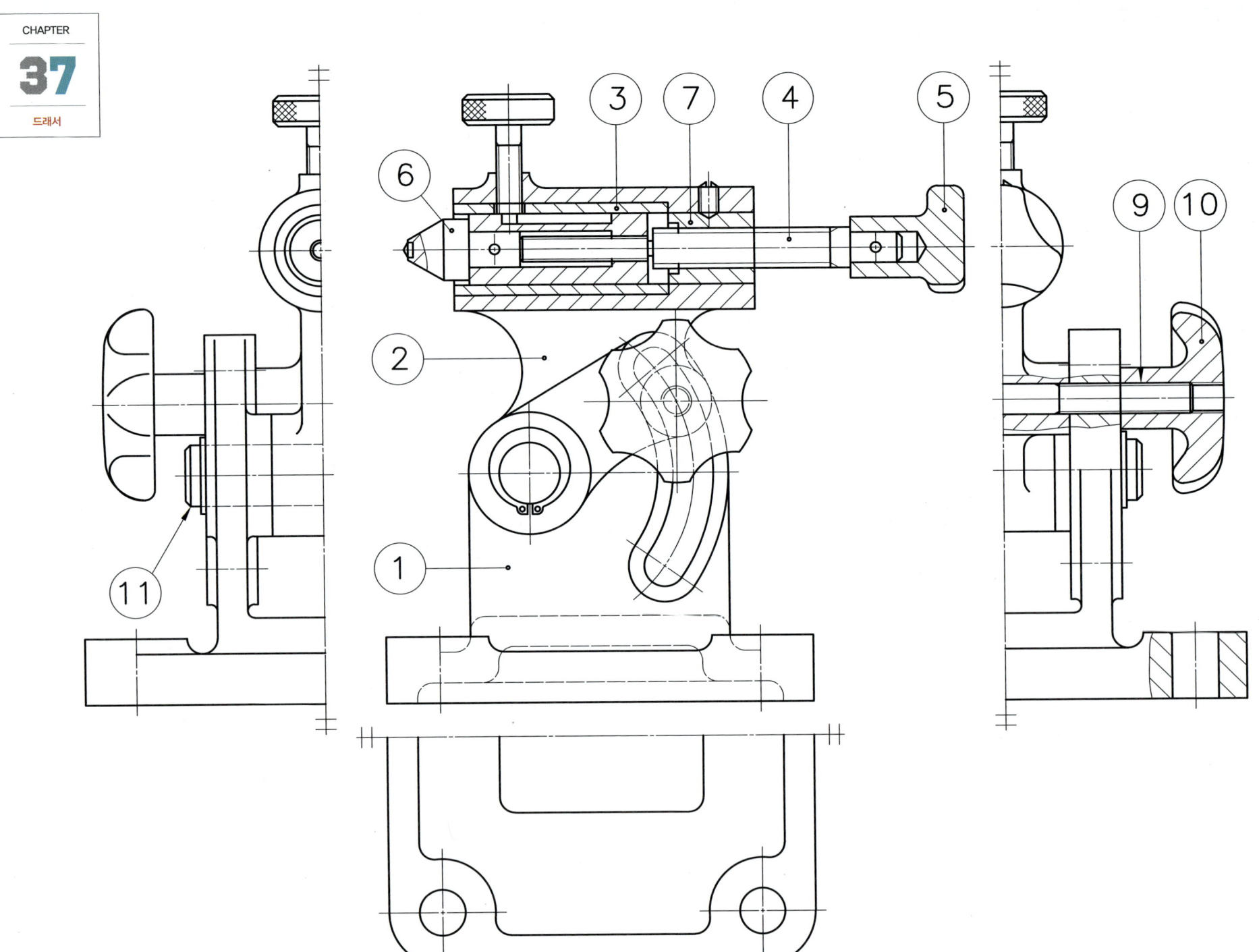

01 문제도면

| 도 명 | 드레서 | 척 도 | NS |

02 3D 등각도

| 도 명 | 드레서 | 척 도 | NS |

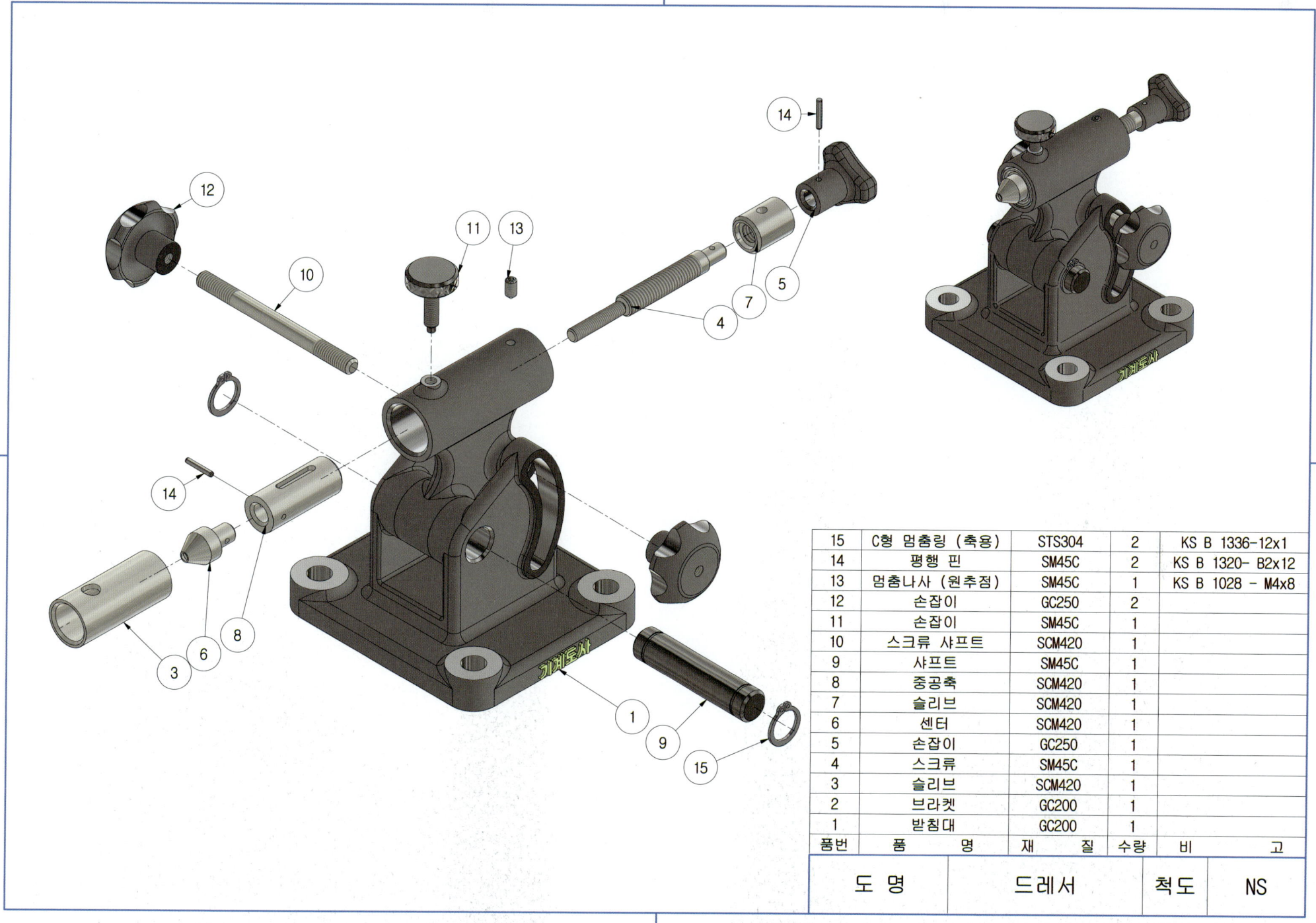

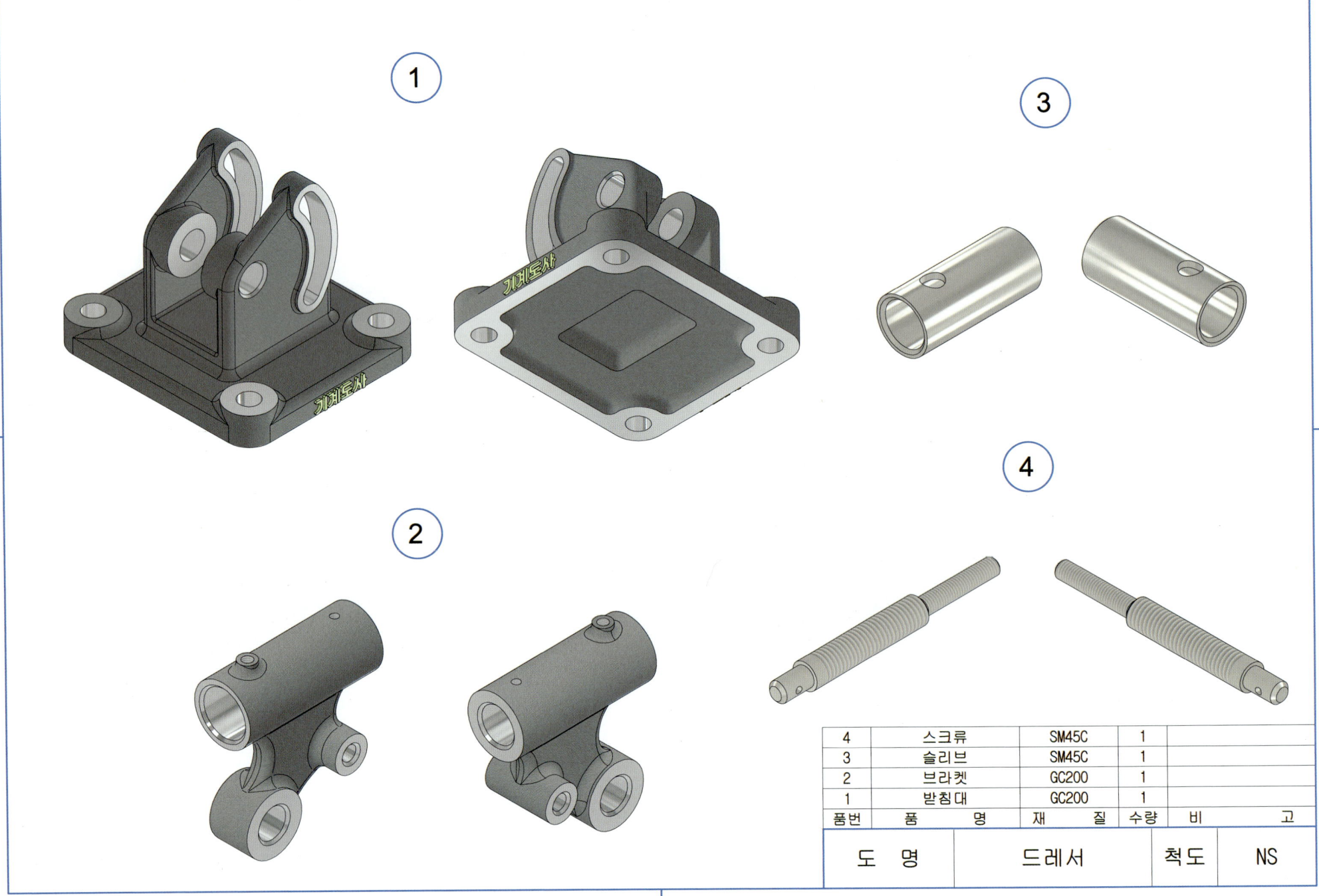

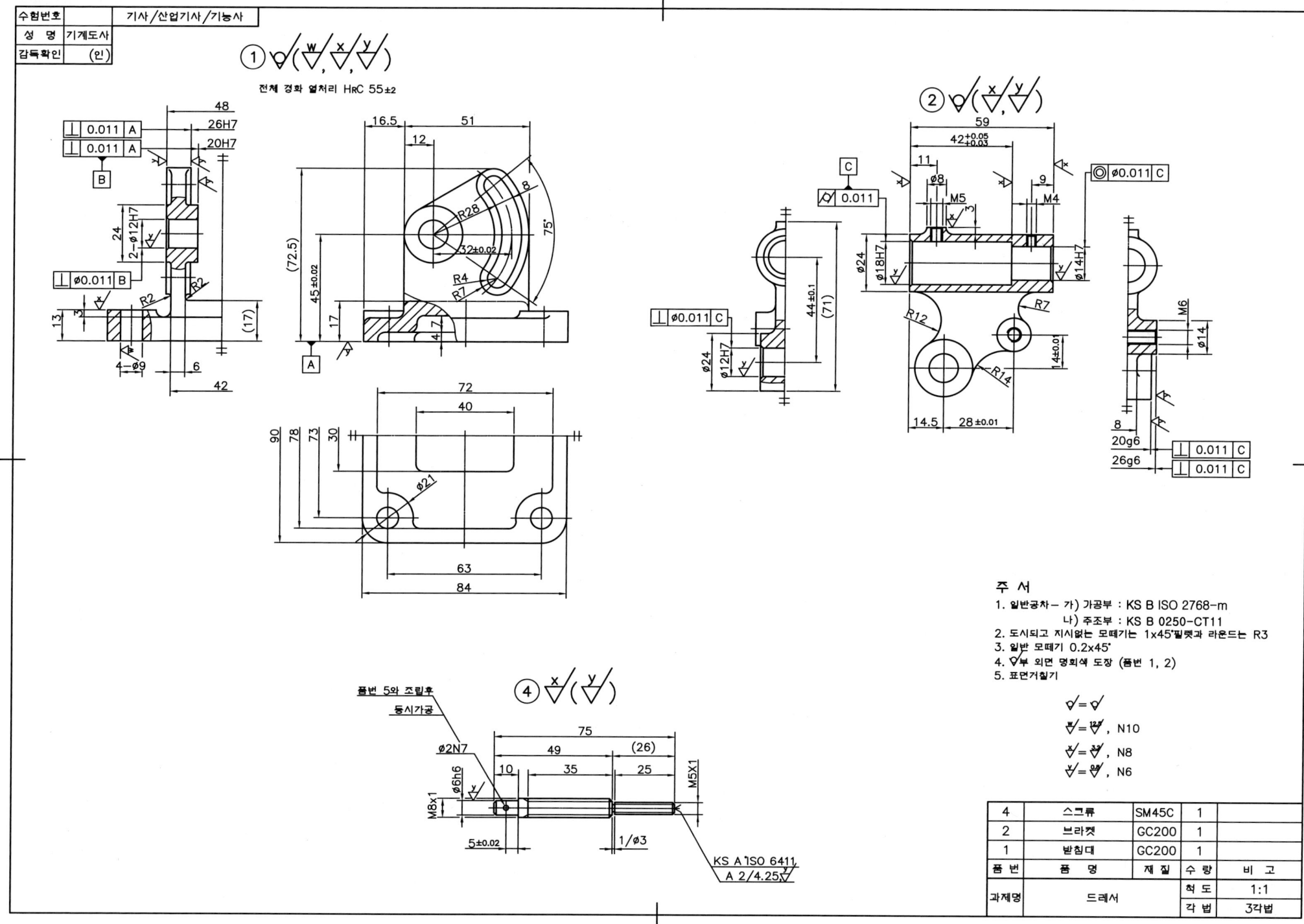

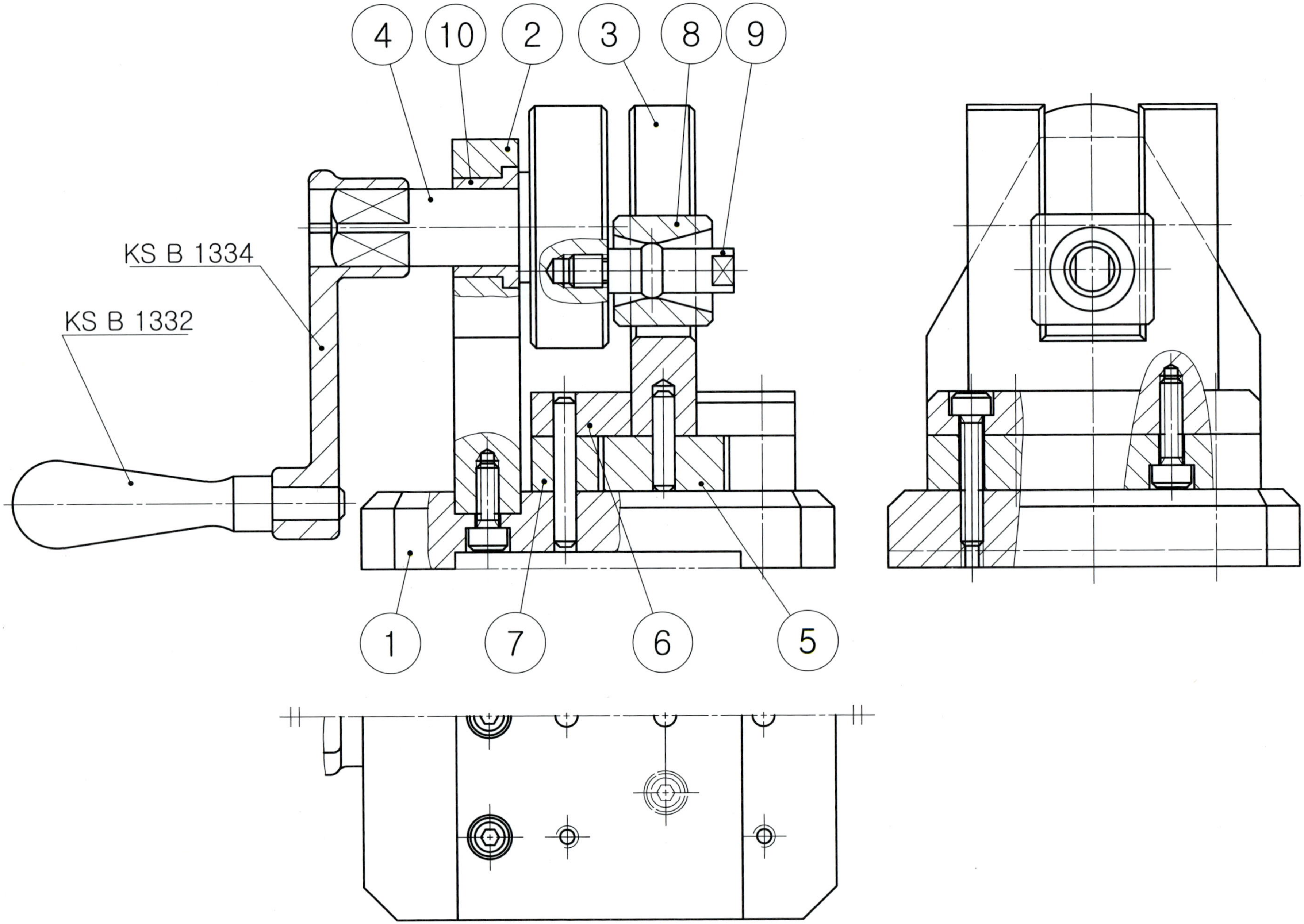

KS B 1334

KS B 1332

01 문제도면

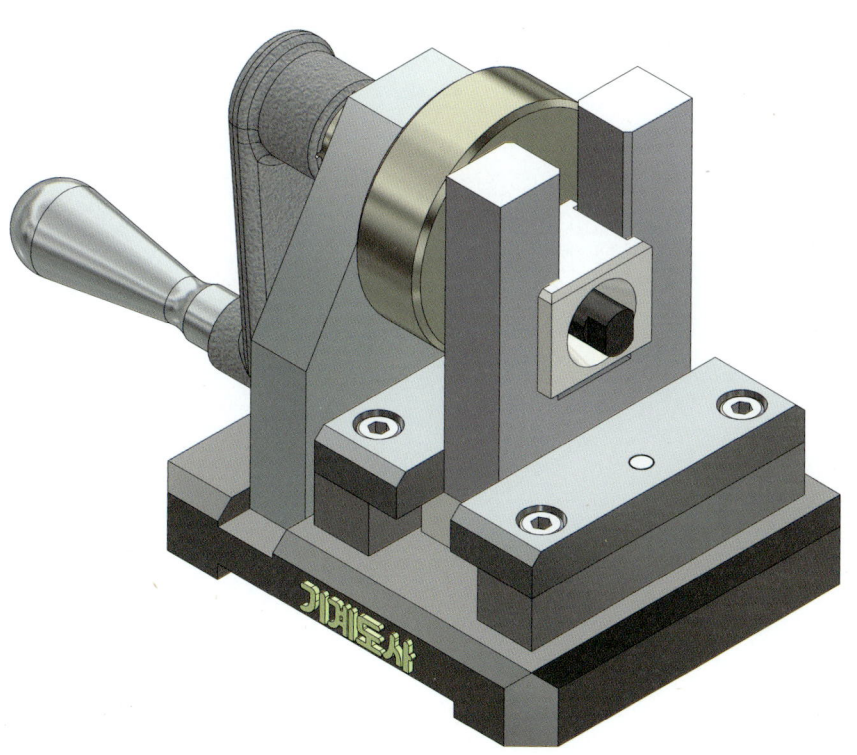
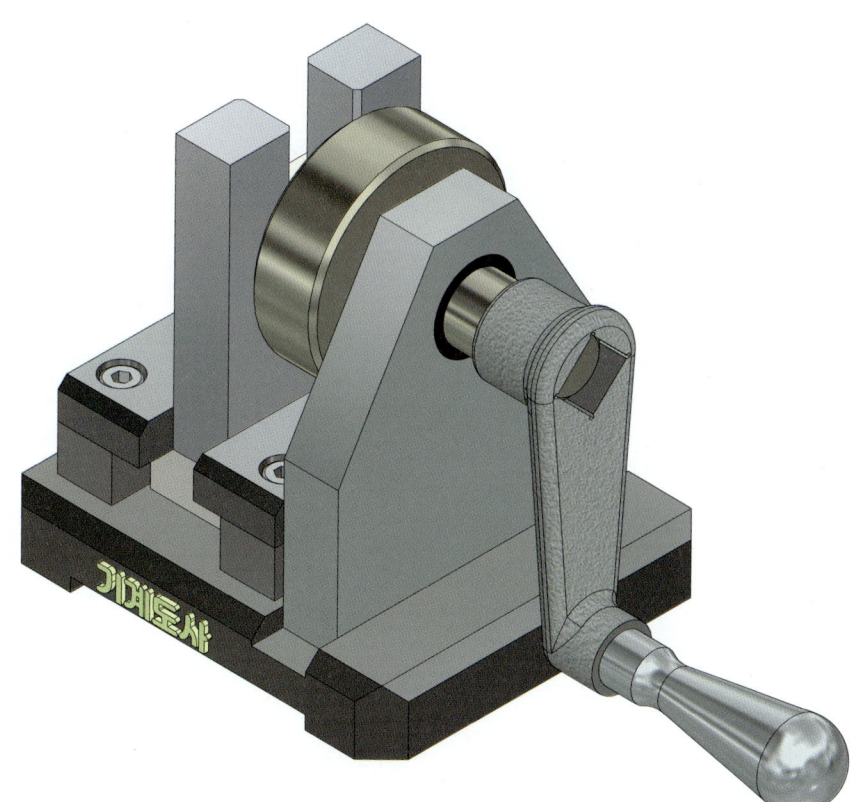

| 도 명 | 편심 슬라이더 | 척 도 | NS |

02 3D 등각도

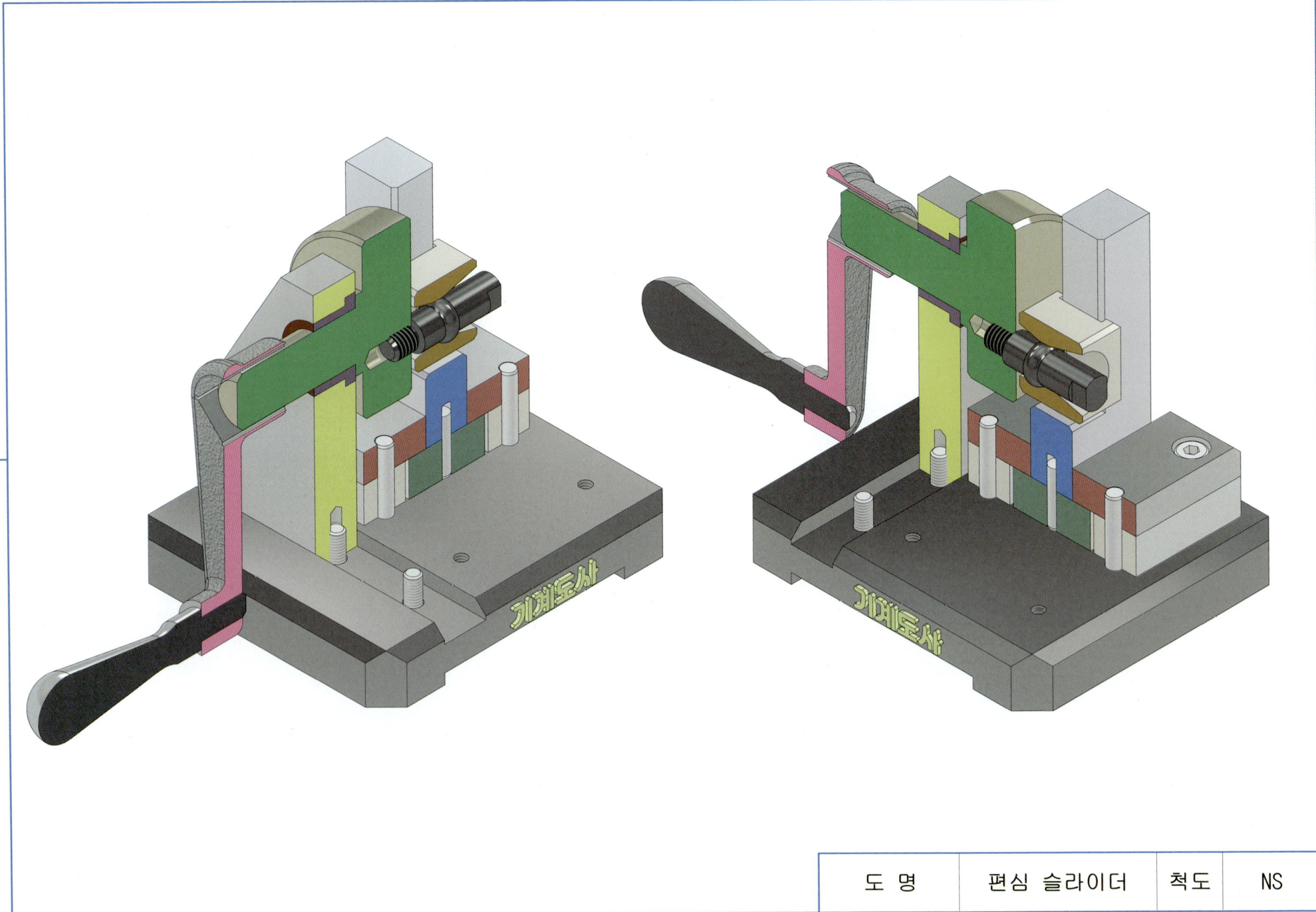

| 도 명 | 편심 슬라이더 | 척 도 | NS |

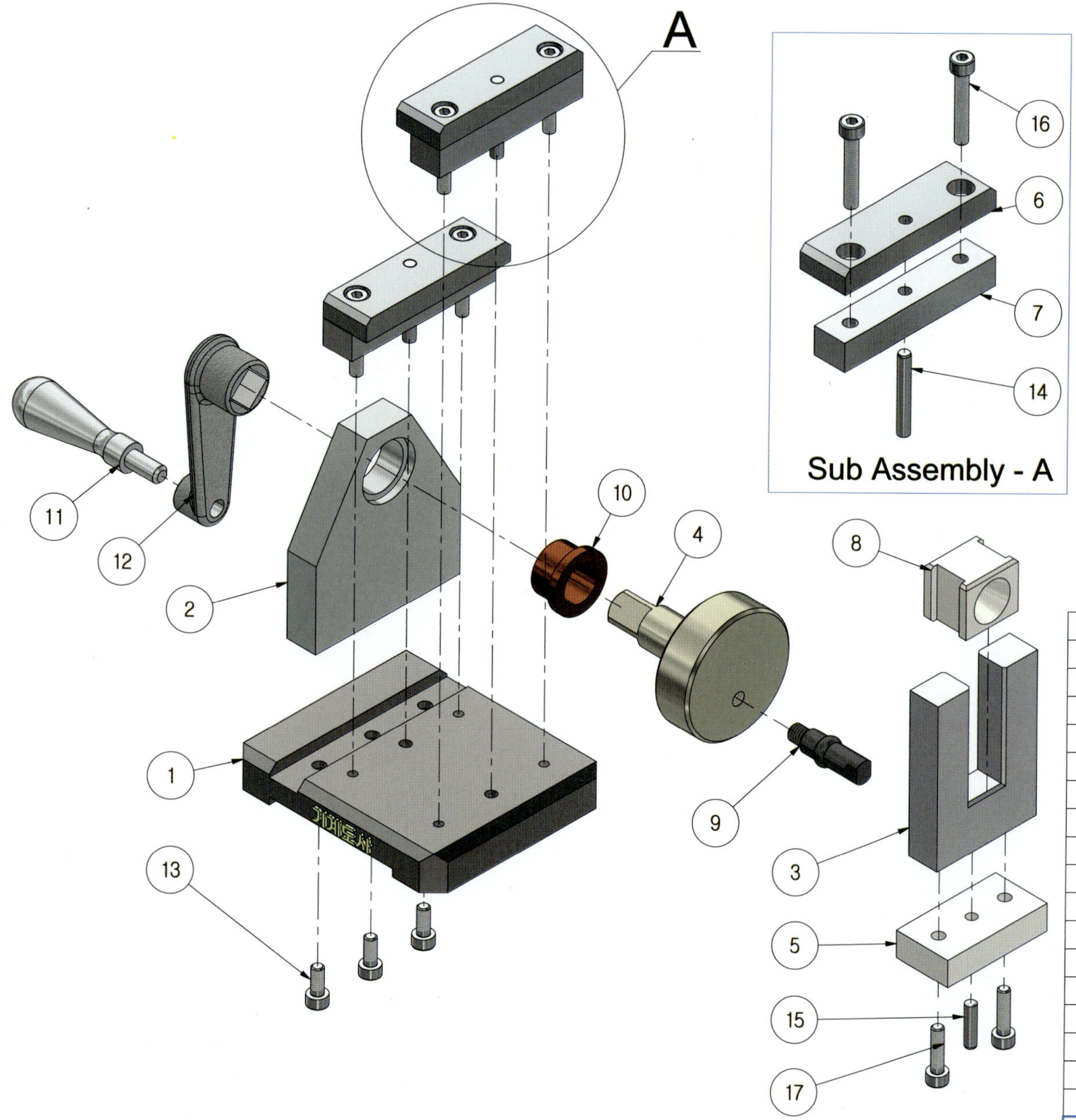

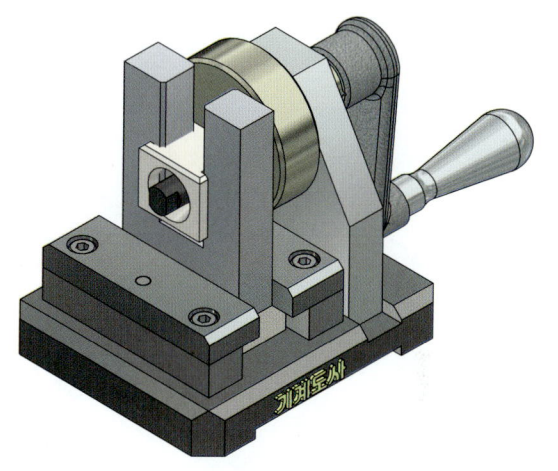

Sub Assembly - A

17	육각구멍붙이볼트	SM45C	2	KS B 1003-M4x16
16	육각구멍붙이볼트	SM45C	4	KS B 1003-M4x25
15	평행 핀	SM45C	1	KS B 1320-A4x16
14	평행 핀	SM45C	2	KS B 1320-A4x28
13	육각구멍붙이볼트	SM45C	3	KS B 1003-M4x10
12	링크	GC250	1	
11	손잡이	SM45C	1	
10	부시	CAC403	1	
9	볼트	SM45C	1	
8	슬라이더	SCM420	1	
7	가이드	SM45C	2	
6	가이드	SM45C	2	
5	슬라이더	SCM420	1	
4	축	SCM420	1	
3	하우징	SM45C	1	
2	하우징	SM45C	1	
1	본체	SM45C	1	
품번	품 명	재 질	수량	비 고

도 명	편심 슬라이더	척도	NS

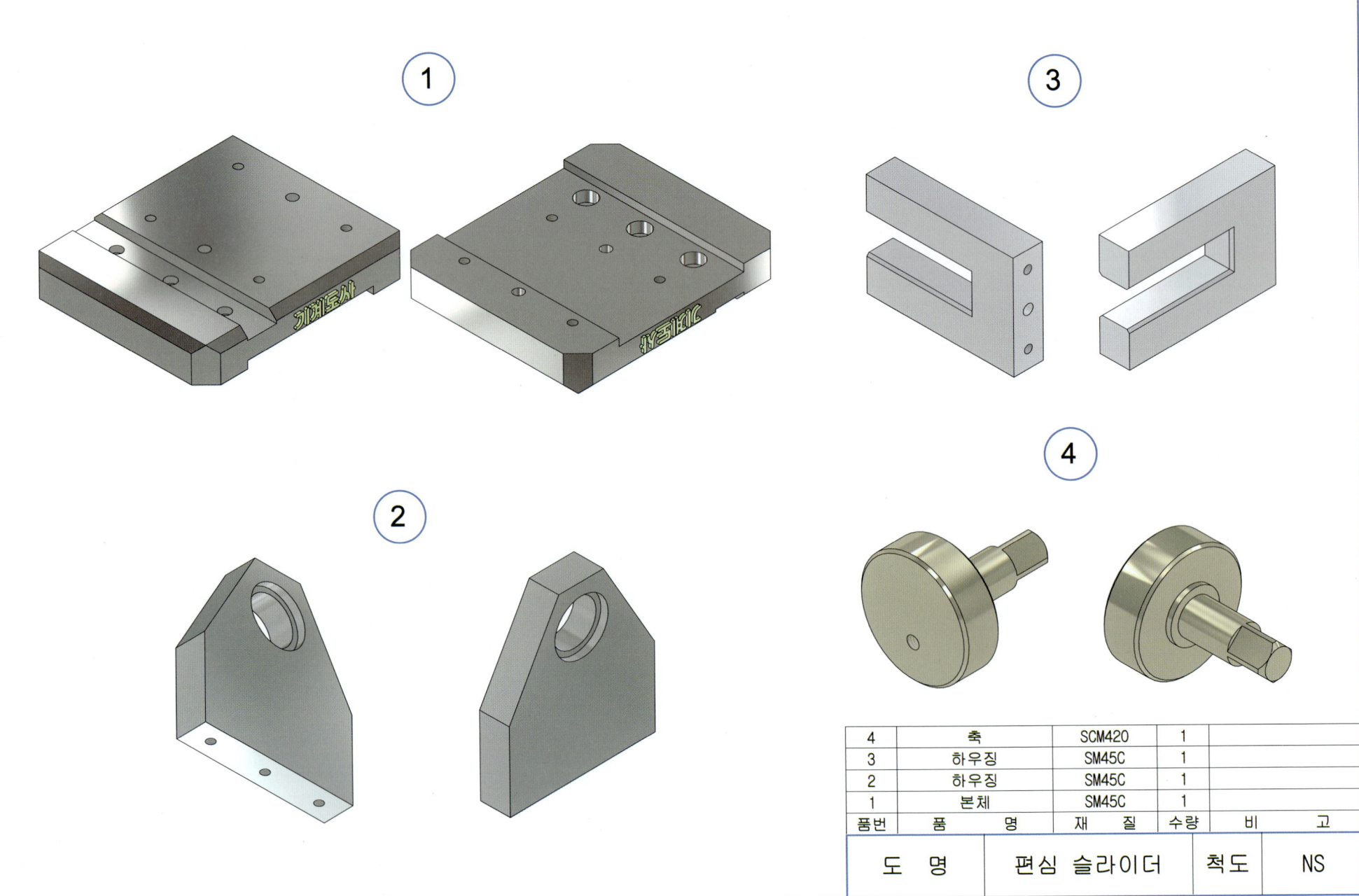

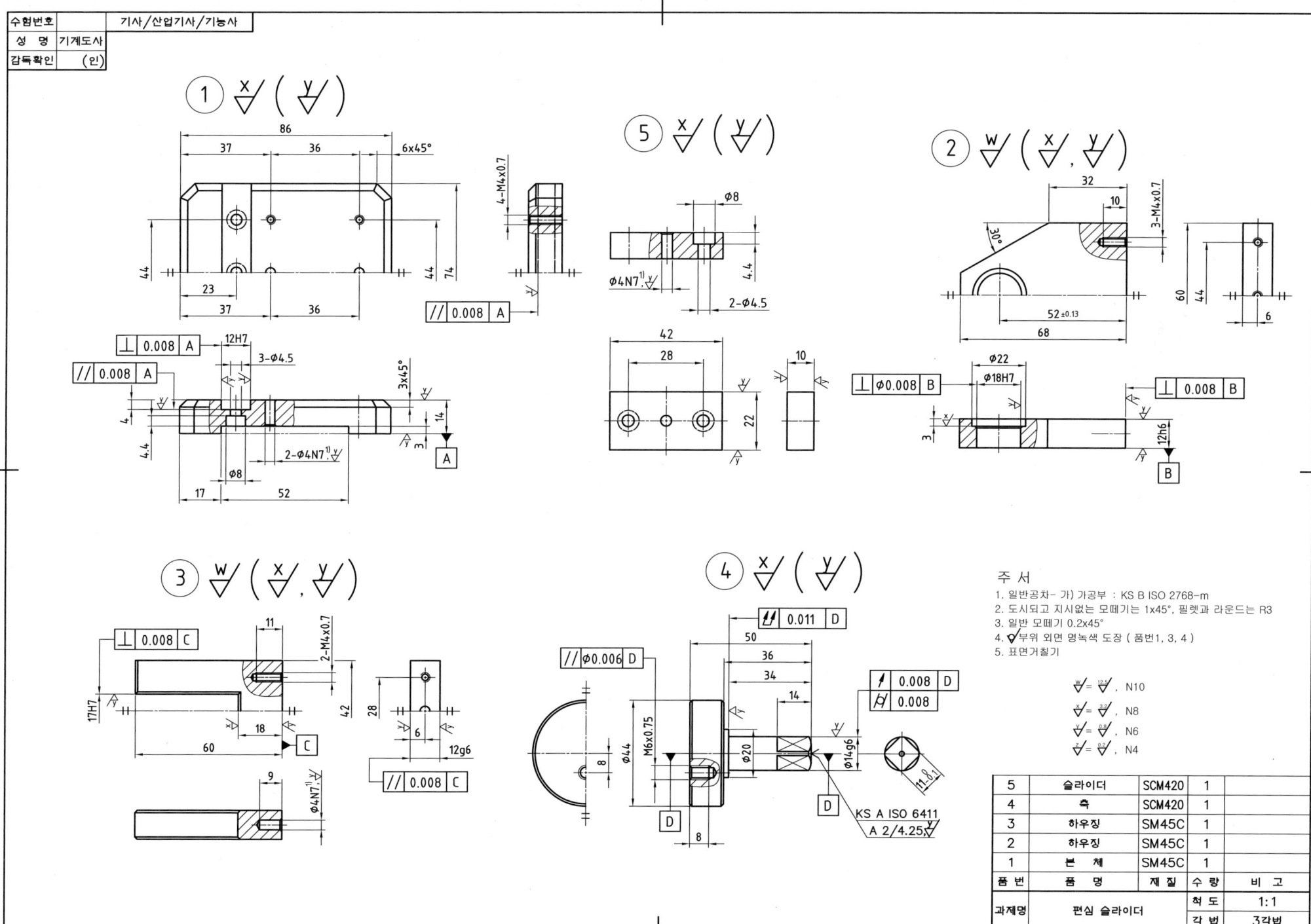

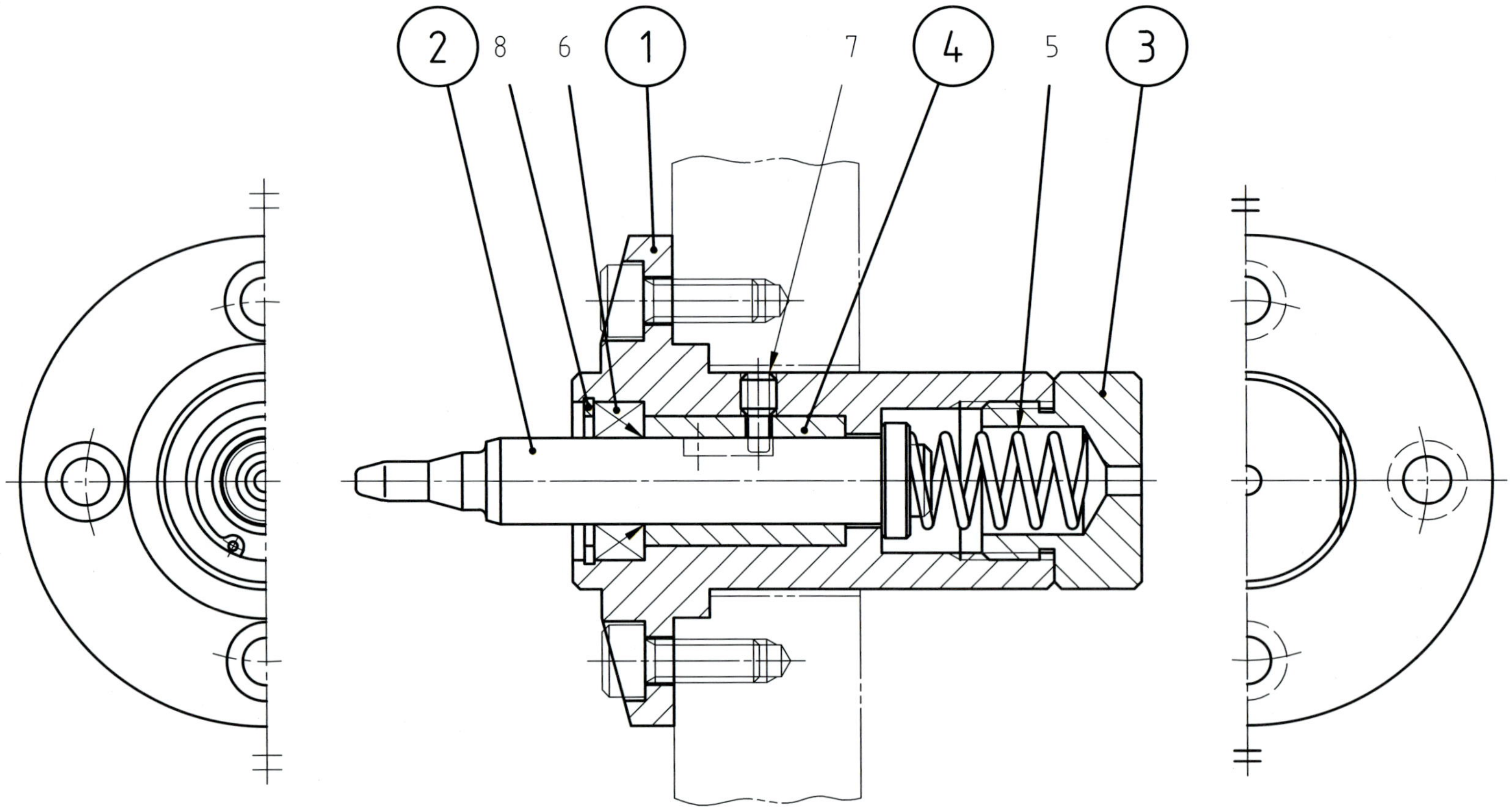

CHAPTER 39 쇼크 업소버

386 PART 02 | 실전 과제 연습

01 문제도면

| 도 명 | 쇼크 업소버 | 척 도 | NS |

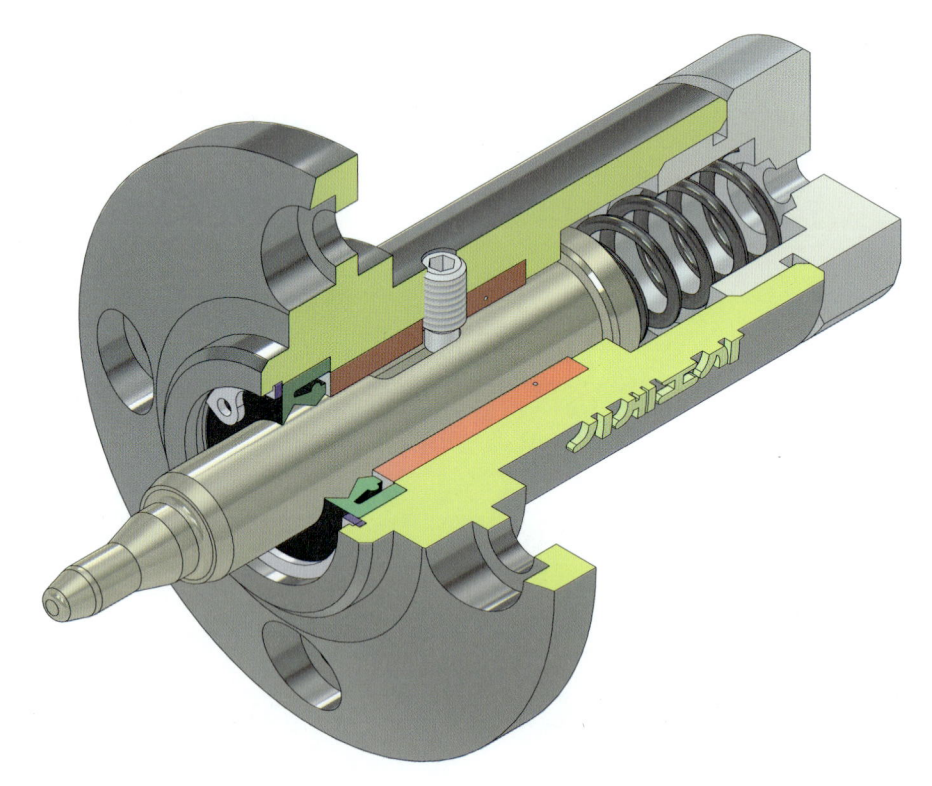
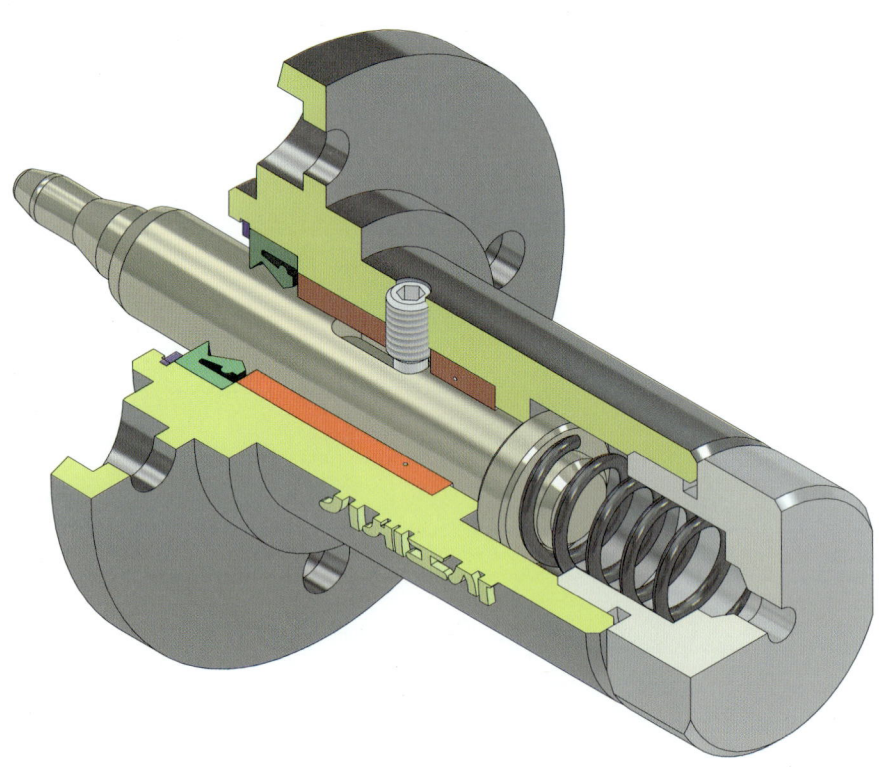

| 도 명 | 쇼크 업소버 | 척 도 | NS |

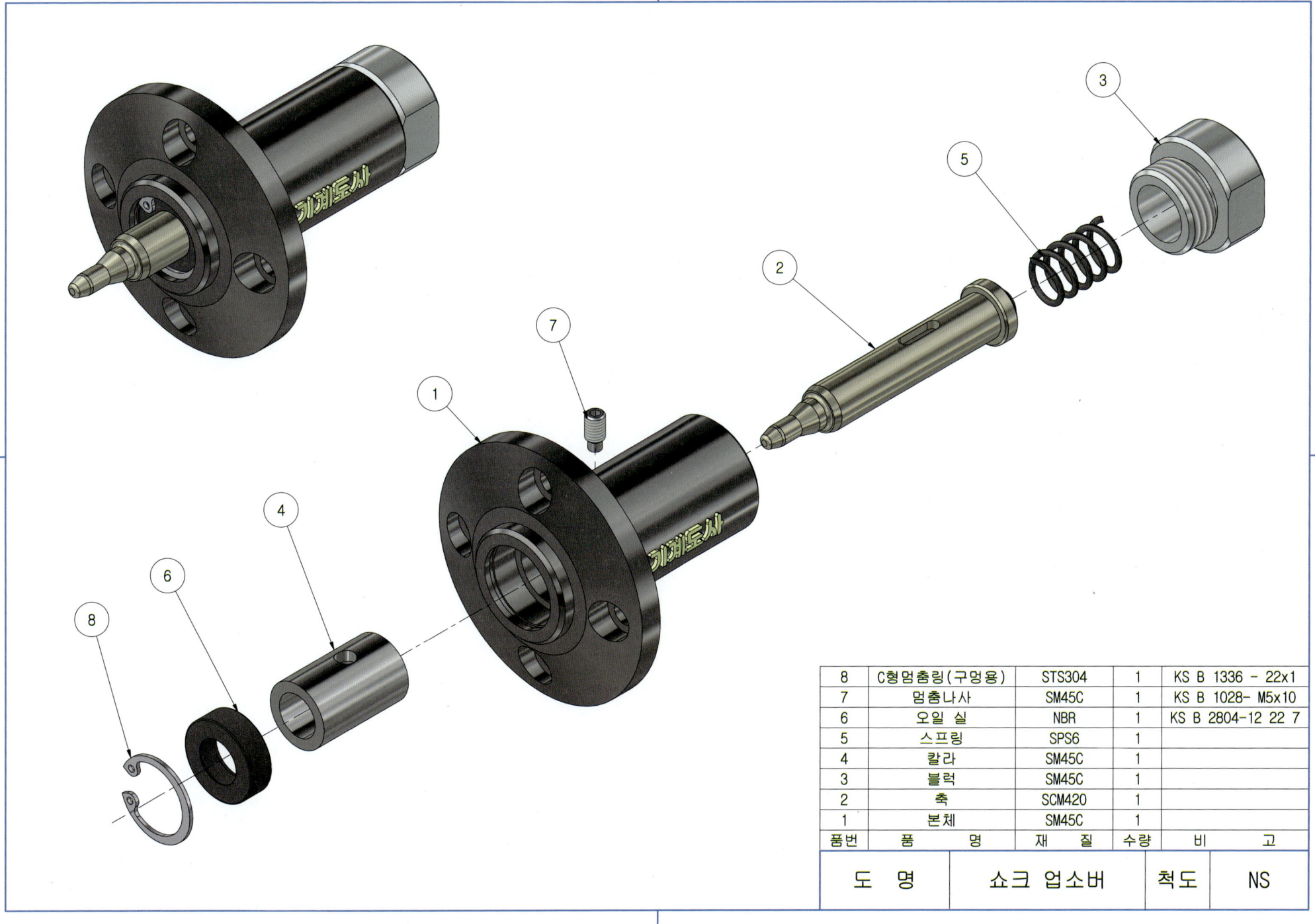

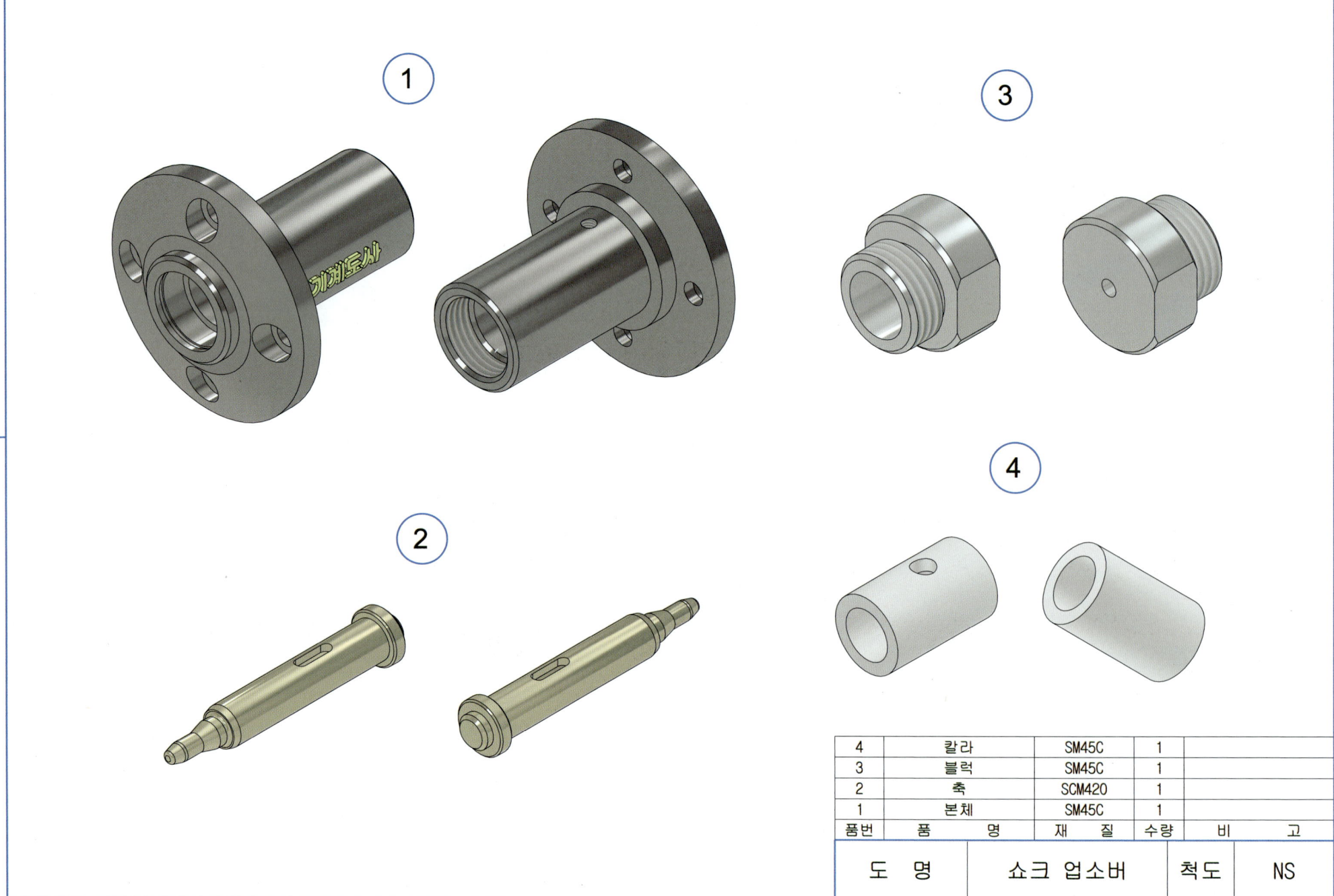

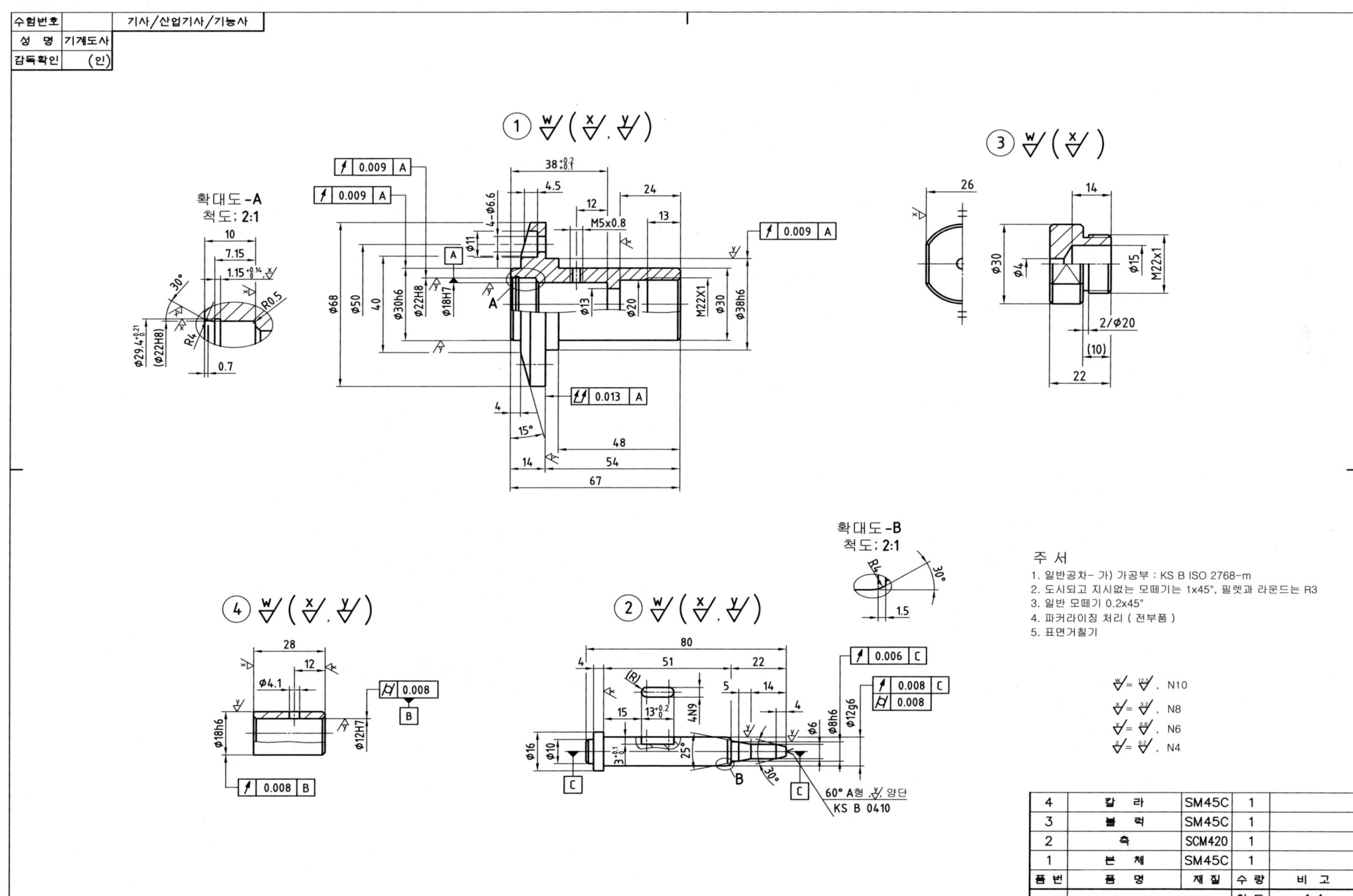

당신의 합격 메이커 에듀피디

일반기계기사
기계설계산업기사
전산응용기계제도기능사
실기(인벤터 2D · 3D)